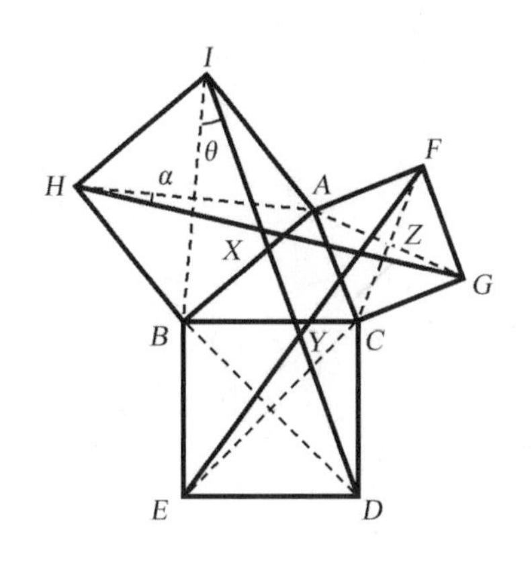

平面几何天天练

下卷·提高篇

田永海 编著

Everyday Practice
of Plain Geometry Volume
III: Improve Part

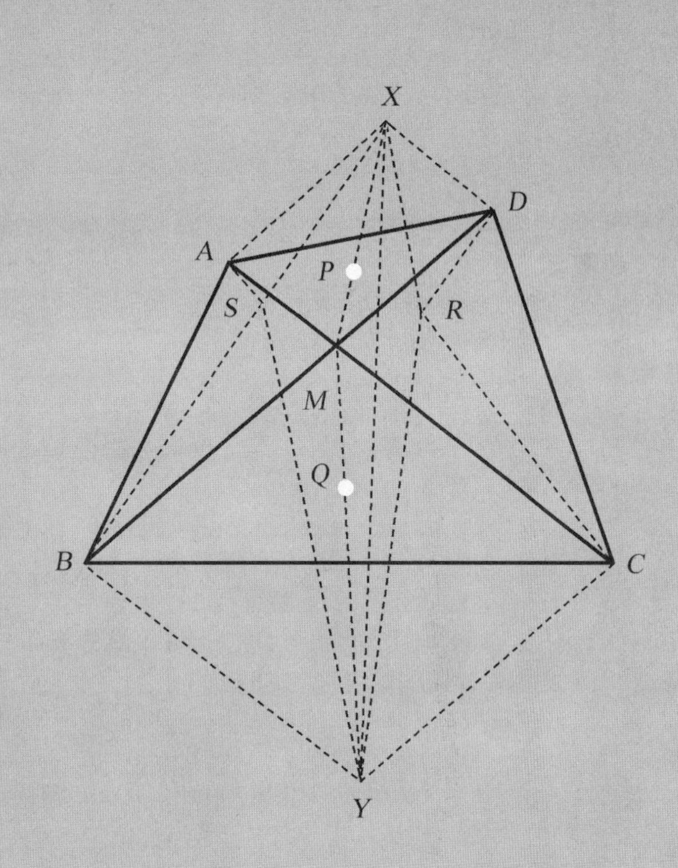

哈爾濱工業大學出版社
HARBIN INSTITUTE OF TECHNOLOGY PRESS

内 容 简 介

平面几何是一门具有特殊魅力的学科，主要是训练人的理性思维的。本书以天天练为题，在每天的练习中，突出重点，使学生在练习中学会并吃透平面几何知识。

本书适合初、高中师生学习参考，以及专业人员研究、使用和收藏。

图书在版编目(CIP)数据

平面几何天天练. 下卷，提高篇/田永海编著.
—哈尔滨：哈尔滨工业大学出版社，2013.1(2024.11 重印)
ISBN 978-7-5603-4008-1

Ⅰ.①平… Ⅱ.①田… Ⅲ.①平面几何—习题集
Ⅳ.①O123.1-44

中国版本图书馆 CIP 数据核字(2013)第 025848 号

策划编辑 刘培杰 张永芹
责任编辑 张永芹 钱辰琛
封面设计 孙茵艾
出版发行 哈尔滨工业大学出版社
社 址 哈尔滨市南岗区复华四道街 10 号 邮编 150006
传 真 0451-86414749
网 址 http://hitpress.hit.edu.cn
印 刷 哈尔滨久利印刷有限公司
开 本 787mm×1092mm 1/16 印张 31.75 字数 628 千字
版 次 2013 年 1 月第 1 版 2024 年 11 月第 11 次印刷
书 号 ISBN 978-7-5603-4008-1
定 价 58.00 元

⊙ 前言

数学是思维的体操，几何是思维的艺术体操。平面几何，几乎所有的常人都熟悉的名词，它始终是初中教育的重要内容。

几何主要是训练人的理性思维的。几何学得好的人，表现是言之有理，持之有据，办事顺理成章。

平面几何是一门具有特殊魅力的学科，从许多数学家成才的道路来看，平面几何往往起着重要的启蒙作用。

大科学家爱因斯坦唯独在学习平面几何时，感到十分地惊讶和欣喜，认为在这杂乱无章的世界里，竟然还存在着这样结构严密而又十分完美的体系，从而引发了他对宇宙间的体系研究。他曾经赞叹欧几里得几何“使人类理智获得了为取得以后的成就所必需的信心”。

我国老一辈著名数学家苏步青从小就对几何学习产生了浓厚的兴趣，不管寒冬酷暑，霜晨晓月，他都用心看书、解题。为了证明“三角形三内角之和等于两直角”这一定理，他用了 20 种方法，写成了一篇论文，送到省里展览，这年他才 15 岁。后来终于成为世界著名的几何大家。

杨乐院士到了初二，数学开了平面几何。几何严密的逻辑推理对他的思维训练起了积极的作用，引起他对数学学习的极大兴趣，老师布置的课外作业，他基本上在课内就能完成，课外驰骋在数学天地里，看数学课外读物，做各种数学题，为后来攀登数学高峰奠定了基础。

还有科学家说得更直接："自己能在科学领域里射中鸿鹄，完全得益于在中学里学几何时对思维的严格训练。"

平面几何造就了大量的数学家！

社会的发展需要创新型人才，一题多解是创新型人才的必由之路。

国家教育部 2001 年 7 月颁布的《全日制义务教育数学课程标准（实验稿）》将平面几何部分的内容做了大量的删减，从内容上看，要求是降低的，从能力上看，要求是更高的。新课程要求初中数学少一些学科本位、少一些系统性，要求学生有更多的思考、更多的实践和更高的创新意识。

应试教育强调会做题、得高分，总是满足于"会"，新课程更强调创新，不仅仅满足于"会"。在"会"的基础上，还要再思考，还要再想一想，还有别的什么解法吗？当你改变一下方向，调整一下思路，你常常会发现：哇，崭新的解法更简捷、更漂亮！

为了帮助广大师生走进平面几何，习惯一题多解，我们编撰了这套《平面几何天天练》。

《平面几何天天练》既适合初、高中师生学习参考，也适合专业人员研究、使用和收藏。

为了提高本书的广泛适用性，我们注意把握由浅入深的原则，特别是在基础篇每一版块的开始，都编入较多比较简单（层次较低，甚至是一目了然）的问题，即使是初学者，本书也有相当多的内容可以读懂、可以参考，具有很强的基础性、启发性、引导性，便于初学者入门使用；

为了满足广大数学爱好者（高年级学生、学有余力）系统提高的需求，在提高篇我们广泛收集了历年来自国内、外中学生数学竞赛使用过的一些问题，具有综合性、灵活性、开创性；

为了保证本书的权威性，我们大量编入传统的名题、成题，特别是对于一些"古老的难题"我们尽量做到"传统的精华不丢弃，罕见的创新再开发"，使本书具有较高的收藏价值；

对于一些引人注目的题目，我们在解答之后还列出"题目出处"，会给专业人员的进一步深入研究带来方便，这是本书的诱人的特色之一；

使用图标的方法给出全书的目录，可以说是数学书籍的首创。它不仅使全书 366 天的内容一目了然，也是直观的内容索引，为使用者提供了极大的方便。见到图形就知道题目的内容,这是广大数学爱好者,特别是数学教师的专业敏感。

我们这套《平面几何天天练》是在《初中平面几何关键题一题多解214例》一书的基础上编撰完成的。《初中平面几何关键题一题多解214例》一书出版于1998年,此后这十几年来,我们一直没有停止对平面几何一题多解的再研究,我们始终关注国内、外中学数学教育信息,每年订阅中学数学期刊二十多种,跟踪研究了数千册新出版的中学数学期刊,搜集了大量丰富的材料,并对《初中平面几何关键题一题多解214例》再审视、再修改,删去少量糟粕,新增大量精华,整理、编辑了这套《平面几何天天练》。故此,在科学性、前瞻性、创新性等方面都是有十分把握的!

我在教学与研究岗位工作的40年,是对平面几何研究的40年,《平面几何天天练》是我40年的研究成果与积累。在我退休、离开教学研究岗位的时候,田阿芳、逄路平两位同志极力倡导、勤奋工作,我们三个人共同把它整理出来,奉献给广大数学爱好者,奉献给社会,算是我们对平面几何的一份贡献吧!我们相信更多的平面几何爱好者独树一帜,我们期盼热心的一题多解参与者硕果累累!

由于时间仓促,特别是水平有限,书中的纰漏与不足在所难免,欢迎热心的朋友批评指正。

本书参阅了《数学通报》、《数学教学》、《中等数学》、《中学生数学》等大量中、小学数学教学期刊,在此对有关期刊、作者一并表示感谢。

田永海

2011 **年** 4 **月**

⊙ 目录

著名的定理与成题

国内初中数学竞赛试题

国内高中数学竞赛试题

数学期刊中的问题

国外中学生数学竞赛试题

国际数学奥林匹克(IMO)试题

著名的定理与成题

第 226 天

如图 226.1,$AB \parallel EF$.

求证:$\angle BCF = \angle B + \angle F$.

证明 1 如图 226.1,过 C 作 EF 的平行线 CD.

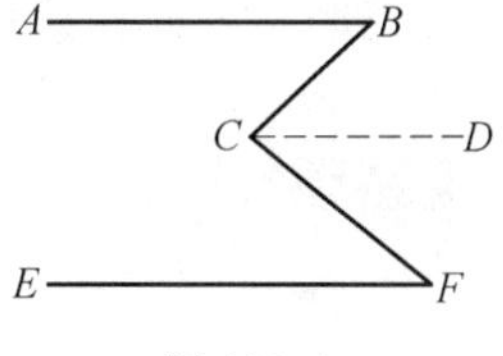

图 226.1

显然 $\angle DCF = \angle F$.

由 $AB \parallel EF$,$CD \parallel EF$,可知 $CD \parallel AB$,有 $\angle BCD = \angle B$,于是 $\angle BCF = \angle BCD + \angle DCF = \angle B + \angle F$.

所以 $\angle BCF = \angle B + \angle F$.

证明 2 如图 226.2,过 C 作 EF 的平行线 DC.

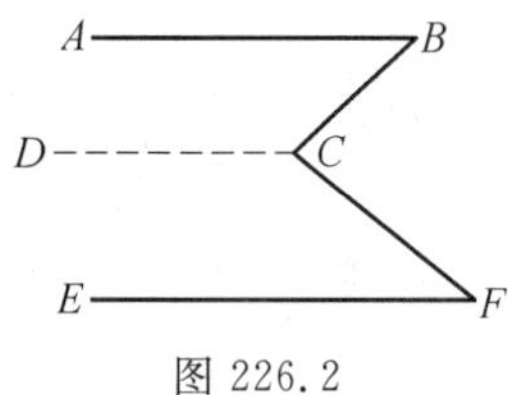

图 226.2

显然 $\angle DCF + \angle F = 180°$.

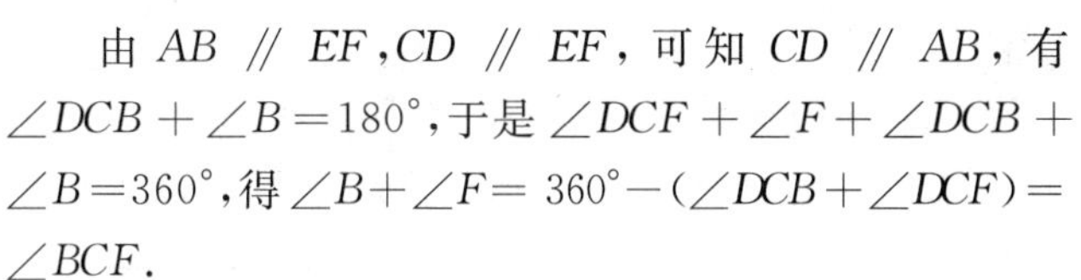
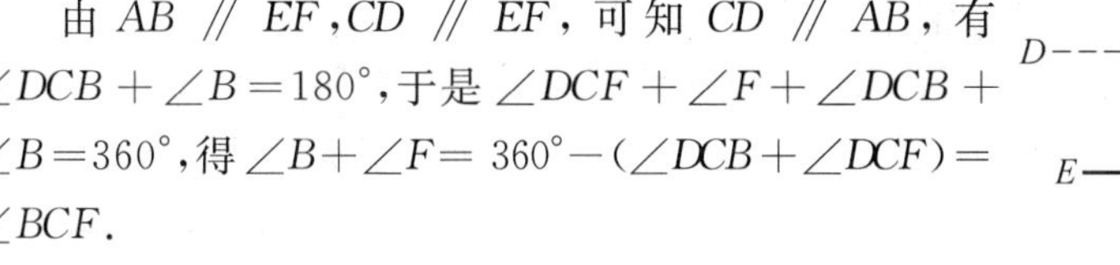

由 $AB \parallel EF$,$CD \parallel EF$,可知 $CD \parallel AB$,有 $\angle DCB + \angle B = 180°$,于是 $\angle DCF + \angle F + \angle DCB + \angle B = 360°$,得 $\angle B + \angle F = 360° - (\angle DCB + \angle DCF) = \angle BCF$.

所以 $\angle BCF = \angle B + \angle F$.

证明 3 如图 226.3,设直线 BC 交 EF 于 D.

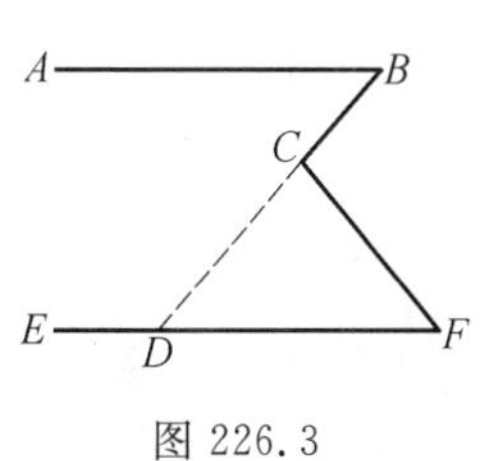

图 226.3

由 $AB \parallel EF$,可知 $\angle CDF = \angle B$.

显然 $\angle BCF = \angle CDF + \angle F = \angle B + \angle F$.

所以 $\angle BCF = \angle B + \angle F$.

证明 4 如图 226.4,连 BF.

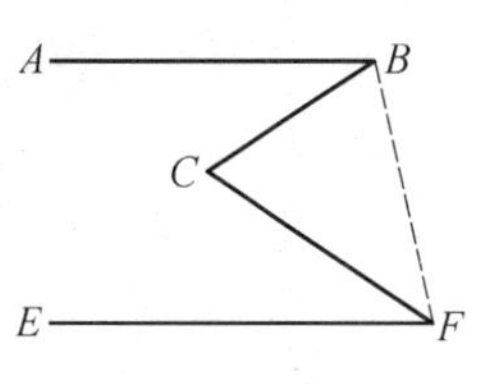

图 226.4

显然 $\angle BCF + \angle CFB + \angle CBF = 180°$,可知 $180° - (\angle CBF + \angle CFB) = \angle BCF$.

由 $AB \parallel EF$,可知 $\angle ABF + \angle BFE = 180°$,有 $\angle ABC + \angle CBF + \angle CFB + \angle CFE = 180°$,于是

$$\angle ABC + \angle CFE$$
$$= 180° - (\angle CBF + \angle CFB) = \angle BCF$$

所以 $\angle BCF = \angle B + \angle F$.

证明5 如图226.5,过B作CF的平行线交直线EF于D.

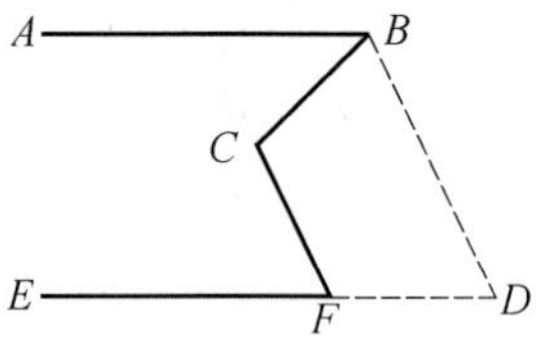

显然$\angle D=\angle CFE$,$\angle BCF+\angle CBD=180^\circ$.

由$AB\parallel EF$,可知$\angle ABD+\angle D=180^\circ$,有$\angle ABC+\angle CBD+\angle D=180^\circ$,于是

$$\angle ABC+\angle D=180^\circ-\angle CBD=\angle BCF$$

便有

$$\angle ABC+\angle CFE=\angle BCF$$

所以$\angle BCF=\angle B+\angle F$.

图226.5

证明6 如图226.6,过点C的直线分别交AB,EF于D,G两点.

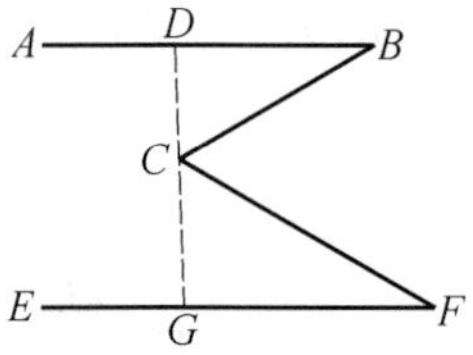

显然

$$\angle B+\angle BDC+\angle BCD=180^\circ$$
$$\angle F+\angle FCG+\angle FGC=180^\circ$$
$$180^\circ=\angle BCD+\angle FCG+\angle BCF$$
$$180^\circ=\angle BDC+\angle FGC$$

上面四式左右两边分别相加,得

$$\angle B+\angle F=\angle BCF$$

所以$\angle BCF=\angle B+\angle F$.

图226.6

证明7 如图226.7,设D为CF上一点,直线BD交EF于G.

显然

$$\angle BCF+\angle CBD=\angle DGF+\angle F$$
$$\angle DGF=\angle ABG=\angle ABC+\angle CBD$$

可知

$$\angle BCF+\angle CBD=\angle ABC+\angle CBD+\angle F$$

有

$$\angle BCF=\angle ABC+\angle F$$

所以$\angle BCF=\angle B+\angle F$.

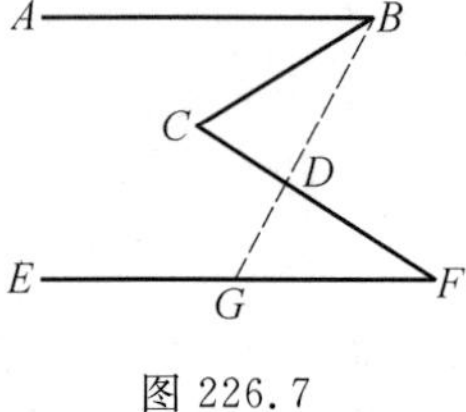

图226.7

证明8 如图226.8,过F作BC的平行线FD.

由$AB\parallel EF$,$BC\parallel FD$,可知$\angle EFD=\angle B$.

显然$\angle BCF=\angle CFD=\angle EFD+\angle CFE$.

所以$\angle BCF=\angle B+\angle F$.

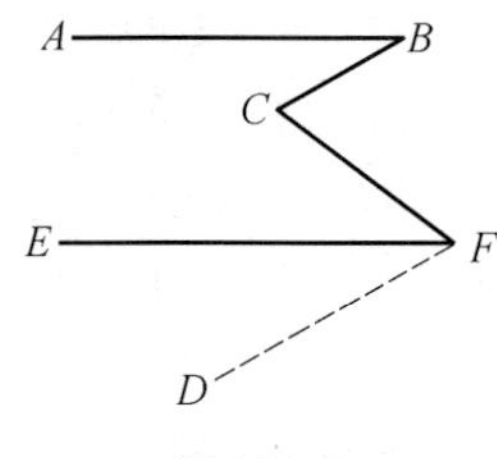

图226.8

证明9 如图226.9,经过B,C,F三点作圆分别交直线AB,EF于D,G两点.

由 $AB \parallel EF$，可知$\overset{\frown}{BCF}$ 的度数$=\overset{\frown}{DG}$ 的度数，有

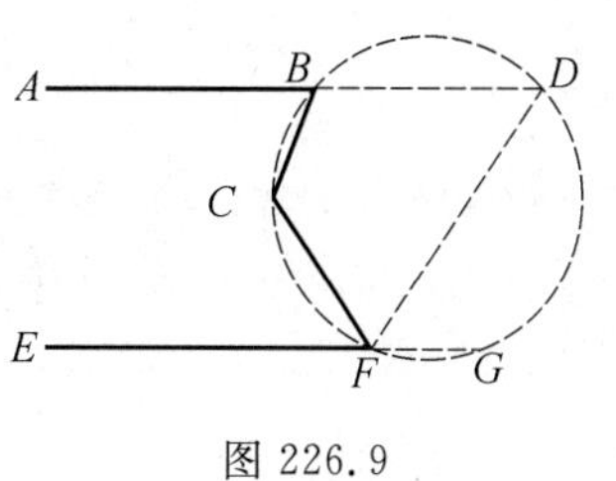

图 226.9

$$\angle BCF \text{ 的度数} = 360^\circ - \overset{\frown}{DG} \text{ 的度数}$$

$$\angle ABC \text{ 的度数} = \overset{\frown}{CBD} \text{ 的度数}$$

$$\angle CFE \text{ 的度数} = \overset{\frown}{CFG} \text{ 的度数}$$

于是

$$\begin{aligned} & \angle ABC \text{ 的度数} + \angle CFE \text{ 的度数} \\ = & \overset{\frown}{CBD} \text{ 的度数} + \overset{\frown}{CFG} \text{ 的度数} \\ = & 360^\circ - \overset{\frown}{DG} \text{ 的度数} \\ = & \angle BCF \text{ 的度数} \end{aligned}$$

所以 $\angle BCF = \angle B + \angle F$.

本文参考自：

1.《中学生数学》2004 年 3 期 29 页.

2.《中学生数学》2004 年 7 期 3 页.

第 227 天

在直角三角形中，如果一个锐角等于 30°，那么它所对的直角边等于斜边的一半.

如图 227.1，在 $\triangle ABC$ 中，$AC \perp BC$，$\angle A = 30°$. 求证：$BC = \frac{1}{2}AB$.

证明 1 如图 227.1，延长 BC 到 D，使 $CD = BC$，连 AD.

由 $AC \perp BC$，可知 AC 为 BD 的中垂线，有 $AD = AB$，$\angle CAD = \angle CAB = 30°$，于是 $\angle BAD = 60°$.

显然 $\triangle ABD$ 为正三角形，可知 $BD = AB$，有

$$BC = \frac{1}{2}BD = \frac{1}{2}AB$$

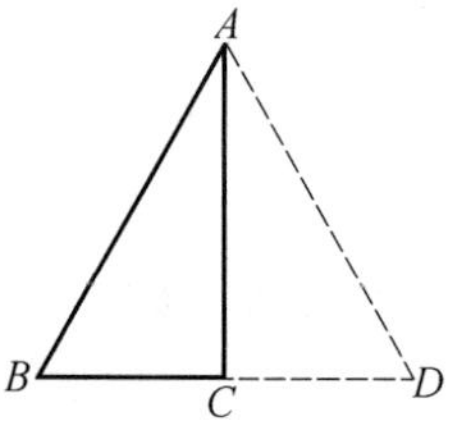

图 227.1

所以 $BC = \frac{1}{2}AB$.

证明 2 如图 227.2，设 D 为 AB 的中点，连 CD.

显然 CD 为 $\mathrm{Rt}\triangle ABC$ 的斜边 AB 上的中线，可知

$$CD = \frac{1}{2}AB = DA = DB$$

在 $\triangle DCB$ 中，易知 $\angle B = 60°$，可知 $\angle DCB = \angle B = 60°$，有 $\triangle BCD$ 为正三角形，于是 $BC = DB = \frac{1}{2}AB$.

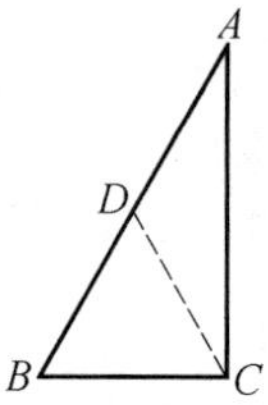

图 227.2

所以 $BC = \frac{1}{2}AB$.

证明 3 如图 227.3，设 $\angle ABC$ 的平分线交 AC 于 D，过 D 作 AB 的垂线，E 为垂足.

由 $AC \perp BC$，可知 E 与 C 关于 BD 对称，有 $BC = BE$.

显然 $\angle ABC = 60°$，可知 $\angle DBA = 30° = \angle A$，有 A 与 B 关于 DE 对称，于是 $EA = BE = \frac{1}{2}AB$.

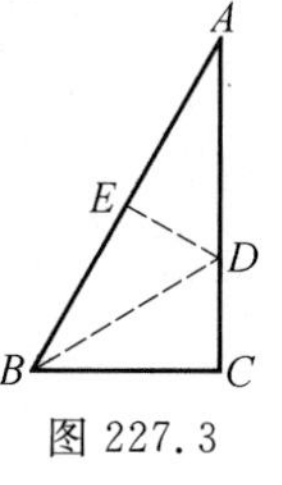

图 227.3

所以 $BC = \frac{1}{2}AB$.

证明 4 如图 227.4,过 B 作 BC 的垂线,过 A 作 AC 的垂线得交点 D,连 CD 交 AB 于 O.

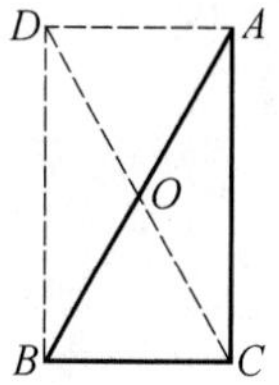

显然四边形 $ADBC$ 为矩形,可知 $OC=OB=\frac{1}{2}AB$.

由 $\angle BAC=30^\circ$,可知 $\angle OBC=60^\circ$.

显然 $\triangle OBC$ 为正三角形,可知 $BC=OB=\frac{1}{2}AB$.

图 227.4

所以 $BC=\frac{1}{2}AB$.

证明 5 如图 227.5,作 Rt$\triangle ABC$ 的外接圆,O 为圆心.

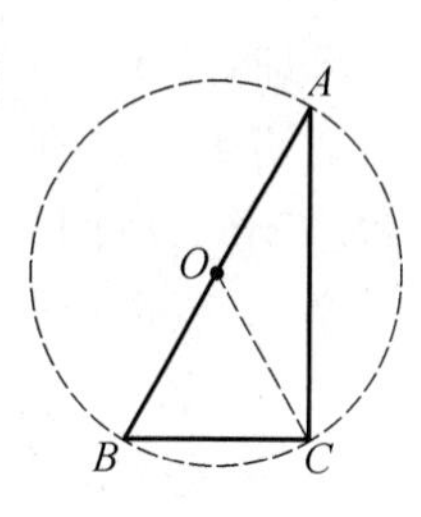

图 227.5

显然 O 为 AB 的中点,可知 $OC=OB=\frac{1}{2}AB$.

由 $\angle A=30^\circ$,可知 $\triangle OBC$ 为正三角形,有

$$BC=OB=\frac{1}{2}AB$$

所以 $BC=\frac{1}{2}AB$.

本文参考自:

《数学教师》1986 年 4 期 18 页.

第 228 天

三角形内角和定理　三角形三个内角的和等于 180°.

已知：$\triangle ABC$.

求证：$\angle A+\angle B+\angle C=180^\circ$.

证明 1　如图 228.1，设 D 为 BC 的延长线上的一点，过 C 作 AB 的平行线 CE.

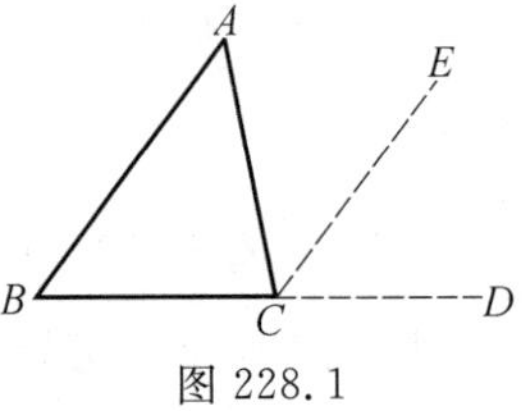

图 228.1

显然 $\angle ACE=\angle A$，$\angle ECD=\angle B$，可知

$$\begin{aligned}&\angle A+\angle B+\angle C\\=&\angle ACE+\angle ECD+\angle ACB\\=&\angle BCD=180^\circ\end{aligned}$$

所以 $\angle A+\angle B+\angle C=180^\circ$.

证明 2　如图 228.2，过 A 作 BC 的平行线 DE.

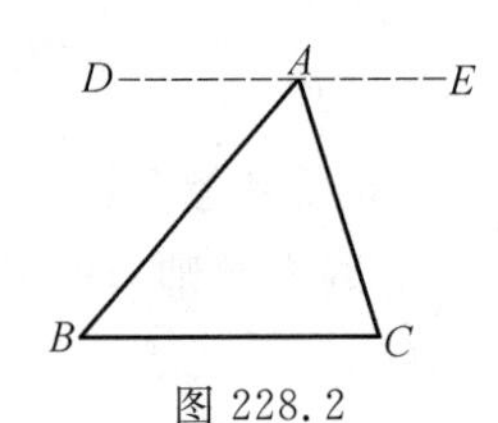

图 228.2

显然 $\angle DAB=\angle B$，$\angle EAC=\angle C$，可知

$$\begin{aligned}&\angle A+\angle B+\angle C\\=&\angle BAC+\angle DAB+\angle EAC\\=&\angle DAE=180^\circ\end{aligned}$$

所以 $\angle A+\angle B+\angle C=180^\circ$.

证明 3　如图 228.3，过 B 作 AC 的平行线 BD.

显然 $\angle DBA=\angle A$，$\angle DBC+\angle C=180^\circ$，可知

$$\angle DBA+\angle ABC+\angle C=180^\circ$$

所以 $\angle A+\angle B+\angle C=180^\circ$.

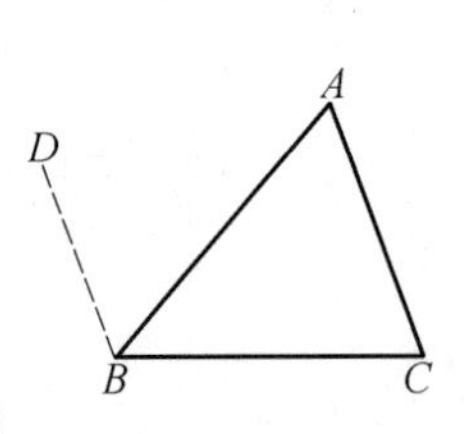

图 228.3

证明 4　如图 228.4，设 D 为 BC 上的一点，过 D 作 AB 的平行线交 AC 于 E，过 D 作 AC 的平行线交 AB 于 F.

显然四边形 $AFDE$ 为平行四边形，可知

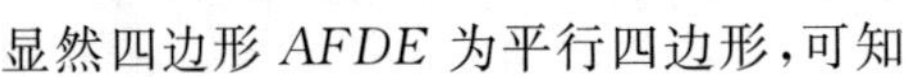

$$\angle EDF=\angle A$$

由 $DE\parallel AB$，可知 $\angle EDC=\angle B$.

由 $DF\parallel AC$，可知 $\angle FDB=\angle C$，有

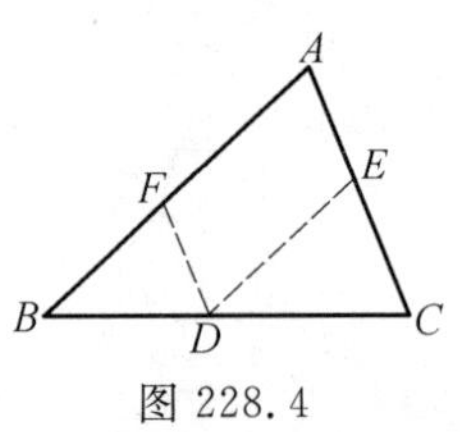

图 228.4

$$\begin{aligned}\angle A+\angle B+\angle C&=\angle EDF+\angle EDC+\angle FDB\\&=\angle BDC=180^\circ\end{aligned}$$

所以 $\angle A+\angle B+\angle C=180^\circ$.

证明 5 如图 228.5,设 D 为 BC 上的一点,分别过 B,C 作 AD 的平行线 BE,CF.

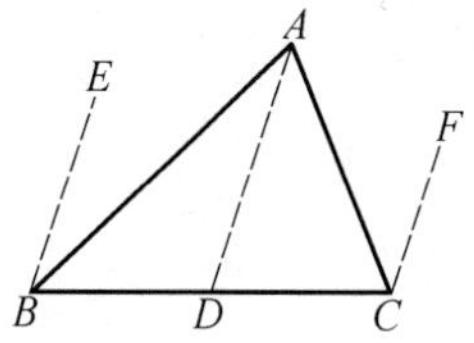

图 228.5

显然 $\angle EBA=\angle DAB,\angle FCA=\angle DAC,\angle EBC+\angle FCB=180^\circ$,可知

$$\angle EBA+\angle ABC+\angle ACB+\angle FCA=180^\circ$$

即

$$\angle EBA+\angle FCA+\angle ABC+\angle ACB=180^\circ$$

亦即

$$\angle DAB+\angle DAC+\angle ABC+\angle ACB=180^\circ$$

就是

$$\angle BAC+\angle ABC+\angle ACB=180^\circ$$

所以 $\angle A+\angle B+\angle C=180^\circ$.

证明 6 如图 228.6,设 l 为 $\triangle ABC$ 外侧的一条直线,分别过点 A,B,C 作 l 的垂线,D,E,F 为垂足.

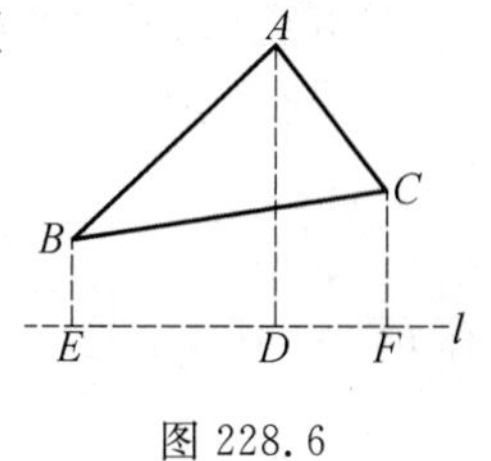

图 228.6

显然

$$\angle EBA+\angle DAB=180^\circ$$
$$\angle DAC+\angle FCA=180^\circ$$
$$180^\circ=\angle EBC+\angle FCB$$

以上三式左右两边分别相加,得

$$\angle EBA+\angle DAB+\angle DAC+\angle FCA+180^\circ=180^\circ+180^\circ+\angle EBC+\angle FCB$$

即

$$(\angle EBA-\angle EBC)+(\angle FCA-\angle FCB)+(\angle DAB+\angle DAC)=180^\circ$$

就是

$$\angle ABC+\angle ACB+\angle BAC=180^\circ$$

所以 $\angle A+\angle B+\angle C=180^\circ$.

本文参考自:

《中学生数学》2003 年 11 期 29 页.

第 229 天

如图 299.1，在 $\triangle ABC$ 中，$AB=AC$，$\angle A=100^\circ$，BD 为角平分线. 求证：$AD+BD=BC$.

证明 1 如图 229.1，在 BC 上取一点 E，使 $BE=BD$，连 DE.

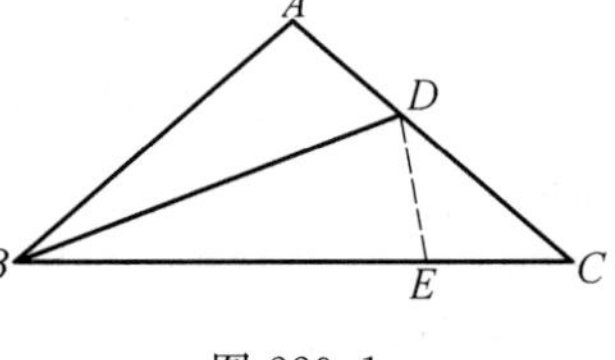

图 229.1

由 $AB=AC$，$\angle A=100^\circ$，可知 $\angle ABC=\angle ACB=40^\circ$.

由 BD 平分 $\angle ABC$，可知 $\angle DBE=20^\circ$，有 $\angle DEB=\angle EDB=80^\circ$，于是 $\angle DEC=100^\circ=\angle A$.

显然 $\triangle ECD\backsim\triangle ABC$，可知

$$\frac{EC}{CD}=\frac{AB}{BC}=\frac{AD}{CD}$$

有 $EC=AD$，于是

$$AD+BD=EC+BE=BC$$

所以 $AD+BD=BC$.

证明 2 如图 229.2，在 BC 上取一点 G，使 $BG=BA$，在 BD 的延长线上取一点 F，使 $BF=BC$，连 DG，FC.

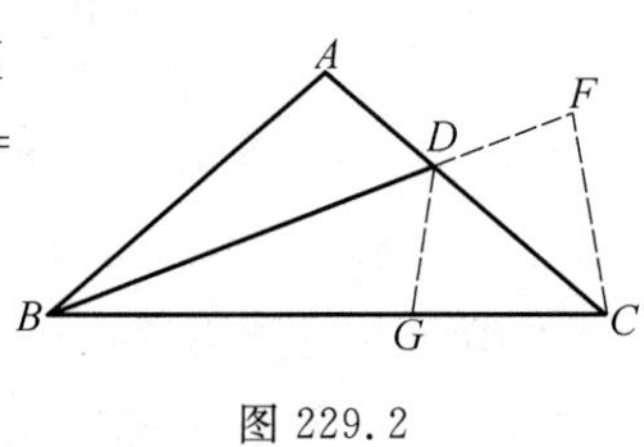

图 229.2

由 $AB=AC$，$\angle A=100^\circ$，可知

$$\angle ABC=\angle ACB=40^\circ$$

由 BD 平分 $\angle ABC$，可知 $\angle FBC=20^\circ$，有 $\angle BCF=\angle F=80^\circ$，于是 $\angle FCD=40^\circ=\angle GCD$.

显然 G 与 A 关于 BD 对称，可知 $\angle DGB=\angle A=100^\circ$，有 $\angle DGC=80^\circ=\angle F$，于是 G 与 F 关于 AC 对称，得 $DF=DG=AD$，进而 $BC=BF=BD+DF=BD+AD$.

所以 $AD+BD=BC$.

证明 3 如图 229.3，在 BD 的延长线上取一点 E，使 $BE=BC$. 直线 CE 交直线 BA 于 F，连 FD.

由 $AB=AC$，$\angle A=100^\circ$，可知 $\angle ABC=\angle ACB=40^\circ$.

由 BD 平分 $\angle ABC$，可知 $\angle EBC=20°$，有 $\angle BCF=\angle BEC=80°$，于是 $\angle FCD=40°=\angle BCD$.

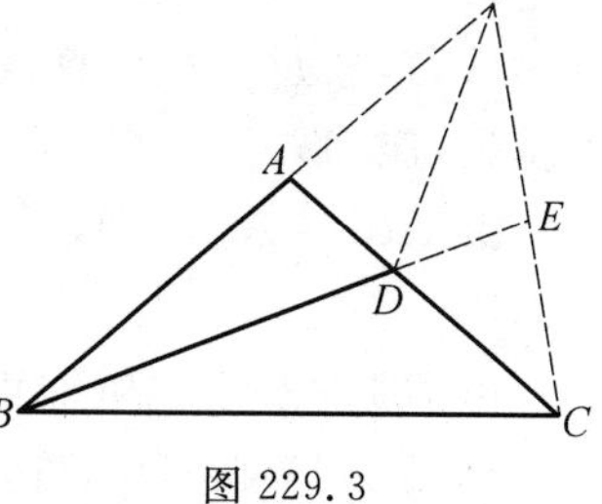

图 229.3

显然 D 为 $\triangle FBC$ 的内心，可知 DF 平分 $\angle AFE$，$\angle AFE=60°$，$\angle EDC=\frac{1}{2}\angle ABC+\frac{1}{2}\angle FCB=60°=\angle AFE$，有 A,D,E,F 四点共圆，于是 $DE=AD$，得 $BC=BE=BD+DE=BD+AD$.

所以 $AD+BD=BC$.

证明 4 如图 229.4，在 BD 的延长线上取一点 E，使 $DE=AD$. 过 B 作直线 AE 的垂线，F 为垂足，过 A 作 BC 的垂线，G 为垂足.

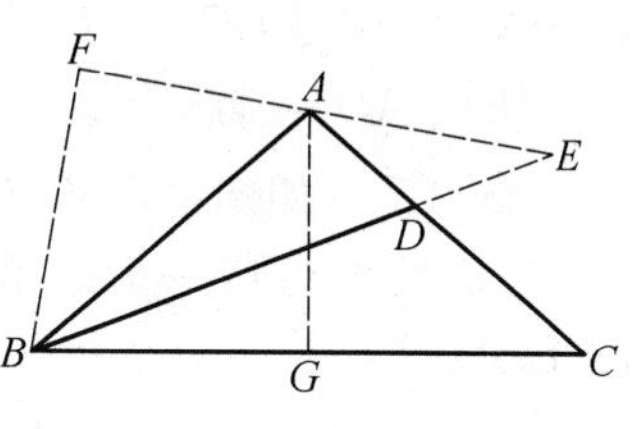

图 229.4

由 $AB=AC$，$\angle A=100°$，可知 $\angle ABC=\angle ACB=40°$.

由 BD 平分 $\angle ABC$，可知 $\angle DBC=20°$，有 $\angle ADB=\angle DBC+\angle C=60°$.

在 $\triangle DEA$ 中，显然 $\angle E=\angle DAE=\frac{1}{2}\angle ADB=30°$，于是在 $\mathrm{Rt}\triangle BEF$ 中，可知 $BE=2BF$.

易知 BA 平分 $\angle FBG$，可知 F 与 G 关于 BA 对称，有 $BF=BG$，于是 $BE=2BF=2BG=BC$，即 $BC=BE=BD+DE=BD+AD$.

所以 $AD+BD=BC$.

证明 5 如图 229.5，设 $\triangle ABD$ 的外接圆交 BC 于 E，连 DE.

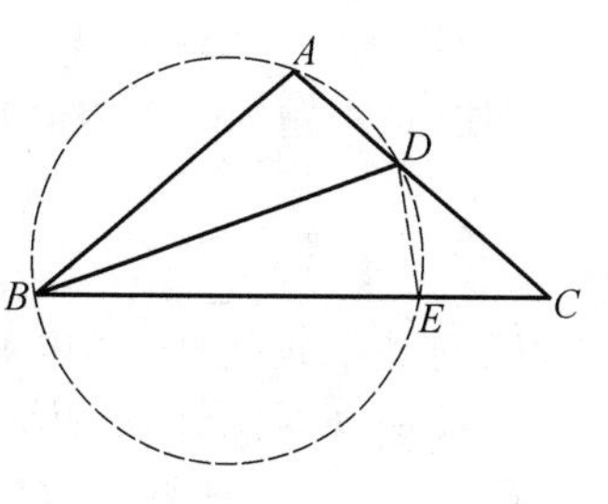

图 229.5

由 $AB=AC$，$\angle A=100°$，可知 $\angle ABC=\angle ACB=40°$.

由 BD 平分 $\angle ABC$，可知 $DE=AD$，$\angle DBE=20°$.

在 $\triangle BED$ 中，由 $\angle DBE=20°$，$\angle DEB=180°-\angle A=80°$，可知 $\angle BDE=80°=\angle DEB$，有 $BE=BD$.

由 $\angle DEC=\angle A=100°$，$\angle C=40°$，可知 $\angle EDC=40°=\angle C$，有 $EC=DE$，于是 $EC=AD$，进而 $BC=BE+EC=BD+AD$.

所以 $AD+BD=BC$.

证明 6　如图 229.6，在 BC 上取一点 G，使 $BG=BD$，过 D 分别作直线 BA，BC 的垂线，E，F 为垂足，连 DG.

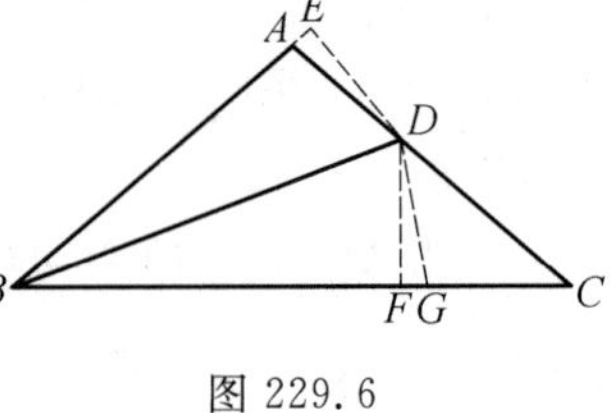

图 229.6

由 $AB=AC$，$\angle A=100^\circ$，可知 $\angle ABC=\angle ACB=40^\circ$.

由 BD 平分 $\angle ABC$，可知 $DE=DF$.

显然 $\angle DBC=20^\circ$，可知 $\angle BGD=\angle BDG=80^\circ=\angle EAD$，有 $\text{Rt}\triangle DAE\cong\text{Rt}\triangle DGF$，于是 $DG=DA$.

在 $\triangle GCD$ 中，由 $\angle DGC=100^\circ$，$\angle C=40^\circ$，可知 $\angle GDC=40^\circ=\angle C$，有 $GC=GD$，于是 $GC=AD$，得 $BC=BG+GC=BD+AD$.

所以 $AD+BD=BC$.

证明 7　如图 229.7，在 BC 上取一点 E，在 BA 的延长线上取一点 F，使 $BF=BE=BD$，连 DE，DF.

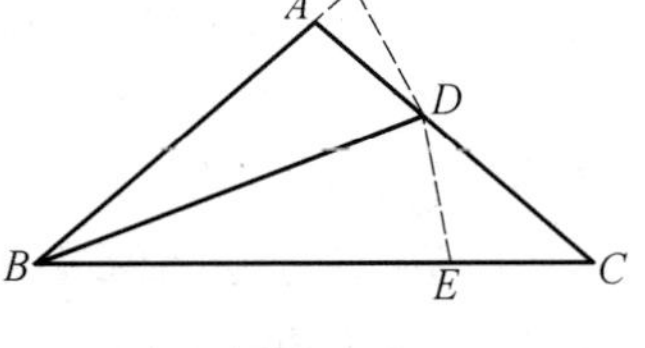

图 229.7

由 $AB=AC$，$\angle A=100^\circ$，可知 $\angle ABC=\angle ACB=40^\circ$.

由 BD 平分 $\angle ABC$，可知 E 与 F 关于 BD 对称，有 $DE=DF$.

由 $\angle DBF=\angle DBE=20^\circ$，可知 $\angle DEB=\angle EDB=80^\circ$，$\angle F=\angle BDF=80^\circ=\angle FAD$，有 $DF=DA$，于是 $DE=DA$.

在 $\triangle ECD$ 中，由 $\angle DEC=100^\circ$，$\angle C=40^\circ$，可知 $\angle EDC=40^\circ=\angle C$，有 $EC=ED$，于是 $EC=AD$，得 $BC=BE+EC=BD+AD$.

所以 $AD+BD=BC$.

注　本题的一个逆命题:《数学通报》2004 年 8 期 1506 题.

本文参考自：

1.《数学通讯》1980 年 4 期 27 页.

2.《数学通报》1981 年 5 期 8 页.

第230天

如图230.1,AP为$\triangle ABC$的$\angle BAC$的平分线.

求证:$\dfrac{AB}{AC}=\dfrac{BP}{CP}$.

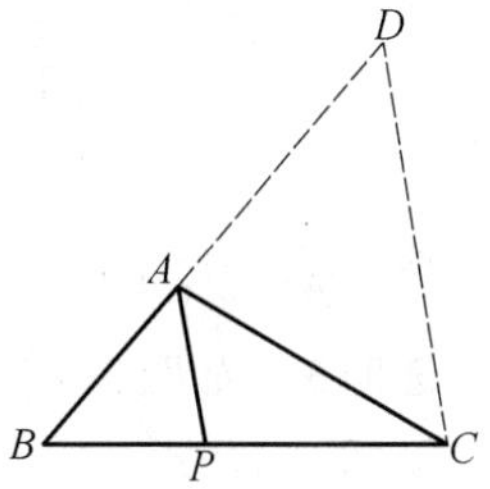

证明1 如图230.1,过C作PA的平行线交直线BA于D.

显然$\angle D=\angle PAB$,$\angle ACD=\angle PAC$.

由AP为$\angle BAC$的角平分线,可知$\angle PAB=\angle PAC$,有$\angle D=\angle ACD$,于是$AC=AD$.

图230.1

显然$\dfrac{AB}{AC}=\dfrac{AB}{AD}=\dfrac{BP}{CP}$.

所以$\dfrac{AB}{AC}=\dfrac{BP}{CP}$.

证明2 如图230.2,过C作AB的平行线交直线AP于D.

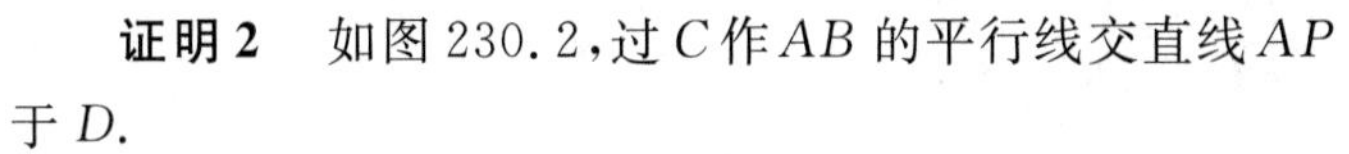

显然$\angle D=\angle PAB$.

由AP为$\angle BAC$的平分线,可知$\angle PAC=\angle PAB$,有$\angle D=\angle PAC$,于是$CD=AC$.

显然$\triangle PAB\backsim\triangle PDC$,可知$\dfrac{AB}{AC}=\dfrac{AB}{CD}=\dfrac{BP}{CP}$.

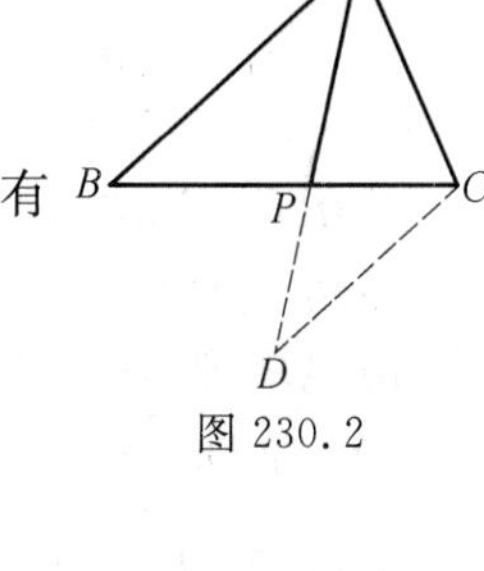

图230.2

所以$\dfrac{AB}{AC}=\dfrac{BP}{CP}$.

证明3 如图230.3,过B作AP的平行线交直线AC于D.

显然$\angle D=\angle PAC$,$\angle ABD=\angle PAB$.

由AP平分$\angle BAC$,可知$\angle PAC=\angle PAB$,有$\angle D=\angle ABD$,于是$AD=AB$.

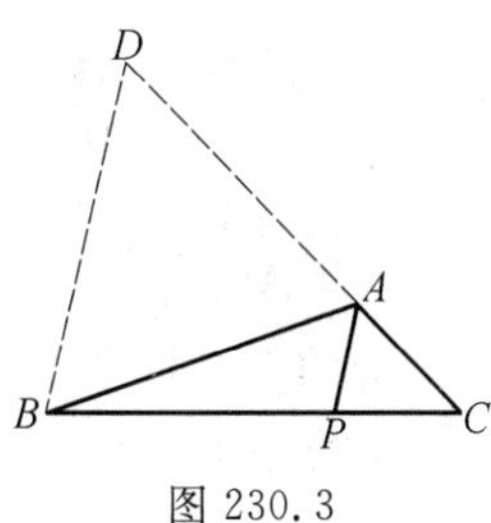

图230.3

显然$\dfrac{AB}{AC}=\dfrac{AD}{AC}=\dfrac{BP}{CP}$.

所以$\dfrac{AB}{AC}=\dfrac{BP}{CP}$.

证明 4　如图 230.4,过 B 作 AC 的平行线交直线 AP 于 D.

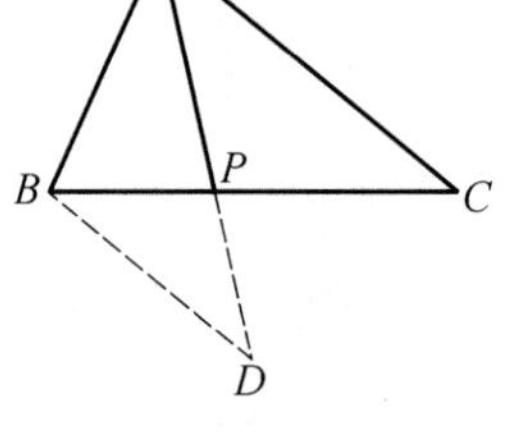

图 230.4

显然 $\angle D=\angle PAC$.

由 AP 平分 $\angle BAC$,可知 $\angle PAB=\angle PAC=\angle D$,有 $BD=AB$.

显然 $\triangle PAC \backsim \triangle PDB$,可知

$$\frac{AB}{AC}=\frac{BD}{AC}=\frac{BP}{CP}$$

所以$\dfrac{AB}{AC}=\dfrac{BP}{CP}$.

证明 5　如图 230.5,过 P 作 AB 的平行线交 AC 于 D.

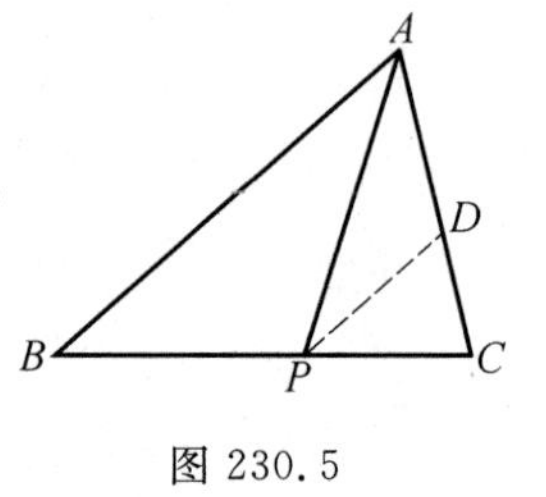

图 230.5

显然 $\angle DPA=\angle PAB$.

由 AP 平分 $\angle BAC$,可知 $\angle PAB=\angle PAC=\angle DPA$,有 $PD=AD$.

显然 $\triangle CDP \backsim \triangle CAB$,可知$\dfrac{AB}{AC}=\dfrac{DP}{DC}$,有

$$\frac{AB}{AC}=\frac{DP}{DC}=\frac{AD}{DC}=\frac{BP}{CP}$$

所以$\dfrac{AB}{AC}=\dfrac{BP}{CP}$.

证明 6　如图 230.6,过 P 作 AC 的平行线交 AB 于 D.

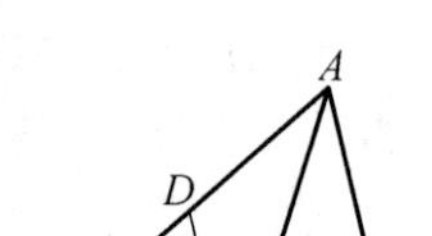

图 230.6

显然 $\angle DPA=\angle PAC$.

由 AP 平分 $\angle BAC$,可知 $\angle PAB=\angle PAC=\angle DPA$,有 $DP=DA$.

显然 $\triangle DBP \backsim \triangle ABC$,可知$\dfrac{AB}{AC}=\dfrac{DB}{DP}$,有

$$\frac{AB}{AC}=\frac{DB}{DP}=\frac{DB}{DA}=\frac{PB}{PC}$$

所以$\dfrac{AB}{AC}=\dfrac{BP}{CP}$.

证明 7　如图 230.7,在直线 AP 上取一点 Q,使 $CQ=CP$.

显然 $\angle CPQ=\angle CQP$,可知 $\angle B+\angle PAB=\angle QCA+\angle PAC$.

由 AP 平分 $\angle BAC$,可知 $\angle PAB=\angle PAC$,于是 $\angle B=\angle QCA$.

由 AP 平分 $\angle BAC$，可知 $\triangle PAB \backsim \triangle QAC$，有

$$\frac{AB}{AC}=\frac{BP}{CQ}=\frac{BP}{CP}$$

所以$\frac{AB}{AC}=\frac{BP}{CP}$.

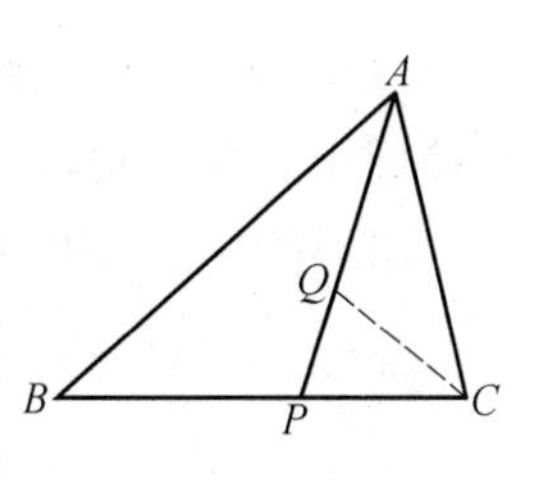

图 230.7

证明 8 如图 230.8，设 Q 为直线 AP 上的一点，$BQ=BP$.

显然 $\angle Q=\angle BPQ=\angle APC$.

由 AP 平分 $\angle BAC$，可知 $\triangle BAQ \backsim \triangle CAP$，有

$$\frac{AB}{AC}=\frac{BQ}{CP}=\frac{BP}{CP}$$

所以$\frac{AB}{AC}=\frac{BP}{CP}$.

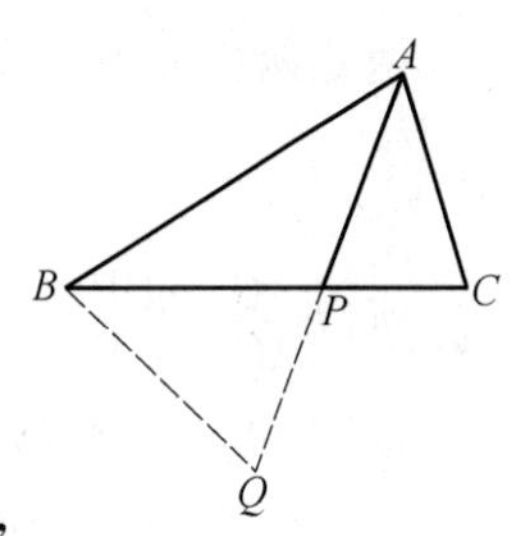

图 230.8

证明 9 如图 230.9，分别过 B,C 作 AP 的垂线，F，E 为垂足.

由 AP 平分 $\angle BAC$，可知 $\mathrm{Rt}\triangle BAF \backsim \mathrm{Rt}\triangle CAE$，有

$$\frac{AB}{AC}=\frac{BF}{CE}$$

显然 $\mathrm{Rt}\triangle PBF \backsim \mathrm{Rt}\triangle PCE$，可知$\frac{BF}{CE}=\frac{BP}{CP}$，有

$$\frac{AB}{AC}=\frac{BF}{CE}=\frac{BP}{CP}$$

所以$\frac{AB}{AC}=\frac{BP}{CP}$.

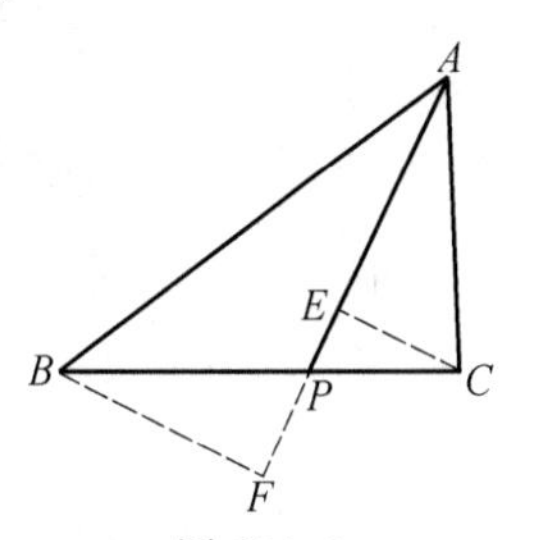

图 230.9

证明 10 如图 230.10，过 A 作 AP 的垂线 l，分别过 B,C 作 l 的垂线，E,F 为垂足.

显然 $\angle EBA=\angle PAB$，$\angle FCA=\angle PAC$.

由 AP 平分 $\angle BAC$，可知 $\angle EBA=\angle FCA$，有 $\mathrm{Rt}\triangle EBA \backsim \mathrm{Rt}\triangle FCA$，于是$\frac{AB}{AC}=\frac{EA}{FA}$.

显然 $BE \parallel PA \parallel CF$，可知$\frac{EA}{FA}=\frac{BP}{CP}$，有

$$\frac{AB}{AC}=\frac{EA}{FA}=\frac{BP}{CP}$$

所以$\frac{AB}{AC}=\frac{BP}{CP}$.

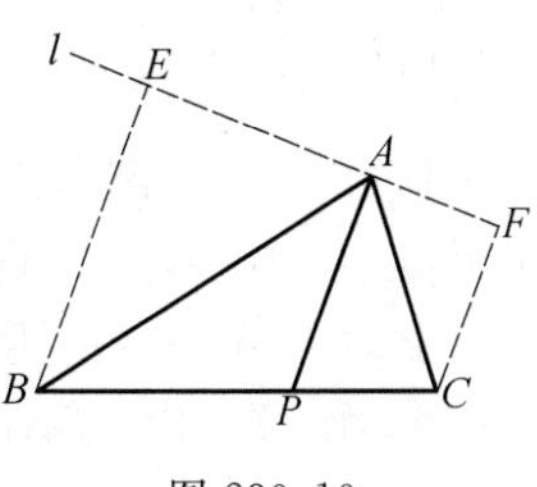

图 230.10

证明 11 如图 230.11,设直线 AP 交 $\triangle ABC$ 的外接圆于 Q,连 BQ,CQ.

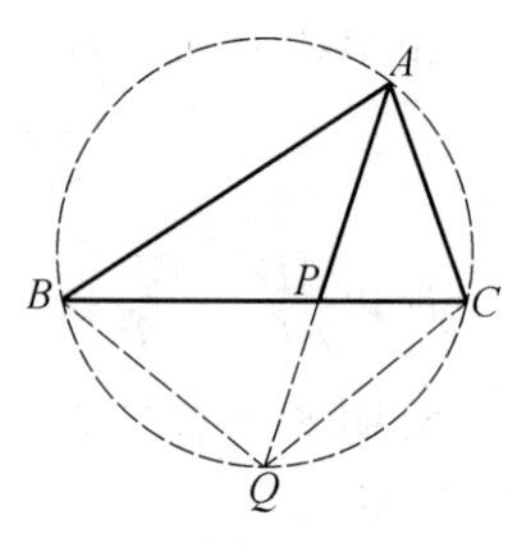

图 230.11

由 AP 平分 $\angle BAC$,可知 $QB=QC$.

显然 $\triangle PAB \backsim \triangle PCQ$,可知 $\dfrac{AB}{CQ}=\dfrac{BP}{PQ}$.

显然 $\triangle PCA \backsim \triangle PQB$,可知 $\dfrac{BQ}{AC}=\dfrac{PQ}{CP}$.

两式两边分别相乘,并代入 $QB=CQ$,得

$$\frac{AB}{AC}=\frac{BP}{CP}$$

所以 $\dfrac{AB}{AC}=\dfrac{BP}{CP}$.

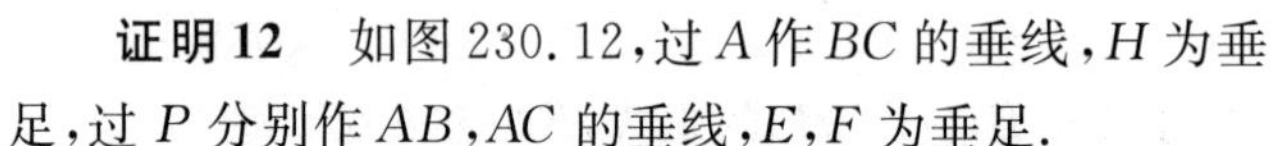

证明 12 如图 230.12,过 A 作 BC 的垂线,H 为垂足,过 P 分别作 AB,AC 的垂线,E,F 为垂足.

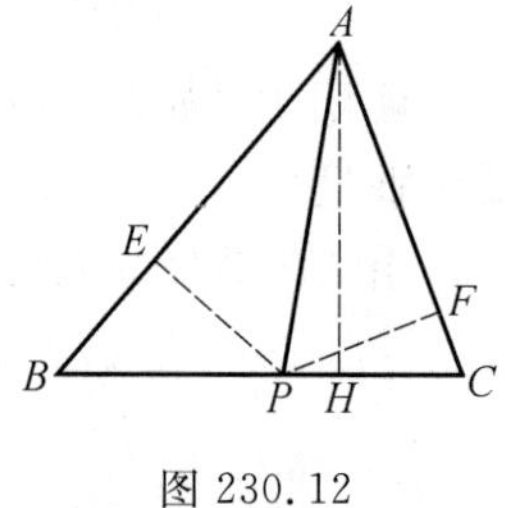

图 230.12

由 AP 平分 $\angle BAC$,可知 $PE=PF$.由

$$S_{\triangle PAB}=\frac{1}{2}AH \cdot BP=\frac{1}{2}AB \cdot PE$$

$$S_{\triangle PAC}=\frac{1}{2}AH \cdot CP=\frac{1}{2}AC \cdot PF$$

可知

$$\frac{\frac{1}{2}AH \cdot BP}{\frac{1}{2}AH \cdot CP}=\frac{S_{\triangle PAB}}{S_{\triangle PAC}}=\frac{\frac{1}{2}AB \cdot PE}{\frac{1}{2}AC \cdot PF}$$

所以 $\dfrac{AB}{AC}=\dfrac{BP}{CP}$.

证明 13 如图 230.13,过 P 作 BA 的平行线交 AC 于 F,过 C 作 PA 的平行线交直线 PF 于 E.

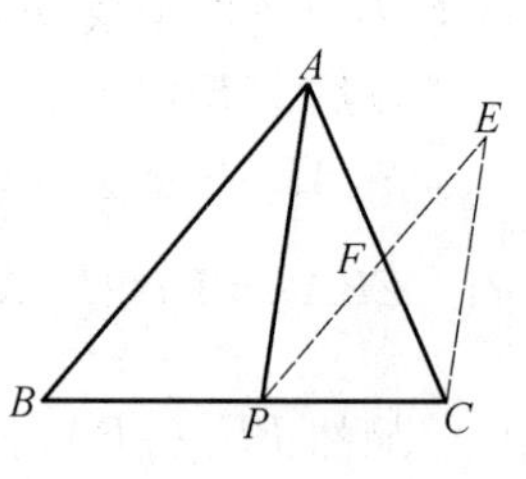

图 230.13

显然 $\angle APE=\angle PAB$.

由 AP 平分 $\angle BAC$,可知 $\angle PAC=\angle PAB$,有 $\angle APE=\angle PAC$,于是 $FA=FP$.

显然 $\triangle ABC \backsim \triangle FPC$,可知 $\dfrac{AB}{AC}=\dfrac{FP}{FC}=\dfrac{FA}{FC}$.

显然 $\dfrac{BP}{CP}=\dfrac{AF}{CF}$.

所以 $\dfrac{AB}{AC}=\dfrac{BP}{CP}$.

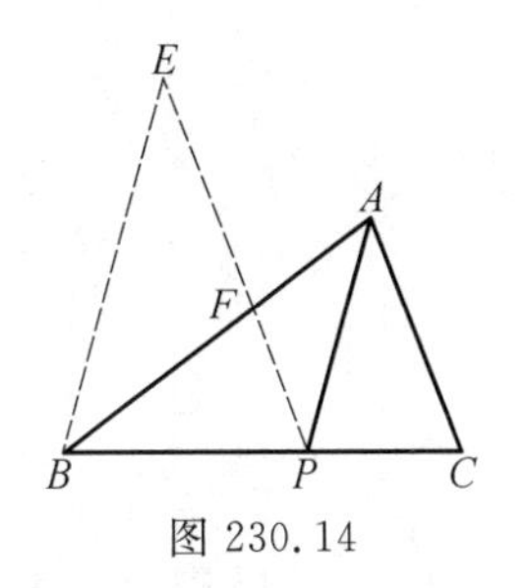

图 230.14

证明 14　如图 230.14,过 P 作 CA 的平行线交 AB 于 F,过 B 作 PA 的平行线交直线 PF 于 E.

显然 $\angle FPA=\angle PAC$.

由 PA 平分 $\angle BAC$,可知 $\angle PAC=\angle PAB$,有 $\angle FPA=\angle PAB$,于是 $FP=FA$.

显然 $\triangle FBP\backsim\triangle ABC$,可知$\frac{AB}{AC}=\frac{FB}{FP}=\frac{FB}{FA}$.

显然$\frac{FB}{FA}=\frac{BP}{CP}$.所以$\frac{AB}{AC}=\frac{BP}{CP}$.

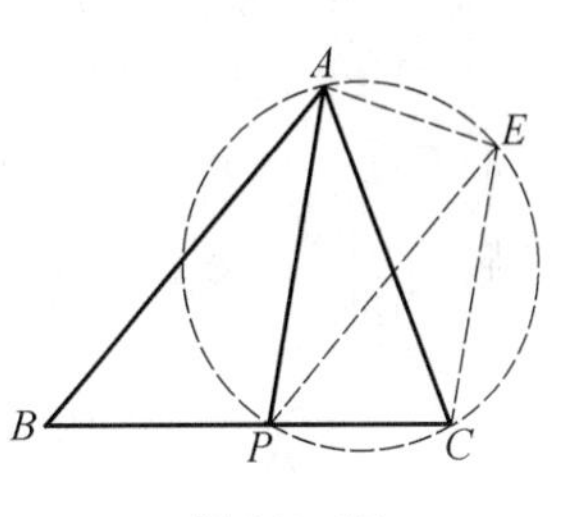

图 230.15

证明 15　如图 230.15,过 P 作 AB 的平行线交 $\triangle PCA$ 的外接圆于 E,连 EA,EC.

显然 $\angle EPA=\angle PAB$.

由 AP 平分 $\angle BAC$,可知 $\angle PAC=\angle PAB$,有 $\angle EPA=\angle PAC$,于是 $AE=PC$,得四边形 $PCEA$ 为等腰梯形,进而 $PE=AC$.

易知 $\triangle ABP\backsim\triangle EPC$,可知$\frac{AB}{AC}=\frac{AB}{PE}=\frac{BP}{CP}$.

所以$\frac{AB}{AC}=\frac{BP}{CP}$.

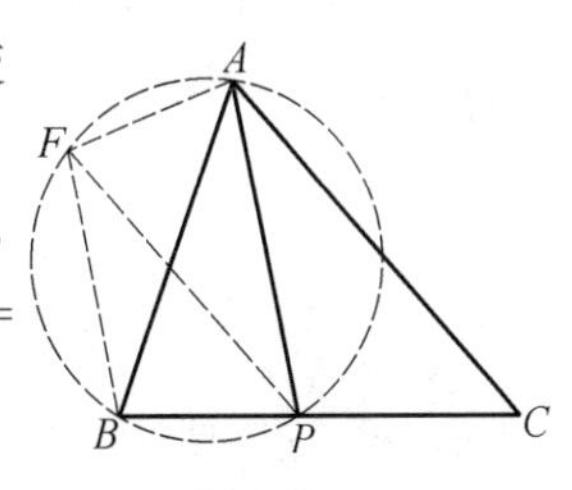

图 230.16

证明 16　如图 230.16,过 B 作 PA 的平行线交 $\triangle PAB$ 的外接圆于 F.

显然四边形 $APBF$ 为等腰梯形,可知 $FP=AB$,$\angle FBP=\angle BFA=\angle APC$,$\angle BFP=\angle PAB=\angle PAC$,有 $\triangle FBP\backsim\triangle APC$,于是

$$\frac{AB}{AC}=\frac{FP}{AC}=\frac{BP}{CP}$$

所以$\frac{AB}{AC}=\frac{BP}{CP}$.

本文参考自:
1.《数学通讯》1984 年 7 期 16 页.
2.《中学数学教学》1994 年 5 期 23 页.
3.《中学数学杂志》1997 年 4 期 37 页.
4.《中学生数学》2000 年 9 期 6 页.
5.《中学生数学》2001 年 11 期 30 页.

第 231 天

在 $\triangle ABC$ 中，点 D 在边 BC 上，且$\dfrac{BD}{DC}=\dfrac{AB}{AC}$.

求证：AD 平分 $\angle BAC$.

证明 1　如图 231.1，过 C 作 AD 的平行线交直线 BA 于 E.

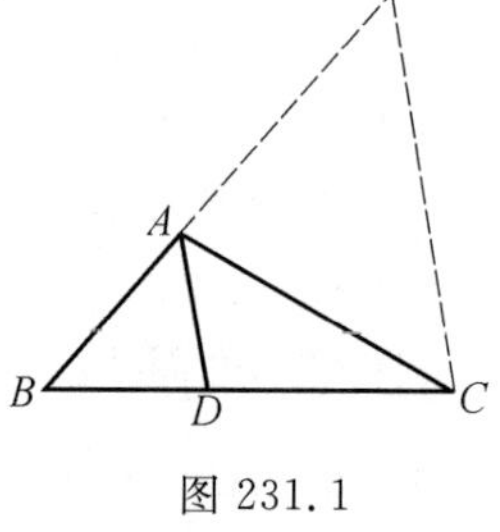

图 231.1

显然$\dfrac{BD}{DC}=\dfrac{AB}{AE}$.

由$\dfrac{BD}{DC}=\dfrac{AB}{AC}$，可知$\dfrac{AB}{AE}=\dfrac{AB}{AC}$，有 $AE=AC$，于是

$$\angle E=\angle ACE$$

显然 $\angle DAB=\angle E$，$\angle DAC=\angle ACE$，可知

$$\angle DAB=\angle DAC$$

所以 AD 平分 $\angle BAC$.

证明 2　如图 231.2，过 C 作 AB 的平行线交直线 AD 于 E.

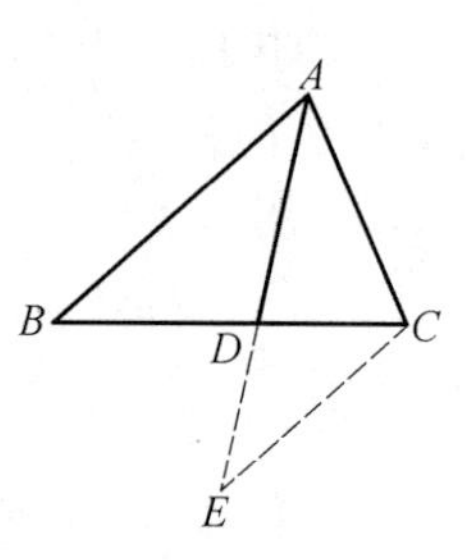

图 231.2

显然 $\triangle DAB\backsim\triangle DEC$，可知$\dfrac{BD}{DC}=\dfrac{AB}{EC}$. 由$\dfrac{BD}{DC}=\dfrac{AB}{AC}$，可知$\dfrac{AB}{EC}=\dfrac{AB}{AC}$，有 $EC=AC$，于是

$$\angle E=\angle CAE$$

显然 $\angle DAB=\angle E$，可知

$$\angle DAB=\angle CAE$$

所以 AD 平分 $\angle BAC$.

证明 3　如图 231.3，过 B 作 AD 的平行线交直线 AC 于 E.

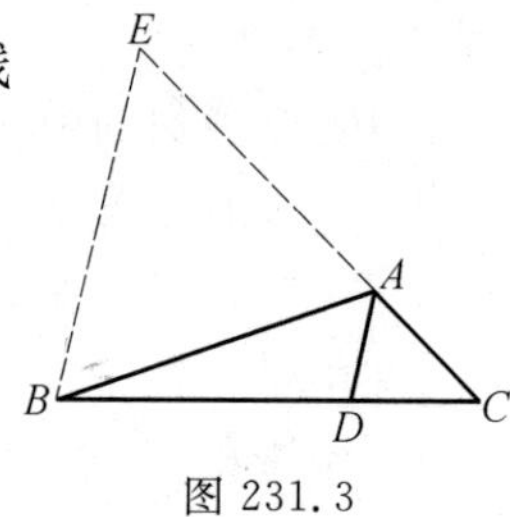

图 231.3

显然$\dfrac{BD}{DC}=\dfrac{AE}{AC}$.

由$\dfrac{BD}{DC}=\dfrac{AB}{AC}$，可知$\dfrac{AE}{AC}=\dfrac{AB}{AC}$，有 $AE=AB$，于是

$$\angle E=\angle ABE$$

显然 $\angle DAC=\angle E$，$\angle DAB=\angle ABE$，可知 $\angle DAC=\angle DAB$.

所以 AD 平分 $\angle BAC$.

证明 4 如图 231.4，过 B 作 AC 的平行线交直线 AD 于 E.

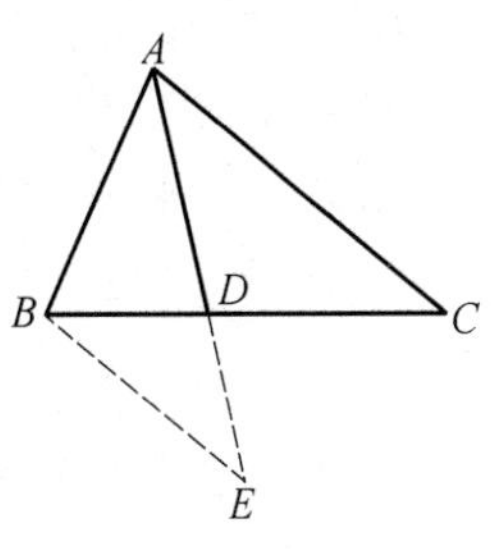

图 231.4

显然 $\triangle DBE \backsim \triangle DCA$，可知$\dfrac{BD}{DC}=\dfrac{EB}{AC}$.

由$\dfrac{BD}{DC}=\dfrac{AB}{AC}$，可知$\dfrac{EB}{AC}=\dfrac{AB}{AC}$，有 $EB=AB$，于是 $\angle E=\angle BAE$.

显然 $\angle DAC=\angle E$，可知 $\angle DAC=\angle BAE$.

所以 AD 平分 $\angle BAC$.

证明 5 如图 231.5，过 D 作 AC 的平行线交 AB 于 E.

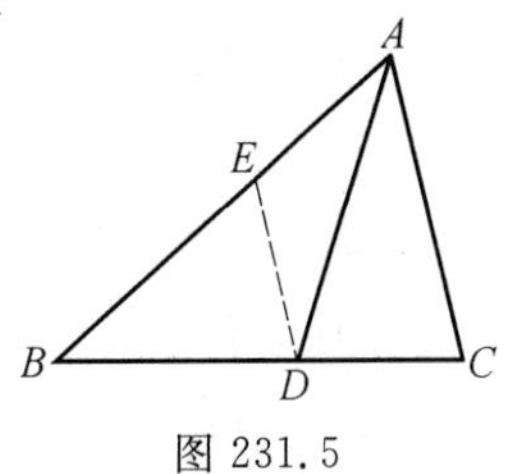

图 231.5

显然$\dfrac{BD}{DC}=\dfrac{BE}{EA}$.

由$\dfrac{BD}{DC}=\dfrac{AB}{AC}$，可知$\dfrac{BE}{EA}=\dfrac{AB}{AC}$.

显然 $\triangle EBD \backsim \triangle ABC$，可知

$$\frac{EB}{AB}=\frac{ED}{AC}$$

或

$$\frac{EB}{ED}=\frac{AB}{AC}=\frac{BE}{AE}$$

有 $ED=EA$，于是 $\angle EAD=\angle EDA$.

显然 $\angle DAC=\angle EDA$，可知 $\angle DAC=\angle EAD$.

所以 AD 平分 $\angle BAC$.

证明 6 如图 231.6，过 D 作 AB 的平行线交 AC 于 E.

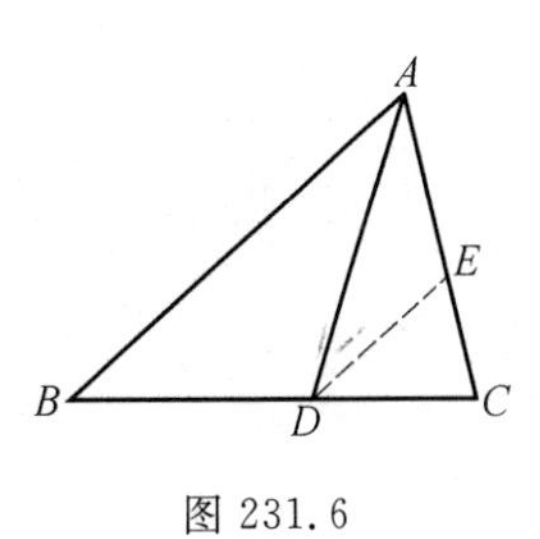

图 231.6

显然$\dfrac{BD}{DC}=\dfrac{AE}{EC}$.

由$\dfrac{BD}{DC}=\dfrac{AB}{AC}$，可知$\dfrac{AE}{EC}=\dfrac{AB}{AC}$.

显然 $\triangle EDC \backsim \triangle ABC$，可知

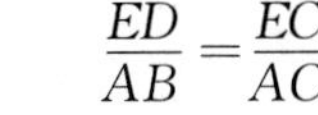

$$\frac{ED}{AB}=\frac{EC}{AC}$$

或

$$\frac{ED}{EC}=\frac{AB}{AC}=\frac{AE}{EC}$$

有 $ED=EA$，于是 $\angle DAC=\angle EDA$.

显然 $\angle EDA=\angle DAB$，可知 $\angle DAC=\angle DAB$.

所以 AD 平分 $\angle BAC$.

证明 7 如图 231.7，分别过 B,C 作 AD 的垂线，E，F 为垂足.

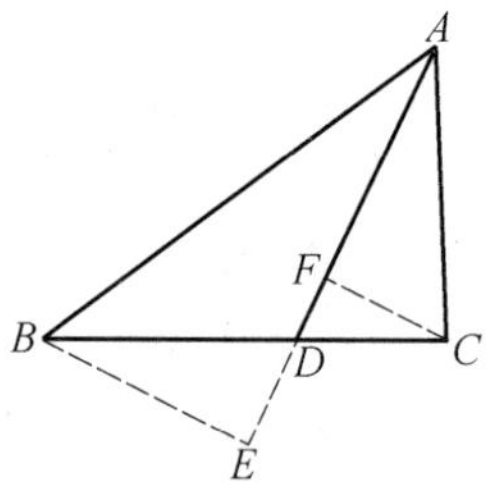

显然 $Rt\triangle DBE\backsim Rt\triangle DCF$，可知 $\frac{BD}{DC}=\frac{BE}{CF}$.

由 $\frac{BD}{DC}=\frac{AB}{AC}$，可知 $\frac{BE}{CF}=\frac{AB}{AC}$，有

$$Rt\triangle ABE\backsim Rt\triangle ACF$$

图 231.7

于是 $\angle EAB=\angle FAC$.

所以 AD 平分 $\angle BAC$.

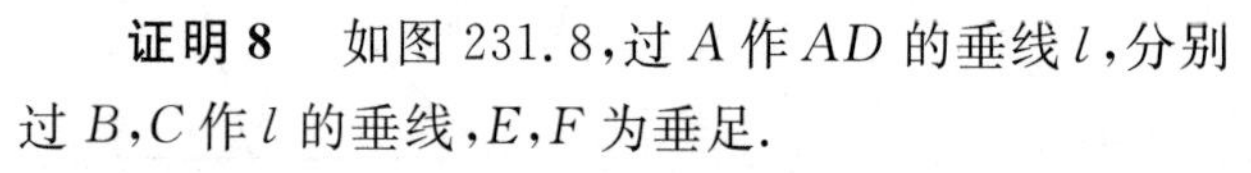

证明 8 如图 231.8，过 A 作 AD 的垂线 l，分别过 B,C 作 l 的垂线，E,F 为垂足.

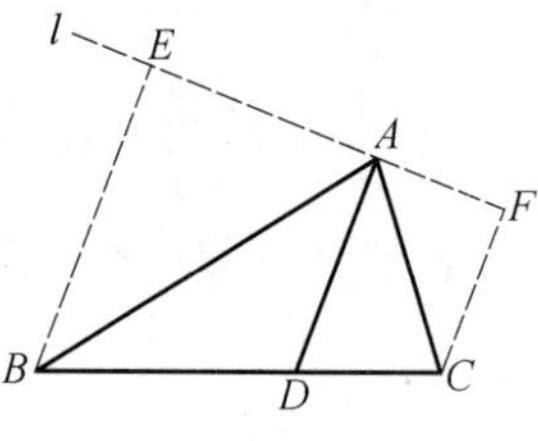

图 231.8

显然 $BE\parallel DA\parallel CF$，可知 $\frac{BD}{DC}=\frac{AE}{AF}$.

由 $\frac{BD}{DC}=\frac{AB}{AC}$，可知 $\frac{AE}{AF}=\frac{AB}{AC}$，有

$$Rt\triangle ABE\backsim Rt\triangle ACF$$

于是 $\angle ABE=\angle ACF$.

显然 $\angle DAB=\angle ABE$，$\angle DAC=\angle ACF$，可知 $\angle DAB=\angle DAC$.

所以 AD 平分 $\angle BAC$.

证明 9 如图 231.9，过 D 分别作 AB，AC 的垂线，E,F 为垂足.

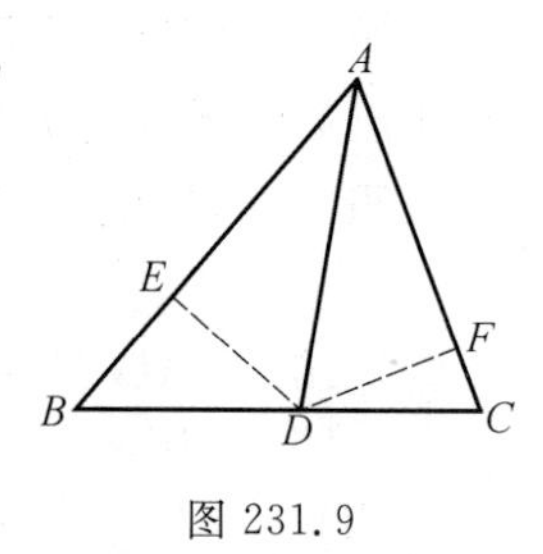

图 231.9

由

$$S_{\triangle ABD}=\frac{1}{2}AB\cdot AD\sin\angle DAB$$

$$S_{\triangle ACD}=\frac{1}{2}AC\cdot AD\sin\angle DAC$$

可知

$$\frac{BD}{DC}=\frac{S_{\triangle ABD}}{S_{\triangle ACD}}=\frac{AB\sin\angle DAB}{AC\sin\angle DAC}$$

由 $\frac{BD}{DC}=\frac{AB}{AC}$，可知 $\frac{\sin\angle DAB}{\sin\angle DAC}=1$，有

$$\sin\angle DAB=\sin\angle DAC$$

显然 $\angle DAB$ 与 $\angle DAC$ 均为锐角,可知 $\angle DAB=\angle DAC$.

所以 AD 平分 $\angle BAC$.

第 232 天

勾股定理　直角三角形两直角边 a,b 的平方和等于斜边 c 的平方，即

$$a^2+b^2=c^2$$

已知：$\triangle ABC$ 中，$\angle C=90^\circ$，$AB=c$，$BC=a$，$CA=b$. 求证：$a^2+b^2=c^2$.

证明 1　如图 232.1，过 C 作 AB 的垂线，D 为垂足.

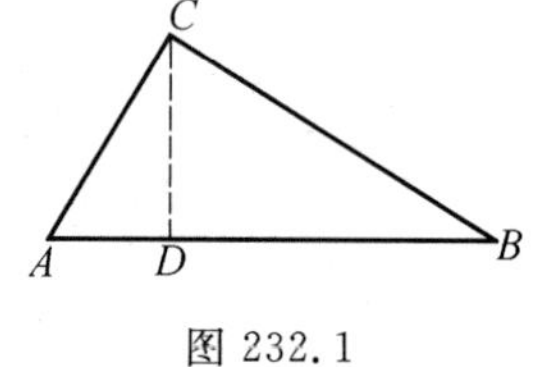

图 232.1

显然 $\mathrm{Rt}\triangle CDA\backsim\mathrm{Rt}\triangle BCA$，可知

$$\frac{AC}{AB}=\frac{AD}{AC}$$

有 $AC^2=AB\cdot AD$.

同理 $BC^2=AB\cdot BD$，可知

$$\begin{aligned}AC^2+BC^2&=AB\cdot AD+AB\cdot BD\\&=AB(AD+BD)=AB^2\end{aligned}$$

所以 $a^2+b^2=c^2$.

证明 2　如图 232.2，过 A 作 AB 的垂线交直线 BC 于 D.

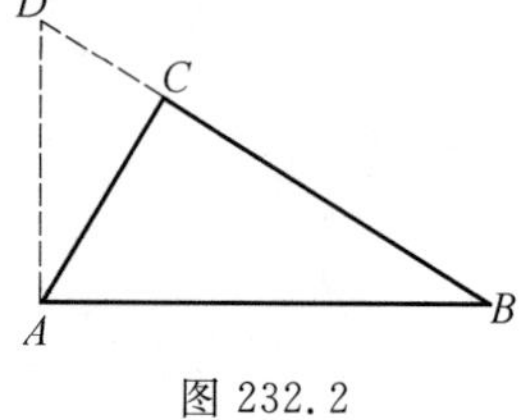

图 232.2

显然 $\mathrm{Rt}\triangle ACD\backsim\mathrm{Rt}\triangle BCA\backsim\mathrm{Rt}\triangle BAD$，可知

$$AB^2=BC\cdot BD,AC^2=BC\cdot CD$$

有

$$\begin{aligned}AB^2-AC^2&=BC\cdot BD-BC\cdot CD\\&=BC(BD-CD)=BC^2\end{aligned}$$

所以 $a^2+b^2=c^2$.

证明 3　如图 232.3，设点 D,E 为直线 AB 上的两点，$AD=AE=AC$，连 CD,CE.

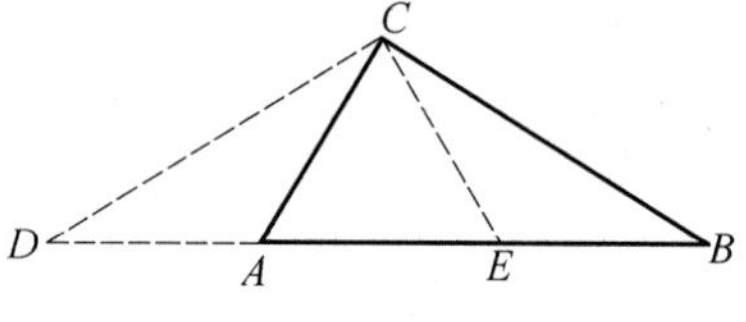

图 232.3

显然 $\angle DCE=90^\circ$. 由

$$\angle D=\angle ACD=90^\circ-\angle ACE=\angle BCE$$

可知 $\triangle BDC\backsim\triangle BCE$，有

$$\begin{aligned}BC^2&=BE\cdot BD=(AB-AC)\cdot(AB+AC)\\&=AB^2-AC^2\end{aligned}$$

于是 $AC^2+BC^2=AB^2$.

所以 $a^2+b^2=c^2$.

证明 4 如图 232.4,以 A 为圆心,AC 为半径作圆交直线 AB 于 D,E 两点,连 CD,CE.

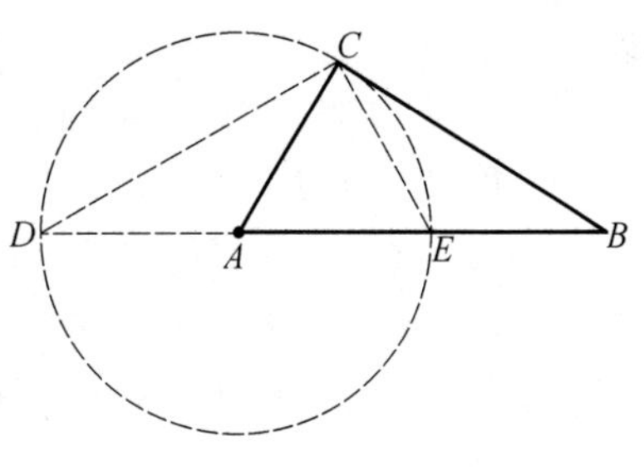

图 232.4

显然 $BE=AB-AC$,$BD=AB+AC$.

由 $\angle ACB=90^\circ$,可知 BC 为圆的切线,有

$$\begin{aligned}BC^2&=BE\cdot BD\\&=(AB-AC)\cdot(AB+AC)\\&=AB^2-AC^2\end{aligned}$$

于是 $AC^2+BC^2=AB^2$.

所以 $a^2+b^2=c^2$.

证明 5 如图 232.5,以 A 为圆心,AB 为半径作圆交直线 AC 于 E,F,交直线 BC 于 D.

显然 $CD=BC$,$CE=AB-AC$,$CF=AB+AC$.

由相交弦定理,可知 $CD\cdot CB=CE\cdot CF$,有

$$\begin{aligned}BC^2&=(AB-AC)\cdot(AB+AC)\\&=AB^2-AC^2\end{aligned}$$

即 $AC^2+BC^2=AB^2$.

所以 $a^2+b^2=c^2$.

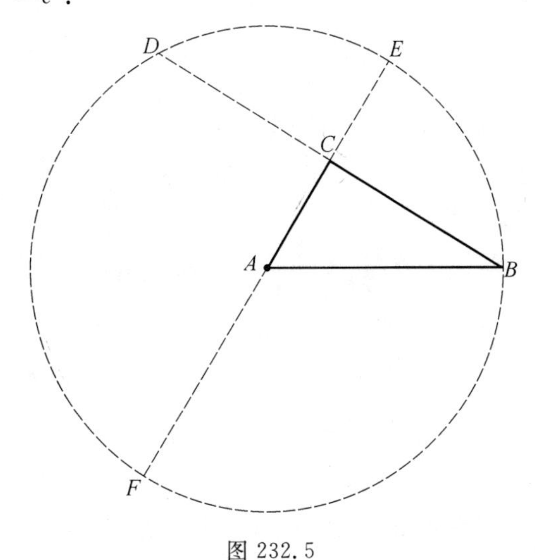

图 232.5

证明 6　如图 232.6,设 D 为 A 关于 BC 的对称点,$\triangle ABD$ 的外接圆交直线 BC 于 E,连 EA,DB.

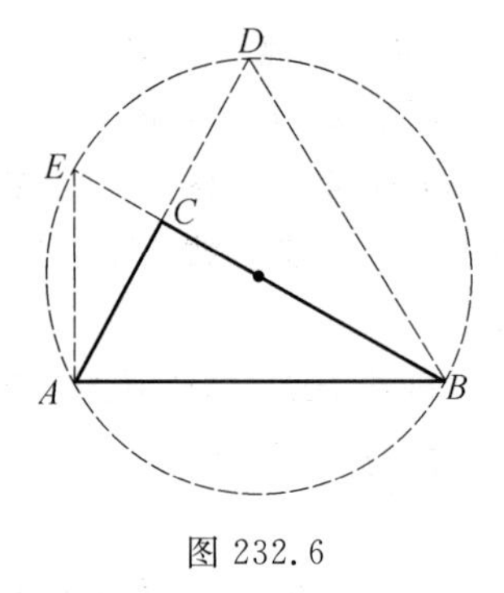

图 232.6

显然 BE 为圆的直径,可知 $\angle EAB=90^\circ$.

易知 $AC^2=CE\cdot CB$.

由 $\text{Rt}\triangle ABC\backsim\text{Rt}\triangle EBA$,可知

$$AB^2=BC\cdot BE=BC\cdot(BC+CE)$$
$$=BC^2+BC\cdot CE=BC^2+AC^2$$

即

$$AC^2+BC^2=AB^2$$

所以 $a^2+b^2=c^2$.

证明 7　如图 232.7,设 O 为斜边 AB 的中点,CO 交 $\triangle ABC$ 的外接圆于 D,连 DA,DB.

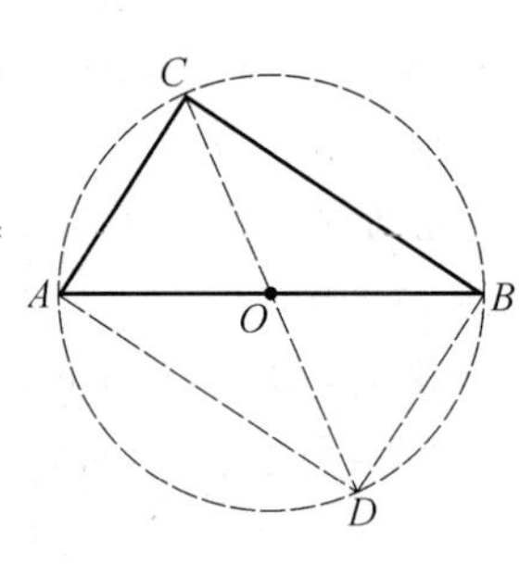

图 232.7

显然四边形 $ADBC$ 为矩形,可知 $AD=CB$,$DB=AC$,$CD=AB$.

依托勒密定理,可知

$$BC\cdot AD+AC\cdot DB=CD\cdot AB$$

有

$$AC^2+BC^2=AB^2$$

所以 $a^2+b^2=c^2$.

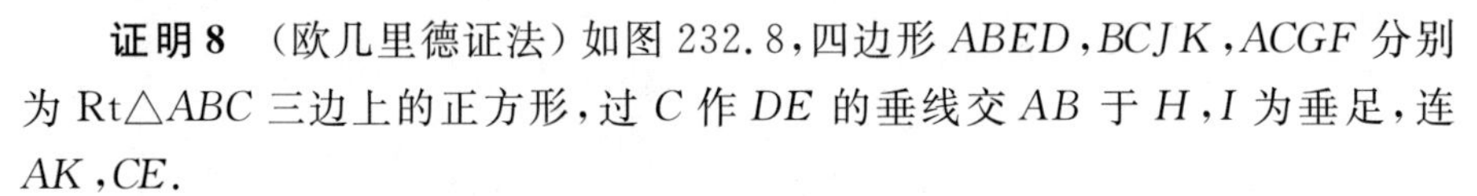

证明 8　(欧几里德证法)如图 232.8,四边形 $ABED$,$BCJK$,$ACGF$ 分别为 $\text{Rt}\triangle ABC$ 三边上的正方形,过 C 作 DE 的垂线交 AB 于 H,I 为垂足,连 AK,CE.

显然 $\triangle ABK\cong\triangle EBC$,可知 $S_{\triangle ABK}=S_{\triangle EBC}$.

易知 $S_{BCJK}=2S_{\triangle ABK}$,$S_{EBHI}=2S_{\triangle EBC}$,可知 $S_{BCJK}=S_{EBHI}$.

同理 $S_{ACGF}=S_{ADIH}$,可知

$$S_{BCJK}+S_{ACGF}=S_{EBHI}+S_{ADIH}=S_{ABED}$$

即

$$BC^2+AC^2=AB^2$$

所以 $a^2+b^2=c^2$.

证明 9　(美国总统加菲尔德的证明方法)如图 232.9,设 E 为 CA 的延长线上的一点,$\text{Rt}\triangle AED\cong\text{Rt}\triangle BCA$,连 BD.

显然 $\triangle ABD$ 为等腰直角三角形,$\angle BAD=90^\circ$. 四边形 $BCED$ 为直角梯形.

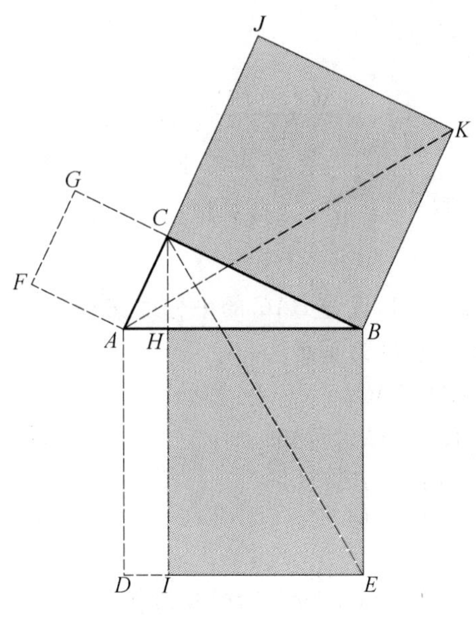

图 232.8

由 $S_{BCED}=2S_{\triangle ABC}+S_{\triangle ABD}$，可知

$$\frac{1}{2}(BC+DE)\cdot(AC+AE)$$
$$=AC\cdot BC+\frac{1}{2}AB^2$$

有

$$(BC+AC)\cdot(AC+BC)$$
$$=2AC\cdot BC+AB^2$$

于是

$$AC^2+BC^2=AB^2$$

所以 $a^2+b^2=c^2$.

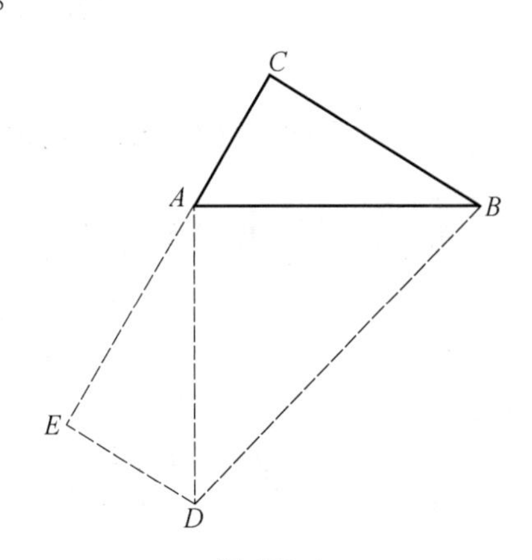

图 232.9

证明 10 如图 232.10，过 C 作 AB 的垂线，D 为垂足.

易知 $\mathrm{Rt}\triangle CDA\backsim\mathrm{Rt}\triangle BCA\backsim\mathrm{Rt}\triangle BDC$，可知

$$\frac{S_{\triangle CDA}}{S_{\triangle BCA}}=\frac{AC^2}{AB^2},\frac{S_{\triangle BDC}}{S_{\triangle BCA}}=\frac{BC^2}{AB^2}$$

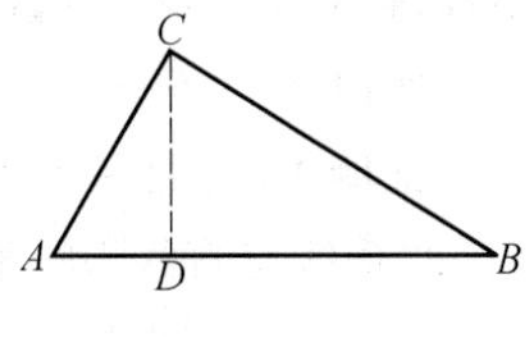

图 232.10

有

$$\frac{S_{\triangle CDA}}{S_{\triangle BCA}}+\frac{S_{\triangle BDC}}{S_{\triangle BCA}}=\frac{AC^2}{AB^2}+\frac{BC^2}{AB^2}=\frac{AC^2+BC^2}{AB^2}$$

显然$\dfrac{S_{\triangle CDA}}{S_{\triangle BCA}}+\dfrac{S_{\triangle BDC}}{S_{\triangle BCA}}=1$，可知

$$\frac{AC^2+BC^2}{AB^2}=1$$

有

$$AC^2+BC^2=AB^2$$

所以 $a^2+b^2=c^2$.

证明 11　如图 232.11，设$\angle BAC$ 的平分线交 BC 于 E，过 E 作 AB 的垂线，D 为垂足.

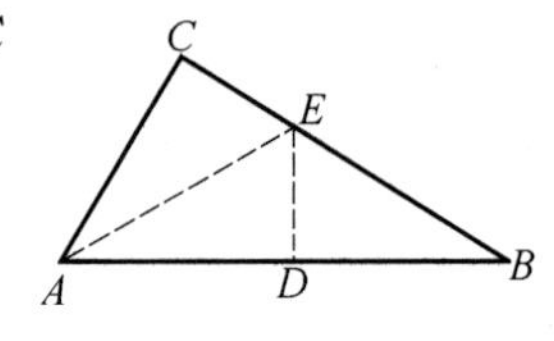

图 232.11

显然 $ED=EC$，$AD=AC$.

由 $\mathrm{Rt}\triangle BDE \backsim \mathrm{Rt}\triangle BCA$，可知

$$\frac{BE}{BD}=\frac{BA}{BC}$$

有

$$BE=\frac{BA\cdot BD}{BC}=\frac{BA\cdot(BA-AC)}{BC}$$

于是

$$DE=CE=BC-BE=\frac{BC^2-BA\cdot(BA-AC)}{BC}$$

由$\dfrac{DE}{AC}=\dfrac{BE}{BA}$，可知 $DE=\dfrac{BE\cdot AC}{BA}$，有

$$\frac{BC^2-BA\cdot(BA-AC)}{BC}=\frac{BE\cdot AC}{BA}$$

于是

$$\frac{BC^2-BA\cdot(BA-AC)}{BC\cdot AC}=\frac{BE}{BA}=\frac{BD}{BC}$$

$$=\frac{AB-AD}{BC}=\frac{AB-AC}{BC}$$

整理得 $AC^2+BC^2=AB^2$.

所以 $a^2+b^2=c^2$.

证明 12　如图 232.12，设 D 为 BA 的延长线上的一点，$DA=CA$，过 D 作 AB 的垂线交直线 BC 于 E.

显然 $\mathrm{Rt}\triangle BDE \backsim \mathrm{Rt}\triangle BCA$，可知

$$\frac{DE}{AC}=\frac{BD}{BC}$$

有

$$DE=\frac{BD\cdot AC}{BC}=EC$$

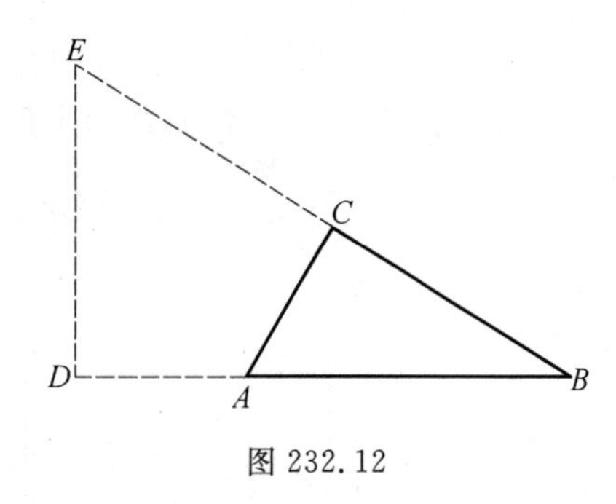

图 232.12

于是

$$BE=EC+BC=\frac{BD\cdot AC+BC^2}{BC}$$

显然$\frac{AC}{DE}=\frac{AB}{BE}$,可知

$$BE=\frac{AB\cdot DE}{AC}$$

有

$$\frac{AB\cdot DE}{AC}=\frac{BD\cdot AC+BC^2}{BC}$$
$$=\frac{(DA+AB)\cdot AC+BC^2}{BC}$$

于是

$$\frac{(DA+AB)\cdot AC+BC^2}{BC\cdot AB}=\frac{DE}{AC}=\frac{BD}{BC}$$

得

$$AD\cdot AC+AB\cdot AC+BC^2=AB\cdot BD$$

或

$$AC^2+BC^2=AB\cdot BD-AB\cdot AC$$
$$=AB(BD-AC)=AB(BD-AD)=AB^2$$

即

$$AC^2+BC^2=AB^2$$

所以 $a^2+b^2=c^2$.

证明 13 (勾股圆方图,赵爽证法)如图 232.13,在边长为 c 的正方形中,有四个斜边为 c 的全等的直角三角形,已知它们的直角边长为 a,b,从图中可以看到,中间小正方形边长为 $a-b$,面积为$(a-b)^2$,大正方形面积为 c^2,它们的差是四个全等的两直角边分别为 a,b,斜边为 c 的直角三角形,有

$$(a-b)^2+4\times\frac{1}{2}ab=c^2$$

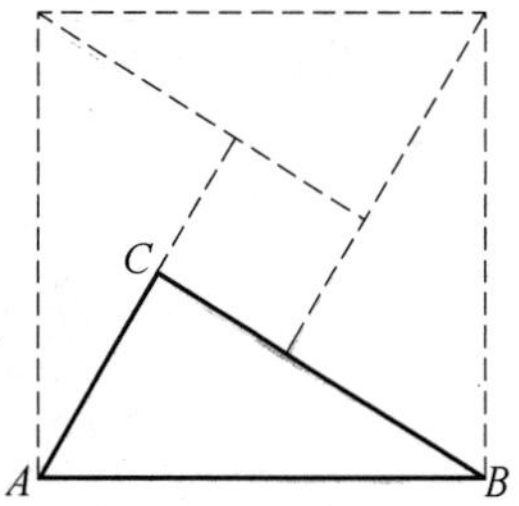

图 232.13

所以 $a^2+b^2=c^2$.

证明 14 (拼图法)如图 232.14,作 8 个全等的直角三角形,设它们的两条直角边长分别为 a,b,斜边长为 c. 再作三个边长分别为 a,b,c 的正方形,把

它们拼成如图 232.14 那样的正方形.

从图上我们可以看到,这两个正方形的边长都是 $a+b$,所以面积相等,即

$$a^2+b^2+4\times\frac{1}{2}ab=c^2+4\times\frac{1}{2}ab$$

所以 $a^2+b^2=c^2$.

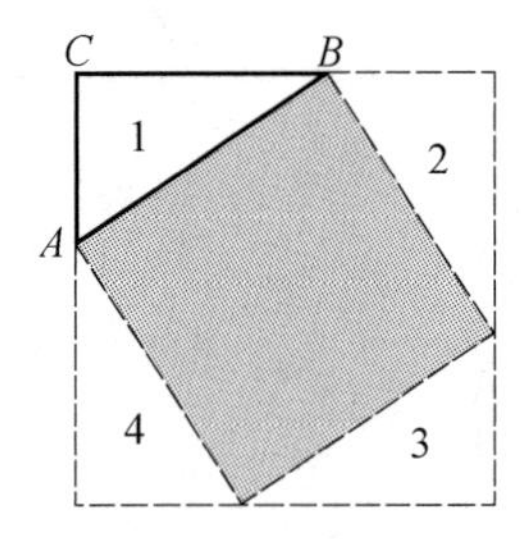

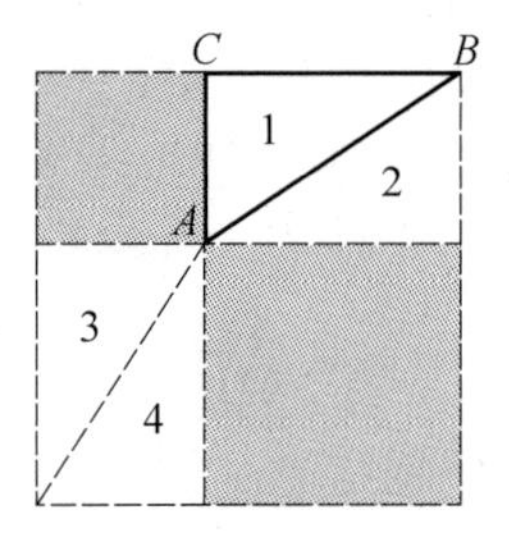

图 232.14

证明 15 (印度国王帕斯卡拉二世证法)如图 232.15(a),(b),在边长为 c 的正方形 $ABMN$ 中,有四个斜边为 c 的全等的直角三角形,已知它们的直角边长为 a,b,从图中可以看到,中间小正方形边长为 $a-b$,面积为 $(a-b)^2$,大正方形面积为 c^2.

将图 232.15(a) 中的一个小正方形与四个直角三角形重新拼摆成图 232.15(b),可知四边形 $EFGK$ 与四边形 $BCED$ 均为正方形,它们的面积分别为 b^2,a^2.

所以 $a^2+b^2=c^2$.

另外的推导是(图 232.15(c))四边形 $BDKH$ 与四边形 $CFGH$ 均为矩形,$GF=b,FC=b+a,BH=a-b,BD=a$,整个图形的面积与图 232.15(a) 的面积相等,且为 c^2,于是 $b\cdot(b+a)+a\cdot(a-b)=c^2$.

所以 $a^2+b^2=c^2$.

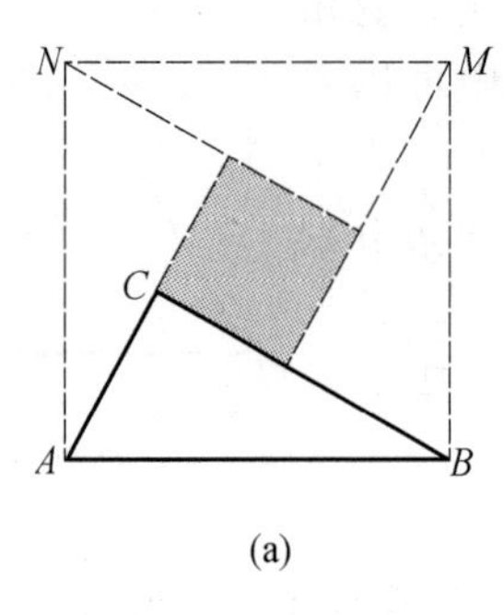

(a)

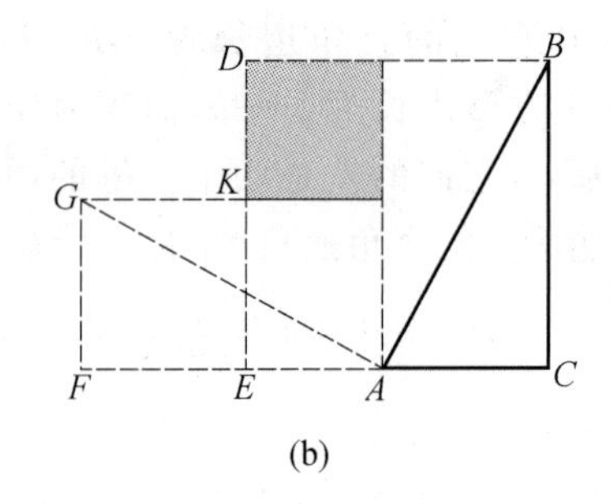

(b)

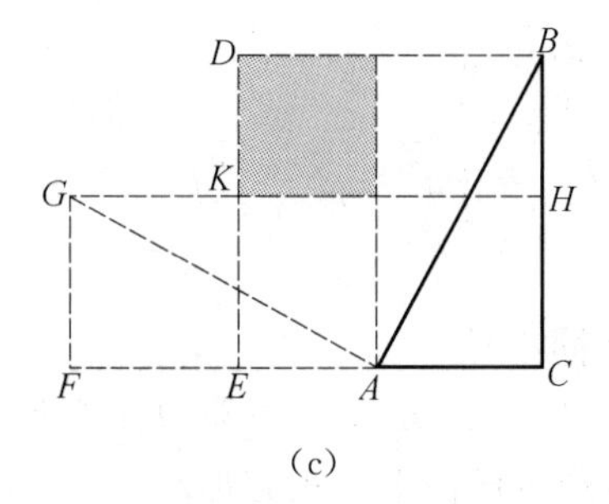

(c)

图 232.15

证明 16　如图 232.16,分别以 Rt△ABC 的各边为一边向三角形外作正方形,再以 $a+b$ 为边作两个正方形.从面积换算中,即得.

所以 $a^2+b^2=c^2$.

(本证法与证明 14 相同)

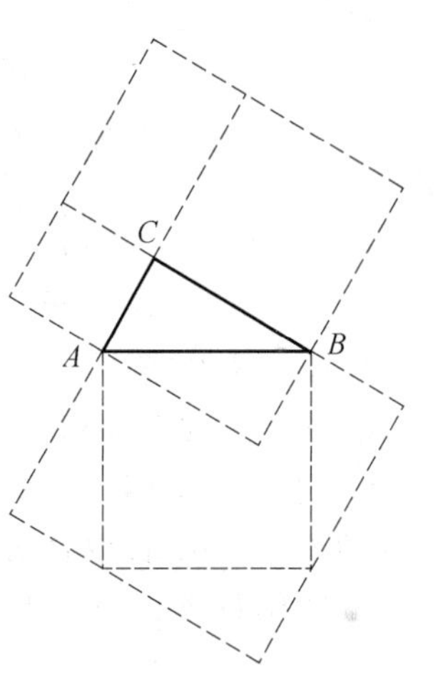

图 232.16

证明 17　如图 232.17,分别以 Rt△ABC 的各边为一边向三角形外作正方形.过 D 作 AB 的平行线交 BC 于 E,过 C 作 AB 的垂线交 FI 于 G,L 为垂足,过 F 作 AC 的平行线交 CG 于 H.

显然平行四边形 $ABED$ 与平行四边形 $AFHC$ 全等,矩形 $AFGL$ 与平行四边形 $AFHC$ 的面积相等,正方形 $ACKD$ 与平行四边形 $ABED$ 的面积相等,可知矩形 $AFGL$ 与正方形 $ACKD$ 的面积相等.

同理,矩形 $BIGL$ 与正方形 $BCTJ$ 的面积相等,可知 $S_{ACKD}+S_{BCTJ}=S_{AFGL}+S_{BIGL}=S_{ABIF}$.

所以 $a^2+b^2=c^2$.

(本证法与证明 8 本质相同)

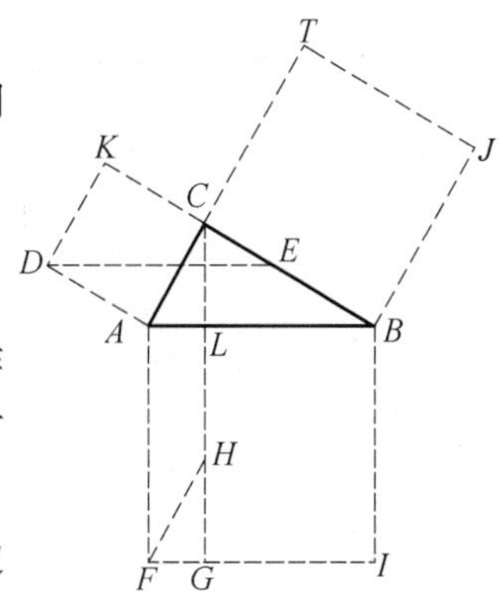

图 232.17

证明 18　如图 232.18,以 AC,BC 为邻边作矩形 $AGBC$,以 A 为中心,将矩形 $AGBC$ 按顺时针方向旋转 90° 到矩形 $AEDF$ 的位置.

显然 △ADB 为等腰直角三角形,其直角边长为 c,面积为 $S_{\triangle ADB}=\dfrac{1}{2}c^2$.

显然四边形 $BCED$ 为直角梯形,其面积为

$$S_{BCED}=2S_{\triangle ABC}+S_{\triangle ADB}=ab+\frac{1}{2}c^2$$

及 $$S_{BCED}=\frac{1}{2}(a+b)^2=\frac{1}{2}a^2+ab+\frac{1}{2}b^2$$

所以 $a^2+b^2=c^2$.

(本证法与证明 9 大同小异)

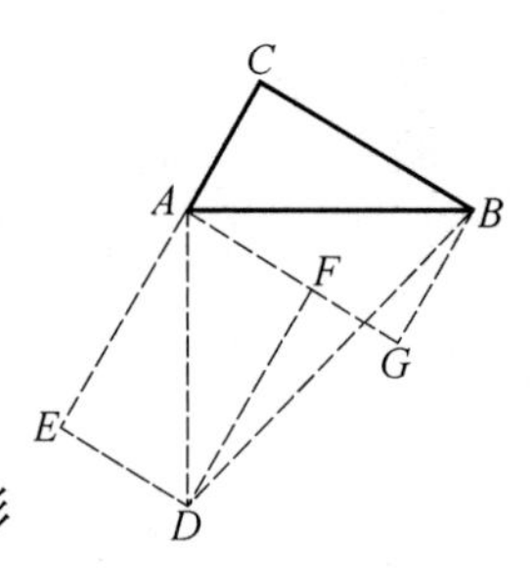

图 232.18

证明 19 如图 232.19,以 AC,BC 为邻边作矩形 $ADBC$,将四个这样的矩形拼成一个大正方形.

显然

$$c^2=(a+b)^2-4S_{\triangle ABC}$$
$$=a^2+b^2+2ab-2ab=a^2+b^2$$

或

$$c^2=(b-a)^2+4S_{\triangle ABC}$$
$$=a^2+b^2-2ab+2ab=a^2+b^2$$

所以 $a^2+b^2=c^2$.

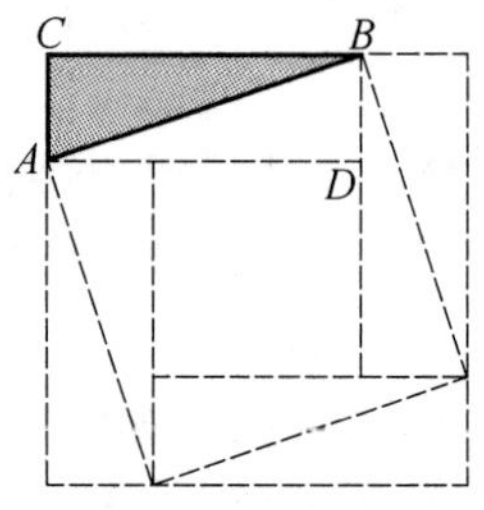

图 232.19

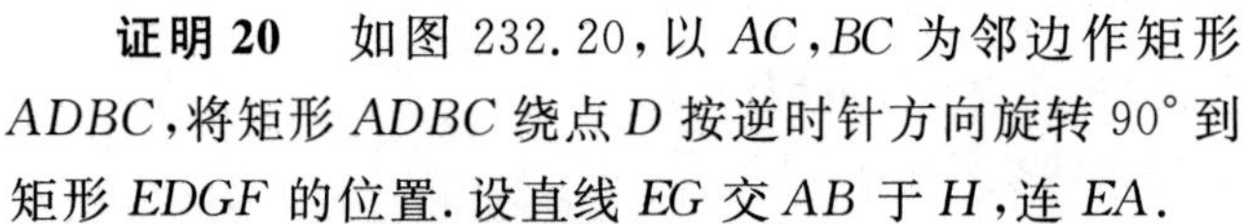

证明 20 如图 232.20,以 AC,BC 为邻边作矩形 $ADBC$,将矩形 $ADBC$ 绕点 D 按逆时针方向旋转 $90°$ 到矩形 $EDGF$ 的位置.设直线 EG 交 AB 于 H,连 EA.

显然 B,D,E 三点共线.

易知 $EH\perp AB$.

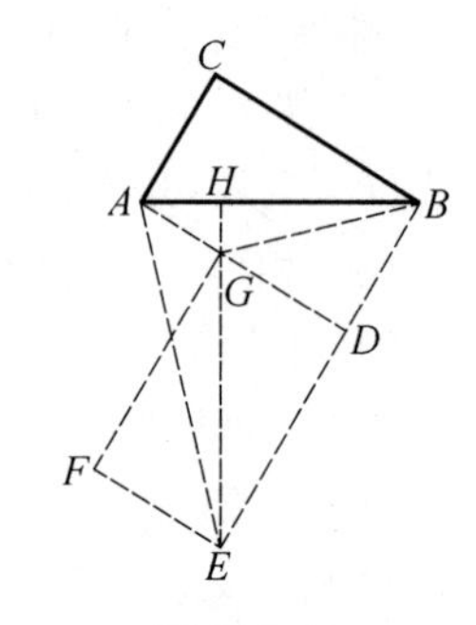

图 232.20

易知 $S_{\triangle BDG}=\frac{1}{2}b^2$,$S_{\triangle ADE}=\frac{1}{2}a^2$,可知

$$S_{\triangle BDG}+S_{\triangle ADE}=\frac{1}{2}b^2+\frac{1}{2}a^2$$

由

$$S_{\triangle AGE}=\frac{1}{2}EG\cdot AH$$

$$S_{\triangle BGE}=\frac{1}{2}EG\cdot BH$$

可知

$$S_{\triangle AGE}+S_{\triangle BGE}=\frac{1}{2}EG\cdot(AH+BH)$$
$$=\frac{1}{2}EG\cdot AB=\frac{1}{2}c^2$$

有 $$\frac{1}{2}a^2+\frac{1}{2}b^2=\frac{1}{2}c^2$$

所以 $a^2+b^2=c^2$.

证明 21　如图 232.21,以 AC,BC 为邻边作矩形 $ADBC$,将矩形 $ADBC$ 绕点 B 按顺时针方向旋转 90° 到矩形 $FEBG$ 的位置,连 BF. 以 AB,BF 为邻边作平行四边形 $ABFH$. 过 H 作 AC 的垂线交 DG 于 K,J 为垂足;过 F 作 BC 的垂线交 KH 于 L,E 为垂足.

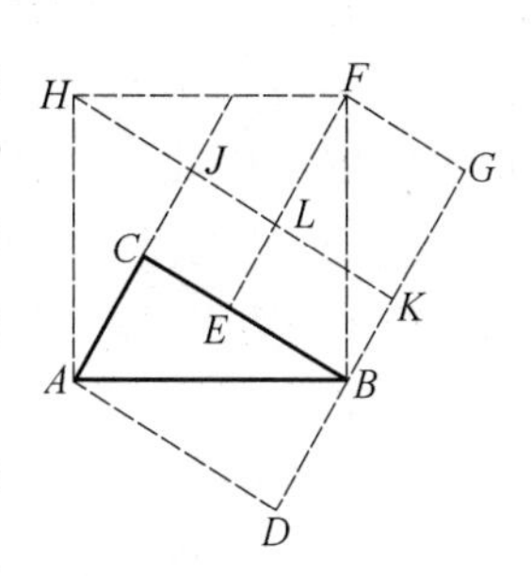

图 232.21

显然四边形 $ABFH$ 为正方形,面积为 c^2;四边形 $ADKJ$ 为正方形,面积为 b^2;四边形 $FGKL$ 为正方形,面积为 a^2.

在五边形 $ADGFH$ 中,去掉正方形 $ABFH$,剩下的两个三角形都是与 $\triangle ABC$ 全等的三角形;或去掉正方形 $ADKJ$ 及正方形 $FGKL$,剩下的两个三角形也都是与 $\triangle ABC$ 全等的三角形.

所以 $a^2+b^2=c^2$.

证明 22　如图 232.22,以 AB 为一边在 $\triangle ABC$ 的外侧作正方形 $ABDH$. 过 H 作 AC 的垂线,G 为垂足;过 D 作 AC 的垂线,F 为垂足;过 H 作 DF 的垂线,K 为垂足;过 B 作 DF 的垂线,E 为垂足.

显然 $\triangle BDE$,$\triangle DHK$,$\triangle AHG$ 为三个与 Rt$\triangle BAC$ 全等的直角三角形. 四边形 $BCFE$,$FGHK$,$ABDH$ 为三个正方形,边长分别为 a,b,c.

图 232.22(a) 表明,五边形 $BCGHD$ 去掉两个正方形 $BCFE$ 与 $FGHK$ 之后,剩下来两个直角三角形.

图 232.22(b) 表明,五边形 $BCGHD$ 去掉正方形 $ABDH$ 之后,剩下来两个直角三角形.

所以 $a^2+b^2=c^2$.

(本证法与证明 21 相类似)

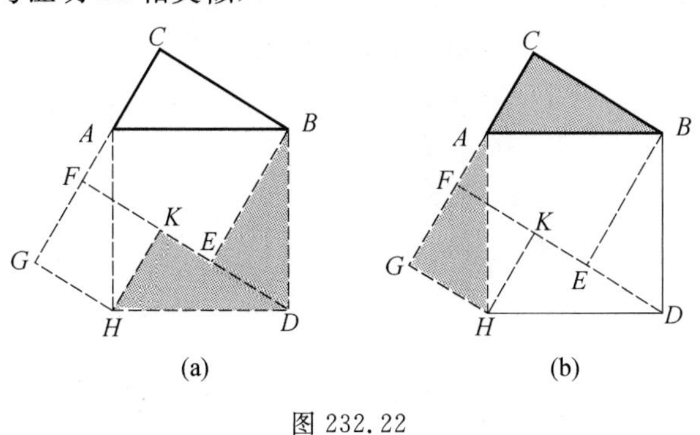

图 232.22

证明 23　如图 232.23,以 AB 为一边在 $\triangle ABC$ 的外侧作正方形 $ABDE$,

以 AC 为一边在 $\triangle ABC$ 的外侧作正方形 $ACHK$，以 BC 为一边在 $\triangle ABC$ 的外侧作正方形 $BCFG$．直线 AC，DE 相交于 L，过 E 作 CL 的垂线，P 为垂足．

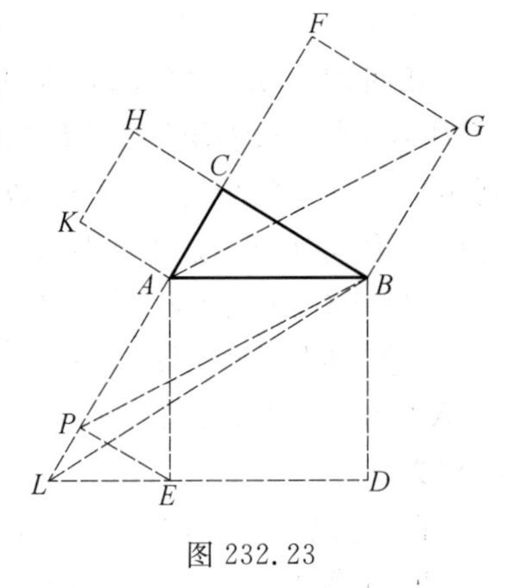

图 232.23

易知四边形 $APBG$ 为平行四边形．又知

$$2S_{\triangle PLB}=PL\cdot BC=PL\cdot PA$$
$$=PE^2=AC^2$$
$$2S_{\triangle PAB}=2S_{\triangle GAB}=BC\cdot BG=BC^2$$
$$2S_{\triangle ALB}=AB\cdot AE=AB^2$$

显然 $S_{\triangle PLB}+S_{\triangle PAB}=S_{\triangle ALB}$，可知

$$BC^2+AC^2=AB^2$$

所以 $a^2+b^2=c^2$．

证明 24 如图 232.24，以 AB 为一边在 $\triangle ABC$ 的外侧作正方形 $ABDE$．过 D 作 AC 的垂线，F 为垂足；过 B 作 DF 的垂线，G 为垂足．以 GD 为一边在 $\triangle BDG$ 的内侧作正方形 $DGHK$．过 E 作 DF 的垂线，L 为垂足．

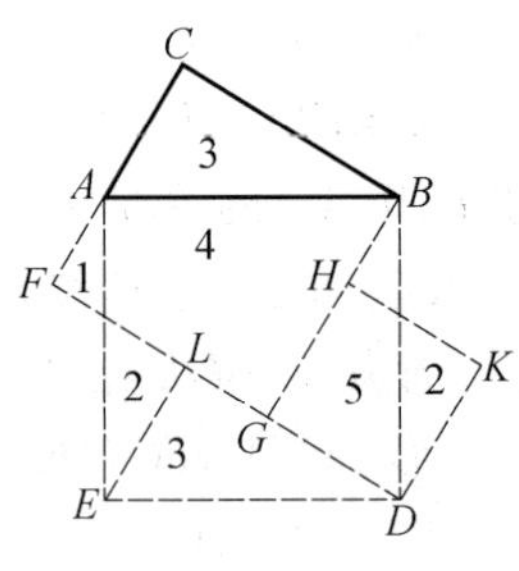

图 232.24

显然

$$a^2=S_2+S_5$$
$$b^2=S_1+S_3+S_4$$
$$c^2=S_1+S_2+S_3+S_4+S_5$$

所以 $a^2+b^2=c^2$．

证明 25 如图 232.25，以 AB 为一边在 $\triangle ABC$ 的外侧作正方形 $ABDE$．过 D 作 AC 的垂线，F 为垂足；过 B 作 DF 的垂线，G 为垂足．以 GD 为一边在 $\triangle BDG$ 的外侧作正方形 $DGHK$．过 E 作 DF 的垂线，L 为垂足．

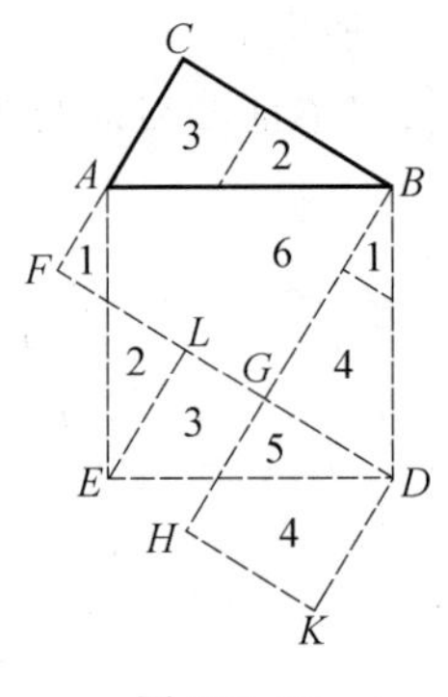

图 232.25

显然

$$a^2=S_4+S_5$$
$$b^2=S_1+S_2+S_3+S_6$$
$$c^2=S_1+S_2+S_3+S_4+S_5+S_6$$

所以 $a^2+b^2=c^2$．

证明 26 如图 232.26，以 AB 为一边在 $\triangle ABC$ 的 c 点一侧作正方形 $ABDE$．过 D 作 AC 的垂线，F 为垂足；过 B 作 DF 的垂线，G 为垂足．设 H 为 GB 的延长线上的一点，$BH=AC$，以 BH 为一边在 $\triangle ABC$ 的

内部一侧作正方形 $BHKL$. 过 E 作 AC 的垂线, J 为垂足.

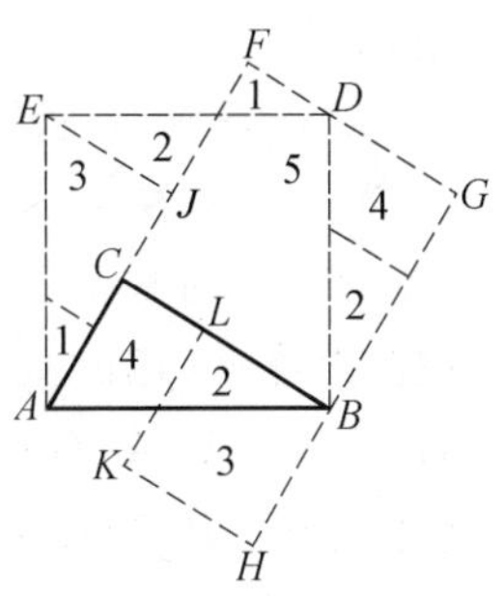

图 232.26

显然点 L 落在 BC 上. 易知

$$a^2=S_2+S_3$$

$$b^2=S_1+S_2+S_4+S_5$$

$$c^2=S_1+2S_2+S_3+S_4+S_5$$

所以 $a^2+b^2=c^2$.

证明 27 如图 232.27, 以 AB 为一边在 $\triangle ABC$ 的外侧作正方形 $ABDE$. 过 D 作 AC 的垂线, F 为垂足; 过 B 作 DF 的垂线, K 为垂足; 过 E 作 DF 的垂线, G 为垂足. 以 AC 为一边在 $\triangle ABC$ 的内部一侧作正方形 $ACLH$.

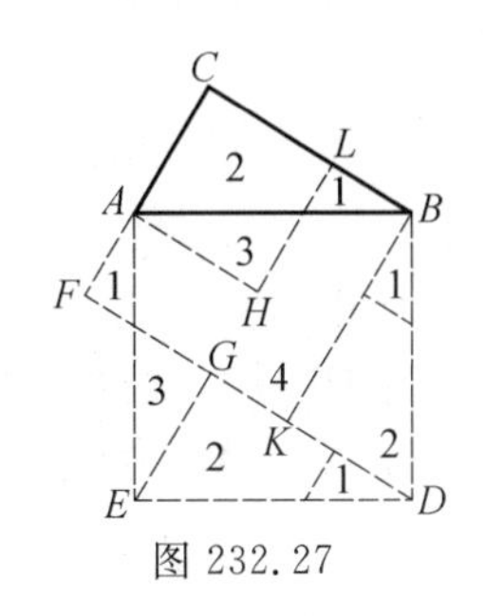

图 232.27

显然点 L 落在 BC 上. 易知

$$a^2=S_2+S_3$$

$$b^2=2S_1+S_2+S_3+S_4$$

$$c^2=2S_1+2S_2+2S_3+S_4$$

所以 $a^2+b^2=c^2$.

证明 28 如图 232.28, 以 AB 为一边在 $\triangle ABC$ 的外侧作正方形 $ABDE$, 以 AC 为一边在 $\triangle ABC$ 的外侧作正方形 $ACHK$, 以 BC 为一边在 $\triangle ABC$ 的内侧作正方形 $BCFG$. 直线 AE, BC 相交于 L(其他辅助线如图).

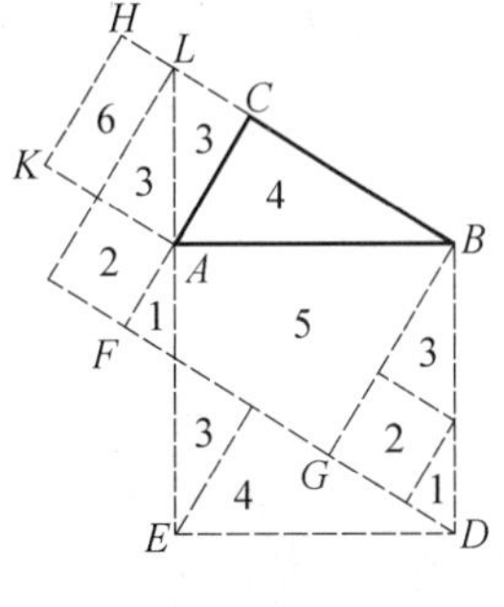

图 232.28

由 $AC^2=CL\cdot CB$, 可知

$$S_6+2S_3=S_2+2S_3$$

有 $S_6=S_2$. 易知

$$a^2=S_6+2S_3=S_2+2S_3$$

$$b^2=S_1+S_4+S_5$$

$$c^2=S_1+S_2+2S_3+S_4+S_5$$

所以 $a^2+b^2=c^2$.

证明 29 如图 232.29, 以 AB 为一边在 $\triangle ABC$ 的外侧作正方形 $ABDE$, 以 AC 为一边在 $\triangle ABC$ 的内侧作正方形 $ACHK$, 以 BC 为一边在 $\triangle ABC$ 的外侧作正方形 $BCFG$. 直线 DB, GF 相交于 L, 过 L 作 DL 的垂线交 AF 于 J. 过 E 作 BC 的垂线, H 为垂足; 过 A 作 EH 的垂线, K 为垂足; 过 D 作 EH 的垂线, G 为垂足.

易知

$$a^2=S_4+S_5,b^2=S_1+S_2+S_3$$

$$c^2=S_1+S_2+S_3+S_4+S_5$$

所以 $a^2+b^2=c^2$.

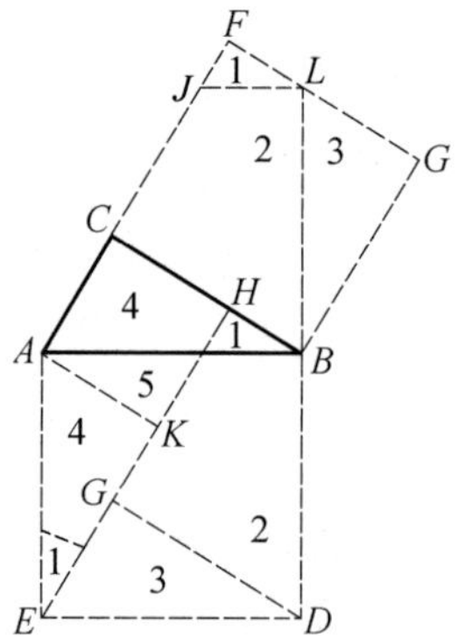

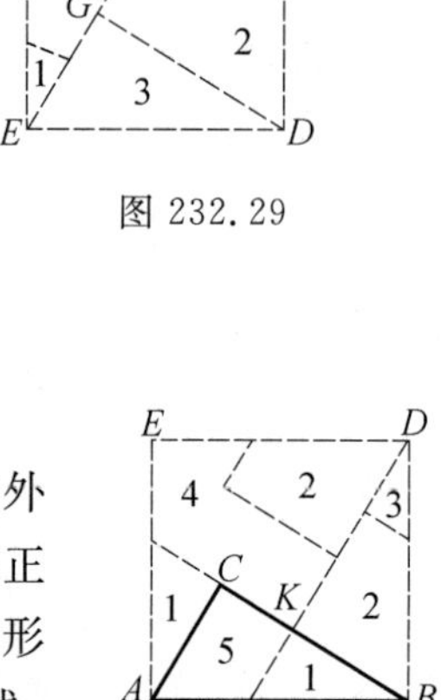

图 232.29

证明 30 如图 232.30,以 AB 为一边在 $\triangle ABC$ 的内侧作正方形 $ABDE$,以 BC 为一边在 $\triangle ABC$ 的内侧作正方形 $BCFG$. 过 D 作 BC 的垂线,K 为垂足. 以 BK 为一边在 $\triangle ABC$ 的内侧作正方形 $BKHL$.

显然点 L 落在 BG 上. 易知

$$a^2=S_1+S_2$$

$$b^2=S_1+S_2+S_3+S_4+S_5$$

$$c^2=2S_1+2S_2+S_3+S_4+S_5$$

所以 $a^2+b^2=c^2$.

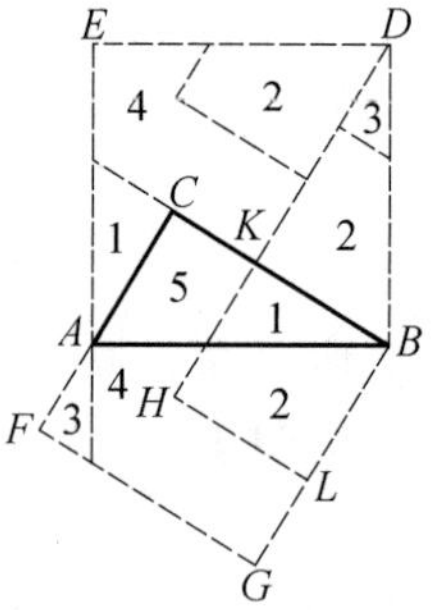

图 232.30

证明 31 如图 232.31,以 AB 为一边在 $\triangle ABC$ 的外侧作正方形 $ABDE$,以 AC 为一边在 $\triangle ABC$ 的外侧作正方形 $ACHK$,以 BC 为一边在 $\triangle ABC$ 的外侧作正方形 $BCFG$. 过 D 作 AC 的垂线,L 为垂足;过 E 作 DL 的垂线,J 为垂足. 设直线 GB 交 DL 于 I. 过 G 作 AB 的平行线交 AF 于 P,过 P 作 PG 的垂线交 BC 于 Q. 直线 AE,BC 相交于 T.

易知

$$a^2=S_5+S_2$$

$$b^2=S_1+S_3+S_4$$

$$c^2=S_1+S_2+S_3+S_4+S_5$$

所以 $a^2+b^2=c^2$.

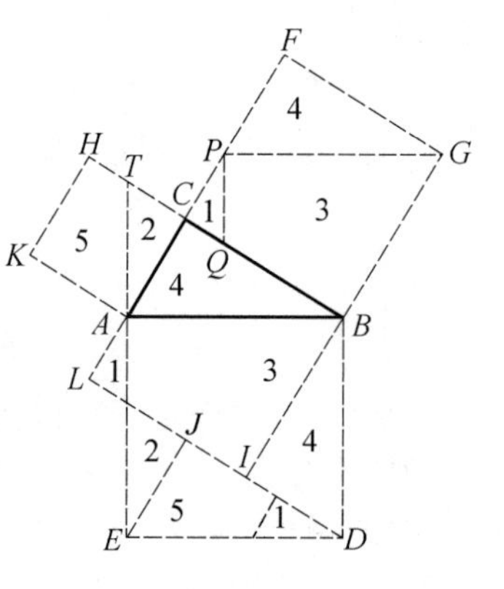

图 232.31

证明 32 如图 232.32,将 $\mathrm{Rt}\triangle ACB$ 绕直角顶点 C 按逆时针方向旋转 90° 到 $\mathrm{Rt}\triangle A_1CB_1$ 的位置,连 B_1B,A_1A.

显然

$$S_{\triangle A_1BB_1}=\frac{1}{2}A_1B\cdot B_1C=\frac{1}{2}a\cdot(a+b)$$

$$S_{\triangle A_1AB_1}=\frac{1}{2}A_1C\cdot AB_1=\frac{1}{2}b\cdot(a-b)$$

$$S_{AA_1BB_1}=\frac{1}{2}A_1B_1\cdot AB=\frac{1}{2}c^2$$

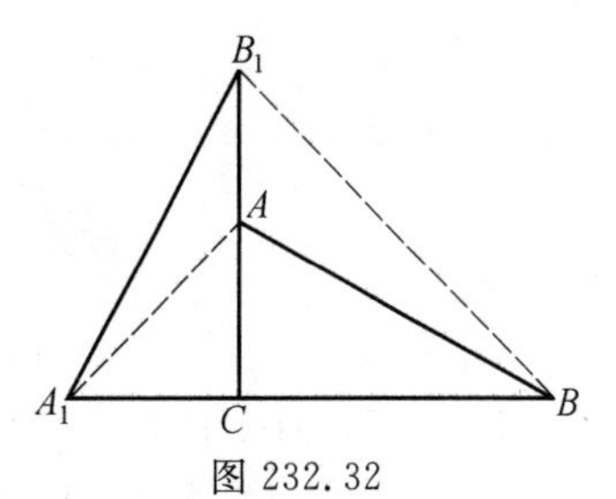

图 232.32

由 $S_{\triangle A_1BB_1}=S_{\triangle A_1AB_1}+S_{AA_1BB_1}$,可知

$$\frac{1}{2}a\cdot(a+b)=\frac{1}{2}c^2+\frac{1}{2}b\cdot(a-b)$$

有

$$a\cdot(a+b)=c^2+b\cdot(a-b)$$

所以 $a^2+b^2=c^2$.

证明 33 如图 232.33,设 Rt$\triangle ABC$ 的内切圆的半径为 r,D,E,F 为切点.

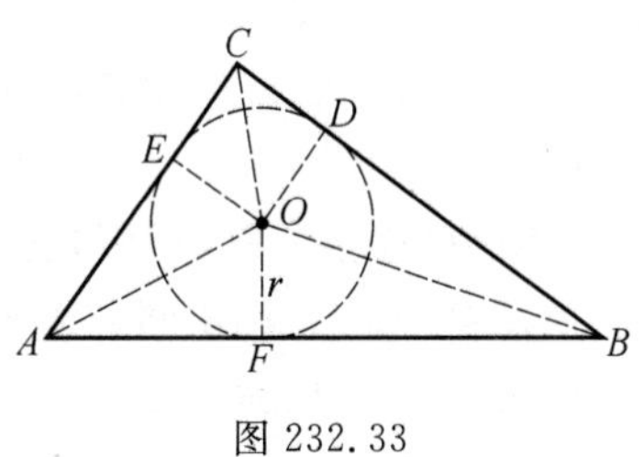

图 232.33

显然

$$\begin{aligned}2r&=(BC-BD)+(AC-AF)\\&=BC+AC-(BD+AF)\\&=BC+AC-AB\end{aligned}$$

可知

$$\begin{aligned}S_{\triangle ABC}&=\frac{1}{2}r\cdot a+\frac{1}{2}r\cdot b+\frac{1}{2}r\cdot c\\&=\frac{1}{2}r(a+b+c)\\&=\frac{1}{4}(a+b-c)\cdot(a+b+c)\end{aligned}$$

由 $S_{\triangle ABC}=\frac{1}{2}ab$,可知

$$\frac{1}{4}(a+b-c)\cdot(a+b+c)=\frac{1}{2}ab$$

有

$$(a+b)^2-c^2=2ab$$

所以 $a^2+b^2=c^2$.

证明 34 如图 232.34,(设 $BC\geqslant AC$)分别以 Rt$\triangle ABC$ 的三边为一边在形外作正方形,经过以 BC 为一边的正方形的中心作两条互相垂直的直线,把正方形 $BCED$ 分割成四个能够完全重合的,形状、大小都完全相同的四边形 2,3,4,5,满足

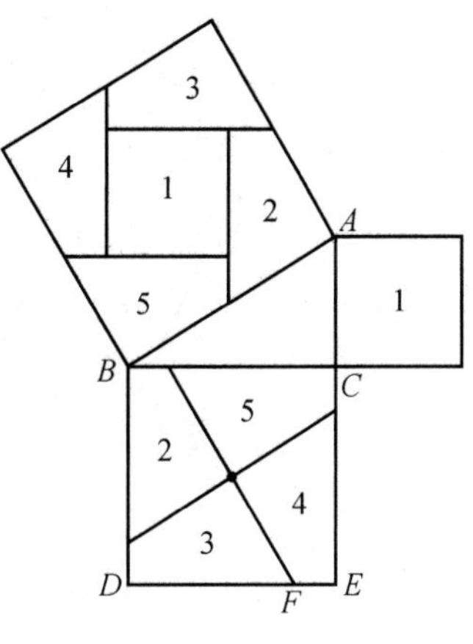

图 232.34

$$DF=\frac{a+b}{2},FE=\frac{a-b}{2}$$

那么连同以 AC 为一边的正方形在内，这五个四边形刚好能够拼成一个正方形，它的边长就等于 AB.

附录 1

《中小学数学》1992 年 5 期 20 页：

1991 年 7 月 1 日北京晚报上刊载短文“数学证明之最 —— 勾股定理的证法”，文中提到一本古典书籍收集了勾股定理的 370 种证法，堪称“数学证明之最”.

实际上，我们只从勾股定理的割补证法上看，就可以知道，它的证法是非常多的.

傅种孙先生所著《平面几何教本》（北京师范大学出版社）第三篇有一幅图（如图 232.35），图中斜放着两种正方形，小的是一个直角三角形的勾上正方形，大的是股上正方形. 若使弦上正方形（虚线正方形）有一边水平任意放在图纸上，这个正方形便罩住若干小块. 这些小块中有几块出自勾上正方形，有几块出自股上正方形. 出自勾正方形的几个小块，经过平行移动后可拼成一个勾正方形，出自股正方形的几个小块也可经过平行移动后拼成一个股正方形.

由此看来弦正方形放置的方法很多，则割补证法也非常多，这可以说是集勾股定理证法之大成了.

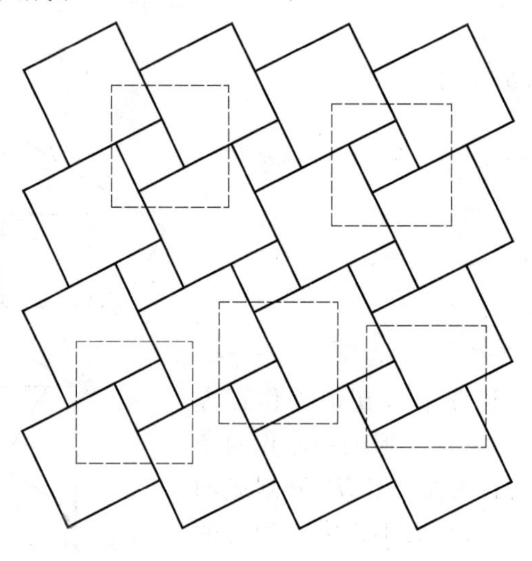

图 232.35

附 录 2

《中学数学教学》1998 年 4 期 1 页：

勾股定理在几何体系中占有特殊地位，也是两千多年来数学发展的出发点之一. 用出入相补原理证明勾股定理，是我国传统的证法，在义务教育《几何》第二册中，要求用 3 个图形证明勾股定理也都是用到了出入相补原理. 但是，我们发现一个图形不只给出一种证法，而且可以得到 64 种证法. 另外还给出 16 个这类图形，让读者去作，只要你肯参与，每人都可得到许多证法. 由此可见，我们利用这一类图形证明勾股定理，不仅给出了 1 088 个新的证法（实际上可以有无穷多个，远远超过了国外有关专著收集的近 400 种证法），而且所依据的原理是相同的，分割方法是一般的，在证明中所使用的平行线的性质，三角形与四边形的全等条件也是多种多样的. 像这样基于教材又高于教材的问题，不仅对复习巩固基础知识与基本技能有好处，而且也有利于学生参与研究，便于思考，实现学与用结合，课内与课外结合，教师的主导与学生的主体作用相结合，传授知识与培养能力相结合.

所谓出入相补原理，就是指这样两点明显的事实：一是一个平面图形从一处移到它处，面积不变；二是若把图形分割成若干块，那么各部分面积之和等于原来图形的面积 ……

附 录 3

《中学教研》2005 年 3 期 8 页：

众所周知，勾股定理是几何学的一块基石，古往今来，无数人探索过它的证明方法. 据说，现在世界上对勾股定理已有四百多种证明方法，给出这些证明方法的不但有数学家，物理学家，甚至还有一位美国总统，美国第二十任总统加菲尔德提出一种证法干净利落（见证明 9），印度国王帕斯卡拉二世的证法别致新颖（见证明 15）.

本文参考自：
1.《数学通报》1995 年 7 期.
2.《数学通报》1995 年 8 期.
3.《数学通报》1999 年 6 期 32 页.
4.《中学数学教学》1998 年 4 期 1 页.
5.《中学生数学》2004 年 12 期 15 页.
6.《中小学数学》1992 年 5 期 20 页.

7.《中学教研》2003 年 1 期 49 页.
8.《中学生数学》2007 年 1 期 23 页.
9.《中学生数学》2007 年 1 期 19 页.
10.《中学生数学》2006 年 12 期 19 页.
11.《数学通报》2005 年 5 期 23 页.
12.《数学教学》2008 年 4 期 9 页.
13.《数学教学》2008 年 4 期 15 页.
14.《数学教学》2008 年 12 期 37 页.
15.《数学教学》2008 年 10 期 3 页.

第 233 天

勾股定理的逆定理　如果三角形的三边长 a,b,c,有 $a^2+b^2=c^2$,那么这个三角形是直角三角形.

在 $\triangle ABC$ 中,$AB=c,BC=a,CA=b$,并且 $a^2+b^2=c^2$. 求证:$\angle C=90°$.

证明1　如图233.1,作 $\triangle A_1B_1C_1$,使

$\angle C_1=90°,B_1C_1=a,C_1A_1=b$

在 $\triangle A_1B_1C_1$ 中,由勾股定理,可知

$$A_1B_1=c=AB$$

显然 $\triangle ABC\cong\triangle A_1B_1C_1$,可知

$$\angle C=\angle C_1=90°$$

所以 $\angle C=90°$.

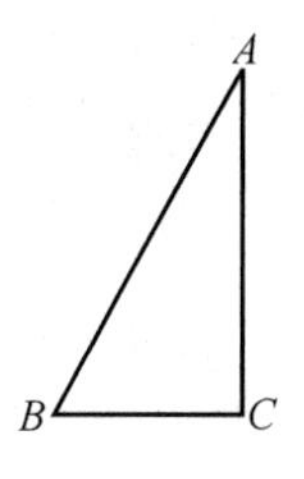

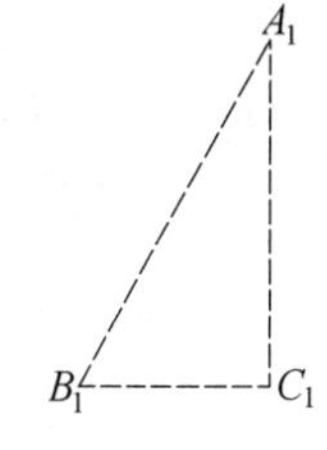

图233.1

证明2　如图233.2,设 D 为边 AB 的中点,过 C 作 AB 的垂线,E 为垂足,连 CD.

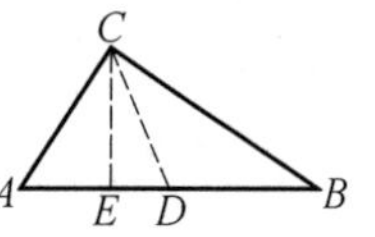

图233.2

分别在 $\mathrm{Rt}\triangle CEA$ 与 $\mathrm{Rt}\triangle CED$ 中使用勾股定理,可知

$$\begin{aligned}b^2&=AE^2+CE^2=\left(\frac{c}{2}-DE\right)^2+CE^2\\&=\frac{c^2}{4}-c\cdot DE+DE^2+CE^2\\&=\frac{c^2}{4}-c\cdot DE+CD^2\end{aligned}$$

即

$$b^2=\frac{c^2}{4}-c\cdot DE+CD^2\tag{1}$$

同理

$$a^2=\frac{c^2}{4}+c\cdot DE+CD^2\tag{2}$$

式(1),(2)相加,可知

$$a^2+b^2=\frac{c^2}{2}+2CD^2$$

由 $a^2+b^2=c^2$,可知 $\frac{c^2}{2}+2CD^2=c^2$,或 $CD=\frac{c}{2}=DA=DB$,有 D 为 $\triangle ABC$

的外心.

所以 $\angle C=90°$.

证明 3 如图 233.3,过 C 作 AB 的垂线,D 为垂足.

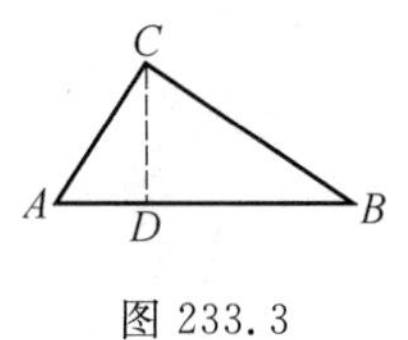

图 233.3

分别在 $Rt\triangle CDA$ 与 $Rt\triangle CDB$ 中使用勾股定理,可知

$$b^2=CD^2+AD^2$$

$$a^2=CD^2+DB^2$$

$$a^2+b^2=c^2=(AD+DB)^2$$
$$=AD^2+DB^2+2AD\cdot DB$$

有 $CD^2=AD\cdot DB$.

显然 $Rt\triangle CDA\backsim Rt\triangle BDC$,可知 $\angle DCA=\angle B$,$\angle A=\angle DCB$,有

$$\angle ACB=\angle DCA+\angle DCB=\angle B+\angle A=\frac{1}{2}(\angle A+\angle B+\angle C)=90°$$

所以 $\angle C=90°$.

证明 4 如图 233.3,过 C 作 AB 的垂线,D 为垂足.

分别在 $Rt\triangle CDA$ 与 $Rt\triangle CDB$ 中使用勾股定理,可知

$$b^2=CD^2+AD^2$$

$$a^2=CD^2+DB^2$$

$$a^2-b^2=DB^2-AD^2=c\cdot(DB-AD)$$

由 $a^2+b^2=c^2$,可知

$$2a^2=c^2+c\cdot(DB-AD)=2c\cdot DB$$

有

$$a^2=c\cdot DB$$

显然 $Rt\triangle ABC\backsim Rt\triangle CBD$,可知 $\angle DCA=\angle B$,有 $\angle A=\angle DCB$,于是

$$\angle ACB=\angle DCA+\angle DCB=\angle B+\angle A$$
$$=\frac{1}{2}(\angle A+\angle B+\angle C)=90°$$

所以 $\angle C=90°$.

证明 5 如图 233.4,设 D 为 AC 的延长线上的一点,$\angle ABD=\angle ACB$.

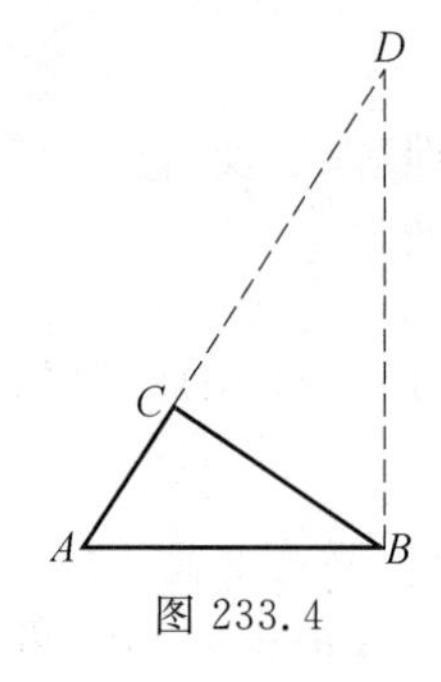

图 233.4

显然 $\triangle CAB\backsim\triangle BAD$,可知

$$c^2=b\cdot AD=b\cdot(b+CD)=b^2+b\cdot CD$$

由 $a^2+b^2=c^2$,可知 $a^2=b\cdot CD$,有

$$Rt\triangle ABC\backsim Rt\triangle BDC$$

于是

$$\angle ACB=\angle BCD=\frac{1}{2}\angle ACD=90^\circ$$

所以 $\angle C=90^\circ$.

证明 6　如图 233.5,设 $\angle CBA$ 的平分线交 AC 于 D,在 AB 上取一点 E,使 $EB=CB$.

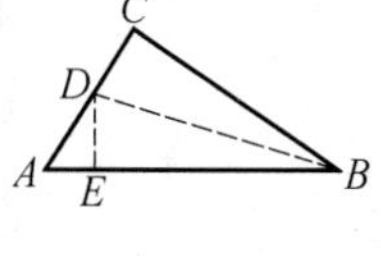

图 233.5

显然 E 与 C 关于 DB 对称,可知

$$DE=DC,\angle DEB=\angle C$$

显然$\frac{DA}{DC}=\frac{AB}{BC}$,可知$\frac{DA}{CA}=\frac{AB}{AB+BC}$,有

$$AD=\frac{bc}{a+c}$$

于是

$$AD\cdot AC=\frac{b^2c}{a+c}$$

由 $a^2+b^2=c^2$,可知 $b^2=(c+a)\cdot(c-a)$,有

$$AD\cdot AC=c\cdot(c-a)$$

显然 $AE\cdot AB=c\cdot(c-a)$,可知

$$AD\cdot AC=AE\cdot AB$$

有 B,C,D,E 四点共圆,于是 $\angle C+\angle DEB=180^\circ$,得 $\angle C=90^\circ$.

所以 $\angle C=90^\circ$.

证明 7　如图 233.6,以 A 为圆心,AC 为半径作圆交直线 AB 于 D,E 两点.

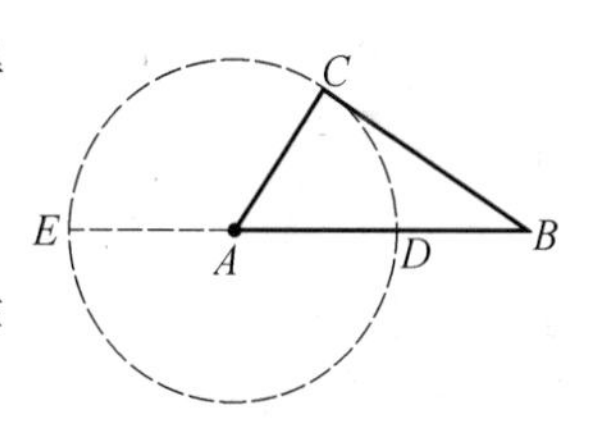

图 233.6

由 $a^2+b^2=c^2$,可知

$$BE\cdot BD=(c+b)\cdot(c-b)=c^2-b^2=a^2$$

有 $BC^2=BE\cdot BD$,于是 BC 为圆 A 的切线.

所以 $\angle C=90^\circ$.

证明 8　如图 233.7,以 B 为圆心,BA 为半径作圆,交直线 AC 于点 F,交直线 BC 于 D,E 两点.

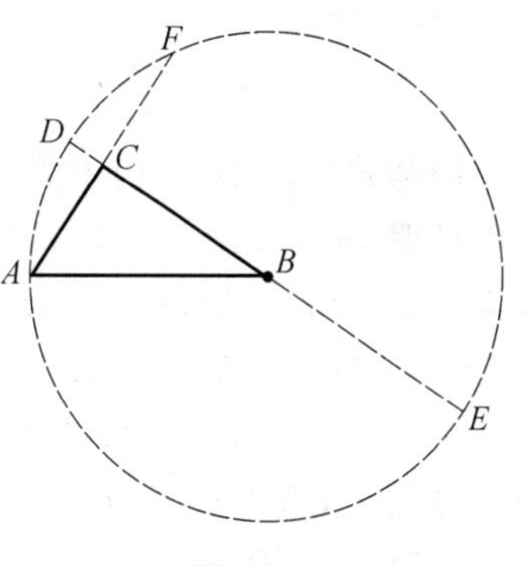

图 233.7

由相交弦定理,可知 $CA\cdot CF=CD\cdot CE$,有

$$b\cdot CF=(c-a)\cdot(c+a)=c^2-a^2=b^2$$

于是 $CF=b=CA$,得 $AF\perp DE$.

所以 $\angle ACB=90^\circ$.

证明 9 假设 $\angle C \neq 90^\circ$.

如图 233.8,若 $\angle C > 90^\circ$.

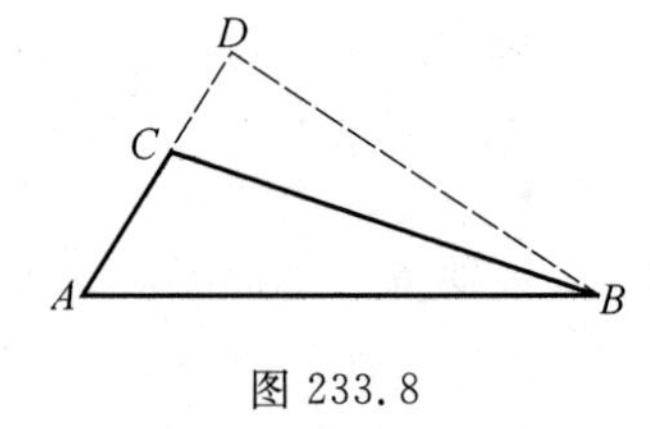

图 233.8

过 B 作 AC 的垂线,D 为垂足,可知

$$AD^2 = AB^2 - DB^2$$
$$CD^2 = CB^2 - DB^2$$

有

$$AD^2 - CD^2 = AB^2 - CB^2 = AC^2$$

于是

$$AC \cdot (AD + CD) = AC^2$$

或

$$AD + CD = AC \tag{1}$$

但

$$AD - CD = AC \tag{2}$$

因为式(1)与(2)相矛盾,所以 $\angle ACB = 90^\circ$.

如图 233.9,若 $\angle C < 90^\circ$.

过 B 作 AC 的垂线,D 为垂足,可知

$$AD^2 = AB^2 - DB^2$$
$$CD^2 = CB^2 - DB^2$$

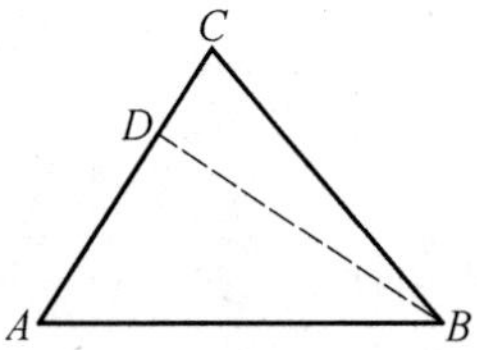

有

图 233.9

$$AD^2 - CD^2 = AB^2 - CB^2 = AC^2$$

于是

$$AC \cdot (AD - CD) = AC^2$$

或

$$AD - CD = AC \tag{3}$$

但

$$AD + CD = AC \tag{4}$$

因为式(3)与(4)相矛盾,所以 $\angle ACB = 90^\circ$.

证明 10 如图 233.10,以 AB 为直径作半圆,设 D 为半圆上一点,$DB = CB$,连 DA,DB.

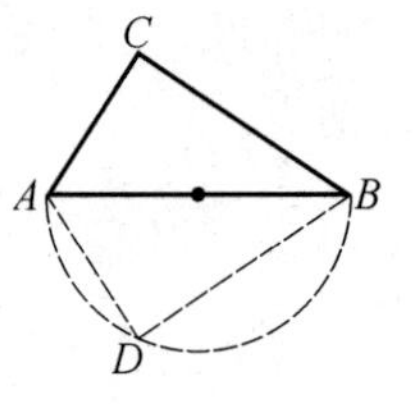

图 233.10

显然 $AD^2 = AB^2 - DB^2 = AB^2 - CB^2$.

由 $a^2 + b^2 = c^2$,可知 $AD = b = AC$.

显然 $\triangle CAB \cong \triangle DAB$,可知 $\angle C = \angle ADB = 90^\circ$.

所以 $\angle ACB = 90^\circ$.

证明 11　如图 233.11,假设 $\angle C \neq 90°$.

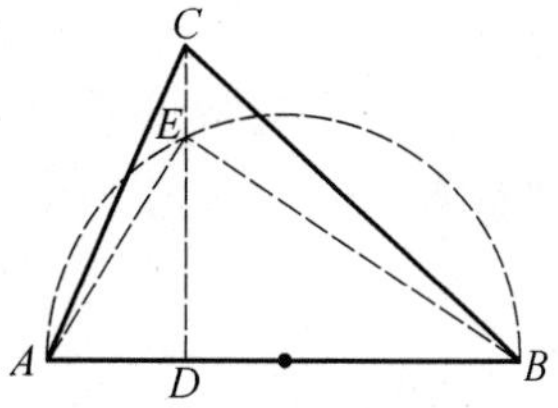

若 $\angle C < 90°$.

以 AB 为直径作圆,则点 C 在圆外.

过 C 作 AB 的垂线交圆于 E,D 为垂足.

易知 $AC > AE$,$BC > BE$,可知

$$AE^2 + BE^2 < AC^2 + BC^2 = a^2 + b^2 = c^2$$

图 233.11

即

$$AE^2 + BE^2 < c^2$$

显然 $\angle AEB = 90°$,可知

$$AE^2 + BE^2 = AB^2 = c^2$$

这与 $AE^2 + BE^2 < c^2$ 相矛盾,故不对.

同理可知若 $\angle C > 90°$ 也不对.

所以 $\angle ACB = 90°$.

注意:以下三种证明方法似有"循环论证"之嫌!

证明 12　如图 233.12,设 D 为 AB 的中点,连 CD.

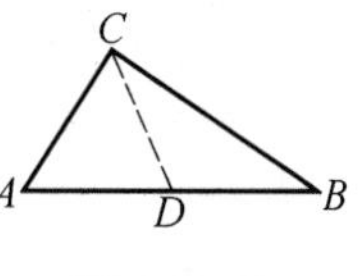

图 233.12

易知 $CD = \frac{1}{2}\sqrt{2a^2 + 2b^2 - c^2}$,代入 $a^2 + b^2 = c^2$,可知

$$CD = \frac{1}{2}c = DA = DB$$

有 D 为 $\triangle ABC$ 的外心,且 AB 为外接圆的直径.

所以 $\angle ACB = 90°$.

证明 13　如图 233.13,设 D 为 AB 的中点,E 为 CD 的延长线上一点,$DE = CD$,连 BE,AE.

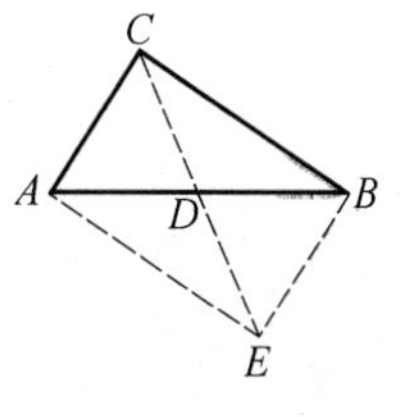

图 233.13

显然四边形 $AEBC$ 为平行四边形,可知

$$CE^2 + AB^2 = 2(AC^2 + BC^2) = 2c^2$$

有

$$CE^2 = c^2$$

于是

$$CE = c = AB$$

得四边形 $AEBC$ 为矩形.

所以 $\angle ACB = 90°$.

证明 14　如图 233.14,设 D 为 AC 的延长线上一点,$CD = AC$;E 为 BC 的延长线上一点,$CE = BC$.连 AE,ED,DB.

显然四边形 $ABDE$ 为平行四边形,可知

$$BE^2 + AD^2 = 2(AB^2 + BD^2)$$

有

$$4BC^2 + 4AC^2 = 2(c^2 + BD^2)$$

于是

$$4c^2 = 2(c^2 + BD^2)$$

得

$$BD = c$$

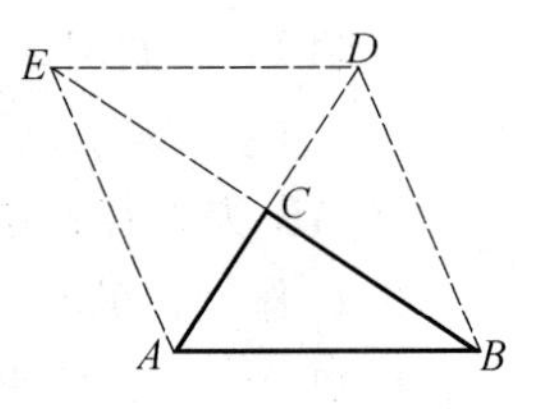

图 233.14

显然四边形 $ABDE$ 为菱形.

所以 $\angle ACB = 90°$.

本文参考自:

《教学与研究》(中学数学) 增刊 Ⅱ.

第 234 天

梅涅劳斯定理 一直线 XYZ 截 $\triangle ABC$ 的 BC，CA，AB 或其延长线于 X，Y，Z，则

$$\frac{BX}{CX}\cdot\frac{CY}{AY}\cdot\frac{AZ}{BZ}=1$$

证明 1 如图 234.1，过 C 作 ZX 的平行线交 AB 于 P.

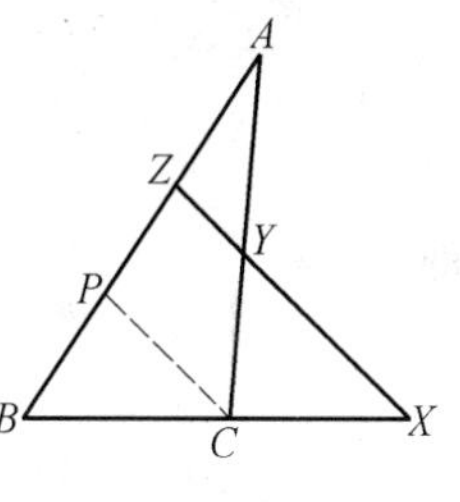

图 234.1

显然 $\frac{BX}{CX}=\frac{BZ}{PZ}$，$\frac{CY}{AY}=\frac{PZ}{AZ}$，可知

$$\frac{BX}{CX}\cdot\frac{CY}{AY}\cdot\frac{AZ}{BZ}=\frac{BZ}{PZ}\cdot\frac{PZ}{AZ}\cdot\frac{AZ}{BZ}=1$$

所以 $\frac{BX}{CX}\cdot\frac{CY}{AY}\cdot\frac{AZ}{BZ}=1$.

证明 2 如图 234.2，过 A 作 ZX 的平行线交直线 BC 于 P.

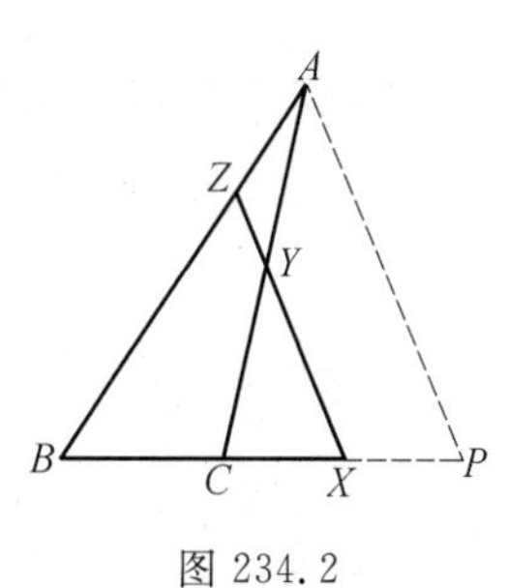

图 234.2

显然 $\frac{CY}{AY}=\frac{CX}{PX}$，$\frac{AZ}{BZ}=\frac{PX}{BX}$，可知

$$\frac{BX}{CX}\cdot\frac{CY}{AY}\cdot\frac{AZ}{BZ}=\frac{BX}{CX}\cdot\frac{CX}{PX}\cdot\frac{PX}{BX}=1$$

所以 $\frac{BX}{CX}\cdot\frac{CY}{AY}\cdot\frac{AZ}{BZ}=1$.

证明 3 如图 234.3，过 A 作 BC 的平行线交直线 ZX 于 P.

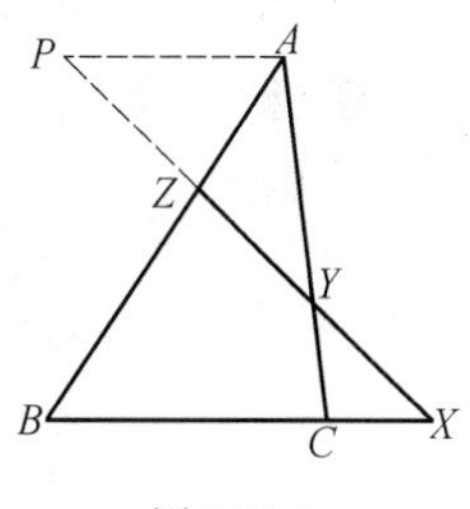

图 234.3

显然 $\frac{CY}{AY}=\frac{CX}{AP}$，$\frac{AZ}{BZ}=\frac{AP}{BX}$，可知

$$\frac{BX}{CX}\cdot\frac{CY}{AY}\cdot\frac{AZ}{BZ}=\frac{BX}{CX}\cdot\frac{CX}{AP}\cdot\frac{AP}{BX}=1$$

所以 $\frac{BX}{CX}\cdot\frac{CY}{AY}\cdot\frac{AZ}{BZ}=1$.

证明 4 如图 234.4，过 B 作 CA 的平行线交直线 ZX 于 P.

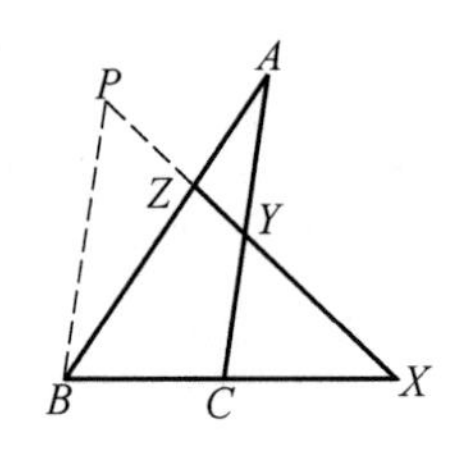

图 234.4

显然$\frac{BX}{CX}=\frac{BP}{CY}$，$\frac{AZ}{BZ}=\frac{AY}{PB}$，可知

$$\frac{BX}{CX}\cdot\frac{CY}{AY}\cdot\frac{AZ}{BZ}=\frac{BP}{CY}\cdot\frac{CY}{AY}\cdot\frac{AY}{PB}=1$$

所以$\frac{BX}{CX}\cdot\frac{CY}{AY}\cdot\frac{AZ}{BZ}=1$.

证明 5 如图 234.5，过 B 作 ZX 的平行线交直线 AC 于 P.

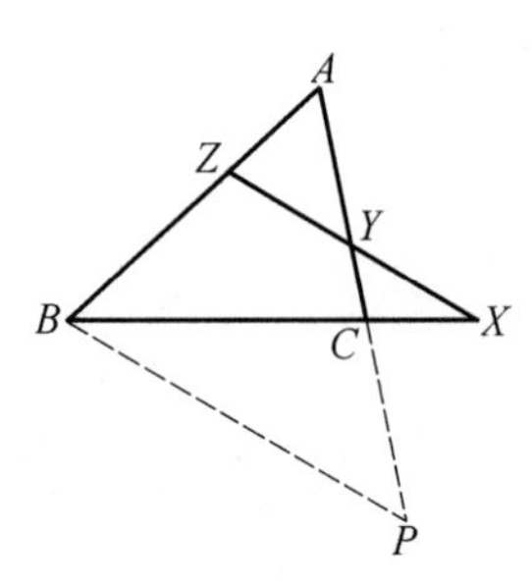

图 234.5

显然$\frac{BC}{CX}=\frac{PC}{YC}$，可知

$$\frac{BC+CX}{CX}=\frac{PC+CY}{YC}$$

即

$$\frac{BX}{CX}=\frac{PY}{YC}$$

显然$\frac{AZ}{BZ}=\frac{AY}{PY}$，可知

$$\frac{BX}{CX}\cdot\frac{CY}{AY}\cdot\frac{AZ}{BZ}=\frac{PY}{YC}\cdot\frac{CY}{AY}\cdot\frac{AY}{PY}=1$$

所以$\frac{BX}{CX}\cdot\frac{CY}{AY}\cdot\frac{AZ}{BZ}=1$.

证明 6 如图 234.6，过 C 作 AB 的平行线交 ZX 于 P.

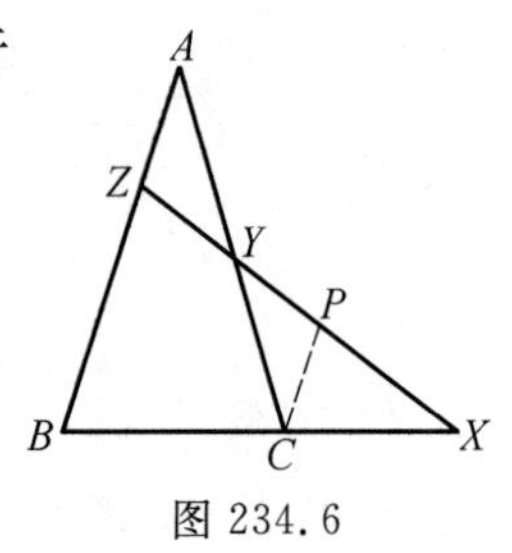

图 234.6

显然$\frac{BX}{CX}=\frac{BZ}{CP}$，$\frac{CY}{AY}=\frac{CP}{AZ}$，可知

$$\frac{BX}{CX}\cdot\frac{CY}{AY}\cdot\frac{AZ}{BZ}=\frac{BZ}{CP}\cdot\frac{CP}{AZ}\cdot\frac{AZ}{BZ}=1$$

所以$\frac{BX}{CX}\cdot\frac{CY}{AY}\cdot\frac{AZ}{BZ}=1$.

证明 7 如图 234.7，连 BY，AX.

易知

$$\frac{BX}{CX}=\frac{S_{\triangle ABY}+S_{\triangle AXY}}{S_{\triangle AXY}}$$

$$\frac{CY}{AY}=\frac{S_{\triangle BXY}}{S_{\triangle ABY}+S_{\triangle AXY}}$$

$$\frac{AZ}{BZ}=\frac{S_{\triangle AXY}}{S_{\triangle BXY}}$$

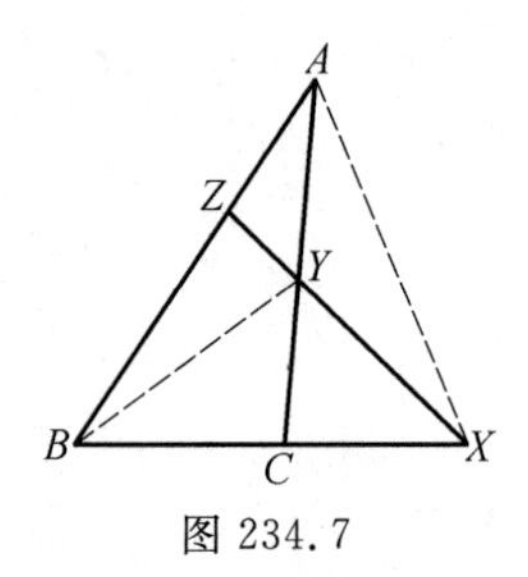

图 234.7

可知

$$\frac{BX}{CX}\cdot\frac{CY}{AY}\cdot\frac{AZ}{BZ}=\frac{S_{\triangle ABY}+S_{\triangle AXY}}{S_{\triangle AXY}}\cdot\frac{S_{\triangle BXY}}{S_{\triangle ABY}+S_{\triangle AXY}}\cdot\frac{S_{\triangle AXY}}{S_{\triangle BXY}}=1$$

所以$\frac{BX}{CX}\cdot\frac{CY}{AY}\cdot\frac{AZ}{BZ}=1$.

证明8 如图234.8,分别过A,B,C作ZX的垂线,P,Q,R为垂足.

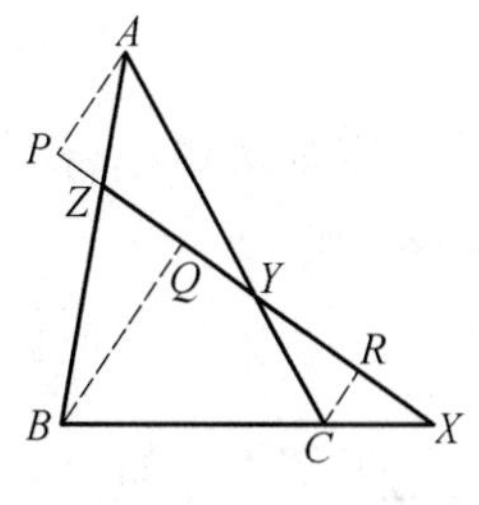

图234.8

显然$\frac{BX}{CX}=\frac{BQ}{CR},\frac{CY}{AY}=\frac{CR}{AP},\frac{AZ}{BZ}=\frac{AP}{BQ}$,可知

$$\frac{BX}{CX}\cdot\frac{CY}{AY}\cdot\frac{AZ}{BZ}=\frac{BQ}{CR}\cdot\frac{CR}{AP}\cdot\frac{AP}{BQ}=1$$

所以$\frac{BX}{CX}\cdot\frac{CY}{AY}\cdot\frac{AZ}{BZ}=1$.

证明9 如图234.6,过C作BA的平行线交ZX于P.

显然$\frac{BX}{CX}=\frac{ZX}{PX},\frac{CY}{AY}=\frac{PY}{ZY},\frac{PC}{ZB}=\frac{PX}{ZX},\frac{AZ}{PC}=\frac{ZY}{PY}$,可知

$$\begin{aligned}\frac{BX}{CX}\cdot\frac{CY}{AY}\cdot\frac{AZ}{BZ}&=\frac{ZX}{PX}\cdot\frac{CY}{AY}\cdot\frac{PC}{ZB}\cdot\frac{AZ}{PC}\\&=\frac{ZX}{PX}\cdot\frac{PY}{ZY}\cdot\frac{PX}{ZX}\cdot\frac{ZY}{PY}=1\end{aligned}$$

所以$\frac{BX}{CX}\cdot\frac{CY}{AY}\cdot\frac{AZ}{BZ}=1$.

本文参考自:

《中学生数学》1996年3期2页.

第 235 天

塞瓦定理 若一定点 P 与 $\triangle ABC$ 的三个顶点的连线顺次交对边于 X，Y，Z，则

$$\frac{BX}{XC}\cdot\frac{CY}{YA}\cdot\frac{AZ}{ZB}=1$$

证明 1 如图 235.1，直线 CPZ 截 $\triangle ABX$，依梅涅劳斯定理可知

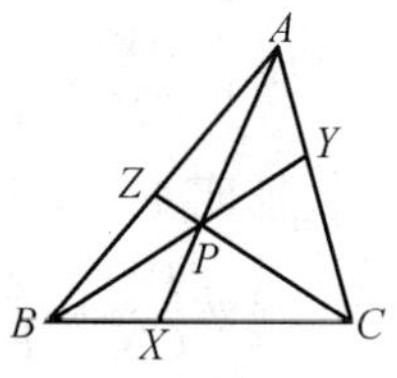

图 235.1

$$\frac{BC}{CX}\cdot\frac{XP}{PA}\cdot\frac{AZ}{ZB}=1$$

直线 BPY 截 $\triangle AXC$，依梅涅劳斯定理，可知

$$\frac{CB}{BX}\cdot\frac{XP}{PA}\cdot\frac{AY}{YC}=1$$

两式相除，即得

$$\frac{BX}{XC}\cdot\frac{CY}{YA}\cdot\frac{AZ}{ZB}=1$$

证明 2 如图 235.1(使用面积).

由 $\frac{BX}{XC}=\frac{S_{\triangle ABX}}{S_{\triangle ACX}}=\frac{S_{\triangle PBX}}{S_{\triangle PCX}}=\frac{S_{\triangle ABX}-S_{\triangle PBX}}{S_{\triangle ACX}-S_{\triangle PCX}}=\frac{S_{\triangle PBA}}{S_{\triangle PCA}}$，可知 $\frac{BX}{XC}=\frac{S_{\triangle PBA}}{S_{\triangle PCA}}$.

同理 $\frac{CY}{YA}=\frac{S_{\triangle PCB}}{S_{\triangle PAB}}$，$\frac{AZ}{ZB}=\frac{S_{\triangle PAC}}{S_{\triangle PBC}}$，可知

$$\frac{BX}{XC}\cdot\frac{CY}{YA}\cdot\frac{AZ}{ZB}=\frac{S_{\triangle PBA}}{S_{\triangle PCA}}\cdot\frac{S_{\triangle PCB}}{S_{\triangle PAB}}\cdot\frac{S_{\triangle PAC}}{S_{\triangle PBC}}=1$$

所以 $\frac{BX}{XC}\cdot\frac{CY}{YA}\cdot\frac{AZ}{ZB}=1$.

证明 3 如图 235.2，过 A 分别作 PB，PC 的平行线交直线 BC 于 E，F.

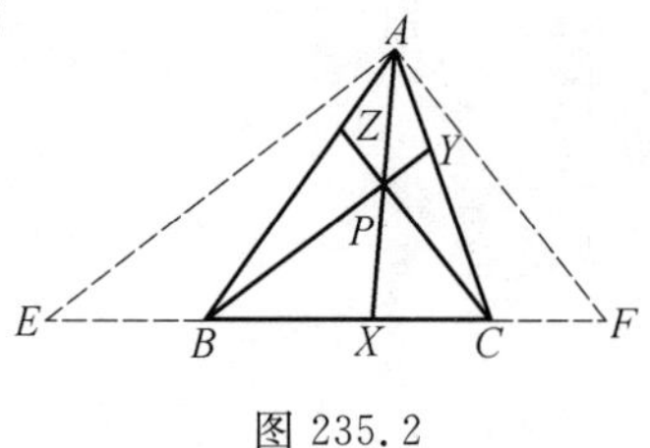

图 235.2

由 $\frac{BX}{BE}=\frac{PX}{PA}=\frac{CX}{CF}$，可知 $\frac{BX}{BE}=\frac{CX}{CF}$，有

$$\frac{BX}{CX}=\frac{BE}{CF}$$

显然$\frac{CY}{YA}=\frac{CB}{BE}$,$\frac{AZ}{ZB}=\frac{CF}{CB}$,可知

$$\frac{BX}{XC}\cdot\frac{CY}{YA}\cdot\frac{AZ}{ZB}=\frac{BE}{CF}\cdot\frac{CB}{BE}\cdot\frac{CF}{CB}=1$$

所以$\frac{BX}{XC}\cdot\frac{CY}{YA}\cdot\frac{AZ}{ZB}=1$.

证明4 如图235.3,过A作BC的平行线分别交直线CP,BP于M,N.

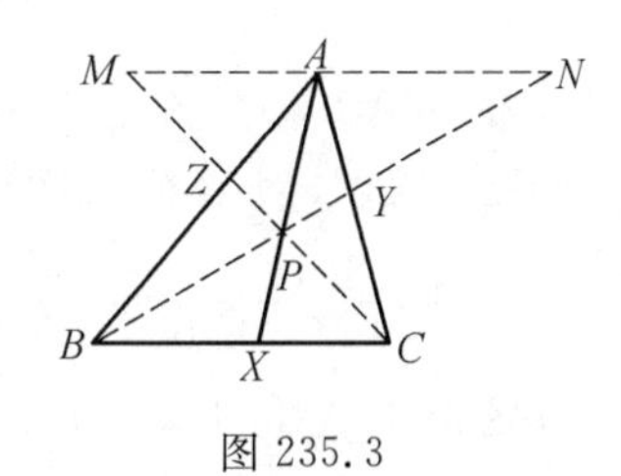

图235.3

由$\frac{BX}{AN}=\frac{PX}{PA}=\frac{XC}{AM}$,可知$\frac{BX}{XC}=\frac{AN}{AM}$.

显然$\frac{CY}{YA}=\frac{BC}{AN}$,$\frac{AZ}{ZB}=\frac{AM}{BC}$,可知

$$\frac{BX}{XC}\cdot\frac{CY}{YA}\cdot\frac{AZ}{ZB}=\frac{AN}{AM}\cdot\frac{BC}{AN}\cdot\frac{AM}{BC}=1$$

所以$\frac{BX}{XC}\cdot\frac{CY}{YA}\cdot\frac{AZ}{ZB}=1$.

根据点P与$\triangle ABC$的位置关系,我们能够画出如下7种图形,证明方法大同小异.前面我们只对其中一种情况(点P在$\triangle ABC$的内部)给出了证明.

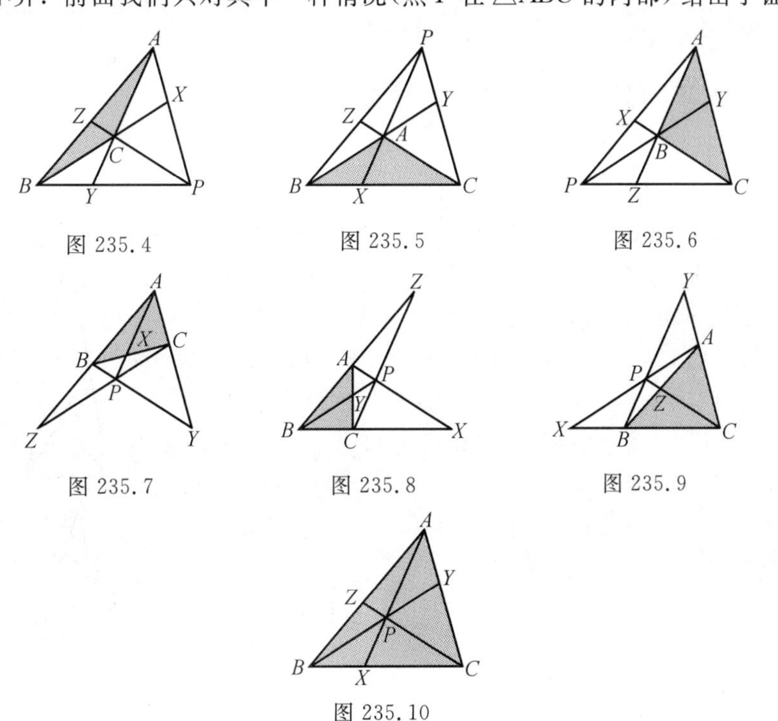
图235.4 图235.5 图235.6 图235.7 图235.8 图235.9 图235.10

第 236 天

在 $\triangle ABC$ 中，$AB=AC$，$\angle A=20^\circ$，D，E 分别是 AB，AC 上的点，且 $\angle ACD=20^\circ$，$\angle ABE=30^\circ$，又 BE，CD 相交于 F.

求证：$\dfrac{1}{AD}+\dfrac{1}{DB}=\dfrac{1}{DF}$.

证明 1 如图 236.1，以 AC 为一边在 $\triangle ABC$ 的内侧一方作正三角形 AGC，连 GD.

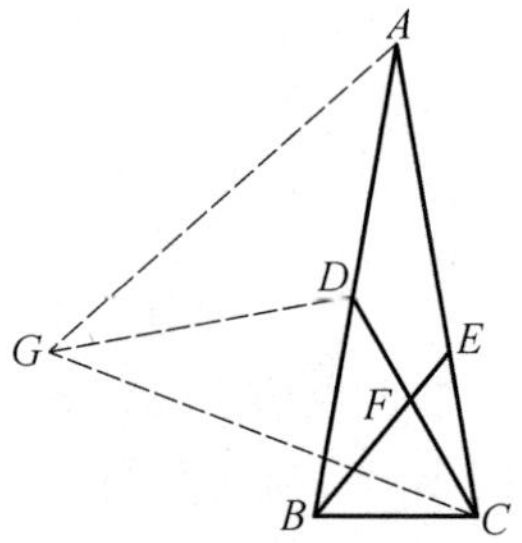

由 $\angle DCA=20^\circ=\angle BAC$，可知 GD 为 AC 的中垂线，有 $\angle DGA=30^\circ=\angle FBD$.

显然 $\angle DAG=40^\circ=\angle FDB$，可知

$$\triangle DAG \backsim \triangle FDB$$

有 $\dfrac{DF}{AD}=\dfrac{DB}{AG}=\dfrac{DB}{AB}$，于是 $\dfrac{DF}{DB}=\dfrac{AD}{AB}$，得

$$\frac{DF}{AD}+\frac{DF}{DB}=\frac{DB+AD}{AB}=\frac{AB}{AB}=1$$

图 236.1

所以 $\dfrac{1}{AD}+\dfrac{1}{DB}=\dfrac{1}{DF}$.

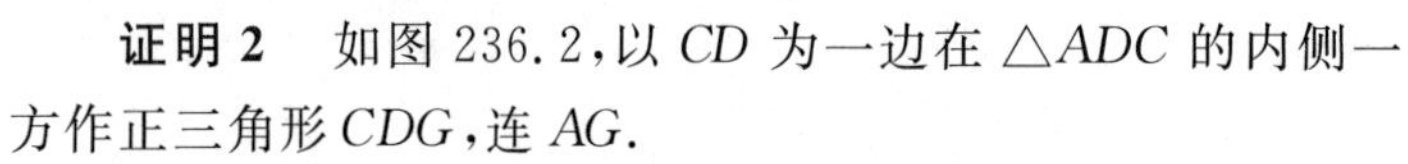

证明 2 如图 236.2，以 CD 为一边在 $\triangle ADC$ 的内侧一方作正三角形 CDG，连 AG.

由 $AB=AC$，$\angle BAC=20^\circ$，可知 $\angle ABC=80^\circ$.

由 $\angle DCA=20^\circ$，可知 $\angle GCA=40^\circ=\angle FDB$.

由 $\angle DCB=60^\circ=\angle GDC$，可知 $DG \parallel BC$，可知

$$\angle ADG=\angle ABC=80^\circ$$

由 $\angle DCA=20^\circ=\angle DAC$，可知 $AD=DC=CG=DG$，有 $\angle DAG=\angle DGA=50^\circ$，于是 $\angle GAC=30^\circ=\angle FBD$.

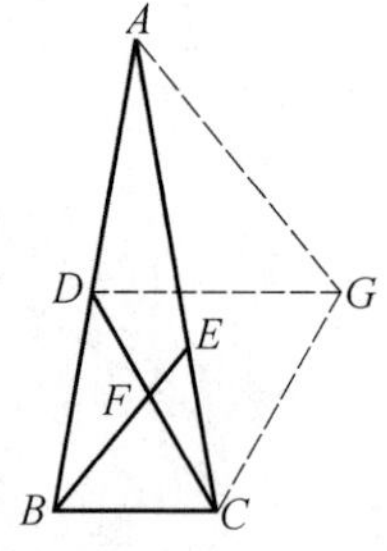

图 236.2

显然 $\triangle GCA \backsim \triangle FDB$，可知

$$\frac{DF}{AD}=\frac{DF}{CG}=\frac{DB}{AC}$$

即

$$\frac{DF}{AD}=\frac{DB}{AC}$$

有

$$\frac{DF}{DB}=\frac{AD}{AC}$$

于是

$$\frac{DF}{AD}+\frac{DF}{DB}=\frac{DB+AD}{AC}=\frac{AB}{AC}=1$$

所以$\frac{1}{AD}+\frac{1}{DB}=\frac{1}{DF}$.

证明3 如图236.3,以AD为一边在$\triangle ADC$的内侧一方作正三角形ADG,连GC.

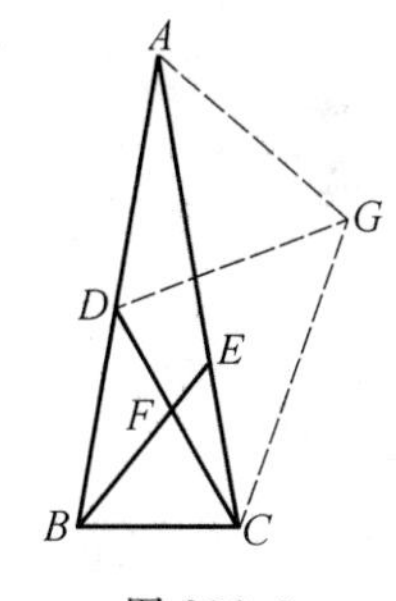

图236.3

由$AB=AC$,$\angle A=20°=\angle ACD$,可知$DC=DA=DG$,有D为$\triangle ACG$的外心,于是

$$\angle GCA=\frac{1}{2}\angle GDA=30°=\angle FBD$$

$$\angle GAC=\frac{1}{2}\angle GDC=40°=\angle FDB$$

得$\triangle GAC\backsim\triangle FDB$.

由$\frac{DB}{AC}=\frac{DF}{AG}=\frac{DF}{AD}$,即$\frac{DF}{AD}=\frac{DB}{AC}$,可知

$$\frac{DF}{DB}=\frac{AD}{AC}$$

于是

$$\frac{DF}{AD}+\frac{DF}{DB}=\frac{DB+AD}{AC}=\frac{AB}{AC}=1$$

所以$\frac{1}{AD}+\frac{1}{DB}=\frac{1}{DF}$.

证明4 如图236.4,以BD为一边在$\triangle ABC$的内侧一方作正三角形DBG,连FG.

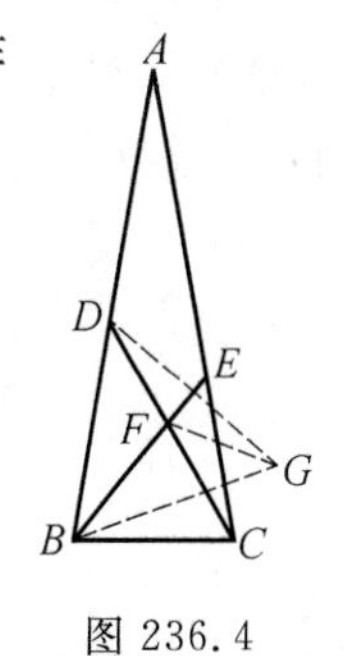

图236.4

显然$\angle BDC=40°$,可知$\angle FDG=20°=\angle DAC$.

显然$\angle EBA=30°$,可知BE为DG的中垂线,有

$$\angle FGD=\angle FDG=20°=\angle DCA$$

于是

$$\triangle FDG\backsim\triangle DAC$$

显然$\dfrac{DF}{AD}=\dfrac{DG}{AC}=\dfrac{DB}{AB}$,即$\dfrac{DF}{AD}=\dfrac{DB}{AB}$,可知$\dfrac{DF}{DB}=\dfrac{AD}{AB}$,有

$$\frac{DF}{AD}+\frac{DF}{DB}=\frac{DB}{AB}+\frac{AD}{AB}=\frac{DB+AD}{AB}=\frac{AB}{AB}=1$$

所以$\dfrac{1}{AD}+\dfrac{1}{DB}=\dfrac{1}{DF}$.

证明 5　如图 236.5,以 AB 为一边在 $\triangle ABC$ 的内侧一方作正三角形 ABG.过 G 作 AB 的垂线交 AC 于 H,连 BH.

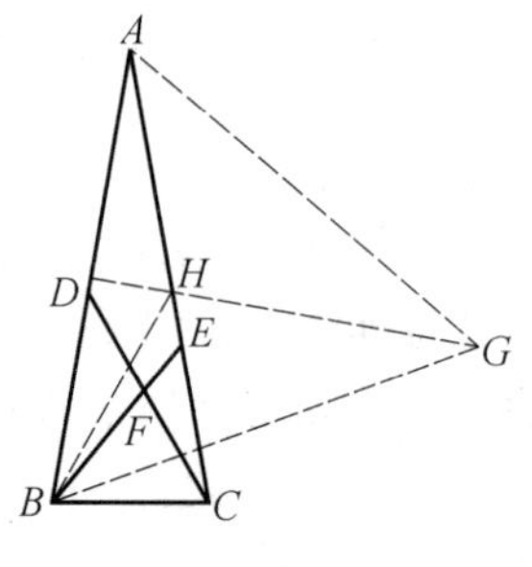

图 236.5

由 $\angle BAC=20°$,可知 $\angle HAG=40°=\angle FDB$.

显然 $\angle HGA=30°=\angle FBD$,可知 $\triangle HAG\backsim\triangle FDB$,有

$$\frac{DF}{AD}=\frac{DF}{AH}=\frac{DB}{AG}=\frac{DB}{AB}$$

即

$$\frac{DF}{AD}=\frac{DB}{AB}$$

于是

$$\frac{DF}{DB}=\frac{AD}{AB}$$

显然

$$\frac{DF}{AD}+\frac{DF}{DB}=\frac{DB}{AB}+\frac{AD}{AB}$$
$$=\frac{DB+AD}{AB}=\frac{AB}{AB}=1$$

所以$\dfrac{1}{AD}+\dfrac{1}{DB}=\dfrac{1}{DF}$.

证明 6　如图 236.6,以 AC 为一边在 $\triangle ABC$ 的内侧一方作正三角形 AGC.设直线 GD,BE 相交于 H,连 HA,HC,BG.

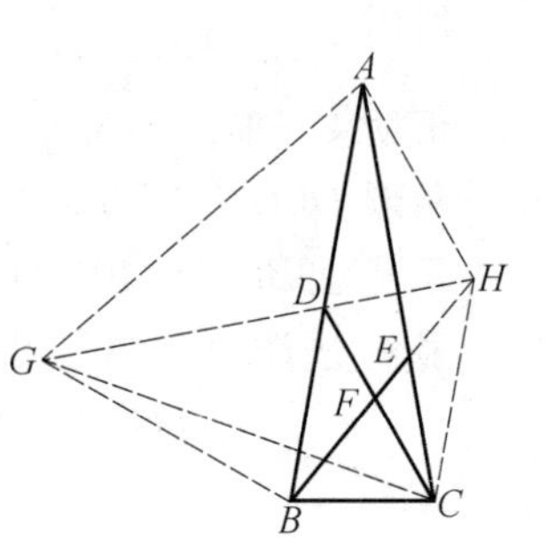

图 236.6

由 $\angle DCA=20°=\angle DAC$,可知 GD 为 AC 的中垂线,有 $\angle HGA=30°=\angle HBA$,于是 A,G,B,H 四点共圆,得 $\angle BAH=\angle BGH$.

由 $AG=AB$,$\angle GAB=40°$,可知 $\angle AGB=70°$,有 $\angle BGH=40°$,于是 $\angle BAH=40°$.

显然四边形 $ADCH$ 为菱形,可知 $AH=AD$,

$AH \parallel DF$,有$\frac{AB}{DB}=\frac{AH}{DF}=\frac{AD}{DF}$,于是

$$\frac{AB}{DB}=\frac{AD}{DF}$$

或

$$\frac{AD+DB}{DB}=\frac{AD}{DF}$$

所以$\frac{1}{AD}+\frac{1}{DB}=\frac{1}{DF}$.

证明 7 如图 236.7,设 G 为 $\triangle ABC$ 的外接圆上一点,$\angle GAC=20^\circ$,BE,AG 交于 H,连 CH,CG,EG,BG.

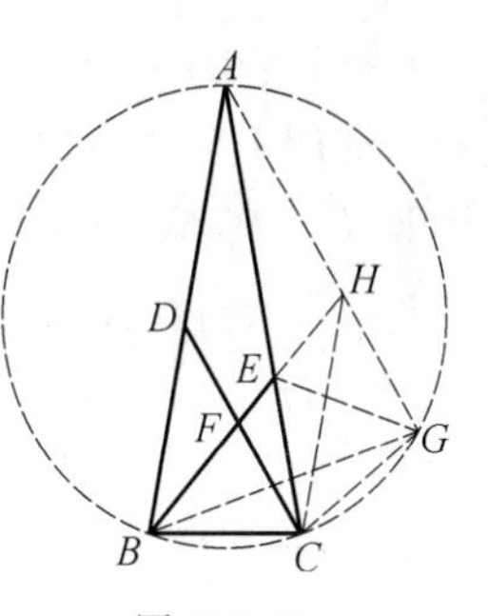

图 236.7

显然 $CG=CB=CE$,$\triangle CGE$ 为正三角形,E 为 $\triangle ABG$ 的内心,可知 $\angle AGE=40^\circ=\angle EGB$,且 $\angle HEG=\angle EBG+\angle EGB=70^\circ$,有 $GH=GE$,于是 $GH=GC$.

显然 $\angle CHG=40^\circ=\angle BAG$,可知 $AD \parallel HC$,有四边形 $ADCH$ 为平行四边形.

由 $AD=DC$,可知四边形 $ADCH$ 为菱形.

显然 $AH=AD$,$AH \parallel DF$,有

$$\frac{AB}{DB}=\frac{AH}{DF}=\frac{AD}{DF}$$

于是

$$\frac{AB}{DB}=\frac{AD}{DF}$$

或

$$\frac{AD+DB}{DB}=\frac{AD}{DF}$$

所以$\frac{1}{AD}+\frac{1}{DB}=\frac{1}{DF}$.

本文参考自:

1.《中等数学》1999 年 3 期.

2.《中学数学》2001 年 3 期 30 页.

第 237 天

托勒密定理 圆内接四边形对角线乘积等于两组对边乘积之和.

如图 237.1,四边形 $ABCD$ 内接于圆 O,对角线 AC,BD 相交于 E.

求证:$AB \cdot CD + BC \cdot AD = AC \cdot BD$.

证明1 如图 237.1,过 B 作 CA 的平行线交圆 O 于 F,连 DF 交 AC 于 P.

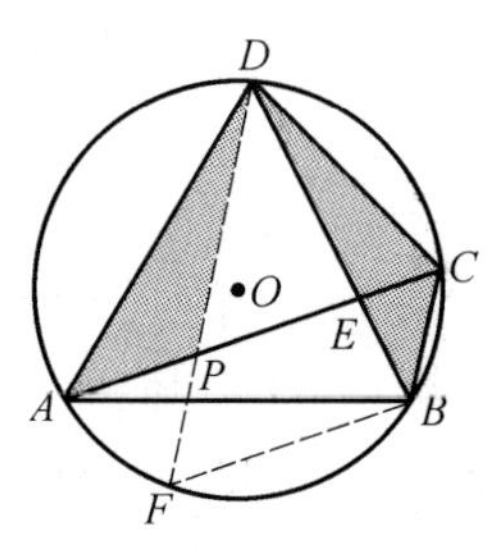

图 237.1

显然 $\triangle DAP \backsim \triangle DBC$,可知 $\frac{AD}{BD}=\frac{AP}{BC}$,有

$$BC \cdot AD = BD \cdot AP$$

易知 $\triangle DAB \backsim \triangle DPC$,可知 $\frac{AB}{PC}=\frac{BD}{CD}$,有

$$AB \cdot CD = BD \cdot PC$$

于是

$$\begin{aligned} AB \cdot CD + BC \cdot AD &= BD \cdot AP + BD \cdot PC \\ &= BD(AP+PC) \\ &= BD \cdot AC \end{aligned}$$

所以 $AB \cdot CD + BC \cdot AD = AC \cdot BD$.

证明2 如图 237.2,设 P 为 CB 的延长线上的一点,$\angle PAB=\angle CAD$.

由 $\angle PBA=\angle CDA$,可知 $\triangle PBA \backsim \triangle CDA$,有

$$AB \cdot DC = PB \cdot AD$$

易知 $\triangle DAB \backsim \triangle CAP$,可知 $AC \cdot BD = AD \cdot PC$,有

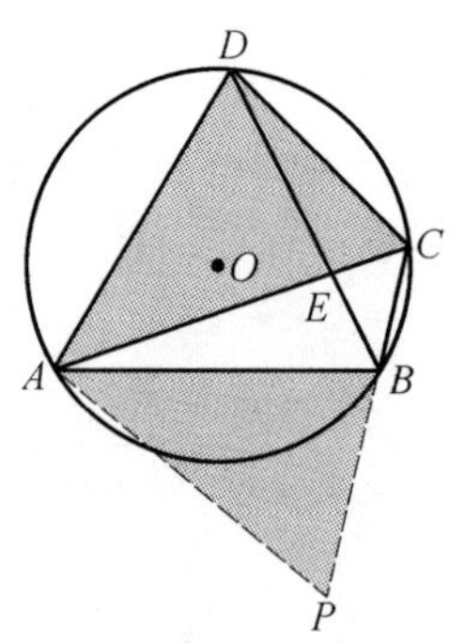

图 237.2

$$\begin{aligned} & AC \cdot BD - AB \cdot DC \\ =& AD \cdot PC - PB \cdot AD \\ =& AD(PC-PB) \\ =& AD \cdot BC \end{aligned}$$

所以 $AB \cdot CD + BC \cdot AD = AC \cdot BD$.

证明3　如图 237.3,过 A 分别作 BC,BD,CD 的垂线,F,H,G 为垂足.

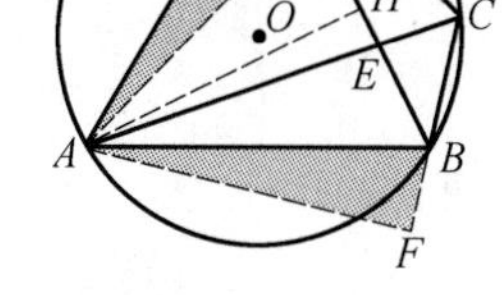

图 237.3

显然

$$\text{Rt}\triangle AFB \backsim \text{Rt}\triangle AGD$$

$$\text{Rt}\triangle ABH \backsim \text{Rt}\triangle ACG$$

可知

$$AB \cdot DG = AD \cdot FB, AB \cdot GC = AC \cdot BH$$

有

$$AB \cdot DG + AB \cdot GC = AD \cdot FB + AC \cdot BH$$

于是

$$AB \cdot CD = AD \cdot FB + AC \cdot BH$$

显然 $\text{Rt}\triangle AHD \backsim \text{Rt}\triangle AFC$,可知

$$AD \cdot FC = AC \cdot HD$$

有

$$AD \cdot FC - AD \cdot FB = AC \cdot HD - AD \cdot FB$$

于是

$$AD \cdot BC = AC \cdot HD - AD \cdot FB$$

得

$$\begin{aligned} & AB \cdot CD + AD \cdot BC \\ = & AD \cdot FB + AC \cdot BH + AC \cdot HD - AD \cdot FB \\ = & AC(BH + HD) = AC \cdot BD \end{aligned}$$

所以 $AB \cdot CD + BC \cdot AD = AC \cdot BD$.

证明4　如图 237.4,过 D 作 AC 的平行线交圆 O 于 P,连 PA,PB,PC,PD.

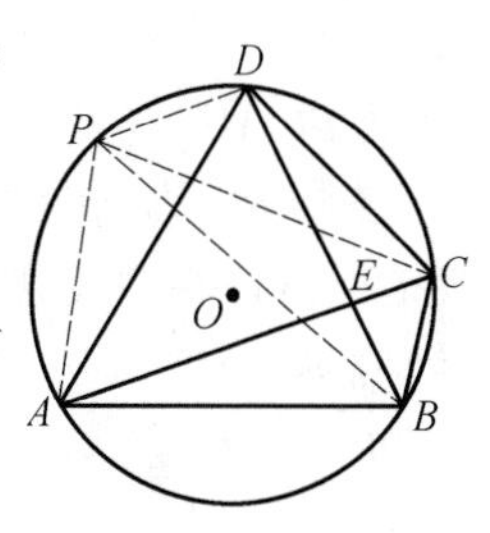

图 237.4

显然 $PA = CD$,$\overset{\frown}{PA} = \overset{\frown}{CD}$,$AD = CP$.

记 $\angle PAB = \alpha$,可知 $\angle CEB = \alpha$,有 $\angle PCB = 180^\circ - \alpha$,于是 $\sin \angle PCB = \sin \alpha$.

显然

$$\begin{aligned} S_{PABC} &= S_{\triangle PAB} + S_{\triangle PBC} \\ &= \frac{1}{2} AB \cdot AP \sin \alpha + \frac{1}{2} BC \cdot PC \sin \alpha \\ &= \frac{1}{2} \sin \alpha \cdot (AB \cdot AP + BC \cdot PC) \end{aligned}$$

$$=\frac{1}{2}\sin\alpha\cdot(AB\cdot CD+BC\cdot AD)$$

又

$$S_{PABC}=\frac{1}{2}BD\cdot AC\sin\alpha$$

可知

$$\frac{1}{2}BD\cdot AC\sin\alpha=\frac{1}{2}\sin\alpha\cdot(AB\cdot CD+BC\cdot AD)$$

所以

$$AB\cdot CD+BC\cdot AD=AC\cdot BD$$

证明 5　如图 237.5,在 $\triangle ABC$ 中,可知

$$AC^2=AB^2+BC^2-2AB\cdot BC\cos B \qquad (1)$$

在 $\triangle ADC$ 中,可知

$$AC^2=AD^2+DC^2-2AD\cdot DC\cos D$$
$$=AD^2+DC^2+2AD\cdot DC\cos B$$

即

$$AC^2=AD^2+DC^2+2AD\cdot DC\cos B \qquad (2)$$

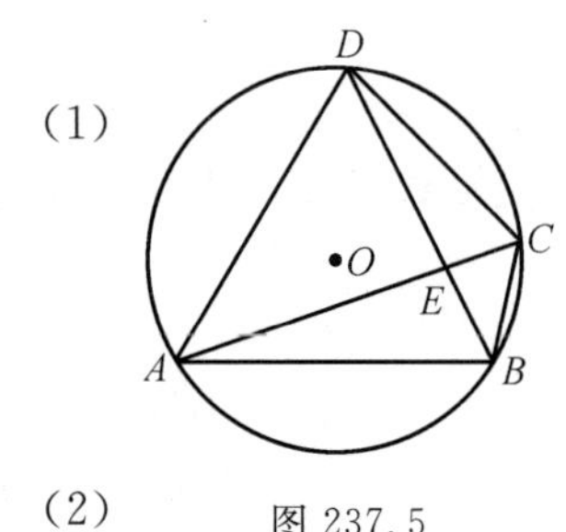

图 237.5

(1) 乘以 $AD\cdot DC+$(2) 乘以 $AB\cdot BC$,可知

$$AC^2=\frac{(AB\cdot AD+BC\cdot CD)\cdot(AB\cdot CD+BC\cdot AD)}{AB\cdot BC+CD\cdot AD}$$

同理,可得

$$BD^2=\frac{(AB\cdot BC+AD\cdot CD)\cdot(AB\cdot CD+BC\cdot AD)}{AB\cdot AD+CD\cdot BC}$$

于是 $AC^2\cdot BD^2=(AB\cdot CD+BC\cdot AD)^2$.

所以 $AB\cdot CD+BC\cdot AD=AC\cdot BD$.

证明 6　如图 237.6,设 G 为 PA 上一点,$\angle PGD=\angle PDA$,DG 分别交 PB,PC 于 F,E.

显然

$$\triangle PGF\backsim\triangle PBA,\triangle PED\backsim\triangle PDC$$
$$\triangle PFE\backsim\triangle PBC,\triangle PGE\backsim\triangle PCA$$
$$\triangle PGD\backsim\triangle PAD,\triangle PFD\backsim\triangle PDB$$

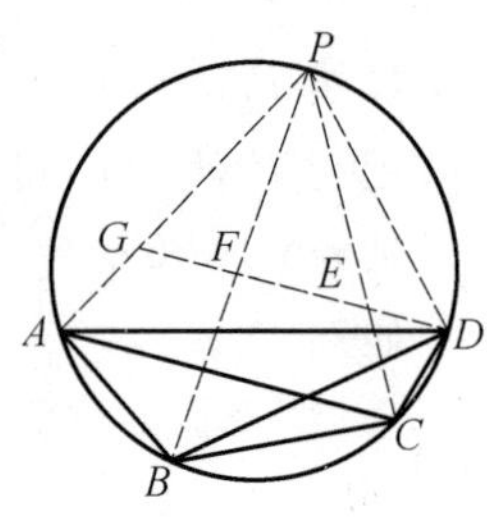

图 237.6

可知

$$GF=AB\cdot\frac{PG}{PB},ED=CD\cdot\frac{PE}{PD}$$

有

$$GF \cdot ED = AB \cdot \frac{PG}{PB} \cdot CD \cdot \frac{PE}{PD} \tag{1}$$

同理,可得

$$FE \cdot GD = BC \cdot \frac{PF}{PC} \cdot AD \cdot \frac{PG}{PD} \tag{2}$$

$$GE \cdot EF = AC \cdot \frac{PG}{PC} \cdot BD \cdot \frac{PF}{PD} \tag{3}$$

由 G,F,E,D 依序共线,可知

$$GF \cdot ED + FE \cdot GD = GE \cdot FD \tag{4}$$

将式(1),(2),(3) 代入式(4),并且$\frac{PE}{PB}=\frac{PF}{PC}$,可得

$$AB \cdot CD + BC \cdot AD = AC \cdot BD$$

本文参考自:

1.《数学教师》1985 年 10 期 16 页.
2.《中小学数学》1983 年 1 期 21 页.
3.《中学生数学》1995 年 9 期 22 页.
4.《中学数学》1983 年 3 期 36 页.
5.《中学数学研究》1984 年 8 期 10 页.
6.《中学数学研究》1983 年 6 期 14 页.
7.《数学教学通讯》1983 年 4 期 34 页.
8.《湖南数学通讯》1984 年 4 期 15 页.
9.《湖南数学通讯》1984 年 2 期 10 页.
10.《中学数学教学》1983 年 1 期 31 页.
11.《中学理科教学参考资料》1982 年 6 期 16 页.

第 238 天

蝴蝶定理 如图 238.1,设 PQ 为圆 O 的一条弦,M 为 PQ 的中点,过 M 作弦 AB,CD,连 AD,CB 分别交弦 PQ 于 E,F. 求证:$ME=MF$.

证明 1 如图 238.1,过 O 分别作 AD,CB 的垂线,G,H 为垂足,连 OE,OM,OF,MG,MH.

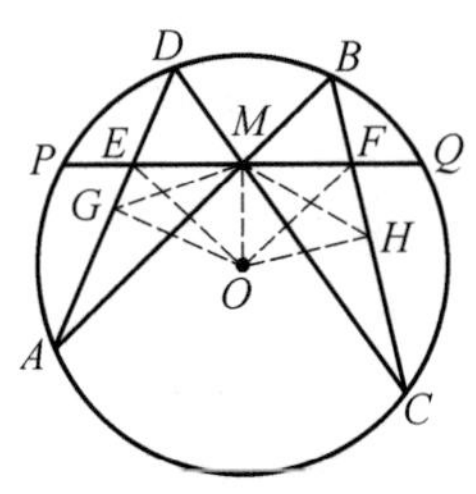

图 238.1

显然 G,H 分别为 AD,BC 的中点.

由 $\triangle MAD \backsim \triangle MCB$,可知 $\triangle MGD \backsim \triangle MHB$,有 $\angle MGD=\angle MHB$.

易知 M,O,G,E 四点共圆,可知

$$\angle MOE=\angle MGE$$

易知 M,O,H,F 四点共圆,可知 $\angle MOF=\angle MHF$,有 $\angle MOE=\angle MOF$.

由 M 为 PQ 的中点,可知 $OM \perp EF$,于是 E 与 F 关于 OM 对称.

所以 $ME=MF$.

当 E,F 在弦 PQ 的延长线上时,证明一样(图 238.2).

证明 2 如图 238.3,过 A 作 PQ 的平行线交圆 O 于 H,直线 HM 交圆 O 于 G,直线 MO 交 AH 于 N,连 HC,HF,HQ.

由 M 为 PQ 的中点,可知 OM 为 PQ 的中垂线,有 OM 为 AH 的中垂线,于是

$$MA=MH$$

$$\angle PMA=\angle MAH=\angle MHA=\angle QMH$$

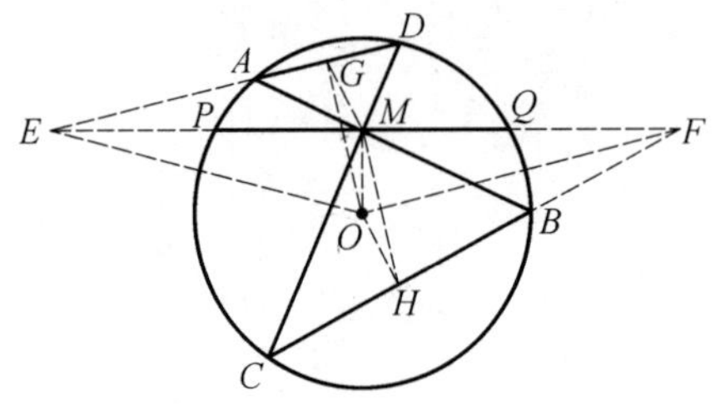

图 238.2

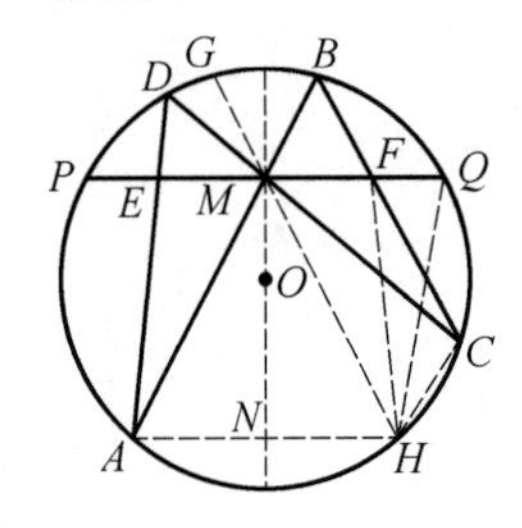

图 238.3

显然 P 与 Q 关于 MN 对称，GH 与 BA 关于 MN 对称，可知 $\overset{\frown}{PDG}=\overset{\frown}{BQ}$，有 $\overset{\frown}{PDB}+\overset{\frown}{QC}=\overset{\frown}{GBC}$，于是 $\angle BFP=\angle GHC$，得 M,H,C,F 四点共圆.

显然 $\angle MHF=\angle MCF=\angle EAM$，可知 $\triangle MHF\cong\triangle MAE$.

所以 $ME=MF$.

证明3 如图238.4，设 $MP=a$，$ME=x$，$MF=y$，E 到 AB，CD 的距离分别为 x_1，x_2，F 到 AB，CD 的距离分别为 y_1，y_2，可知 $MQ=a$.

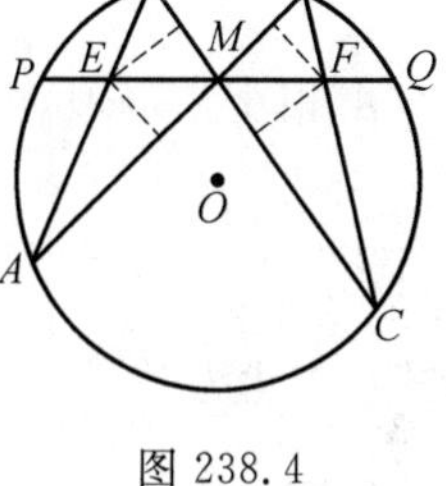

图238.4

易知 $\frac{x_1}{y_1}=\frac{x}{y}=\frac{x_2}{y_2}$，可知

$$\frac{x^2}{y^2}=\frac{x_1}{y_1}\cdot\frac{x_2}{y_2}=\frac{x_1}{y_2}\cdot\frac{x_2}{y_1}$$

由 $\frac{x_1}{y_2}=\frac{AE}{CF}$，$\frac{x_2}{y_1}=\frac{ED}{FB}$，可知

$$\begin{aligned}\frac{x^2}{y^2}&=\frac{AE\cdot ED}{CF\cdot FB}=\frac{PE\cdot EQ}{PF\cdot FQ}\\&=\frac{(a-x)\cdot(a+x)}{(a+y)\cdot(a-y)}\\&=\frac{a^2-x^2}{a^2-y^2}\end{aligned}$$

即

$$\frac{x^2}{y^2}=\frac{a^2-x^2}{a^2-y^2}=\frac{x^2+a^2-x^2}{y^2+a^2-y^2}=\frac{a^2}{a^2}=1$$

有 $x^2=y^2$，于是 $x=y$.

所以 $ME=MF$.

证明4 （斯特温法）如图238.5，设 $\angle ABC=\alpha$，$\angle DCB=\beta$，$\angle FMC=\varphi$，$\angle EMA=\theta$，可知 $\angle ADC=\alpha$，$\angle DAB=\beta$，$\angle DME=\varphi$，$\angle BMF=\theta$. 又设 $ME=x$，$MF=y$，$PM=MQ=m$.

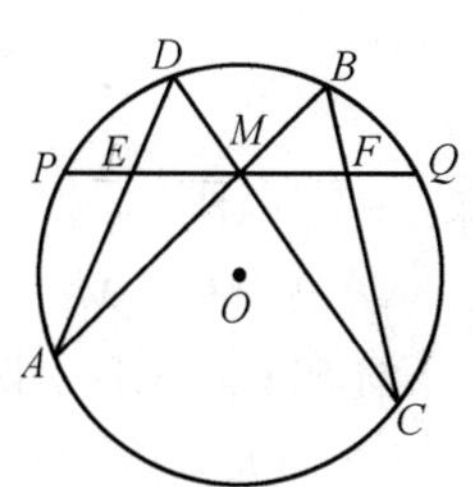

图238.5

由 $\frac{S_{\triangle DEM}}{S_{\triangle BFM}}\cdot\frac{S_{\triangle BFM}}{S_{\triangle AEM}}\cdot\frac{S_{\triangle AEM}}{S_{\triangle CFM}}\cdot\frac{S_{\triangle CFM}}{S_{\triangle DEM}}=1$，可知

$$\frac{\frac{1}{2}DE\cdot DM\sin\alpha}{\frac{1}{2}BM\cdot BF\sin\alpha}\cdot\frac{\frac{1}{2}MB\cdot MF\sin\theta}{\frac{1}{2}MA\cdot ME\sin\theta}\cdot$$

$$\frac{\frac{1}{2}AE\cdot AM\sin\beta}{\frac{1}{2}CF\cdot CM\sin\beta}\cdot\frac{\frac{1}{2}MF\cdot MC\sin\varphi}{\frac{1}{2}MD\cdot ME\sin\varphi}=1$$

有

$$\frac{DE\cdot AE\cdot MF^2}{BF\cdot ME^2\cdot CF}=1 \tag{1}$$

由相交弦定理,可知

$$DE\cdot AE=PE\cdot EQ=m^2-x^2$$
$$BF\cdot CF=PF\cdot FQ=m^2-y^2$$

有式(1)化为$\frac{(m^2-x^2)\cdot y^2}{(m^2-y^2)\cdot x^2}=1$,于是 $x=y$.

所以 $ME=MF$.

证明5 如图238.6,设$\angle DME=\alpha$,$\angle EMA=\beta$.

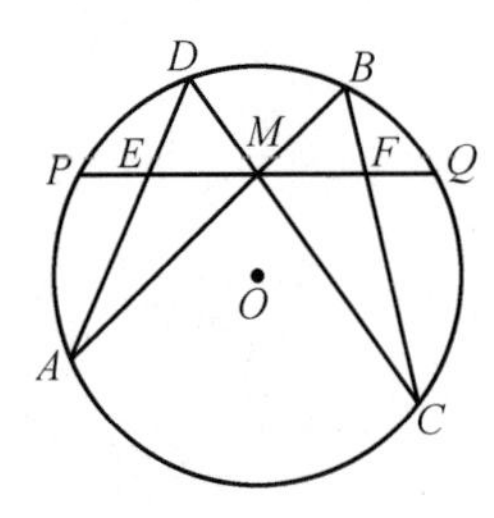

图238.6

在$\triangle DEM$中,$DE=\frac{EM\sin\alpha}{\sin D}$.

在$\triangle AEM$中,$AE=\frac{EM\sin\beta}{\sin A}$.

由相交弦定理,可知 $DE\cdot AE=PE\cdot EQ$,有

$$(PM-EM)\cdot(PM+EM)=PM^2-EM^2=\frac{EM^2\sin\alpha\sin\beta}{\sin A\sin D}$$

于是

$$\frac{PM^2-EM^2}{PM^2-MF^2}=\frac{EM^2}{MF^2}=\frac{PM^2-EM^2+EM^2}{PM^2-MF^2+MF^2}=\frac{PM^2}{PM^2}=1$$

得 $ME^2=MF^2$.

所以 $ME=MF$.

证明6 如图238.7,过O分别作AB,CD的垂线,G,H为垂足,连OM.

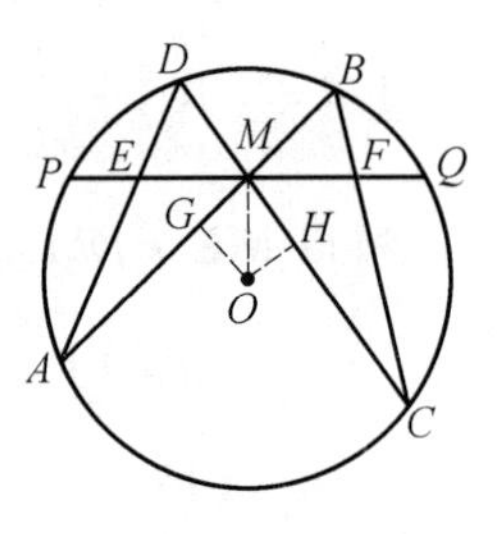

图238.7

设$\angle AME=\alpha$,$\angle FMC=\beta$.

在$\triangle BMC$中,$\frac{\sin(\alpha+\beta)}{MF}=\frac{\sin\alpha}{MC}+\frac{\sin\beta}{MB}$.

在$\triangle DMA$中,$\frac{\sin(\alpha+\beta)}{EM}=\frac{\sin\alpha}{MD}+\frac{\sin\beta}{MA}$.

上面两式两边分别相减,可知

$$\sin(\alpha+\beta)\cdot\left(\frac{1}{MF}-\frac{1}{EM}\right)$$
$$=\frac{\sin\alpha(MD-MC)}{MC\cdot MD}+\frac{\sin\beta(MA-MB)}{MA\cdot MB}$$

注意到

$$MC-MD=2MH=2\cdot OM\sin\beta$$
$$MA-MB=2MG=2\cdot OM\sin\alpha$$
$$MC\cdot MD=MA\cdot MB$$

可知

$$\sin(\alpha+\beta)\cdot\left(\frac{1}{MF}-\frac{1}{EM}\right)=0$$

由 $\sin(\alpha+\beta)\neq 0$,可知 $ME=MF$.

所以 $ME=MF$.

对称地,过 C 作 PQ 的平行线,证法与证明 2 相同(图 238.8).

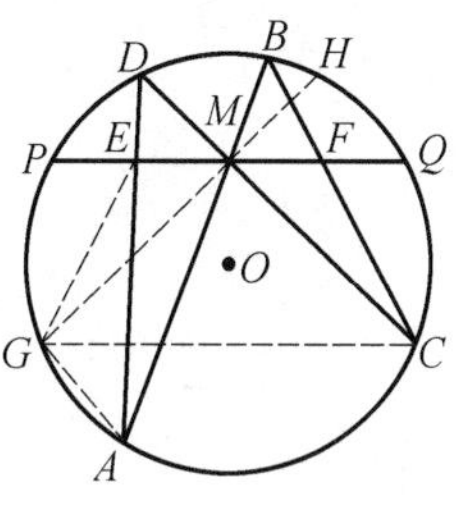

图 238.8

证明 7 如图 238.9,设直线 AD,CB 相交于 N.

注意到直线 DMC 截 $\triangle NEF$ 的三边,依梅涅劳斯定理,可知 $\frac{NC}{CF}\cdot\frac{FM}{ME}\cdot\frac{ED}{DN}=1$.

注意到直线 BMA 截 $\triangle NEF$ 的三边,依梅涅劳斯定理,可知 $\frac{NA}{AE}\cdot\frac{EM}{MF}\cdot\frac{FB}{BN}=1$.

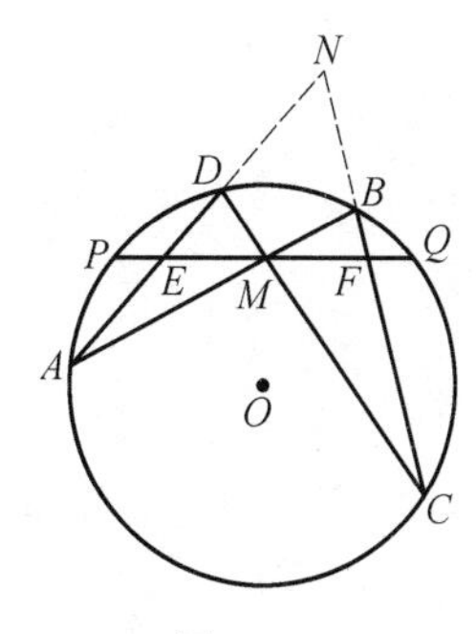

图 238.9

由上述两式相除,得

$$\frac{NC}{CF}\cdot\frac{FM}{ME}\cdot\frac{ED}{DN}\cdot\frac{AE}{NA}\cdot\frac{MF}{EM}\cdot\frac{BN}{FB}=1$$

其中有 $NA\cdot ND=NC\cdot NB$,于是

$$\frac{ME^2}{FM^2}=\frac{ED\cdot EA}{FC\cdot FB}=\frac{EP\cdot EQ}{FP\cdot FQ}$$
$$=\frac{(PM-EM)\cdot(MQ+EM)}{(PM+MF)\cdot(MQ-MF)}$$
$$=\frac{PM^2-EM^2}{PM^2-MF^2}$$

所以 $ME=MF$.

本文参考自:

1.《中学数学教学》1997 年 4 期 33 页.

2.《中小学数学》1989 年 6 期 27 页.

3.《数学教师》1985 年 9 期 17 页.
4.《数学教师》1985 年 10 期 16 页.
5.《中学生数学》1995 年 4 期 6 页.
6.《数学教师》1985 年 1 期 19 页.
7.《数学教师》1985 年 2 期 19 页.
8.《数学教师》1985 年 6 期 1 页.
9.《数学教师》1995 年 3 期 27 页.
10.《数学教师》1995 年 4 期 27 页.
11.《湖南数学通讯》1998 年 2 期 40 页.
12.《湖南数学通讯》1998 年 3 期 17 页.
13.《数学通报》1996 年 3 期 14 页.
14.《中学生数学》1993 年 3 期 23 页.
15.《中学数学》1984 年 5 期 34 页.

第 239 天

斯坦纳定理 若三角形的某两角的平分线相等,则此三角形必等腰.

在 $\triangle ABC$ 中,BD,CE 是角平分线,$BD=CE$.

求证:$AB=AC$.

证明 1 如图 239.1,设 $\angle A$ 的外角的平分线交 $\triangle AEC$ 的外接圆于 G,交 $\triangle ABD$ 的外接圆于 H.

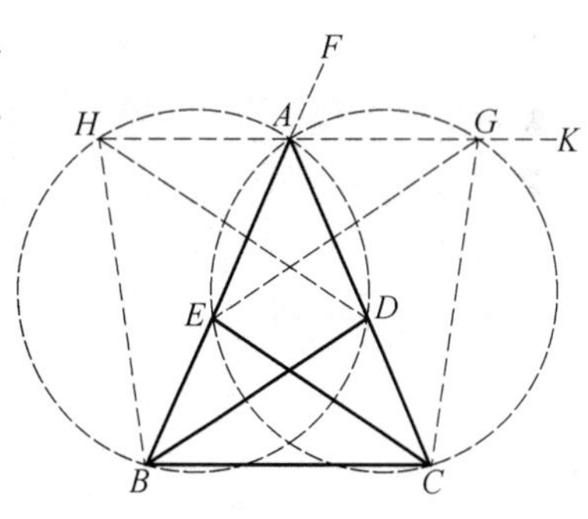

图 239.1

设 $\angle ABC=2\alpha$,$\angle ACB=2\beta$,可知

$$\angle FAG=\angle GAC=\alpha+\beta$$

有

$$\angle GCE=\angle GEC=\alpha+\beta$$

同理 $\angle HBD=\angle HDB=\alpha+\beta$.

由 $EC=BD$,可知 $\triangle GEC\cong\triangle HBD$,有 $HB=HD=GE=GC$,且 $\angle ACG=\alpha$,$\angle HBA=\beta$,于是 $\angle KGC=\angle AEC=\angle ABC+\angle ECB=2\alpha+\beta=\angle HBC$,得 H,B,C,G 四点共圆,进而 $HG\parallel BC$.

显然 $\angle ABC=\angle FAG=\angle GAC=\angle ACB$.

所以 $AC=AB$.

注 这是日本文教大学井上义夫先生 1981 年在《数学教育》上介绍的一个直接证法.

证明 2 如图 239.2(a),连 AO.

显然 O 为 $\triangle ABC$ 的内心,可知 AO 平分 $\angle BAC$.

将 $\triangle AEC$ 绕点 C 沿着逆时针方向旋转与 $\angle ECB$ 相等的度数(如图 239.2(b)).

将 $\triangle ADB$ 绕点 B 沿着顺时针方向旋转与 $\angle DBC$ 相等的度数(如图 239.2(c)).

由 $EC=BD$,我们平移图 239.2(b),让 $\triangle AEC$ 落在 $\triangle PBD$ 的位置,使 EC 与 BD 重合,角平分线 AO 落在 PQ 的位置. 连 PA(如图 239.2(c)).

由 $\angle BPD=\angle BAD$,可知 P,B,D,A 四点共圆,有 $\angle ABD=\angle APD$.

设 $\angle BAD=2\alpha$,可知 $\angle BAO=\angle OAD=\alpha$,有 $\angle AOD=\angle ABD+$

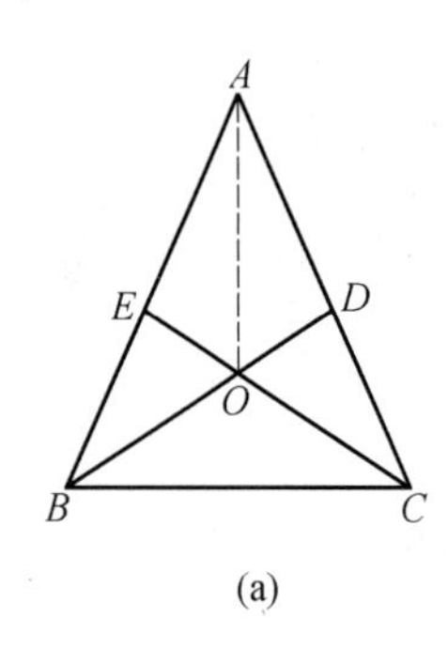

(a)

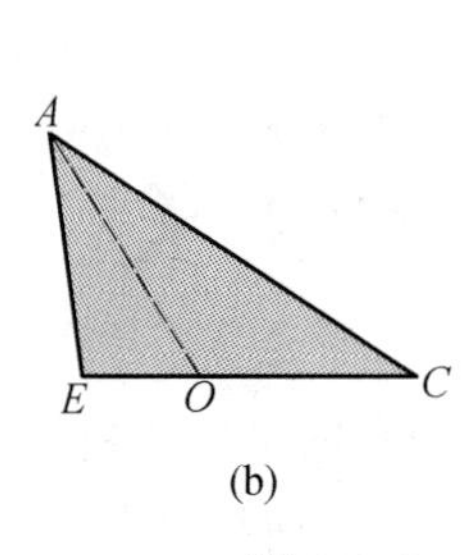

(b)

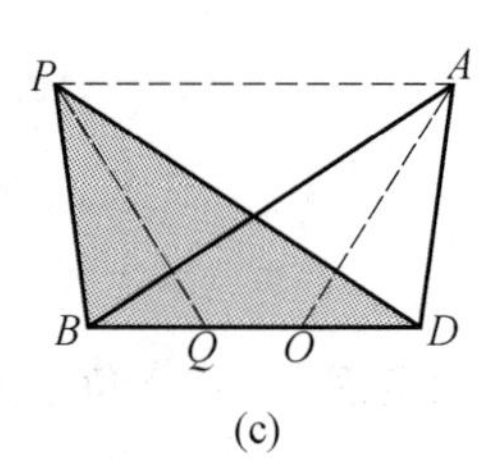

(c)

图 239.2

$\angle BAO=\angle APD+\alpha=\angle QPA$，于是 P,A,O,Q 四点共圆.

由 $AO=PQ$，可知 $PA\parallel BD$，有 $AB=PD=AC$.

所以 $AC=AB$.

证明3 如图 239.3，以 BE,BD 为邻边作平行四边形 $EBDF$，连 FC.

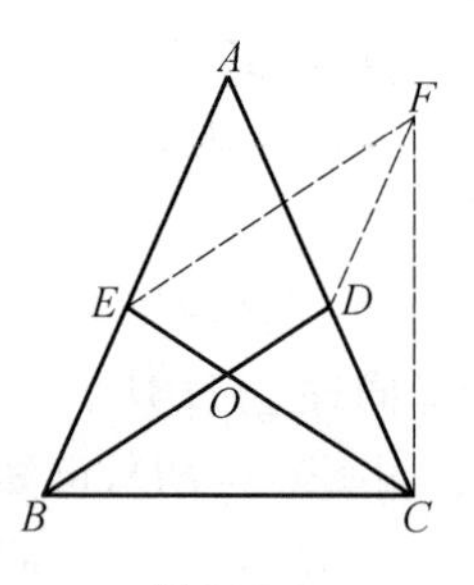

图 239.3

设 $\angle ABC=2\alpha,\angle ACB=2\beta$，可知 $\angle EFD=\angle EBD=\alpha,EF=BD=EC$，有 $\angle EFC=\angle ECF$.

设 $\alpha>\beta$，可知 $\angle DFC<\angle DCF$，有 $BE=DF>DC$.

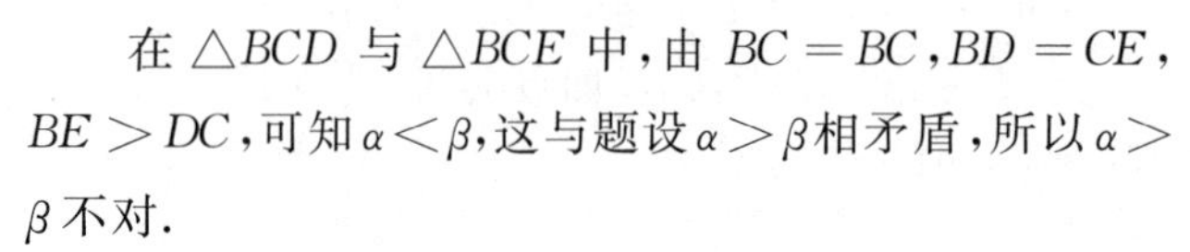

在 $\triangle BCD$ 与 $\triangle BCE$ 中，由 $BC=BC,BD=CE,BE>DC$，可知 $\alpha<\beta$，这与题设 $\alpha>\beta$ 相矛盾，所以 $\alpha>\beta$ 不对.

同理 $\alpha<\beta$ 也不对.

所以 $AC=AB$.

证明4 如图 239.4，设 $\angle ABC=2\alpha,\angle ACB=2\beta$，又设 $\alpha\geqslant\beta$. 在 EO 上取一点 M，使 $\angle OBM=\angle OCD=\beta$，设直线 BM 交 AC 于 N，连 AO.

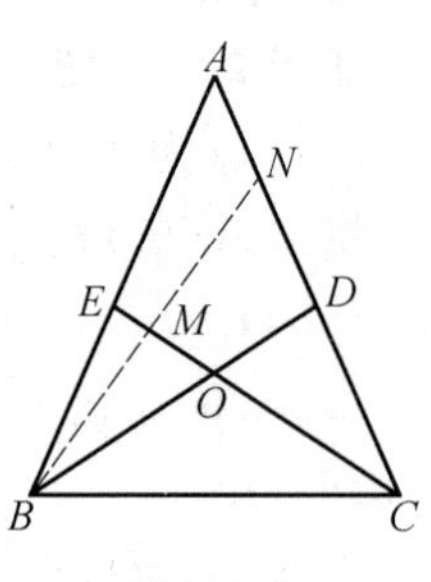

图 239.4

显然 $\triangle NBD\backsim\triangle NCM$，可知 $\frac{NC}{NB}=\frac{CM}{BD}$.

在 $\triangle NBC$ 中，$\angle ACB\geqslant\angle NBC$，即 $2\beta\geqslant\alpha+\beta$，可知 $\beta\geqslant\alpha$，这与前设 $\alpha\geqslant\beta$ 相矛盾，故只有 $\alpha=\beta$.

所以 $AC=AB$.

证明 5 如图 239.5，设 a,b,c 为 $\triangle ABC$ 的三边，$\angle ABC=2\alpha,\angle ACB=2\beta,BD=m$.

显然 $CE=m$.

由 $S_{\triangle ABC}=S_{\triangle ABD}+S_{\triangle DBC}$，可知

$$\frac{1}{2}ac\sin 2\alpha=\frac{1}{2}mc\sin\alpha+\frac{1}{2}ma\sin\alpha$$

有

$$\frac{2\cos\alpha}{m}=\frac{1}{a}+\frac{1}{c}$$

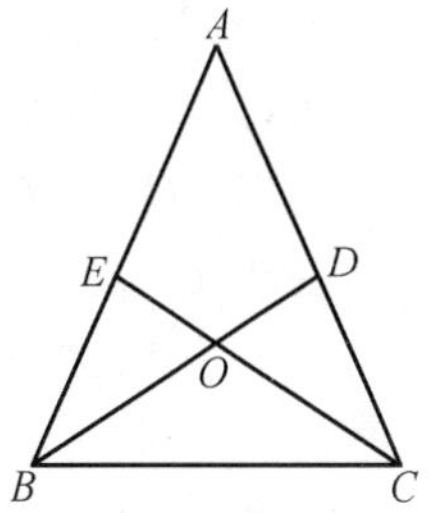

图 239.5

同理，可得

$$\frac{2\cos\beta}{m}=\frac{1}{a}+\frac{1}{b}$$

两式相减，得

$$\frac{2}{m}(\cos\alpha-\cos\beta)=\frac{b-c}{bc}$$

若 $b>c$，则 $\cos\alpha>\cos\beta$.

又 $f(x)\cos x$ 在 $(0,\pi)$ 内是减函数(高中教材内容)，可知 $\alpha<\beta$，有 $b<c$，这与 $b>c$ 相矛盾.

若 $b<c$，同理可推得 $b>c$，故 $b=c$.

所以 $AC=AB$.

证明 6 如图 239.6，以 DB,DC 为邻边作平行四边形 $BFCD$，连 EF.

设 $\angle ABC=2\alpha,\angle ACB=2\beta$，又设 $\alpha>\beta$.

显然 $\angle CBF=\angle ACB=2\beta,\angle BCF=\angle CBD=\alpha$，$BD=CF$，可知 $CE=CF$，有 $\angle CEF=\angle CFE$.

在 $\triangle BCE$ 和 $\triangle BCF$ 中，CB 为公共边，$CE=CF$.

如果 $\alpha\neq\beta$，设 $\alpha>\beta$，可知

$$BF>BE \tag{1}$$

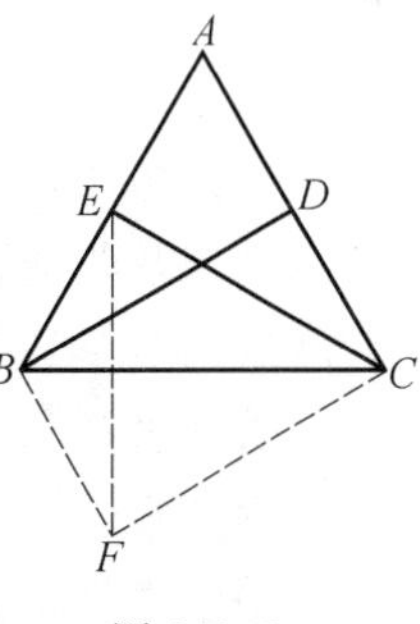

图 239.6

在 $\triangle BEF$ 中

$$\begin{aligned}\angle BEF&=\angle BEC-\angle FEC\\&=180^\circ-2\alpha-\beta-\angle FEC\\&=180^\circ-(\alpha+\beta)-\angle FEC-\alpha\end{aligned} \tag{2}$$

$$\begin{aligned}\angle BFE&=\angle BFC-\angle EFC\\&=180^\circ-2\beta-\alpha-\angle EFC\\&=180^\circ-(\alpha+\beta)-\angle EFC-\beta\end{aligned} \tag{3}$$

比较式(2)与(3),由 $\alpha>\beta$,可知 $\angle BEF<\angle BFE$,有 $BE>BF$. 这与上面的式(1)矛盾,于是 $\alpha\neq\beta$ 不成立,得 $\alpha=\beta$,进而 $2\alpha=2\beta$.

所以 $AC=AB$.

证明 7 如图 239.7,以 BD 为一边作 $\triangle FBD$,使 $\angle FDB=\angle ECB$,$FD=CB$,点 F,C 分别在直线 BD 的两旁.

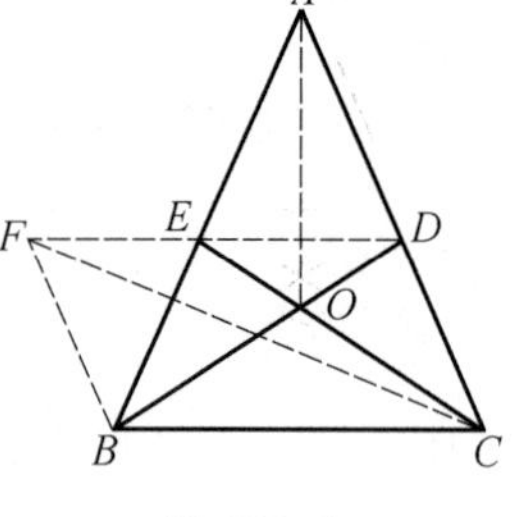

图 239.7

显然 $\triangle FBD\cong\triangle BEC$,可知 $\angle FBD=\angle BEC$.

设 BD,CE 相交于 O,易知 $\angle BOC=90^\circ+\frac{1}{2}\angle A$,可知 $\angle BOC$ 为钝角,且 $\angle FBC=\angle FBD+\angle DBC=\angle BEC+\angle EBO=\angle BOC$,$\angle CDF=\angle CDB+\angle FDB=\angle CDO+\angle DCO=\angle BOC$,有 $\angle FBC=\angle CDF>90^\circ$.

能够证明:有两边和其中大边的对角对应相等的两个三角形全等(留给读者完成),可知 $\triangle BCF\cong\triangle DFC$,有四边形 $FBCD$ 为平行四边形,于是 $\angle DBC=\angle FDB=\angle ECB$,得 $\angle ACB=\angle ABC$.

所以 $AC=AB$.

本文参考自:

1.《中学数学研究》1982 年 10 期 20 页.
2.《数学教学》1983 年 3 期 31 页.
3.《中学数学教学》1999 年 3 期 45 页.
4.《湖南数学通讯》1998 年 3 期 13 页.
5.《湖南数学通讯》1997 年 3 期 24 页.
6.《湖南数学通讯》1997 年 5 期 28 页.
7.《数学教师》1998 年 4 期 46 页.
8.《中学数学》2001 年 4 期末页.
9.《中学数学》1999 年 8 期 49 页.
10.《中学生数学》1998 年 9 期 17 页.

第 240 天

“这是一个古老的难题，这个题目的大多数解法都不是纯几何的，即使是利用三角解法，本题的解也不是容易的.”—— 著名数学家杜锡录在《数学教师》(1985 年第 1 期) 杂志上如是说.

此题的起源，目前没有查清，但可以追溯到 1920 年前后. 初看此题无从下手，不论从几何或三角都仿佛缺少条件，令人费解.

首先给解的是 1951 年华盛顿大学的汤姆森教授，给出的是一种用圆内接正十八边形的纯几何方法，它浓厚的几何味道和巧妙的构思颇受人们称道. 滑铁卢大学把这个题目及解答誉为几何中的一颗宝石，可以想见数学家们对它的厚爱，因此后来有人称之为“汤普森问题”.(沈文选，《几何瑰宝》)

汤普森问题 如图 240.1，在 $\triangle ABC$ 中，$AB = AC$，$\angle A = 20^\circ$，D 为 AC 上一点，$\angle DBC = 60^\circ$，E 为 AB 上一点，$\angle ECB = 50^\circ$，求 $\angle EDB$ 的度数.

解 1 如图 240.1，在 AC 上取一点 F，使 $FB = CB$，连 FB，FE.

易知 $\triangle EBF$ 为正三角形，有 $FE = FB$.

在 $\triangle DBF$ 中，可知 $FD = FB$，于是 $FD = FE$.

在 $\triangle DEF$ 中，易知 $\angle EDF = 70^\circ$.

所以 $\angle EDB = \angle EDF - \angle BDF = 30^\circ$.

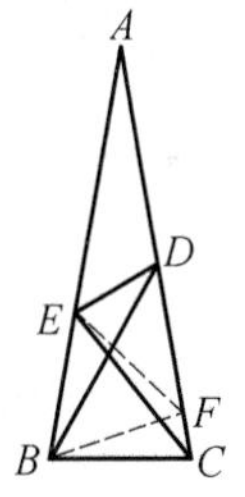

图 240.1

解 2 如图 240.1，在 AC 上取一点 F，使 $\angle FBC = 20^\circ$，连 FE，FB.

易知 $BF = BC = BE$，$\angle FBE = 60^\circ$，可知 $\triangle EBF$ 为正三角形，有 $FB = FE$.

在 $\triangle DBF$ 中，由 $\angle DBF = 40^\circ$，$\angle DFB = 100^\circ$，可知 $FD = FE = FB$，即 F 为 $\triangle EBD$ 的外心，于是 $\angle EDB = \frac{1}{2}\angle EFB = 30^\circ$.

所以 $\angle EDB = 30^\circ$.

解 3 如图 240.2，过 D 作 BC 的平行线交 AB 于 F，连 FC 交 BD 于 G，连 EG.

显然，$\triangle GBC$ 与 $\triangle DGF$ 都是正三角形. 可知 $FD = DG$，$GB = CB$.

易知 $BE = BC$，可知 $BE = BG$.

在 $\triangle GBE$ 中，可知 $\angle EGB=80^\circ$，有 $\angle EGF=40^\circ=\angle EFG$，于是 $EG=EF$.

由 $EG=EF$，$FD=DG$，可知 ED 为 FG 的中垂线.

所以 $\angle EDB=\dfrac{1}{2}\angle BDF=30^\circ$.

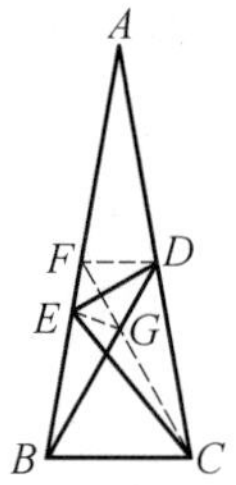

图 240.2

解 4 如图 240.3，设 $\angle ABC$ 的平分线交 AC 于 F，连 EF，过 B 作 EF 的平行线交 AC 的延长线于 G.

在 $\triangle EBC$ 中，显然 $BE=BC$，可知 BF 为 EC 的中垂线，有 $\angle EFB=\angle CFB=60^\circ$，于是 $\angle FBG=60^\circ=\angle GFB$，故 $\triangle FBG$ 为正三角形，得 $BG=BF$.

显然，BD 为 $\angle ABF$ 的平分线，得

$$\frac{AD}{DF}=\frac{AB}{BF}=\frac{AB}{BG}=\frac{AE}{EF}$$

于是 ED 平分 $\angle AEF$.

易知 $\angle AEF=100^\circ$，可知 $\angle AED=50^\circ$.

在 $\triangle BDE$ 中，可知 $\angle EDB=\angle AED-\angle ABD=30^\circ$.

所以 $\angle EDB=30^\circ$.

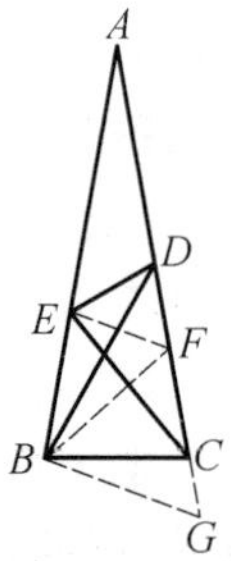

图 240.3

解 5 如图 240.4，以 EC 为一边在 $\triangle EBC$ 外作正 $\triangle FEC$，连 FA，FD，FB.

易知 $BE=BC$，可知 BF 为 $\angle ABC$ 的平分线，有 BD 为 $\angle ABF$ 的平分线.

由 $\angle ACE=30^\circ$，可知 AC 为 EF 的中垂线，有 AD 为 $\angle BAF$ 的平分线，于是 D 为 $\triangle ABF$ 的内心，得 FD 平分 $\angle AFB$，进而 $\angle AFD=\dfrac{1}{2}\angle AFB=50^\circ$.

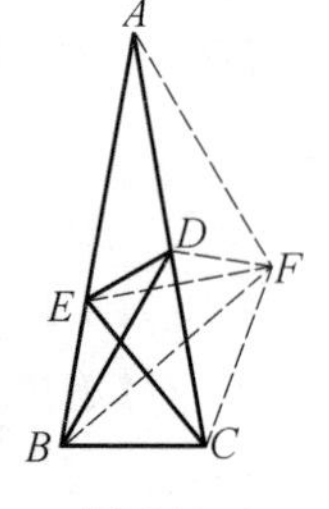

图 240.4

易知 E 与 F 关于 AC 对称，可知 $\angle AED=50^\circ$.

在 $\triangle BDE$ 中，有 $\angle EDB=\angle AED-\angle ABD=30^\circ$.

所以 $\angle EDB=30^\circ$.

解 6 如图 240.5，过 A 作 BC 的垂线交 BD 于 F，过 F 作 BA 的平行线交 AC 于 G，连 EG，FC.

易知 $\triangle FBC$ 为正三角形，四边形 $BFGE$ 为菱形，四边形 $ABFG$ 为等腰梯形.

可知 $GE\parallel DB$，$AG=FB=EB$，$AD=DB$，于是

$$\frac{AE}{AC}=\frac{AE}{AB}=\frac{AG}{AD}=\frac{BE}{BD}$$

由 $\angle EBD = 20^\circ = \angle EAC$，可知 $\triangle EBD \backsim \triangle EAC$.

所以 $\angle EDB = \angle ECA = 30^\circ$.

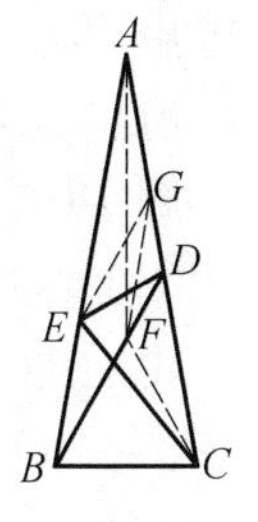

图 240.5

解 7 如图 240.6，过 D 作 CE 的平行线交 AB 于 F，过 D 作 BC 的平行线交 AB 于 G，H 为 CG 与 BD 的交点.

显然 $\triangle HBC$ 与 $\triangle HDG$ 均为正三角形.

显然 $BE = BC$，可知 $BE = BH$.

显然 $\angle GCA = 20^\circ = \angle A$，可知 $GA = GC$.

显然四边形 $BCDG$ 为等腰梯形，可知 $DB = GC$，有 $GA = DB$.

显然 $\angle DFG = \angle CEB = \angle BCE = \angle GDF$，可知 $GF = GD = DH$，有 $FA = GA - GF = DB - DH = BH = BE$.

显然 $\triangle FAD \cong \triangle EBD$，可知 $\angle BDE = \angle FDA = \angle ECA = 30^\circ$.

所以 $\angle EDB = 30^\circ$.

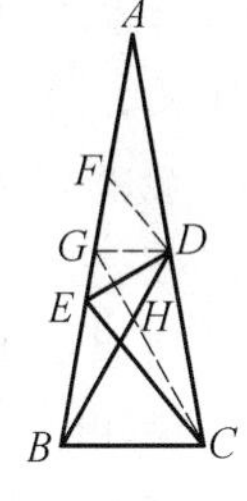

图 240.6

解 8 如图 240.7，设 $\angle BAC$ 的平分线交 BD 于 F，设 $\angle ABD$ 的平分线交 AC 于 G，设 $\angle CBD$ 的平分线交 AC 于 H.

由 $\angle DBA = 20^\circ = \angle BAD$，易知 $\triangle ABF \cong \triangle BAG$，可知 $AG = BF$.

易知 $BF = BC = BE$，得 $AG = BE$，于是 $GC = AE$.

由 $\angle BGC = 30^\circ = \angle HBC$，可知 $\triangle BGC \backsim \triangle HBC$，有

$$\frac{BC}{HC} = \frac{GC}{BC} = \frac{AE}{EB}$$

由 BH 平分 $\angle DBC$，$DB = AD$，可知

$$\frac{BC}{HC} = \frac{BD}{DH} = \frac{AD}{DH}$$

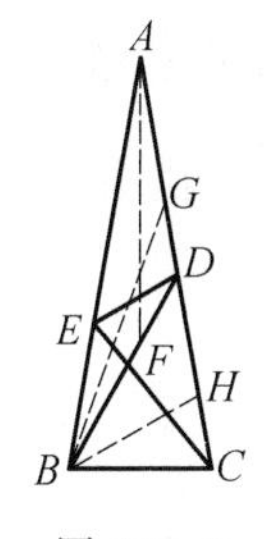

图 240.7

于是 $\dfrac{AE}{EB} = \dfrac{AD}{DH}$，得 $ED \parallel BH$.

所以 $\angle EDB = \angle DBH = 30^\circ$.

解 9 如图 240.8，设 $\angle BAC$ 的平分线交 BD 于 F，过 F 作 AB 的平行线交 AC 于 G. 在 AB 上取一点 H，使 $AH = AG$，连 EG，HD，FC.

易知四边形 $GEBF$ 为菱形，可知 $EG \parallel BD$，有 $\dfrac{AE}{AG} = \dfrac{AB}{AD}$，代入 $AG = AH$，$AB = AC$，于是 $\dfrac{AE}{AH} = \dfrac{AC}{AD}$，得 $HD \parallel EC$. 进而 $\angle ADH = \angle ACE = 30^\circ$.

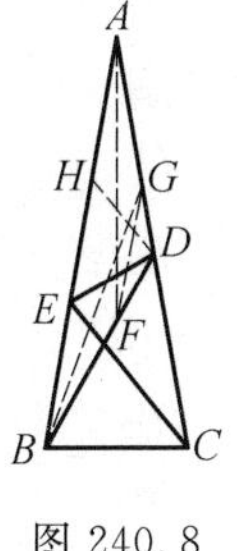

图 240.8

由 $BE=AH$，可知 $\triangle BDE\cong\triangle ADH$.

所以 $\angle EDB=\angle HDA=30^\circ$.

解 10 如图 240.9，以 AB 为一边在 $\triangle ABC$ 内作正 $\triangle FAB$，直线 FD 与 CE 相交于 G，连 GA，GB，FC.

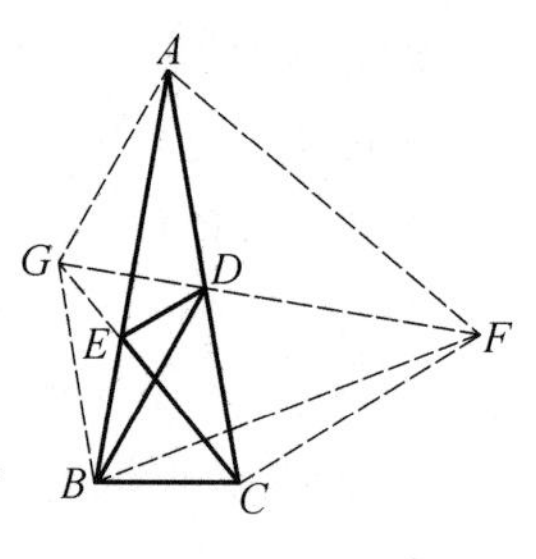

图 240.9

由 $\angle DBA=20^\circ=\angle DAB$，可知 FD 为 AB 的中垂线，有 $\angle AFG=30^\circ=\angle ACG$，于是 A,G,C,F 四点共圆.

由 $AF=AB=AC$，$\angle FAC=40^\circ$，可知 $\angle AFC=70^\circ$，有 $\angle CFG=40^\circ$，于是 $\angle CAG=40^\circ$，得 AB 平分 $\angle GAC$.

显然四边形 $AGBD$ 为菱形，可知 $\angle EDB=\angle CGB$.

在 $\triangle BCG$ 中，可知 $\angle CGB=30^\circ$.

所以 $\angle EDB=30^\circ$.

解 11 如图 240.10，在 $\triangle ABC$ 的外接圆上取一点 F，使 $FB=BC$，设 CE 交 AF 于 G，连 GB，BF，FC，FE.

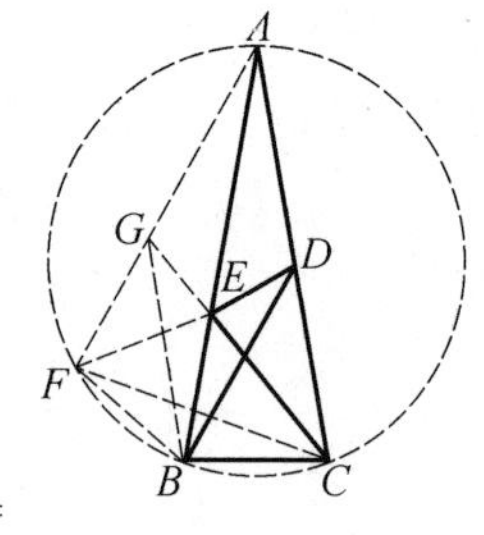

图 240.10

易知 AE 平分 $\angle FAC$，CE 平分 $\angle ACF$，可知 E 为 $\triangle AFC$ 的内心，有 $\angle AFE=\frac{1}{2}\angle AFC=\frac{1}{2}\angle ABC=40^\circ$.

由 $\angle AFB=100^\circ$，可知 $\angle EFB=60^\circ$.

由 $FB=BC=BE$，可知 $\triangle FBE$ 为正三角形，有 $FE=FB$.

在 $\triangle FGE$ 中，由 $\angle EFG=40^\circ$，$\angle EGF=\angle GAC+\angle ACG=70^\circ$，可知 $FG=FE=FB$，有 F 为 $\triangle GEB$ 的外心，于是 $\angle EGB=\frac{1}{2}\angle EFB=30^\circ$，$\angle EBG=\frac{1}{2}\angle EFG=20^\circ=\angle CAB$，得 $BG\parallel CA$.

显然四边形 $AGBD$ 为菱形，有 $\angle EDB=\angle EGB=30^\circ$.

所以 $\angle EDB=30^\circ$.

解 12 如图 240.11，设 $\angle BDC$ 的平分线交 BC 于 F，分别在 AB 及 BC 的延长线上取点 H,G，使 $BH=BG=BD$，连 DH，HG，GD.

易知四边形 $BFDH$ 与四边形 $ECGH$ 都是等腰梯形，$\triangle DBF\cong\triangle DGC$，可知 $BF=HD$，$CG=EH$，$BF=CG$，于是 $EH=HD$.

在 $\triangle HED$ 中，可得 $\angle AED=50^\circ$，于是

$$\angle EDB=\angle AED-\angle ABD=30^\circ$$

所以 $\angle EDB=30^\circ$.

解 13 如图 240.12,过 A 作 DB 的平行线交直线 BC 于 F.过 F 作 $FH \parallel BA$,使 $FH = FA$.在 BC 的延长线上取一点 G,使 $FG = FA$.CE 与 FH 相交于 K,连 GA,AH,HG,KA,AF.

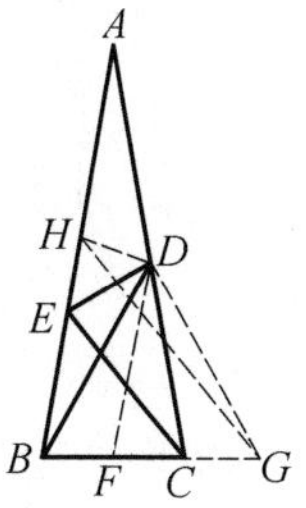

显然四边形 $ABFH$ 与四边形 $CGHK$ 都是等腰梯形,$\triangle AFB \cong \triangle AGC$.可知 $HA = FB = GC = HK$,即 $HA = HK$.

图 240.11

在 $\triangle AHK$ 中,可知 $\angle HAK = 50°$,有 $\angle KAF = 30°$.

由 $FH \parallel BA$,可知 $\dfrac{KE}{EC} = \dfrac{FB}{BC}$.

由 $FA \parallel BD$,可知 $\dfrac{FB}{BC} = \dfrac{AD}{DC}$,于是 $\dfrac{KE}{EC} = \dfrac{AD}{DC}$,有 $KA \parallel ED$.

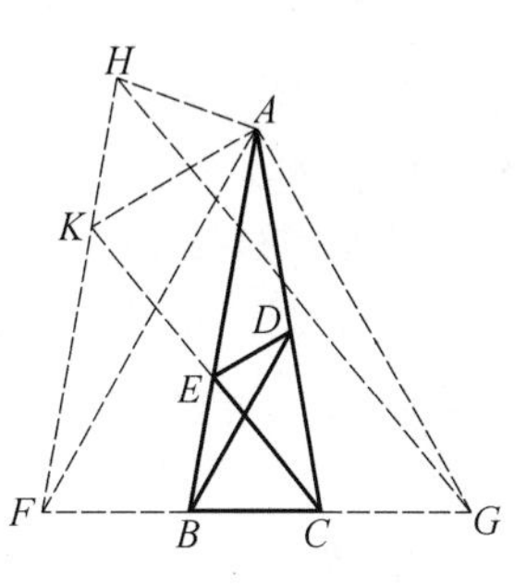

图 240.12

所以 $\angle EDB = \angle KAF = 30°$.

解 14 如图 240.13,以 A 为圆心,以 AB 为半径作圆,显然 C 在圆上,且 B,C 均为圆的 18 等分点.设 CE 与圆的另一交点为 F,BD 与圆的另一交点为 G.设 P 为 B 关于 AC 的对称点,显然点 P 在圆上,过 D 作 AP 的垂线交圆于 M,N 两点,连 DP.

易知 $DP = DB = DA$,可知 MN 为 AP 的中垂线.

由 $\angle ACF = 30°$,可知 $MN = FC$.

由 $\angle PAB = 40°$,可知 AB 与 MN 的交角为 $50°$ 等于 $\angle BEC$,于是 F 与 N 关于 AB 对称,M 与 C 关于 AB 对称,这就是说点 E 就在 MN 上.故

$$\angle AED = \angle MEB = \angle CEB = 50°$$

所以

$$\angle EDB = \angle AED - \angle ABD = 30°$$

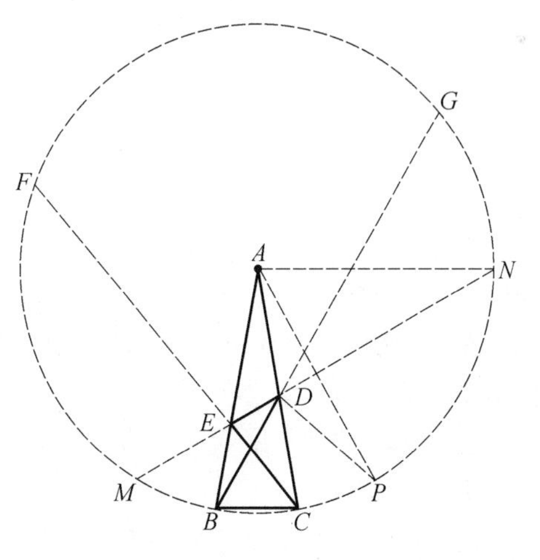

图 240.13

解 15 如图 240.14,设 G 为 BC 的延长线上的一点,$BG = BD$,过 G 作 BD 的垂线,交 AC 于 F,连 BF.

在 $\triangle ABC$ 中,由 $AB = AC$,$\angle A = 20°$,可知 $\angle ACB = \angle ABC = 80°$.

由 $\angle DBA = 20°$,可知 $\angle DBG = 60°$,有 $\triangle DBG$ 为正三角形,B 与 D 关于

直线 GF 对称，于是 $\angle FGB=\angle FGD=30^\circ$，$\angle FBG=\angle FDG=20^\circ=\angle EBD$.

在 $\triangle BCF$ 中，由 $\angle FBC=20^\circ$，$\angle BCF=80^\circ$，可知 $\angle BFC=80^\circ=\angle BCF$，有 $BF=BC$.

在 $\triangle EBC$ 中，易知 $BE=BC$，可知 $BE=BF$.

显然 $\triangle EDB\cong\triangle FGB$，可知 $\angle EDB=\angle FGB=30^\circ$.

所以 $\angle EDB=30^\circ$.

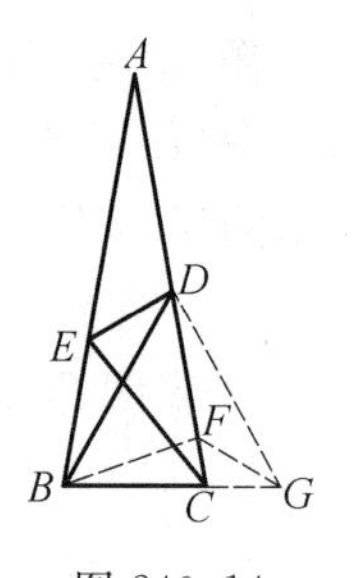

图 240.14

解 16 如图 240.15，以 BD 为一边在 $\triangle BCD$ 的外侧一方作正 $\triangle BDF$，DF 交 AB 于 G.

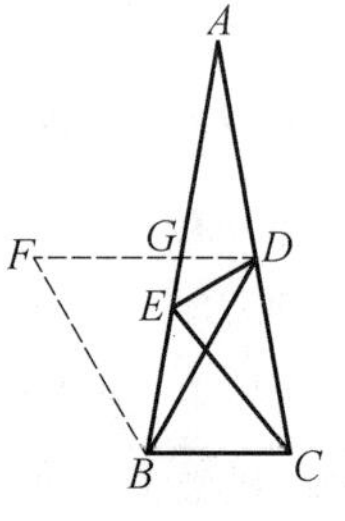

图 240.15

在 $\triangle ABC$ 中，由 $AB=AC$，$\angle A=20^\circ$，可知 $\angle ACB=\angle ABC=80^\circ$.

显然 $\triangle BGF\cong\triangle DCB$，可知 $FG=BC$.

在 $\triangle BCE$ 中，显然 $BE=BC$.

由 $BD=FD$，$AC=AB$，可知 $\frac{BD}{AC}=\frac{FD}{AB}$.

由 $DB=DA$，可知 $\frac{BD}{AC}=\frac{AD}{AC}=\frac{GD}{BC}$，有

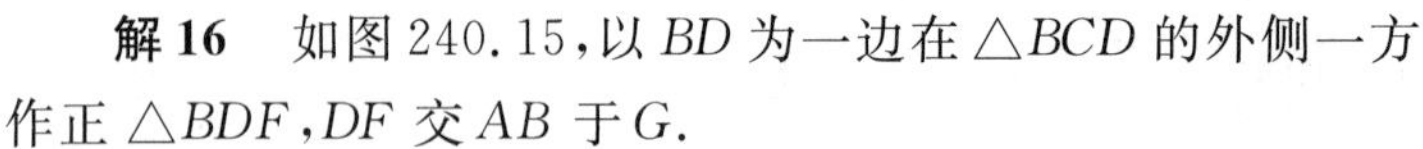

$$\frac{BD}{AC}=\frac{FD}{AB}=\frac{GD}{BC}=\frac{FD-GD}{AB-BC}=\frac{EB}{AE}$$

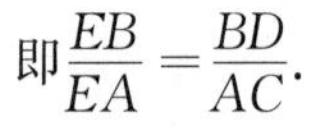

即 $\frac{EB}{EA}=\frac{BD}{AC}$.

由 $\angle EBD=20^\circ=\angle A$，可知 $\triangle EDB\backsim\triangle ECA$，有 $\angle EDB=\angle ECA=30^\circ$.

所以 $\angle EDB=30^\circ$.

解 17 如图 240.16，以 AD 为一边，在 $\triangle AED$ 的内侧一方作正 $\triangle AFD$，FD 交 AB 于 G.

在 $\triangle ABC$ 中，由 $AB=AC$，$\angle A=20^\circ$，可知 $\angle ACB=\angle ABC-80^\circ$.

在 $\triangle BCE$ 中，由 $\angle ECB=50^\circ$，可知 $\angle BEC=50^\circ=\angle ECB$，有 $BE=BC$.

由 $\angle DBC=60^\circ=\angle F$，可知 $\angle DBA=20^\circ=\angle BAC$，可知 $DB=AD=AF$.

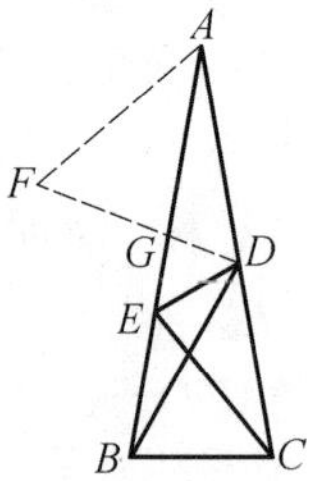

图 240.16

显然 $\angle BDC=40^\circ=\angle FAG$，可知 $\triangle AFG\cong\triangle DBC$，有 $FG=BC=BE$，$AG=DC$，于是 $AB-AG=AC-CD$，就是 $GB=AD=FD$.

显然 $BG-BE=FD-FG$，就是 $GE=GD$.

在等腰 $\triangle GED$ 中，由 $\angle EGD=80^\circ$，可知 $\angle AED=\angle GDE=50^\circ$.

所以 $\angle EDB=\angle AED-\angle DBA=30^\circ$.

解 18 如图 240.17,以 AC 为一边,在 $\triangle ABC$ 的内侧一方作正 $\triangle AFC$,FC 交 AB 于 G.

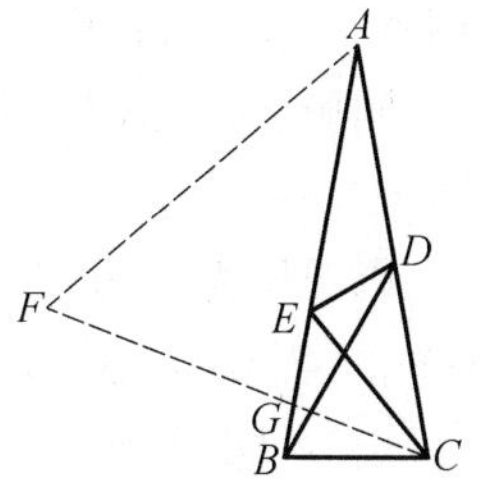

在 $\triangle ABC$ 中,由 $AB=AC$,$\angle BAC=20^\circ$,可知 $\angle ABC=\angle ACB=80^\circ$.

在 $\triangle BCE$ 中,由 $\angle ECB=50^\circ$,可知 $\angle BEC=50^\circ=\angle ECB$,有 $BE=BC$.

在 $\triangle BCG$ 中,显然 $\angle BCG=20^\circ$,$\angle BGC=80^\circ=\angle GBC$,可知 $GC=BC=BE$.

图 240.17

由 $\angle DBA=20^\circ=\angle BAC$,可知 $\angle DBC=60^\circ=\angle F$,有 $\angle BDC=40^\circ=\angle FAG$,于是 $\triangle AFG\backsim\triangle DBC$,得$\dfrac{BC}{FG}=\dfrac{BD}{FA}$,即$\dfrac{BE}{FC-GC}=\dfrac{BD}{AC}$,或$\dfrac{BE}{BA-BE}=\dfrac{BD}{AC}$,即$\dfrac{BE}{AE}=\dfrac{BD}{AC}$.

由 $\angle DBE=20^\circ=\angle CAE$,可知 $\triangle EBD\backsim\triangle EAC$,有 $\angle EDB=\angle ECA=30^\circ$.

所以 $\angle EDB=30^\circ$.

解 19 如图 240.18,过 A 作 BC 的平行线交 $\angle ABC$ 的平分线于 F.

在 $\triangle ABC$ 中,由 $AB=AC$,$\angle BAC=20^\circ$,可知 $\angle ACB=\angle ABC=80^\circ$.

在 $\triangle ABF$ 中,显然 $\angle BAF=100^\circ$,$\angle ABF=40^\circ$,可知 $\angle AFB=40^\circ=\angle ABF$,有 $AF=AB=AC$,于是 A 为 $\triangle BCF$ 的外心,得 $\angle BFC=\dfrac{1}{2}\angle BAC=10^\circ$.

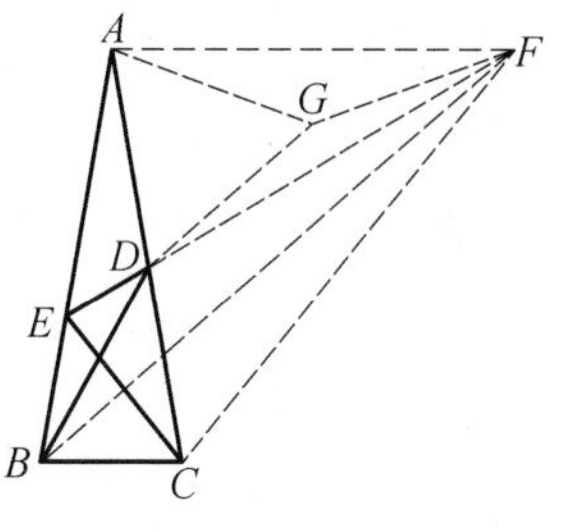

图 240.18

在 $\triangle EBC$ 中,由 $\angle ECB=50^\circ$,可知 $\angle BEC=50^\circ=\angle ECB$,有 $BE=BC$,于是 BF 为 EC 的中垂线,得 $\angle BFE=\angle BFC=10^\circ$.

以 AD 为一边,在 $\triangle ADF$ 的内侧一方作正 $\triangle ADG$,连 GF.

易证 $\triangle ADB\cong\triangle AGF$,可知 $GF=DB$.

由 $\angle DBA=20^\circ=\angle BAC$,可知 $DA=DB$,有 $GF=GA=GD$,即 G 为 $\triangle ADF$ 的外心,于是 $\angle DFA=\dfrac{1}{2}\angle DGA=30^\circ$,得 $\angle DFB=10^\circ=\angle EFB$.

显然 E,D,F 三点共线,可知 $\angle EDB=\angle DBF+\angle EFB=30^\circ$.

所以 $\angle EDB=30^\circ$.

解 20 如图 240.19,过 A 作 BC 的平行线交 $\angle ABC$ 的平分线于 F.

同解 19,可知 $\angle BFE = \angle BFC = 10^\circ$.

以 AB 为一边在 $\triangle ABC$ 的外侧一方作正 $\triangle ABG$,连 GD.

由 $\angle DBA = 20^\circ = \angle BAC$,可知 $DB = DA$,有 GD 为 AB 的中垂线,于是 $\angle DGA = \frac{1}{2}\angle BGA = 30^\circ$.

图 240.19

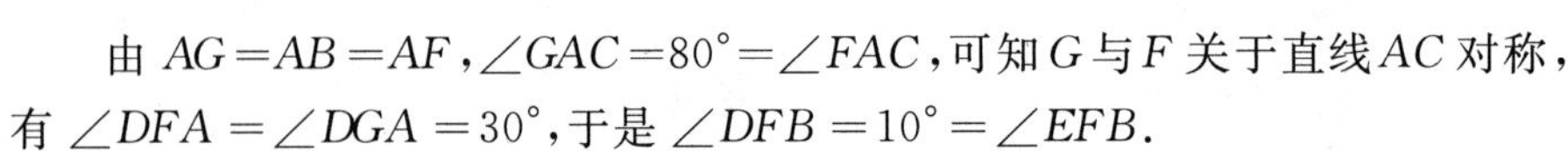

由 $AG = AB = AF$,$\angle GAC = 80^\circ = \angle FAC$,可知 G 与 F 关于直线 AC 对称,有 $\angle DFA = \angle DGA = 30^\circ$,于是 $\angle DFB = 10^\circ = \angle EFB$.

显然 E,D,F 三点共线,可知 $\angle EDB = \angle DBF + \angle EFB = 30^\circ$.

所以 $\angle EDB = 30^\circ$.

解 21 如图 240.20,过 A 作 BC 的平行线交 $\angle ABC$ 的平分线于 F.

同解 19,可知 $\angle BFE = \angle BFC = 10^\circ$.

以 AB 为一边在 $\triangle ABC$ 的内侧一方作正 $\triangle ABG$,连 GD,GF.

显然 $AG = AF$,$\angle GAF = 40^\circ$,可知 $\angle AFG = \angle AGF = 70^\circ$.

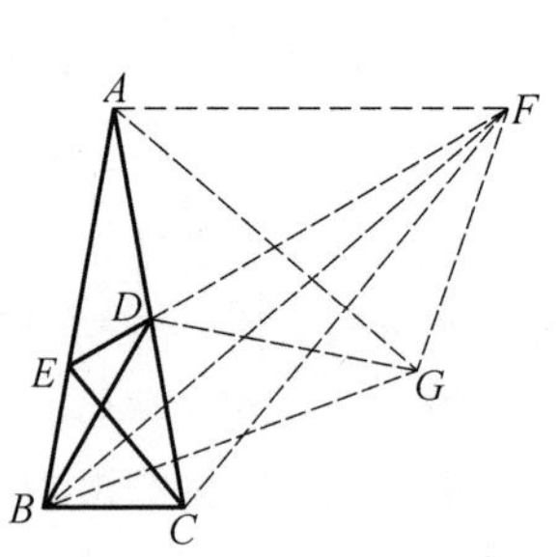

图 240.20

显然 $DB = DA$,$GB = GA$,可知 DG 为 AB 的中垂线,有 $\angle DGA = \frac{1}{2}\angle AGB = 30^\circ$.

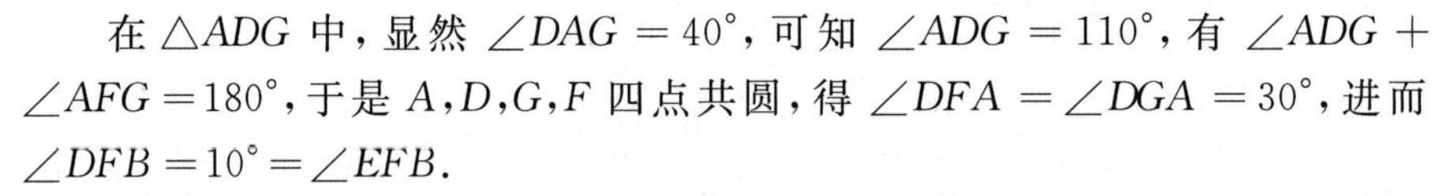

在 $\triangle ADG$ 中,显然 $\angle DAG = 40^\circ$,可知 $\angle ADG = 110^\circ$,有 $\angle ADG + \angle AFG = 180^\circ$,于是 A,D,G,F 四点共圆,得 $\angle DFA = \angle DGA = 30^\circ$,进而 $\angle DFB = 10^\circ = \angle EFB$.

显然 E,D,F 三点共线,可知 $\angle EDB = \angle DBF + \angle EFB = 30^\circ$.

所以 $\angle EDB = 30^\circ$.

解 22 如图 240.21,过 A 作 BC 的平行线交 $\angle ABC$ 的平分线于 F.

同解 19,可知 $\angle BFE = \angle BFC = 10^\circ$.

以 AF 为一边在 $\triangle ABF$ 的内侧一方作正 $\triangle AGF$,连 GB,GD.

显然 $\triangle ABG$ 为等腰三角形,$\angle BAG = 40^\circ$,AC 为 BG 的中垂线,可知 $DG = DB = DA$,有 DF 为 AG 的中垂线,于是 $\angle DFA = \frac{1}{2}\angle GFA = 30^\circ$,得 $\angle DFB =$

$10^\circ = \angle EFB$.

显然E,D,F三点共线,可知$\angle EDB = \angle DBF + \angle EFB = 30^\circ$.

所以$\angle EDB = 30^\circ$.

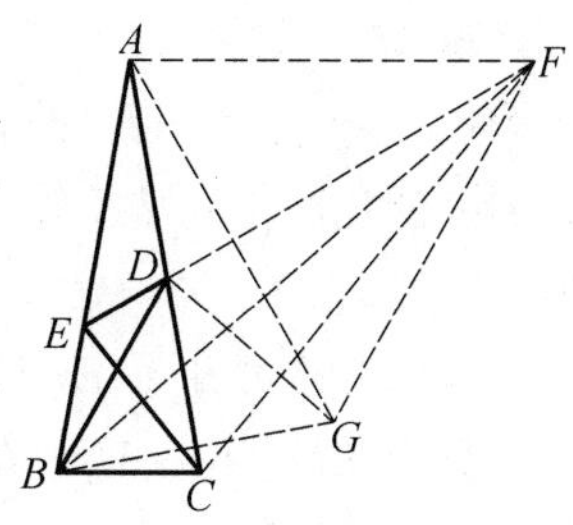

图 240.21

解 23 如图 240.22,过A作BC的平行线交$\angle ABC$的平分线于F,连FC,FD,FE.

同解 19,可知$\angle BFE = \angle BFC = 10^\circ$.

设直线BD,AF交于G,在BF上取一点H,使$BH = BA$,连HD,HG.

显然H与A关于BG对称,可知$\angle BGH = \angle BGA = 60^\circ$,有$\angle FGH = 60^\circ = \angle DGH$.

显然AF为$\angle BAC$的外角平分线,(H为A关于BG的对称点)可知$\angle DHG = \angle DAG = 80^\circ = 180^\circ - \angle BAG = \angle FHG$,有$D$与$F$关于$GH$对称,于是$HD = HF$,得$\angle FDH = \frac{1}{2}\angle DHB = 10^\circ = \angle BFE$.

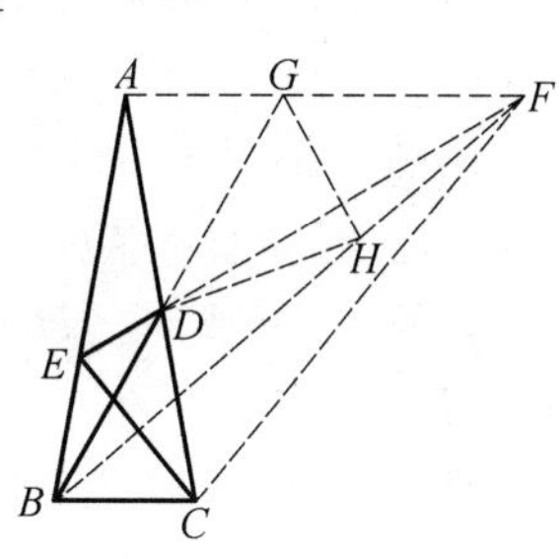

图 240.22

显然E,D,F三点共线,可知$\angle EDB = \angle GDF = \angle AFD = 30^\circ$.

所以$\angle EDB = 30^\circ$.

解 24 如图 240.23,过A作BC的平行线交$\angle ABC$的平分线于F,连FC,FD,FE.

同解 19,可知$\angle BFE = \angle BFC = 10^\circ$.

设H为BA的延长线上的一点,$BH = BF$.设G为直线BD,AF的交点,连HF,HG,HD.

显然BD为$\angle HBF$的平分线,可知H与F关于BD对称,有$\angle BFH = \angle BHF = 70^\circ$,$\angle BHG = \angle BFA = 40^\circ$,于是$\angle GHF = \angle GFH = 30^\circ$,得$\angle HGA = 60^\circ = \angle BGA$.

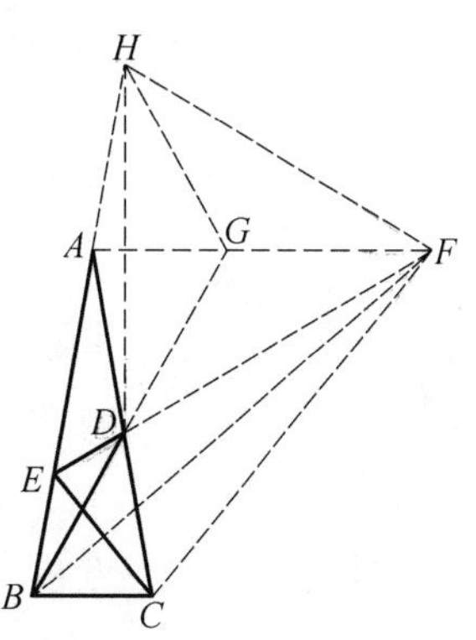

图 240.23

显然AF为$\angle CAH$的平分线,可知H与D关于AF对称,有$\angle DFA = \angle HFA = 30^\circ$,于是$\angle DFB = 10^\circ = \angle EFB$,得$E,D,F$三点共线.

显然$\angle EDB = \angle GDF = 30^\circ$.

所以$\angle EDB = 30^\circ$.

解 25　如图 240.24,过 A 作 BC 的平行线交 $\angle ABC$ 的平分线于 F.设直线 BD,AF 相交于 G,H 为 BG 延长线上一点,$GH=GA$,连 HF,HA,FC,FD.

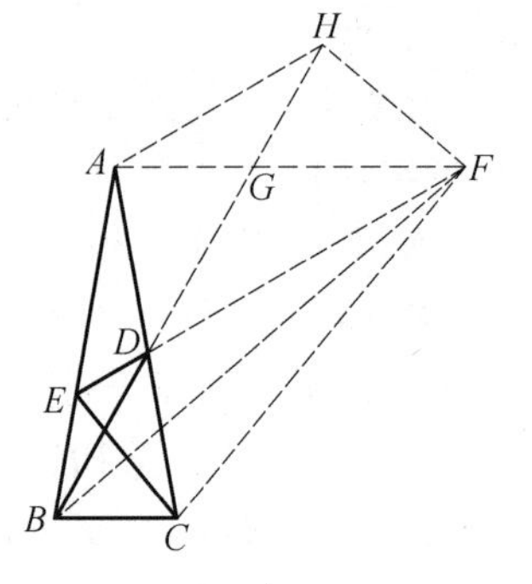

图 240.24

同解 19,可知 $\angle BFE=\angle BFC=10^\circ$.

显然 BD 为 $\angle ABF$ 的平分线,可知 $\angle AGB=60^\circ$,有 $\angle GHA=\angle GAH=30^\circ$.

显然 BG 为等腰三角形 ABF 的角平分线,$\angle BAF=100^\circ$,$GH=GA$.

由熟知的结论可知 $BH=BF$,有 $\angle BFH=80^\circ$,于是 $\angle AFH=40^\circ=\angle HDA$,得四边形 $ADFH$ 为等腰梯形.

显然 $\angle DFA=\angle HAF=30^\circ$,可知 $\angle DFB=10^\circ=\angle EFB$,有 E,D,F 三点共线.

显然 $\angle EDB=\angle GDF=30^\circ$.

所以 $\angle EDB=30^\circ$.

解 26　如图 240.25,过 D 分别作 BC,CE 的平行线交 AB 于 G,H,连 CG 交 BD 于 F.

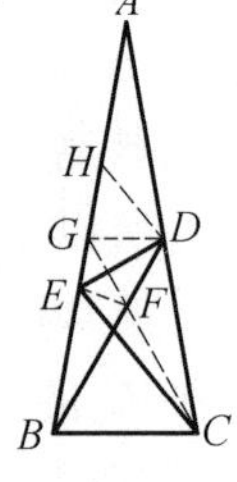

图 240.25

显然$\dfrac{AH}{AD}=\dfrac{AE}{AC}$,$\angle ADH=\angle ACE$.

在 $\triangle AEC$ 与 $\triangle CBD$ 中,由正弦定理,可知

$$\frac{AE}{AC}=\frac{\sin 30^\circ}{\sin 130^\circ},\frac{BC}{BD}=\frac{\sin 40^\circ}{\sin 80^\circ}$$

由$\dfrac{\sin 30^\circ}{\sin 130^\circ}=\dfrac{\frac{1}{2}}{\sin 50^\circ}=\dfrac{1}{2\cos 40^\circ}=\dfrac{\sin 40^\circ}{\sin 80^\circ}$,可知

$$\frac{AH}{AD}=\frac{AE}{AC}=\frac{BC}{BD}$$

在 $\triangle BCE$ 中,可知 $BC=BE$,有$\dfrac{AH}{AD}=\dfrac{BE}{BD}$.

由 $AD=BD$,可知 $AH=BE$.

由 $\angle A=20^\circ=\angle DBE$,可知 $\triangle AHD\cong\triangle BED$,有 $\angle BDE=\angle ADH=\angle ACE=30^\circ$.

所以 $\angle BDE=30^\circ$.

解 27　如图 240.26,设 $\angle DBC$ 的平分线分别交 AC,EC 于 F,G,连 GD.在 $\triangle ABC$ 中,由 $AC=AB$,$\angle A=20^\circ$,可知 $\angle ABC=\angle ACB=80^\circ$.

显然 $\angle EBF=50^\circ$.

由 $\angle DBC=60^\circ$,可知 $\angle DBF=30^\circ$.

由 $\angle ECB=50^\circ$,可知 $\angle BEC=50^\circ=\angle ECB$,有 $BE=BC$.

在 $\triangle DCB$ 中,由正弦定理,可知

$$\frac{DB}{\sin 80^\circ}=\frac{BC}{\sin 40^\circ}=\frac{BE}{\sin 40^\circ}$$

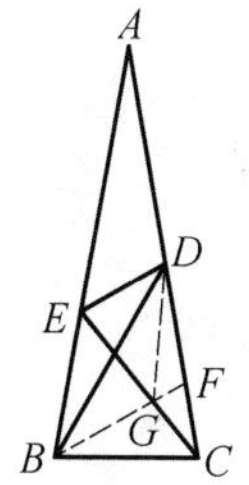

图 240.26

有

$$\frac{BD}{BE}=\frac{\sin 80^\circ}{\sin 40^\circ}=\frac{2\sin 40^\circ\cos 40^\circ}{\sin 40^\circ}$$

$$=\frac{\cos 40^\circ}{\frac{1}{2}}=\frac{\sin 50^\circ}{\sin 30^\circ}$$

于是

$$BD\sin 30^\circ=BE\sin 50^\circ$$

或

$$\frac{1}{2}BG\cdot BD\sin 30^\circ=\frac{1}{2}BG\cdot BE\sin 50^\circ$$

就是 $S_{\triangle DBG}=S_{\triangle EBG}$,得 $ED\ /\!/\ BF$.

所以 $\angle EDB=\angle DBF=30^\circ$.

解 28　如图 240.27,分别过 A,B 作 ED 的垂线,G,F 为垂足.

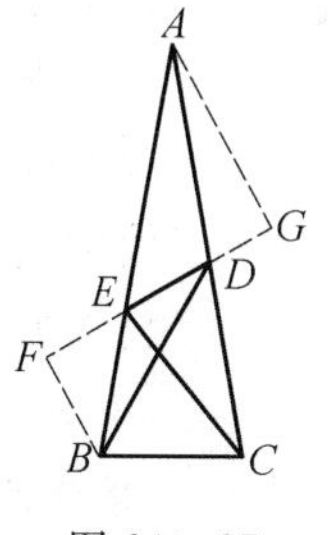

图 240.27

显然 $\mathrm{Rt}\triangle AGE\backsim\mathrm{Rt}\triangle BFE$,可知$\frac{AG}{BF}=\frac{EG}{EF}$.

设 $AB=1$,可知 $BE=BC=2\sin 10^\circ$,有 $AE=1-2\sin 10^\circ$,于是$\frac{AG}{BF}=\frac{1-2\sin 10^\circ}{2\sin 10^\circ}$,得

$$\frac{S_{\triangle AED}}{S_{\triangle BED}}=\frac{AE}{BE}=\frac{AG}{BF}=\frac{1-2\sin 10^\circ}{2\sin 10^\circ} \tag{1}$$

又

$$\frac{S_{\triangle AED}}{S_{\triangle BED}}=\frac{\frac{1}{2}DA\cdot DE\sin(140^\circ-\alpha)}{\frac{1}{2}DB\cdot DE\sin\alpha}$$

$$=\frac{\sin(140^\circ-\alpha)}{\sin\alpha} \tag{2}$$

由式(1),(2) 可得

$$\frac{\sin(140^\circ-\alpha)+\sin\alpha}{\sin\alpha}=\frac{1}{2\sin 10^\circ}$$

即

$$4\sin 10^\circ\sin 70^\circ\cos(70^\circ-\alpha)=\sin\alpha$$

亦即

$$\frac{\sin 30^\circ\sin(20^\circ+\alpha)}{\sin 50^\circ}=\sin\alpha$$

从而

$$\begin{cases}\sin(20^\circ+\alpha)=\sin 50^\circ\\ \sin\alpha=\sin 30^\circ\\ \alpha\text{ 为锐角}\end{cases}$$

故 $\alpha=30^\circ$.

本文参考自:
1.《数学教师》1985 年 7 期 21 页.
2.《中学生数学》1998 年 11 期 22 页.
3.《中学生数学》1995 年 1 期 5 页.
4.《中学生数学》1994 年 8 期 18 页.
5.《数学通报》1996 年 5 期 48 页.
6.《中小学数学》1994 年 8 期.
7.《数学通讯》1984 年 6 期.
8.《数学大世界》2000 年 10 期 11 页.
9.《数学教学研究》1997 年 6 期 27 页.
10.《中等数学》2006 年 1 期 7 页.
11.《数学教师》1985 年 1 期 16 页.
12.《中等数学》2008 年 10 期 27 页.

第 241 天

正五边形(或正五角星)的作法

(一)尺规精确作图

作法 1　如图 241.1.

1. 作圆 O 的互相垂直的直径 AP,MN;

2. 取 ON 的中点 Q;

3. 在 MN 上取点 R,使 $RQ=AQ$;

4. 在圆周上取点 B,C,D,E,使 $AB=BC=CD=DE=AR$.

五边形 $ABCDE$ 为正五边形. 依此即可画出五角星.

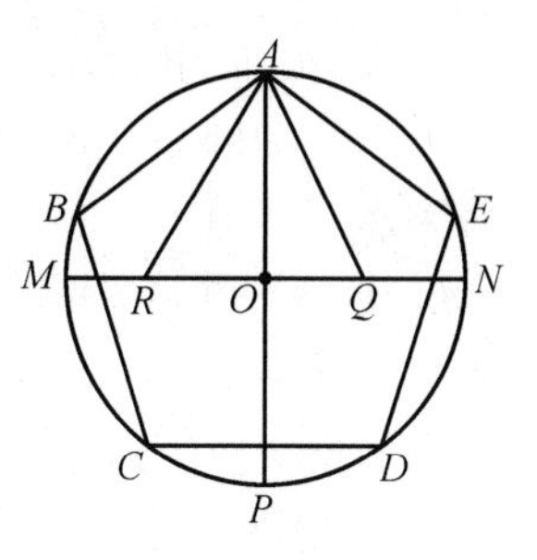

图 241.1

作法 2　如图 241.2.

1. 作圆 O 的互相垂直的直径 AP,MN;

2. 以 ON 为直径作圆 Q,交 AQ 于 R;

3. 以 P 为圆心,AR 为半径画弧交圆 O 于 C,D;

4. 作 AC 的中垂线交圆 O 于 B,作 AD 的中垂线交圆 O 于 E.

五边形 $ABCDE$ 为正五边形. 依此即可画出五角星.

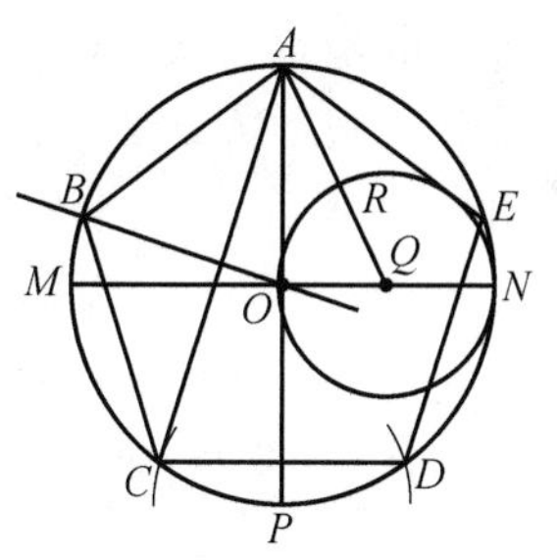

图 241.2

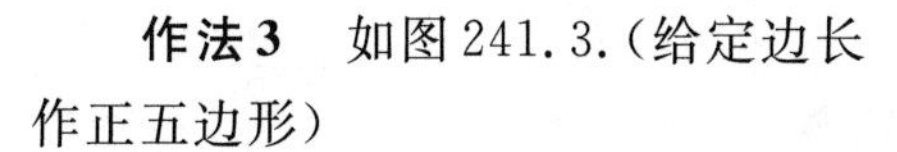

作法 3　如图 241.3.(给定边长作正五边形)

1. 作 $AB=a$(a 为给定的线段长);

2. 作 AB 的中垂线 MN,G 为垂足;

3. 在 GN 上取 $GP=AB$;

4. 连 AP 并延长至 F,使 $PF=AG$;

5. 以 A 为圆心,AF 为半径画弧

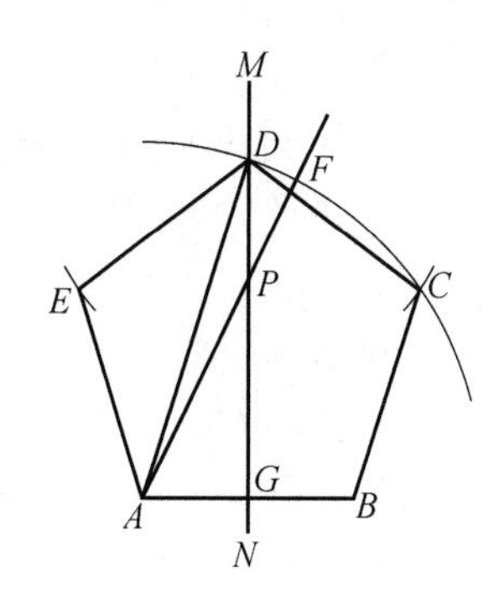

图 241.3

交 GN 于 D；

6. 分别以 D 为圆心，AB 为半径画弧得到 C，E 两点.

五边形 $ABCDE$ 为正五边形. 依此即可画出五角星.

作法 4　如图 241.4.

1. 作圆 O 的直径 $AP \perp MN$；

2. 连 AM 延长至 Q，使 $MQ = AM$；

3. 连 QO 交圆 O 于 R，延长 QR 交圆 O 于 S；

4. 取 RQ 的中点 K；

5. 以 P 为圆心，RK 为半径画弧，在圆 O 上得到点 C，D；

6. 连 CD，以 A 为圆心，CD 为半径画弧交圆 O 于 B，E.

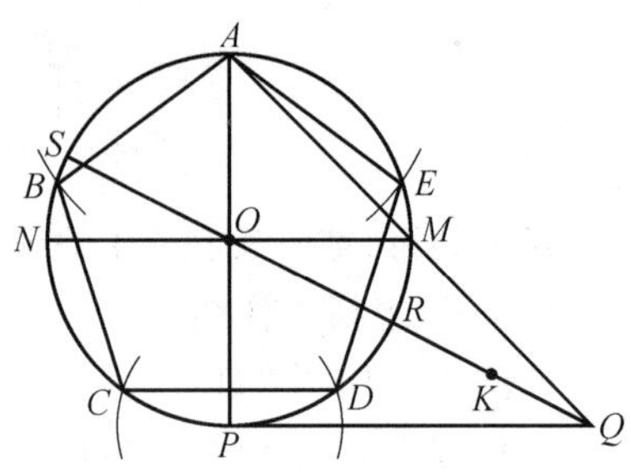

图 241.4

五边形 $ABCDE$ 为正五边形. 依此即可画出五角星.

（二）实践经验，近似作图

作法 1　如图 241.5.

1. 取矩形长纸条；

2. 按图示方法系一个扣，拉紧压平后即得一个正五边形. 依此即可画出五角星.

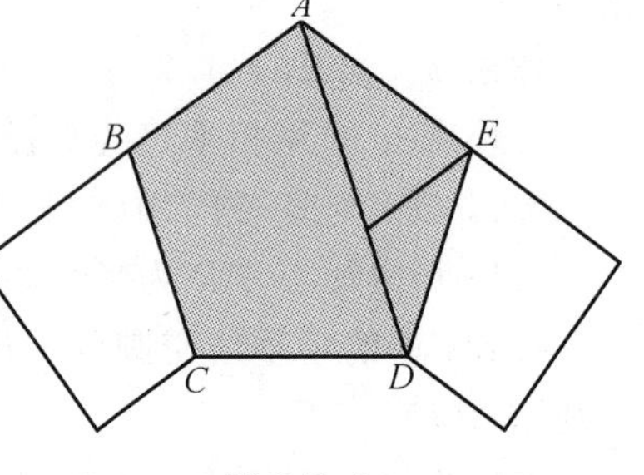

图 241.5

作法 2　如图 241.6.

1. 作 $\triangle ACD$，使 $\angle ACD = \angle ADC = 72°$；

2. 作 $\angle ACD$ 的平分线交 $\triangle ACD$ 的外接圆于 E；

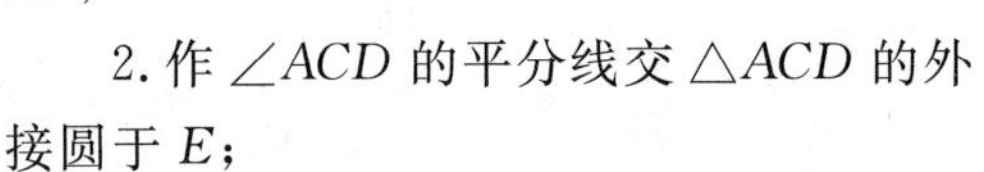

3. 作 $\angle ADC$ 的平分线交 $\triangle ACD$ 的外接圆于 B.

五边形 $ABCDE$ 为正五边形. 依此即可画出五角星.

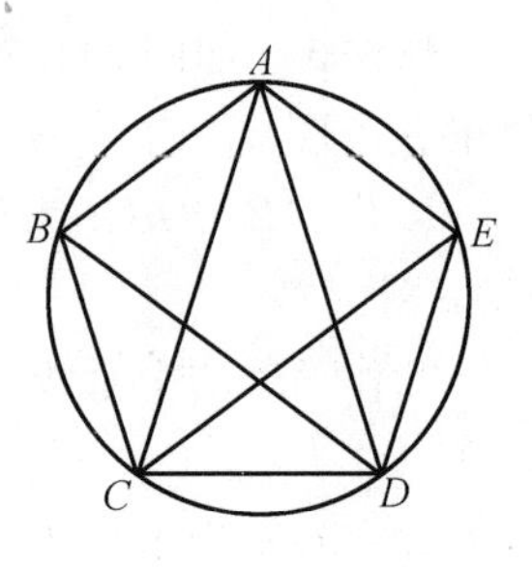

图 241.6

作法 3　如图 241.7.

1. 作圆 O；

2. 在圆周上取点 A，B，使 $\angle AOB = 72°$；

3. 在圆周上依次截取 $AE = ED = DC = BA$.

五边形 $ABCDE$ 为正五边形. 依此即可画出五角星.

作法 4　如图 241.8.

我国民间相传着正五边形的近似画法，画法的口诀是："九五顶五九，八五两边分"，它的意义如图 241.8 所示.

依次不难画出正五边形或正五角星. 依此即可画出五角星.

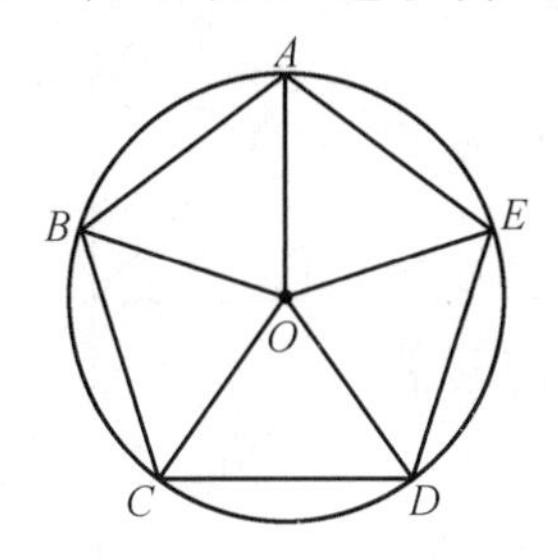

图 241.7

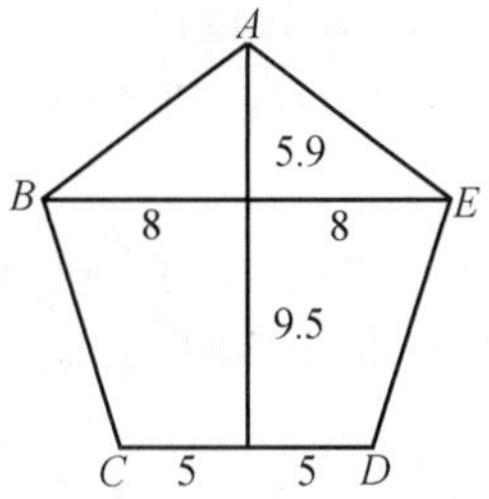

A
5.9
B　8　8　E
9.5
C　5　5　D

图 241.8

作法 5　如图 241.9.

个人口诀："四寸一寸三，五方把门关".

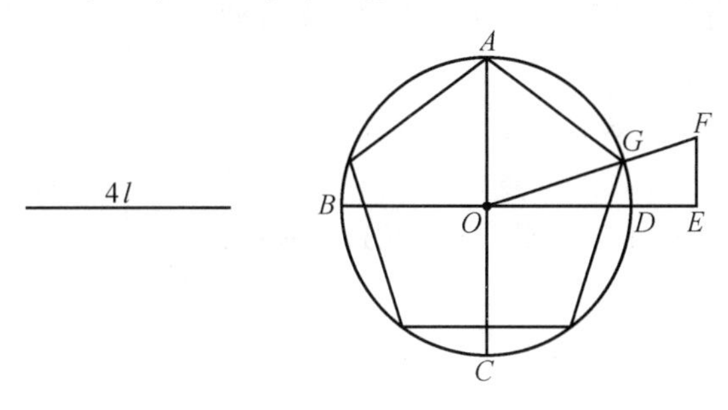

图 241.9

1. 作圆 O 的两条互相垂直的直径 AC，BD；

2. 在 OD(或 OD 的延长线)上截取等于任意长 l 的 4 份线段(设 $OE=4l$)；

3. 过点 E 作 $EF\perp OE$，且使 $EF=1.3\ l$；

4. 连 OF(或延长线)交圆 O 于 G(那么 AG 就是圆 O 内接正五边形的一边长)；

5. 在圆 O 上顺次作等于 AG 的弦就得正五边形，依此即可画出五角星.

作法 6　如图 241.10.

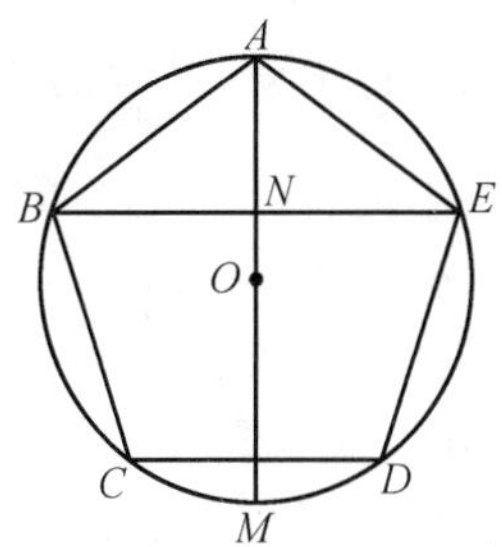

图 241.10

个人口诀："一六分当中，二八两边排".

1. 作 $AM=16l$；

2. 在 AM 上取 $AN=6l$；

3. 过点 N 作 $BE\perp AM$，且使 $BN=NE=8l$(AB

就是正五边形的一边)；

4. 过 A,B,E 三点作圆 O；

5. 在圆 O 上作弦 $BC=ED=AB$，并连 CD，即得正五边形. 依此即可画出五角星.

作法 7 如图 241.11.

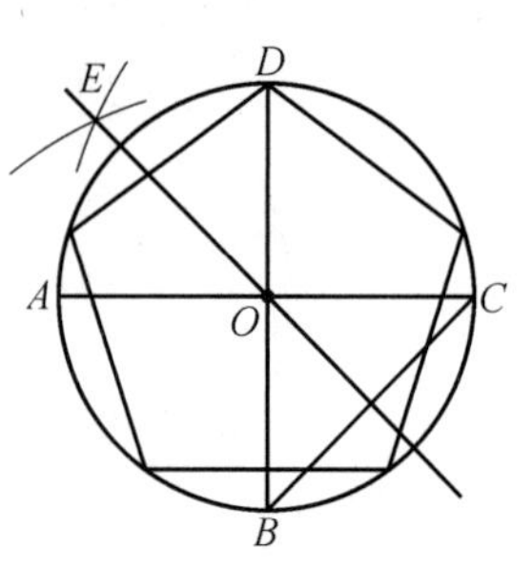

图 241.11

个人口诀:“两径相垂直，两心紧相连，以径为半径，弧交圆外边”.

1. 作两条互相垂直的直径 AC,BD；

2. 分别以 B,C 为圆心，BD 为半径画弧相交于 E；

3. 在圆 O 上作等于 OE 长的弦，即得正五边形的一边长. 依此即可画出五角星.

作法 8 如图 241.12.

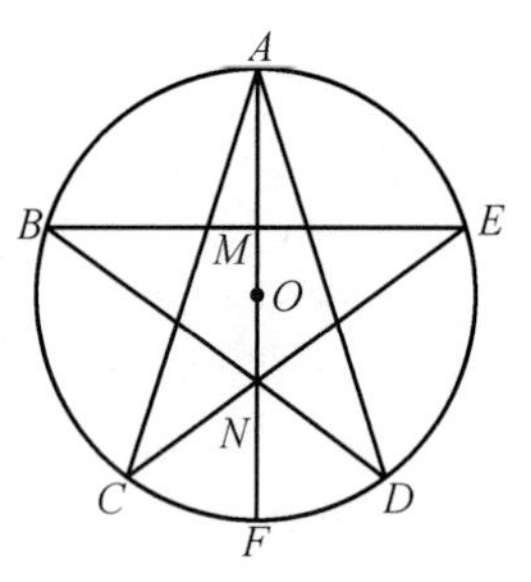

图 241.12

个人口诀:“径分三等分，一垂连两弦，又得两新点，再连两条弦”.

1. 作圆 O 的直径 AF；

2. 三等分 AF 于 M,N 两点；

3. 过点 M 作 $BE\perp AF$ 交圆 O 于 B,E 两点；

4. 过 EN 作弦 EC；

5. 过 BN 作弦 BD；

6. 连 AC,AD 即得正五角星. 依此即可画出正五边形.

作法 9 如图 241.13.

个人口诀:“直径二十分，去一分边成”.

1. 作圆 O 的直径 AM；

2. 分 OM 为 10 等分；

3. 取 $AN=\frac{19}{20}AM$，则 AN 即为圆 O 的内接正五角星形的边长. 依此即可画出正五边形.

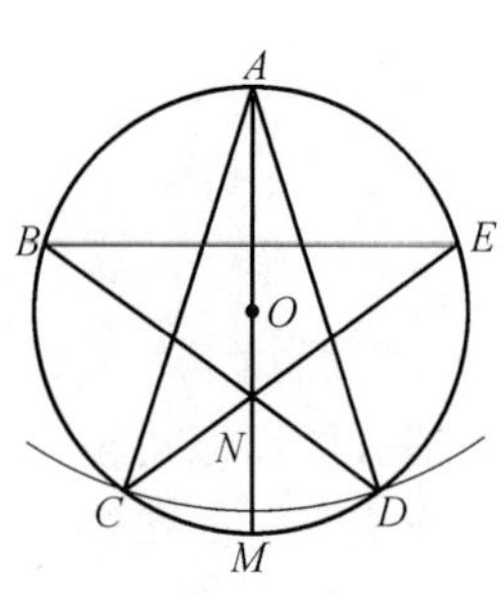

图 241.13

作法 10 如图 241.14.

个人口诀:“直径十二分，取七得边长，顺次圆上取，相连成五方”.

1. 作圆 O 的直径 AF；

2. 分 AF 为 12 等分；

3. 在圆 O 上连续作等于 $\frac{7}{12}AF$ 的弦，即得正五边形. 依此即可画出五角星.

此外也常这样做：

先作弦 AB 等于半径，再作此弦的弦心距 OM 到 OA 上的射影 ON，那么 ON 与 MN 的和就是正五边形的边长.

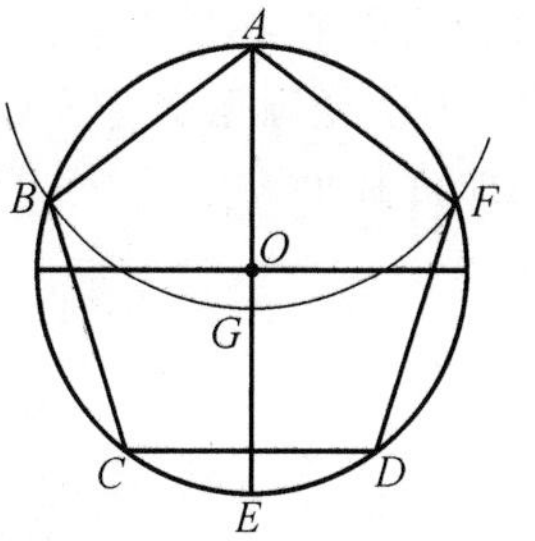

图 241.14

作法 11 （此方法称为莱纳基法，或比乌因法）如图 241.15.

1. 在圆 O 内任作一直径 AM；

2. 以 AM 为边作正三角形 AMN；

3. 在 AM 上取一点 P，使 $AP=\frac{2}{5}AM$；

4. 连 NP 交圆 O 于 B；

5. 在圆周上依次截取 B,C,D,E，使 $BC=CD=DE=AB$.

五边形 $ABCDE$ 为正五边形. 依此即可画出五角星.

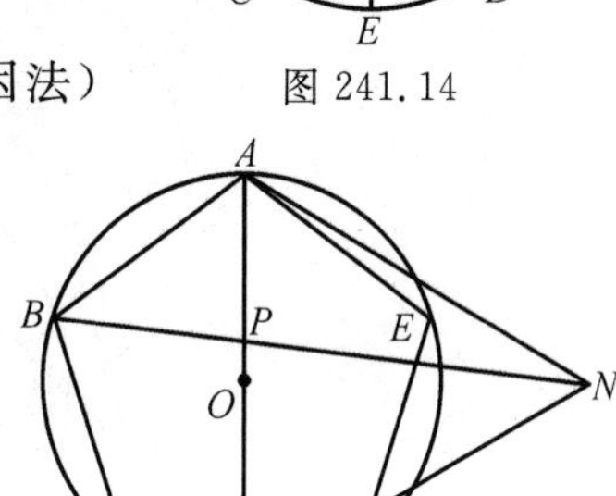

图 241.15

作法 12 如图 241.16.（给定边长作正五边形）

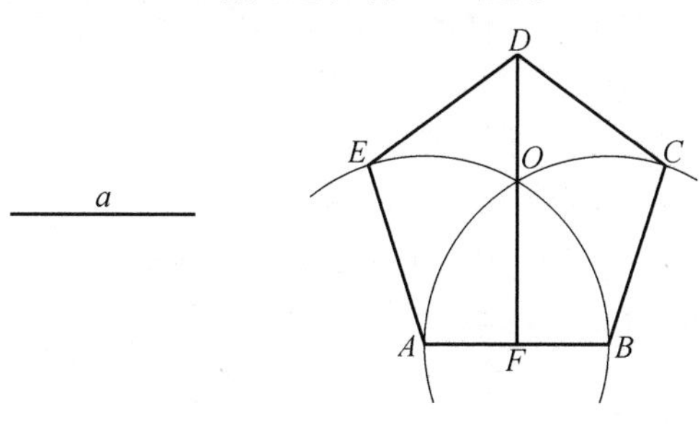

图 241.16

1. 作 $AB=a$（已知边）；

2. 分 AB 为三等分；

3. 分别以 A,B 为圆心，AB 为半径画弧相交于点 O；

4. 过点 O 作 AB 的垂线 DF，并使 $OD=\frac{2}{3}AB$；

5. 以 D 为圆心，AB 为半径画弧和前弧相交于 C,E 两点；

6. 连 BC,CD,DE,EA 即得正五边形. 依此即可画出五角星.

作法 13 如图 241.17.（给定边长作正五边形）

已知 AB 等于边长，以 A,B 为圆心，AB 为半径画两圆交于 C,D，连 CD.

以 D 为圆心，AB 为半径画圆，交 CD 于 E，交圆 A 于 F，B. 分别以 H，I 为圆心，AB 为半径画弧交于 J. 连 JI，IA，BH，HJ，连同 AB 即为所求正五边形. 依此即可画出五角星.

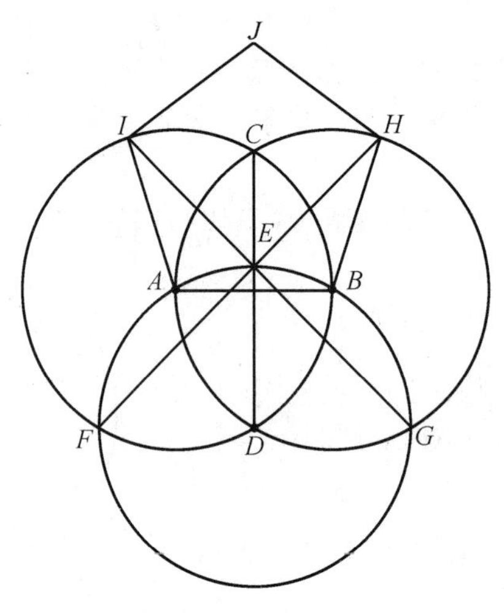

图 241.17

附　　录

作圆 O 互相垂直的直径 AM 与 BN，连 AB 延长到 C，使 $AB=BC$，连 CO 交圆 O 于 D，延长 CO 交圆 O 于 E，取线段 CD 的中点 K.

试证：DK 即圆内接正十边形的边长.

证明　如图 241.18，设 $OB=1$，可知 $MC=2$，$OM=1$.

由勾股定理，可知 $OC=\sqrt{5}$，有 $DC=\sqrt{5}-1$，于是 $DK=\frac{\sqrt{5}-1}{2}$.

所以 DK 即圆内接正十边形的边长.

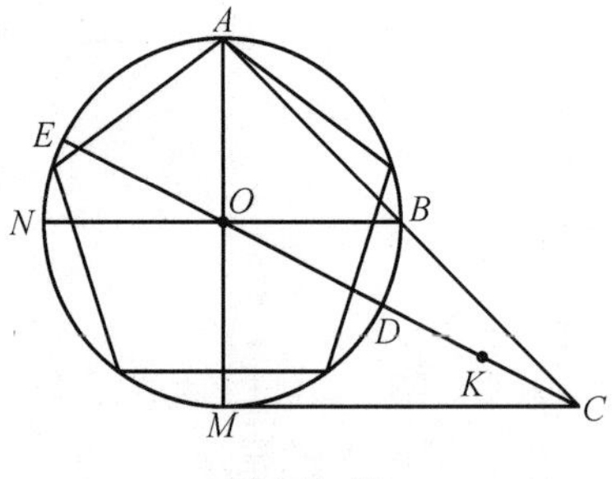

图 241.18

本文参考自：
1.《数学通报》1980 年 7 期 34 页.
2.《数学通报》1962 年 1 期 28 页.
3.《数学通报》1979 年 5 期 29 页.
4.《数学教学》1960 年 3 期 28 页.
5.《中小学数学》1989 年 7 期 11 页.

国内初中数学竞赛试题

第 242 天

1978 年青海省中学生数学竞赛

在 $\triangle ABC$ 中，$\angle A=60^\circ$，$\angle B=80^\circ$.

求证：$AC^2-AB^2=AB\cdot BC$.

证明 1 如图 242.1，设 $\angle ABC$ 的平分线交 AC 于 D.

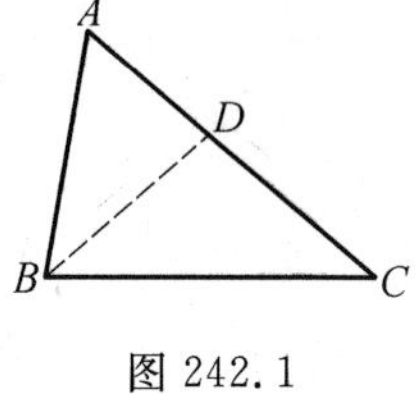

图 242.1

由 $\angle A=60^\circ$，$\angle B=80^\circ$，可知 $\angle C=40^\circ=\angle DBC$，有 $DB=DC$.

由 BD 平分 $\angle ABC$，可知 $\frac{AD}{DC}=\frac{AB}{BC}$，有

$$AD=\frac{AB\cdot DC}{BC}=\frac{AB(AC-AD)}{BC}$$

由 $\angle ABD=40^\circ=\angle C$，可知 $\triangle ABD\backsim\triangle ACB$，有

$$AB^2=AD\cdot AC=\frac{AB(AC-AD)\cdot AC}{BC}$$

于是 $AC\cdot BC=AC^2-AD\cdot AC=AC^2-AB^2$.

所以 $AC^2-AB^2=AB\cdot BC$.

证明 2 如图 242.2，设 D 为 AB 的延长线上的一点，$BD=CB$，连 DC.

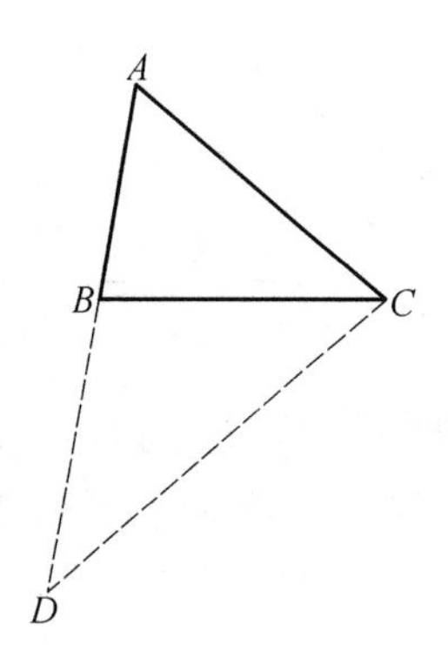

图 242.2

由 $\angle ABC=80^\circ$，可知 $\angle D=\angle BCD=40^\circ$.

由 $\angle A=60^\circ$，$\angle B=80^\circ$，可知 $\angle ACB=40^\circ$，有 $\angle ACD=80^\circ=\angle ABC$，于是 $\triangle ACD\backsim\triangle ABC$，得

$$\begin{aligned}AC^2&=AB\cdot AD=AB\cdot(AB+CB)\\&=AB^2+AB\cdot BC\end{aligned}$$

所以 $AC^2-AB^2=AB\cdot BC$.

证明 3 如图 242.3，设 AC 的中垂线交 BC 于 F，E 为直线 CB 上一点，$EA=CA$，连 AF，AE.

易知 $AF=CF$，可知 $\angle FAC=\angle C=40^\circ$，有 $\angle AFB=\angle ABC$，于是 $AF=AB$.

显然 $\angle E=\angle C=40^\circ$，可知 $\angle EAC=100^\circ$，有 $\angle BAE=40^\circ=\angle E$，于是 $BE=AB$，得 $EF=BC$.

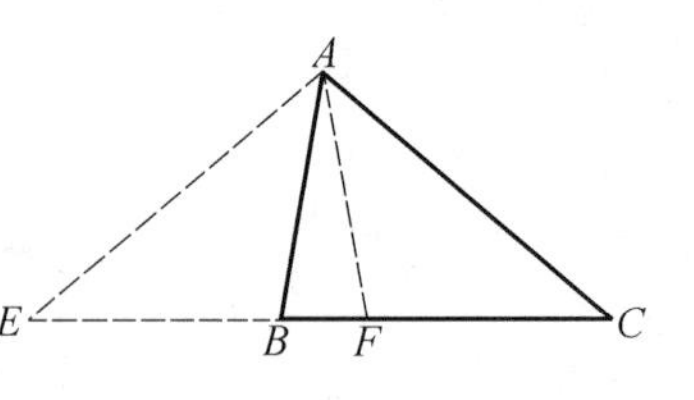

图 242.3

易知 $\triangle FAC \backsim \triangle AEC$，可知

$$AC^2 = CF \cdot CE = AB \cdot (EB + BC)$$
$$= AB \cdot (AB + BC) = AB^2 + AB \cdot BC$$

即 $AC^2 = AB^2 + AB \cdot BC$.

所以 $AC^2 - AB^2 = AB \cdot BC$.

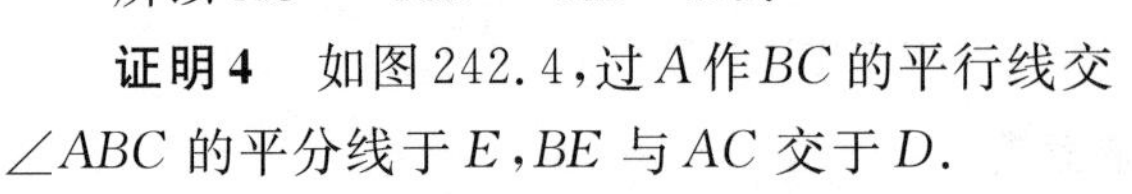

证明4 如图242.4，过A作BC的平行线交$\angle ABC$的平分线于E，BE与AC交于D.

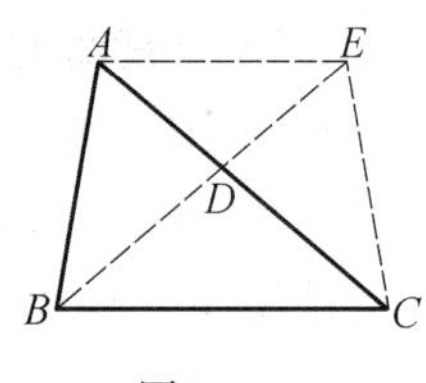

图 242.4

显然四边形$ABCE$为等腰梯形，可知

$$DB = DC, DA = DE, EA = EC = AB$$

易知 $\triangle DEA \backsim \triangle EAC$，可知$\dfrac{AD}{AE} = \dfrac{AE}{AC}$，有

$$AD \cdot AC = AE^2 = AB^2$$

易知 $\triangle EAC \backsim \triangle DBC$，可知

$$\frac{AB}{AC} = \frac{EC}{AC} = \frac{DC}{BC} = \frac{AC - AD}{BC}$$

$$AB \cdot BC = AC \cdot (AC - AD) = AC^2 - AC \cdot AD = AC^2 - AB^2$$

所以 $AC^2 - AB^2 = AB \cdot BC$.

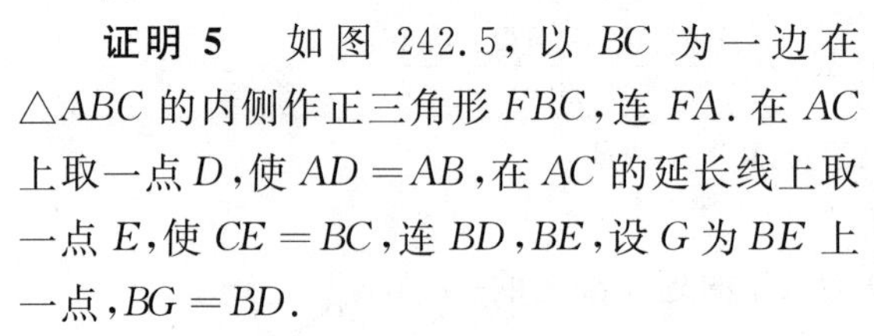

证明 5 如图242.5，以BC为一边在$\triangle ABC$的内侧作正三角形FBC，连FA. 在AC上取一点D，使$AD = AB$，在AC的延长线上取一点E，使$CE = BC$，连BD，BE，设G为BE上一点，$BG = BD$.

由 $\angle BAC = 60°$，$\angle ABC = 80°$，可知$\angle ACB = 40°$，有$\angle DBC = 20°$.

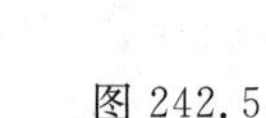
图 242.5

显然 $\angle CBE = \angle E = \dfrac{1}{2}\angle ACB = 20° = \angle DBC$，可知$G$与$D$关于$BC$对称，有$\angle BCG = \angle BCA = 40°$.

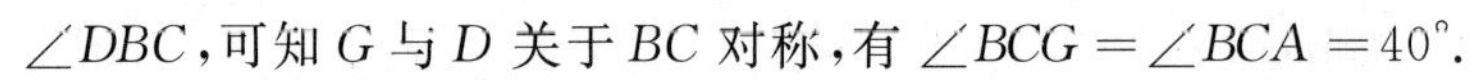

由$\angle BFC = 60° = \angle BAC$，可知$A$，$B$，$C$，$F$四点共圆，有$\angle AFC = 180° - \angle ABC = 100°$.

显然$\angle FCA = 20° = \angle CEB$，$FC = BC = CE$，$\angle GCE = 180° - \angle ACG = 100° = \angle AFC$，可知$\triangle FAC \cong \triangle CGE$，有$GE = AC$，于是$BE = BC + AC$.

由BC平分$\angle DBE$，可知

$$\frac{AB}{AB + AC} = \frac{BD}{BE} = \frac{DC}{CE} = \frac{AC - AB}{BC}$$

即

$$AB \cdot BC = (AB + AC) \cdot (AC - AB)$$

或

$$AB \cdot BC = AC^2 - AB^2$$

所以 $AC^2 - AB^2 = AB \cdot BC$.

证明 6 如图 242.6,设 AC 的中垂线交 BC 于 D,连 AD.

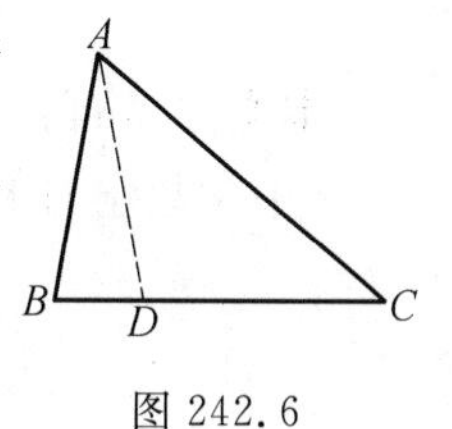

图 242.6

由 $\angle BAC = 60°$,$\angle ABC = 80°$,可知 $\angle ACB = 40°$,有 $\angle DAC = 40° = \angle C$,于是 $AD = DC$.

由 $\angle ADC = 80° = \angle ABC$,可知 $AD = AB$,有 $DC = AB$,于是 $BC - BD = AB$.

在 $\triangle ABD$ 中,易知 $\cos B = \dfrac{\frac{1}{2}BD}{AB} = \dfrac{BD}{2AB}$.

在 $\triangle ABC$ 中,由余弦定理,可知

$$AC^2 = AB^2 + BC^2 - 2AB \cdot BC\cos B$$

或

$$AC^2 - AB^2 = BC^2 - 2AB \cdot BC \cdot \frac{BD}{2AB}$$

$$= BC \cdot (BC - BD) = BC \cdot AB$$

所以 $AC^2 - AB^2 = AB \cdot BC$.

证明 7 如图 242.7,设 AC 的中垂线交 BC 于 D,连 AD.过 A 作 BC 的垂线,E 为垂足.

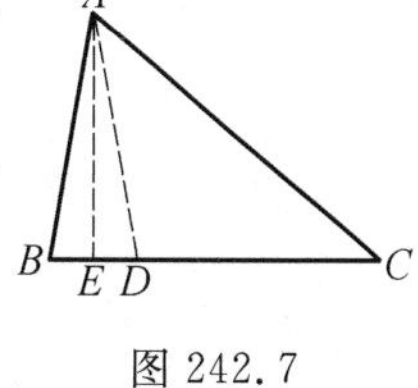

图 242.7

易知 $DC = DA = AB$,$EB = ED$,可知 $EC + EB = BC$,$EC - BE = EC - ED = DC = AB$.

由勾股定理,可知

$$AC^2 - AB^2 = (AE^2 + EC^2) - (AE^2 + BE^2)$$
$$= EC^2 - BE^2$$
$$= (EC + EB) \cdot (EC - BE)$$
$$= AB \cdot BC$$

所以 $AC^2 - AB^2 = AB \cdot BC$.

证明 8 如图 242.4,过 A 作 BC 的平行线交 $\angle ABC$ 的平分线于 E,BE 与 AC 交于 D.

显然四边形 $ABCE$ 为等腰梯形,可知 A,B,C,E 四点共圆,且 $BE = AC$,$AE = EC = AB$.

依托勒密定理,可知

$$AE \cdot BC + AB \cdot EC = AC \cdot BE$$

有

$$AB \cdot BC + AB^2 = AC^2$$

所以 $AC^2 - AB^2 = AB \cdot BC$.

本文参考自：

《中学数学月刊》1992 年 11 期 26 页.

第 243 天

1981 年上海市数学竞赛

在 $\triangle ABC$ 中，$\angle C$ 为钝角，AB 边上的高为 h.

求证：$AB > 2h$.

证明1 如图 243.1，设 D 为垂足，分别以 CA，CB 为邻边作平行四边形 $AEBC$，连 CE 交 AB 于 O.

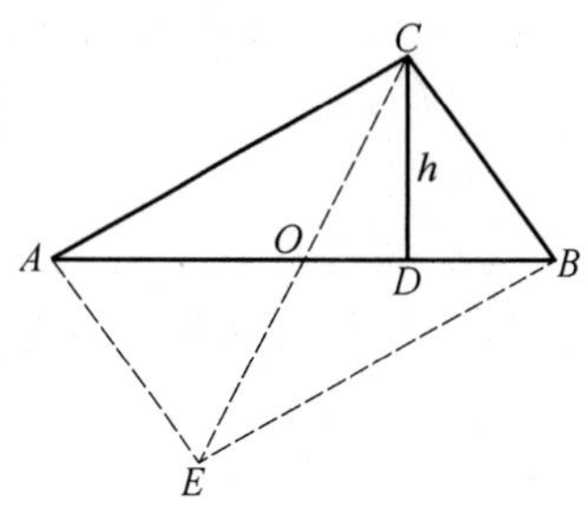

图 243.1

在 Rt$\triangle COD$ 中，由 $CD \perp AB$，可知

$$CO > CD$$

在 $\triangle ACB$ 与 $\triangle EBC$ 中，显然

$$AC = EB, BC = CB$$

由 $\angle C$ 为钝角，可知 $\angle EBC$ 为锐角，有

$$AB > CE = 2CO > 2CD = 2h$$

所以 $AB > 2h$.

证明2 如图 243.2，以 AB 为直径在 $\triangle ABC$ 的内侧作半圆 O，过 O 作 AB 的垂线交半圆于 E.

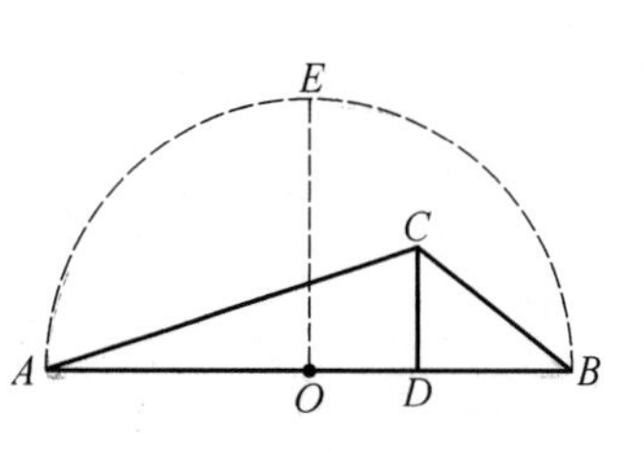

图 243.2

由 $\angle ACB$ 为钝角，可知点 C 在半圆内部，有 $OE > CD$，于是 $AB = 2OE > 2CD = 2h$.

所以 $AB > 2h$.

证明3 如图 243.3，过 A 作 BC 的垂线，E 为垂足，设 F 为 AB 的中点，连 FC.

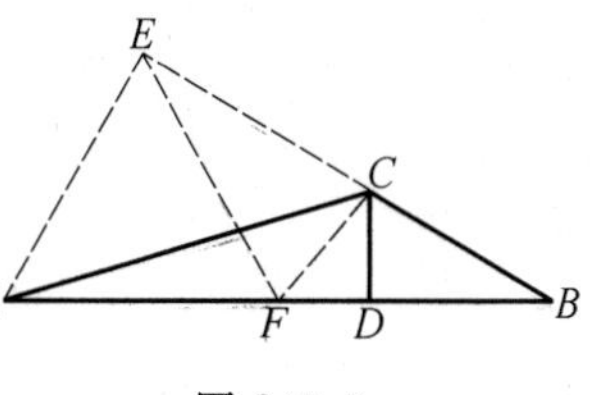

图 243.3

显然 $CF \geqslant CD$.

在 $\triangle CEF$ 中，由 F 为 AB 的中点，可知 $\angle FEB = \angle B$，有 $\angle FCE = \angle CFB + \angle B > \angle B = \angle FEB$，于是 $EF > FC \geqslant CD$，得 $AB = 2EF > 2CD$.

所以 $AB > 2h$.

证明4 如图 243.4，设 M，N 分别为 CA，CB 的中点，以 MN 为直径作圆交直线 CD 于 E，F 两点.

显然 D 与 C 关于直线 MN 对称.

由 $\angle C$ 为钝角，可知 $CD < EF$.

由 MN 为直径，可知 $EF \leqslant MN$，有

$$h = CD < EF \leqslant MN = \frac{1}{2}AB$$

所以 $AB > 2h$.

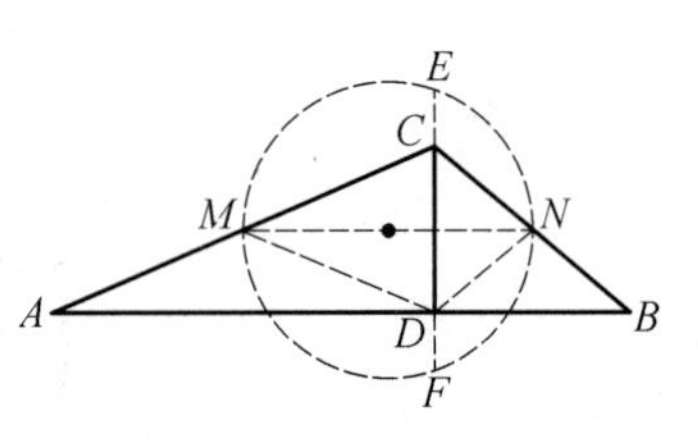

图 243.4

证明5 如图 243.5，以 AB 为直径作圆 M 交 DC 的延长线于 P，连 MP.

显然 M 为 AB 的中点.

在 Rt$\triangle PMD$ 中，显然 $PM \geqslant PD > CD$，可知

$$AB = 2PM > 2CD = 2h$$

所以 $AB > 2h$.

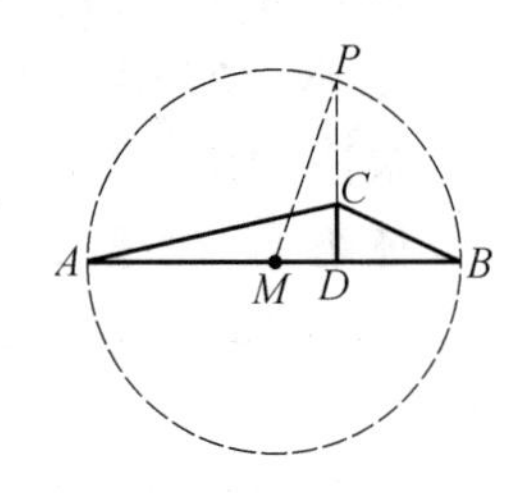

图 243.5

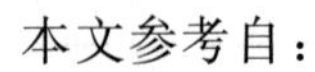

本文参考自：

《数学教学》1981 年 4 期 31 页.

第 244 天

1985 年北京市中学生数学竞赛初二试题

$\triangle ABC$ 中，$\angle C=90^{\circ}$，$\angle A=30^{\circ}$，分别以 AB，AC 为边，在 $\triangle ABC$ 外作正三角形 ABE 与正三角形 ACD，DE 与 AB 交于 F. 求证：$EF=FD$.

证明 1 如图 244.1，过 E 作 AB 的垂线，G 为垂足.

由 $EB=AB$，$\angle BEG=30^{\circ}=\angle BAC$，可知

$$\text{Rt}\triangle BEG\cong\text{Rt}\triangle BAC$$

$$EG=AC=AD$$

显然 $DA\perp AB$，可知 $AD\parallel EG$，有

$$\text{Rt}\triangle EFG\cong\text{Rt}\triangle DFA$$

所以 $EF=FD$.

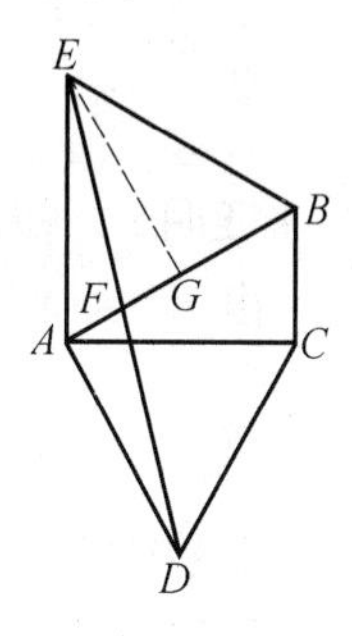

图 244.1

证明 2 如图 244.2，过 D 作 AC 的垂线，交 AB 于 G.

显然 $\angle DAB=90^{\circ}=\angle ACB$，$\angle ADG=30^{\circ}=\angle CAB$.

由 $AD=CA$，可知 $\text{Rt}\triangle ADG\cong\text{Rt}\triangle CAB$，有

$$DG=AB=AE$$

易知 $EA\perp AC$，可知 $DG\parallel EA$，有

$$\triangle AFE\cong\triangle DFG$$

所以 $EF=FD$.

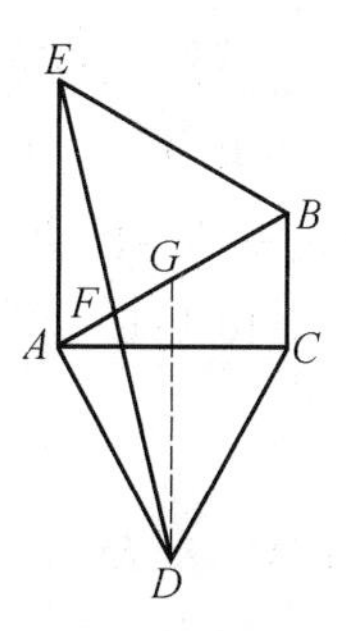

图 244.2

证明 3 如图 244.3，过 E 作 AD 的垂线，G 为垂足.

易知 $\angle EAG=30^{\circ}=\angle BAC$.

由 $AE=AB$，$\angle EGA=90^{\circ}=\angle BCA$，可知 $\text{Rt}\triangle EGA\cong\text{Rt}\triangle BCA$，有 $GA=CA=DA$，即 A 为 DG 的中点.

显然 $GE\parallel AB$，可知 F 为 DE 的中点.

所以 $EF=FD$.

证明 4 如图 244.4，过 D 作 AB 的平行线交直线 EA 于 G.

易知 $\angle DAG=30^{\circ}=\angle CAB$.

由 $AD=AC$，$\angle ADG=90^{\circ}=\angle ACB$，可知

$$\text{Rt}\triangle ADG\cong\text{Rt}\triangle ACB$$

$$AG=AB=AE$$

即 A 为 EG 的中点，于是 F 为 DE 的中点.

所以 $EF=FD$.

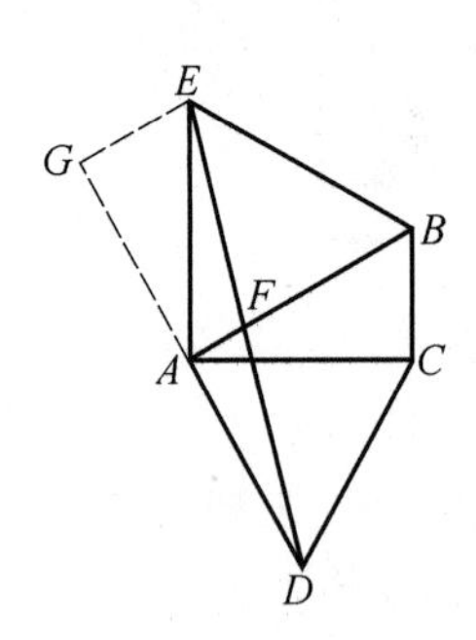

图 244.3

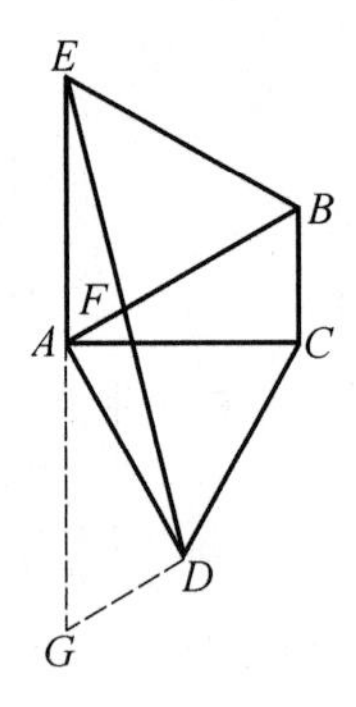

图 244.4

证明5 如图244.5，过 E 作 AB 的垂线，G 为垂足，连 GD.

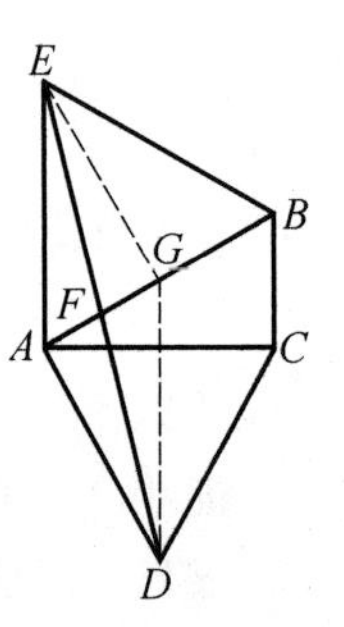

图 244.5

由 $EB=AB$，$\angle BEG=30^\circ=\angle BAC$，可知

$$\text{Rt}\triangle BEG\cong \text{Rt}\triangle BAC$$

$$EG=AC=AD$$

显然 $DA\perp AB$，可知四边形 $ADGE$ 为平行四边形.

所以 $EF=FD$.

证明6 如图 244.6，设直线 EB，AC 相交于 G，连 DG.

显然 $\angle GBC=60^\circ=\angle ABC$.

由 $BC\perp AG$，可知 G 与 A 关于 BC 对称，有 $BG=BA$，于是 $BG=BE$，即 B 为 EG 的中点.

由 $CG=AC=DC$，可知

$$\angle CGD=\angle CDG=\frac{1}{2}\angle ACD=30^\circ=\angle BAC$$

有 $AB\parallel DG$，于是 F 为 ED 的中点.

所以 $EF=FD$.

证明7 如图 244.7，过 D 作 DC 的垂线交直线 BA 于 G，连 EG.

显然 $\angle ADG=30^\circ=\angle CAB$.

由 $AD=AC$，$BC\perp AC$，可知

$$\text{Rt}\triangle ADG\cong \text{Rt}\triangle CAB$$

$$GD=BA=EB$$

显然 $\angle DGA=60^\circ=\angle EBA$，可知 $EB\parallel GD$，有四边形 $GDBE$ 为平行四边形，于是 $EF=FD$.

所以 $EF=FD$.

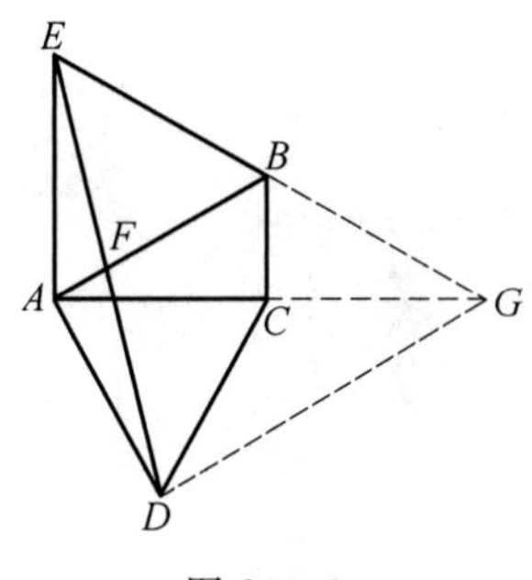

图 244.6

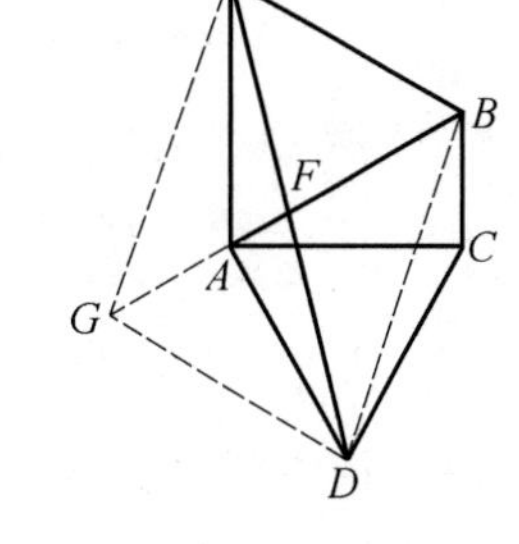

图 244.7

本文参考自：

《数学教师》1985 年 8 期 30 页.

第 245 天

1990 年南昌市初中数学竞赛

在四边形 $ABCD$ 中，$\angle B=\angle C=60^{\circ}$，$BC=1$，以 CD 为直径作圆与 AB 相切于点 M，且交 BC 边于点 E. 求 BE.

解 1 如图 245.1，过 O 作 BC 的平行线交 AB 于 F，连 OM，OE.

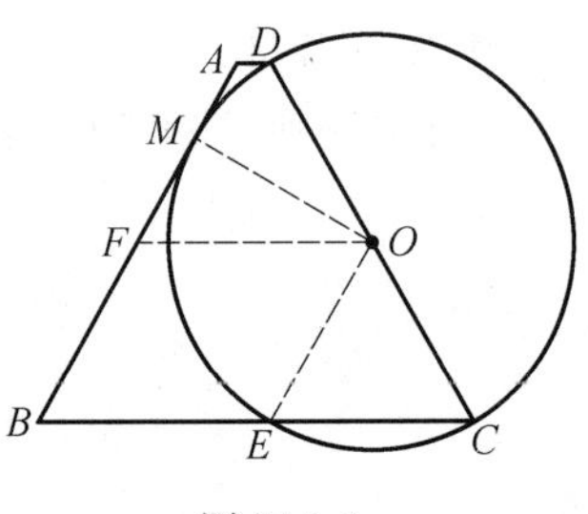

图 245.1

显然 $OE=OC$，可知 $\angle OEC=\angle C=\angle B$，有 $OE /\!/ AB$，于是四边形 $BEOF$ 为平行四边形，得 $FO=BE$.

由 AB 为圆 O 的切线，可知 $OM\perp AB$.

在 Rt$\triangle MOF$ 中，显然 $\angle AFO=\angle B=60^{\circ}$，可知 $MO=\frac{\sqrt{3}}{2}FO=\frac{\sqrt{3}}{2}BE$.

显然 $\triangle OEC$ 为正三角形，可知 $EC=OE=OM=\frac{\sqrt{3}}{2}BE$，有

$$BC=BE+EC=1$$

于是 $BE+\frac{\sqrt{3}}{2}BE=1$，得

$$BE=\frac{1}{1+\frac{\sqrt{3}}{2}}=4-2\sqrt{3}$$

所以 BE 的长为 $4-2\sqrt{3}$.

解 2 如图 245.2，设直线 BA，CD 相交于 G，过 D 作 AB 的平行线交 BC 于 F，交 OM 于 H，连 OM，OE.

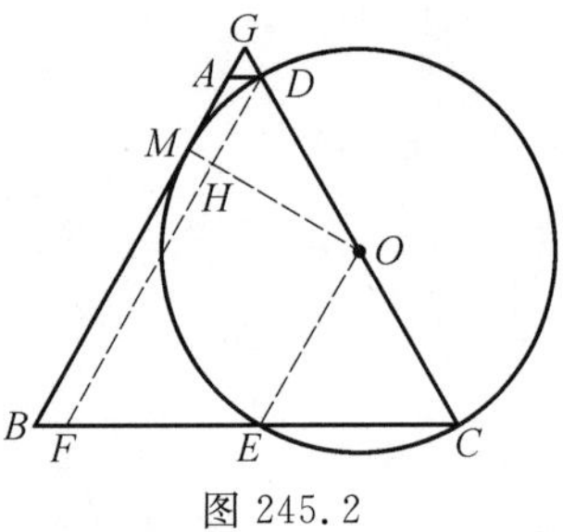

图 245.2

显然 $\triangle GBC$ 为正三角形，可知四边形 $OEBG$ 为等腰梯形，有 $OG=BE$.

设 R 为圆 O 的半径，可知 $BE=1-R$.

由 AB 为圆 O 的切线，可知 $OM\perp AB$，有

$$OH=\frac{\sqrt{3}}{2}OD=\frac{\sqrt{3}}{2}R$$

显然$\frac{OG}{OD}=\frac{OM}{OH}$,可知$\frac{1-R}{R}=\frac{R}{\frac{\sqrt{3}}{2}R}$,有$\frac{1-R}{R}=\frac{2}{\sqrt{3}}$,于是$R=2\sqrt{3}-3$,得

$$BE=1-R=4-2\sqrt{3}$$

所以BE的长为$4-2\sqrt{3}$.

解3 如图245.3,过E作圆O的切线交AB于F,连OM,OE.

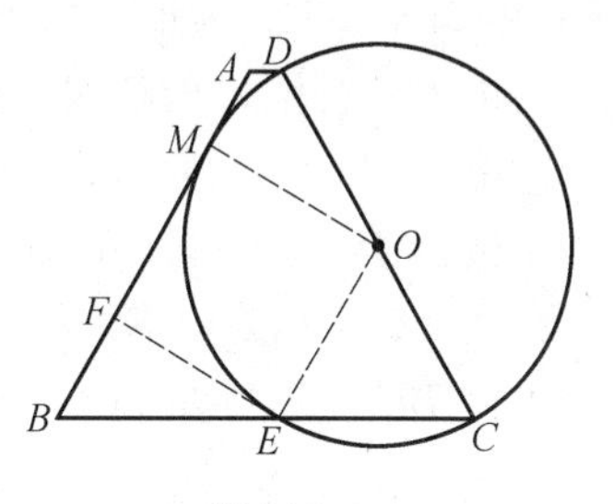

图245.3

显然$EF\perp OE$.

由AB为圆O的切线,可知$OM\perp AB$.

显然$OE=OC$,可知$\angle OEC=\angle C=\angle B$,有$OE/\!/AB$,于是$\triangle OEC$为正三角形,四边形$OEFM$为正方形,得$EF=OE=EC$.

在$\mathrm{Rt}\triangle BEF$中,由$\angle B=60°$,可知$BE=$

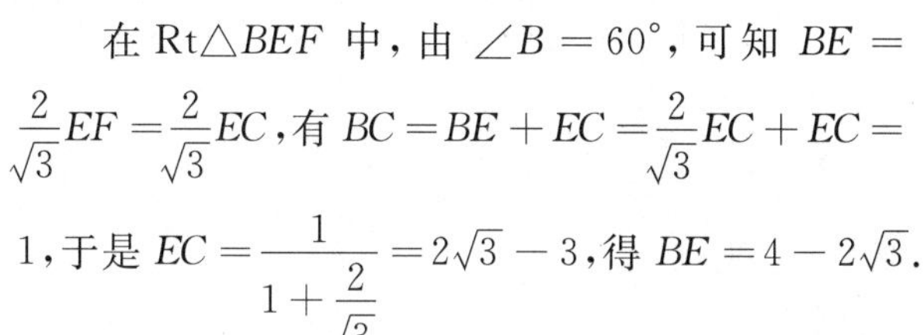

$\frac{2}{\sqrt{3}}EF=\frac{2}{\sqrt{3}}EC$,有$BC=BE+EC=\frac{2}{\sqrt{3}}EC+EC=1$,于是$EC=\frac{1}{1+\frac{2}{\sqrt{3}}}=2\sqrt{3}-3$,得$BE=4-2\sqrt{3}$.

所以BE的长为$4-2\sqrt{3}$.

解4 如图245.4,设F为直线BA,CD的交点,连OE.

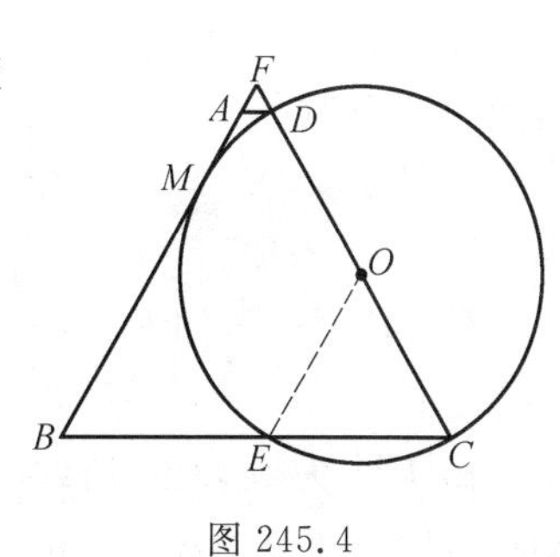

图245.4

显然$\triangle FBC$为正三角形,可知

$$FB=FC=BC=1$$

设$BE=x$.

由BM为圆O的切线,可知

$$BM^2=BE\cdot BC=x$$

有$BM=\sqrt{x}$,于是$FM=1-\sqrt{x}$.

由

$$FM^2=(1-\sqrt{x})^2=1-2\sqrt{x}+x$$

又

$$FM^2=FD\cdot FC=FD=1-CD$$
$$=1-2(1-x)=2x-1$$

可知 $1-2\sqrt{x}+x=2x-1$，有 $2-x=2\sqrt{x}$，于是 $4-4x+x^2=4x$，得 $x^2-8x+4=0$，解得 $x=4-2\sqrt{3}$.

所以 BE 的长为 $4-2\sqrt{3}$.

解5 如图245.5，设直线 MO，BC 相交于 F.

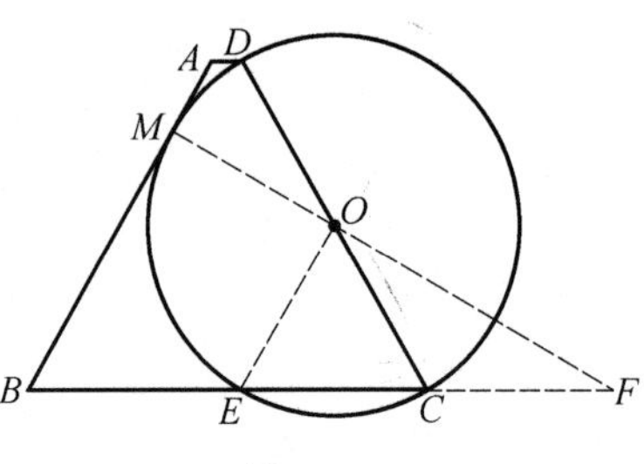

图245.5

显然 $OE=OC$，可知 $\angle OEC=\angle C=60°$，可知 $\triangle OEC$ 为正三角形.

由 BM 为圆 O 的切线，可知 $BM\perp MF$.

由 $\angle B=60°$，可知 $BF=2BM$.

由 $\angle DCB=60°$，可知 $\angle COF=30°=\angle F$，有 $CF=CO=CE$.

设 $BE=x$，可知 $EC=1-x$，有 $BF=1+(1-x)=2-x$.

由 BM 为圆 O 的切线，可知 $BM^2=BE\cdot BC=x$，有 $BM=\sqrt{x}$.

由 $BF=2MB$，可知 $2-x=2\sqrt{x}$，于是 $4-4x+x^2=4x$，得 $x^2-8x+4=0$，解得 $x=4-2\sqrt{3}$.

所以 BE 的长为 $4-2\sqrt{3}$.

解6 如图245.6，过 O 作 BC 的垂线交直线 AB 于 H，过 H 作 DC 的平行线交直线 BC 于 G，连 OM.

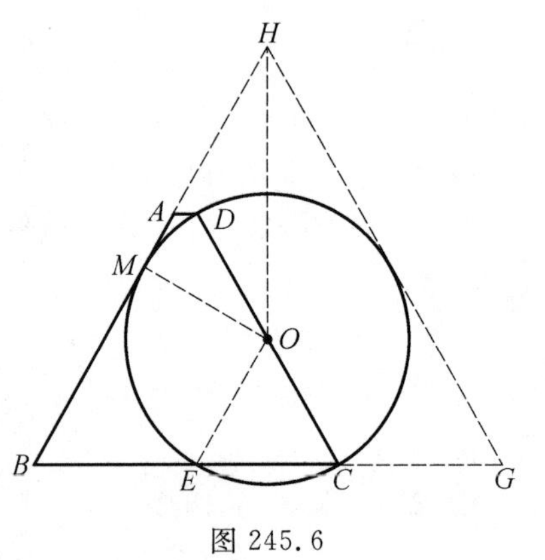

图245.6

显然 G 与 B 关于 HO 对称，可知 GH 为圆 O 的切线.

显然 $\triangle HBC$ 与 $\triangle OEC$ 均为正三角形，可知 $CG=BE$.

设 $BE=x$，可知 $EC=1-x$，$BG=1+x$.

由 BM 为圆 O 的切线，可知 $BM^2=BE\cdot BC=x$，有 $BM=\sqrt{x}$，于是 $MH=BG-BM=1+x-\sqrt{x}$.

由 $MH=\sqrt{3}OM=\sqrt{3}(1-x)$，可知 $1+x-\sqrt{x}=\sqrt{3}(1-x)$.

设 $\sqrt{x}=y$，可知 $x=y^2$，有

$$(1+\sqrt{3})y^2-y+1-\sqrt{3}=0$$

$$(y+1-\sqrt{3})\cdot\left[(1+\sqrt{3})y+1\right]=0$$

$$y+1-\sqrt{3}=0$$

$$y=\sqrt{3}-1$$

$$x=y^2=4-2\sqrt{3}$$

即 $x=4-2\sqrt{3}$.

所以 BE 的长为 $4-2\sqrt{3}$.

解7 如图245.1,过 O 作 BC 的平行线交 AB 于 F,连 OM,OE.

显然 $OE=OC$,可知 $\angle OEC=\angle C=\angle B$,有 $OE\ /\!/\ AB$,于是 $\triangle OEC$ 为正三角形,四边形 $BEOF$ 为平行四边形,得 $FO=BE$,$FB=OE=EC=1-BE$.

由 AB 为圆 O 的切线,可知 $OM\perp AB$.

在 $\mathrm{Rt}\triangle MOF$ 中,显然 $\angle AFO=\angle B=60°$,可知 $MF=\frac{1}{2}FO=\frac{1}{2}BE$,有

$$MB=MF+FB=\frac{1}{2}BE+1-BE=1-\frac{1}{2}BE$$

由 BM 为圆 O 的切线,可知 $BM^2=BE\cdot BC=BE$,有 $\left(1-\frac{1}{2}BE\right)^2=BE$,于是 $BE^2-8BE+4=0$,得 $BE=4-2\sqrt{3}$.

所以 BE 的长为 $4-2\sqrt{3}$.

解8 如图245.3,过 E 作圆 O 的切线交 AB 于 F,连 OM,OE.

显然 $EF\perp OE$.

由 AB 为圆 O 的切线,可知 $OM\perp AB$.

显然 $OE=OC$,可知 $\angle OEC=\angle C=\angle B$,有 $OE\ /\!/\ AB$,于是 $\triangle OEC$ 为正三角形,四边形 $OEFM$ 为正方形,得 $EF=OE=EC$.

显然 $BF=\frac{1}{2}BE$,可知

$$MB=\frac{1}{2}BE+1-BE=1-\frac{1}{2}BE$$

由 BM 为圆 O 的切线,可知

$$BM^2=BE\cdot BC=BE$$

有

$$\left(1-\frac{1}{2}BE\right)^2=BE$$

于是 $BE^2-8BE+4=0$,得 $BE=4-2\sqrt{3}$.

所以 BE 的长为 $4-2\sqrt{3}$.

本文参考自：
《中学生数学》1994 年 12 期 17 页.

第 246 天

1990 年西安市数学竞赛

在等腰$\triangle ABC$的两腰AB,AC上分别取点E,F,使$AE=CF$,已知$BC=2$,求证:$EF\geqslant 1$.

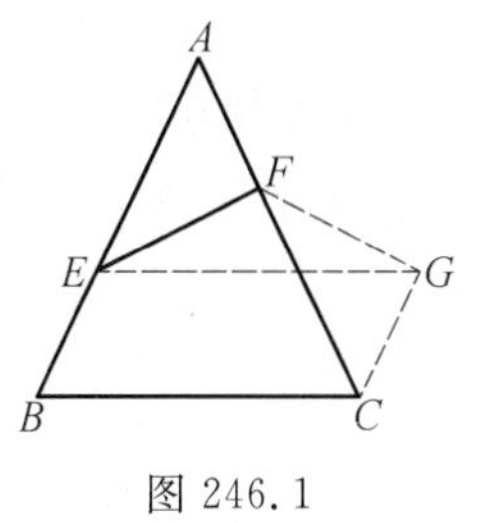

图 246.1

证明 1 如图 246.1,分别以BE,BC为邻边作平行四边形$BECG$,连FG.

显然$\angle GCA=\angle A$,$CG=BE$,$EG=BC=2$.

由$AB=AC$,$AE=CF$,可知$BE=AF$,有$CG=AF$,于是$\triangle CGF\cong\triangle AFE$,得$FG=FE$.

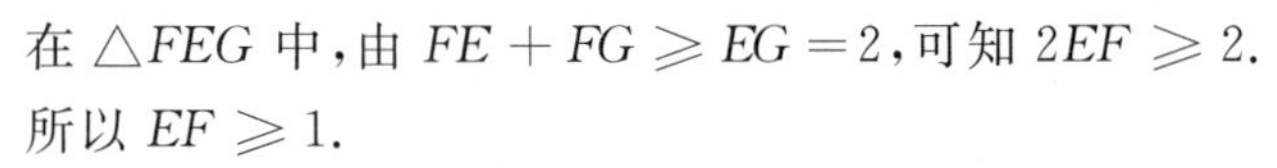
在$\triangle FEG$中,由$FE+FG\geqslant EG=2$,可知$2EF\geqslant 2$.

所以$EF\geqslant 1$.

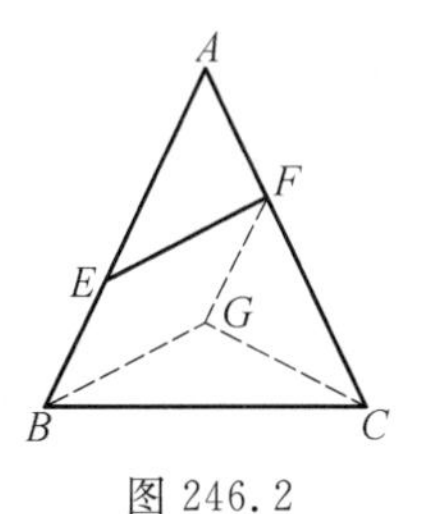

图 246.2

证明 2 如图 246.2,分别以EB,EF为邻边作平行四边形$EBGF$,连GC.

显然$\angle GFC=\angle A$,$FG=BE$,$BG=EF$.

由$AB=AC$,$AE=CF$,可知$BE=AF$,有$FG=AF$,于是$\triangle FGC\cong\triangle AFE$,得$GC=FE=GB$.

在$\triangle GBC$中,由$GB+GC\geqslant BC=2$,可知$2EF\geqslant 2$.

所以$EF\geqslant 1$.

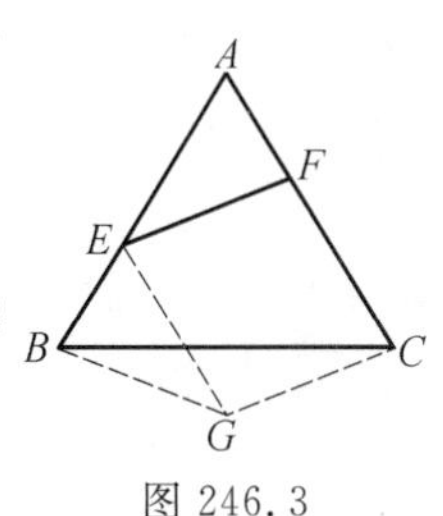

图 246.3

证明 3 如图 246.3,分别以FE,FC为邻边作平行四边形$EGCF$,连GB.

显然$\angle BEG=\angle A$,$EG=FC=AE$,$GC=FE$.

由$AB=AC$,$AE=CF$,可知$BE=AF$,有$\triangle EBG\cong\triangle AFE$,于是$BG=FE=GC$.

在$\triangle GBC$中,由$GB+GC\geqslant BC=2$,可知$2EF\geqslant 2$.

所以$EF\geqslant 1$.

证明 4 如图 246.4,分别以CB,CF为邻边作平行四边形$BCFG$,连EG.

显然$\angle EBG=\angle A$,$BG=FC=AE$,$GF=BC=2$.

由$AB=AC$,$AE=CF$,可知$BE=AF$,有$\triangle EBG\cong\triangle FAE$,于是$EG=EF$.

在 $\triangle EFG$ 中，由 $EG + EF \geqslant GF$，可知 $2EF \geqslant 2$.

所以 $EF \geqslant 1$.

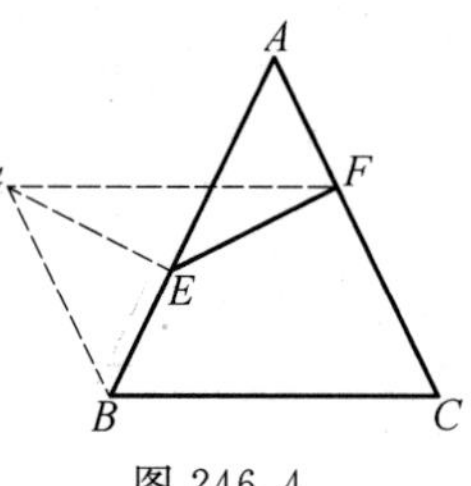

图 246.4

证明 5 如图 246.5，分别以 BA，BC 为邻边作平行四边形 $ABCD$，过 E 作 BC 的平行线交 CD 于 G，连 FG.

显然四边形 $BCGE$ 为平行四边形.（以下同证明 1，略）

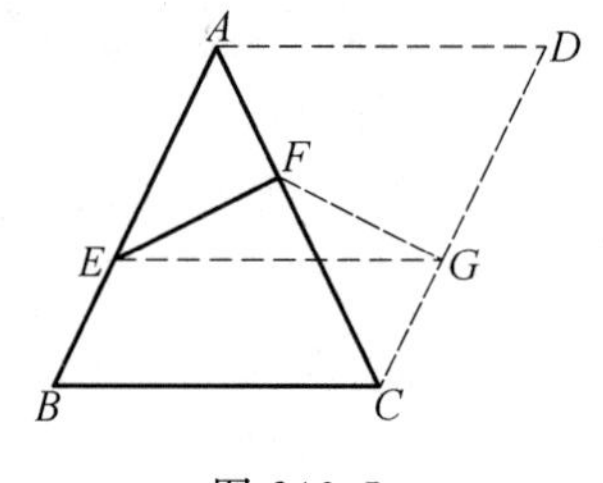

图 246.5

本文参考自：

《中学生数学》2000 年 4 期 27 页.

第 247 天

1992 ~ 1993 年广州市、洛阳市数学联赛

如图 247.1,在 $\triangle ABC$ 中,D 为 BC 上一点,E,F 分别为 BC,AC 上一点,若 $AD \parallel EF$,直线 EF 交 BA 的延长线于 G,且 $EF + EG = 2AD$.

求证:AD 是 $\triangle ABC$ 的中线.

证明 1 如图 247.1,设 H 为 GE 的延长线上一点,$EH = GE$,连 BH 交直线 AD 于 K.

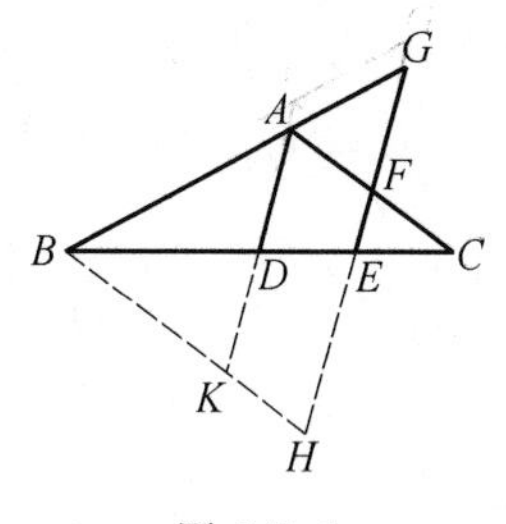

图 247.1

显然 $FH = FE + EH = FE + EG = 2AD$.

由 $AD \parallel GH$,可知$\dfrac{AD}{GE} = \dfrac{DK}{EH} = \dfrac{DK}{GE}$,有 $DK = AD$,或 $AK = 2AD = FH$,于是四边形 $AKHF$ 为平行四边形,得 $BK \parallel AC$.

易知 $\triangle DBK \cong \triangle DCA$,可知 $BD = DC$.

所以 AD 是 $\triangle ABC$ 的中线.

证明 2 如图 247.2,设 H 为 GE 的延长线上一点,$EH = EF$,直线 AD 与 CH 相交于 K,连 BK.

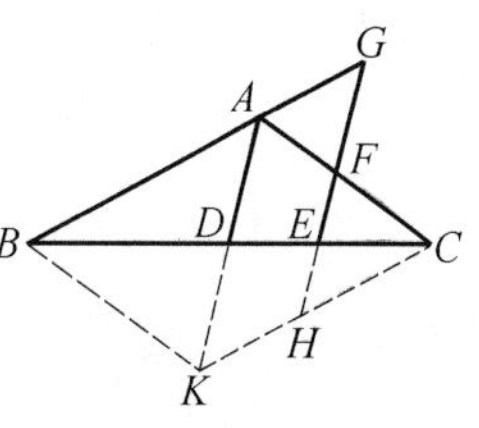

图 247.2

由 $AD \parallel EF$,可知$\dfrac{DK}{EH} = \dfrac{AD}{EF}$,有 $AD = DK$,或 $AK = 2AD$.

由 $GH = EG + EH = EG + EF = 2AD = AK$,可知四边形 $AKHG$ 为平行四边形,于是 $AB \parallel CK$.

由 $AD = DK$,可知 $BD = DC$.

所以 AD 是 $\triangle ABC$ 的中线.

证明 3 如图 247.3,过 F 作 BC 的平行线分别交直线 AD,AB 于 L,H,过 H 作 AD 的平行线交 BC 于 K.

显然四边形 $HKEF$ 为平行四边形,可知 $HK = EF$,有 $EG + KH = EG + EF = 2AD$.

由 $AD \parallel GE$,可知四边形 $HKEG$ 为梯形,有 AD 为梯形 $HKGE$ 的中位线,于是 $HL = LF$.

由 $HF \parallel BC$，可知$\frac{DB}{LH}=\frac{DC}{LF}$，有 $BD=DC$.

所以 AD 是 $\triangle ABC$ 的中线.

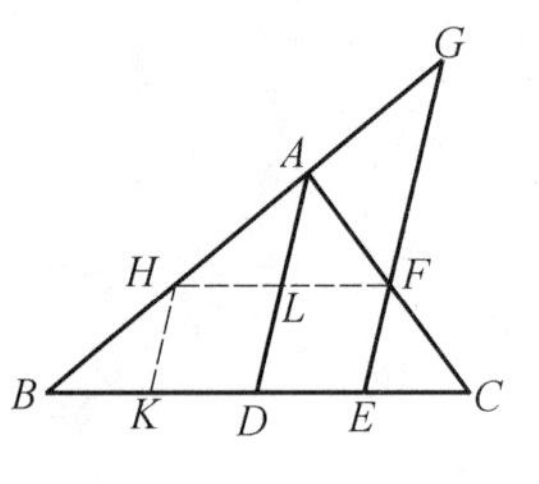

图 247.3

证明4 如图 247.4，过 G 作 BC 的平行线分别交直线 AD，AC 于 L，H，过 H 作 AD 的平行线交 BC 于 K.

显然四边形 $KEGH$ 为平行四边形，可知 $KH=EG$，有 $KH+EF=EG+EF=2AD$.

由 $KH \parallel EF$，可知四边形 $HKEF$ 为梯形，有 AD 为梯形的中位线，即 A 为 HF 的中点，于是 L 为 GH 的中点.

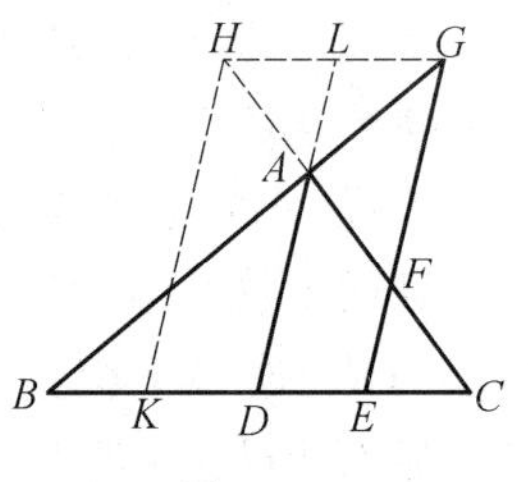

图 247.4

由 $GH \parallel BC$，可知$\frac{BD}{LG}=\frac{DC}{HL}$，有 $BD=DC$.

所以 AD 是 $\triangle ABC$ 的中线.

第 248 天

1993 年北京市初中数学竞赛

$\triangle ABC$ 中，$\angle C=90°$，D，E 分别为 BC，AC 上一点，$BD=AC$，$DC=AE$，BE 与 AD 交于 P，求 $\angle BPD$ 的度数.

解 1　如图 248.1，分别以 AD，AE 为邻边作平行四边形 $ADFE$，连 BF.

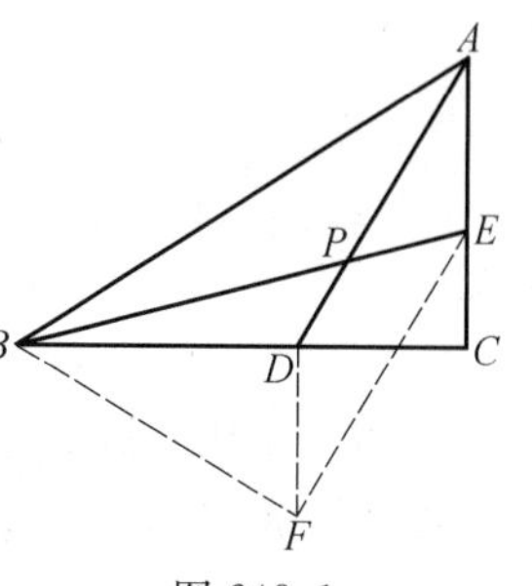

图 248.1

由 $DF \parallel AC$，$\angle C=90°$，可知 $\angle BDF=90°$.

显然 $DF=AE=DC$.

由 $BD=AC$，可知 $\mathrm{Rt}\triangle BFD \cong \mathrm{Rt}\triangle ADC$，有 $BF=AD$，于是 $BF=EF$.

由 $\angle BFE=\angle BFD+\angle DFE=\angle ADC+\angle DAC=90°$，可知 $\angle FBE=\angle FEB=45°$.

所以 $\angle BPD=45°$.

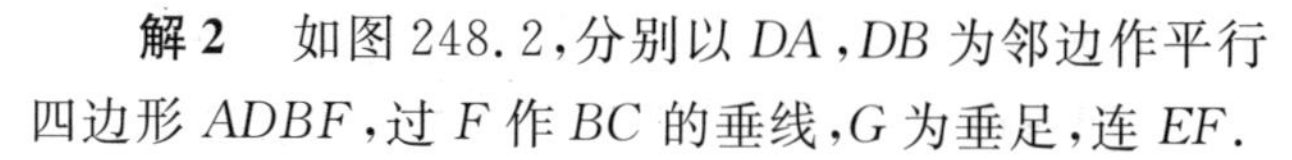

解 2　如图 248.2，分别以 DA，DB 为邻边作平行四边形 $ADBF$，过 F 作 BC 的垂线，G 为垂足，连 EF.

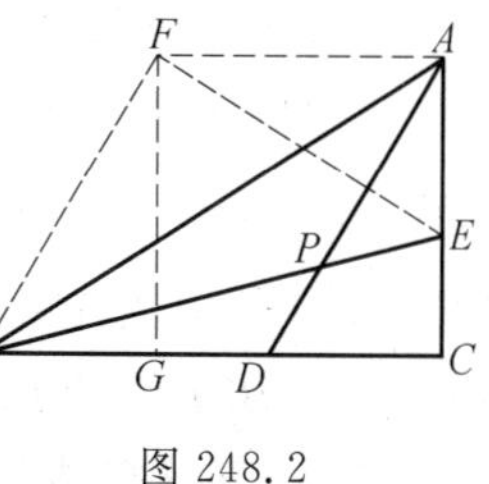

图 248.2

显然 $FA=BD=AC$，四边形 $AFGC$ 为正方形，有 $\angle GFA=90°$.

由 $AE=DC$，可知 $\mathrm{Rt}\triangle AFE \cong \mathrm{Rt}\triangle CAD$，有 $\angle EFA=\angle DAC$.

显然 $\mathrm{Rt}\triangle FBG \cong \mathrm{Rt}\triangle ADC$，可知 $\angle BFG=\angle DAC$，有 $\angle BFG=\angle EFA$，于是 $\angle BFE=90°$.

在等腰直角三角形 FBE 中，显然 $\angle FBE=45°$，所以 $\angle BPD=45°$.

解 3　如图 248.3，分别以 EA，EB 为邻边作平行四边形 $AFBE$，连 FD.

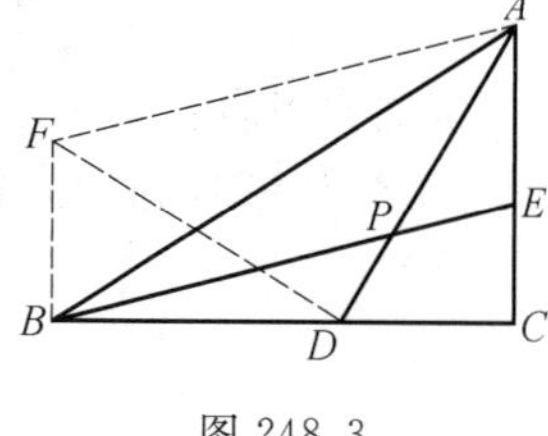

图 248.3

由 $FB \parallel AC$，$\angle C=90°$，可知 $\angle FBC=90°$.

显然 $FB=AE=DC$.

由 $BD=AC$，可知 $\mathrm{Rt}\triangle DFB \cong \mathrm{Rt}\triangle ADC$，有 $DF=AD$.

由 $\angle BDF=\angle DAC=90°-\angle ADC$，可知

$\angle ADF = 90^\circ$，有 $\angle DAF = \angle DFA = 45^\circ$.

所以 $\angle BPD = 45^\circ$.

解 4　如图 248.4，分别以 BD，BE 为邻边作平行四边形 $BDFE$，连 FA，FC.

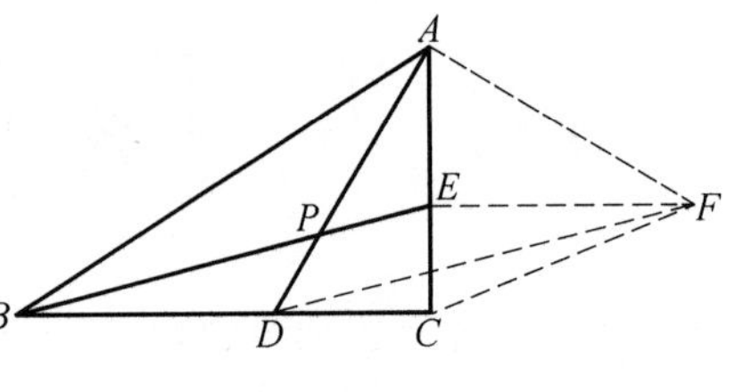

图 248.4

由 $EF \parallel CB$，$\angle C = 90^\circ$，可知 $\angle AEF = 90^\circ$.

显然 $EF = BD = AC$，由 $AE = DC$，$\angle AEF = 90^\circ = \angle ACD$，可知 $Rt\triangle AEF \cong Rt\triangle ACD$，有 $AF = AD$.

显然

$$\begin{aligned}\angle DAF &= \angle DAC + \angle CAF \\ &= \angle DAC + \angle ADC = 90^\circ\end{aligned}$$

可知

$$\angle ADF = \angle AFD - 45^\circ$$

所以 $\angle BPD = 45^\circ$.

解 5　如图 248.5，过 B 作 CA 的平行线，过 A 作 BC 的平行线得交点 G，过 D 作 AG 的垂线，F 为垂足，过 E 作 DF 的垂线，H 为垂足，连 FB，FE.

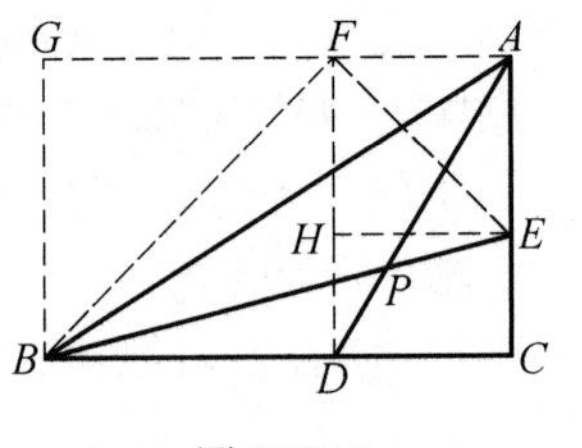

图 248.5

由 $\angle C = 90^\circ$，可知四边形 $ACBG$ 为矩形.

由 $AE = DC$，$DB = AC$，可知四边形 $AFHE$ 与四边形 $BDFG$ 均为正方形，有 $EF = \sqrt{2}AE = \sqrt{2}DC$，$BF = \sqrt{2}BG = \sqrt{2}AC$.

由 $\angle BFE = \angle BFD + \angle DFE = 90^\circ$，可知 $Rt\triangle BFE \backsim Rt\triangle ACD$.

显然 FE，DC 成 45° 的角，BF，AC 成 45° 的角，可知 BE 与 AD 也成 45° 的角.

所以 $\angle BPD = 45^\circ$.

注　第 332 天的内容为此题的逆命题.

本文参考自：

《中学数学月刊》2001 年 3 期 48 页.

第 249 天

1993 年北京市中学生数学竞赛

如图 249.1，$\triangle ABC$ 中，$AB=AC$，$\angle A=100^\circ$，CD 是角平分线，E 为 BC 上一点，$\angle EAC=20^\circ$.

求 $\angle EDC$ 的度数.

解 1 如图 249.1，设 $\angle EAC$ 的平分线交 CD 于 I，连 EI.

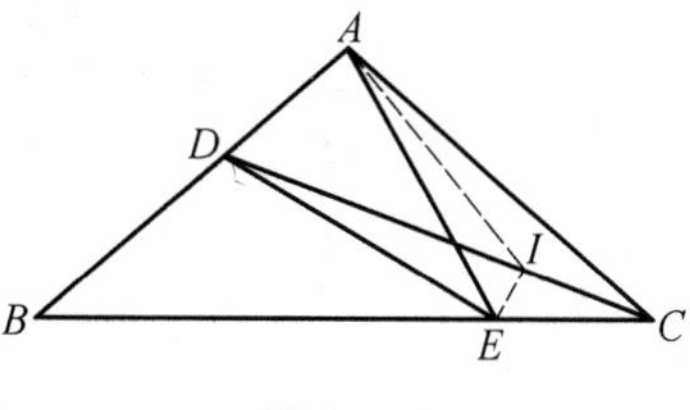

图 249.1

显然 I 为 $\triangle AEC$ 的内心，可知 EI 平分 $\angle AEC$.

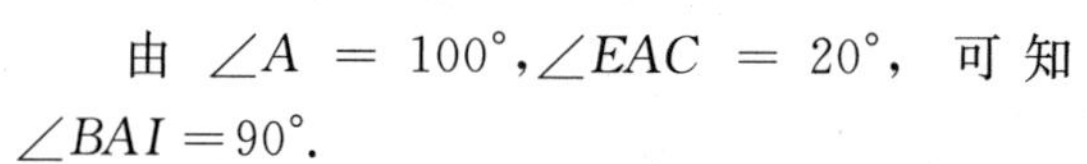

由 $\angle A=100^\circ$，$\angle EAC=20^\circ$，可知 $\angle BAI=90^\circ$.

由 AI 平分 $\angle EAC$，可知 BA 为 $\triangle AEC$ 的 $\angle EAC$ 的外角平分线，有点 D 到直线 AE，AC 的距离相等.

由 CD 平分 $\angle ACB$，可知点 D 到直线 BC，AC 的距离相等，可知点 D 到直线 AE，BC 的距离相等，有 ED 为 $\angle AEB$ 的平分线，于是 $\angle DEI=90^\circ$.

显然 A，D，E，I 四点共圆，可知 $\angle EDC=\angle EAI=10^\circ$.

所以 $\angle EDC=10^\circ$.

解 2 如图 249.1，设 $\angle EAC$ 的平分线交 CD 于 I，连 EI.

由 $AB=AC$，$\angle BAC=100^\circ$，可知 $\angle B=\angle ACB=40^\circ$.

由 CD 平分 $\angle ACB$，可知 $\angle DCB=20^\circ$，有 $\angle ADC=60^\circ$.

显然 I 为 $\triangle AEC$ 的内心，可知 EI 平分 $\angle AEC$，有 $\angle IEA=\angle IEC=60^\circ=\angle IDA$，于是 A，D，E，I 四点共圆，得 $\angle EDI=\angle EAI=10^\circ$.

所以 $\angle EDC=10^\circ$.

解 3 如图 249.2，设 $\angle EAC$ 的平分线交 BC 于 F.

由 $AB=AC$，$\angle BAC=100^\circ$，可知 $\angle B=\angle ACB=40^\circ$，有 $\angle AEB=60^\circ$，$\angle DCB=20^\circ$.

显然 $\angle BAF=90^\circ$，可知 AB 为 $\triangle AEC$ 的 $\angle EAC$ 的外角平分线，有

$$\frac{BE}{BC}=\frac{AE}{AC} \text{ 或 } \frac{AC}{BC}=\frac{AE}{BE}$$

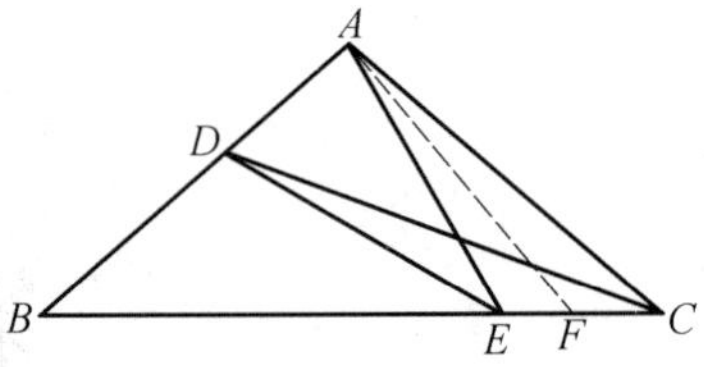

由 CD 平分 $\angle ACB$，可知 $\dfrac{AD}{BD}=\dfrac{AC}{BC}=\dfrac{AE}{BE}$，有 $\dfrac{AD}{BD}=\dfrac{AE}{BE}$，于是 DE 平分 $\angle AEB$，得 $\angle DEB=30^\circ$，进而 $\angle EDC=\angle DEB-\angle DCB=10^\circ$.

所以 $\angle EDC=10^\circ$.

图 249.2

解 4　如图 249.3，设 $\triangle AEC$ 的外接圆交直线 AB 于 F，连 FE，FC.

由 $AB=AC$，$\angle BAC=100^\circ$，可知 $\angle B=\angle ACB=40^\circ$.

由 CD 平分 $\angle ACB$，可知 $\angle DCB=20^\circ$，有 $\angle ADC=60^\circ$，$\angle AEB=60^\circ$.

显然 $\angle BFC=\angle AEB=60^\circ=\angle FDC$，可知 $\triangle FDC$ 为正三角形，有 $FD=FC$.

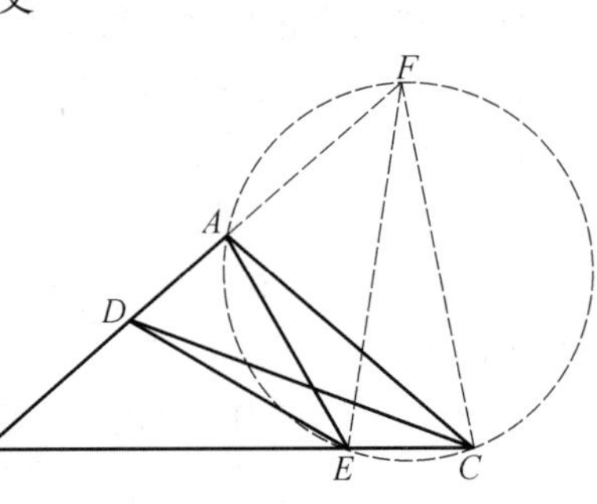

图 249.3

显然 $\angle FCB=\angle EAB=80^\circ$，$\angle FEC=\angle FAC=80^\circ=\angle FCB$，可知 $FE=FC=FD$，有 F 为 $\triangle DEC$ 的外心，于是

$$\angle EDC=\frac{1}{2}\angle EFC=10^\circ$$

所以 $\angle EDC=10^\circ$.

解 5　如图 249.4，过 E 作 AC 的平行线交 AB 于 F.

由 $AB=AC$，$\angle BAC=100^\circ$，可知 $\angle B=\angle ACB=40^\circ$，有 $\angle FEB=40^\circ$，$\angle AFE=80^\circ$.

由 $\angle EAC=20^\circ$，可知 $\angle AEB=60^\circ$，$\angle BAE=80^\circ=\angle EFA$，有 $AE=FE$.

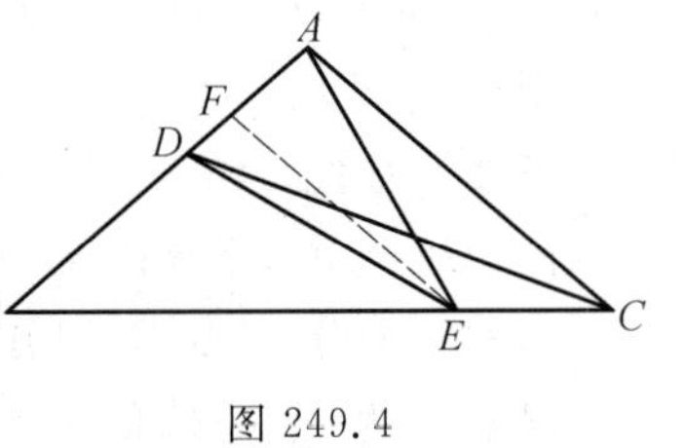

图 249.4

由 CD 为 $\angle ACB$ 的平分线，可知

$$\frac{DA}{DB}=\frac{CA}{CB}=\frac{EF}{EB}=\frac{EA}{EB}$$

即 $\dfrac{DA}{DB}=\dfrac{EA}{EB}$，有 DE 为 $\angle AEB$ 的平分线，于是 $\angle DEB=30^\circ$，得 $\angle EDC=\angle DEB-\angle DCB=10^\circ$.

所以 $\angle EDC=10^\circ$.

解 6　如图 249.5，过 C 作 EA 的平行线交直线 AB 于 F.

由 $AB=AC$，$\angle BAC=100°$，可知 $\angle B=\angle ACB=40°$，有 $\angle FAC=80°$。

由 $\angle EAC=20°$，可知 $\angle AEB=60°$。

显然 $\angle F=80°=\angle FAC$，可知 $FC=AC$。

由 CD 为 $\angle ACB$ 的平分线，可知

$$\frac{DA}{DB}=\frac{CA}{CB}=\frac{CF}{CB}=\frac{EA}{EB}$$

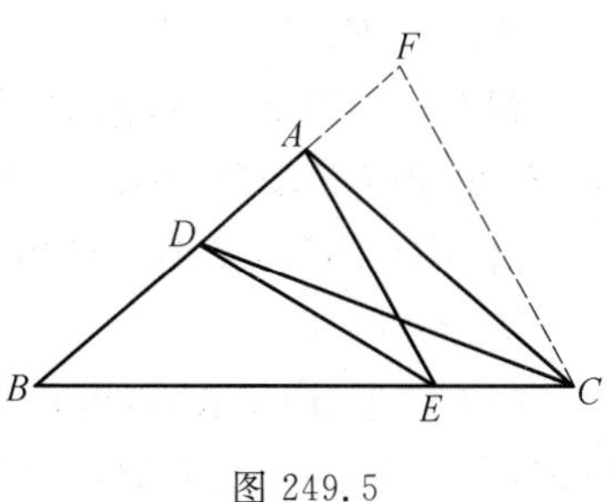

图 249.5

即$\frac{DA}{DB}=\frac{EA}{EB}$，有 DE 为 $\angle AEB$ 的平分线，于是 $\angle DEB=30°$，得 $\angle EDC=\angle DEB-\angle DCB=10°$。

所以 $\angle EDC=10°$。

解 7　如图 249.6，设 $\triangle ADC$ 的外接圆交 BC 于 F，连 FA，FD。

由 $AB=AC$，$\angle BAC=100°$，可知 $\angle B=\angle ACB=40°$。

由 $\angle EAC=20°$，可知 $\angle AEB=60°$。

由 CD 平分 $\angle ACB$，可知 $DF=DA$，$\angle DCB=20°$，有 $\angle ADC=60°$。

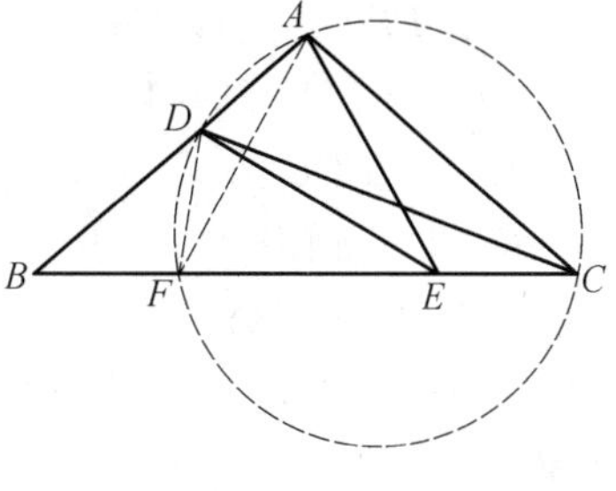

图 249.6

显然 $\angle AFC=\angle ADC=60°=\angle AEB$，可知 $\triangle AFE$ 为正三角形，有 DE 为 AF 的中垂线，于是 $\angle DEB=30°$，得 $\angle EDC=\angle DEB-\angle DCB=10°$。

所以 $\angle EDC=10°$。

解 8　如图 249.7，设 $\triangle ADC$ 的外接圆交 BC 于 F，交直线 AE 于 G，交直线 DE 于 H，连 FA，FD。

由 $AB=AC$，$\angle BAC=100°$，可知 $\angle B=\angle ACB=40°$。

由 $\angle EAC=20°$，可知 $\angle AEB=60°$。

由 CD 平分 $\angle ACB$，可知 $DF=DA$，$\angle DCB=20°$，有 $\angle ADC=60°$。

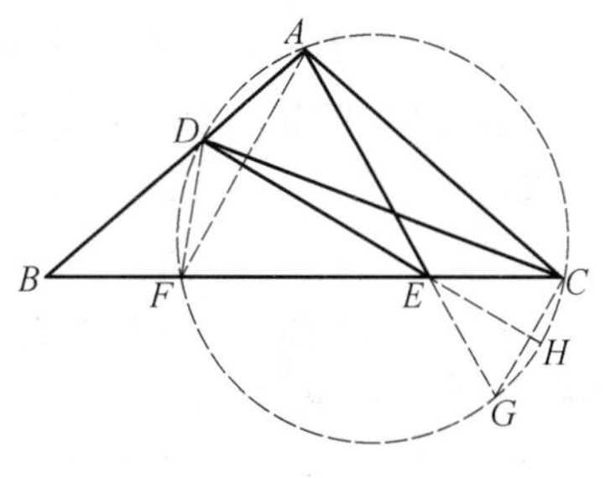

图 249.7

显然 $\angle AFC=\angle ADC=60°=\angle AEB$，可知 $\triangle AFE$ 与 $\triangle CEG$ 均为正三角形，有 DE 为 AF 的中垂线，也为 GC 的中垂线，于是 H 为$\overset{\frown}{CG}$的中点，有 $\angle EDC=\frac{1}{2}\angle GAC=10°$。

所以 $\angle EDC=10^\circ$.

解 9 如图 249.8,过 A 作 DC 的垂线交 BC 于 F,连 DF,FP,PB.

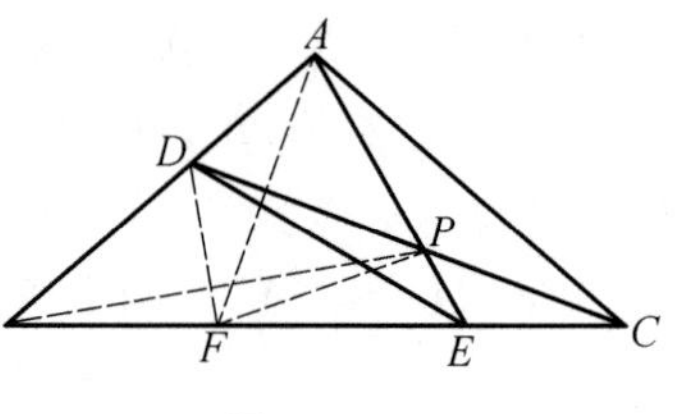

图 249.8

由 $AB=AC$,$\angle BAC=100^\circ$,可知 $\angle ABC=\angle ACB=40^\circ$.

由 CD 平分 $\angle ACB$,可知 F 与 A 关于 DC 对称,有 $\angle PFD=\angle PAD=80^\circ$.

显然 $\angle BFD=180^\circ-\angle DFC=80^\circ=\angle PFD$.

显然 $\angle FDC=\angle ADC=60^\circ$,可知 $\angle FDB=60^\circ=\angle FDC$,有 P 与 B 关于 DF 对称,于是 $\angle FBP=\angle FPB=\frac{1}{2}\angle PFC=10^\circ$.

由 $\angle EPC=\angle PAC+\angle PCA=40^\circ=\angle ABC$,可知 B,E,P,D 四点共圆,有 $\angle EDC=\angle EBP=10^\circ$.

所以 $\angle EDC=10^\circ$.

解 10 如图 249.9,设 F 为 CD 的延长线上的一点,$DF=DA$.

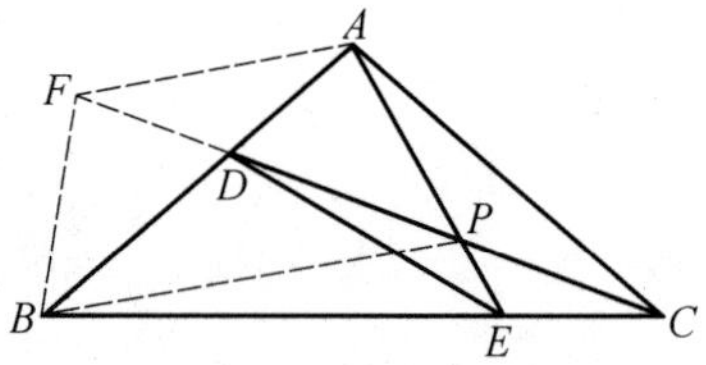

图 249.9

由 $AB=AC$,$\angle BAC=100^\circ$,可知 $\angle ABC=\angle ACB=40^\circ$.

由熟知的结论,可知 $FC=BC$.

由 $\angle FCB=20^\circ$,可知 $\angle BFC=\angle FBC=80^\circ=\angle PAB$,有 $\triangle DFB\cong\triangle DAP$,于是 $FB=AP$,得四边形 $APBF$ 为等腰梯形.

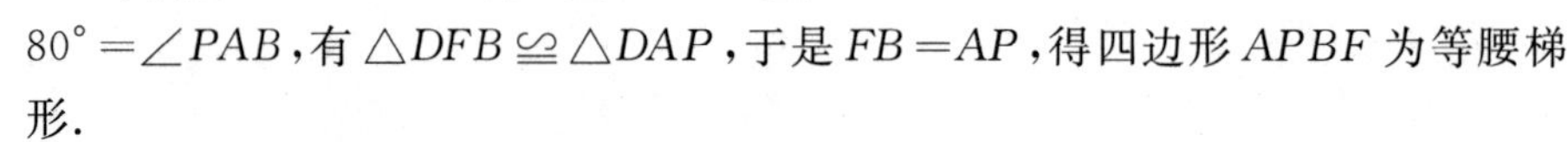

显然 $\angle PBA=\angle FAB=30^\circ$.

易知 $\angle AEB=60^\circ=\angle ADC$,可知 D,B,E,P 四点共圆,有 $\angle EDC=\angle PBC=10^\circ$.

所以 $\angle EDC=10^\circ$.

解 11 如图 249.10,设 F 为 BC 上一点,$BF=CE$,连 FA,FD.

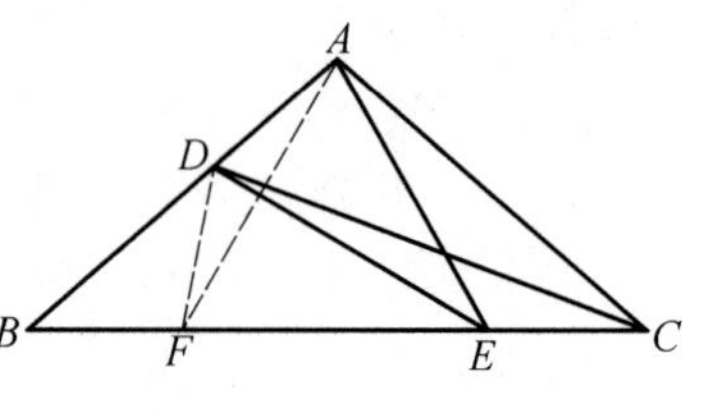

图 249.10

由 $AB=AC$,$\angle BAC=100^\circ$,可知 $\angle B=\angle ACB=40^\circ$.

显然 $\triangle ABF\cong\triangle ACE$,可知 $AF=AE$,$\angle FAE=60^\circ$,有 $\triangle AFE$ 为正三角形.

显然 $\angle DAF=\angle EAC=20^\circ=\angle DCB$,可知 A,D,F,C 四点共圆.

由 DC 平分 $\angle ACB$，可知 $DF=DA$，有 DE 为 AF 的中垂线，于是 $\angle DEB=30^\circ$，得 $\angle EDC=\angle DEB-\angle DCB=10^\circ$.

所以 $\angle EDC=10^\circ$.

注 这里"$AB=AC$"为过剩条件，参见第59天的习题.

如图249.11，在 $\triangle ABC$ 中，$\angle BAC=100^\circ$，$\angle BAD=20^\circ$，$\angle B$ 的平分线 BE 交 AC 于 E. 求 $\angle BED$ 的度数.

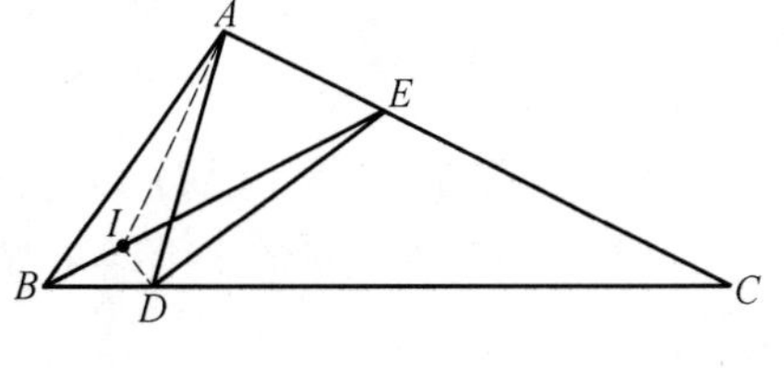

图 249.11

而且可以进一步推广为：

已知在 $\triangle ABC$ 中，D 为 BC 边上一点，$\angle B$ 的平分线交 AC 于 E，$\angle BAD=2\alpha$，$\angle DAC=\beta$，$\alpha+\beta=90^\circ$. 求 $\angle BED$ 的度数.

（解：$\angle BED=\alpha$. 证明留给读者）

第 250 天

1997 年江苏省(第 12 届)数学竞赛

已知:如图 250.1,点 A,B,C,D 顺次在圆 O 上,$AB=BD$,$BM\perp AC$,垂足为 M.

证明:$AM=DC+CM$.

证明 1　如图 250.1,在 DC 的延长线上取一点 N,使 $NC=MC$,连 BN.

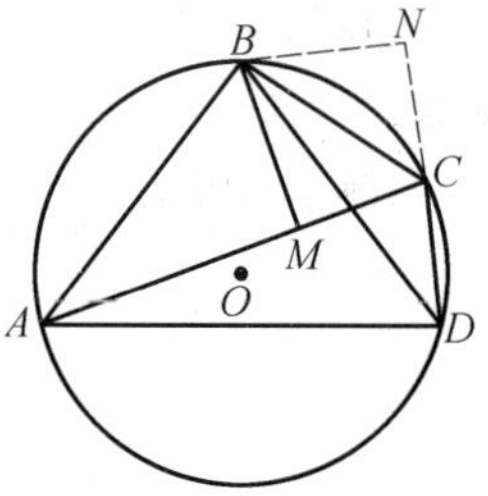

由 $\angle BCN=\angle BAD=\angle BDA=\angle BCM$,可知 $\triangle NBC\cong\triangle MBC$,有

$$NC=MC,\angle N=\angle BMC=90^\circ$$

由 $\angle BAM=\angle BDN$,$BA=BD$,$\angle AMB=90^\circ=\angle N$,可知 $\triangle AMB\cong\triangle DNB$,有

$$AM=DN=DC+CN=DC+CM$$

所以 $AM=DC+CM$.

图 250.1

证明 2　如图 250.2,在 AC 的延长线上取一点 E,使 $CE=CD$,连 BE.

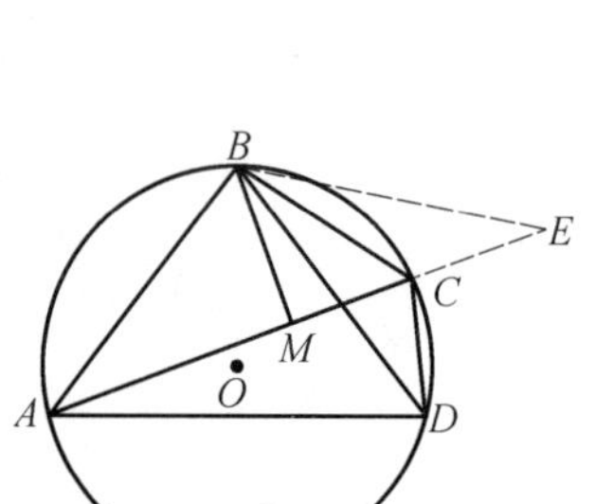

图 250.2

由

$$\begin{aligned}\angle BCE&=\angle ABC+\angle BAC\\&=\angle ABD+\angle DBC+\angle BDC\\&=\angle ACD+\angle BAD\\&=\angle ACD+\angle ACB=\angle BCD\end{aligned}$$

可知

$$\triangle BCE\cong\triangle BCD$$

有

$$BE=BD=BA$$

由 $BM\perp AE$,可知 M 为 AE 的中点,有

$$AM=EM=EC+CM=DC+CM$$

所以 $AM=DC+CM$.

证明 3　如图 250.3,在 AC 上取一点 E,使 $EM=CM$,连 BE.

由 $BM \perp EC$，可知 $BE = BC$，$\angle BEC = \angle BCA = \angle BDA = \angle BAD = 180^\circ - \angle BCD$，有 $\angle BEA = 180^\circ - \angle BEC = \angle BCD$.

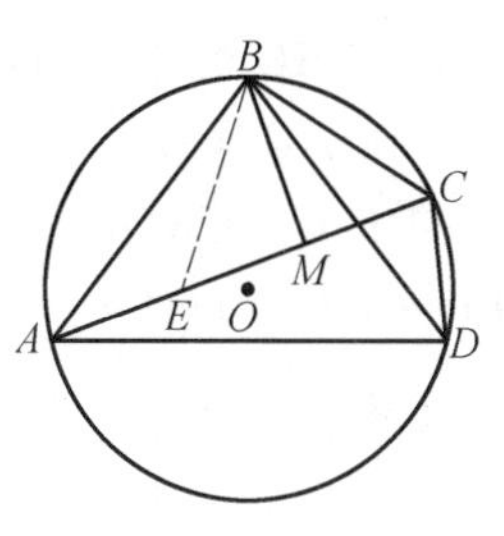

图 250.3

由 $BA = BD$，可知 $\triangle BAE \cong \triangle BDC$，有 $AE = DC$，于是 $AM = AE + EM = DC + CM$.

所以 $AM = DC + CM$.

证明4 如图250.4，过 D 作 CA 的平行线交圆 O 于 E，连 BE 交 AC 于 F.

显然 $EA = DC$.

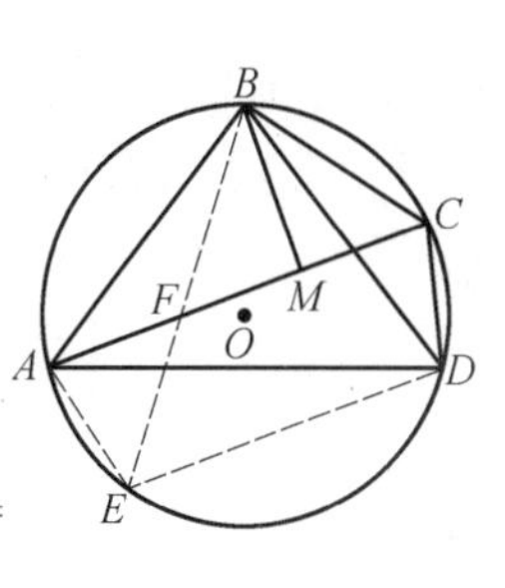

图 250.4

由 $\angle BFC = \angle FAB + \angle FBA = \angle FAB + \angle EDA = \angle FAB + \angle DAC = \angle BAD = \angle BDA = \angle BCF$，可知 $BF = BC$.

由 $BM \perp FC$，可知 M 为 FC 的中点，即 $FM = CM$.

由 $\angle AFE = \angle BFC = \angle BDA = \angle BEA$，可知 $AF = AE$，有 $AF = DC$，于是 $AM = AF + FM = DC + CM$.

所以 $AM = DC + CM$.

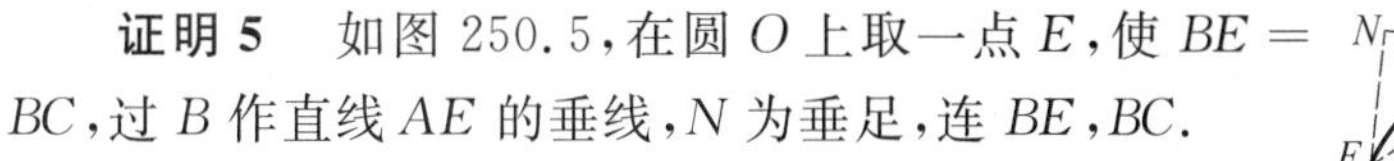

证明5 如图250.5，在圆 O 上取一点 E，使 $BE = BC$，过 B 作直线 AE 的垂线，N 为垂足，连 BE，BC.

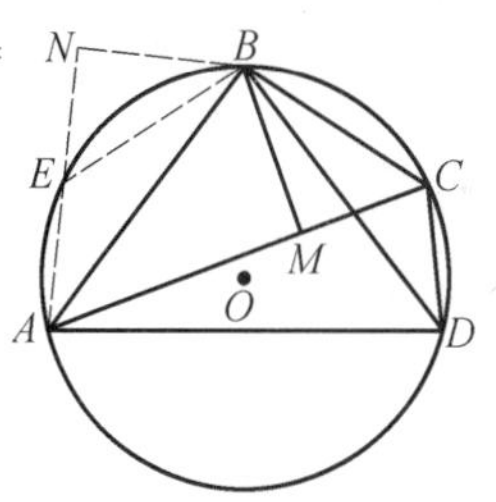

图 250.5

在 $\triangle BEA$ 与 $\triangle BCD$ 中，显然 $\angle EAB = \angle CDB$，$\angle BEA = \angle BCD$，$BA = BD$，可知 $\triangle BEA \cong \triangle BCD$，有 $AE = DC$.

显然 $\mathrm{Rt}\triangle EBN \cong \mathrm{Rt}\triangle CBM$，可知 $EN = MC$.

由 AB 平分 $\angle NAM$，$BN \perp AN$，$BM \perp AM$，可知 $\mathrm{Rt}\triangle ABN \cong \mathrm{Rt}\triangle ABM$，有 $AN = AM$，于是 $AM = AN = AE + EN = DC + MC$.

所以 $AM = DC + CM$.

证明6 如图250.6，过 B 作 CA 的平行线交圆 O 于 E，过 E 作 AC 的垂线，F 为垂足，连 EA，ED.

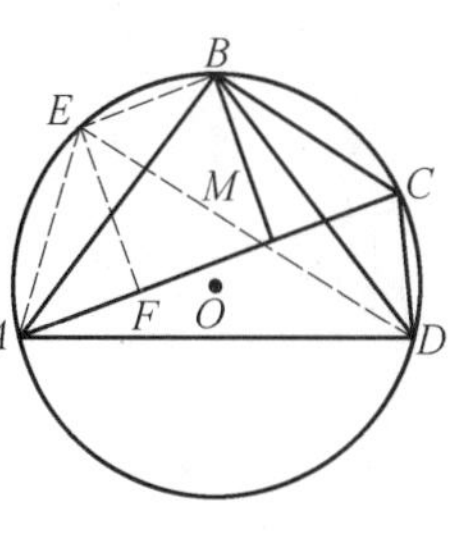

图 250.6

显然四边形 $ACBE$ 为等腰梯形，四边形 $BEFM$ 为矩形，$\triangle EAF \cong \triangle BCM$，可知 $AF = CM$，$EB = FM$.

由 $\angle EAC = \angle BCA = \angle BDA = \angle BAD$，可知 $\angle BAE = \angle DAC$，有 $DC = EB$，于是 $DC = FM$，得 $AM = AF + FM = CM + DC$.

所以 $AM = DC + CM$.

证明7 如图250.7，设 CO 交圆 O 于 E，BM 交圆 O 于 F，BO 交圆 O 于 G，

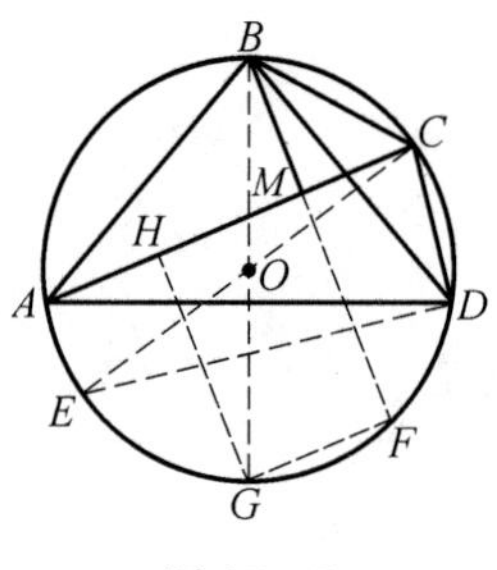

图 250.7

过 G 作 AC 的垂线，H 为垂足，连 ED，GF.

由 $AB=DB$，可知 $BG\perp AD$. 由 $BM\perp AC$，可知 $\angle GBF=\angle CAD=\angle CED$，有 $\triangle GBF\cong\triangle CED$，于是 $DC=GF=HM$.

易证 $AH=CM$，可知 $AM=AH+HM=CM+DC$.

所以 $AM=DC+CM$.

本文参考自：

《中等数学》1998 年 4 期 36 页.

第 251 天

1997 年天津市初二数学竞赛预赛

$\triangle ABC$ 是等边三角形，$\triangle BDC$ 是顶角 $\angle BDC=120^\circ$ 的等腰三角形，以 D 为顶点作一个 60° 的角，它的两边分别交 AB 于 M，交 AC 于 N，连 MN.

求证：$BM+CN=MN$.

证明 1 如图 251.1，设 P 为 AC 的延长线上一点，$CP=BM$，连 DP.

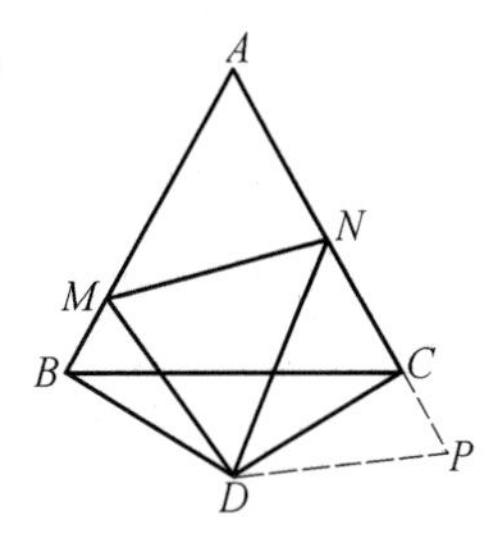

图 251.1

由 $DC=DB$，$\angle BDC=120^\circ$，可知

$$\angle DBC=\angle DCB=30^\circ$$

显然 $\angle ABC=60^\circ=\angle ACB$，可知

$$\angle ABD=90^\circ=\angle ACD$$

显然 $\text{Rt}\triangle MBD\cong\text{Rt}\triangle PCD$，可知

$$DM=DP,\angle BDM=\angle PDC$$

由 $\angle MDN=60^\circ$，可知

$$\begin{aligned}\angle PDN&=\angle CDN+\angle CDP=\angle CDN+\angle BDM\\&=\angle BDC-\angle MDN=60^\circ=\angle MDN\end{aligned}$$

有 $\triangle MDN\cong\triangle PDN$，于是

$$MN=PN=PC+CN=BM+CN$$

所以 $BM+CN=MN$.

证明 2 如图 251.2，连 AD，设 $\angle ANM$ 的平分线交 AD 于 I，过 D 作 MN 的垂线，E 为垂足，连 MI.

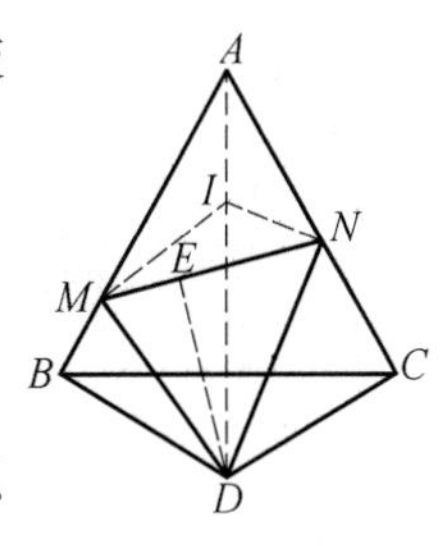

图 251.2

由 $\angle BAC=60^\circ$，可知

$$\angle AMN+\angle ANM=120^\circ$$

有 $\angle IMN+\angle INM=60^\circ$，于是 $\angle MIN=120^\circ$.

显然 $\angle MIN+\angle MDN=180^\circ$，可知 I,M,D,N 四点共圆，有

$$\begin{aligned}\angle MND&=\angle MID=\angle MAI+\angle AMI\\&=\frac{1}{2}\angle MAN+\frac{1}{2}\angle AMN\end{aligned}$$

于是

$$\begin{aligned}\angle IND &= \angle INM + \angle MND \\ &= \frac{1}{2}\angle ANM + \frac{1}{2}\angle MAN + \frac{1}{2}\angle AMN = 90^\circ\end{aligned}$$

显然 $\angle ADC = 60^\circ = \angle MDN$，可知 $\angle NDC = \angle MDN = \angle MNI$，有 $\angle DNC = \angle DNE$，于是 $\mathrm{Rt}\triangle DNC \cong \mathrm{Rt}\triangle DNE$，得 $EN = CN$.

同理 $EM = BM$.

所以 $BM + CN = MN$.

第 252 天

1998 年北京市中学生数学竞赛初二复赛

如图 252.1,正方形被两条与边平行的线段 EF,GH 分割成四个小矩形,P 是 EF 与 GH 的交点.若矩形 $PFCH$ 的面积恰是矩形 $AGPE$ 的面积的 2 倍,试确定 $\angle FAH$ 的大小,并证明你的结论.

解 1 如图 252.1,设正方形边长为 1,$AG=b$,$AE=a$,可知 $GB=1-b$,$ED=1-a$.

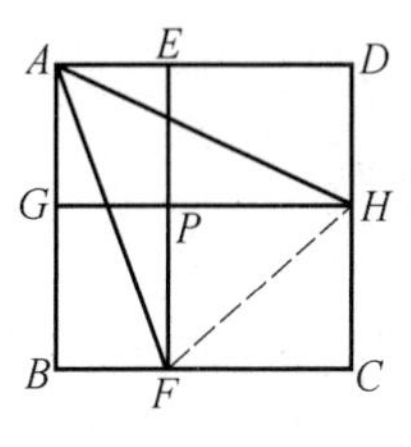

图 252.1

由 $S_{PFCH}=2S_{AGPE}$,可知

$$(1-a)\cdot(1-b)=2ab$$

有

$$a+b=1-ab$$

于是

$$\begin{aligned}S_{\triangle AFH}&=1-(S_{\triangle ABF}+S_{\triangle ADF})-S_{\triangle CFH}\\&=1-\frac{1}{2}(a+b)-\frac{1}{2}(1-a)\cdot(1-b)\\&=\frac{1}{2}(1-ab)\end{aligned}$$

另一方面

$$S_{\triangle AFH}=\frac{1}{2}AF\cdot AH\sin\angle FAH$$

而

$$\begin{aligned}AF\cdot AH&=\sqrt{1+a^2}\cdot\sqrt{1+b^2}\\&=\sqrt{(1+a^2)(1+b^2)}=\sqrt{1+a^2+b^2+a^2b^2}\\&=\sqrt{(a+b)^2+(1-ab)^2}=\sqrt{2}(1-ab)\end{aligned}$$

即

$$S_{\triangle AFH}=\frac{1}{2}\sqrt{2}(1-ab)\sin\angle FAH$$

比较二式即知

$$\sin\angle FAH=\frac{\sqrt{2}}{2}$$

因 $\angle FAH$ 小于 $90°$，故 $\angle FAH=45°$.

解2 如图252.2，连 AP，在 CB 的延长线上取一点 M，使 $BM=DH$，连 AM.

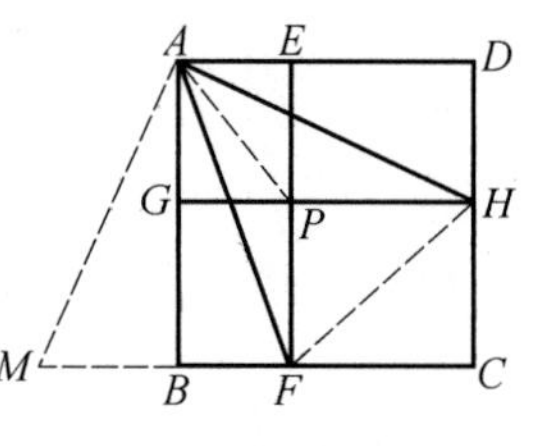

图 252.2

显然 $\triangle ABM\cong\triangle ADH$，可知 $AM=AH$.

显然 $S_{\triangle AFH}=S_{\triangle APF}+S_{\triangle APH}+S_{\triangle FPH}$.

由 $S_{\triangle FPH}=\frac{1}{2}S_{PFCH}=S_{AEPG}=S_{\triangle APE}+S_{\triangle APG}$，可知

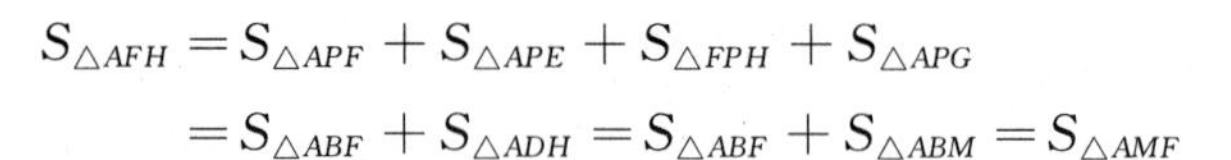

$$
\begin{aligned}
S_{\triangle AFH}&=S_{\triangle APF}+S_{\triangle APE}+S_{\triangle FPH}+S_{\triangle APG}\\
&=S_{\triangle ABF}+S_{\triangle ADH}=S_{\triangle ABF}+S_{\triangle ABM}=S_{\triangle AMF}
\end{aligned}
$$

有

$$\frac{1}{2}AM\cdot AF\sin\angle FAM=\frac{1}{2}AH\cdot AF\sin\angle FAH$$

于是

$$\sin\angle FAM=\sin\angle FAH$$

得 $\angle FAM=\angle FAH$（舍去 $\angle FAM+\angle FAH=180°$）.

因为 $\angle FAM+\angle FAH=90°$，可知 $\angle FAM=\angle FAH=45°$.

所以 $\angle FAH=45°$.

解3 如图252.1，设正方形边长为1，设 $AG=b$，$AE=a$，可知 $GB=1-b$，$ED=1-a$.

记 $\angle BAF=\alpha$，$\angle DAH=\beta$，可知 $\tan\alpha=a$，$\tan\beta=b$.

由 $S_{PFCH}=2S_{AGPE}$，可知 $(1-a)\cdot(1-b)=2ab$，有 $a+b=1-ab$，于是

$$\frac{a+b}{1-ab}=1=\frac{\tan\alpha+\tan\beta}{1-\tan\alpha\cdot\tan\beta}=\tan(\alpha+\beta)$$

得 $\alpha+\beta=45°$，所以 $\angle FAH=45°$.

解4 如图252.1，设正方形边长为1，$AG=b$，$AE=a$，可知 $GB=1-b$，$ED=1-a$.

由 $S_{PFCH}=2S_{AGPE}$，可知 $(1-a)\cdot(1-b)=2ab$，有 $a+b=1-ab$.

显然

$$
\begin{aligned}
AH^2&=1+b^2\\
AF^2&=1+a^2\\
FH^2&=(1-a)^2+(1-b)^2\\
&=2[1-(a+b)]+a^2+b^2\\
&=2ab+a^2+b^2=(a+b)^2
\end{aligned}
$$

易知 $AF\cdot AH=\sqrt{2}(1-ab)$，有

$$\cos\angle FAH=\frac{AH^2+AF^2-FH^2}{2AH\cdot AF}$$

$$=\frac{1+a^2+1+b^2-(a-b)^2}{2\sqrt{2}(1-ab)}=\frac{\sqrt{2}}{2}$$

所以 $\angle FAH=45°$.

解 5 如图 252.1,设正方形的边长为 1,$AG=a$,$ED=b$,可知 $GB=1-a$,$AE=1-b$.

依题意 $2a\cdot(1-b)=b\cdot(1-a)$,即 $2a-b=ab$.

在 Rt$\triangle ADH$ 中,由勾股定理可知

$$AH^2=AD^2+HD^2=1+a^2$$

在 Rt$\triangle ABF$ 中,由勾股定理可知

$$AF^2=AB^2+BF^2=1+(1-b)^2$$

在 Rt$\triangle FCH$ 中,由勾股定理可知

$$FH^2=FC^2+CH^2=b^2+(1-a)^2$$

在 $\triangle AFH$ 中,使用余弦定理,可知

$$\cos\angle FAH=\frac{AH^2+AF^2-FH^2}{2AH\cdot AF}$$

$$=\frac{1+a^2+1+(1-b)^2-[b^2+(1-a)^2]}{2\sqrt{1+a^2}\cdot\sqrt{1+(1-b)^2}}$$

或

$$\cos^2\angle FAH=\frac{(a-b+1)^2}{(1+a^2)(2-2b+b^2)}$$

设 $M=(1+a^2)\cdot(2-2b+b^2)$,有

$$\begin{aligned}M&=2-2b+b^2+2a^2-2a^2b+a^2b^2\\&=2-2b+b^2+2a^2-2a\cdot(2a-b)+(2a-b)^2\\&=2-2b+b^2+2a^2-4a^2+2ab+4a^2-4ab+b^2\\&=2+2b^2+2a^2-4ab-2b+2\cdot(2a-b)\\&=2+2b^2+2a^2-4ab-2b+4a-2b\\&=2+2b^2+2a^2-4ab+4a-4b\\&=2\cdot(1+b^2+a^2-2ab+2a-2b)\\&=2\cdot(a-b+1)^2\end{aligned}$$

于是 $\cos^2\angle FAH=\frac{1}{2}$,得 $\cos\angle FAH=\frac{\sqrt{2}}{2}$.

所以 $\angle FAH=45°$.

本文参考自：
1.《中学生数学》2004 年 4 期 24 页.
2.《中学生数学》2000 年 4 期 24 页.

第 253 天

1998 年初中数学竞赛・香港

如图 253.1,在 Rt$\triangle ABC$ 中,两条直角边 AB 和 AC 的长分别为 1 和 2,求直角的角平分线的长度.

解 1　如图 253.1,过 C 作 AC 的垂线交直线 AD 于 E,过 E 作 AC 的平行线交直线 AB 于 F.

显然四边形 $ACEF$ 为正方形,可知 $AB \parallel EC$, $EC=AF=AC=2$, $AE=2\sqrt{2}$.

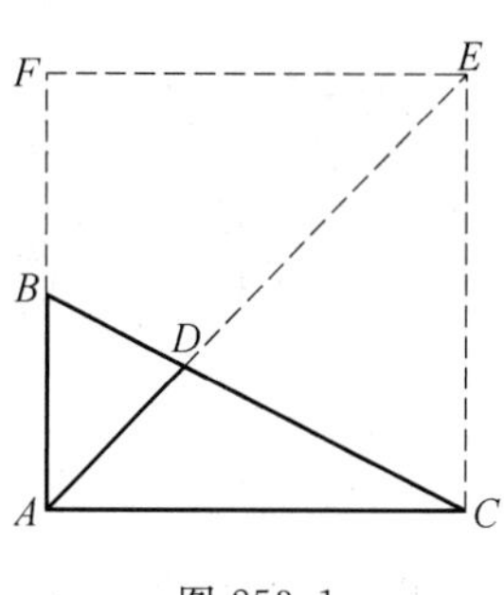

图 253.1

显然$\frac{AD}{DE}=\frac{AB}{EC}$,可知

$$\frac{AD}{AD+DE}=\frac{AB}{AB+EC}$$

有

$$AD=\frac{AE}{3}=\frac{2}{3}\sqrt{2}$$

所以直角的角平分线的长度是$\frac{2}{3}\sqrt{2}$.

解 2　如图 253.2,过 B 作 AD 的平行线交直线 AC 于 E.

显然 $AE=AB=1$,可知

$$EC=3, BE=\sqrt{2}$$

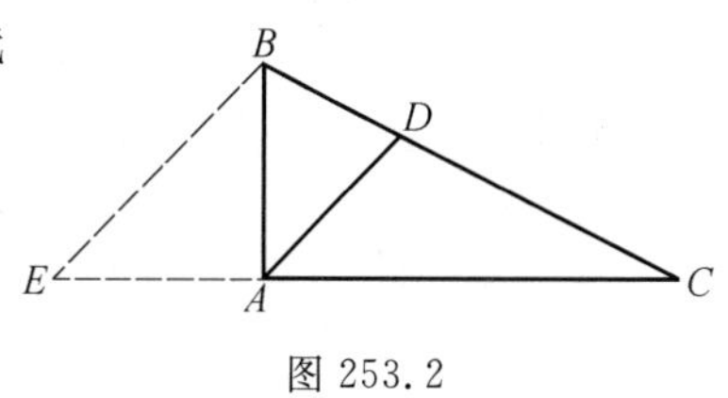

图 253.2

显然$\frac{AD}{EB}=\frac{AC}{EC}$,可知

$$AD=\frac{AC\cdot EB}{EC}=\frac{2}{3}\sqrt{2}$$

所以直角的角平分线的长度是$\frac{2}{3}\sqrt{2}$.

解 3　如图 253.3,过 C 作 AD 的垂线交直线 AB 于 F,O 为垂足.

显然 $\triangle ACF$ 为等腰直角三角形.

显然 D 为 $\triangle ACF$ 的重心,可知

$$AD=\frac{2}{3}AO=\frac{2}{3}\sqrt{2}$$

所以直角的角平分线的长度是$\frac{2}{3}\sqrt{2}$.

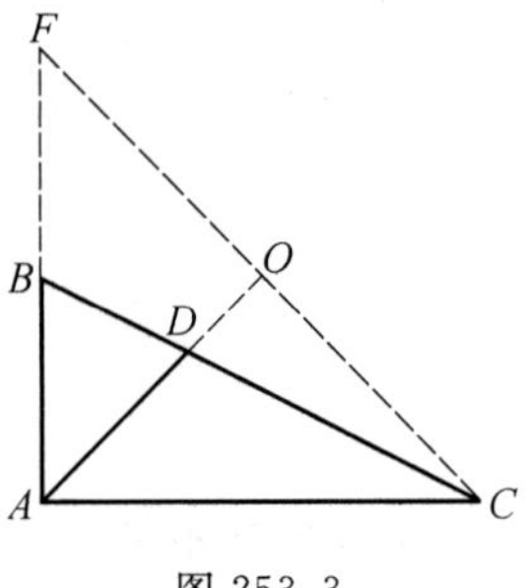

图 253.3

解 4　如图 253.4,过 B 作 AC 的平行线交 AD 于 E.

显然 $\triangle ABE$ 为等腰直角三角形.

由 $AB=1$,可知 $AE=\sqrt{2}$.

由 AD 平分 $\angle BAC$,可知$\frac{DB}{DC}=\frac{AB}{AC}=\frac{1}{2}$.

显然$\frac{DE}{AD}=\frac{DB}{DC}=\frac{1}{2}$,可知

$$\frac{AE}{AD}=\frac{AD+DE}{AD}=\frac{2+1}{2}=\frac{3}{2}$$

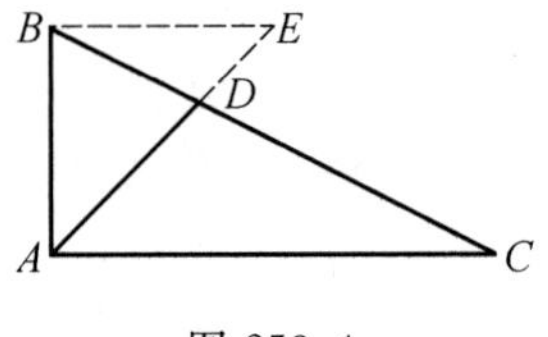

图 253.4

有

$$AD=\frac{2}{3}\sqrt{2}$$

所以直角的角平分线的长度是$\frac{2}{3}\sqrt{2}$.

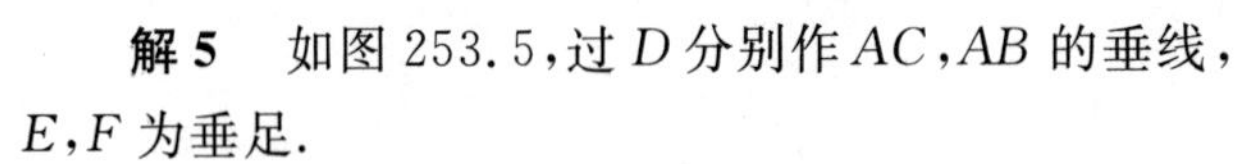

解 5　如图 253.5,过 D 分别作 AC,AB 的垂线,E,F 为垂足.

显然四边形 $AEDF$ 为正方形,可知

$$DE=DF=\frac{\sqrt{2}}{2}AD$$

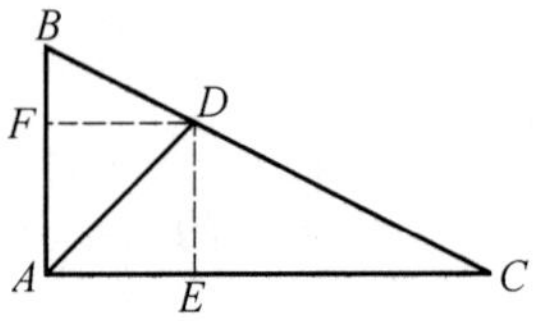

图 253.5

显然

$$S_{\triangle DAC}=\frac{1}{2}AC\cdot DE=\frac{\sqrt{2}}{2}AD$$

$$S_{\triangle DAB}=\frac{1}{2}AB\cdot DF=\frac{\sqrt{2}}{4}AD$$

$$S_{\triangle ABC}=\frac{1}{2}AC\cdot AB=1$$

由 $S_{\triangle DAC}+S_{\triangle DAB}=S_{\triangle ABC}$,可知$\frac{\sqrt{2}}{2}AD+\frac{\sqrt{2}}{4}AD=1$,有 $AD=\frac{2}{3}\sqrt{2}$.

所以直角的角平分线的长度是$\frac{2}{3}\sqrt{2}$.

解 6　如图 253.6,过 D 作 AC 的垂线,E 为垂足.

显然$\frac{EA}{EC}=\frac{DB}{DC}=\frac{AB}{AC}=\frac{1}{2}$，即$\frac{EA}{EC}=\frac{1}{2}$，可知$\frac{EA}{AC}=\frac{EA}{EA+EC}=\frac{1}{1+2}=\frac{1}{3}$，有 $EA=\frac{2}{3}$.

显然 $\triangle ADE$ 为等腰直角三角形，可知

$$AD=\sqrt{2}EA=\frac{2}{3}\sqrt{2}$$

所以直角的角平分线的长度是$\frac{2}{3}\sqrt{2}$.

此外，如图253.7，过D作AC的平行线交AB于F；如图253.8，过C作AB的平行线交直线AD于E，都有很简捷的解法，从略！

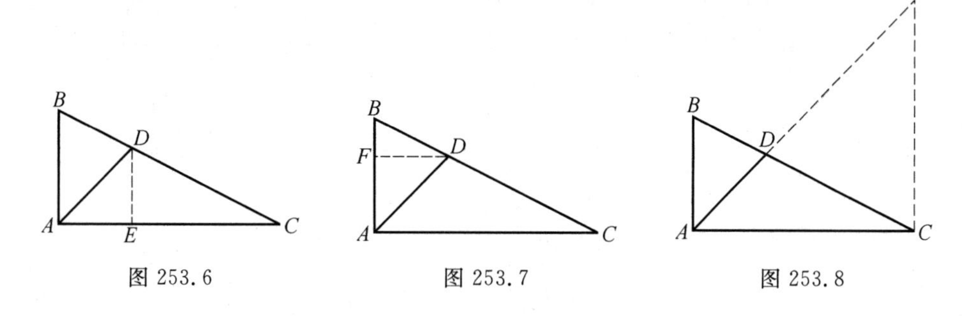

图 253.6　　图 253.7　　图 253.8

本文参考自：

1.《中等数学》1998 年 3 期 31 页.
2.《中学生数学》2007 年 2 期 30 页.

第 254 天

1999 年四川省成都市中考数学 B 卷

如图 254.1,AB 是半圆直径,O 是圆心,C 是 AB 的延长线上的一点,CD 切半圆于 D,$DE \perp AB$ 于 E,已知 $AE : EB = 4 : 1$,$CD = 2$. 求 BC 的长.

解 1 如图 254.1,连 DA,DB.

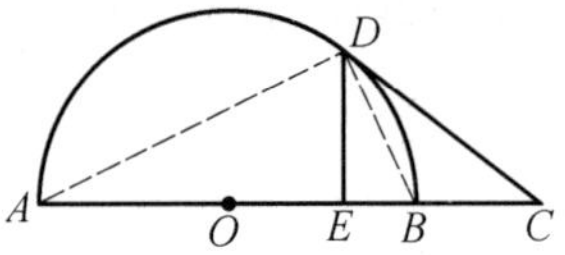

由 AB 是半圆的直径,可知 $\angle ADB = 90°$.

由 $DE \perp AB$,可知 $Rt\triangle DEB \backsim Rt\triangle AED$,有

$$\frac{EB}{ED} = \frac{ED}{EA}$$

图 254.1

于是

$$\frac{1}{4} = \frac{EB}{EA} = \frac{EB}{ED} \cdot \frac{ED}{EA} = \left(\frac{EB}{ED}\right)^2$$

得

$$\frac{EB}{ED} = \frac{1}{2}$$

易知 $\angle BDC = \angle BAD = \angle BDE$,可知

$$\frac{BC}{DC} = \frac{EB}{ED} = \frac{1}{2}, BC = \frac{1}{2}CD = 1$$

所以 BC 的长是 1.

解 2 如图 254.1,连 DA,DB.

由 AB 是半圆的直径,可知 $\angle ADB = 90°$.

由 $DE \perp AB$,可知 $DE^2 = EA \cdot EB = 4EB^2$,可知 $DE = 2EB$.

易知 $Rt\triangle ABD \backsim Rt\triangle DBE$,可知 $DA = 2DB$.

由 $\angle BDC = \angle DAC$,可知 $\triangle BDC \backsim \triangle DAC$,有 $\frac{BC}{DC} = \frac{DB}{AD} = \frac{1}{2}$,于是

$$BC = \frac{1}{2}DC = 1$$

所以 BC 的长是 1.

解 3 如图 254.2,连 DA,DB.

由 AB 是半圆的直径,可知 $\angle ADB = 90°$.

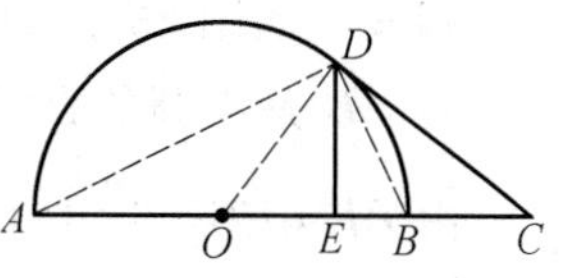

图 254.2

由 $AE:EB=4:1$，可知 $AE=4EB$，$AB=5EB$，$OD=OB=\frac{5}{2}EB$，有 $OE=\frac{3}{2}EB$，于是 Rt△DOE 的三边的比是 $3:4:5$.

显然 Rt△DOC ∽ Rt△EOD，可知 $OC=\frac{5}{4}DC=\frac{5}{2}$，$OB=OD=\frac{3}{4}DC=\frac{3}{2}$，有 $BC=OC-OB=\frac{5}{2}-\frac{3}{2}=1$.

所以 BC 的长是 1.

解 4 如图 254.2，连 DA，DB，DO.

由 AB 是半圆的直径，可知 $\angle ADB=90°$.

由 $AE:EB=4:1$，可知 $AE=4EB$，$AB=5EB$，$OD=OB=\frac{5}{2}EB$，有 $OE=\frac{3}{2}EB$，于是 Rt△DOE 的三边的比是 $3:4:5$.

显然 Rt△DEC ∽ Rt△OED，可知 $EC=\frac{4}{5}DC=\frac{8}{5}$，$DE=\frac{3}{5}DC=\frac{6}{5}$，有 $EB=\frac{1}{2}DE=\frac{3}{5}$，于是 $BC=EC-EB=\frac{8}{5}-\frac{3}{5}=1$.

所以 BC 的长是 1.

解 5 如图 254.2，连 DA，DB，DO.

由 AB 是半圆的直径，可知 $\angle ADB=90°$.

由 $AE:EB=4:1$，可知 $AE=4EB$，$AB=5EB$，$OD=OB=\frac{5}{2}EB$，有 $OE=\frac{3}{2}EB$.

由 $DE\perp AB$，可知 $DE^2=EA\cdot EB=4EB^2$，可知 $DE=2EB$.

由 $OD\perp DC$，可知 $DE^2=OE\cdot EC$，有 $EC=\frac{8}{3}EB$.

在 Rt△DEC 中，由勾股定理，可知

$$(2EB)^2+\left(\frac{8}{3}EB\right)^2=DC^2=4$$

有 $EB=\frac{3}{5}$，于是 $EC=\frac{8}{5}$，得

$$BC=EC-EB=\frac{8}{5}-\frac{3}{5}=1$$

所以 BC 的长是 1.

解 6 如图 254.2,连 DA,DB,DO.

由 AB 是半圆的直径,可知 $\angle ADB=90^\circ$.

由 $AE:EB=4:1$,可知 $AE=4EB$,$AB=5EB$,$OD=OB=\frac{5}{2}EB$,有 $OE=\frac{3}{2}EB$.

由 $OD\perp DC$,可知 $OD^2=OE\cdot OC$,有 $OC=\frac{25}{6}EB$.

在 Rt$\triangle DOC$ 中,由勾股定理,可知 $EB=\frac{3}{5}$,于是

$$BC=OC-OB=\left(\frac{25}{6}-\frac{5}{2}\right)\cdot EB=\frac{5}{3}\times\frac{3}{5}=1$$

所以 BC 的长是 1.

解 7 如图 254.2,连 DA,DB,DO.

由 AB 是半圆的直径,可知 $\angle ADB=90^\circ$.

由 $AE:EB=4:1$,可知 $AE=4EB$,$AB=5EB$,$OD=OB=\frac{5}{2}EB$.

由 $DE\perp AB$,可知 $DE^2=EA\cdot EB=4EB^2$,有 $DE=2EB$.

由 $S_{\triangle DOC}=\frac{1}{2}DE\cdot OC=\frac{1}{2}OD\cdot DC$,可知 $OC=\frac{5}{2}$.

在 Rt$\triangle DOC$ 中,由勾股定理,有 $OD=\frac{3}{2}$,可知 $OB=\frac{3}{2}$,于是

$$BC=OC-OB=\frac{5}{2}-\frac{3}{2}=1$$

所以 BC 的长是 1.

解 8 如图 254.2,连 DA,DB,DO.

由 AB 是半圆的直径,可知 $\angle ADB=90^\circ$.

由 $AE:EB=4:1$,可知 $AE=4EB$,$AB=5EB$,$OD=OB=\frac{5}{2}EB$,有 $OE=\frac{3}{2}EB$.

由 $DE\perp AB$,可知 $DE^2=EA\cdot EB=4EB^2$,可知 $DE=2EB$.

由 $\dfrac{\frac{1}{2}DE\cdot OE}{\frac{1}{2}OD\cdot DC}=\dfrac{S_{\triangle DOE}}{S_{\triangle CDO}}=\left(\dfrac{DE}{DC}\right)^2$,可知 $EB=\frac{3}{5}$,于是

$$BC=OC-OB=\left(\frac{25}{6}-\frac{5}{2}\right)\cdot EB=\frac{5}{3}\times\frac{3}{5}=1$$

所以 BC 的长是 1.

解 9 如图 254.2,连 DA,DB,DO.

由 AB 是半圆的直径,可知 $\angle ADB = 90°$.

由 $AE : EB = 4 : 1$,可知 $AE = 4EB$.

由 $DE \perp AB$,可知 $DE^2 = EA \cdot EB = 4EB^2$,有 $DE = 2EB$.

易知 $BD = \sqrt{5}BE$,可知 $AD = 2\sqrt{5}DE$.

由 $\angle BDC = \angle DAC$,可知 $\triangle BDC \backsim \triangle DAC$,有 $\dfrac{DA^2}{DB^2} = \dfrac{S_{\triangle DAC}}{S_{\triangle BDC}} = \dfrac{AC}{BC}$,于是 $AC = 4BC$.

由 $CD^2 = CB \cdot CA$,可知 $4BC^2 = 4$,有 $BC = 1$.

所以 BC 的长是 1.

本文参考自:

《中学生数学》2000 年 5 期 10 页.

第 255 天

1999 年天津市初二数学竞赛

已知：$\triangle ABC$ 中，AD 是 BC 边上的中线，E 是 AD 上的一点，且 $BE=AC$. 延长 BE 交 AC 于 F.

求证：$AF=EF$.

证明 1 如图 255.1，设 G 为 AD 的延长线上的一点，$DG=AD$，连 GB，GC.

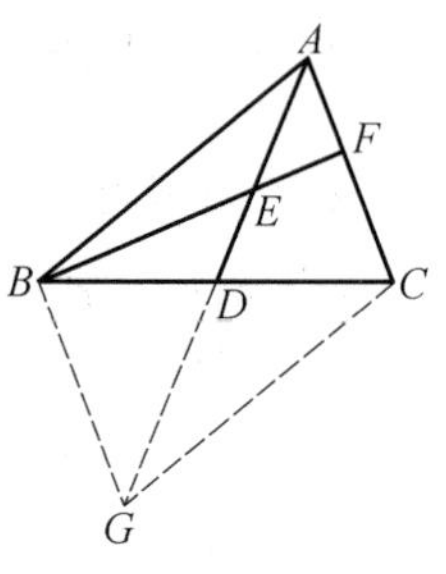

图 255.1

显然四边形 $ABGC$ 为平行四边形，可知 $BG=AC=BE$，有 $\angle EGB=\angle GEB$.

易知 $BG\parallel AC$，可知 $\angle EAF=\angle EGB=\angle GEB=\angle AEF$，有 $AF=EF$.

所以 $AF=EF$.

证明 2 如图 255.2，以 EA，EB 为邻边作平行四边形 $AGBE$，连 GC 交 AD 于 H.

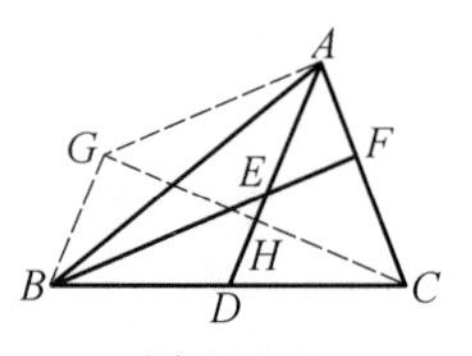

图 255.2

显然 $AG=BE=AC$.

由 D 为 BC 的中点，可知 H 为 GC 的中点，有 AH 平分 $\angle GAC$，于是

$$\angle DAC=\angle DAG=\angle GBE=\angle BED=\angle AEF$$

所以 $AF=EF$.

证明 3 如图 255.3，设 G 为 AD 的延长线上的一点，$DG=DE$，连 DB，DC，EC.

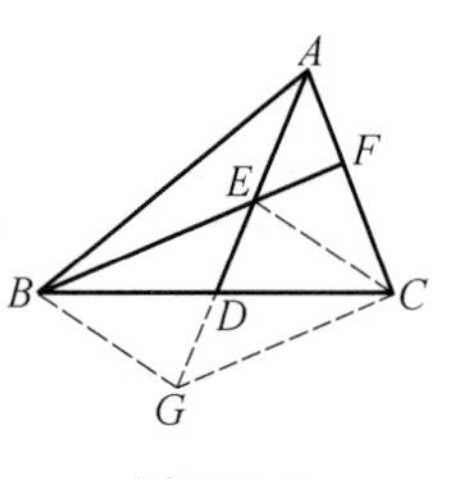

图 255.3

显然四边形 $BGCE$ 为平行四边形，可知 $GC=BE=AC$，有

$$\angle CAG=\angle CGA=\angle BEG=\angle FEA$$

所以 $AF=EF$.

证明 4 如图 255.4，以 AE，AC 为邻边作平行四边形 $AEGC$，设直线 AD 与 BG 相交于 H.

显然 $EG=AC=EB$.

由 D 为 BC 的中点，可知 H 为 BG 的中点，有 EH 平分 $\angle BEG$，于是

$$\angle HAC=\angle HEG=\angle HEB=\angle AEF$$

所以 $AF=EF$.

证明 5 如图 255.5,直线 DEA 截 $\triangle BCF$ 的三边,依梅涅劳斯定理,可知

$$\frac{CA}{AF}\cdot\frac{FE}{EB}\cdot\frac{BD}{DC}=1$$

有

$$\frac{FE}{AF}=1$$

所以 $AF=EF$.

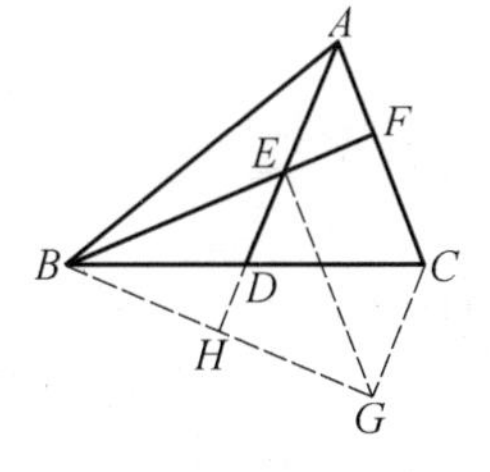

图 255.4

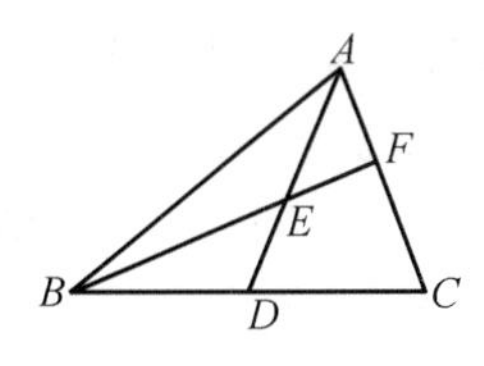

图 255.5

第 256 天

1990 年天津市初二数学竞赛

在 $\triangle ABC$ 中，$AB=AC$，$\angle BAC=90^\circ$，BM 为中线，过 A 作 BM 的垂线交 BC 于 D，E 为垂足.

求证：$\angle AMB=\angle DMC$.

证明 1 如图 256.1，过 C 作 AB 的平行线交直线 AD 于 N.

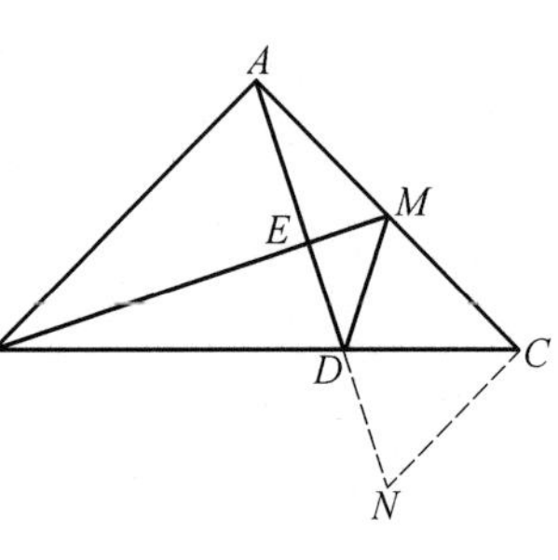

图 256.1

由 $\angle BAC=90^\circ$，$AN\perp BM$，可知 $\angle ABM=\angle CAN$.

由 $AB=AC$，可知 $\mathrm{Rt}\triangle ABM\cong\mathrm{Rt}\triangle CAN$，有 $\angle AMB=\angle CNA$，$NC=AM$.

由 BM 为 $\triangle ABC$ 的中线，可知 $MC=AM=NC$.

由 $AB=AC$，$\angle BAC=90^\circ$，可知 $\angle ACB=\angle ABC=45^\circ$，有 $\angle NCD=45^\circ=\angle MCD$，于是 N 与 M 关于 BC 对称，得 $\angle DNC=\angle DMC$.

所以 $\angle AMB=\angle DMC$.

证明 2 如图 256.2，过 A 作 BC 的垂线交 BM 于 F，O 为垂足.

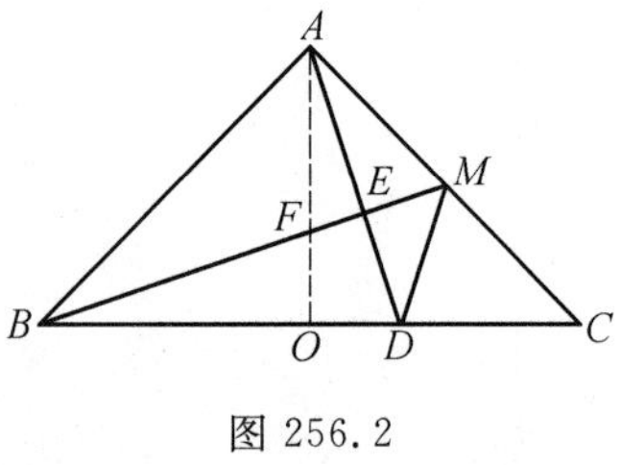

图 256.2

由 $\angle BAC=90^\circ$，$AD\perp BM$，可知 $\angle ABF=\angle CAD$.

由 $AB=AC$，$\angle BAC=90^\circ$，可知 $\angle ABC=\angle C=45^\circ$.

显然 $\angle CAO=45^\circ=\angle ABC$，可知 $\angle FBO=\angle DAO$，有 $\mathrm{Rt}\triangle FBO\cong\mathrm{Rt}\triangle DAO$，于是 $OF=OD$，进而 $AF=CD$.

由 M 为 AC 的中点，$\angle FAM=45^\circ=\angle C$，可知 $\triangle AMF\cong\triangle CMD$.

所以 $\angle AMB=\angle DMC$.

证明 3 如图 256.3，过 A 作 BC 的垂线交 BM 于 F，O 为垂足，连 OM，DF.

易证 $\mathrm{Rt}\triangle FBO\cong\mathrm{Rt}\triangle DAO$，可知 $OF=OD$，有 $AF=CD$，于是四边形

$AFDC$ 为等腰梯形,且 OM 是它的对称轴,即 D 与 F 关于 OM 对称,C 与 A 关于 OM 对称.

所以 $\angle AMB=\angle DMC$.

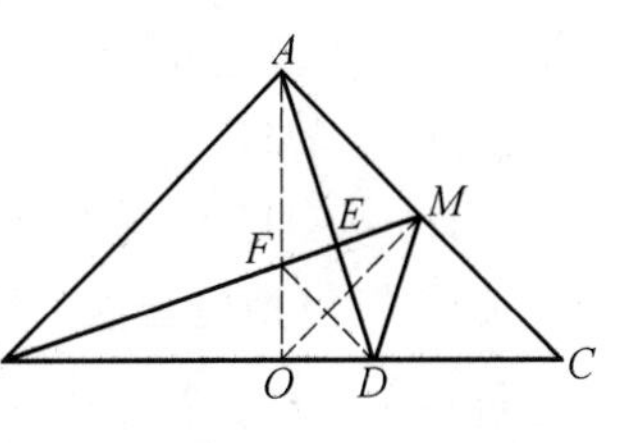

图 256.3

证明 4 如图 256.4,过 A 作 BC 的垂线交 BM 于 F,O 为垂足.

由 $\angle BAC=90^\circ$,$AD\perp BM$,可知 $\angle ABF=\angle CAD$.

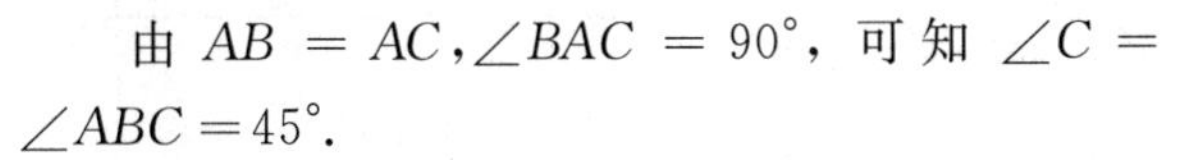

由 $AB=AC$,$\angle BAC=90^\circ$,可知 $\angle C=\angle ABC=45^\circ$.

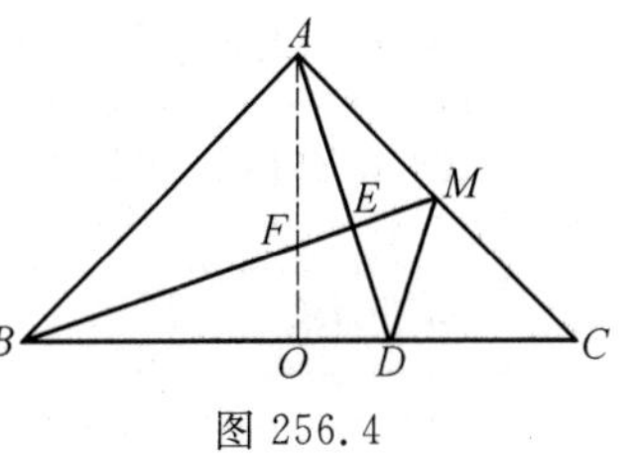

图 256.4

显然 $\angle BAF=45^\circ=\angle C$,可知 $\triangle ABF\cong\triangle CAD$,有 $AF=CD$.

由 M 为 AC 的中点,$\angle FAM=45^\circ=\angle C$,可知 $\triangle AMF\cong\triangle CMD$.

所以 $\angle AMB=\angle DMC$.

证明 5 如图 256.5,设 G 为 CA 的延长线上的一点,$AG=AM$,过 C 作 AB 的平行线交直线 AD 于 F,连 BG.

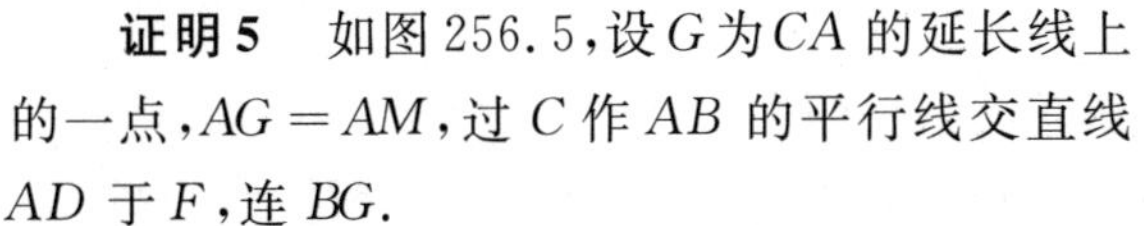

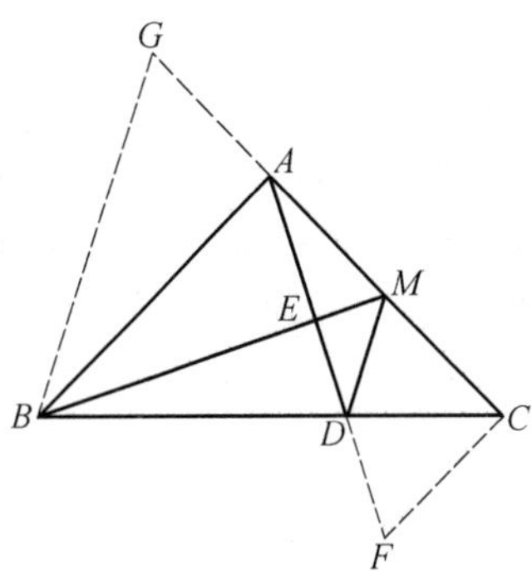

图 256.5

显然 BA 为 MG 的中垂线,可知 $\angle AMB=\angle G$.

易证 $\mathrm{Rt}\triangle ABM\cong\mathrm{Rt}\triangle CAF$,可知

$$FC=AM=\frac{1}{2}AB$$

显然$\dfrac{CD}{BD}=\dfrac{FC}{AB}=\dfrac{1}{2}$.

易知$\dfrac{MC}{MG}=\dfrac{1}{2}=\dfrac{FC}{AB}$,可知 $MD\parallel GB$,有 $\angle DMC=\angle G=\angle AMB$.

所以 $\angle AMB=\angle DMC$.

证明 6 如图 256.6,过 C 作 BM 的垂线,F 为垂足.

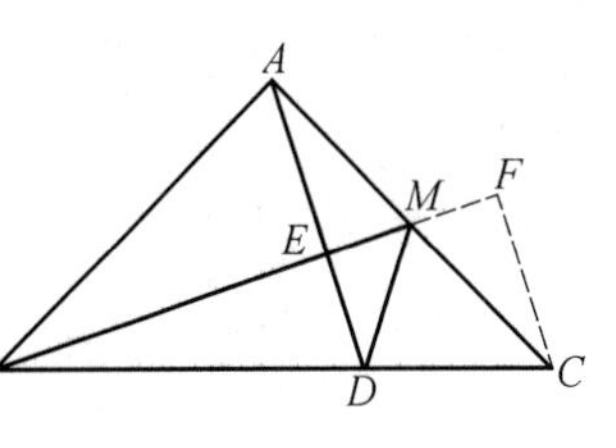

图 256.6

由 M 为 AC 的中点,可知 M 为 EF 的中点.

由 $AB=2AM$,可知 $BE=2AE=4EM=2EF$,有 $BD=2DC$.

由 $AB=AC=2MC$,$\angle ABC=45^\circ=\angle ACB$,

可知 $\triangle ABD \backsim \triangle MCD$，有 $\angle DMC = \angle DAB$.

显然 $\angle AMB = \angle DAB$.

所以 $\angle AMB = \angle DMC$.

证明 7 （斯特温法）如图 256.7.

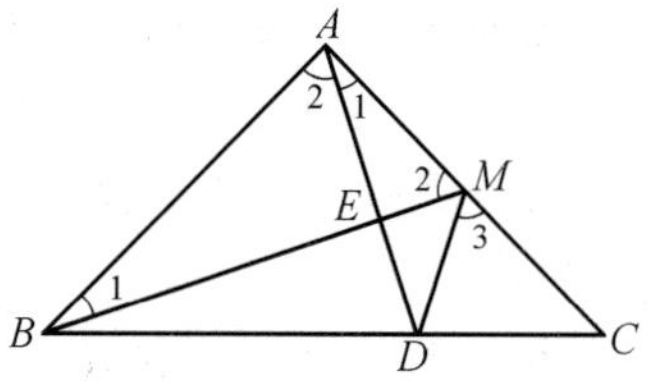

图 256.7

显然 $\frac{S_{\triangle ACD}}{S_{\triangle ABM}} \cdot \frac{S_{\triangle ABM}}{S_{\triangle ABD}} \cdot \frac{S_{\triangle ABD}}{S_{\triangle CDM}} \cdot \frac{S_{\triangle CDM}}{S_{\triangle ACD}} = 1$.

由 $S_{\triangle ACD} = 2S_{\triangle CDM}$，可知

$$\frac{\frac{1}{2}AC \cdot AD\sin\angle 1}{\frac{1}{2}AB \cdot BM\sin\angle 1} \cdot \frac{\frac{1}{2}AM \cdot BM\sin\angle 2}{\frac{1}{2}AB \cdot AD\sin\angle 2} \cdot \frac{\frac{1}{2}AB \cdot BD\sin 45^\circ}{\frac{1}{2}CM \cdot CD\sin 45^\circ} \cdot \frac{\frac{1}{2}MD \cdot CM\sin\angle 3}{MD \cdot CM\sin\angle 3} = 1$$

整理，并代入 $AB = AC$，$AM = CM$，可知

$$\frac{BD}{CD} = 2 = \frac{AB}{CM}$$

由 $\angle ABC = 45^\circ = \angle ACB$，可知 $\triangle ABD \backsim \triangle MCD$，有 $\angle DMC = \angle DAB$.

显然 $\angle AMB = \angle DAB$.

所以 $\angle AMB = \angle DMC$.

证明 8 如图 256.8，设 G 为 A 关于 BC 的对称点，直线 AD 交 GC 于 F.

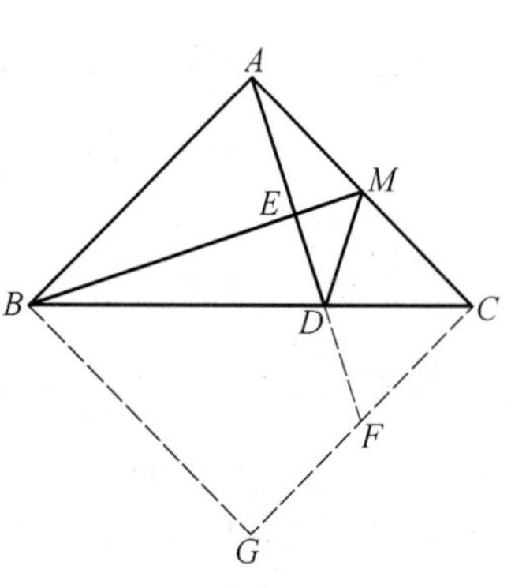

图 256.8

由 $AB = AC$，$\angle BAC = 90^\circ$，可知四边形 $ABGC$ 为正方形.

易知 $\mathrm{Rt}\triangle ABM \cong \mathrm{Rt}\triangle CAF$，可知 $FC = AM = MC$，有 F 与 M 关于 BC 对称，于是 $\angle DFC = \angle DMC$.

所以 $\angle AMB = \angle DMC$.

证明 9 如图 256.9，过 D 作 AC 的垂线，F 为垂足.

由 $AB \perp AC$，$AD \perp BM$，可知 $\angle DAC = \angle MBA$，有 $\mathrm{Rt}\triangle ADF \backsim \mathrm{Rt}\triangle BMA$，于是 $\frac{DF}{AF} = \frac{MA}{BA} = \frac{1}{2}$.

由 $AB = AC$，可知 $FD = FC$，有 $FC = \frac{1}{3}AC$，于是 $MF = MC - FC = \frac{1}{2}DF$.

显然$\frac{FM}{FD}=\frac{1}{2}=\frac{AM}{AB}$,可知

$$\mathrm{Rt}\triangle FDM\backsim\mathrm{Rt}\triangle ABM$$

所以$\angle AMB=\angle DMC$.

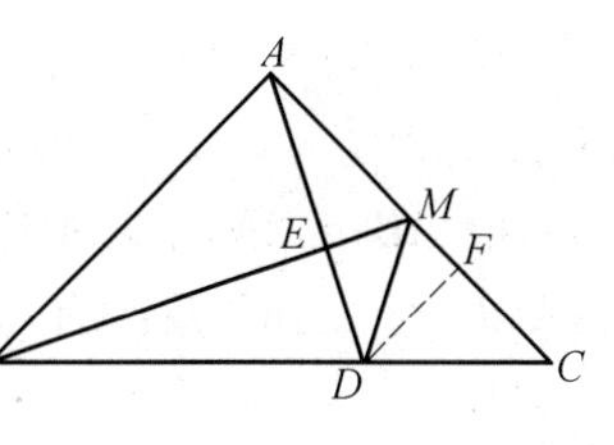

图 256.9

证明10　如图256.10,过B作BC的垂线交直线AC于F,过F作BM的垂线分别交BA,BC于G,N.

由$AD\perp BM$,可知$FN\parallel AD$.

由$AB=AC$,$AB\perp AC$,可知$BC=BF$,A为FC的中点,有D为NC的中点.

显然$\mathrm{Rt}\triangle AFG\cong\mathrm{Rt}\triangle ABM$,可知

$$AG=AM=\frac{1}{2}AB$$

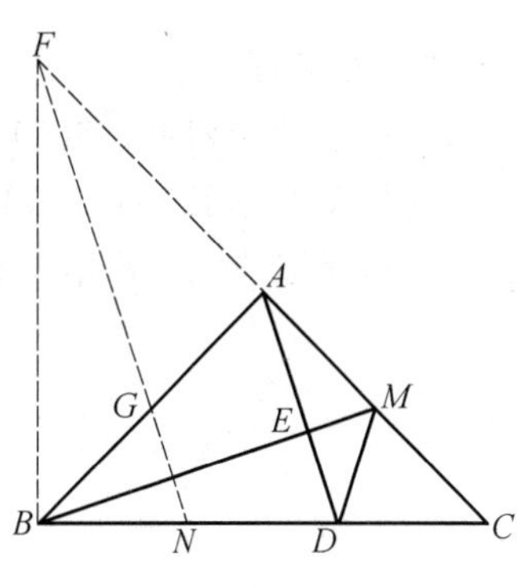

图 256.10

显然G为AB的中点,可知N为BD的中点,有$\frac{MC}{MF}=\frac{1}{3}=\frac{DC}{BC}=\frac{DC}{BF}$.

由$\angle C=\angle BFM$,可知$\triangle CDM\backsim\triangle FBM$,有$\angle DMC=\angle BMF$.

所以$\angle AMB=\angle DMC$.

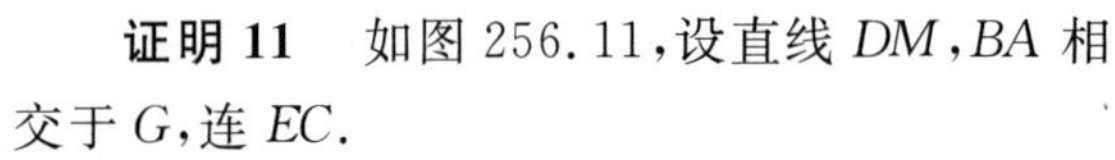
证明11　如图256.11,设直线DM,BA相交于G,连EC.

由M为AC的中点,可知$S_{\triangle AEC}=2S_{\triangle AEM}$.

由$AB\perp AC$,$AD\perp BM$,$AB=AC=2AM$,可知$S_{\triangle ABE}=4S_{\triangle AEM}=2S_{\triangle AEC}$,有

$$\frac{BD}{DC}=\frac{S_{\triangle ABE}}{S_{\triangle AEC}}=\frac{2}{1}$$

依梅涅劳斯定理,可知

$$\frac{CD}{DB}\cdot\frac{BG}{GA}\cdot\frac{AM}{MC}=1$$

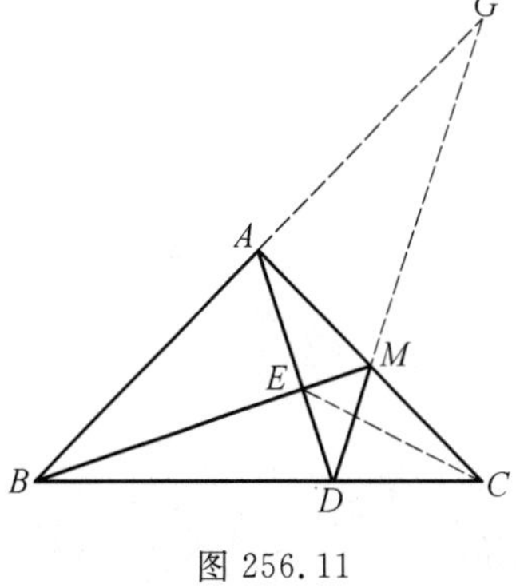

图 256.11

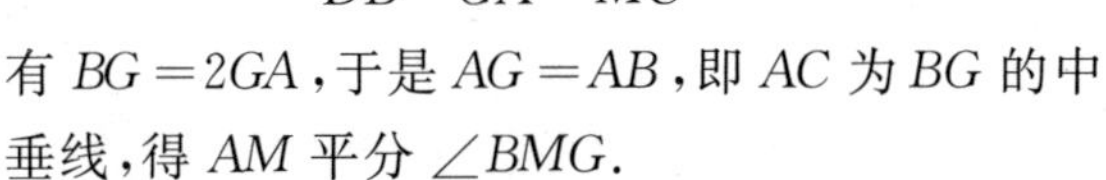
有$BG=2GA$,于是$AG=AB$,即AC为BG的中垂线,得AM平分$\angle BMG$.

所以$\angle AMB=\angle DMC$.

证明12　如图256.12,直线DEA截$\triangle BCM$,依梅涅劳斯定理,可知

$$\frac{CA}{AM}\cdot\frac{ME}{EB}\cdot\frac{BD}{DC}=1$$

易知 $BE=4ME$，$AC=2AM$，可知 $BD=2DC$.

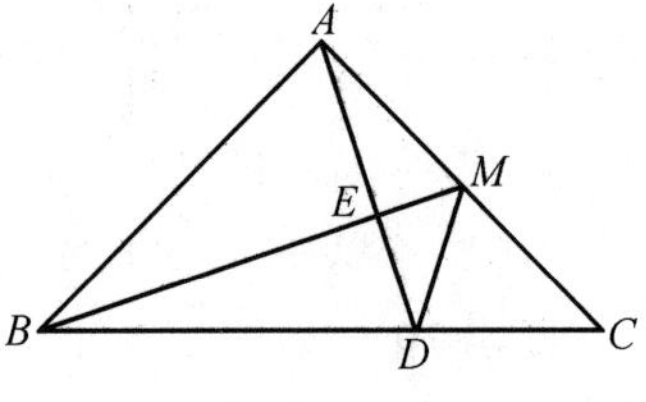

图 256.12

由 $AB=2MC$，$\angle ABD=45^\circ=\angle C$，可知 $\triangle ABD\backsim\triangle MCD$，有 $\angle DMC=\angle DAB=\angle AMB$.

所以 $\angle AMB=\angle DMC$.

本文参考自：

1.《中学数学》1997 年 11 期 6 页.
2.《中学数学》2008 年 3 期 16 页.
3.《中学数学》2008 年 3 期 17 页.

第 257 天

1986 年全国部分省、市初中数学通讯赛

如图 257.1，$\triangle ABC$ 与 $\triangle DBE$ 都是等腰直角三角形，$\angle BAC=\angle BDE=90^\circ$，$M$ 为 EC 的中点.

求证：$AM\perp DM$，$AM=DM$.

证明 1　如图 257.1，设 P，Q 分别为 BE，BC 的中点，连 PD，PM，QA，QM.

易知四边形 $BPMQ$ 为平行四边形，可知 $PB=QM$，$QB=PM$，有 $PD=QM$，$QA=PM$.

由 $\angle MPB=\angle MQB$，可知 $\angle MPE=\angle MQC$，有 $\angle MPD=\angle MQA$，于是

$$\triangle PDM\cong\triangle QMA$$

得 $AM=DM$.

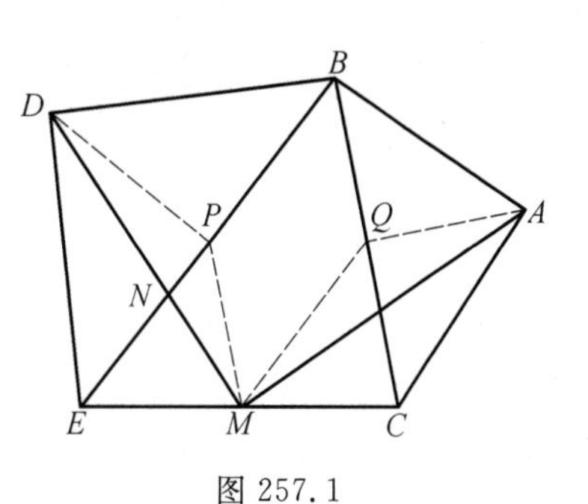

图 257.1

设 BE 与 DM 相交于 N.

由 $\angle PMQ=\angle MPE$，$\angle QMA=\angle PDM$，可知 $\angle DMA=\angle PMD+\angle PMQ+\angle QMA=\angle PMD+\angle MPE+\angle PDM=\angle DNB+\angle PDM=90^\circ$，有 $\angle DPN=90^\circ$.

所以 $AM\perp DM$.

综上可知 $AM\perp DM$，$AM=DM$.

证明 2　如图 257.2，分别过 B，C，E，M 作直线 DA 的垂线，P，Q，R，N 为垂足.

显然 $\triangle ERD\cong\triangle DPB$，$\triangle AQC\cong\triangle BPQ$，可知 $RD=PB$，$PB=QA$，有 $RD=QA$.

由 $RE\parallel NM\parallel QC$，$EM=MC$，可知 $RN=QN$，有 $DN=AN=\frac{1}{2}DA$.

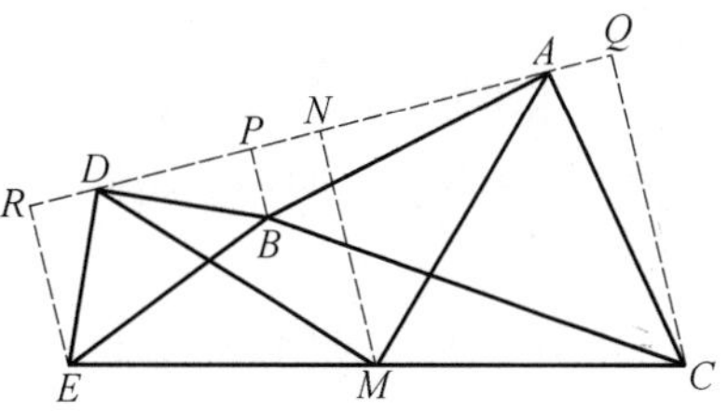

图 257.2

由 $RE=PD$，$QC=PA$，可知 $DA=PD+PA=RE+QC=2MN$，有

$NM=ND=NA$，即 N 为 $\triangle ADM$ 的外心，DA 是 $\triangle ADM$ 的外接圆的直径.

所以 $\triangle MAD$ 为等腰直角三角形.

所以 $AM\perp DM$，$AM=DM$.

证明 3 如图 257.3，在 DM 的延长线上取一点 F，使 $MF=DM$，连 AF，AD，CF.

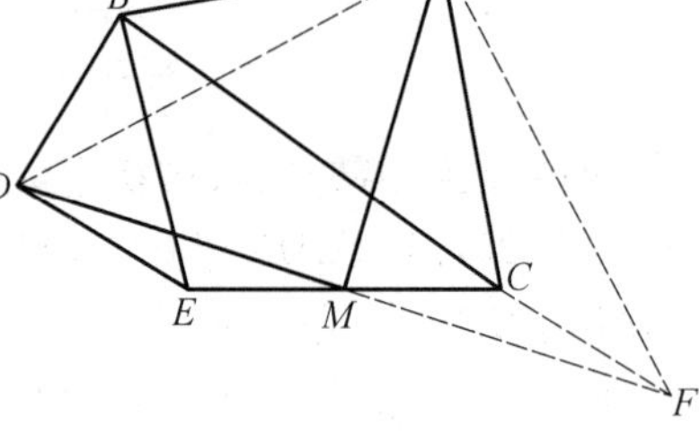

图 257.3

显然 $\triangle MFC\cong\triangle MDE$，可知 $CF=DE$，$\angle MCF=\angle MED$.

由

$$AB=AC$$

$$\begin{aligned}\angle ACF&=360^\circ-\angle MCF-\angle MCA\\&=360^\circ-\angle MED-\angle MCA\\&=360^\circ-(90^\circ+\angle BEC+\angle BCE)\\&=270^\circ-(180^\circ-\angle EBC)\\&=90^\circ+\angle EBC=\angle DBA\end{aligned}$$

可知

$$\triangle ACF\cong\triangle ABD$$

有

$$AD=AF,\angle DAF=\angle BAC=90^\circ$$

所以 $AM\perp DM$，$AM=DM$.

证明 4 如图 257.4，分别以 BC，BE 为一边在 $\triangle BED$ 的外部作正方形 $BCFG$，$BEKH$，显然 A，D 分别为它们的中心，连 GE，CH.

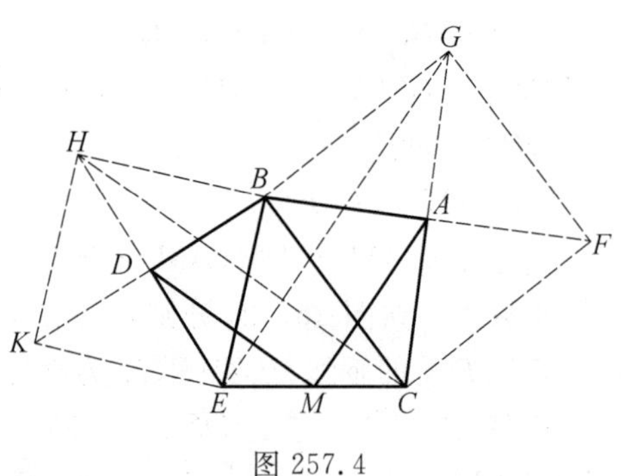

图 257.4

显然 $\triangle BEG\cong\triangle BHC$，可知 $EG=HC$.

由 $\triangle BEG$ 与 $\triangle BHC$ 的对应边 $BG\perp BC$，$BE\perp BH$，可知 $EG\perp HC$.

由 MA，MD 分别为 $\triangle CEG$ 与 $\triangle ECH$ 的中位线，可知 $MA\parallel EG$，$MD\parallel CH$，有 $AM\perp DM$.

易知 $MA=\frac{1}{2}EG=\frac{1}{2}HC=DM$，即 $AM=DM$.

所以 $AM\perp DM$，$AM=DM$.

证明 5 如图 257.5，以 AM 为一腰在 $\triangle AMC$ 外侧作等腰直角三角形 ANM，连 ND，NB.

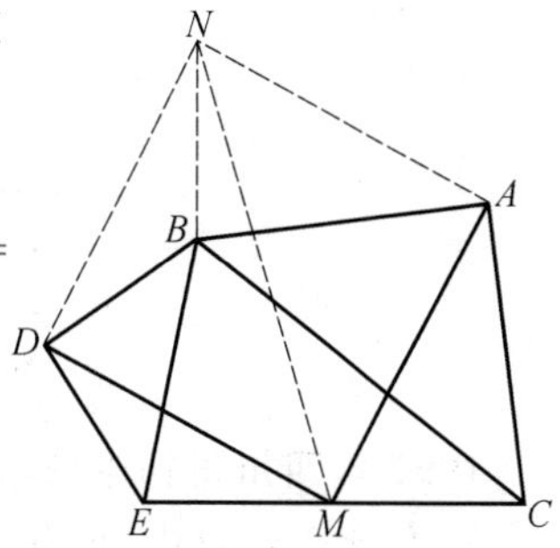

显然 $\triangle ABN \cong \triangle ACM$，可知 $NB = MC = EM$.

在四边形 $DBCE$ 中

$$\begin{aligned}\angle DEM &= 270^\circ - (\angle DBC + \angle BCE)\\ &= 270^\circ - (\angle EBC + \angle DBE + \angle BCE)\\ &= 270^\circ - (\angle EBC + \angle ACM)\\ &= 270^\circ - (\angle EBC + \angle ABN)\\ &= 360^\circ - (\angle DBE + \angle CBA) - (\angle EBC + \angle ABN)\\ &= \angle DBN\end{aligned}$$

图 257.5

可知 $\triangle DEM \cong \triangle DBN$，有 $DN = DM$.

显然 $\triangle NDM$ 是以 MN 为斜边的等腰直角三角形，可知 $\triangle NDM \cong \triangle NAM$，有四边形 $NDMA$ 为正方形.

所以 $AM \perp DM$，$AM = DM$.

证明6 如图257.6，延长 DM 到 G，使 $MG = DM$，延长 AM 到 F，使 $MF = AM$，连 FG，GA，AD，DF，FE，GC.

显然四边形 $ADFG$ 为平行四边形，可知 $AG = FD$. 易知

$$EF = AC = AB,\ CG = ED = DB$$

$$\begin{aligned}\angle DEF &= 360^\circ - \angle DEC - \angle FEC\\ &= 360^\circ - \angle DEC - \angle ACE\\ &= 360^\circ - (90^\circ + \angle BEC + \angle BCE)\\ &= 270^\circ - (180^\circ - \angle EBC)\\ &= 90^\circ + \angle EBC = \angle DBA\end{aligned}$$

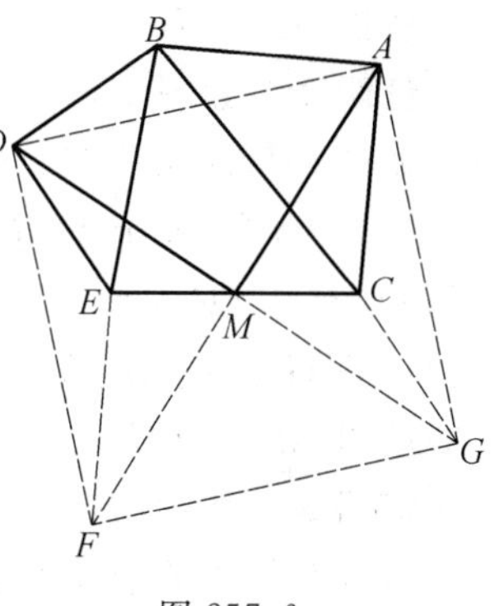

图 257.6

可知 $\triangle EDF \cong \triangle BDA$，有 $DF = DA$，$\angle EDF = \angle BDA$，于是 $\angle ADF = \angle BDE = 90^\circ$，得平行四边形 $ADFG$ 为正方形.

所以 $AM \perp DM$，$AM = DM$.

证明 7 用余弦定理，略！

本文参考自：

《数学通报》1981 年 8 期 6 页.

第 258 天

1992 年四川省初中数学竞赛

正方形 $ABCD$ 中，E 为 AD 边的中点，BD 与 CE 交于 F. 求证：$AF \perp BE$.

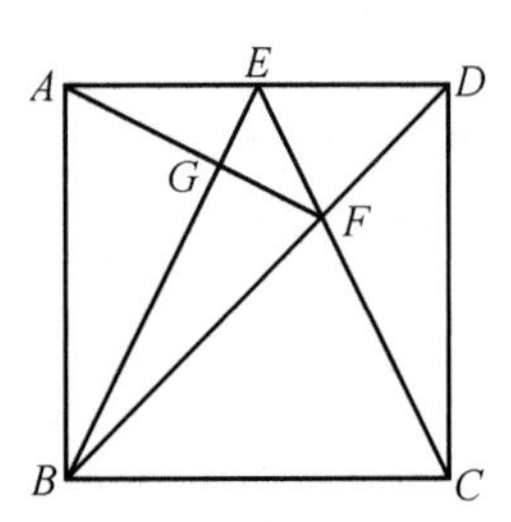

图 258.1

证明 1 如图 258.1，显然 C 与 A 关于 BD 对称，可知

$$\angle DCE = \angle DAF$$

显然 B 与 C 关于 AD 的中垂线对称，可知

$$\angle ABE = \angle DCE$$

有 $\angle EAG = \angle ABE$，于是

$$\angle EAG + \angle AEG = \angle ABE + \angle AEB = 90^\circ$$

所以 $AF \perp BE$.

证明 2 如图 258.2，设 AC 与 BD 交于 O.

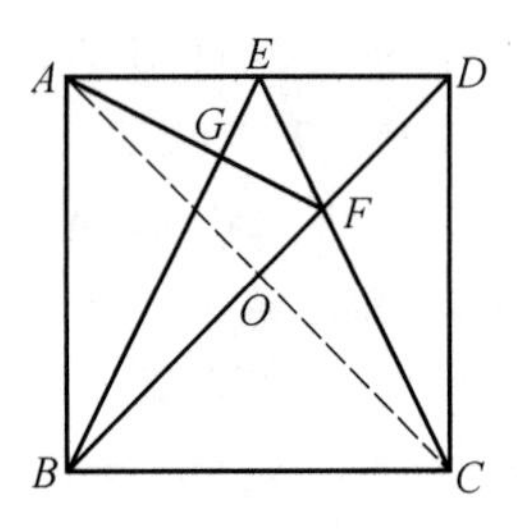

图 258.2

显然 C 与 A 关于 BD 对称，可知 $\angle FAC = \angle FCA$.

显然 B 与 C 关于 AD 的中垂线对称，可知 $\angle EBO = \angle ECO$，有 $\angle OAG = \angle OBG$，于是 A,B,O,G 四点共圆，得 $\angle BGA = \angle BOA = 90^\circ$.

所以 $AF \perp BE$.

证明 3 如图 258.3，设直线 AF 交 DC 于 H.

显然 C 与 A 关于 BD 对称，可知 $\angle DCE = \angle DAH$，有 $\mathrm{Rt}\triangle CDE \cong \mathrm{Rt}\triangle ADH$.

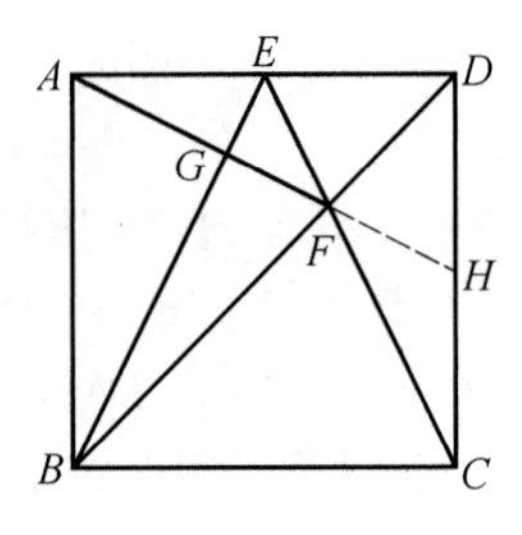

图 258.3

显然 B 与 C 关于 AD 的中垂线对称，可知 $\mathrm{Rt}\triangle BAE \cong \mathrm{Rt}\triangle CDE$，于是 $\mathrm{Rt}\triangle ADH \cong \mathrm{Rt}\triangle BAE$.

由 AB 与 AD 互相垂直，AE 与 DH 互相垂直，可知 BE 与 AH 互相垂直.

所以 $AF \perp BE$.

证明 4 如图 258.1，设 $AE = 1$，可知

$$AB = 2, BD = 2\sqrt{2}, CE = \sqrt{5}$$

显然$\frac{EF}{FC}=\frac{DF}{FB}=\frac{ED}{CB}=\frac{1}{2}$,有

$$BF=\frac{4\sqrt{2}}{3},EF=\frac{\sqrt{5}}{3}$$

于是

$$FB^2-FE^2=3=AB^2-AE^2$$

所以 $AF\perp BE$.

第 259 天

第 8 届"祖冲之杯"数学竞赛

已知一个六边形的六个内角都是 120°，其连续四边的长依次是 1，9，9，5，那么这个六边形的周长是多少？

解 1 如图 259.1，设六边形 $ABCDEF$ 中，六个内角都是 120°，$AF=1$，$FE=ED=9$，$DC=5$。

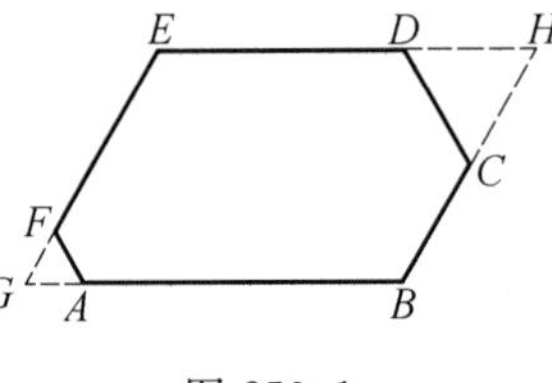

图 259.1

设直线 ED，BC 交于 H，直线 EF，BA 交于 G。

显然 $\triangle AFG$ 与 $\triangle CDH$ 均为正三角形，四边形 $GBHE$ 为平行四边形，可知 $GF=AF=1$，$DH=DC=5$，有 $EG=10$，$EH=14$，于是 $BC=5$，$AB=13$，得 $AB+BC+CD+DE+EF+FA=42$。

所以这个六边形的周长是 42。

解 2 如图 259.2，设六边形 $ABCDEF$ 中，六个内角都是 120°，$AF=1$，$FE=ED=9$，$DC=5$。

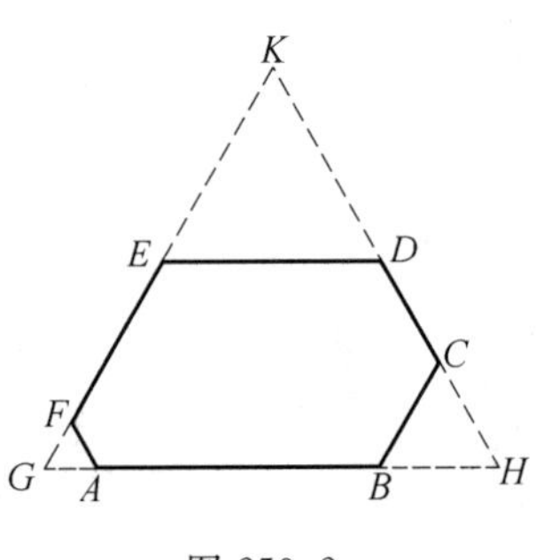

图 259.2

设三条直线 AB，CD，EF 两两相交得正三角形 HKG。

显然 $\triangle BCH$，$\triangle DEK$，$\triangle FAG$ 均为正三角形。

由 $GF=AF=1$，$EK=ED=9$，可知 $GK=19$，有 $KH=19$，于是 $CH=5$，得

$$\begin{aligned}&AB+BC+CD+DE+EF+FA\\=&3GK-2ED-2BC-2AF=42\end{aligned}$$

所以这个六边形的周长是 42。

解 3 如图 259.3，设六边形 $ABCDEF$ 中，六个内角都是 120°，$AF=1$，$FE=ED=9$，$DC=5$。

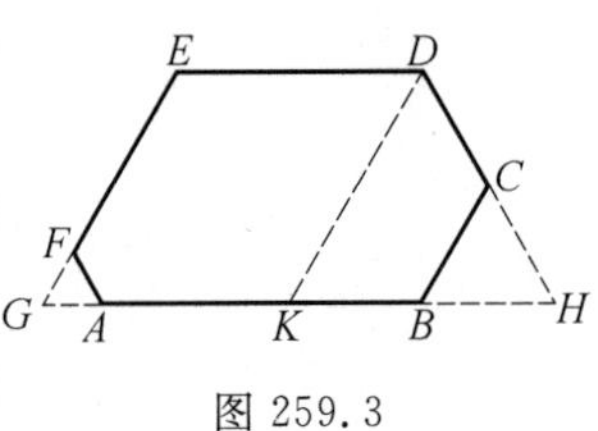

图 259.3

设直线 AB 分别交直线 EF，DC 于 G，H，过 D 作 EF 的平行线交 AB 于 K。

显然四边形 $GHDE$ 为等腰梯形，$EG=DH$，四边形 $DEGK$ 为平行四边形。

显然 $\triangle DKH$，$\triangle AFG$ 与 $\triangle BCH$ 均为正三角形，可知 $GF=GA=FA=1$，有 $DH=EG=10$，于是 $BC=CH=DH-DC=5$，$GH=GK+KH=19$，得 $AB=13$.

所以这个六边形的周长是 42.

解 4 如图 259.4，设六边形 $ABCDEF$ 中，六个内角都是 $120°$，$AF=1$，$FE=ED=9$，$DC=5$.

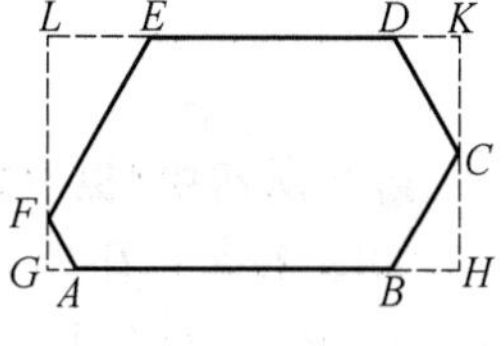

图 259.4

过 F 作 AB 的垂线交直线 ED 于 L，垂足为 G. 过 C 作 AB 的垂线交直线 ED 于 K，垂足为 H.

显然四边形 $GHKL$ 为矩形，以 G,H,K,L 为顶点的四个三角形均为直角三角形，且

$$LE=\frac{1}{2}EF, GA=\frac{1}{2}AF, BH=\frac{1}{2}BC, DK=\frac{1}{2}CD$$

可知 $LK=16$，$LG=5\sqrt{3}$，有 $GH=16$，于是 $BC=5$，$GA+BH=3$，进而 $AB=13$，得

$$AB+BC+CD+DE+EF+FA=42$$

所以这个六边形的周长是 42.

第 260 天

第 9 届初中“祖冲之杯”邀请赛

如图 260.1，P 为 $\triangle ABC$ 边 BC 上的一点，且 $PC=2PB$，已知 $\angle ABC=45^\circ$，$\angle APC=60^\circ$，求 $\angle ACB$ 的度数.

解 1 如图 260.1，过 C 作 PA 的垂线，Q 为垂足，连 QB.

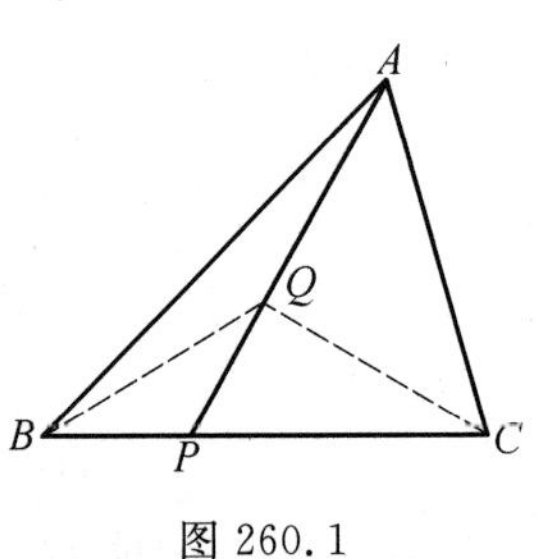

图 260.1

由 $\angle APC=60^\circ$，可知 $PC=2PQ$.

由 $PC=2PB$，可知 $PB=PQ$，有

$$\angle PBQ=\angle PQB=\frac{1}{2}\angle APC=30^\circ$$

由 $\angle ABC=45^\circ$，可知

$$\angle QBA=15^\circ=\angle APC-\angle ABC=\angle QAB$$

有

$$QA=QB$$

显然 $\angle QCB=30^\circ=\angle QBC$，可知 $QC=QB=QA$，有 Q 为 $\triangle ABC$ 的外心，于是

$$\angle ACB=\frac{1}{2}\angle AQB=75^\circ$$

所以 $\angle ACB=75^\circ$.

解 2 如图 260.2，设 AB 的中垂线交 AP 于 D，过 D 作 BC 的垂线，E 为垂足，连 DB.

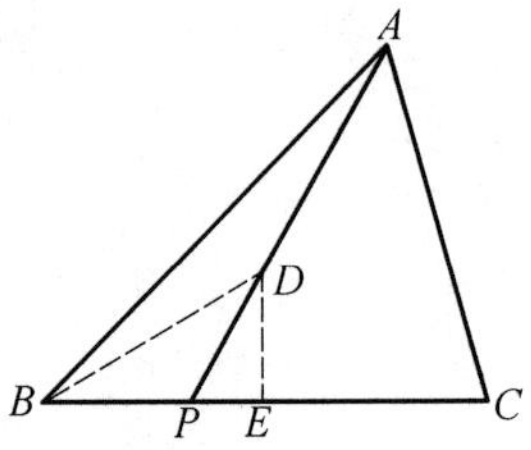

由 $\angle ABC=45^\circ$，$\angle APC=60^\circ$，可知 $\angle DAB=15^\circ$.

显然 $\angle DBA=\angle DAB=15^\circ$，可知 $\angle DBC=30^\circ=\angle PDB$，有 $PD=PB$.

图 260.2

显然 $PE=\frac{1}{2}PD$，可知 $PE=\frac{1}{2}PB=\frac{1}{4}PC$，有 $EC=\frac{1}{2}BC$，于是 DE 为 BC 的中垂线，得 D 为 $\triangle ABC$ 的外心，所以

$$\angle ACB=\frac{1}{2}\angle AQB=75^\circ$$

解3 如图260.3,设D为C关于PA的对称点,连DA,DB,DC,DP.

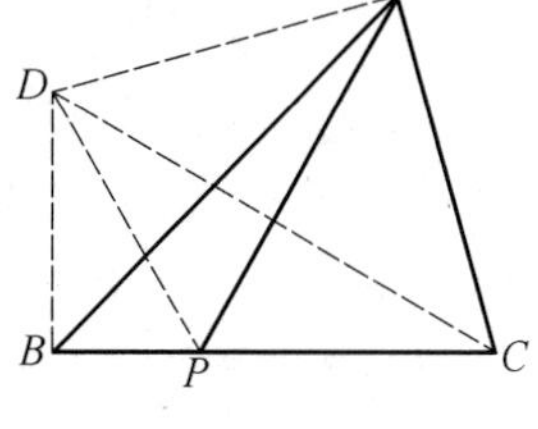

图260.3

由$\angle APC=60^\circ$,可知$\angle APD=60^\circ$,有$\angle DPB=60^\circ$.

易知$\angle PCD=\angle PDC=\frac{1}{2}\angle DPB=30^\circ$,可知$PD=PC=2PB$.

在$\triangle PBD$中,可知$\angle PBD=90^\circ$.

由$\angle ABC=45^\circ$,可知BA平分$\angle DBC$,故点A到直线BD,BC的距离相等.

由PA平分$\angle DPC$,可知点A到直线PD,BC的距离相等,有点A到直线BD,PD的距离相等,于是点A在$\angle PDB$的外角平分线上,得

$$\angle PDA=\frac{1}{2}(180^\circ-\angle PDB)=75^\circ$$

所以$\angle ACB=75^\circ$.

解4 如图260.4,过A作BC的垂线,D为垂足.

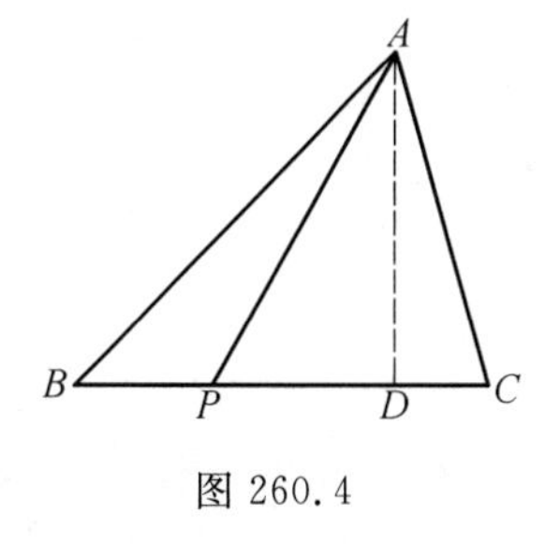

图260.4

设$BP=1$,$PD=x$,可知$PC=2$,$PA=2x$,有

$$AD=\sqrt{3}x$$

由$AD=BD$,可知$BD=1+x=\sqrt{3}x$,有

$$x=\frac{1}{\sqrt{3}-1}$$

于是

$$AD=\frac{\sqrt{3}}{\sqrt{3}-1}=\frac{\sqrt{3}(\sqrt{3}+1)}{2}=\frac{3+\sqrt{3}}{2}$$

得

$$DC=\frac{3-\sqrt{3}}{2}$$

在$\text{Rt}\triangle ADC$中,易知$AC^2=6$.

由$CP\cdot CB=6=AC^2$,可知$\triangle APC\backsim\triangle BAC$,有$\angle BAC=\angle APC=60^\circ$,所以$\angle C=75^\circ$.

解5 如图260.5,过A作BC的垂线,D为垂足,在BC的延长线上取一

点 E,使 $\angle BAE=120^\circ$,连 AE.

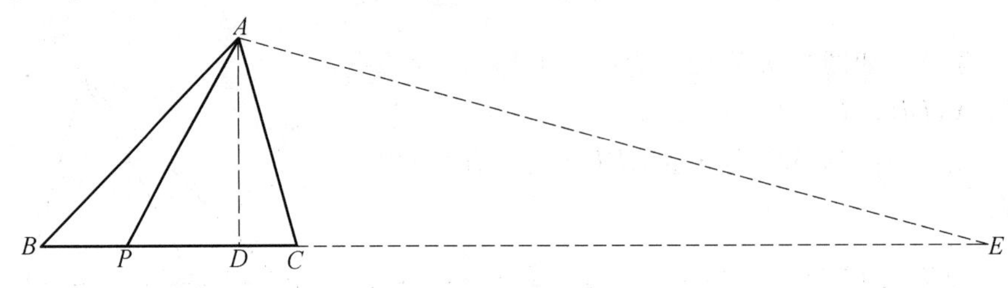

图 260.5

设 $PB=1$,$PD=x$,可知 $PC=2$,$DC=2-x$.

显然 $PA=2x$,$BD=AD=\sqrt{3}x$,可知 $x=\dfrac{1}{\sqrt{3}-1}$,有

$$PA=\sqrt{3}+1$$

$$AB=\sqrt{2}BD=\frac{\sqrt{6}+3\sqrt{2}}{2}$$

显然 $\triangle ABE\backsim\triangle PBA$,可知

$$\frac{AE}{AB}=\frac{PA}{PB}=\sqrt{3}+1$$

由 $AB^2=PB\cdot BE$,可知 $BE=6+3\sqrt{3}$,有 $CE=BE-BC=3+3\sqrt{3}$.

显然$\dfrac{CE}{BC}=1+\sqrt{3}=\dfrac{AE}{AB}$,可知 AC 平分 $\angle BAE$,有 $\angle BAC=60^\circ$.

所以 $\angle ACB=75^\circ$.

解 6 如图 260.6,过 A 作 BC 的垂线,D 为垂足,过 C 作 PA 的垂线,E 为垂足.

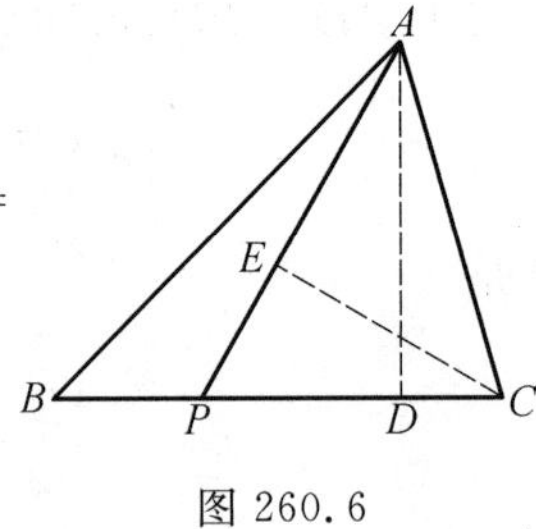

图 260.6

设 $PB=1$,$PD=x$,可知 $PC=2$, $PA=2x$,$BD=AD=\sqrt{3}x$,$PD=BD-PB=\sqrt{3}x-1$.

由 $x=PD=\sqrt{3}x-1$,可知 $x=\dfrac{1}{\sqrt{3}-1}$,有

$$PA=\sqrt{3}+1$$

易知 $PE=\dfrac{1}{2}PC=1$,可知 $AE=\sqrt{3}$.

由 $CE=\sqrt{3}=AE$,可知 $\angle ACE=\angle CAE=45^\circ$.

所以 $\angle ACB=75^\circ$.

解 7 如图 260.7,过 A 作 BC 的垂线,D 为垂足,过 B 作 AC 的垂线,E 为垂足.

设 $PB=1$，$PD=x$，可知 $PC=2$，$BC=3$，$DC=2-x$，$BD=AD=\sqrt{3}x$，$PD=BD-PB=\sqrt{3}x-1$.

由 $x=PD=\sqrt{3}x-1$，可知 $x=\dfrac{1}{\sqrt{3}-1}$，有 $AD=BD=\dfrac{3+\sqrt{3}}{2}$，于是 $AB=\dfrac{\sqrt{6}+3\sqrt{2}}{2}$.

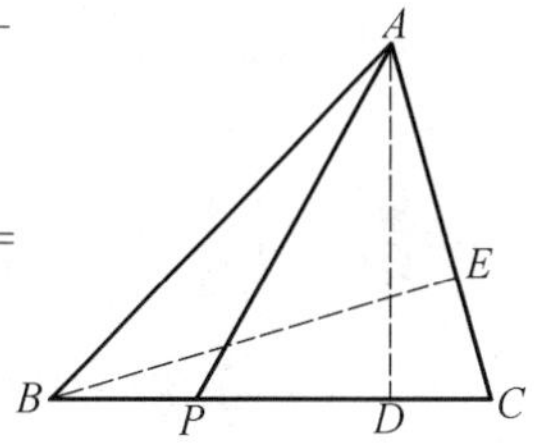

图 260.7

在 Rt$\triangle ADC$ 中，可知 $AC=\sqrt{6}$.

显然 $BE=\dfrac{AD\cdot BC}{AC}=\dfrac{3}{4}(\sqrt{6}+\sqrt{2})$，可知$\dfrac{AB}{BE}=\dfrac{2}{\sqrt{3}}$，有 $\angle BAC=60^\circ$.

所以 $\angle ACB=75^\circ$.

解 8 如图 260.8，过 A 作 BC 的垂线，D 为垂足，过 P 作 AB 的垂线，Q 为垂足.

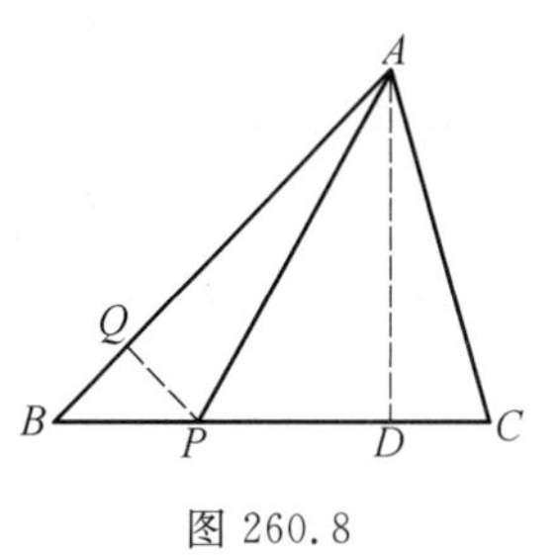

图 260.8

显然 $\angle APQ=75^\circ$.

设 $PB=1$，$PD=x$，可知 $PC=2$，$DC=2-x$，$BD=AD=\sqrt{3}x$，$PD=BD-PB=\sqrt{3}x-1$.

由 $x=PD=\sqrt{3}x-1$，可知 $x=\dfrac{1}{\sqrt{3}-1}$，有 $AD=BD=\dfrac{3+\sqrt{3}}{2}$，于是 $AB=\dfrac{\sqrt{6}+3\sqrt{2}}{2}$.

显然 $BQ=PQ=\dfrac{\sqrt{2}}{2}$，可知 $AQ=\dfrac{\sqrt{6}+2\sqrt{2}}{2}$.

显然 $DC=2-x=\dfrac{3-\sqrt{3}}{2}$，可知

$$\frac{AQ}{AD}=\frac{\sqrt{6}+3\sqrt{2}}{6}=\frac{PQ}{DC}$$

有

$$\mathrm{Rt}\triangle AQP\backsim\mathrm{Rt}\triangle ADC$$

所以 $\angle ACB=\angle APQ=75^\circ$.

解 9 如图 260.9，过 A 作 BC 的垂线，D 为垂足，设 $\angle APB$ 的平分线交 AB 于 Q.

设 $PB=1$，$PD=x$，可知 $PC=2$，$PA=2x$，$BD=AD=\sqrt{3}x$，$PD=BD-PB=\sqrt{3}x-1$.

由 $x=PD=\sqrt{3}x-1$，可知 $x=\dfrac{1}{\sqrt{3}-1}$，有 $AD=BD=\dfrac{3+\sqrt{3}}{2}$，于是 $AB=$

$\dfrac{\sqrt{6}+3\sqrt{2}}{2}$. 显然 $PA=\dfrac{2}{\sqrt{3}-1}$.

由$\dfrac{QA}{QB}=\dfrac{PA}{PB}$,可知$\dfrac{QA}{QB+QA}=\dfrac{PA}{PB+PA}$,有 $BQ=\dfrac{3\sqrt{2}-\sqrt{6}}{2}$,于是 $BQ\cdot BA=3$.

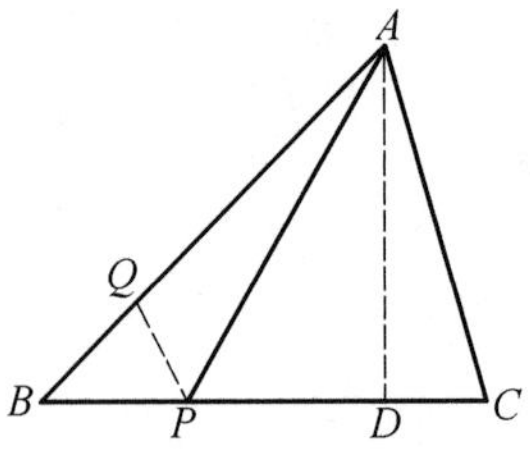

图 260.9

显然 $PC=3$,可知 $PB\cdot BC=3=BQ\cdot BA$,有 A,C,P,Q 四点共圆,所以 $\angle C=\angle PQB=75^\circ$.

解 10　如图 260.10,过 A 作 BC 的垂线,D 为垂足,设 E 为 BC 的延长线上一点,$PE=PA$,连 AE.

设 $PB=1$,$PD=x$,可知 $PC=2$, $DC=2-x$,$BD=AD=\sqrt{3}x$,$PD=BD-PB=\sqrt{3}x-1$.

显然△APE 为正三角形,可知 $CE=2x-2$.

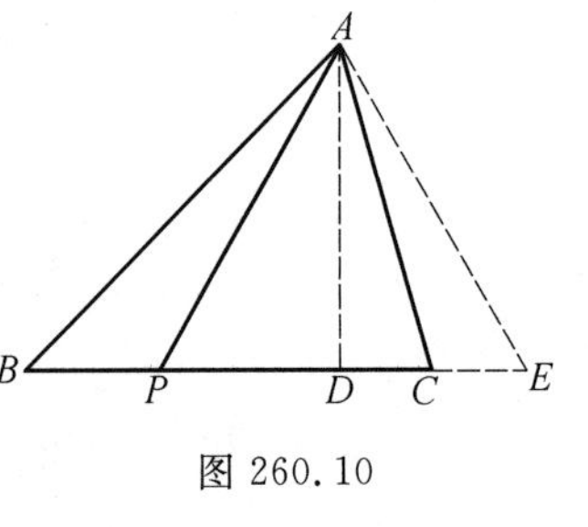

图 260.10

由 $x=PD=\sqrt{3}x-1$,可知

$$x=\frac{1}{\sqrt{3}-1}=\frac{\sqrt{3}+1}{2}$$

有 $CE=\sqrt{3}-1$,$CD=2-x=\dfrac{3-\sqrt{3}}{2}$,于是$\dfrac{CD}{CE}=\dfrac{\sqrt{3}}{2}$.

由 $AE=PA=2x=\sqrt{3}+1$,$AD=\sqrt{3}x=\dfrac{3+\sqrt{3}}{2}$,可知$\dfrac{AD}{AE}=\dfrac{\sqrt{3}}{2}=\dfrac{CD}{CE}$,有 AC 平分 $\angle DAE$,于是 $\angle CAD=15^\circ$.

所以 $\angle ACB=75^\circ$.

解 11　如图 260.11,过 A 作 AP 的垂线交直线 BC 于 E,过 A 作 BC 的垂线,D 为垂足.

设 $PB=1$,$PD=x$,可知 $PC=2$, $DC=2-x$,$BD=AD=\sqrt{3}x$,$PD=BD-PB=\sqrt{3}x-1$.

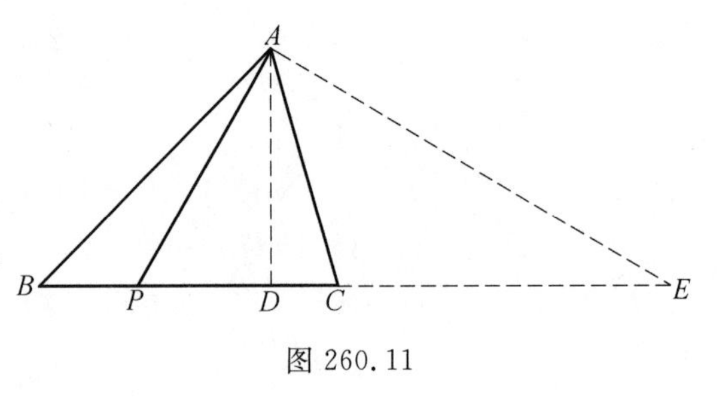

图 260.11

由 $x=PD=\sqrt{3}x-1$,可知 $x=\dfrac{1}{\sqrt{3}-1}$,有 $PA=\sqrt{3}+1$,于是 $PE=2\sqrt{3}+2$,得 $CE=2\sqrt{3}$.

显然$\frac{CE}{CP}=\frac{2\sqrt{3}}{2}=\sqrt{3}=\frac{AE}{AP}$，可知$AC$为$\angle PAE$的平分线，有$\angle PAC=45°$.

所以$\angle ACB=75°$.

解12 如图260.12，过A作BC的垂线，D为垂足，设E为BC的延长线上的一点，$PE=PA$，连AE，设$\angle APB$的平分线交AB于Q.

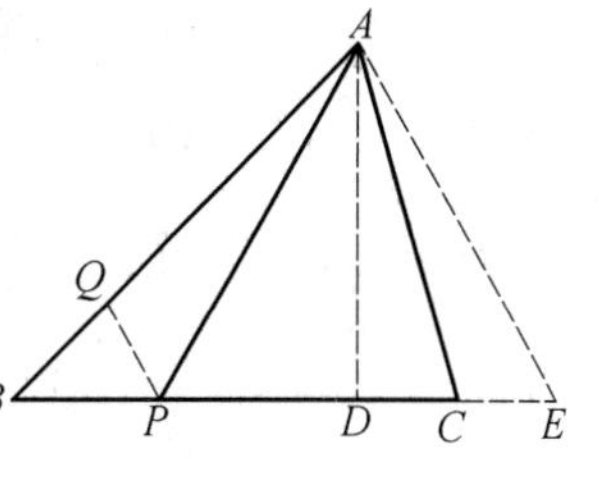

图260.12

显然$\triangle APE$为正三角形，可知$AE=AP$.

设$PB=1$，$PD=x$，可知$PC=2$，$DC=2-x$，$BD=AD=\sqrt{3}x$，$PD=BD-PB=\sqrt{3}x-1$，$CE=2x-2$.

由$x=PD=\sqrt{3}x-1$，可知$x=\frac{1}{\sqrt{3}-1}=\frac{\sqrt{3}+1}{2}$，有$PA=\sqrt{3}+1$，于是$PE=\sqrt{3}+1$，得$CE=\sqrt{3}-1$.

显然$PA=2x$，$AD=\sqrt{3}x$，可知$AB=\sqrt{6}x$.

在$\triangle PAB$中，由角平分线长公式，可知$PQ=\sqrt{3}-1=CE$.

由$\angle APQ=60°=\angle E$，可知$\triangle APQ\cong\triangle AEC$，有$\angle ACE=\angle AQP=105°$.

所以$\angle ACB=75°$.

解13 如图260.13，过A作BC的垂线，D为垂足，过C作AB的垂线，E为垂足.

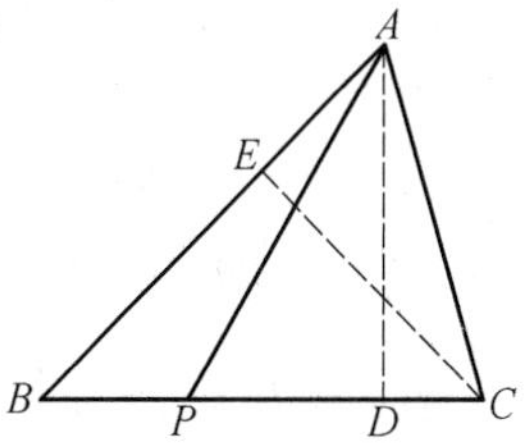

设$PB=1$，$PD=x$，可知$PC=2$，$BD=AD=\sqrt{3}x$，$PD=BD-PB=\sqrt{3}x-1$.

由$x=PD=\sqrt{3}x-1$，可知$x=\frac{\sqrt{3}+1}{2}$，有

$$BD=1+x=\frac{3+\sqrt{3}}{2}$$

图260.13

于是

$$AB=\sqrt{2}BD=\frac{\sqrt{6}+3\sqrt{2}}{2}$$

显然$BC=3$，可知$BE=\frac{3\sqrt{2}}{2}$，有$AE=\frac{1}{2}\sqrt{6}$.

易知$AC=\sqrt{6}$，可知$\frac{AE}{AC}=\frac{1}{2}$，有$\angle BAC=60°$.

所以 $\angle ACB=75°$.

解 14 如图 260.14,过 A 作 BC 的垂线,D 为垂足,过 P 作 AC 的平行线交 AB 于 E.

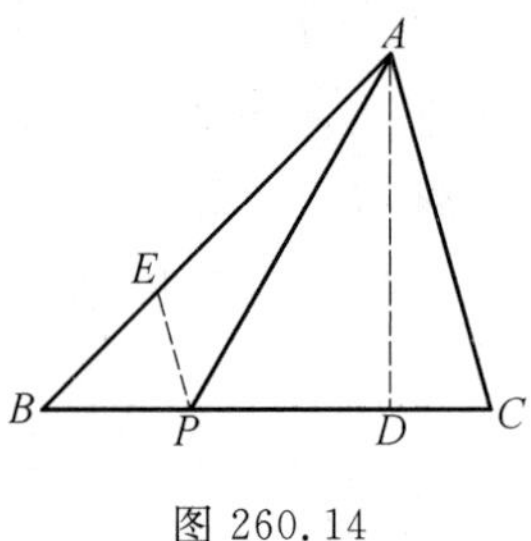

图 260.14

设 $PB=1$,$PD=x$,可知 $PC=2$, $BD=AD=\sqrt{3}x$,$PD=BD-PB=\sqrt{3}x-1$.

由 $x=PD=\sqrt{3}x-1$,可知 $x=\frac{\sqrt{3}+1}{2}$,有

$$PA=\sqrt{3}+1,BD=1+x=\frac{3+\sqrt{3}}{2}$$

于是

$$AB=\sqrt{2}BD=\frac{\sqrt{6}+3\sqrt{2}}{2}$$

由 $\frac{BE}{BA}=\frac{BP}{BC}=\frac{1}{3}$,可知 $AE=\frac{2}{3}AB$,有

$$AE\cdot AB=\frac{2}{3}AB^2=4+2\sqrt{3}$$

易知 $PA^2=4+2\sqrt{3}=AE\cdot AB$,可知 $\triangle APE\backsim\triangle ABP$,有 $\angle APE=\angle ABP=45°$,于是 $\angle EPB=75°$.

所以 $\angle ACB=75°$.

解 15 如图 260.15,设直线 AP 交 $\triangle ABC$ 的外接圆于 E,过 A 作 BC 的垂线,D 为垂足,连 CE.

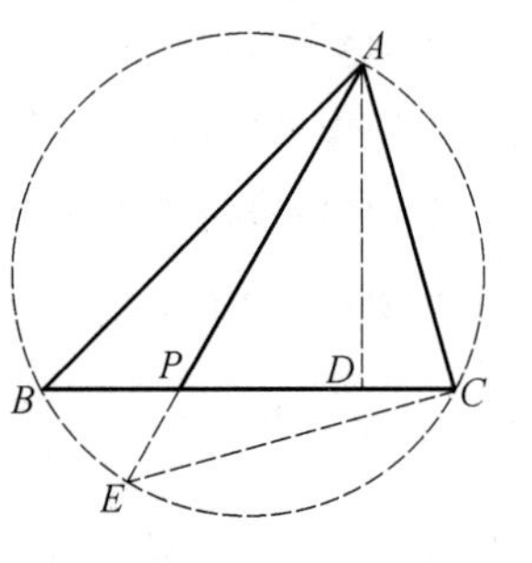

图 260.15

设 $PB=1$,$PD=x$,可知 $PC=2$, $BD=AD=\sqrt{3}x$,$PD=BD-PB=\sqrt{3}x-1$.

由 $x=PD=\sqrt{3}x-1$,可知 $x=\frac{\sqrt{3}+1}{2}$,有 $PA=\sqrt{3}+1$.

由相交弦定理,可知 $PE=\frac{PB\cdot PC}{PA}=\sqrt{3}-1$,有 $AE=2\sqrt{3}$.

易知 $AC=\sqrt{6}$,可知 $\frac{AC}{AE}=\frac{\sqrt{2}}{2}$.

由 $\angle E=\angle B=45°$,可知 $\angle ACE=90°$.

由 $\angle BCE=\angle BAE=15°$,可知 $\angle ACB=75°$.

本文参考自：
1.《数学教师》1998 年 2 期 49 页.
2.《数学教师》1997 年 3 期 39 页.
3.《数学教师》1997 年 9 期 37 页.
4.《中等数学》1997 年 4 期 31 页.

第 261 天

太原市初中数学竞赛

如图 261.1,C 是以 AB 为直径的半圆上的任一点,$CD \perp AB$ 于 D,圆 O 与 CD,$\overset{\frown}{BC}$ 相切,又与 AB 切于 G. 求证:$AC=AG$.

证明 1 如图 261.1,设 E,F 为切点,连 O_1F,AF,EF.

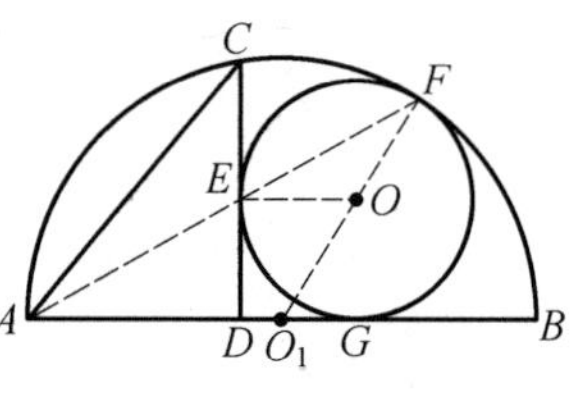

图 261.1

显然 O 在 O_1F 上.

由 $OE \perp CD$,$CD \perp AB$,可知 $EO \parallel AB$,有 $\angle EOF=\angle AO_1F$,于是

$$\begin{aligned}\angle EFO&=\frac{1}{2}(180^\circ-\angle EOF)\\&=\frac{1}{2}(180^\circ-\angle AO_1F)=\angle AFO_1\end{aligned}$$

得 A,E,F 三点共线.

显然 $AG^2=AE\cdot AF=AD\cdot AB=AC^2$,即 $AG^2=AC^2$,所以 $AG=AC$.

证明 2 如图 261.2,设 E,F,G 为切点,连 O_1F,O_1C,OG.

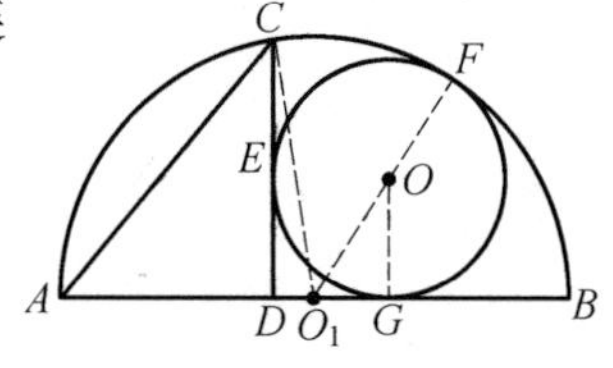

图 261.2

显然 O 在 O_1F 上.

设圆 O 的半径为 r,$AB=2R$,可知

$$O_1O=R-r$$

在 Rt$\triangle OO_1G$ 中,依勾股定理,可知

$$O_1G=\sqrt{(R-r)^2-r^2}=\sqrt{R^2-2Rr}$$

有

$$O_1D=r-\sqrt{R^2-2Rr}$$

在 Rt$\triangle CO_1D$ 中,依勾股定理,可知

$$\begin{aligned}CD^2=O_1C^2-O_1D^2&=R^2-(\sqrt{R^2-2Rr}-r)^2\\&=2Rr-r^2+2r\sqrt{R^2-2Rr}\end{aligned}$$

在 Rt$\triangle ACD$ 中,依勾股定理,可知

$$AC^2=AD^2+CD^2=(R+\sqrt{R^2-2Rr})^2$$

有

$$AC=R+\sqrt{R^2-2Rr}$$

由 $AG=R+\sqrt{R^2-2Rr}$,可知 $AC=AG$.

本文参考自:

1.《中等数学》2001 年 6 期 23 页.
2.《数学通报》1981 年 8 期 6 页.

第 262 天

2001 年北京市中学生数学竞赛初中二年级复赛

如图 262.1，在等腰 $\triangle ABC$ 中，延长边 AB 到 D，延长边 CA 到 E，连 DE，恰有 $AD=BC=CE=DE$.

求证：$\angle BAC=100°$.

证明 1 如图 262.1，以 BD，BC 为邻边作平行四边形 $BCFD$，连 EF.

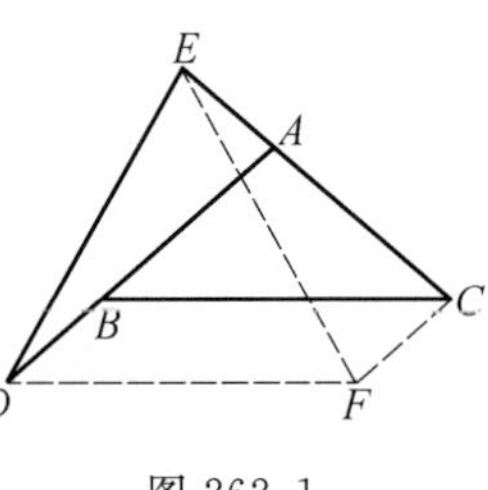

图 262.1

显然 $DF=BC=DE$.

由 $FC=DB-AD-AB=EC-AC=EA$，$\angle ECF=\angle DAE$，$EC=DE$，可知 $\triangle ECF\cong\triangle DEA$，有 $EF=DA$，于是 $\triangle DEF$ 为正三角形.

记 $\angle BAC=\alpha$，可知

$$\angle EAD=180°-\alpha,\angle ABC=\frac{1}{2}(180°-\alpha)$$

在 $\triangle ADE$ 中，$\angle ADE=180°-2(180°-\alpha)$.

由 $\angle ADE+\angle ABC=\angle EDF$，可知

$$180°-2(180°-\alpha)+\frac{1}{2}(180°-\alpha)=60°$$

解得 $\alpha=100°$.

所以 $\angle BAC=100°$.

证明 2 如图 262.2，设 F 为 E 关于 DC 的对称点，连 FB，FC，FD，DC.

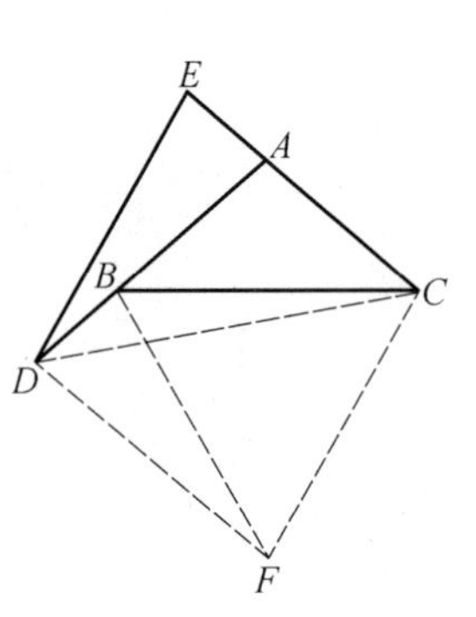

图 262.2

由 $\angle ADF=\angle EAD=\angle E$，可知 $\triangle FDB\cong\triangle DEA$，有 $FB=DA$，于是 $\triangle BCF$ 为正三角形.

由 $FB=FC=FD$，可知 F 为 $\triangle BCD$ 的外心，有 $\angle ADC=\frac{1}{2}\angle BFC=30°$.

记 $\angle BAC=\alpha$，可知 $\angle E=180°-\alpha$，$\angle ABC=\frac{1}{2}(180°-\alpha)$.

由 $\angle ABC+\angle DBF+\angle FBC=180^\circ$,可知

$$\frac{1}{2}(180^\circ-\alpha)+180^\circ-\alpha=120^\circ$$

解得 $\alpha=100^\circ$.

所以 $\angle BAC=100^\circ$.

证明 3 如图 262.3,以 DE,DB 为邻边作平行四边形 $EDBF$,连 FA,FC.

由 $EF=DB=EA$,$\angle FEC=\angle EAD=\angle DEA$,$EC=ED$,可知 $\triangle FEC\cong\triangle AED$,有 $FC=AD=BC$.

显然 $\triangle FBC$ 为正三角形.(以下略)

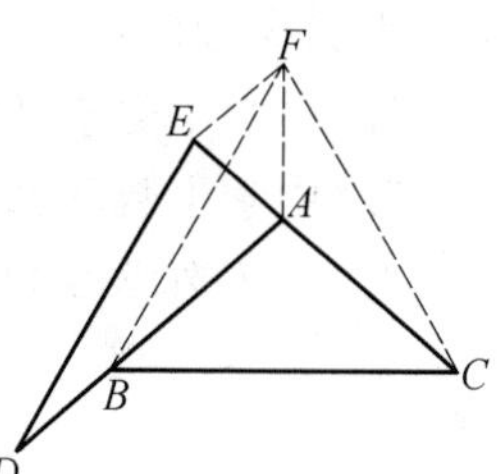

图 262.3

证明 4 如图 262.4,连 DC,过 E 作 DC 的垂线交 DA 于 H,垂足为 F,连 EB,HC.

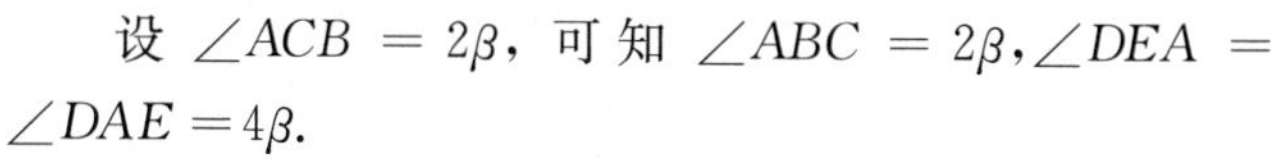
设 $\angle ACB=2\beta$,可知 $\angle ABC=2\beta$,$\angle DEA=\angle DAE=4\beta$.

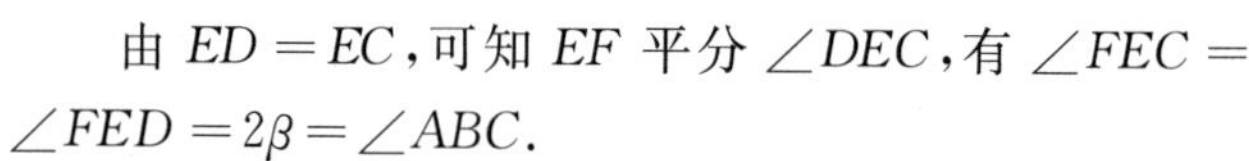
由 $ED=EC$,可知 EF 平分 $\angle DEC$,有 $\angle FEC=\angle FED=2\beta=\angle ABC$.

由 $CE=CB$,可知 $\angle CBE=\angle CEB$,进而 $\angle HEB=\angle HBE$,有 B 与 E 关于 HC 对称,于是 HC 平分 $\angle AHF$,得 $\angle DHF=\angle CHF=\angle CHA=\frac{1}{3}\times$

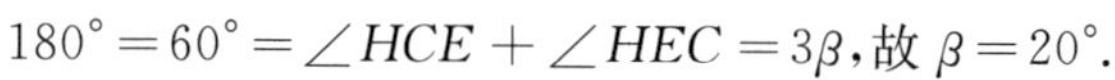
$180^\circ=60^\circ=\angle HCE+\angle HEC=3\beta$,故 $\beta=20^\circ$.

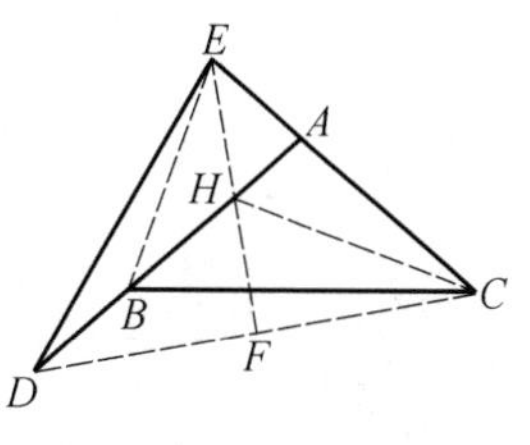

图 262.4

易知 $\angle DAE=4\beta=80^\circ$,可知 $\angle BAC=100^\circ$.

所以 $\angle BAC=100^\circ$.

证明 5 如图 262.5,以 BD,BC 为邻边作平行四边形 $BCFD$,连 AF,EF.

显然 $DF=BC=DE$.

由 $FC=DB=AD-AB=EC-AC=EA$,$\angle ECF=\angle DAE$,$EC=DE$,可知 $\triangle ECF\cong\triangle DEA$,有 $EF=DA$,于是 $\triangle DEF$ 为正三角形.

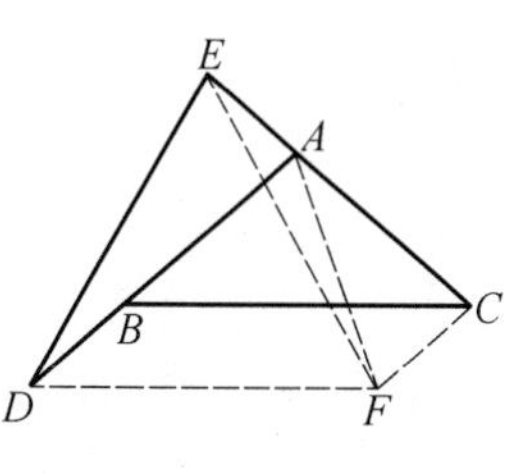

图 262.5

显然 $DF=BC=DE=DA$,可知 D 为 $\triangle AFE$ 的外心,有 $\angle AFE=\frac{1}{2}\angle ADE$,$\angle AEF=\frac{1}{2}\angle ADF$,于是 $\angle FAC=\frac{1}{2}(\angle ADE+\angle ADF)=\frac{1}{2}\angle EDF=30^\circ$.

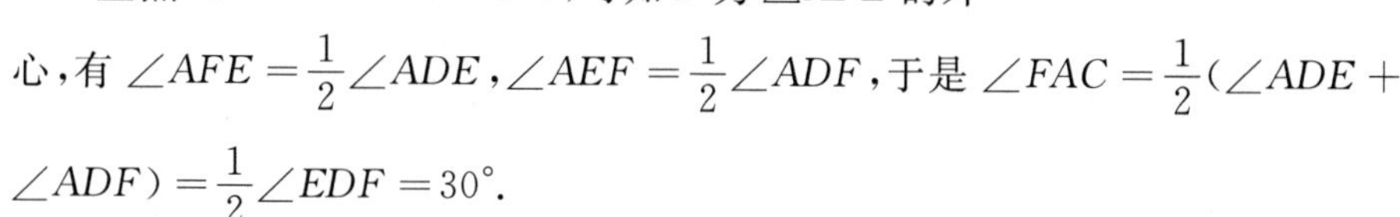

由 $\angle AFE=\frac{1}{2}\angle ADE=\frac{1}{2}\angle AEF$，可知 $\angle FAC=\angle AFE+\angle AEF=3\angle AFE=30^\circ$，有 $\angle AFE=10^\circ$，于是 $\angle ADE=20^\circ$，得 $\angle DAE=80^\circ$.

所以 $\angle BAC=100^\circ$.

本文参考自：

1.《中学生数学》2002 年 3 期 31 页.
2.《中学生数学》2001 年 6 期 31 页(试题答案).
3.《中等数学》2002 年 4 期 28 页.

第 263 天

2002 年上海市高中数学竞赛,2004 年(宇振杯)上海市初中数学竞赛

已知:如图 263.1,$\triangle ABC$ 中,$\angle B=\angle C$,点 P,Q 分别在 AC,AB 上,使得 $AP=PQ=QB=BC$. 求 $\angle A$ 的度数.

解 1 如图 263.1,分别过 P,B 作 AB,PQ 的平行线得交点 R,连 CR.

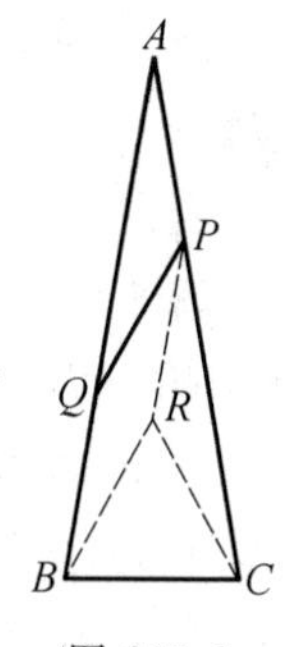

图 263.1

由 $PQ=QB$,可知四边形 $PQBR$ 为菱形,有 $PR=PQ=AP$.

由 $AB=AC$,$BQ=AP$,可知 $AQ=PC$.

显然 $\angle RPC=\angle A$,可知 $\triangle RPC\cong\triangle PAQ$,有 $\angle PCR=\angle AQP=\angle A$,$RC=PQ=RB=BC$,于是 $\triangle RBC$ 为正三角形,得 $\angle BRC=60^\circ$.

显然 $\angle RBA=\angle PQA=\angle A$,有 $\angle BRC=\angle RBA+\angle RCA+\angle A=3\angle A$,于是 $3\angle A=60^\circ$.

所以 $\angle A=20^\circ$.

解 2 如图 263.2,分别过 Q,C 作 BC,BA 的平行线得交点 R,连 RP.

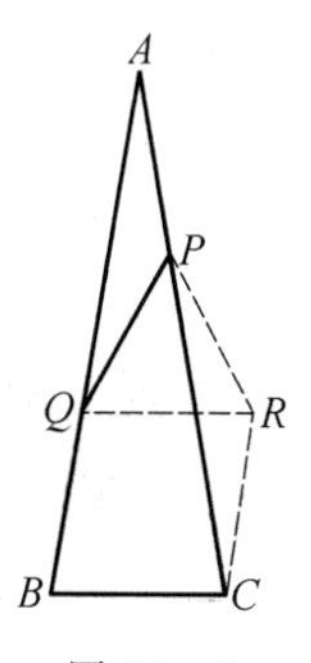

图 263.2

由 $BQ=BC$,可知四边形 $QBCR$ 为菱形,有 $RC=QR=BC=AP$.

由 $AB=AC$,$BQ=AP$,可知 $AQ=PC$.

显然 $\angle RCP=\angle A$,可知 $\triangle RCP\cong\triangle PAQ$,有 $\angle RPC=\angle AQP=\angle A$,$RP=PQ=QR$,于是 $\triangle RPQ$ 为正三角形,得 $\angle QPR=60^\circ$.

显然 $\angle QPC=2\angle A$,有 $3\angle A=\angle QPR=60^\circ$.

所以 $\angle A=20^\circ$.

解 3 如图 263.3,以 PQ,PC 为邻边作平行四边形 $PQRC$,连 RB.

显然 $RC=PQ$,可知 $RC=BC$.

由 $AB=AC$,$BQ=AP$,可知 $AQ=PC=QR$.

显然 $\angle BQR=\angle PAQ$,可知 $\triangle APQ\cong\triangle BQR$,有 $BR=PQ=BC$,于是 $\triangle BCR$ 为正三角形.

由 $\angle CRQ=\angle QPC=\angle PQA+\angle A=2\angle A$，可知 $3\angle A=\angle BRC=60°$.

所以 $\angle A=20°$.

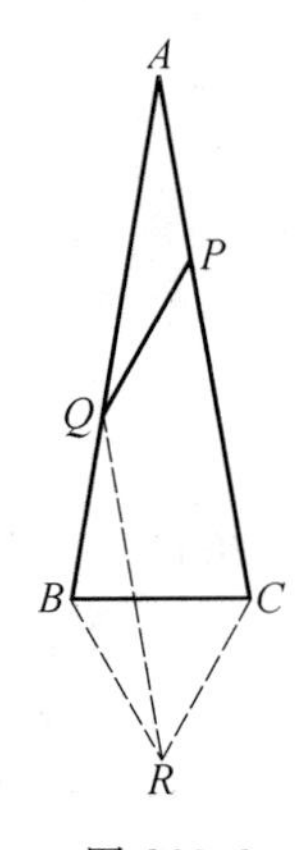

图 263.3

解 4　如图 263.4，分别以 CB，CP 为邻边作平行四边形 $PCBR$，连 QR.

显然 $RP=BC$，可知 $RP=PQ$.

由 $AB=AC$，$BQ=AP$，可知 $AQ=PC=RB$.

显然 $\angle QRB=\angle PAQ$，可知 $\triangle APQ\cong\triangle RQB$，有 $RQ=AP=PQ$，于是 $\triangle PQR$ 为正三角形.

由 $\angle RQA=\angle QRB+\angle QBR=2\angle A$，可知 $3\angle A=\angle PQR=60°$.

所以 $\angle A=20°$.

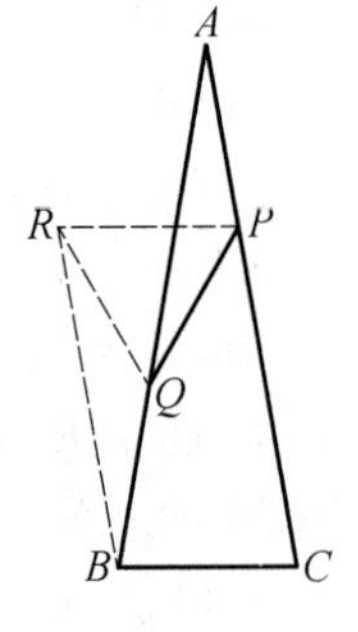

图 263.4

解 5　如图 263.5，设 R 为 A 关于 PB 的对称点，连 RA，RP，RB，PB.

由 $\angle QBR=2\angle QBP=\angle PQA=\angle PAB$，可知 $\triangle ABR\cong\triangle BAC$，有 $AR=PR=AP$，于是 $\triangle PRA$ 为正三角形.

在 $\triangle ABR$ 中，$\angle ABR+\angle BRP+\angle PAB+\angle PRA+\angle PAR=180°$，即 $3\angle BAC=60°$.

所以 $\angle A=20°$.

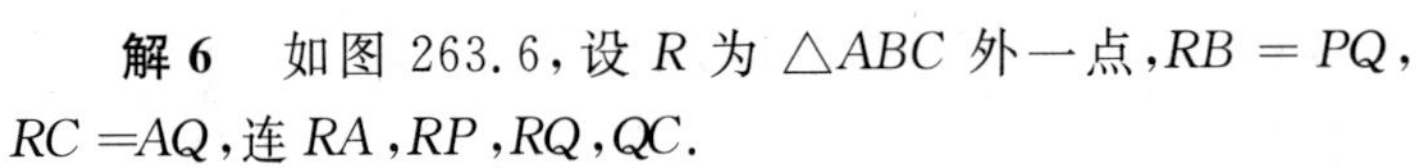

解 6　如图 263.6，设 R 为 $\triangle ABC$ 外一点，$RB=PQ$，$RC=AQ$，连 RA，RP，RQ，QC.

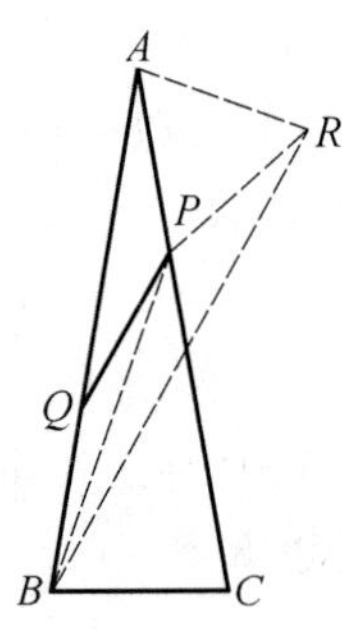

图 263.5

记 $\angle BAC=x$，$\angle ACQ=y$.

由 $AB=AC$，$BQ=AP$，可知 $PC=AQ=RC$.

显然 $\triangle RBC\cong\triangle APQ$，可知

$$\angle BRC=\angle QAP=\angle PQA=\angle BCR=x$$

由 $BQ=BC$，可知 $\angle BCQ=\angle BQC=x+y$，有

$$\angle QCR=y=\angle QCP$$

于是 QC 为 PR 的中垂线，得

$$QR=PQ=RB=BQ$$

即 $\triangle BQR$ 为正三角形.

显然

$$\begin{aligned}\angle QRB&=\angle QRC+\angle BRC\\&=\angle QPC+\angle BAC\\&=3\angle BAC=60°\end{aligned}$$

所以 $\angle A=20^{\circ}$.

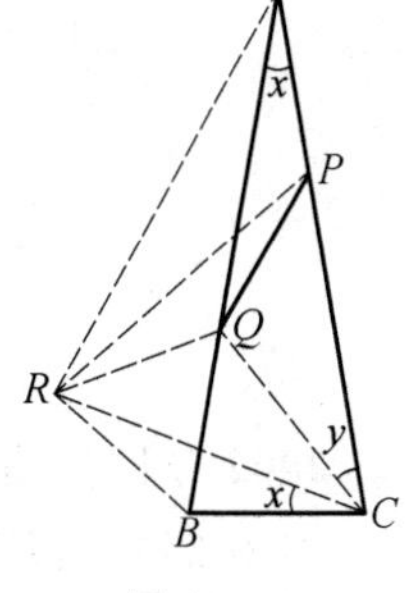

图 263.6

解 7 如图 263.7,设 R 为 B 关于 AC 的对称点,连 RA,RB,RC,RP,PB,CQ.

显然 $PR=PB$,$CR=BC=QB=QP$.

记 $\angle BAC=x$,$\angle ACQ=y$,可知 $\angle BCQ=\angle BQC=x+y$,有 $\angle ABC=\angle ACB=x+2y$,于是 $\angle BCR=2x+4y$.

由 $\angle PQA=180^{\circ}-\angle PQB=2\angle ACB=\angle BCR$,有 $\triangle PQB\cong\triangle BCR$,于是 $\triangle PBR$ 为正三角形,得 $\angle PBR=60^{\circ}$.

由

$$\begin{aligned}\angle PBR&=\angle ABC-(\angle PBA+\angle CBR)\\&=x+2y-x=2y=60^{\circ}\end{aligned}$$

可知 $y=30^{\circ}$.

由 $3x+4y=180^{\circ}$,可知 $x=20^{\circ}$.

所以 $\angle A=20^{\circ}$.

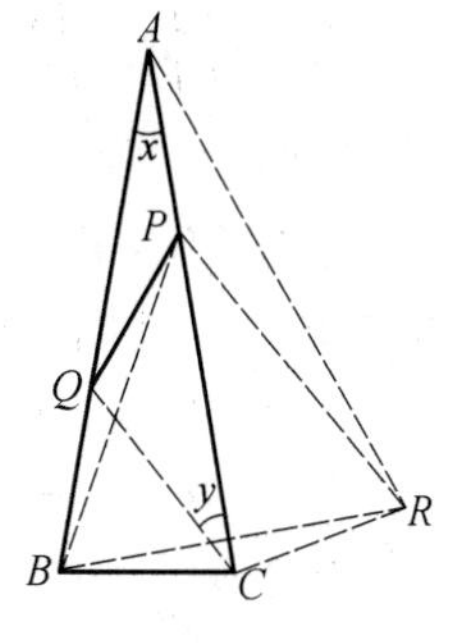

图 263.7

本文参考自:

1.《中等数学》2003 年 2 期 29 页.
2.《上海中学数学》2002 年 4 期 48 页.
3.《中等数学》2005 年 7 期 22 页.

第 264 天

2002 年四川省初中数学竞赛

如图 264.1，P 是圆 O 外一点，PA 与圆 O 切于 A，PBC 是圆 O 的割线，$AD\perp PO$ 于 D.

求证：$\dfrac{PB}{BD}=\dfrac{PC}{CD}$.

证明 1　如图 264.1，连 OA，OB，OC.

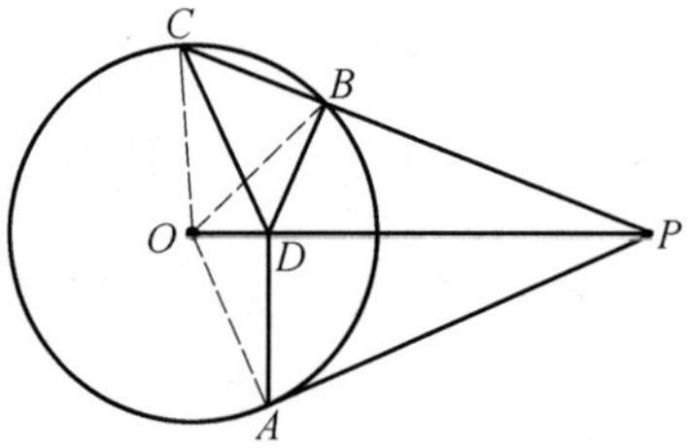

显然 $PD\cdot PO=PA^2=PB\cdot PC$，可知 C，O，D，B 四点共圆，有

$\angle PDB=\angle OCB=\angle OBC=\angle ODC$

于是直线 AD 平分 $\angle BDC$.

由 $PO\perp AD$，可知 PO 是 $\triangle BCD$ 的 $\angle BDC$ 的外角的平分线.

图 264.1

所以 $\dfrac{PB}{BD}=\dfrac{PC}{CD}$.

证明 2　如图 264.2，设直线 CD 交圆于 E，连 OC，OE，PE.

显然 $DE\cdot DC=AD^2=DO\cdot DP$，可知 P，C，O，E 四点共圆，得

$\angle OPC=\angle OEC=\angle OCE=\angle OPE$

易知 B 与 E 关于直线 OP 对称，可知 $\angle PDB=\angle PDE=\angle CDO$，即 AD 为 $\angle CDB$ 的平分线.

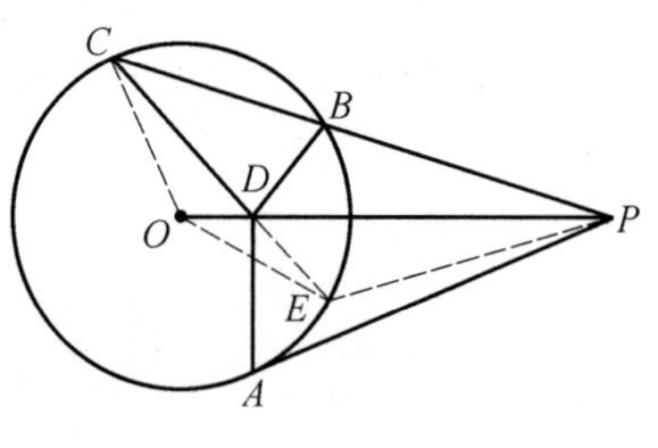

图 264.2

由 $PO\perp AD$，可知 PO 是 $\triangle BCD$ 的 $\angle BDC$ 的外角的平分线.

所以 $\dfrac{PB}{BD}=\dfrac{PC}{CD}$.

证明 3　如图 264.3，过 C 作 BD 的平行线交直线 PO 于 F，设直线 CD 交圆于 E，连 OC，OE，PE.

显然 $DE\cdot DC=AD^2=DO\cdot DP$，可知 P，C，O，E 四点共圆，得 $\angle OPC=\angle OEC=\angle OCE=\angle OPE$.

易知 B 与 E 关于直线 OP 对称，可知

$$\angle PDB=\angle PDE=\angle CDO$$

显然 $\angle F=\angle PDB$，可知 $\angle F=\angle CDF$，有 $CF=CD$，于是$\frac{PB}{BD}=\frac{PC}{CF}=\frac{PC}{CD}$.

所以$\frac{PB}{BD}=\frac{PC}{CD}$.

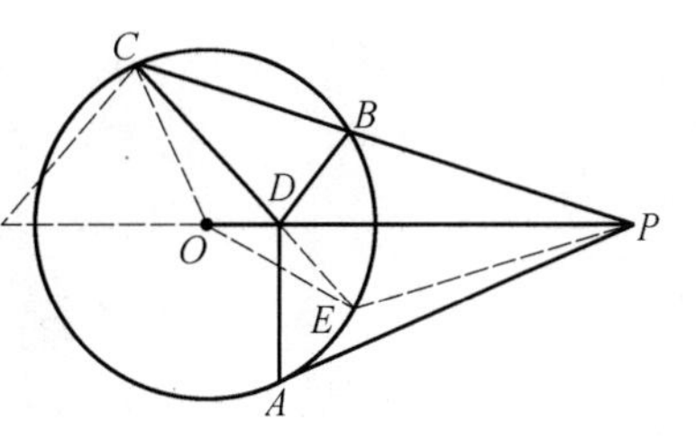

图 264.3

证明 4 如图 264.1，连 OA，OB，OC.

显然 $PD\cdot PO=PA^2=PB\cdot PC$，可知 $\triangle PBD\backsim\triangle POC$，有 $\angle PDB=\angle PCO$，于是 B，C，O，D 四点共圆，得 $\angle PCD=\angle POB$.

显然 $\triangle PCD\backsim\triangle POB$，可知$\frac{PC}{CD}=\frac{PO}{OB}=\frac{PO}{OC}$.

显然 $\triangle POC\backsim\triangle PBD$，可知$\frac{PB}{BD}=\frac{PO}{OC}$.

所以$\frac{PB}{BD}=\frac{PC}{CD}$.

本文参考自：

《中等数学》2002 年 4 期 34 页.

第 265 天

2002 年太原市初中数学竞赛

如图 265.1,已知 AB 为圆 O 的直径,C 为圆 O 上的一点,延长 BC 至 D,使 $CD=BC$,$CE\perp AD$,垂足为 E,BE 交圆 O 于 F,AF 交 CE 于 P.

求证:$PE=PC$.

证明 1 如图 265.1,设 AD 交圆 O 于 K,连 BK,OC.

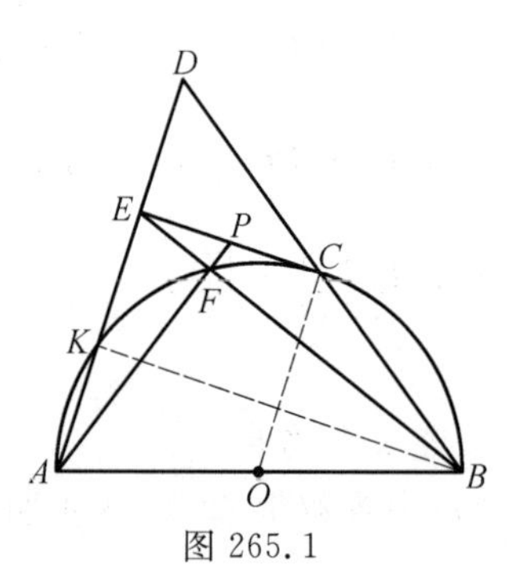

图 265.1

由 $CD=BC$,$AO=OB$,可知 $CO\parallel DA$.

由 $CE\perp AD$,可知 $CE\perp CO$,有 EC 与圆 O 相切于 C,于是 $PC^2=PF\cdot PA$.

显然 $KB\parallel EC$,可知 $\angle CEB=\angle EBK=\angle FAK$,有 $\triangle PEF\backsim\triangle PAE$,于是 $PE^2=PF\cdot PA=PC^2$,所以 $PE=PC$.

证明 2 如图 265.2,过 P 作 BD 的平行线交 AD 于 K,连 KC,AC.

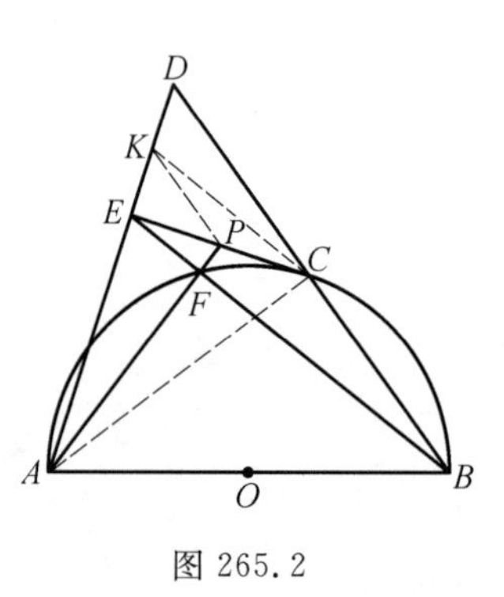

图 265.2

由 $AC\perp BD$,可知 $PK\perp AC$.

由 $CE\perp AD$,可知 P 为 $\triangle ACK$ 的垂心,有 $AP\perp KC$,于是 $KC\parallel EB$.

由 C 为 DB 的中点,可知 K 为 DE 的中点.

由 $KP\parallel DC$,K 为 DE 的中点,可知 P 为 EC 的中点.

所以 $PE=PC$.

证明 3 如图 265.3,连 AC.

由 $AC\perp BD$,$CE\perp AD$,可知

$$\mathrm{Rt}\triangle ACE\backsim\mathrm{Rt}\triangle CDE$$

有

$$\frac{AC}{CD}=\frac{CE}{ED}$$

由 $\angle ACE=\angle D$,$\angle PAC=\angle FBD$,可知

$$\triangle PAC \backsim \triangle EBD$$

有

$$\frac{PC}{DE}=\frac{AC}{BD}=\frac{AC}{2CD}=\frac{CE}{2DE}=\frac{\frac{1}{2}CE}{DE}$$

于是 $PC=\frac{1}{2}CE$，得 $CE=2PC$.

所以 $PE=PC$.

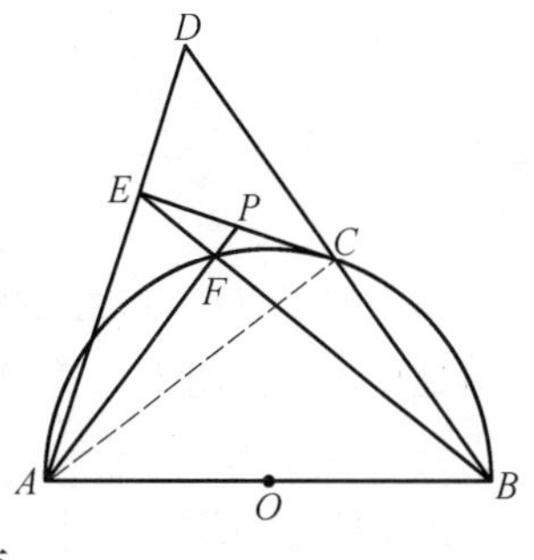

图 265.3

证明 4 如图 265.4，过 C 作 BE 的平行线交 AD 于 K，连 AC.

由 C 为 BD 的中点，可知 K 为 DE 的中点.

由 $AC\perp BD$，$CE\perp AD$，可知

$$\mathrm{Rt}\triangle ACE \backsim \mathrm{Rt}\triangle CDE$$

有

$$\frac{EA}{EC}=\frac{EC}{ED}$$

由 $\angle KCE=\angle CEB=\angle PAE$，可知

$$\mathrm{Rt}\triangle PAE \backsim \mathrm{Rt}\triangle KCE$$

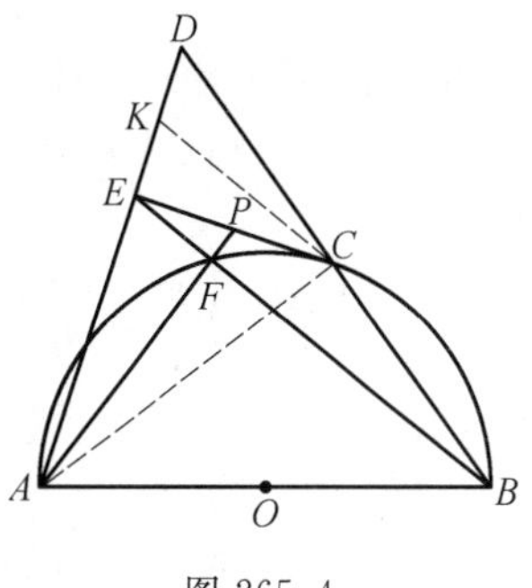

图 265.4

有

$$\frac{EA}{EC}=\frac{EP}{EK}$$

于是

$$\frac{EP}{EK}=\frac{EC}{ED}=\frac{EC}{2EK}$$

得 $EC=2EP$，所以 $PE=PC$.

证明 5 如图 265.5，连 AC，过 P 作 DA 的平行线交 AC 于 K.

由 $\angle APK=\angle PAE=\angle PEF$，$\angle PAK=\angle EBC$，可知 $\triangle PAK \backsim \triangle EBC$，有 $\frac{KA}{KP}=\frac{CB}{CE}$.

由 $AC\perp DB$，$CE\perp AD$，可知

$$\mathrm{Rt}\triangle ACE \backsim \mathrm{Rt}\triangle CDE$$

有

$$\frac{AC}{AE}=\frac{CD}{CE}=\frac{CB}{CE}$$

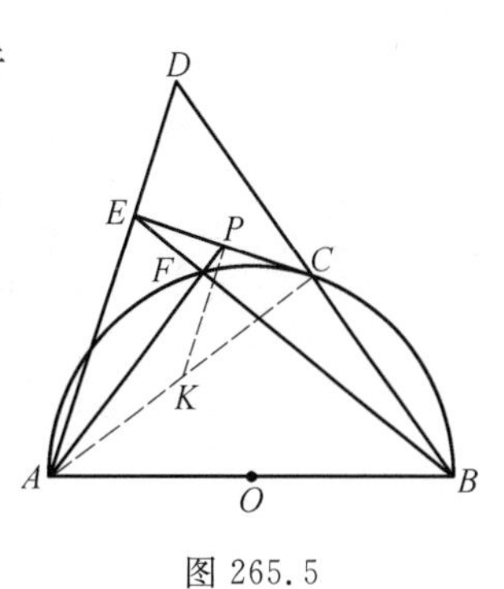

图 265.5

于是

$$\frac{KA}{KP}=\frac{AC}{AE}=\frac{KC}{KP}$$

得

$$KA=KC$$

由 $PK \parallel DA$,可知 $PE=PC$.

证明6 如图265.6,连 AC,过 P 作 AC 的平行线交 AD 于 K.

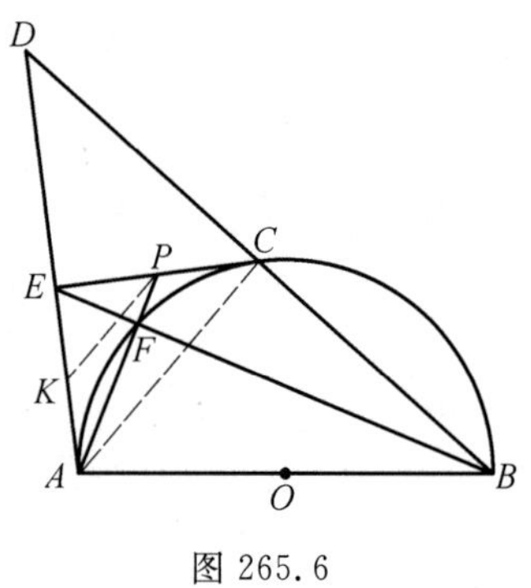

图265.6

由 $CE\perp AD$,$EF\perp PA$,可知

$$\text{Rt}\triangle ACE \backsim \text{Rt}\triangle CDE$$

$$\angle PAK=\angle BEC$$

由 $\angle KPA=\angle PAC=\angle FBC$,可知

$$\triangle PAK \backsim \triangle BEC$$

有

$$\frac{KA}{KP}=\frac{CE}{CB}=\frac{CE}{CD}=\frac{AE}{AC}=\frac{KE}{KP}$$

于是 $KA=KE$.

所以 $PE=PC$.

注 第353天的内容是本题的逆命题.

第 266 天

2002 年“我爱数学”初中生夏令营一试

已知:如图 266.1,AD 为圆 O 的直径,PD 为圆 O 的切线,PCB 为圆 O 的割线,直线 PO 分别交 AB,AC 于 M,N. 求证:$OM=ON$.

证明 1 如图 266.1,过 C 作 PM 的平行线分别交 AB,AD 于 E,F,过 O 作 BC 的垂线,G 为垂足,连 FG,GD,DC.

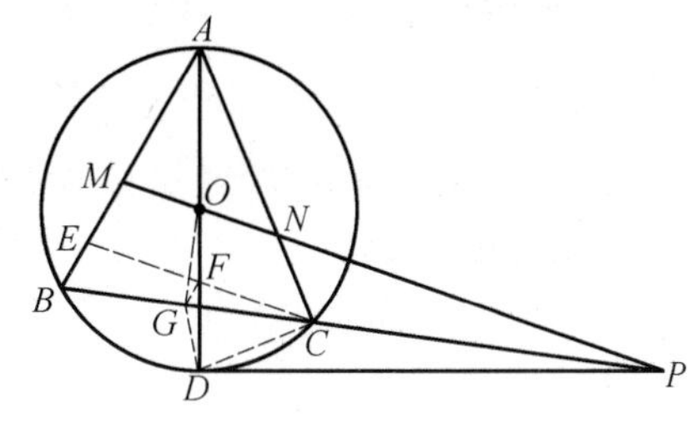

图 266.1

由 PD 为圆 O 的切线,可知 $AD\perp DP$,有 O,G,D,P 四点共圆,于是 $\angle GDO=\angle GPO=\angle GCF$,得 G,D,C,F 四点共圆.

显然 $\angle FGC=\angle FDC=\angle ABC$,可知 $FG\parallel AB$.

显然 G 为 BC 的中点,可知 F 为 EC 的中点.

显然 $\dfrac{OM}{FE}=\dfrac{OA}{FA}=\dfrac{ON}{FC}$,即 $\dfrac{OM}{FE}=\dfrac{ON}{FC}$,所以 $OM=ON$.

证明 2 如图 266.2,过 B 作 MP 的平行线分别交直线 AC,AD 于 E,F,过 O 作 BC 的垂线,G 为垂足,连 FG,DG,DC,DB.

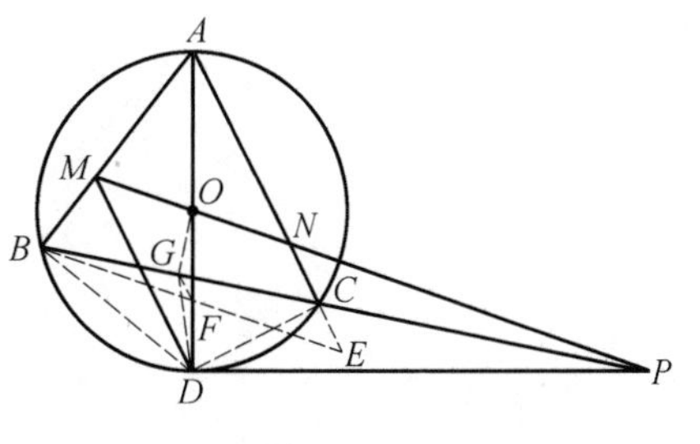

图 266.2

由 PD 为圆 O 的切线,可知 $AD\perp DP$,有 O,G,D,P 四点共圆,于是 $\angle GDO=\angle GPO=\angle GBF$,得 B,D,F,G 四点共圆.

显然 $\angle FGC=\angle CBD=\angle CAD$,可知 $GF\parallel AC$.

显然 G 为 BC 的中点,可知 F 为 BE 的中点.

显然 $\dfrac{OM}{FB}=\dfrac{OA}{FA}=\dfrac{ON}{FE}$,即 $\dfrac{OM}{FB}=\dfrac{ON}{FE}$.

所以 $OM=ON$.

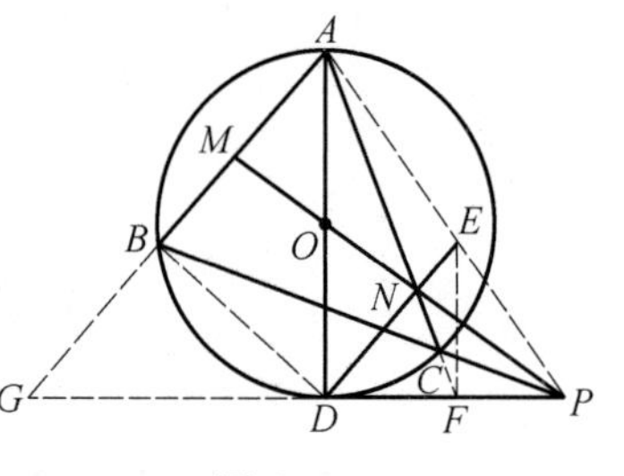

图 266.3

证明 3 如图 266.3,设直线 AC,PD 相交于 F,直线 DN,PA 相交于 E,直线 PD,AB 相交于 G,连 DB,EF.

由塞瓦定理$\frac{AO}{OD}\cdot\frac{DF}{FP}\cdot\frac{PE}{EA}=1$,可知$\frac{PE}{EA}=\frac{PF}{FD}$,有 $EF // AD$,于是$\frac{PF}{PD}=\frac{PE}{PA}$.

由 AD 为圆 O 的直径,可知 $\angle BAD=90^\circ-\angle ADB$,有 $\angle G=\angle ADB=\angle ACB$,于是 G,F,C,B 四点共圆.

显然 $PF\cdot PG=PC\cdot PB=PD^2$,可知$\frac{PD}{PG}=\frac{PF}{PD}=\frac{PE}{PA}$,即$\frac{PD}{PG}=\frac{PE}{PA}$,有 $AG // ED$.

由 O 为 AD 的中点,可知 O 为 MN 的中点.

所以 $OM=ON$.

本文参考自:

1.《中学生数学》2002 年 10 期 36 页.

2.《数学教学》1998 年 1 期 36 页.

3.《数学教学》1997 年 6 期 41 页.

4.《中等数学》2003 年 3 期 27 页.

第 267 天

2003 年“TRULY 信利杯”全国初中数学联赛

如图 267.1，已知 AB 是圆 O 的直径，BC 是圆 O 的切线，OC 平行于弦 AD，过点 D 作 $DE \perp AB$ 于点 E，连 AC 与 DE 交于点 P. 求证 $EP = PD$.

证明 1 如图 267.1.

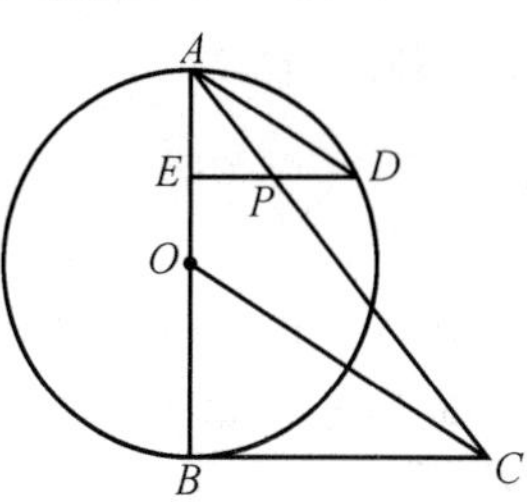

图 267.1

由 AB 为圆 O 的直径，BC 为圆 O 的切线，可知 $AB \perp BC$.

显然 $\mathrm{Rt}\triangle AEP \backsim \mathrm{Rt}\triangle ABC$，可知 $\dfrac{EP}{BC} = \dfrac{AE}{AB}$.

显然 $\mathrm{Rt}\triangle AED \backsim \mathrm{Rt}\triangle OBC$，可知

$$\frac{ED}{BC} = \frac{AE}{OB} = \frac{AE}{\frac{1}{2}AB} = \frac{2AE}{AB} = \frac{2EP}{BC}$$

即 $\dfrac{ED}{BC} = \dfrac{2EP}{BC}$，有 $ED = 2EP$，于是 P 为 ED 的中点.

所以 $EP = PD$.

证明 2 如图 267.2，设直线 AD，BC 交于 F.

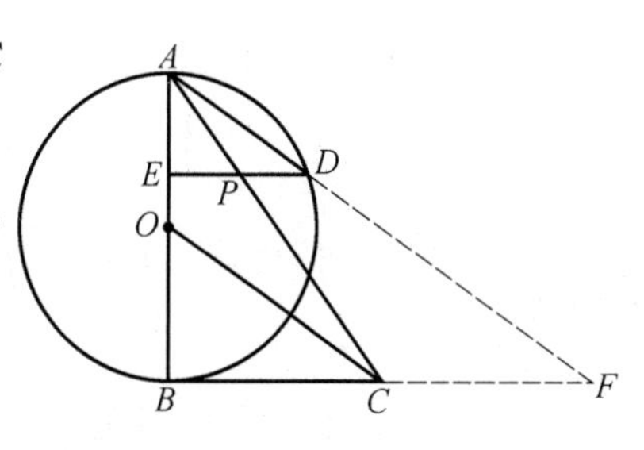

图 267.2

显然 $ED \parallel BF$，可知 $\dfrac{EP}{BC} = \dfrac{AP}{AC} = \dfrac{PD}{CF}$，

即 $\dfrac{EP}{BC} = \dfrac{PD}{CF}$，有 $EP = PD$.

显然 O 为 AB 的中点.

由 $OC \parallel AF$，可知 P 为 ED 的中点.

所以 $EP = PD$.

证明 3 如图 267.3，过 O 作 BC 的平行线交 AC 于 M.

由 O 为 AB 的中点，可知 M 为 AC 的中点，$OM = \dfrac{1}{2}BC$.

显然 $ED \parallel OM$，可知 $\dfrac{EP}{OM} = \dfrac{AP}{AM} = \dfrac{AP}{MC}$.

由 $AD // OC$，$DE // OM$，可知 $\triangle PDA \backsim \triangle MOC$，有 $\frac{PD}{OM}=\frac{AP}{MC}$，于是 $\frac{EP}{OM}=\frac{PD}{OM}$.

所以 $EP=PD$.

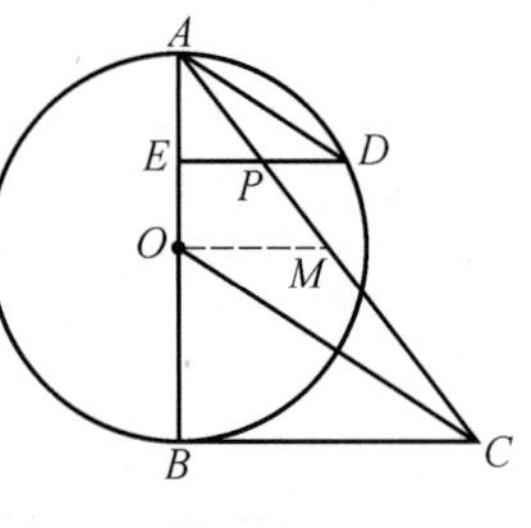

图 267.3

证明 4 如图 267.4，过 C 作 BA 的平行线交直线 AD 于 G，设 F 为 OG 与 AC 的交点.

显然四边形 $AOCG$ 为平行四边形，可知 $OF=FG$.

显然 F 为 AC 的中点，O 为 AB 的中点，可知 $OG // BC$，有 $OG // ED$，于是 $\frac{EP}{OF}=\frac{AP}{AF}=\frac{PD}{FG}$，得 $\frac{EP}{OF}=\frac{PD}{FG}$.

代入 $OF=FG$，就得 $EP=PD$.

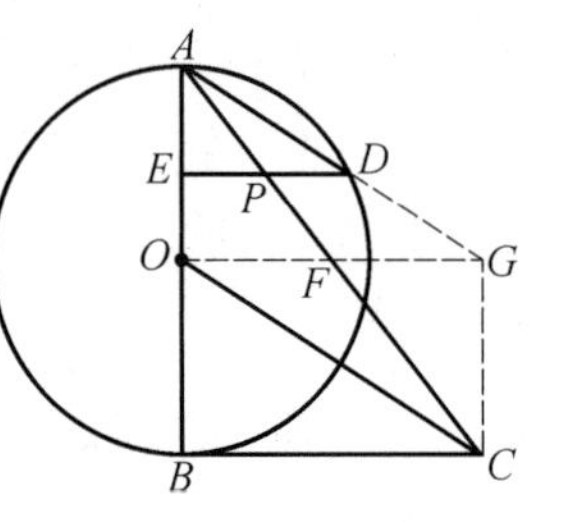

图 267.4

证明 5 如图 267.5，过 O 作 AC 的平行线交 BC 于 Q.

由 O 为 AB 的中点，可知 Q 为 BC 的中点，即 $BC=2BQ$.

显然 $ED // BC$，可知 $\text{Rt}\triangle AEP \backsim \text{Rt}\triangle OBQ$，有

$$\frac{EP}{BQ}=\frac{AE}{OB}$$

由 $AD // BC$，可知 $\text{Rt}\triangle AED \backsim \text{Rt}\triangle OBC$，有

$$\frac{ED}{2BQ}=\frac{ED}{BC}=\frac{AE}{OB}=\frac{EP}{BQ}$$

即 $\frac{ED}{2BQ}=\frac{EP}{BQ}$，于是 $ED=2EP$，得 P 为 ED 的中点.

所以 $EP=PD$.

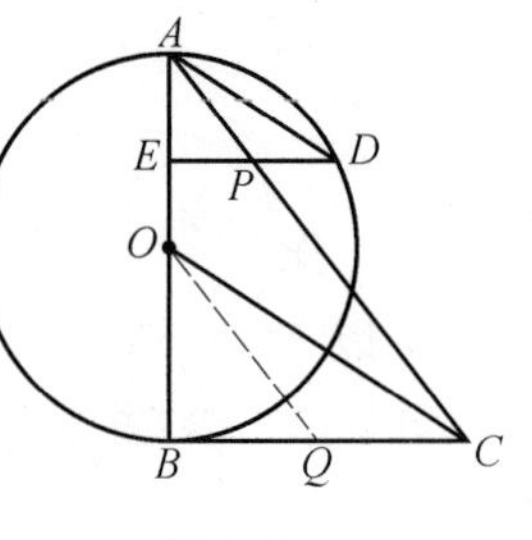

图 267.5

证明 6 如图 267.6，过 E 作 OC 的平行线交 AC 于 M，连 DM.

显然 $\frac{AE}{AO}=\frac{EM}{OC}$.

易知 $\text{Rt}\triangle AED \backsim \text{Rt}\triangle OBC$，可知 $\frac{AE}{OB}=\frac{AD}{OC}$，有 $EM=AD$，于是四边形 $AEMD$ 为平行四边形，得 $EP=PD$.

所以 $EP=PD$.

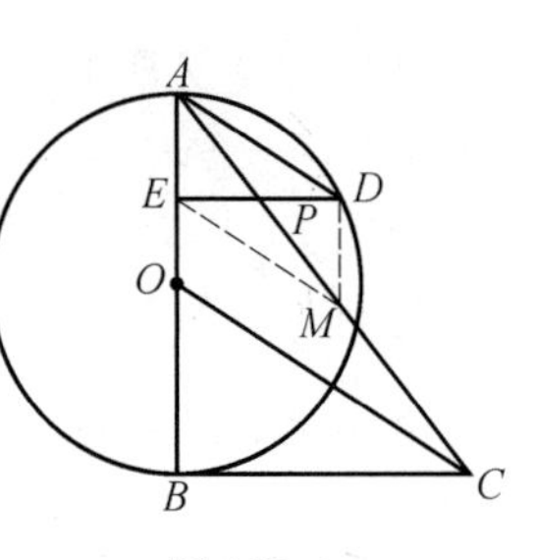

图 267.6

证明 7 如图 267.6，过 D 作 AB 的平行线交 AC 于 M，连 EM.

同上证明四边形 $AEMD$ 为平行四边形，得 $EP=PD$.（余下留给读者）

证明 8 如图 267.7，设直线 CO，DE 相交于 H，连 DB 分别交 CA，CO 于 L，K.

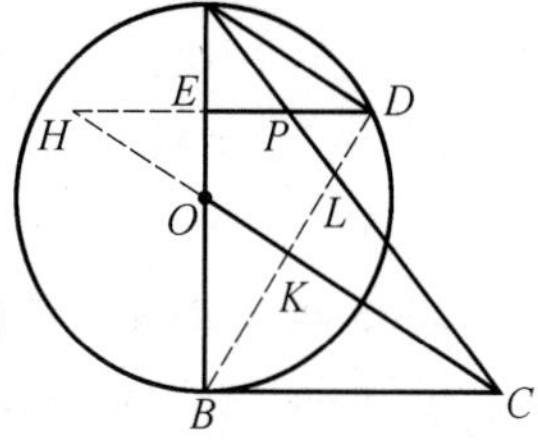

图 267.7

由 $OC \parallel AD$，O 为 AB 的中点，可知 K 为 DB 的中点.

显然 $ED \parallel BC$，可知 K 为 HC 的中点，有 $\triangle KBC \cong \triangle KDH$，于是 $HD=BC$.

显然 $\frac{EP}{BC}=\frac{AP}{AC}$，$\frac{PD}{HD}=\frac{AP}{AC}=\frac{EP}{BC}=\frac{EP}{HD}$，即 $\frac{PD}{HD}=\frac{EP}{HD}$，可知 $PD=EP$.

所以 $EP=PD$.

证明 9 如图 267.8，过 E 作 OC 的平行线交 AC 于 G.

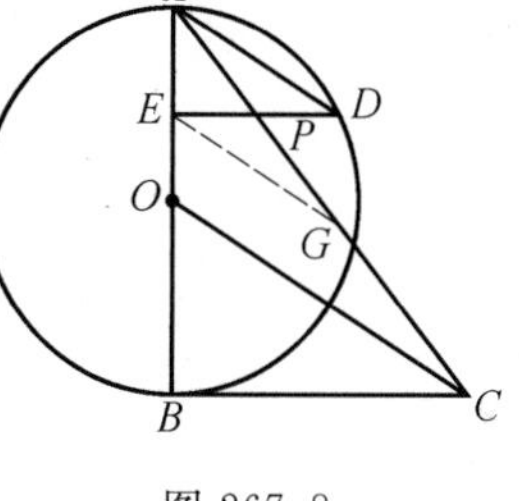

图 267.8

由 $OC \parallel AD$，可知 $EG \parallel AD$，有 $\frac{AE}{AO}=\frac{AG}{AC}$.

显然 $ED \parallel BC$，可知 $\frac{AP}{AC}=\frac{AE}{AB}=\frac{AE}{2AO}$，即 $\frac{AP}{AC}=\frac{AE}{2AO}$，或 $\frac{2AP}{AC}=\frac{AE}{AO}=\frac{AG}{AC}$，即 $\frac{2AP}{AC}=\frac{AG}{AC}$，有 $2AP=AG$，即 P 为 AG 的中点.

由 $EG \parallel AD$，可知 P 为 ED 的中点.

所以 $EP=PD$.

本文参考自：

1.《中等数学》2003 年 3 期 24 页.

2.《中学教研》2003 年 11 期 32 页.

3.《中学数学月刊》2003 年 9 期 40 页.

第 268 天

2003 年"TRULY 信利杯"全国初中数学联赛

已知：如图 268.1，在 $\triangle ABC$ 中，$\angle ACB=90°$，当点 D 在斜边 AB 上（不含端点）时，求证：$\dfrac{CD^2-BD^2}{BC^2}=\dfrac{AD-BD}{AB}$.

证明 1　如图 268.1，过 D 作 BC 的垂线，E 为垂足.

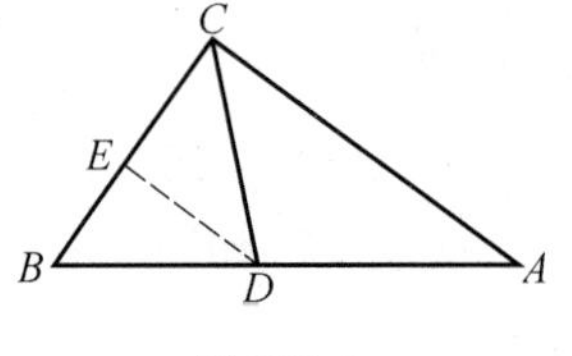

图 268.1

由 $\dfrac{AD}{BD}=\dfrac{CE}{BE}$，可知 $\dfrac{AD-BD}{BD}=\dfrac{CE-BE}{BE}$.

显然 $\dfrac{BD}{AB}=\dfrac{BE}{BC}$，可知

$$\frac{AD-BD}{BD}\cdot\frac{BD}{AB}=\frac{CE-BE}{BE}\cdot\frac{BE}{BC}$$

有

$$\frac{CE-BE}{BC}=\frac{AD-BD}{AB}$$

易知

$$\begin{aligned}CD^2-BD^2&=CE^2-BE^2\\&=BC\cdot(CE-BE)\end{aligned}$$

可知

$$\frac{CD^2-BD^2}{BC^2}=\frac{CE-BE}{BC}=\frac{AD-BD}{AB}$$

所以

$$\frac{CD^2-BD^2}{BC^2}=\frac{AD-BD}{AB}$$

证明 2　如图 268.2，过 C 作 AB 的垂线，E 为垂足.

设 $BC=a$，$AB=c$，$CE=h$，$BD=m$，$AD=n$，$CD=t$，$BE=p$，$ED=k$.

显然 $p+k=m$. 易知

$$\frac{CD^2-BD^2}{BC^2}=\frac{t^2-m^2}{a^2}=\frac{h^2+k^2-m^2}{a^2}=\frac{h^2+(k+m)\cdot(k-m)}{a^2}$$

将 $h^2=p\cdot(k+n)$，$k-m=-p$，$a^2=pc$ 代入上式，得

$$\frac{CD^2-BD^2}{BC^2}=\frac{p\cdot(k+n)-p\cdot(k+m)}{p\cdot c}$$

$$=\frac{p\cdot(n-m)}{p\cdot c}=\frac{n-m}{c}=\frac{AD-BD}{AB}$$

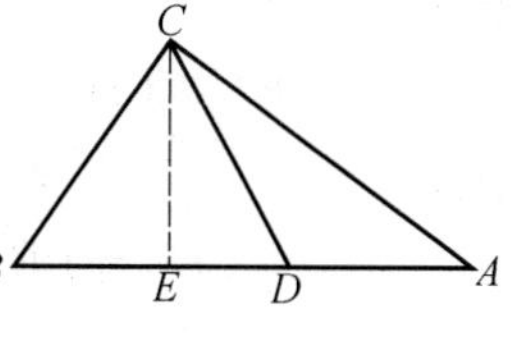

图 268.2

当 D 与 E 重合时，$h=t$，$k=0$，上述证明同样成立；

当 D 在 E 左侧时，$k<0$，同理可证结论成立.

证明 3 如图 268.2，由熟知的结论 $CD^2=BE\cdot AD+BD\cdot ED$，可知

$$CD^2=BE\cdot AD-BE\cdot BD+BD\cdot BE+BD\cdot ED$$

有

$$CD^2=BE\cdot(AD-BD)+BD\cdot(BE+ED)$$

于是

$$CD^2=BE\cdot(AD-BD)+BD^2$$

得

$$CD^2-BD^2=BE\cdot(AD-BD)$$

或

$$\frac{CD^2-BD^2}{AB\cdot BE}=\frac{AD-BD}{AB}$$

代入

$$BC^2=AB\cdot BE$$

所以

$$\frac{CD^2-BD^2}{BC^2}=\frac{AD-BD}{AB}$$

本文参考自：

《中等数学》2004 年 4 期 49 页.

附　　录

已知：如图 268.3，在 $\triangle ABC$ 中，$\angle ACB=90^\circ$，CE 为 AB 边上的高线，当点 D 在斜边 AB 上（不含端点）时，求证：$CD^2=BE\cdot AD+BD\cdot ED$.

证明 如图 268.3. 由 $BE+ED=BD$，可知

$$BE\cdot ED+ED^2=BD\cdot ED$$

有

$$BE\cdot(ED+AD)+ED^2=BE\cdot AD+BD\cdot ED$$

于是

$$CE^2+ED^2=BE\cdot AD+BD\cdot ED$$

所以

$$CD^2=BE\cdot AD+BD\cdot ED$$

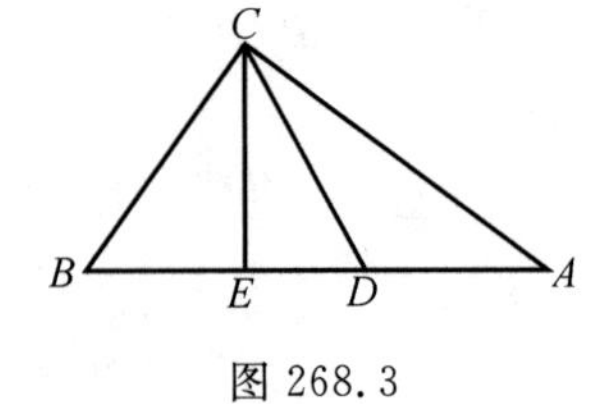

图 268.3

第 269 天

2004 年山东省初中数学竞赛

如图 269.1,矩形 $ABCD$ 中,$AB=a$,$BC=b$,M 是 BC 的中点,$DE\perp AM$,E 为垂足.

求证:$DE=\dfrac{2ab}{\sqrt{4a^2+b^2}}$.

证明 1 如图 269.1,连 DM.

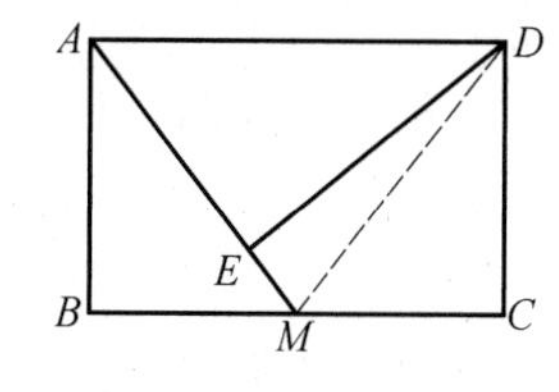

图 269.1

由四边形 $ABCD$ 为矩形,可知 $\angle B=90°$.

由 $BC=b$,M 为 BC 的中点,可知 $BM=\dfrac{b}{2}$.

在 Rt△AMB 中,由勾股定理,可知

$$AM=\sqrt{AB^2+BM^2}=\sqrt{a^2+\frac{b^2}{4}}=\frac{\sqrt{4a^2+b^2}}{2}$$

显然 $S_{ABCD}=2S_{\triangle AMD}$,可知 $AB\cdot BC=AM\cdot DE$,有

$$DE=\frac{BC\cdot AB}{AM}=\frac{2ab}{\sqrt{4a^2+b^2}}$$

所以 $DE=\dfrac{2ab}{\sqrt{4a^2+b^2}}$.

证明 2 如图 269.2,设直线 AM,DC 相交于 H,过 H 作 BC 的平行线交直线 AB 于 G.

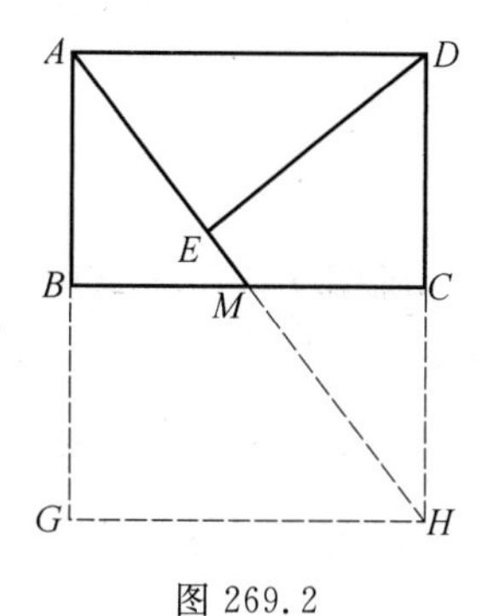

图 269.2

由四边形 $ABCD$ 为矩形,可知四边形 $BGHC$ 为矩形,有 $AG\parallel DH$,$GH\parallel AD$.

由 M 为 BC 的中点,可知 M 为 AH 的中点,有 C 为 DH 的中点,于是 $DH=2AB=2a$.

在 Rt△AHD 中,由勾股定理,可知

$$AH=\sqrt{4a^2+b^2}$$

显然 $DE\cdot AH=AD\cdot DH$,可知

$$DE=\frac{AD\cdot DH}{AH}=\frac{2ab}{\sqrt{4a^2+b^2}}$$

所以 $DE=\dfrac{2ab}{\sqrt{4a^2+b^2}}$.

证明3 如图269.3,过 D 作 AM 的平行线交直线 BC 于 N.

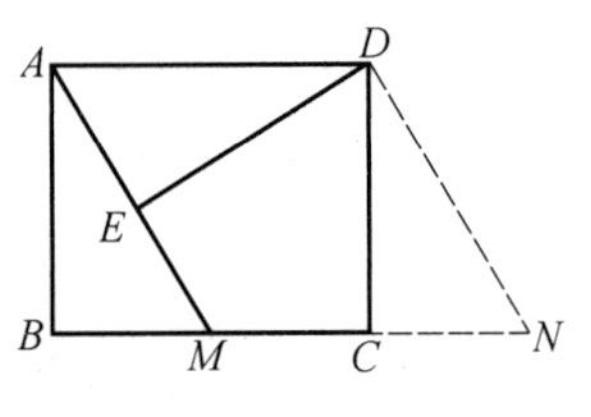

图269.3

由四边形 $ABCD$ 为矩形,可知 $AD\parallel BC$,有四边形 $AMND$ 为平行四边形,于是 $S_{AMND}=S_{ABCD}$,得 $AM\cdot DE=AB\cdot AD$.

在 Rt$\triangle AMB$ 中,由勾股定理,可知

$$AM=\sqrt{AB^2+BM^2}=\sqrt{a^2+\frac{b^2}{4}}=\frac{\sqrt{4a^2+b^2}}{2}$$

所以 $DE=\dfrac{AD\cdot AB}{AM}=\dfrac{2ab}{\sqrt{4a^2+b^2}}$.

证明4 如图269.4,设 N 为 M 关于 AD 的对称点,过 N 作 AD 的平行线分别交直线 BA,CD 于 P,Q,连 MD.

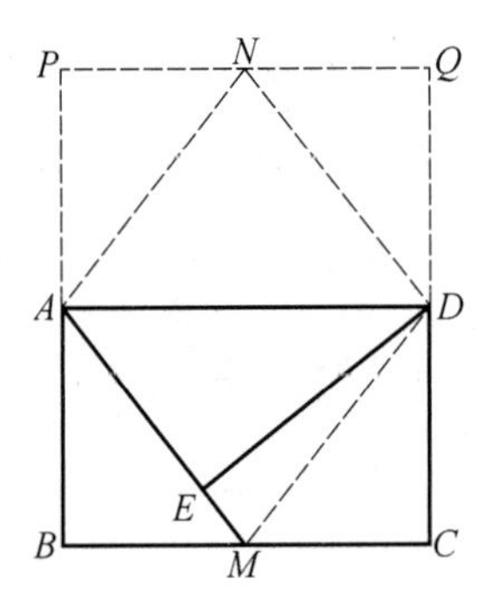

图269.4

显然四边形 $AMDN$ 为菱形,四边形 $APQD$ 为与 $ABCD$ 全等的矩形.

显然 $S_{BPQC}=2S_{AMDN}$,可知 $2AB\cdot BC=2AM\cdot DE$,有 $AB\cdot BC=AM\cdot DE$.

在 Rt$\triangle AMB$ 中,由勾股定理,可知

$$AM=\sqrt{AB^2+BM^2}=\sqrt{a^2+\frac{b^2}{4}}=\frac{\sqrt{4a^2+b^2}}{2}$$

显然 $DE=\dfrac{BC\cdot AB}{AM}=\dfrac{2ab}{\sqrt{4a^2+b^2}}$.

所以 $DE=\dfrac{2ab}{\sqrt{4a^2+b^2}}$.

证明5 如图269.5.由四边形 $ABCD$ 为矩形,可知 $\angle B=90^\circ$.

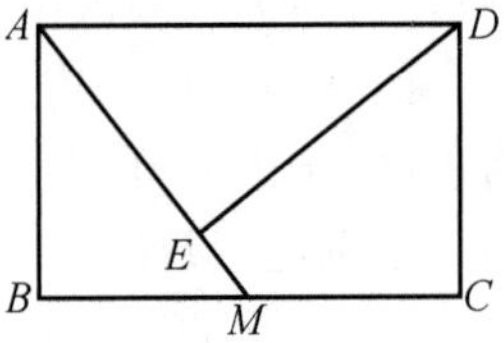

图269.5

由 $BC=b$,M 为 BC 的中点,可知 $BM=\dfrac{b}{2}$.

在 Rt$\triangle AMB$ 中,由勾股定理,可知

$$AM=\sqrt{AB^2+BM^2}=\sqrt{a^2+\frac{b^2}{4}}=\frac{\sqrt{4a^2+b^2}}{2}$$

由 $DE\perp AM$,可知 $\angle ADE=90^\circ-\angle DAE=\angle MAB$,有 Rt$\triangle ADE\backsim$

$\mathrm{Rt}\triangle MAB$，于是$\frac{DE}{AB}=\frac{AD}{AM}$，得

$$DE=\frac{AD\cdot AB}{AM}=\frac{2ab}{\sqrt{4a^2+b^2}}$$

所以 $DE=\frac{2ab}{\sqrt{4a^2+b^2}}$.

本文参考自：
1.《中等数学》2005 年 5 期 26 页.
2.《中学生数学》2001 年 3 期 12 页.

第 270 天

2004 年全国初中数学联赛“CASIO 杯”武汉选拔赛

在 $\triangle ABC$ 中，从顶点 A 到对边的三等分点 D，E 各作线段 AD，AE，与 AC 边上的中线 BF 交于 G，K. 求连比 $KF:GK:BG$.

解 1 如图 270.1，连 EF.

由 F 为 AC 的中点，E 为 DC 的中点，可知 EF 为 $\triangle CDA$ 的中位线，有 $EF=\frac{1}{2}DA$，$EF\ /\!/\ DA$.

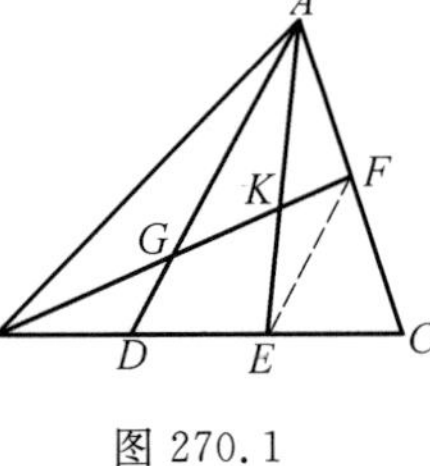

图 270.1

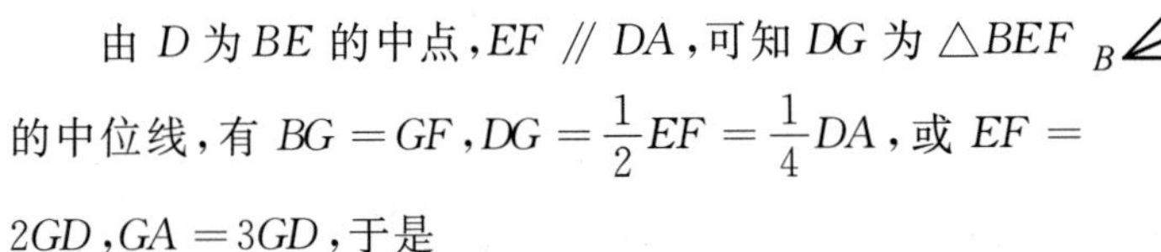

由 D 为 BE 的中点，$EF\ /\!/\ DA$，可知 DG 为 $\triangle BEF$ 的中位线，有 $BG=GF$，$DG=\frac{1}{2}EF=\frac{1}{4}DA$，或 $EF=2GD$，$GA=3GD$，于是

$$\frac{GK}{KF}=\frac{GA}{EF}=\frac{3GD}{2GD}=\frac{3}{2}$$

得

$$GK=\frac{3}{2}KF,BG=GF=GK+KF=\frac{3}{2}KF+KF=\frac{5}{2}KF$$

所以 $KF:GK:BG=KF:\frac{3}{2}KF:\frac{5}{2}KF=2:3:5$.

解 2 如图 270.2，过 F 作 BC 的平行线分别交 AD，AE 于 H，L.

由 F 为 AC 的中点，可知 LF 为 $\triangle AEC$ 的中位线，有 $LF=\frac{1}{2}EC$，于是 $\frac{BK}{KF}=\frac{BE}{LF}=4$，得 $BK=4KF$，进而 $BF=5KF$.

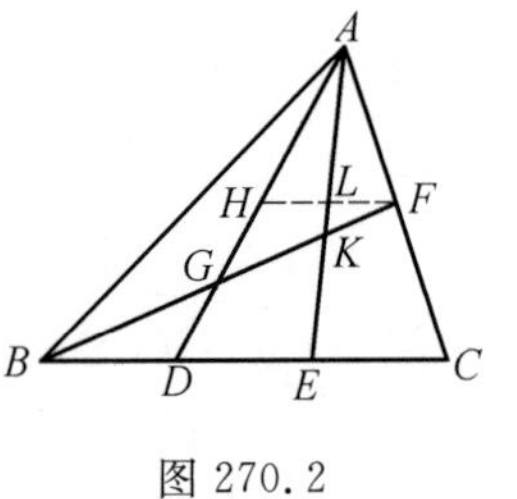

图 270.2

由 F 为 AC 的中点，可知 HF 为 $\triangle ADC$ 的中位线，有 $HF=\frac{1}{2}DC=BD$，于是 $BG=GF=\frac{5}{2}KF$，得 $GK=BF-BG-KF=\frac{3}{2}KF$.

所以 $KF:GK:BG=KF:\frac{3}{2}KF:\frac{5}{2}KF=2:3:5$.

解 3 如图 270.3，过 F 作 AE 的平行线交 BC 于 H，连 EF.

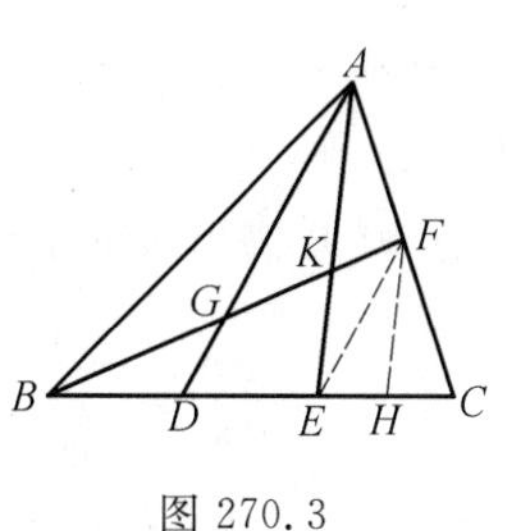

图 270.3

由 F 为 AC 的中点,可知 FH 为 $\triangle AEC$ 的中位线,有 $EH=\frac{1}{2}EC=\frac{1}{4}BE$.

显然 $\frac{BK}{KF}=\frac{BE}{BH}=4$,可知 $BK=4KF$,有 $BF=5KF$.

由 F 为 AC 的中点,E 为 DC 的中点,可知 EF 为 $\triangle CDA$ 的中位线,有 $EF=\frac{1}{2}DA$,$EF\parallel DA$.

由 D 为 BE 的中点,$EF\parallel DA$,可知 DG 为 $\triangle BEF$ 的中位线,有 $BG=GF=\frac{5}{2}KF$,得 $GK=BF-BG-KF=\frac{3}{2}KF$.

所以 $KF:GK:BG=KF:\frac{3}{2}KF:\frac{5}{2}KF=2:3:5$.

解 4 如图 270.4,设 L 为 BF 的延长线上一点,$FL=BF$,连 LA,LC.

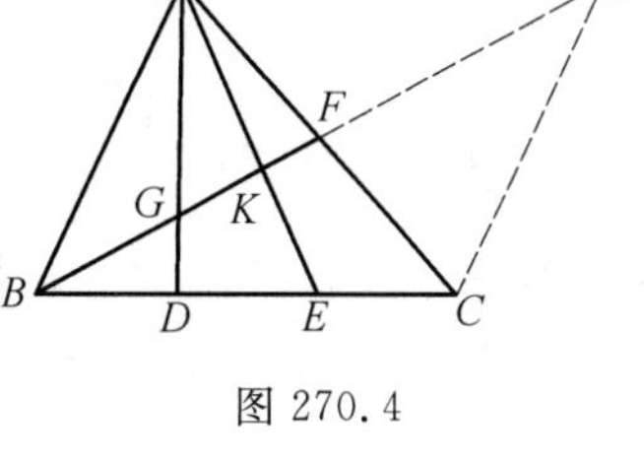

图 270.4

设 $BL=1$,可知 $BF=\frac{1}{2}$.

由 $\frac{BK}{KL}=\frac{BE}{AL}=\frac{2}{3}$,可知 $\frac{BK}{BL}=\frac{2}{5}$,有 $BK=\frac{2}{5}$,于是 $KF=\frac{1}{2}-\frac{2}{5}=\frac{1}{10}$.

由 $\frac{BG}{GL}=\frac{BD}{AL}=\frac{1}{3}$,可知 $BG=\frac{1}{4}$,于是 $GK=\frac{2}{5}-\frac{1}{4}=\frac{3}{20}$.

所以 $KF:GK:BG=\frac{1}{10}:\frac{3}{20}:\frac{1}{4}=2:3:5$.

解 5 如图 270.5,过 B 作 AC 的平行线交直线 AD 于 H,直线 AE 交 HC 于 L.

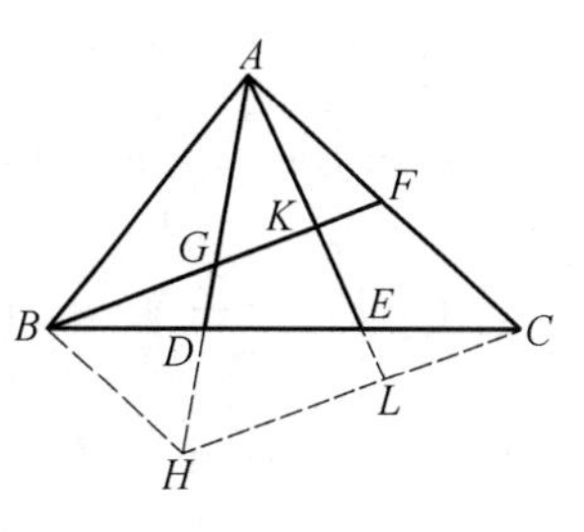

图 270.5

显然 $\frac{BH}{AC}=\frac{BD}{DC}=\frac{1}{2}$,可知 $BH=AF$,$BH=FC$,有 $BG=GF$,且四边形 $BHCF$ 为平行四边形,于是 $BF\parallel HC$.

由 $\frac{BK}{LC}=\frac{BE}{EC}=\frac{2}{1}=\frac{LC}{KF}$,可知 $BK=4KF$,有 $BF=5KF$,于是 $BG=\frac{5}{2}KF$,得 $GK=\frac{3}{2}KF$.

所以 $KF:GK:BG=KF:\frac{3}{2}KF:\frac{5}{2}KF=2:3:5$.

解 6　如图 270.6，过 C 作 AE 的平行线交直线 BF 于 H，连 EF.

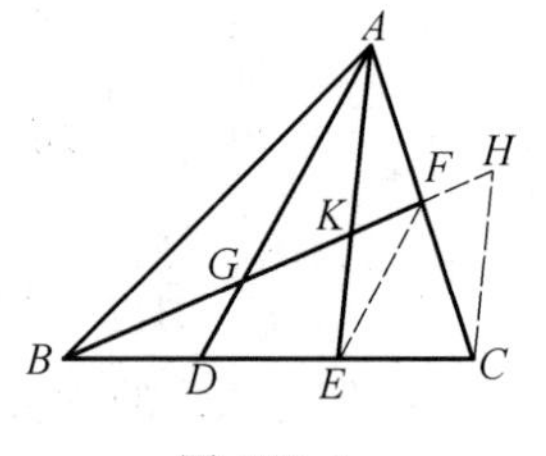

图 270.6

由 F 为 AC 的中点，可知 F 为 KH 的中点，有

$$\frac{KF}{BK}=\frac{\frac{1}{2}KH}{BK}=\frac{KH}{2BK}=\frac{EC}{2BE}=\frac{1}{4}$$

于是 $BK=4KF$，得 $BF=5KF$.

（以下同解 3）由 F 为 AC 的中点，E 为 DC 的中点，可知 EF 为 $\triangle CDA$ 的中位线，有 $EF=\frac{1}{2}DA$，$EF \parallel DA$.

由 D 为 BE 的中点，$EF \parallel DA$，可知 DG 为 $\triangle BEF$ 的中位线，有 $BG=GF=\frac{5}{2}KF$，得 $GK=BF-BG-KF=\frac{3}{2}KF$.

所以 $KF:GK:BG=KF:\frac{3}{2}KF:\frac{5}{2}KF=2:3:5$.

解 7　如图 270.7. 由梅涅劳斯定理，$\frac{BE}{EC}\cdot\frac{CA}{AF}\cdot\frac{FK}{KB}=1$，可知 $KB=4FK$，有 $BF=5FK$.

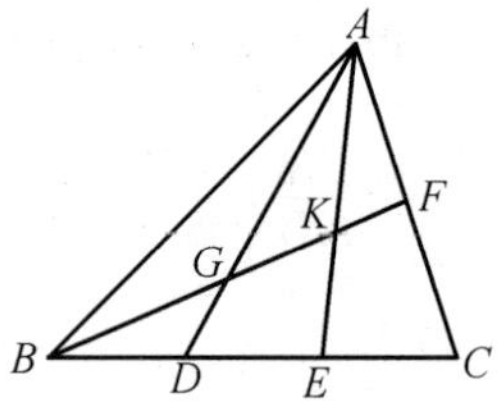

A
F
K
G
B
D
E
C
图 270.7

由 $\frac{BD}{DC}\cdot\frac{CA}{AF}\cdot\frac{FG}{GB}=1$，可知 $FG=GB=\frac{5}{2}FK$.

易知 $GK=BF-BG-FK=\frac{3}{2}FK$.

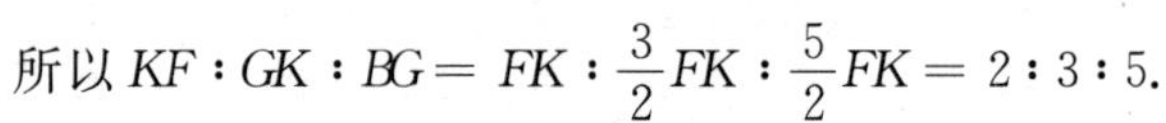
所以 $KF:GK:BG=FK:\frac{3}{2}FK:\frac{5}{2}FK=2:3:5$.

解 8　如图 270.8，过 D 作 AC 的平行线交 BF 于 H，过 E 作 AC 的平行线分别交 AD，BF 于 L，J.

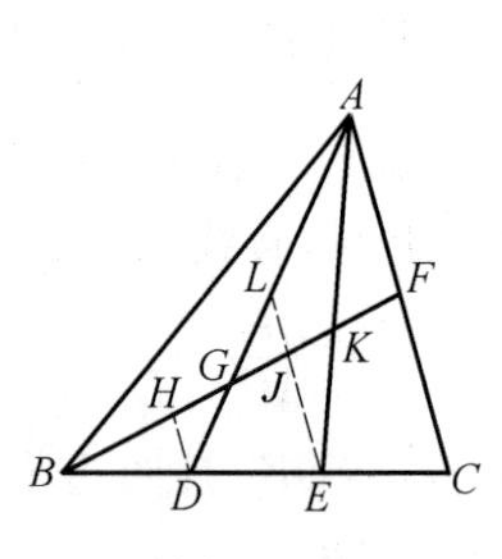

图 270.8

显然 $BH=HJ=JF$，$HD=\frac{1}{3}FC$.

由 $LE=\frac{1}{2}AC=FC$，$JE=\frac{2}{3}FC$，可知 $LJ=\frac{1}{3}FC=HD$，有 G 为 HJ 的中点，于是 G 为 BF 的中点，即 $BG=GF=\frac{1}{2}BF$.

由 $JE=\frac{2}{3}FC=\frac{2}{3}AF$，可知 $JK=\frac{2}{3}FK$，或 $FK=\frac{3}{5}JF=\frac{1}{5}BF$.

显然 $GK=BF-BG-FK=\frac{3}{10}BF$.

所以 $KF : GK : BG = \frac{1}{5}BF : \frac{3}{10}BF : \frac{1}{2}BF = 2 : 3 : 5$.

解 9 如图 270.9,过 E 作 BF 的平行线分别交直线 AD,AC 于 H,L.

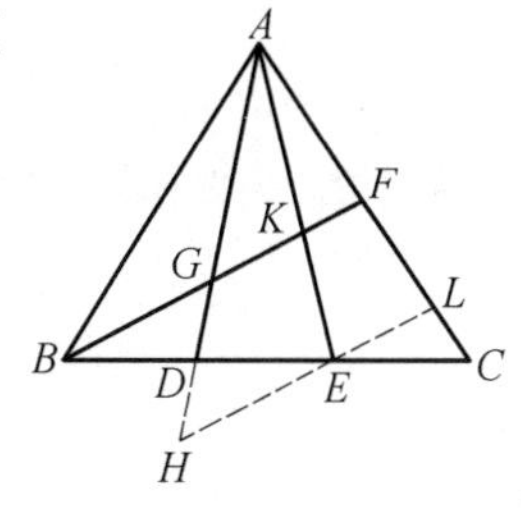

图 270.9

易知 $EL = \frac{1}{3}BF$,可知 $LC = \frac{1}{3}FC$,或 $FL = \frac{2}{3}FC$,有 $AF = \frac{3}{5}AL$,于是 $KF = \frac{3}{5}EL = \frac{1}{5}BF$.

由 D 为 BE 的中点,可知 $BG = HE$.

显然 $GF = \frac{3}{5}HL$,可知

$$BF - BG = \frac{3}{5}(HE + EL) = \frac{3}{5}\left(BG + \frac{1}{3}BF\right)$$

有 $BG = \frac{1}{2}BF$.

显然 $GK = BF - BG - FK = \frac{3}{10}BF$.

所以 $KF : GK : BG = \frac{1}{5}BF : \frac{3}{10}BF : \frac{1}{2}BF = 2 : 3 : 5$.

解 10 如图 270.10,过 D 作 BF 的平行线分别交直线 AE,AC 于 L,H.

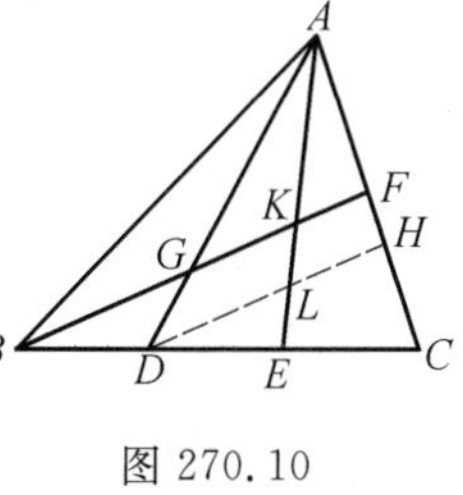

图 270.10

易知 $DH = \frac{2}{3}BF$,可知 $HC = \frac{2}{3}FC$,有 $AF = \frac{3}{4}AH$,于是 $GF = \frac{3}{4}DH = \frac{3}{4} \times \frac{2}{3}BF = \frac{1}{2}BF$,得 $BG = \frac{1}{2}BF$.

由 D 为 BE 的中点,可知 $DL = \frac{1}{2}BK$.

显然 $KF = \frac{3}{4}LH = \frac{3}{4}(DH - DL) = \frac{3}{4}DH - \frac{3}{4}DL = \frac{3}{4} \times \frac{2}{3}BF - \frac{3}{4} \times \frac{1}{2}BK = \frac{1}{2}BF - \frac{3}{8}(BF - KF)$,可知 $KF = \frac{1}{5}BF$.

显然 $GK = BF - BG - KF = \frac{3}{10}BF$.

所以 $KF:GK:BG=\frac{1}{5}BF:\frac{3}{10}BF:\frac{1}{2}BF=2:3:5$.

本文参考自：
《中等数学》2005年1期24页.

第271天

2005年北京市初二数学竞赛

如图271.1,在$\triangle ABC$中,$\angle BAC=\angle BCA=44^\circ$,$M$为$\triangle ABC$内的一点,使得$\angle MCA=30^\circ$,$\angle MAC=16^\circ$. 求$\angle BMC$的度数.

解1 如图271.1,以AC为一边在$\triangle ACB$的内侧一方作正三角形DAC,连DB,DM.

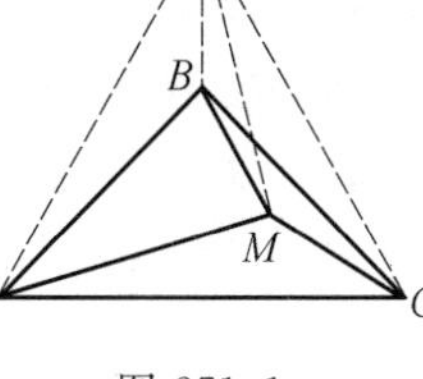

图271.1

由$\angle MCA=30^\circ$,可知CM为AD的中垂线,有$\angle MCA=30^\circ$.

由$\angle BAC=\angle BCA=44^\circ$,可知$BA=BC$,有$DB$为$AC$的中垂线,可知$\angle BDC=30^\circ=\angle MCA$.

由$\angle BAD=60^\circ-\angle BAC=16^\circ=\angle MAC$,可知$\triangle BAD\cong\triangle MAC$,有$MC=BD$,于是四边形$BMCD$为等腰梯形,所以

$$\angle BMC=180^\circ-\angle MCD=150^\circ$$

解2 如图271.2,以AB为一边在$\triangle ABC$的外侧作正三角形DAB,连MD,CD.

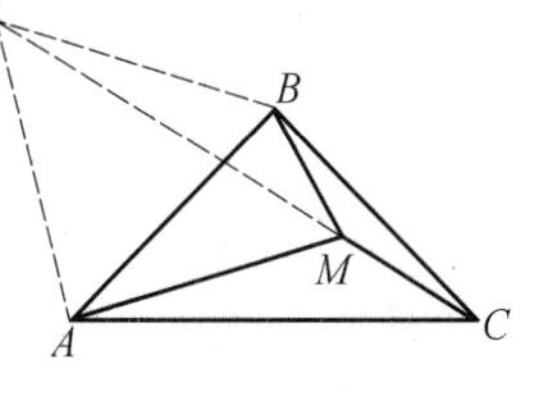

图271.2

由$\angle BAC=\angle BCA=44^\circ$,可知$\angle ABC=92^\circ$,有$\angle DBC=152^\circ$.

显然$BC=BA=BD$,可知$\angle DCB=\angle CDB=14^\circ=\angle MCB$,有$D$,$M$,$C$三点共线,于是$\angle MDA=\angle CDA=180^\circ-\angle DAC-\angle DCA=46^\circ$.

由$\angle DMA=\angle MAC+\angle MCA=46^\circ=\angle MDA$,可知$AM=AD=AB$,有$A$为$\triangle MBD$的外心,于是$\angle DMB=\dfrac{1}{2}\angle DAB=30^\circ$.

所以$\angle BMC=150^\circ$.

解3 如图271.3,以BC为一边在$\triangle ABC$的内侧作正三角形BCD,连DA,DM.

由$\angle BAC=\angle BCA=44^\circ$,可知$\angle ABC=92^\circ$,有$\angle ABD=32^\circ$.

显然$BD=BC=BA$,可知B为$\triangle ACD$的外心,有

$$\angle ACD=\frac{1}{2}\angle ABD=16^\circ=\angle MAC$$

$$\angle DAC=\frac{1}{2}\angle DBC=30^\circ=\angle MCA$$

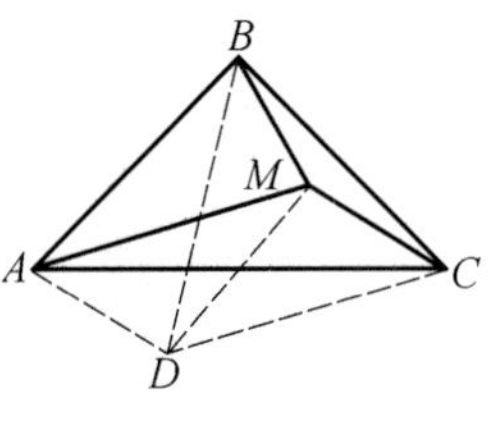

图 271.3

于是 $AM\,/\!/\,DC$，$AD\,/\!/\,MC$，得四边形 $MADC$ 为平行四边形.

由 $MA=DC=BC=BA$，可知

$$\angle ABM=\angle AMB=\frac{1}{2}(180^\circ-\angle MAB)=16^\circ$$

所以 $\angle BMC=180^\circ-\angle MBC-\angle MCB=150^\circ$.

解 4　如图 271.4，设 D 为 B 关于 AC 的对称点，连 DA，DC，DM.

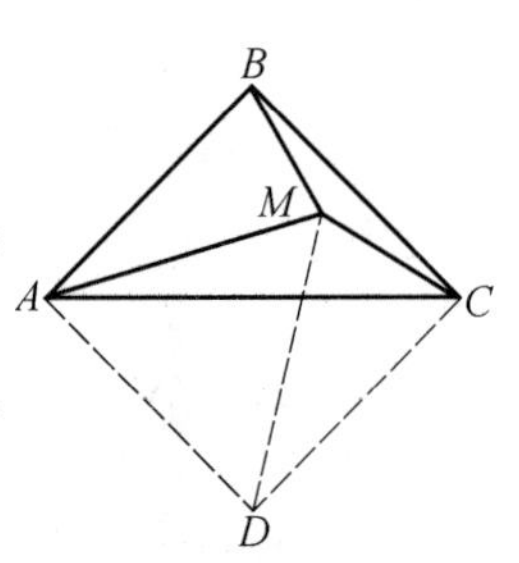

图 271.4

由 $\angle BAC=\angle BCA=44^\circ$，可知 $\angle ABC=92^\circ$，$BC=BA$，有 $\angle ADC=92^\circ$，$DA=DC$.

由 $\angle MCA=30^\circ$，$\angle MAC=16^\circ$，可知 $\angle AMC=134^\circ$.

由 $DA=DC$，$\angle AMC+\frac{1}{2}\angle ADC=180^\circ$，可知 D 为 $\triangle MAC$ 的外心.

由 $\angle MCA=30^\circ$，可知 $\triangle MAD$ 为正三角形，有 $AM=AD$，于是 $AM=AB$.

在 $\triangle MAB$ 中，可知 $\angle ABM=\angle AMB=\frac{1}{2}(180^\circ-\angle MAB)=16^\circ$.

所以 $\angle BMC=180^\circ-\angle MBC-\angle MCB=150^\circ$.

解 5　如图 271.5，过 B 作 AC 的垂线交直线 CM 于 O，D 为垂足，连 AO.

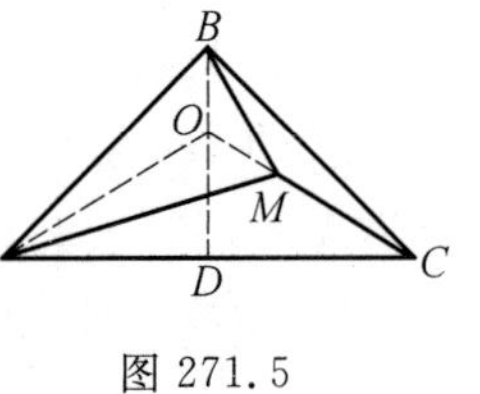

图 271.5

由 $\angle BAC=\angle BCA=44^\circ$，可知 $\angle ABC=92^\circ$，$BA=BC$，有 BD 为 AC 的中垂线，于是 $\angle OAC=\angle MCA=30^\circ$，有 $\angle AOM=120^\circ=\angle OAD+\angle ODA=\angle AOB$.

显然 $\angle OAB=14^\circ=\frac{1}{2}\angle MAB$，可知 B 与 M 关于 AO 对称，有 $\angle MBA=\angle BMA=\frac{1}{2}(180^\circ-\angle MAB)=76^\circ$，于是 $\angle MBC=\angle ABC-\angle MBA=92^\circ-76^\circ=16^\circ$.

在 $\triangle BMC$ 中，显然 $\angle BMC=150^\circ$.

所以 $\angle BMC=150^\circ$.

解 6　如图 271.6，以 AB 为一边在 $\triangle ABC$ 内侧作正三角形 ABD，连

MD，DC.

显然 $\angle DAC = 16° = \angle MAC$.

由 $BD = BA = BC$，可知 B 为 $\triangle ACD$ 的外心，有 $\angle ACD = \frac{1}{2}\angle ABD = 30° = \angle MCA$，于是 M 与 D 关于 AC 对称，得 $\triangle MCD$ 为正三角形.

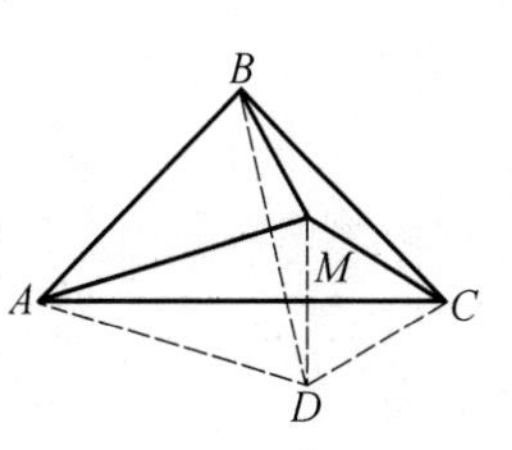

图 271.6

显然 $MD = MC$，$BD = BC$，可知 BM 为 DC 的中垂线，有 BM 平分 $\angle DBC$，于是 $\angle MBC = \frac{1}{2}\angle DBC = 16°$，所以 $\angle BMC = 150°$.

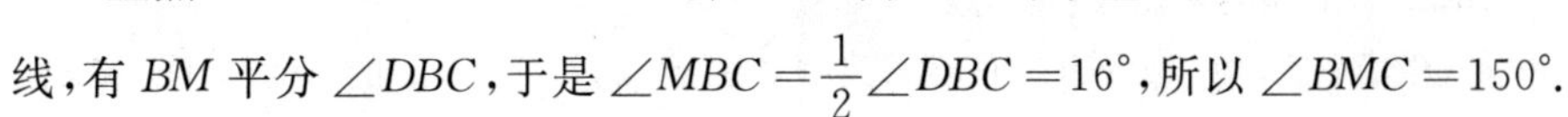

本文参考自：

《中等数学》2005 年 12 期 23 页.

第 272 天

2005 年山东省初中数学竞赛

如图 272.1，在 $\triangle ABC$ 中，$AB=1$，$AC=2$，D 是 BC 的中点，AE 平分 $\angle BAC$ 交 BC 于点 E，且 $DF \parallel AE$.

求 CF 的长.

解 1　如图 272.1，过 B 作 AE 的平行线交直线 CA 于 G.

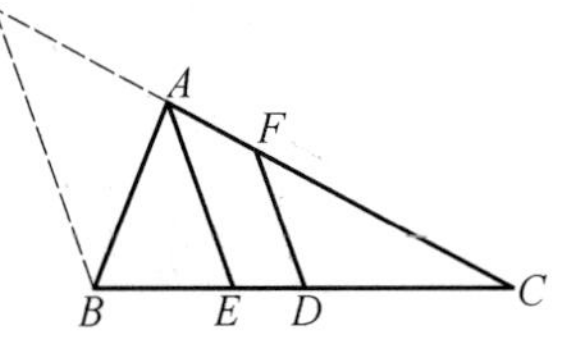

图 272.1

由 AE 平分 $\angle BAC$，可知 $\angle G=\angle EAC=\angle EAB=\angle ABG$，有 $AG=AB$，于是 $GC=AB+AC=3$.

显然 $FD \parallel GB$.

由 D 为 BC 的中点，可知 F 为 GC 的中点.

所以 CF 的长为 $\frac{3}{2}$.

解 2　如图 272.2，设 G 为 AC 的中点，连 GB，GD.

由 D 为 BC 的中点，可知

$$DG \parallel AB, DG=\frac{1}{2}AB=\frac{1}{2}$$

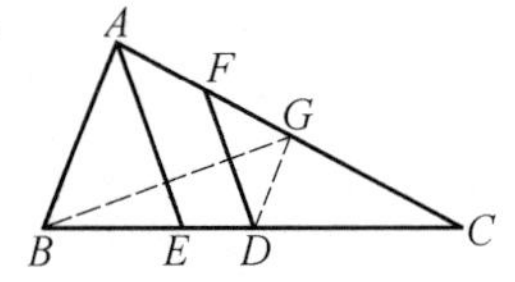

图 272.2

由 $AG=\frac{1}{2}AC=AB$，AE 平分 $\angle BAC$，可知 G 与 B 关于 AE 对称，有 $BG \perp AE$，于是 $FD \perp BG$.

显然 $\angle BGD=\angle ABG=\angle AGB=\angle BGA$，可知 $GF=GD=\frac{1}{2}AB$，有 $FC=\frac{3}{2}$.

所以 CF 的长为 $\frac{3}{2}$.

解 3　如图 272.3，过点 E 分别作 AB，AC 的垂线，H，G 为垂足.

由 AE 平分 $\angle BAC$，可知 $EG=EH$，有

$$\frac{BE}{CE}=\frac{S_{\triangle ABE}}{S_{\triangle AEC}}=\frac{AB}{AC}=\frac{1}{2}$$

由 $DF /\!/ AE$,可知

$$\frac{CF}{CA}=\frac{CD}{CE}=\frac{BC}{2CE}=\frac{BE+EC}{2CE}=\frac{1}{2}\left(\frac{BE}{CE}+1\right)=\frac{3}{4}$$

有

$$CF=\frac{3}{4}CA=\frac{3}{2}$$

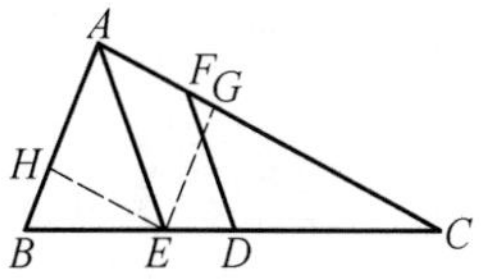

图 272.3

所以 CF 的长为$\frac{3}{2}$.

解4 如图272.4,由 AE 为 $\angle BAC$ 的平分线,可知 $\frac{BE}{EC}=\frac{AB}{AC}=\frac{1}{2}$,有 $EC=2BE$.

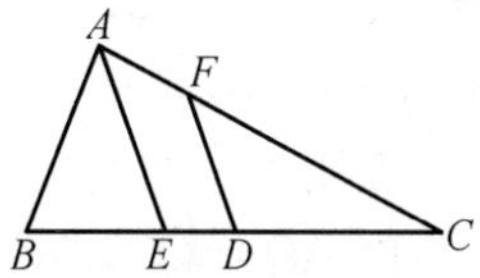

图 272.4

由 D 为 BC 的中点,即 $BD=DC$,可知

$$BE+ED=EC-ED=2BE-ED$$

有 $BE=2ED$ 或 $EC=4ED$.

由 $DF /\!/ AE$,可知$\frac{CF}{CA}=\frac{CD}{CE}=\frac{3ED}{4ED}=\frac{3}{4}$,有 $CF=\frac{3}{4}CA=\frac{3}{2}$.

所以 CF 的长为$\frac{3}{2}$.

本文参考自:

《中等数学》2006 年 9 期 29 页.

第 273 天

2006 年北京市中学生数学竞赛(初二)

在五角星 $ABCDE$ 中，相交线段的交点字母如图 273.1 所示，已知 $AQ=QC$，$BR=RD$，$CR=RE$，$DS=SA$．求证：$BT=TP=PE$.

证明 1　如图 273.1，连 AB，AE，AR.

由 $AQ=QC$，$BR=RD$，$CR=RE$，$DS=SA$，可知四边形 $ABRE$ 为平行四边形，且 S，Q 分别为 RE，RB 的中点，有 T，P 分别为 $\triangle ABR$ 与 $\triangle AER$ 的重心，于是 $BT=2TO=\frac{2}{3}BO=\frac{1}{3}BE$，$PE=2OP=\frac{2}{3}OE=\frac{1}{3}BE$，所以 $BT=TP=PE$.

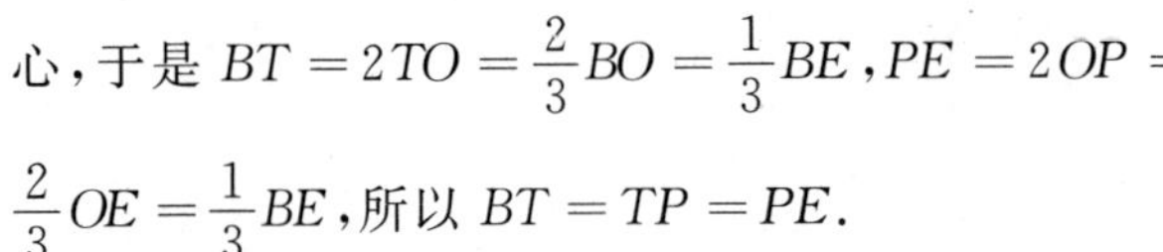

图 273.1

证明 2　如图 273.2，设直线 AE，AB 分别交直线 CD 于 M，N，连 BC，DE.

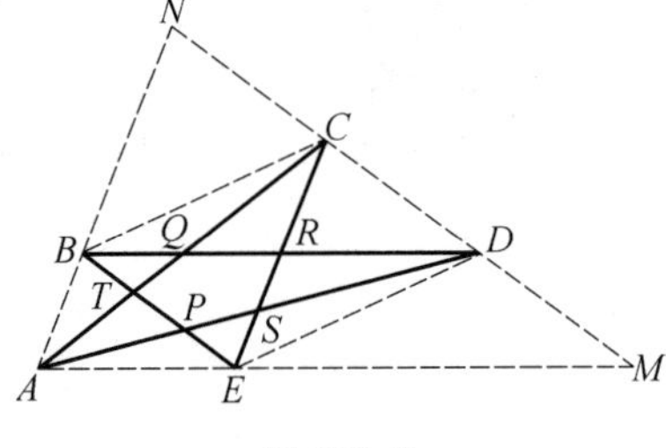

图 273.2

由 $BR=RD$，$CR=RE$，可知四边形 $BCDE$ 为平行四边形，有 $BE \parallel NM$.

由 $AQ=QC$，$CR=RE$，可知 $BD \parallel AM$，进而 $CD=DM$.

同理 $NC=CD$.

易知$\frac{BT}{NC}=\frac{AT}{AC}=\frac{TP}{CD}$，即$\frac{BT}{NC}=\frac{TP}{CD}$，可知 $BT=TP$.

同理 $TP=PE$.

所以 $BT=TP=PE$.

证明 3　如图 273.3，设直线 BA，DE 相交于 M，直线 EA，CB 相交于 N，连 CD.

由 $BR=RD$，$CR=RE$，可知四边形 $BCDE$ 为平行四边形，有 $BC=ED$.

由 $AQ=QC$，$CR=RE$，可知 $BD \parallel AE$，有四边形 $BDEN$ 为平行四边形，于是 $BN=DE$，进而 B 为 NC 的中点.

由 $BR=RD$，$DS=SA$，可知 $BA \parallel CE$，有四边形 $BMEC$ 为平行四边形，

于是 $ME=BC$，进而 E 为 MD 的中点，且 A 为 BM 的中点，A 也是 NE 的中点.

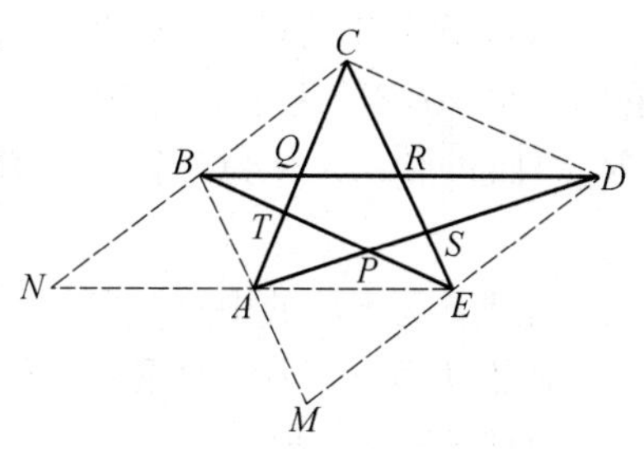

图 273.3

显然 T 为 $\triangle CNE$ 的重心，P 为 $\triangle BDM$ 的重心，可知

$$\begin{cases}ET=2BT\\BP=2PE\end{cases}$$

或

$$\begin{cases}TP+PE=2BT\\BT+TP=2PE\end{cases}$$

所以 $BT=TP=PE$.

证明 4　如图 273.4，设直线 EA，CB 相交于 M，直线 BA，DE 相交于 N，直线 CA 交 MN 于 L，连 CD.

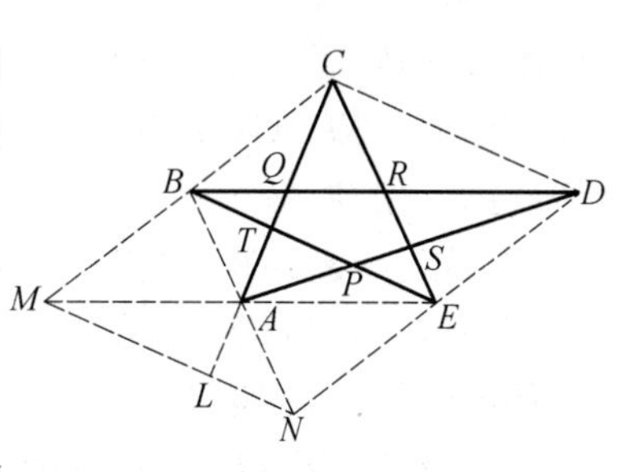

图 273.4

由 $BR=RD$，$CR=RE$，可知四边形 $BCDE$ 为平行四边形，有 $BC=ED$.

由 $AQ=QC$，$CR=RE$，可知 $BD\parallel AE$，有四边形 $BDEM$ 为平行四边形，于是 $BM=DE$，进而 $BM=BC$.

由 $BR=RD$，$DS=SA$，可知 $BA\parallel CE$，有四边形 $BNEC$ 为平行四边形，于是 $NE=BC$，进而 $NE=MB$.

显然四边形 $BMNE$ 为平行四边形，可知 A 为 ME 的中点，有 A 为 TL 的中点.

显然 B 为 MC 的中点，T 为 CL 的中点，可知 $TE=ML=2BT$，或 $BT=\frac{1}{2}TE=\frac{1}{3}BE$.

易知 $\frac{TP}{CD}=\frac{AT}{AC}=\frac{1}{3}$，可知 $TP=\frac{1}{3}CD=\frac{1}{3}BE=BT$，有 $PE=BE-BT-TP=\frac{1}{3}BE=BT$.

所以 $BT=TP=PE$.

证明 5　如图 273.5，过 R 作 BE 的平行线分别交 AC，AD 于 M，N，连 RT，AB，BC，CD，DE，EA，O 为 RA，BE 的交点.

由 R 为 CE 的中点，R 为 BD 的中点，可知四边形 $BEDC$ 为平行四边形，有 $DE=BC$，$DE\parallel BC$.

由 R，S 分别为 BD，AD 的中点，可知 $BA\parallel CE$.

由 Q,R 分别为 CA,CE 的中点，可知 $BD\parallel AE$，有四边形 $ABRE$ 为平行四边形，于是 $AB=ER=CR$，得四边形 $ABCR$ 为平行四边形，进而 Q 为 BR 的中点.

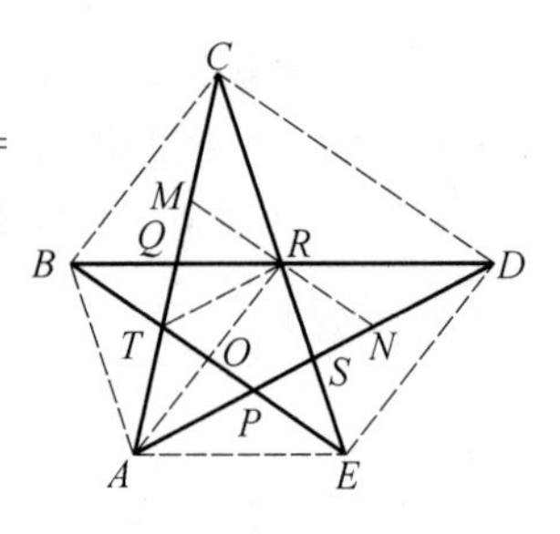

图 273.5

同理 S 为 RE 的中点.

显然 T 为 $\triangle ABR$ 的重心，可知 $BT=2TO$.

同理 $PE=2OP$.

由 O 为 BE 的中点，可知 $3TO=3PO$，有 O 为 PT 的中点，所以 $BT=TP=PE$.

证明 6　如图 273.6，设 O 为直线 AR,BE 的交点，连 AB,BC,CD,DE,EA.

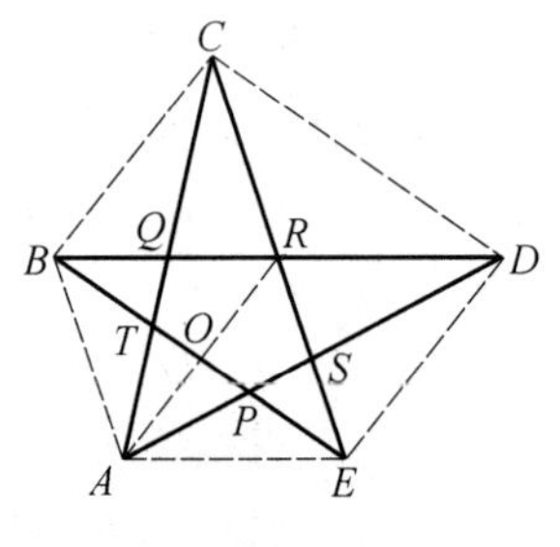

图 273.6

由 $BR=RD,CR=RE$，可知四边形 $BCDE$ 为平行四边形，有 $BC\parallel ED$.

由 $AQ=QC,CR=RE$，可知 $BD\parallel AE$.

由 $BR=RD,DS=SA$，可知 $BA\parallel CE$，有四边形 $ABRE$ 为平行四边形，于是 O 为 AR 的中点.

由 $BA\parallel CE$，Q 为 AC 的中点，可知 Q 为 BR 的中点，有 T 为 $\triangle ABR$ 的重心，于是 $TO=\frac{1}{3}BO$.

同理 $OP=\frac{1}{3}OE$.

由 O 为 BE 的中点，可知

$$\begin{aligned}BT&=\frac{2}{3}BO=\frac{2}{3}OE=PE\\&=\frac{1}{3}BE=\frac{1}{3}BO+\frac{1}{3}OE\\&=TO+OP=TP\end{aligned}$$

所以 $BT=TP=PE$.

本文参考自：

1.《中等数学》2007 年 1 期 41 页.

2.《中学数学月刊》2007 年 8 期 48 页.

第 274 天

2007 年全国初中数学竞赛天津赛区初赛

如图 274.1,BC 是半圆 O 的直径,D 是 $\overset{\frown}{AC}$ 的中点. 求证:$AC \cdot BC = 2BD \cdot CD$.

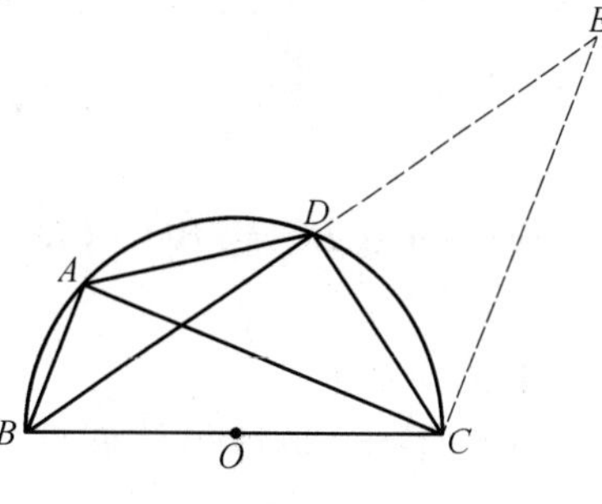

图 274.1

证明 1 如图 274.1,设 E 为 BD 的延长线上的一点,$DE = BD$,连 EC.

由 BC 是半圆的直径,可知 $CD \perp BE$,有 E 与 B 关于 CD 对称,于是 $CE = CB$.

由 D 为$\overset{\frown}{AC}$ 的中点,可知 $DC = DA$.

显然 $\angle DBC = \angle DAC$,可知 $\triangle CBE \backsim \triangle DAC$,有$\dfrac{BC}{AD} = \dfrac{BE}{AC}$,于是$\dfrac{BC}{CD} = \dfrac{2BD}{AC}$.

所以 $AC \cdot BC = 2BD \cdot CD$.

证明 2 如图 274.2,设 E 为直线 BA 与 CD 的交点.

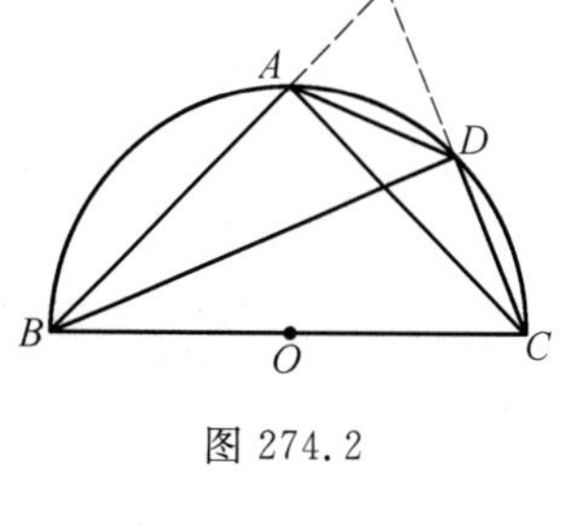

图 274.2

由 BC 是半圆的直径,可知 $CD \perp BE$.

由 D 为$\overset{\frown}{AC}$ 的中点,可知 BD 平分 $\angle ABC$,有 E 与 C 关于 BD 对称,于是 $EB = CB$.

显然 $\angle DCA = \angle DBC$,可知 $\mathrm{Rt}\triangle ECA \backsim \mathrm{Rt}\triangle CBD$,有$\dfrac{AC}{BD} = \dfrac{CE}{BC}$,于是$\dfrac{AC}{BD} = \dfrac{2CD}{BC}$.

所以 $AC \cdot BC = 2BD \cdot CD$.

证明 3 如图 274.3,连 OD 交 AC 于 E.

由 D 为$\overset{\frown}{AC}$ 的中点,可知 $DA = DC$,$AC \perp OD$,$\angle DCA = \angle DBC$.

由 BC 为半圆的直径,可知 $BD \perp DC$,有 $\mathrm{Rt}\triangle DEC \backsim \mathrm{Rt}\triangle CDB$,于是

274.3

$$\frac{CD}{BC}=\frac{EC}{BD}=\frac{\frac{1}{2}AC}{BD}=\frac{AC}{2BD}$$

所以 $AC \cdot BC = 2BD \cdot CD$.

证明 4 如图 274.3,连 OD.

由 D 为$\overset{\frown}{AC}$ 的中点,可知 $DA = DC$,$AC \perp OD$,$\angle DCA = \angle DBC$.

由 BC 为半圆的直径,可知 $OD = OB$,$BD \perp DC$,$\angle BDO = \angle DBO = \angle DAC = \angle DCA$,有 $\triangle DAC \backsim \mathrm{Rt}\triangle OBD$,于是

$$\frac{AC}{BD}=\frac{AD}{OB}=\frac{AD}{\frac{1}{2}BC}=\frac{2CD}{BC}$$

所以 $AC \cdot BC = 2BD \cdot CD$.

本文参考自:
《中学数学》2008 年 1 期 41 页.

第 275 天

2004 年全国初中数学联赛(九年级)

如图 275.1,$ABCD$ 是边长为 a 的正方形,以 D 为圆心,AD 为半径的圆弧与以 BC 为直径的半圆交于一点 P,延长 AP 交 BC 于 N. 求$\frac{BN}{NC}$.

解 1 如图 275.1,显然 MA,MB 分别为圆 D,圆 O 的切线,可知 $MA^2=MP\cdot MC=MB^2$,有 M 为 AB 的中点.

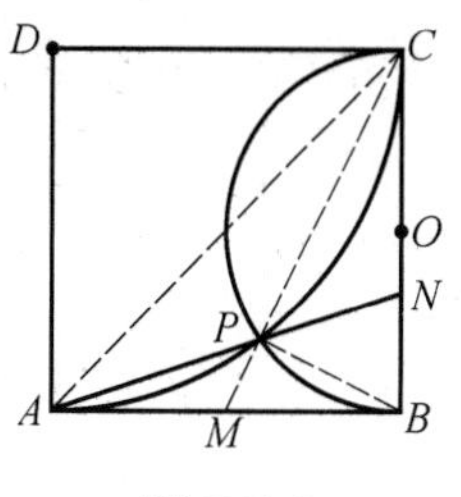

图 275.1

显然 $BP\perp MC$,可知

$$\text{Rt}\triangle PMB\backsim \text{Rt}\triangle PBC\backsim \text{Rt}\triangle BMC$$

有

$$\frac{PM}{PB}=\frac{PB}{PC}=\frac{BM}{BC}=\frac{1}{2}$$

由 $\angle PCA=\angle PAB$,可知

$$\angle CPN=\angle PAC+\angle PCA=\frac{1}{2}\angle D=45^\circ$$

有 PN 为 $\angle CPB$ 的平分线,所以$\frac{BN}{NC}=\frac{PB}{PC}=\frac{1}{2}$.

解 2 如图 275.2,过 B 作 AN 的平行线交直线 CP 于 Q,M 为 CP,AB 的交点,连 PB.

同前可知 M 为 AM 的中点,有 M 为 PQ 的中点.

同前 $PC=2PB=4PM$,可知 $PC=2PQ$,所以

$$\frac{BN}{NC}=\frac{QP}{PC}=\frac{1}{2}$$

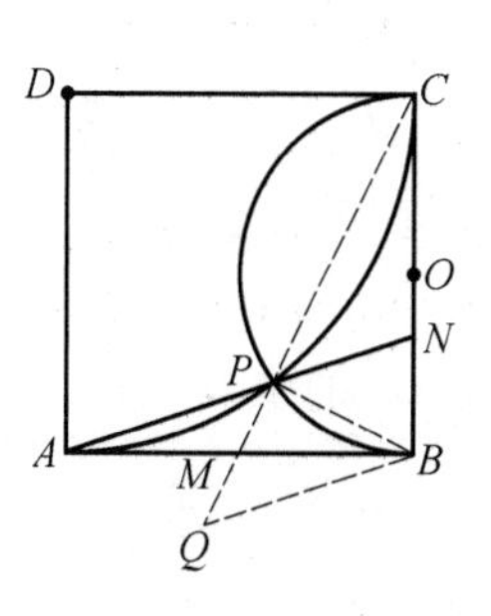

图 275.2

解 3 如图 275.3,设直线 BP 交 AD 于 R,直线 CP 交 AB 于 M,连 OD.

显然 $\text{Rt}\triangle MCB\cong \text{Rt}\triangle ODC$,可知 $MB=OC=\frac{1}{2}a$,有 $MB=MA$.

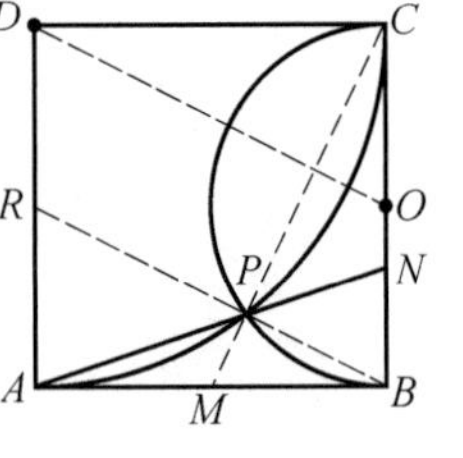

图 275.3

由 $PC \perp PB$，可知 $\mathrm{Rt}\triangle ABR \cong \mathrm{Rt}\triangle BCM$，有 $BR = MC$，$AR = MB = \frac{1}{2}a$.

由 $PC = 2PB = 4PM$，可知 $MC = 5MP$，有 $BR = 5MP$，于是 $PR = BR - PB = 3MP$，得$\frac{BN}{AR} = \frac{PB}{PR} = \frac{2}{3}$，故 $BN = \frac{2}{3}AR = \frac{1}{3}a$.

所以$\frac{BN}{CN} = \frac{1}{2}$.

解 4 如图 275.3，设直线 BP 交 AD 于 R，直线 CP 交 AB 于 M，连 OD. 由 $PC \perp PB$，可知 $\mathrm{Rt}\triangle ABR \cong \mathrm{Rt}\triangle BCM$，有 $AR = MB = \frac{1}{2}a$.

在 $\mathrm{Rt}\triangle PBC$ 中，$\frac{PC}{PB} = \frac{BC}{BM} = 2$，可知 $PC = 2PB$，由勾股定理，$PB = \frac{\sqrt{5}}{5}a$.

在 $\mathrm{Rt}\triangle BCM$ 中，可知 $CM = \frac{\sqrt{5}}{2}a$，有 $RB = \frac{\sqrt{5}}{2}a$，于是

$$PR = RB - PB = \frac{3\sqrt{5}}{10}a$$

易知$\frac{BN}{AR} = \frac{PB}{PR} = \frac{\frac{\sqrt{5}}{5}}{\frac{3\sqrt{5}}{10}} = \frac{2}{3}$，可知 $BN = \frac{2}{3}AR = \frac{1}{3}a$.

所以$\frac{BN}{CN} = \frac{1}{2}$.

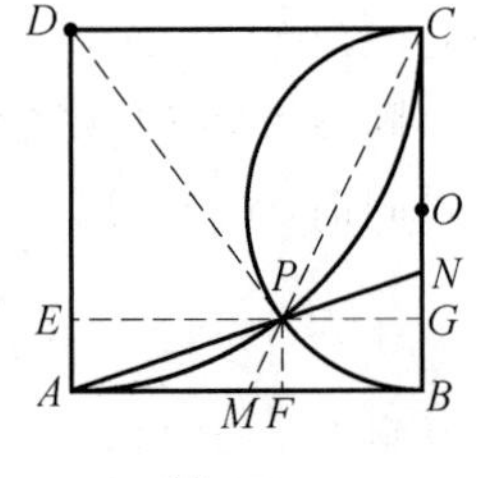

图 275.4

解 5 如图 275.4，过 P 分别作 AD，AB，BC 的垂线，E，F，G 为垂足.

由 $MA^2 = MP \cdot MC = MB^2$，可知 $MA = MB$，有 M 为 AB 的中点.

由 $\mathrm{Rt}\triangle PBG \backsim \mathrm{Rt}\triangle CMB$，可知$\frac{PF}{PG} = \frac{1}{2}$，有 $PG = 2PF$，于是 $S_{\triangle PBC} = 2S_{\triangle PAB}$.

同理 $GC = 2PG$，可知 $S_{\triangle PCD} = 2S_{\triangle PBC}$.

由 $S_{\triangle PAB} + S_{\triangle PCD} = S_{\triangle PBC} + S_{\triangle PAD}$，可知 $S_{\triangle PAD} = S_{\triangle PAB} + S_{\triangle PCD} - S_{\triangle PBC} = 3S_{\triangle PAB}$，有 $S_{\triangle PAB} : S_{\triangle PAD} : S_{\triangle PBC} = 1 : 3 : 2$，所以 $PF : PG : PE = 1 : 2 : 3$.

设 PF 为 x，有 $PE + PG = 5x = a$.

所以 $PF=\frac{a}{5}$，$PE=\frac{3}{5}a$.

在 Rt$\triangle PAF$ 中，由勾股定理

$$PA=\sqrt{\left(\frac{a}{5}\right)^2+\left(\frac{3}{5}a\right)^2}=\frac{\sqrt{10}}{5}a$$

由 $\frac{BN}{AB}=\frac{PF}{AF}=\frac{1}{3}$，有 $\frac{BN}{CB}=\frac{1}{3}$，所以

$$\frac{BN}{NC}=\frac{BN}{BC-BN}=\frac{1}{3-1}=\frac{1}{2}$$

解 6　如图 275.5，作全圆 O，设直线 AN 交圆 O 于 P，E 两点，连 CA，CE，EB.

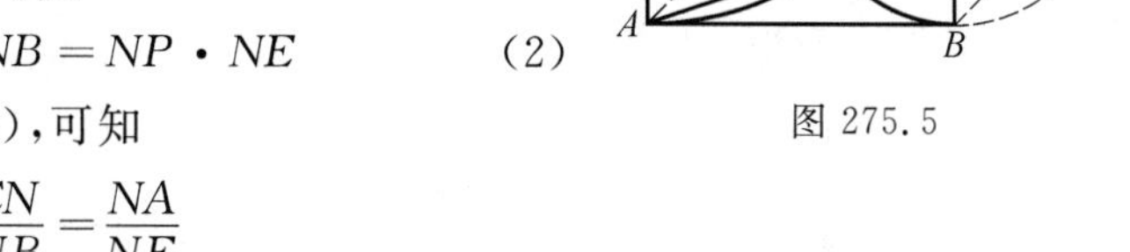

图 275.5

由 CN 为圆 D 的切线，可知

$$CN^2=PN\cdot NA \tag{1}$$

由相交弦定理，可知

$$CN\cdot NB=NP\cdot NE \tag{2}$$

式(1) 除以式(2)，可知

$$\frac{CN}{NB}=\frac{NA}{NE}$$

显然 $\angle ANC=\angle ENB$，可知 $\triangle ACN\backsim\triangle EBN$，有 $\angle EBN=\angle ACB=45°$.

显然 $\angle BEC=90°$，可知

$$\frac{BN}{CN}=\frac{BE}{AC}=\frac{\frac{\sqrt{2}}{2}BC}{\sqrt{2}BC}=\frac{1}{2}$$

所以 $\frac{BN}{CN}=\frac{1}{2}$

解 7　如图 275.6，设 CK 为圆 D 的直径，M 为 PC 与 DO 的交点，连 AK，AC，PB.

由 DO 为两圆的连心线，CP 为两圆的公共弦，可知 DO 为 CP 的中垂线，有 $PB=CM=\frac{1}{2}CP$.

显然 $\angle K=45°$，可知 $\angle CPN=45°$.

由 $\angle CPB=90°$，可知 PN 平分 $\angle CPB$，所以

$$\frac{BN}{NC}=\frac{PB}{PC}=\frac{1}{2}$$

解 8　如图 275.7，作全圆 O，设直线 AN 交圆 O 于 P，M 两点，连 CP，MB.

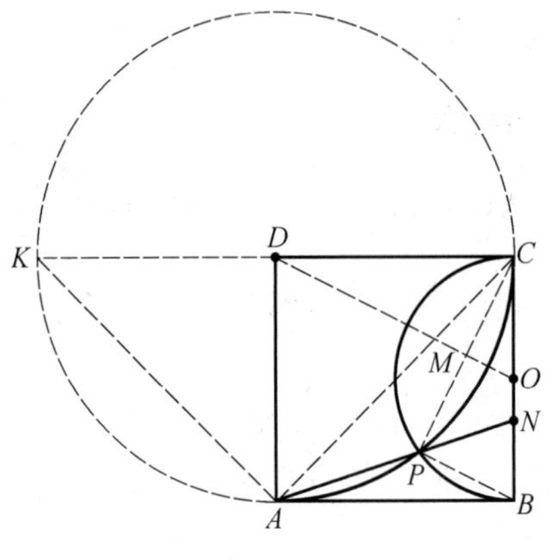

图 275.6

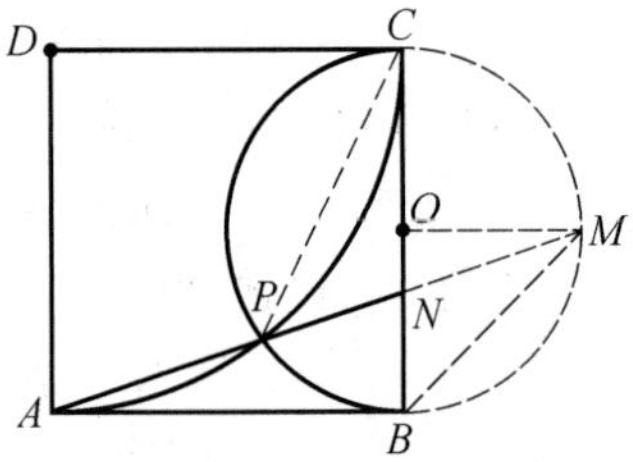

由上，$\angle CPM = 45°$，可知 $\angle COM = 90°$，有 $OM \parallel AB$，于是

$$\frac{ON}{NB} = \frac{OM}{AB} = \frac{1}{2}$$

或

$$\frac{\frac{1}{4}CN}{NB} = \frac{ON}{NB} = \frac{1}{2}$$

所以$\frac{BN}{CN} = \frac{1}{2}$.

图 275.7

解 9 如图 275.8，设直线 AN，DC 相交于 M，直线 CP，AB 相交于 Q，连 PB.

由前已证 $PC = 4PQ$，$AB = 2AQ$，可知$\frac{AQ}{CM} = \frac{PQ}{PC} = \frac{1}{4}$，有$\frac{AB}{CM} = \frac{1}{2}$.

所以$\frac{BN}{CN} = \frac{1}{2}$.

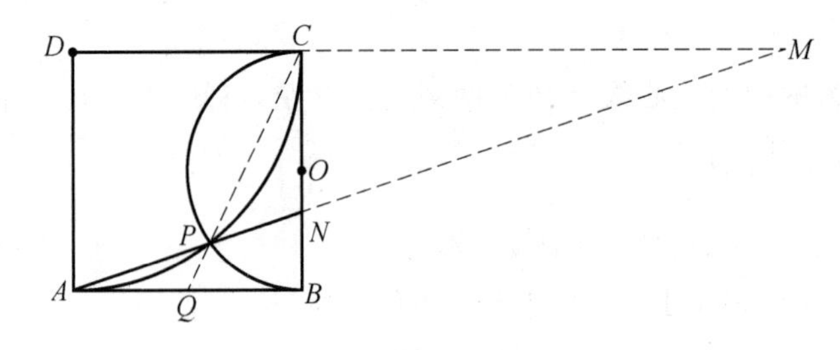

图 275.8

解 10 如图 275.9，设直线 CP，AB 相交于 Q，过 Q 作 BC 的平行线交 AN

于 M,连 PB.

由前,Q 为 AB 的中点,可知 $BQ=2MN$.

由前,$PC=4PQ$,可知 $CN=4MQ=2BN$.

所以$\frac{BN}{CN}=\frac{1}{2}$.

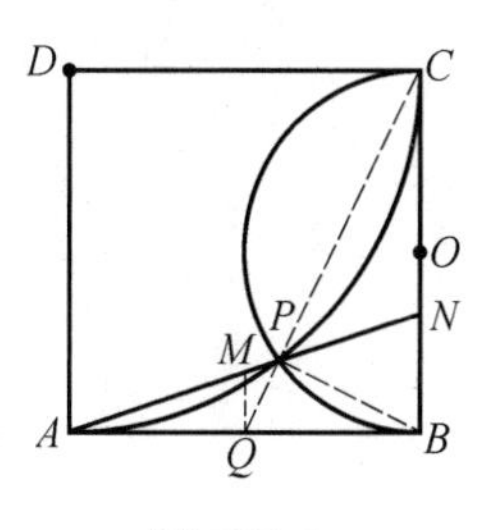

图 275.9

本文参考自:

1.《理科考试研究》1997 年 7 期 13 页.

2.《中学生数学》2008 年 3 期 25 页.

第 276 天

1979 年全国中学数学竞赛

命题“一组对边相等，一组对角相等的四边形是平行四边形”对吗？如果对，请证明；如果不对，请你作一个四边形满足已给条件，但它不是平行四边形.

解 命题“一组对边相等，一组对角相等的四边形是平行四边形”是不成立的. 一组对边相等，一组对角相等的四边形不能说是平行四边形. 我们有多种方法可举出反例.

反例 1. 如图 276.1，设四边形 $AECD$ 为平行四边形，经过 A,E,C 三点作圆 O. 设 B 为 E 关于直线 AO 的对称点，则四边形 $ABCD$ 中，$AB=AE=DC$，$\angle B=\angle E=\angle D$，即四边形 $ABCD$ 满足已给条件，但 DA 与 CB 不平行，故四边形 $ABCD$ 不是平行四边形.

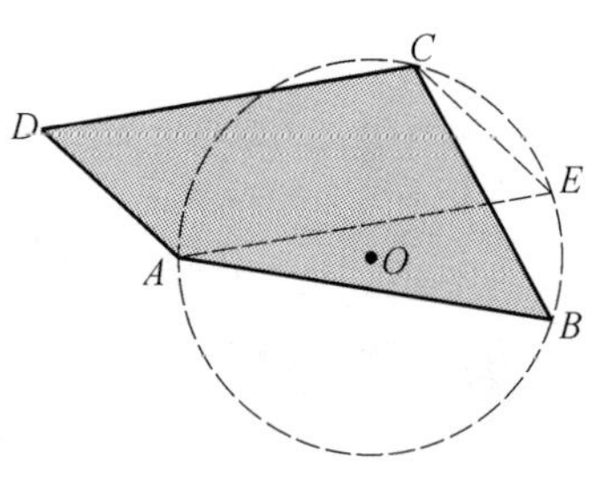

图 276.1

反例 2. 如图 276.2，$\triangle ABE$ 中，$\angle ABE$ 为锐角，过 E 作 BA 的平行线交 $\triangle ABE$ 的外接圆于 D. 设 C 为 D 关于 BE 的对称点，连 BD,BC,EC，则四边形 $ABCD$ 中，$BC=BD=BA$，$\angle C=\angle D=\angle A$，即四边形满足已给条件，但由于 $\angle ABE$ 为锐角，可知 $\angle BED$ 为钝角，有 $\angle BEC=\angle BED\neq\angle ABE$，于是 AB 与 EC 不平行，故四边形 $ABCD$ 不是平行四边形.

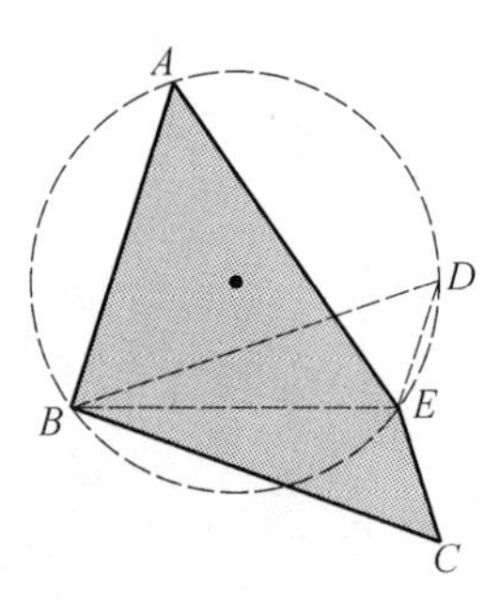

图 276.2

反例 3. 如图 276.3，任意作一等边三角形 ABE，在底边 BE 上取一点 C，使 $BC>CE$.

由 C 作 $\angle ACD=\angle CAE$，取 $CD=AE$，连 AD.

在四边形 $ABCD$ 中，由 $\triangle ACE\cong\triangle CAD$，可知 $\angle D=\angle E=\angle B$.

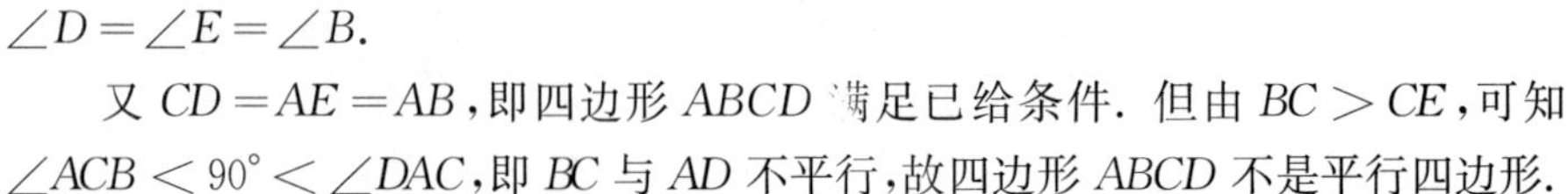

又 $CD=AE=AB$，即四边形 $ABCD$ 满足已给条件. 但由 $BC>CE$，可知 $\angle ACB<90^\circ<\angle DAC$，即 BC 与 AD 不平行，故四边形 $ABCD$ 不是平行四边形.

反例 4. 如图 276.4，作 $\triangle ABE$，使 $AB=AE$，在 BE 上取一点 C，使 $BC<AB$，$CE<AB$，$BC\neq CE$.

设点 D 满足 $\angle ACD=\angle CAE$，$DC=AE$，点 D，E 在 AC 的同旁，则四边形 $ABCD$ 中，由 $\triangle ACE\cong\triangle CAD$，有 $DC=AE=AB$，$\angle D=\angle E=\angle B$，即四边形 $ABCD$ 满足已给条件，但 $AD=CE\neq BC$，故四边形 $ABCD$ 不是平行四边形.

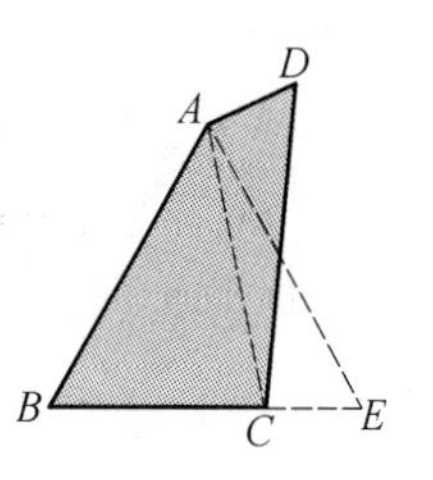

图 276.3

反例 5. 如图 276.5，作 $\angle DOE<60^\circ$，$DO=OE$.

在 OD 上取一点 A，使 $OA>AE$，并在 OE 上取一点 C，使 $CE=AD$，连 CD.

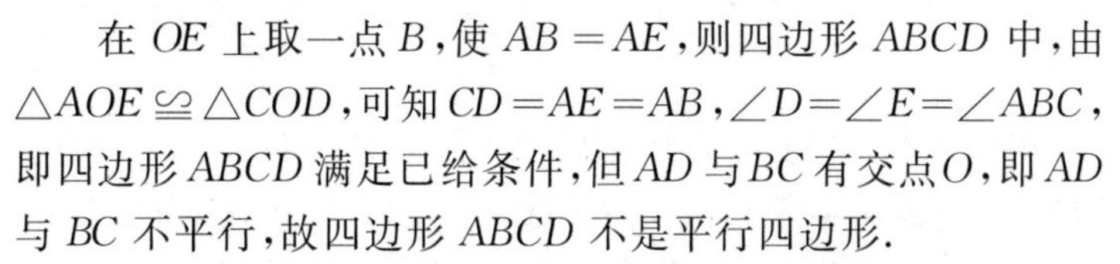

在 OE 上取一点 B，使 $AB=AE$，则四边形 $ABCD$ 中，由 $\triangle AOE\cong\triangle COD$，可知 $CD=AE=AB$，$\angle D=\angle E=\angle ABC$，即四边形 $ABCD$ 满足已给条件，但 AD 与 BC 有交点 O，即 AD 与 BC 不平行，故四边形 $ABCD$ 不是平行四边形.

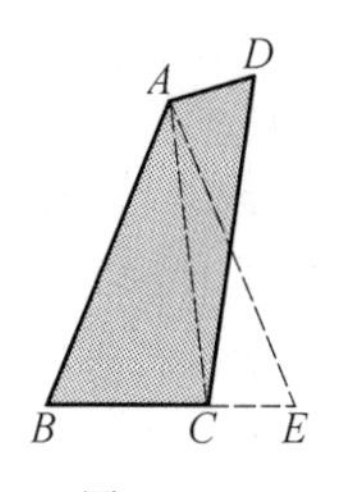

图 276.4

这里，$OA>AE$ 可保证四边形 $ABCD$ 为凸四边形.

反例 6. 如图 276.6(a)，设 $BECD$ 为等腰梯形，$DC\parallel BE$，$DB=CE$，$DC<BE<DE$.

设 A 为 E 关于 DB 的对称点，连 AD，AB，BC.

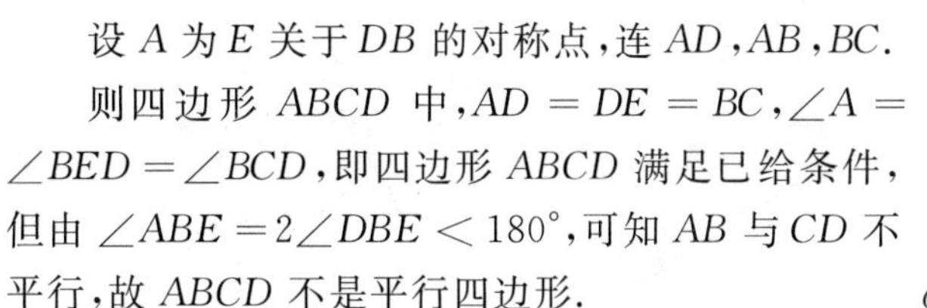

则四边形 $ABCD$ 中，$AD=DE=BC$，$\angle A=\angle BED=\angle BCD$，即四边形 $ABCD$ 满足已给条件，但由 $\angle ABE=2\angle DBE<180^\circ$，可知 AB 与 CD 不平行，故 $ABCD$ 不是平行四边形.

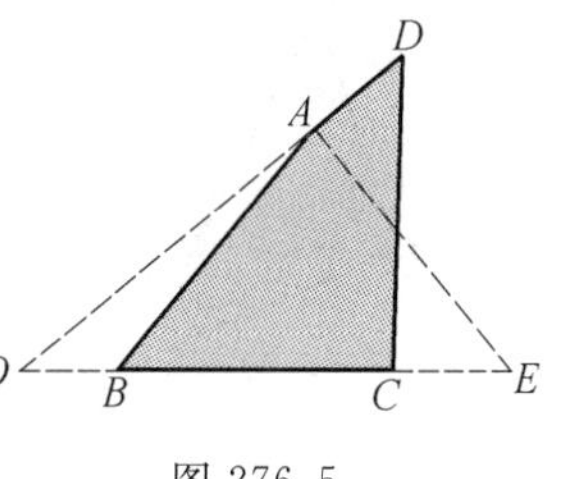

图 276.5

这里 $BE<DE$，可保证 $ABCD$ 为凸四边形.

由 $BE<DE$，可知 $\angle BDE<\angle DBE$，有

$$\begin{aligned}\angle ADC&=\angle ADB+\angle BDC\\&=\angle BDE+\angle BDC\\&<\angle DBE+\angle BDC=180^\circ\end{aligned}$$

于是 $\angle ADC<180^\circ$.

若 $DC=BE$，可知四边形 $ABCD$ 为平行四边形；若 $DE=BE$，A，D，C 三点共线，四边形 $ABCD$ 不再是四边形；若 $BE>DE$，四边形 $ABCD$ 是凹的.(图 276.6(b)，(c))

反例 7. 如图 276.7(a)，设四边形 $BECD$ 为等腰梯形，$BD\parallel EC$，$BE=CD$，$\angle BEC<90^\circ$，且 $\angle EDC<2\angle BED$.

在 EB 的延长线上取一点 A，使 $AD=ED$，可知 $AD=BC$，$\angle A=\angle AED=\angle BCD$，则四边形 $ABCD$ 满足已给条件，但由 AB 与 DC 不平行，故四边形 $ABCD$ 不是平行四边形.

这里由 $\angle EDC<2\angle BED$，可知 $\angle ADC<180^\circ$，可保证四边形 $ABCD$ 为

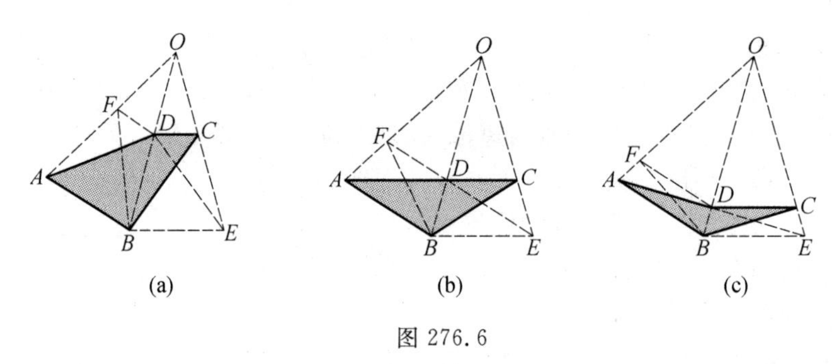

图 276.6

凸四边形.

设直线 EB,CD 相交于 O,若点 D 恰好在 EO 的中垂线上(即 A 与 O 两点重合),可知 $\angle ECD = 2\angle BED$,有 A,D,C 三点共线,四边形 $ABCD$ 化为 $\triangle ABC$;若点 A 位于 EO 的延长线上,$\angle EDC > 2\angle BED$,四边形 $ABCD$ 是凹的.(图 276.7(b),(c))

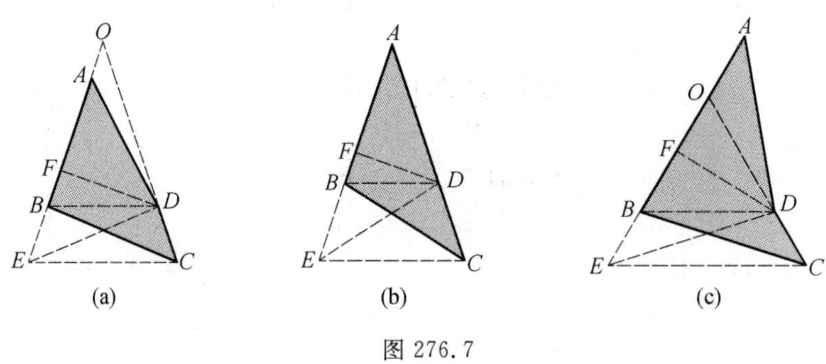

图 276.7

本文参考自:
1.《中学数学月刊》1997 年 2 期 10 页,9 期 10 页.
2.《中学数学教学》1999 年 2 期 4 页.
3.《中学数学教学参考》2001 年 12 期 16 页.
4.《中学生数学》1999 年 1 期 13 页.
5.《中学数学》1999 年 12 期 42 页.
6.《中小学数学》1997 年 3 期 9 页.
7.《中学数学研究》1997 年 6 期 22 页.
8.《中学生数学》2000 年 10 期 26 页.
9.《数学教学通讯》1998 年 2 期.
10.《中学数学月刊》1998 年 7 期.
11.《中学生理科教学》1998 年 10 期.

第277天

1986年全国初中数学竞赛

设P,Q为线段BC上的两定点，且$BP=CQ$，A为BC外一动点（图277.1），当点A运动到使$\angle BAP=\angle CAQ$时，$\triangle ABC$是什么三角形？试证明你的结论.

答　当点A运动到使$\angle BAP=\angle CAQ$时，$\triangle ABC$是等腰三角形.

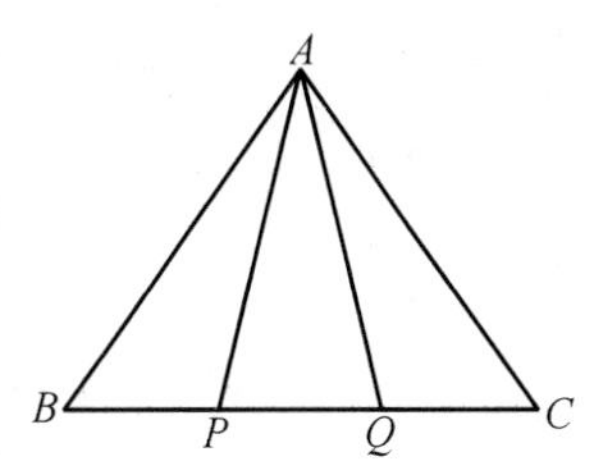

图277.1

证明1　如图277.2，设AP,AQ分别交$\triangle ABC$的外接圆于E,F，连BE,CF.

由$\angle BAP=\angle CAQ$，可知$BE=CF$.

由$\angle BAP=\angle CAQ$，可知$\angle BAF=\angle CAE$，有$\angle BCF=\angle BAF=\angle CAE=\angle CBE$.

由$BP=CQ$，可知$\triangle PBE\cong\triangle QCF$，有$\angle AEB=\angle AFC$.

所以$AB=AC$，即$\triangle ABC$是等腰三角形.

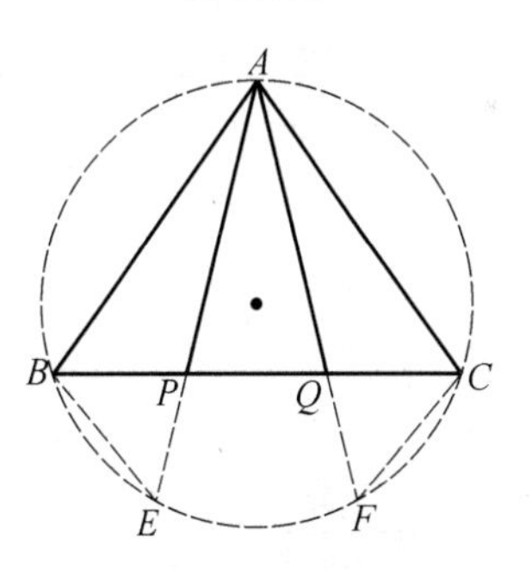

图277.2

证明2　如图277.3，作$\triangle APQ$的外接圆分别交AB,AC于E,F.

由$\angle BAP=\angle CAQ$，可知$\angle BAQ=\angle CAP$，有$\angle BPE=\angle BAQ=\angle CAP=\angle PQC$，且$PE=QF$.

由$PB=QC$，可知$\triangle PBE\cong\triangle QCF$，有$\angle B=\angle C$.

所以$AB=AC$，即$\triangle ABC$是等腰三角形.

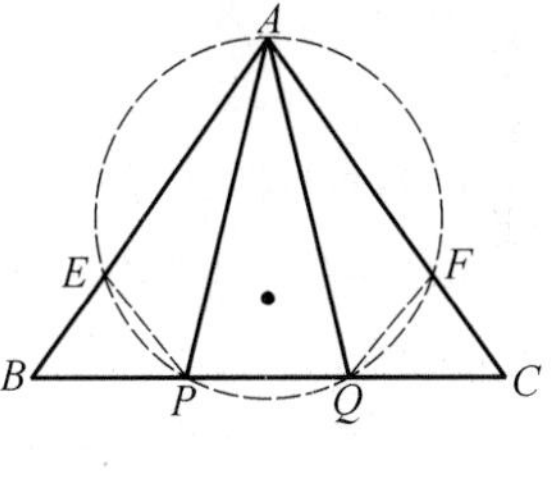

图277.3

证明3　如图277.4，分别过B,P作QA,CA的平行线，得交点E，连EA.

显然$\angle EBP=\angle AQC$，$\angle EPB=\angle C$，可知$\angle BEP=\angle QAC$（三角形内角和）.

由$\angle BAP=\angle CAQ$，可知$\angle BEP=\angle BAP$，于是E,B,P,A四点共圆.

由$BP=CQ$，可知$\triangle EBP\cong\triangle AQC$，有$EP=AC$，且$E,A$两点到直线$BC$

的距离相等，故 $EA \parallel BC$，于是四边形 $EBPA$ 为等腰梯形，得 $AB = EP$.

所以 $AB = AC$，即 $\triangle ABC$ 是等腰三角形.

类似地，分别过 B，Q 作 PA，CA 的平行线，证明方法一样（如图 277.5，从略）.

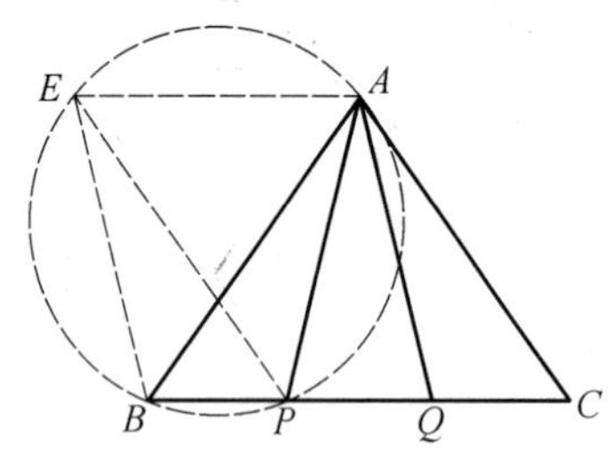

图 277.4

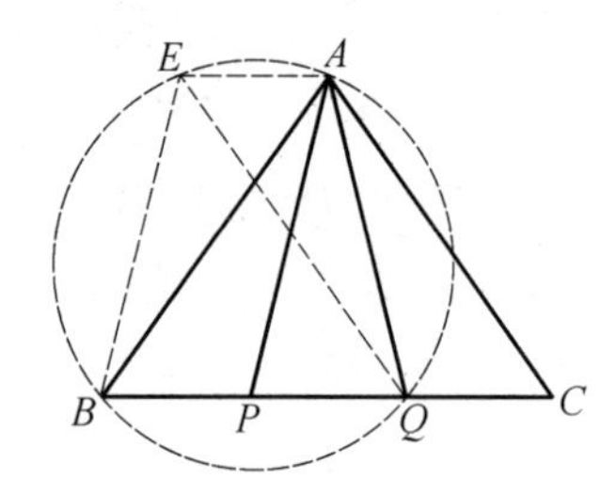

图 277.5

证明 4　如图 277.1，由 $BP = CQ$，可知 $S_{\triangle APB} = S_{\triangle AQC}$，有

$$\frac{1}{2}AB \cdot AP\sin\angle BAP = \frac{1}{2}AC \cdot AQ\sin\angle CAQ \quad (1)$$

由 $BP = CQ$，可知 $BQ = CP$，有 $S_{\triangle ABQ} = S_{\triangle ACP}$，于是

$$\frac{1}{2}AB \cdot AQ\sin\angle BAQ = \frac{1}{2}AC \cdot AP\sin\angle CAP \quad (2)$$

(1)，(2) 两式左、右两边分别相乘，并代入 $\angle BAP = \angle CAQ$，$\angle BAQ = \angle CAP$，可得 $AB^2 = AC^2$.

所以 $AB = AC$，即 $\triangle ABC$ 是等腰三角形.

证明 5　（反证法）假定 AB 与 AC 不相等，不妨设 $AB > AC$.

显然 $\angle B < \angle C$，可知 $\angle QPA < \angle AQP$，有

$$AP > AQ \quad (1)$$

由 $\frac{AP}{\sin B} = \frac{BP}{\sin\alpha} = \frac{QC}{\sin\alpha} = \frac{AQ}{\sin C}$，可知 $\frac{AP}{AQ} = \frac{\sin B}{\sin C} = \frac{AC}{AB}$，有

$$AP \cdot AB = AC \cdot AQ$$

由 $AB > AC$，可知

$$AP < AQ \quad (2)$$

(1)，(2) 两式矛盾，可知 $AB = AC$，即 $\triangle ABC$ 是等腰三角形.

证明 6　如图 277.6，分别作 $\triangle ABP$ 与 $\triangle ACQ$ 的外接圆圆 M 与圆 N，得另一交点 D，连 MB，MP，NQ，NC，AD，MN.

由 $\angle BAP = \angle CAQ$，可知 $\angle BMP = \angle CNQ$.

由 $MB = MP$，$NQ = NC$，可知 $\triangle BMP \backsim \triangle CNQ$.

由 $BP = CQ$，可知$\triangle BMP \cong \triangle CNQ$，有圆 M 与圆 N 为半径相等的圆，四

边形 $MBCN$ 为等腰梯形.

由 AD 为 MN 的中垂线,可知 AD 为 BC 的中垂线.

所以 $AB=AC$,即 $\triangle ABC$ 是等腰三角形.

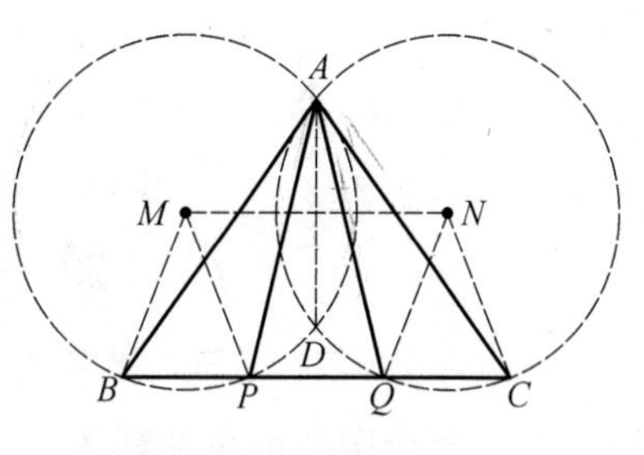

图 277.6

第 278 天

1989 年全国初中数学竞赛

如图 278.1，$\triangle ABC$ 中，D，E 分别为 BC，AB 边上的点，且 $\angle 1=\angle 2=\angle 3$，若 $\triangle ABC$，$\triangle EBD$，$\triangle ADC$ 的周长依次为 m，m_1，m_2.

证明：$\dfrac{m_1+m_2}{m}\leqslant\dfrac{5}{4}$.

证明 1 如图 278.1，设 $BC=a$，$AC=b$.

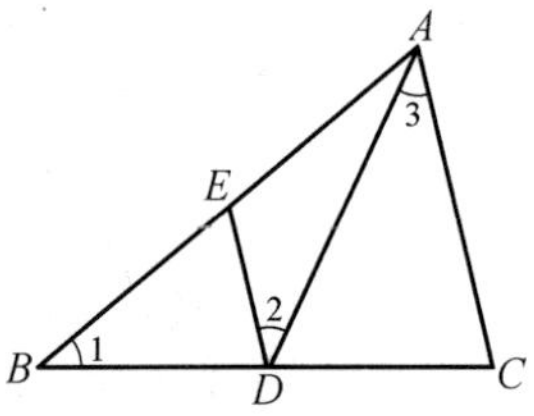

由 $\angle 1=\angle 2=\angle 3$，可知 $ED\ /\!/\ AC$，有

$$\triangle ABC\backsim\triangle EBD\backsim\triangle DAC$$

于是

$$\frac{DC}{AC}=\frac{AC}{BC}$$

图 278.1

得

$$DC=\frac{b^2}{a}$$

进而

$$BD=BC-DC=a-\frac{b^2}{a}=\frac{a^2-b^2}{a}$$

显然 $\dfrac{m_1}{m}=\dfrac{BD}{BC}=\dfrac{a^2-b^2}{a^2}$，$\dfrac{m_2}{m}=\dfrac{AC}{BC}=\dfrac{b}{a}$，可知

$$\begin{aligned}\frac{m_1+m_2}{m}&=\frac{m_1}{m}+\frac{m_2}{m}=\frac{a^2-b^2}{a^2}+\frac{b}{a}\\&=1-\left(\frac{b}{a}\right)^2+\frac{b}{a}\\&=-\left(\frac{b}{a}-\frac{1}{2}\right)^2+\frac{5}{4}\leqslant\frac{5}{4}\end{aligned}$$

所以 $\dfrac{m_1+m_2}{m}\leqslant\dfrac{5}{4}$.

证明 2 如图 278.1，设 $BC=a$，$AC=b$，$AB=c$.

由 $\angle 1=\angle 2=\angle 3$，可知 $ED\ /\!/\ AC$，有 $\triangle ABC\backsim\triangle EBD\backsim\triangle DAC$.

由 $\triangle DAC\backsim\triangle ABC$，可知

$$\frac{DC}{b}=\frac{AD}{c}=\frac{AC}{a}=\frac{b}{a}$$

有

$$m_2=DC+AD+AC=\frac{b}{a}(a+b+c)$$

且

$$BD=a-DC=\frac{a^2-b^2}{a}$$

由 $\triangle EBD\backsim\triangle ABC$,可知

$$\frac{ED}{b}=\frac{BE}{c}=\frac{BD}{a}=\frac{a^2-b^2}{a^2}$$

有

$$m_1=ED+BE+BD=\frac{a^2-b^2}{a^2}\cdot(a+b+c)$$

于是

$$\frac{m_1+m_2}{m}=\frac{m_1}{m}+\frac{m_2}{m}=\frac{a^2-b^2}{a^2}+\frac{b}{a}$$

$$=1-\left(\frac{b}{a}\right)^2+\frac{b}{a}=-\left(\frac{b}{a}-\frac{1}{2}\right)^2+\frac{5}{4}\leqslant\frac{5}{4}$$

所以 $\frac{m_1+m_2}{m}\leqslant\frac{5}{4}$.

证明 3 如图 278.2,过 D 作 AB 的平行线交 AC 于 F.

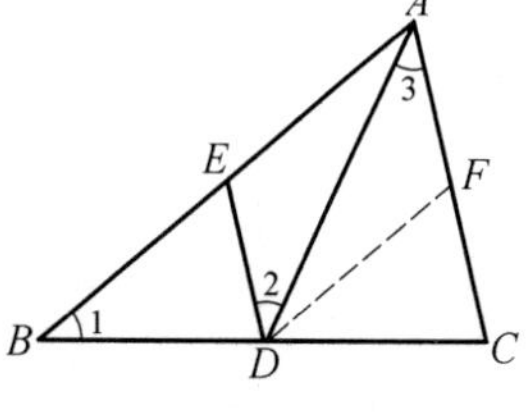

图 278.2

设 $S_{\triangle EBD}=t_1^2$,$S_{\triangle FDC}=t_2^2$.

由 $\angle 2=\angle 3$,可知 $DE\parallel AC$,有 $S_{AEDF}=2t_1t_2$,于是 $S_{\triangle ADE}=S_{\triangle ADF}=t_1t_2$,得 $S_{\triangle ADC}=t_1t_2+t_2^2$.

所以 $S=t_1^2+2t_1t_2+t_2^2=(t_1+t_2)^2$.

由 $\triangle EBD\backsim\triangle ABC\backsim\triangle DAC$,可知

$$\frac{m_1}{m}=\sqrt{\frac{S_{\triangle EBD}}{S_{\triangle ABC}}}=\frac{t_1}{t_1+t_2}=1-\frac{t_2}{t_1+t_2}$$

及

$$\frac{m_2}{m}=\sqrt{\frac{S_{\triangle DAC}}{S_{\triangle ABC}}}=\sqrt{\frac{t_1t_2+t_2^2}{(t_1+t_2)^2}}=\sqrt{\frac{t_2}{t_1+t_2}}$$

有

$$\frac{m_1+m_2}{m}=\sqrt{\frac{t_2}{t_1+t_2}}+1-\frac{t_2}{t_1+t_2}$$

$$=-\left(\sqrt{\frac{t_2}{t_1+t_2}}-\frac{1}{2}\right)^2+\frac{5}{4}\leqslant\frac{5}{4}$$

当且仅当 $t_2=3t_1$，即 $BD=3DC$ 时，$\frac{m_1+m_2}{m}$ 取到最大值$\frac{5}{4}$.

本文参考自：
1.《中学数学教学参考》1999 年 4 期 34 页.
2.《历届全国初中数学联赛试题详解》，开明出版社.

第 279 天

1991 年全国初中数学竞赛

已知正方形 $OPQR$ 内接于 $\triangle ABC$，且 $\triangle AOR$，$\triangle BOP$，$\triangle CRQ$ 的面积分别是 $S_1=1$，$S_2=3$ 和 $S_3=1$，那么正方形 $OPQR$ 的边长是多少？

解 1　如图 279.1，过 A 作 OR 的垂线，D 为垂足.

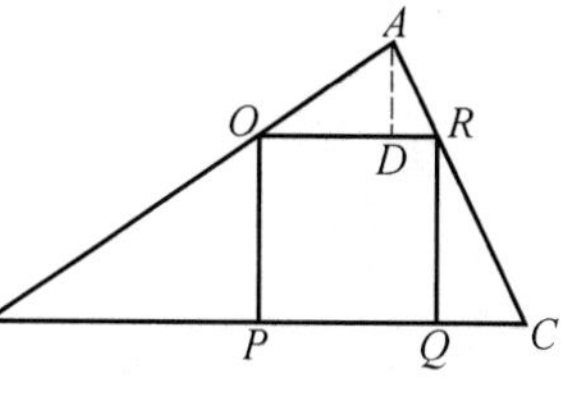

图 279.1

依题意 $\triangle AOR$，$\triangle BOP$，$\triangle CRQ$ 的面积分别是 $S_1=1$，$S_2=3$ 和 $S_3=1$，可知 $PB=3AD=3QC$.

设 $AD=x$，$PQ=y$，可知 $QC=x$，$BP=3x$，有

$$\frac{AD}{QR}=\frac{AD+OP}{BC}$$

于是

$$\frac{x}{y}=\frac{x+y}{4x+y}$$

得

$$y=2x$$

由 $S_{\triangle AOR}=1$，可知 $\frac{1}{2}xy=1$，有 $y=2$.

所以正方形 $OPQR$ 的边长是 2.

解 2　如图 279.2，过 R 作 AB 的平行线交 BC 于 D.

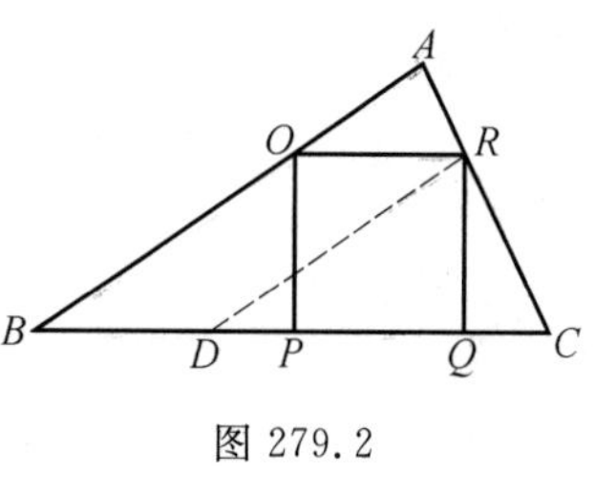

图 279.2

显然 $\mathrm{Rt}\triangle RDQ\cong\mathrm{Rt}\triangle OBP$.

易知 $\frac{AR}{AC}=\frac{\sqrt{S_{\triangle AOR}}}{\sqrt{S_{\triangle ABC}}}$，$\frac{CR}{AC}=\frac{\sqrt{S_{\triangle CRD}}}{\sqrt{S_{\triangle ABC}}}$，可知

$$\frac{\sqrt{S_{\triangle AOR}}}{\sqrt{S_{\triangle ABC}}}+\frac{\sqrt{S_{\triangle CRD}}}{\sqrt{S_{\triangle ABC}}}=\frac{AR}{AC}+\frac{CR}{AC}=1$$

有

$$S_{\triangle ABC}=(\sqrt{S_{\triangle AOR}}+\sqrt{S_{\triangle CRD}})^2=9$$

于是

$$S_{PQRO}=9-1-1-3=4$$

得 $PQ^2=4$.

所以 $PQ=2$.

本文参考自：

1.《中学数学教学参考》1999 年 4 期 55 页.
2.《中学数学月刊》2001 年 6 期 47 页.

第 280 天

1991 年全国初中数学联赛

如图 280.1,$\triangle ABC$ 中,$AB < AC < BC$,点 D 在 BC 上,点 E 在 BA 的延长线上,且 $BD = BE = AC$,$\triangle BDE$ 的外接圆与 $\triangle ABC$ 的外接圆交于点 F.

求证:$BF = AF + CF$.

证明 1 如图 280.1,延长 CF 至 G,使 $FG = FA$,连 GA,FE.

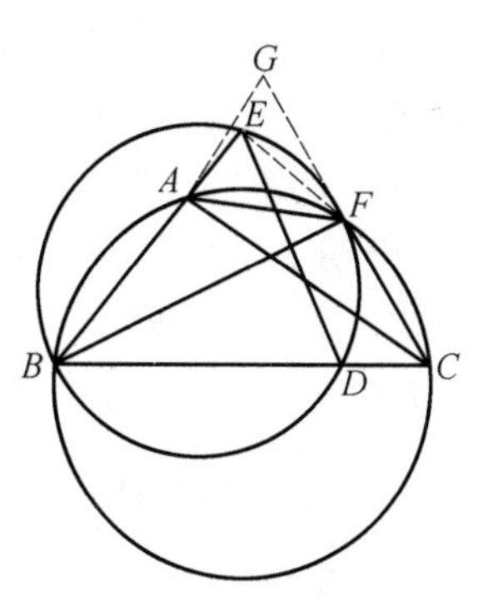

图 280.1

显然 $\angle FAG = \angle FGA$,$\angle AFG = \angle ABC$.

由 $BD = BE$,可知 $\angle BDE = \angle BED$,有

$$\angle G = \angle BDE = \angle BFE$$

在 $\triangle ACG$ 与 $\triangle EBF$ 中,由 $\angle ACG = \angle EBF$,$AC = EB$,可知 $\triangle ACG \cong \triangle EBF$,有

$$BF = GC = GF + CF = AF + CF$$

所以 $BF = AF + CF$.

证明 2 如图 280.2,设 G 为 AF 的延长线上的一点,$FG = FC$,连 CG,DF,DE.

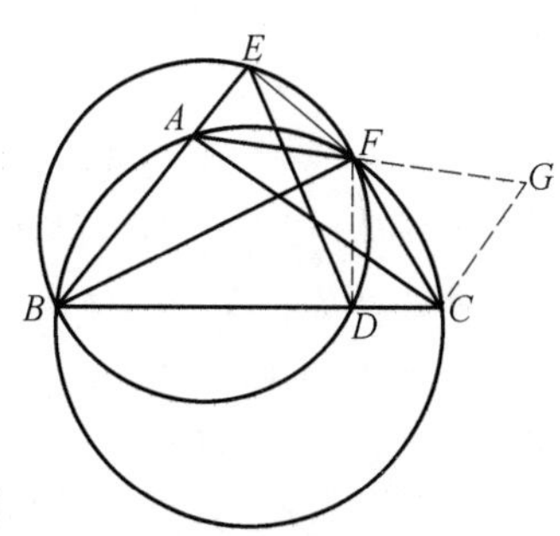

图 280.2

由 $\angle GFC = \angle EBD$,$BE = BD$,可知

$$\begin{aligned}\angle G &= \frac{1}{2}(180^\circ - \angle GFC)\\ &= \frac{1}{2}(180^\circ - \angle EBD)\\ &= \angle BED = \angle BFD\end{aligned}$$

由 $\angle GAC = \angle FBD$,$AC = BD$,可知 $\triangle GAC \cong \triangle FBD$,有

$$BF = AG = AF + FG = AF + FC$$

所以 $BF = AF + CF$.

证明 3 如图 280.3,连 DF,设 DF 的中垂线交 BF 于 G,连 DG,DE.

由 $BE = BD$,$GF = GD$,$\angle BED = \angle GFD$,可知 $\triangle EBD \backsim \triangle FGD$,有 $\angle FGD = \angle EBD$,于是 $\angle GDB = \angle EBF = \angle ACF$.

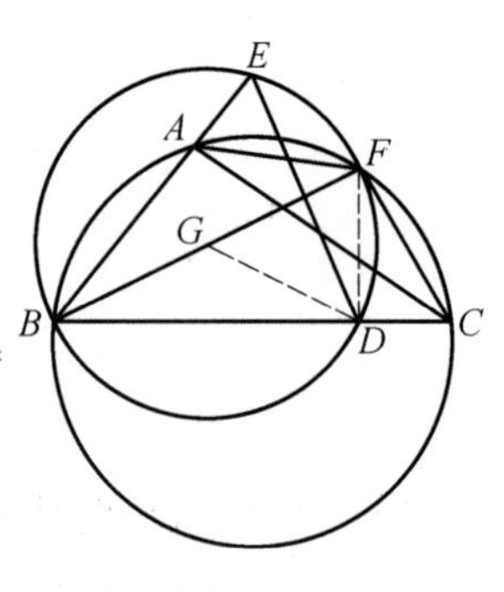

图 280.3

由 $\angle GBD=\angle FAC$，$BD=AC$，可知 $\triangle GBD\cong\triangle FAC$，有 $BG=AF$，$GD=FC$，于是

$$BF=BG+GF=AF+FC$$

所以 $BF=AF+CF$.

证明 4 如 280.3，在 BF 上取一点 G，使 $BG=AF$，连 DE，DF，DG.

由 $\angle GBC=\angle FAC$，$BD=AC$，可知 $\triangle GBD\cong\triangle FAC$，有 $GD=FC$，$\angle GDB=\angle FCA=\angle FBA$，于是 $\angle FGD=\angle FBC+\angle GDB=\angle FBC+\angle FBE=\angle EBC$.

由 $\angle GFD=\angle BED$，可知 $\angle GDF=\angle BDE=\angle BED=\angle GFD$，有 $GF=GD$，于是 $GF=FC$，得 $BF=BG+GF=AF+FC$.

所以 $BF=AF+CF$.

证明 5 如图 280.4，连 FD，FE，DE.

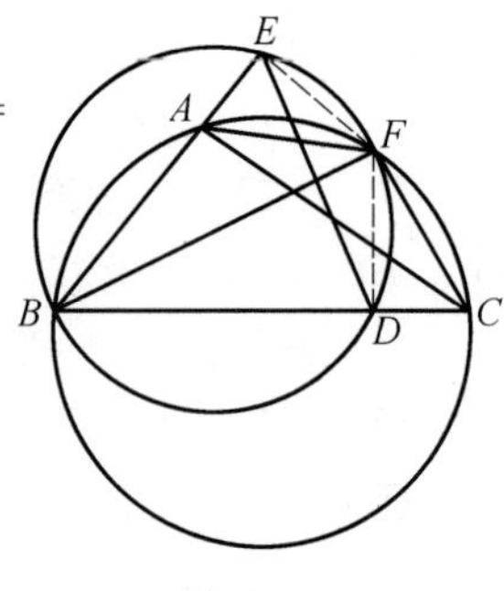

图 280.4

显然 $\angle ACF=\angle ABF=\angle EDF$，$\angle CAF=\angle CBF=\angle DEF$，可知 $\triangle ACF\backsim\triangle EDF$.

设 $\dfrac{FE}{FA}=k$，可知 $\dfrac{FD}{FC}=\dfrac{DE}{CA}=k$，有

$$EF=k\cdot AF,FD=k\cdot FC,DE=k\cdot CA$$

由托勒密定理，可知

$$BF\cdot DE=BD\cdot EF+BE\cdot DF$$

有

$$BF\cdot k\cdot CA=BD\cdot k\cdot AF+BE\cdot k\cdot FC$$

由 $BD=BE=AC$，可知 $BF=AF+CF$.

所以 $BF=AF+CF$.

证明 6 如图 280.5，在 BF 上取一点 G，使 $BG=CF$，连 EG，EF.

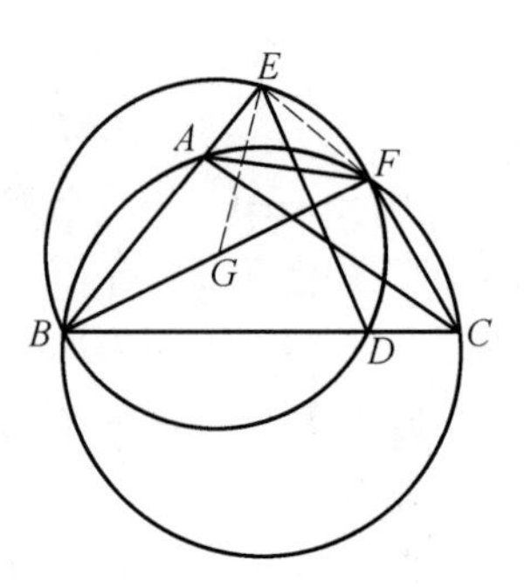

图 280.5

易证 $\triangle BEG\cong\triangle CAF$，可知 $EG=AF$，$\angle BEG=\angle CAF=\angle CBF$，有 $\angle EGF=\angle EBD$.

由 $\angle EFB=\angle EDB$，可知 $\angle GEF=\angle BED$. 由 $\angle GEF=\angle GFE$，可得 $GF=GE$，于是 $AF=GF$，得 $BF=BG+GF=CF+AF$.

所以 $BF=AF+CF$.

注 BF 为 $\triangle BDF$ 的外接圆的直径，心照不宣！

本文参考自：
1.《中学生数学》1996 年 12 期 3 页.
2.《中学数学教学》2003 年 1 期 37 页.

第 281 天

1992 年全国初中数学竞赛

已知 D 为等腰 $\triangle ABC$ 的底边 BC 上的一点，$AB=AC$，E 为线段 AD 上的一点，且 $\angle BED=\angle BAC=2\angle DEC$. 求证：$BD=2CD$.

证明 1 如图 281.1，设直线 AD 交 $\triangle ABC$ 的外接圆于 F，过 E 作 BF 的垂线，G 为垂足，连 FC.

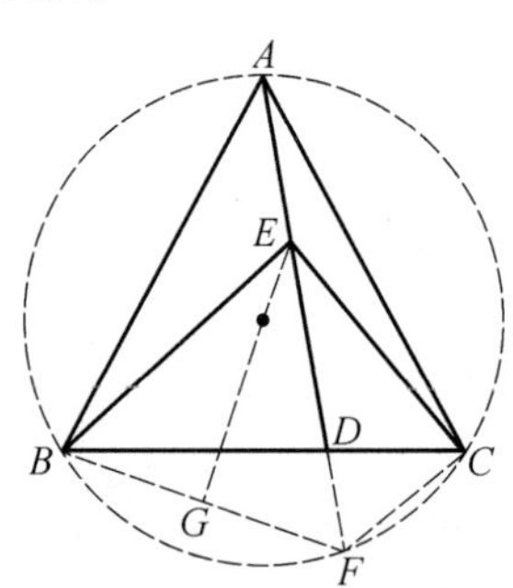

图 281.1

由 $\angle EFB=\angle ACB$，$\angle BED=\angle BAC$，可知 $\triangle BEF\backsim\triangle BAC$.

由 $AB=AC$，可知 $EB=EF$，有 G 为 BF 的中点，且 EG 平分 $\angle BEF$.

由 $\angle BED=2\angle DEC$，可知 $\angle GEF=\angle CEF$.

显然 $\angle ABC=\angle ACB$，可知 $\angle EFC=\angle ABC=\angle ACB=\angle EFG$，有 $\triangle GEF\cong\triangle CEF$，于是 $GF=FC$，得 $BF=2FC$.

显然 FA 为 $\angle BFC$ 的平分线，可知

$$\frac{BD}{DC}=\frac{BF}{FC}=\frac{2}{1}$$

所以 $BD=2CD$.

证明 2 如图 281.2，设 F 为 AD 的延长线上的一点，$EF=EB$，过 E 作 BF 的垂线，G 为垂足，过 G 作 AF 的平行线交 BC 于 H，连 GC.

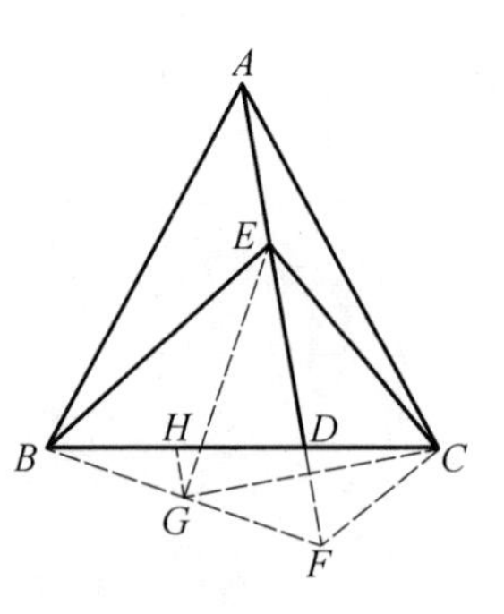

图 281.2

由 $AB=AC$，可知$\dfrac{AB}{EB}=\dfrac{AC}{EF}$.

由 $\angle BED=\angle BAC$，可知 $\triangle BEF\backsim\triangle BAC$，有 $\angle EFB=\angle ACB$，于是 A,B,F,C 四点共圆，得 $\angle AFC=\angle ABC=\angle ACB=\angle AFB$.

显然 G 为 BF 的中点，且 EG 平分 $\angle BED$.

由 $\angle BED=2\angle DEC$，可知 EF 平分 $\angle GEC$，有 G 与 C 关于 AF 对称，于是 AF 平分 GC，得 D 为 HC 的中点.

由 $GH\parallel FA$，G 为 BF 的中点，可知 H 为 BD 的中点.

所以 $BD=2CD$.

证明3 如图281.3，过 B 作 $\angle BED$ 的平分线的垂线交直线 AD 于 F，G 为垂足，连 FC.

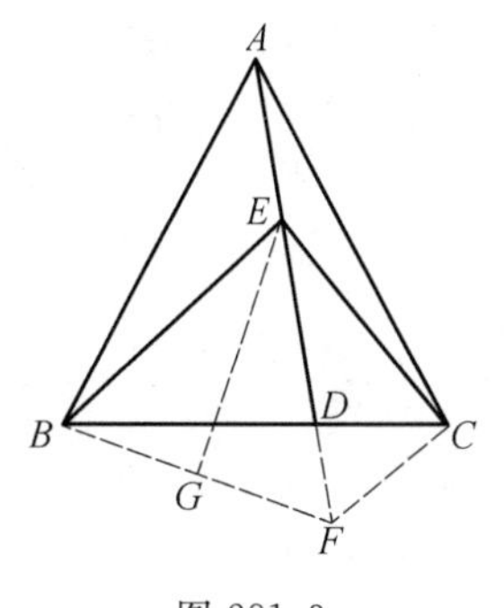

图 281.3

显然 B 与 F 关于 EG 对称，可知 G 为 BF 的中点，$EF=EB$，有 $\angle EFB=\angle EBF$.

由 $AB=AC$，可知 $\angle ACB=\angle ABC$.

由 $\angle BEF=\angle BAC$，可知 $\angle EFB=\angle ACB$，有 A，B，F，C 四点共圆，于是 $\angle AFC=\angle ABC=\angle ACB=\angle AFB$.

由 $\angle BEF=2\angle DEC$，可知 $\triangle EFC\cong\triangle EFG\cong\triangle EBG$，有 $\dfrac{S_{\triangle EBF}}{S_{\triangle ECF}}=\dfrac{2}{1}$，于是 $\dfrac{BD}{DC}=\dfrac{S_{\triangle EBF}}{S_{\triangle ECF}}=\dfrac{2}{1}$.

所以 $BD=2CD$.

证明4 如图281.4，设 F 为 BE 上的一点，$BF=AE$，连 AF.

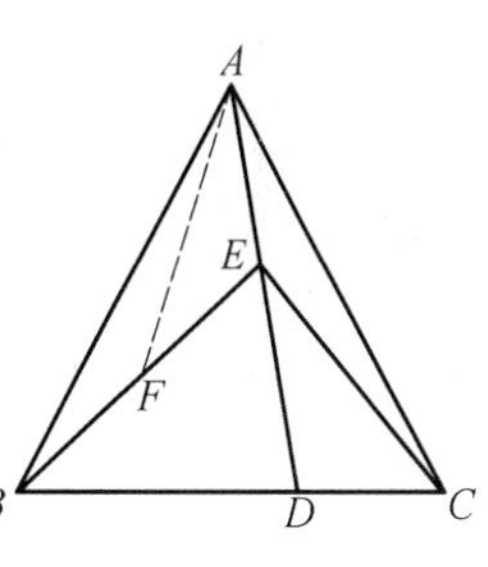

图 281.4

由 $\angle BED=\angle BAC$，可知 $\angle EBA+\angle EAB=\angle EAC+\angle EAB$，有 $\angle EBA=\angle EAC$.

由 $AB=AC$，可知 $\triangle ABF\cong\triangle CAE$，有 $FA=EC$.

显然 $\angle FBA+\angle FAB=\angle EAC+\angle ECF$，可知 $\angle EFA=\angle DEC$.

由 $\angle BED=2\angle DEC=2\angle EFA$，可知 $\angle EAF=\angle EFA$，有 $EF=EA=FB$，即 F 为 BE 的中点.

显然

$$\begin{aligned}\frac{BD}{DC}&=\frac{S_{\triangle ABD}}{S_{\triangle ACD}}=\frac{S_{\triangle EBD}}{S_{\triangle ECD}}\\&=\frac{S_{\triangle ABD}-S_{\triangle EBD}}{S_{\triangle ACD}-S_{\triangle ECD}}=\frac{S_{\triangle EBA}}{S_{\triangle ECA}}=\frac{2}{1}\end{aligned}$$

所以 $BD=2CD$.

证明5 如图281.5，以 AB 为一边在 $\triangle ABC$ 的外侧作 $\triangle ABF$，使 $FB=DC$，$FA=DA$，连 FD.

由 $AB=AC$，可知 $\triangle ABF\cong\triangle ACD$，有 $AF=AD$，$\angle FAB=\angle DAC$，于是 $\angle FAD=\angle BAC$.

由 $AB=AC$，可知 $\triangle AFD\backsim\triangle ABC$，有 $\angle AFD=\angle ABC$，于是 $\angle BFD=\angle EAB$，$\angle FDB=\angle FAB$.

由 $\angle BED=\angle BAC=\angle FAD$，可知 $FA \parallel BE$，有 $\angle ABE=\angle FAB$，于是 $\angle ABE=\angle FDB$，得 $\triangle ABE \backsim \triangle FDB$.

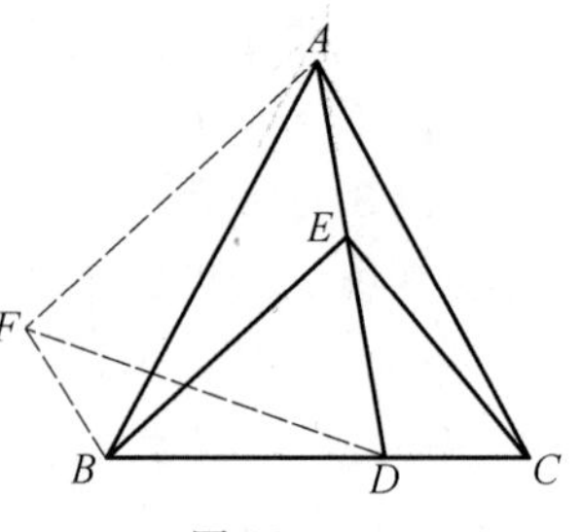

图 281.5

显然 $\dfrac{BD}{DC}=\dfrac{BD}{BF}=\dfrac{EB}{EA}$.

利用证明 4 的结论 $EB=2EA$，可知 $BD=2DC$.

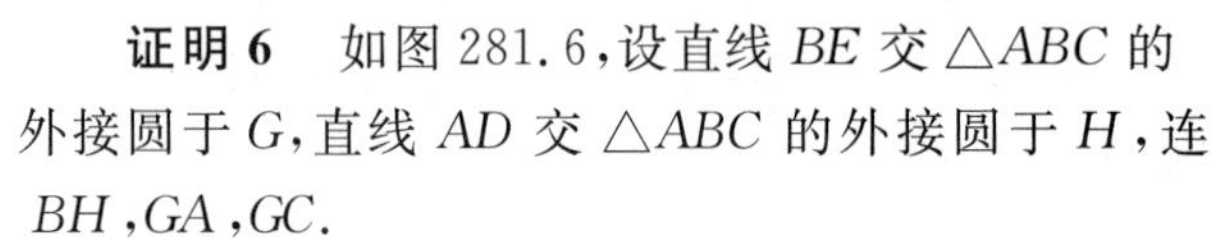

证明 6　如图 281.6，设直线 BE 交 $\triangle ABC$ 的外接圆于 G，直线 AD 交 $\triangle ABC$ 的外接圆于 H，连 BH，GA，GC.

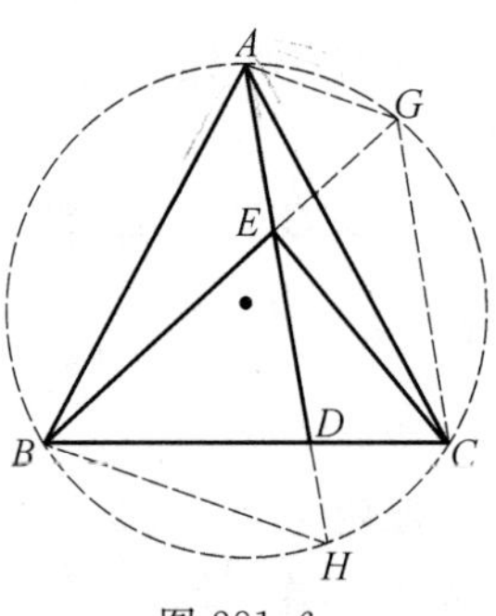

图 281.6

由 $\angle BED=\angle BAC$，$\angle EHB=\angle ACB$，可知 $\triangle BEH \backsim \triangle BAC$.

由 $AB=AC$，可知 $EB=EH$.

显然 $EG=EA$.

利用证明 4 的结论 $BE=2AE$，可知，$BE=2EG$.

由 $\angle BED=\angle BAC=\angle BGC$，可知 $GC \parallel AH$，有 $\dfrac{BD}{DC}=\dfrac{BE}{EG}=\dfrac{2}{1}$.

所以 $BD=2CD$.

证明 7　如图 281.7，以 AB 为一边在 $\triangle ABC$ 的外侧作 $\triangle FBA$，使 $FB=EC$，$FA=EA$，设 G 为 EF，AB 的交点，连 GD.

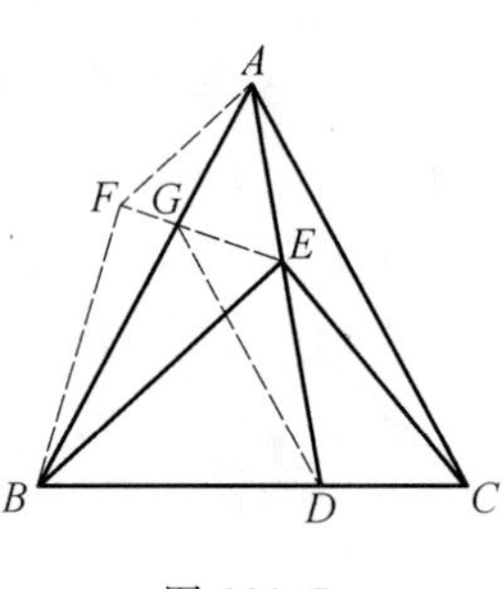

图 281.7

由 $AB=AC$，可知 $\triangle FBA \cong \triangle ECA$，有 $AF=AE$.

显然 $\triangle AFE \backsim \triangle ABC$，可知 $\angle AEF=\angle ABC$，有 G,B,D,E 四点共圆，于是 $\angle BGD=\angle BED=\angle BAC$，得 $GD \parallel AC$.

显然 $\dfrac{BD}{DC}=\dfrac{BG}{GA}$.

由 $\angle BED=\angle BAC$，可得 $\angle EBA=\angle EAC=\angle FAB$，有 $FA \parallel BE$，于是

$$\frac{BD}{DC}=\frac{BG}{GA}=\frac{BE}{FA}=\frac{BE}{EA}$$

利用证明 4 的结论 $EB=2EA$，可知

$$\frac{BE}{EA}=\frac{2}{1}$$

有

$$\frac{BD}{DC}=\frac{BG}{GA}=\frac{BE}{FA}=\frac{BE}{EA}=2$$

所以 $BD=2CD$.

证明 8 如图 281.8，以 AC 为一边在 $\triangle ABC$ 的外侧作 $\triangle ACG$，使 $GA=DA$，$GC=DB$，设 F 为 AG 上的一点，$AF=AE$，过 E 作 AG 的平行线分别交 CG，CF 于 H，K.

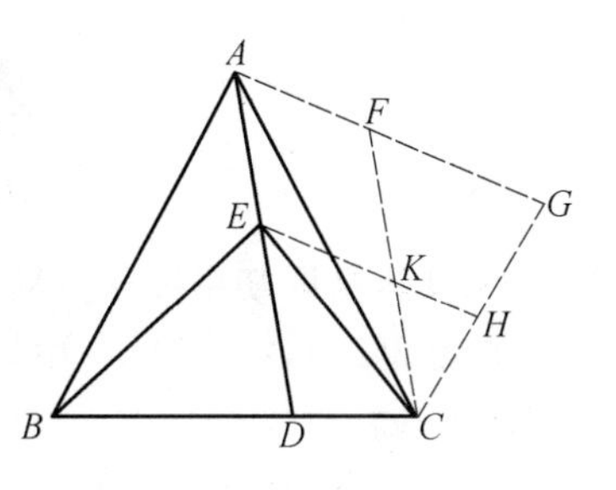

图 281.8

由 $AB=AC$，可知 $\triangle ACG\cong\triangle ABD$，有 $CG=BD$.

显然 $\triangle ACF\cong\triangle ABE$，可知 $CF=BE$.

利用证明 4 的结论 $BE=2AE$，可知 $CF=2AF$.

由 $\angle BED=\angle BAC$，可得 $\angle EBA=\angle EAC$，有 $\angle FCA=\angle EAC$，于是 $FC\parallel AD$，得四边形 $AEKF$ 为菱形.

显然 $FK=AF$，可知 $CK=AF=KF$，即 K 为 CF 的中点，有 H 为 CG 的中点.

显然 $\angle CHE=\angle G=\angle ADB$，可知 C,D,E,H 四点共圆.

由 $\angle DEH=\angle DAG=\angle BAC=\angle BED=2\angle DEC$，可知 EC 平分 $\angle DEH$，有 $CH=CD$，于是 $BD=CG=2CH=2CD$.

所以 $BD=2CD$.

本文参考自：

《中学数学》1992 年 12 期 41 页.

第 282 天

1994 年全国初中数学竞赛

如图 282.1，在 $\triangle ABC$ 中，$AB=AC$，任意延长 CA 到 P，再延长 AB 到 Q，使 $AP=BQ$.

求证：$\triangle ABC$ 的外心 O 与 A,P,Q 四点共圆.

证明 1　如图 282.1，过 O 分别作 AB,AC 的垂线，E,F 为垂足，连 OP,OQ.

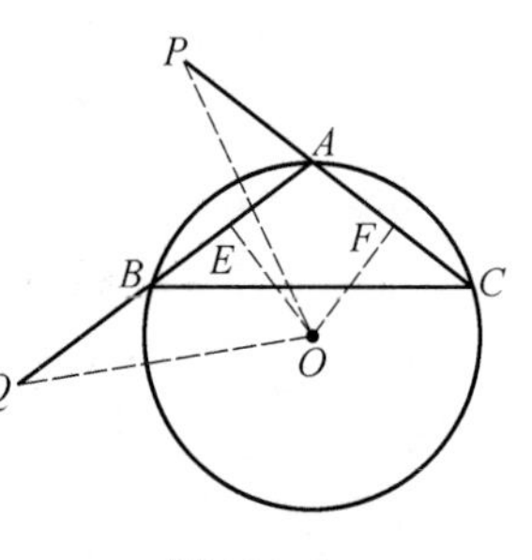

图 282.1

显然 E 为 AB 的中点，F 为 AC 的中点.

由 $AB=AC$，可知 $OE=OF$，$BE=AF$.

由 $BQ=AP$，可知 $BQ+BE=AP+AF$，就是 $EQ=FP$.

显然 $\mathrm{Rt}\triangle OEQ \cong \mathrm{Rt}\triangle OFP$，可知 $\angle Q=\angle P$，有 O,A,P,Q 四点共圆.

所以 $\triangle ABC$ 的外心 O 与 A,P,Q 四点共圆.

证明 2　如图 282.2，设直线 BO 交 $\triangle ABC$ 的外接圆于 F，AO 与 BC 相交于 E，连 OP,OQ.

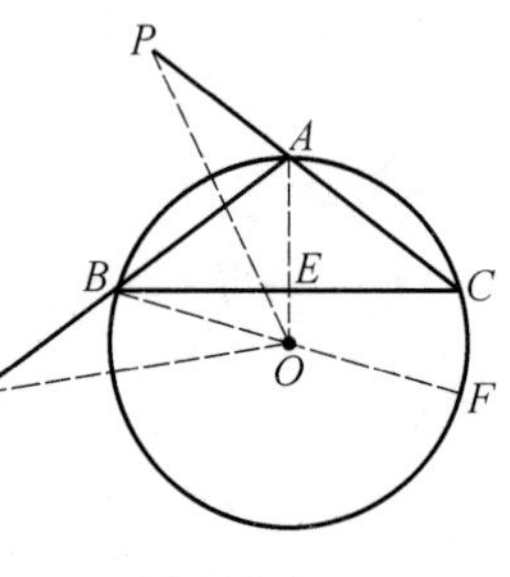

图 282.2

由 $AB=AC$，可知 $OA\perp BC$，AO 平分 $\angle BAC$.

由 $OA=OB$，可知 $\angle OBA=\angle OAB=\angle OAC$，有 $\angle OBQ=180^\circ-\angle OBA=180^\circ-\angle OAC=\angle OAP$.

由 $BQ=AP$，$OB=OA$，可知 $\triangle OBQ\cong\triangle OAP$，有 $\angle Q=\angle P$，于是 O,A,P,Q 四点共圆.

所以 $\triangle ABC$ 的外心 O 与 A,P,Q 四点共圆.

证明 3　如图 282.3，连 OA,OC,OP,OQ.

由 $AB=AC$，可知 $AO\perp BC$，有 AO 平分 $\angle BAC$.

由 $OA=OC$，可知 $\angle OCA=\angle OAC=\angle OAQ$.

由 $AB=AC$，$BQ=AP$，可知 $AQ=CP$.

显然 $\triangle OAQ\cong\triangle OCP$，可知 $\angle Q=\angle P$，有 O,A,P,Q 四点共圆.

所以 $\triangle ABC$ 的外心 O 与 A,P,Q 四点共圆.

证明4 如图282.4,设G为BA的延长线上的一点,$AG=AP$,过O作AQ的垂线,E为垂足,连OP,OQ,OG.

显然E为AB的中点.

由$AP=BQ$,可知$AG=BQ$,有E为QG的中点,即G与Q关于OE对称,于是$\angle Q=\angle G$.

由$AB=AC$,可知$AO\perp BC$,有AO平分$\angle BAC$,于是AO平分$\angle PAG$.

由$AG=AP$,可知G与P关于AO对称,有$\angle P=\angle G$,于是$\angle P=\angle Q$,得O,A,P,Q四点共圆.

所以$\triangle ABC$的外心O与A,P,Q四点共圆.

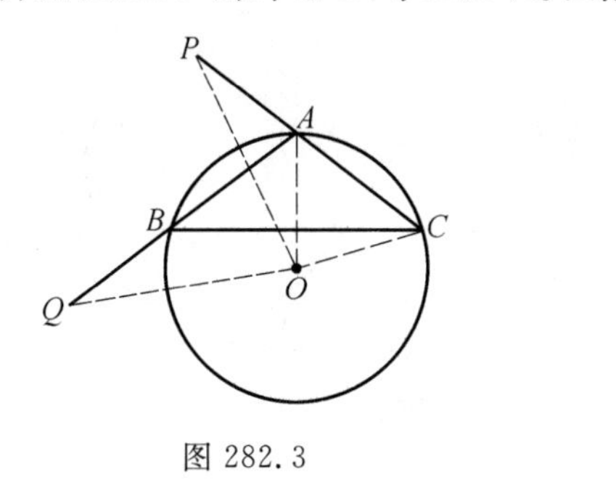

图282.3

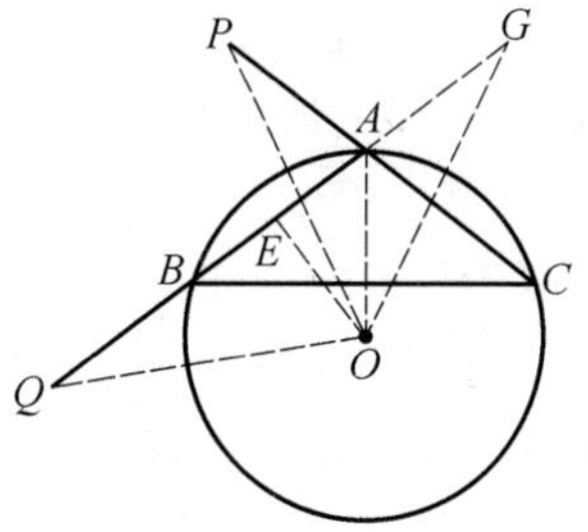

图282.4

第 283 天

1995 年全国初中数学竞赛

如图 283.1，$\angle ACE=\angle CDE=90^\circ$，点 B 在 CE 上，$CA=CB=CD$，过 A，C，D 三点的圆交 AB 于点 F. 求证：F 为 $\triangle CDE$ 的内心.

证明 1　如图 283.1，连 CF，BD.

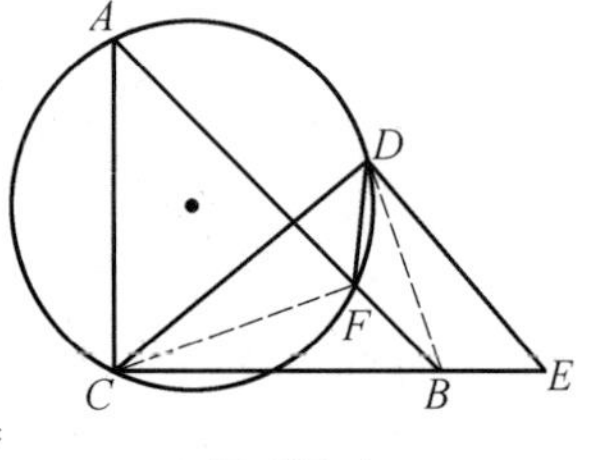

图 283.1

由 $CA=CB$，$\angle ACB=90^\circ$，可知 $\angle A=45^\circ$，有 $\angle CDF=\angle A=45^\circ$.

由 $\angle CDE=90^\circ$，可知 DF 平分 $\angle CDE$.

显然 $\angle CBF=45^\circ=\angle CDF$.

由 $CB=CD$，可知 $\angle CBD=\angle CDB$，有 $\angle FDB=\angle FBD$，于是 $FB=FD$，得 CF 为 DB 的中垂线，进而 CF 为 $\angle DCE$ 的平分线.

所以 F 为 $\triangle CDE$ 的内心.

证明 2　如图 283.2，设 O 为 $\triangle ACD$ 的外心，设 CE 与圆交于 G，连 AG，AD，CO，CF.

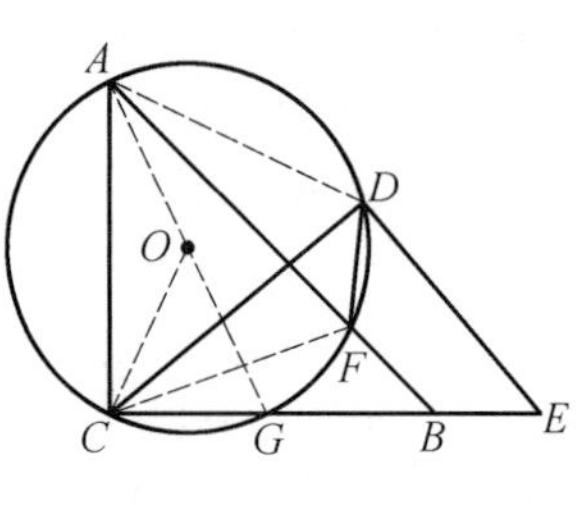

图 283.2

由 $\angle ACE=90^\circ$，可知 AG 为圆的直径，即 O 为 AG 的中点.

由 $CA=CB$，$\angle ACB=90^\circ$，可知 $\angle A=45^\circ$，有 $\angle CDF=\angle A=45^\circ$.

由 $\angle CDE=90^\circ$，可知 DF 平分 $\angle CDE$.

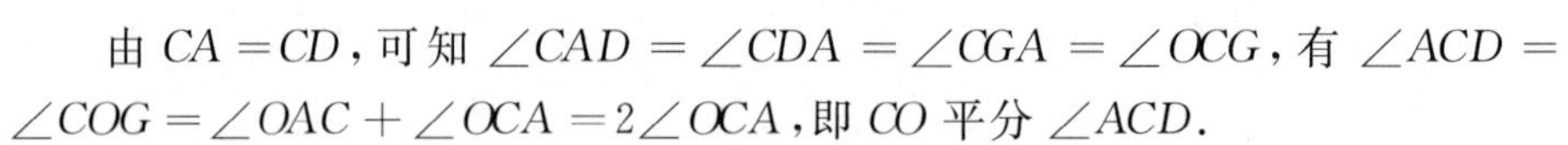
由 $CA=CD$，可知 $\angle CAD=\angle CDA=\angle CGA=\angle OCG$，有 $\angle ACD=\angle COG=\angle OAC+\angle OCA=2\angle OCA$，即 CO 平分 $\angle ACD$.

显然 $\angle DAC=90^\circ-\angle OCA$，可知 $\angle DAF=45^\circ-\angle OCA=\angle FAG$，有 $\angle DCF=\angle FCG$，即 CF 平分 $\angle DCE$.

所以 F 为 $\triangle CDE$ 的内心.

证明 3　如图 283.3，设 G 为 CE 与圆的交点，直线 ED 交圆于 H，连 HC，HG，FG，FE.

由 $CD\perp DE$，可知 CH 为圆的直径，有 $HG\perp CE$.

由 $AC\perp CE$，可知 $AC\parallel HG$，$HG=AC=CD$.

显然 $\angle DCE=\angle GHE$，可知 $Rt\triangle CDE\cong Rt\triangle GHE$，有 $DE=GE$，$CE=HE$，于是 EF 为 CH 的中垂线，得 EF 平分 $\angle DEC$.

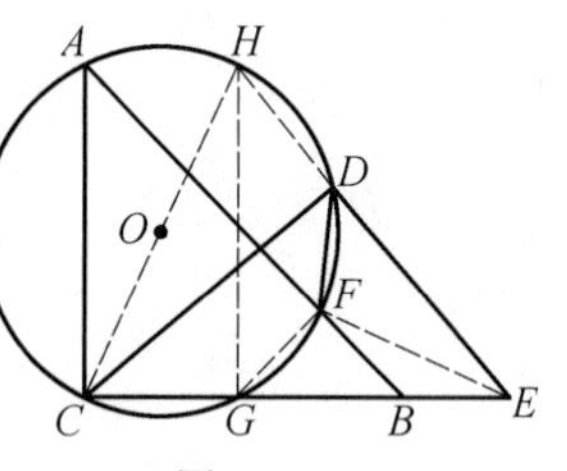

图 283.3

由 $CA=CB$，$\angle ACB=90°$，可知 $\angle A=45°$，有 $\angle CDF=\angle A=45°$.

由 $\angle CDE=90°$，可知 DF 平分 $\angle CDE$.

所以 F 为 $\triangle CDE$ 的内心.

证明 4 如图 283.4，连 AD，DB，CF.

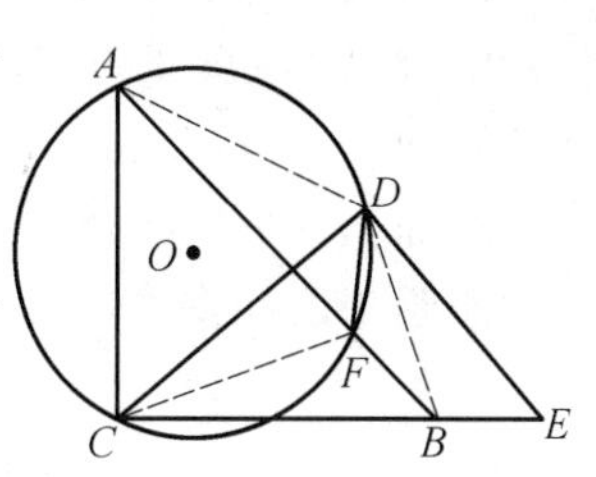

图 283.4

由 $CA=CB$，$\angle ACB=90°$，可知 $\angle CAB=45°$，有 $\angle CDF=\angle CAB=45°$.

由 $\angle CDE=90°$，可知 DF 平分 $\angle CDE$.

由 $CA=CD=CB$，可知 C 为 $\triangle ABD$ 的外心，有 $\angle DAB=\frac{1}{2}\angle DCB$.

显然 $\angle DCF=\angle DAB=\frac{1}{2}\angle DCB$，可知 CF 平分 $\angle DCE$.

所以 F 为 $\triangle CDE$ 的内心.

证明 5 如图 283.5，设 O 为 $\triangle ACD$ 的外心，设 CE 与圆交于 G，连 AG，AD，CO，CF，OF.

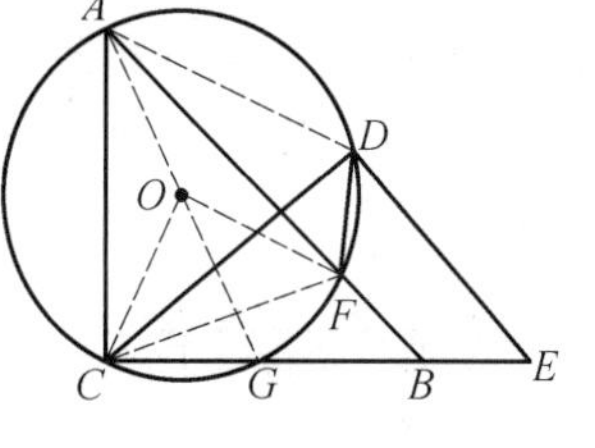

图 283.5

由 $\angle ACE=90°$，可知 AG 为圆的直径，即 O 为 AG 的中点.

由 $CA=CB$，$\angle ACB=90°$，可知 $\angle A=45°$，有 $\angle CDF=\angle A=45°$.

由 $\angle CDE=90°$，可知 DF 平分 $\angle CDE$.

由 $CA=CD$，可知 $\angle CAD=\angle CDA=\angle CGA=\angle OCG$，有 $\angle ACD=\angle COG=\angle OAC+\angle OCA=2\angle OCA$，即 CO 平分 $\angle ACD$.

显然 $\angle COF=2\angle CAF=90°$，可知 $\angle OCF=45°$，有 CF 平分 $\angle DCE$.

所以 F 为 $\triangle CDE$ 的内心.

本文参考自：

《中学生数学》1996 年 9 期 18 页.

第 284 天

1996 年全国初中数学竞赛

设凸四边形 $ABCD$ 的对角线 AC，BD 的交点为 M，过点 M 作 AD 的平行线分别交 AB，CD 于点 E，F，交 BC 的延长线于点 O，P 是以 O 为圆心，OM 为半径的圆上一点(位置如图 284.1 所示).

求证：$\angle OPF=\angle OEP$.

证明 1 如图 284.1，设直线 BC，AD 相交于 Q.

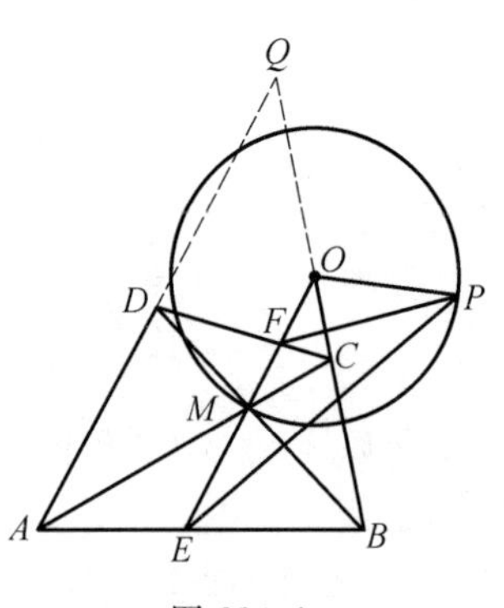

图 284.1

由 $OE\parallel QA$，可知 $\frac{OF}{OM}=\frac{QD}{QA}=\frac{OM}{OE}$，有 $\frac{OF}{OM}=\frac{OM}{OE}$，于是 $OM^2=OE\cdot OF$，得 $OP^2=OE\cdot OF$，进而 $\triangle OPF\backsim\triangle OEP$.

所以 $\angle OPF=\angle OEP$.

证明 2 如图 284.2，直线 OCB 分别与 $\triangle DMF$ 和 $\triangle AEM$ 的三边延长线相交，依梅涅劳斯定理，可知

$$\frac{DB}{MB}\cdot\frac{MO}{FO}\cdot\frac{FC}{DC}=1,\frac{AB}{EB}\cdot\frac{EO}{MO}\cdot\frac{MC}{AC}=1$$

有

$$\frac{OF}{OM}=\frac{DB}{MB}\cdot\frac{FC}{DC},\frac{OE}{OM}=\frac{EB}{AB}\cdot\frac{AC}{MC}$$

于是

$$\frac{OF\cdot OE}{OM^2}=\frac{DB}{MB}\cdot\frac{FC}{DC}\cdot\frac{EB}{AB}\cdot\frac{AC}{MC}$$

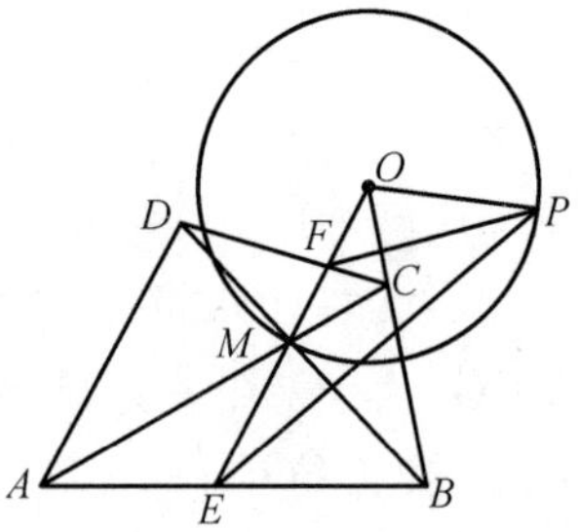

图 284.2

由 $EF\parallel AD$，可知

$$\frac{DB}{MB}=\frac{AB}{EB},\frac{FC}{DC}=\frac{MC}{AC}$$

有 $\frac{OF\cdot OE}{OM^2}=1$，于是 $OF\cdot OE=OM^2=OP^2$，得 $\triangle OPF\backsim\triangle OEP$.

所以 $\angle OPF=\angle OEP$.

本文参考自：
《中等数学》1997年5期15页.

第 285 天

1997 年全国初中数学竞赛

设 P 是等腰直角三角形 ACB 的斜边 AB 上的任意一点，PE 垂直 AC 于点 E，PF 垂直 BC 于点 F，PG 垂直 EF 于点 G，延长 GP 并在其延长线上取一点 D，使得 $PD=PC$.

求证：$BC\perp BD$，且 $BC=BD$.

证明 1 如图 285.1，由 $AC=BC$，$\angle ACB=90^\circ$，可知 $\angle A=\angle CBA=45^\circ$.

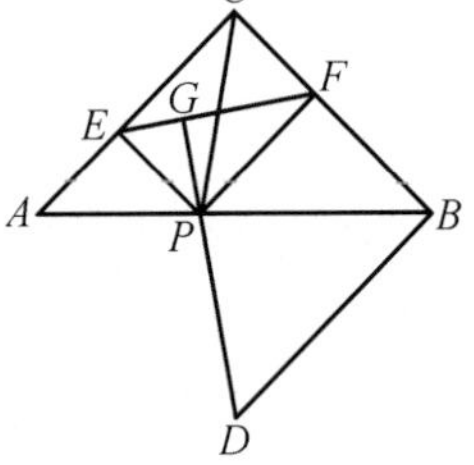

图 285.1

由 $PE\perp AC$，$PF\perp BC$，可知四边形 $PFCE$ 为矩形，有 $\angle FPC=\angle PFE$，$\angle EPA=45^\circ=\angle FPB$.

由 $PG\perp EF$，$PE\perp PF$，可知 $\angle GPE=\angle PFE$，有 $\angle GPE=\angle FPC$，于是 $\angle GPE+45^\circ=\angle FPC+45^\circ$，就有 $\angle GPA=\angle CPB$，进而 $\angle DPB=\angle CPB$.

显然 $\triangle DPB\cong\triangle CPB$，可知 $BD=CB$，$\angle DBA=\angle CBA=45^\circ$，有 $\angle DBC=90^\circ$.

所以 $BC\perp BD$，且 $BC=BD$.

证明 2 如图 285.2，连 AD.

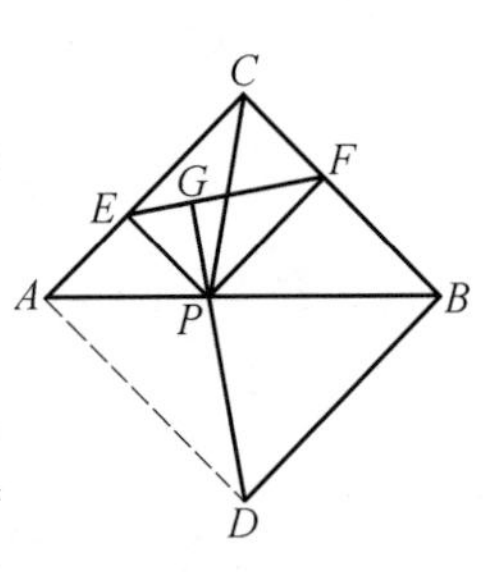

图 285.2

由上证易知 $\angle CPA=\angle DPA$，可知 $\triangle DPA\cong\triangle CPA$，有 $DA=CA$，$\angle DAC=90^\circ$，于是四边形 $ADBC$ 为正方形.

所以 $BC\perp BD$，且 $BC=BD$.

证明 3 如图 285.1，易知 $\angle EPG=\angle EFP=\angle CPF$，可知 $\angle EPG+45^\circ=\angle CPF+45^\circ$，有 $\angle APG=\angle BPC$.

由 $\angle BPD=\angle APG$，可知 $\angle BPD=\angle BPC$.

由 $PD=PC$，可知 D 与 C 关于 AB 对称，有 $BC=BD$，$\angle DBA=\angle CBA=45^\circ$，于是 $\angle CBD=90^\circ$，即 $BC\perp BD$.

所以 $BC\perp BD$，且 $BC=BD$.

证明 4 如图 285.3，设 C_1，E_1，F_1，G_1 分别为 C，E，F，G 关于直线 AB 的

对称点,连辅助线如图.

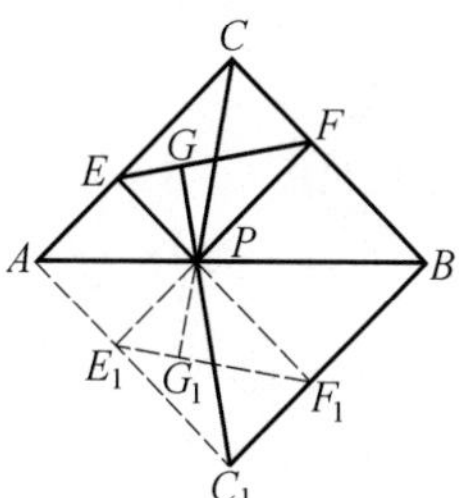

图 285.3

显然四边形 AC_1BC 为正方形,可知 $BC \perp BC_1$,$BC = BC_1$.

显然 $PC_1 = PC$.

现在证明 G,P,C_1 三点共线:

由

$$\begin{aligned}\angle GPC_1 &= \angle CPG + \angle CPB + \angle C_1PB \\ &= \angle CPG + 2\angle CPB \\ &= \angle CPG + 2\angle CPF + 2\angle FPB \\ &= \angle CPG + \angle EPG + \angle CPF + 90^\circ \\ &= 90^\circ + 90^\circ \\ &= 180^\circ\end{aligned}$$

可知 G,P,C_1 三点共线.

由 $PC_1 = PC$,及 G,P,C_1 三点共线,可知 C_1 与 D 为同一个点.

所以 $BC \perp BD$,且 $BC = BD$.

本文参考自:

1.《数学教师》1997 年 7 期 37 页.

2.《福建中学数学》1997 年 3 期 32 页.

3.《历届全国初中数学联赛试题详解》,开明出版社.

4.《中等数学》1997 年 4 期 20 页.

第 286 天

1998 年全国初中数学竞赛

如图 286.1，在等腰直角三角形 ABC 中，$AB=1$，$\angle A=90^\circ$，点 E 为腰 AC 的中点，点 F 在底边 BC 上，$FE\perp BE$，求 $\triangle CEF$ 的面积.

解 1 如图 286.1，过 C 作 AC 的垂线交直线 EF 于 D.

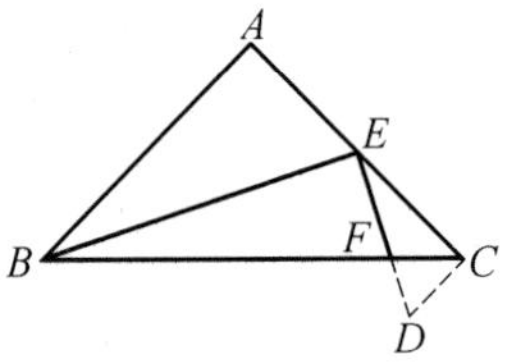

图 286.1

由 $\angle DEC=90^\circ-\angle BEA=\angle EBA$，可知

$$\mathrm{Rt}\triangle EDC\backsim \mathrm{Rt}\triangle BEA$$

有

$$\frac{S_{\triangle EDC}}{S_{\triangle ABE}}=\left(\frac{EC}{AB}\right)^2=\frac{1}{4},\frac{EC}{DC}=\frac{AB}{AE}=2$$

显然 $\angle DCB=45^\circ=\angle BCA$，可知

$$\frac{EF}{FD}=\frac{EC}{DC}=2$$

有

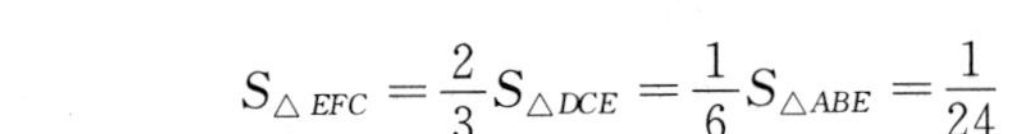

$$S_{\triangle EFC}=\frac{2}{3}S_{\triangle DCE}=\frac{1}{6}S_{\triangle ABE}=\frac{1}{24}$$

所以 $\triangle CEF$ 的面积是$\frac{1}{24}$.

解 2 如图 286.2，过 F 作 AC 的垂线，D 为垂足.

由 $\angle FEC=90^\circ-\angle BEA=\angle EBA$，可知

$$\mathrm{Rt}\triangle EFD\backsim \mathrm{Rt}\triangle BEA$$

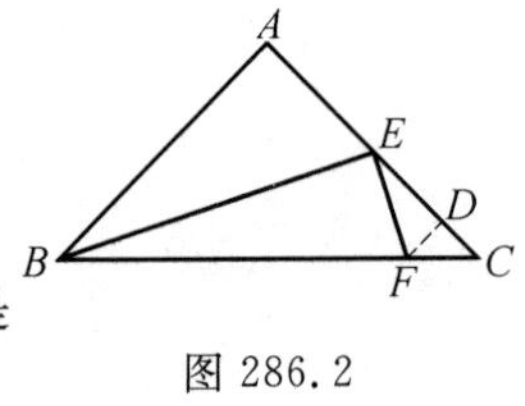

图 286.2

有 $AB=2AE$，可知 $ED=2DF=2DC$，有 $DC=\frac{1}{6}$，于是 $BC=6FC$.

所以 $S_{\triangle EFC}=\frac{1}{6}S_{\triangle EBC}=\frac{1}{24}$.

所以 $\triangle CEF$ 的面积是$\frac{1}{24}$.

解 3 如图 286.3，过 A 作 EF 的平行线交 BC 于 D，过 C 作 AC 的垂线交直线 AD 于 G.

由 $\angle GAC=\angle FEC=90^\circ-\angle BEA=\angle EBA$,可知 $\text{Rt}\triangle AGC\cong\text{Rt}\triangle BEA$,有 $GC=AE=\frac{1}{2}$,于是

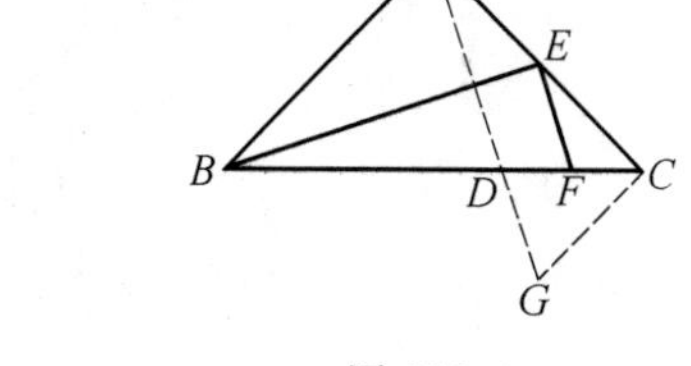

图 286.3

$$\frac{DC}{BD}=\frac{GC}{AB}=\frac{1}{2}$$

得

$$DC=\frac{1}{3}BC$$

由 E 为 AC 的中点,可知 F 为 DC 的中点,可知

$$S_{\triangle CEF}=\frac{1}{4}S_{\triangle ADC}=\frac{1}{12}S_{\triangle ABC}=\frac{1}{24}$$

所以 $\triangle CEF$ 的面积是$\frac{1}{24}$.

解 4 如图 286.4,分别过 A,E 作 BC 的垂线,D,G 为垂足.

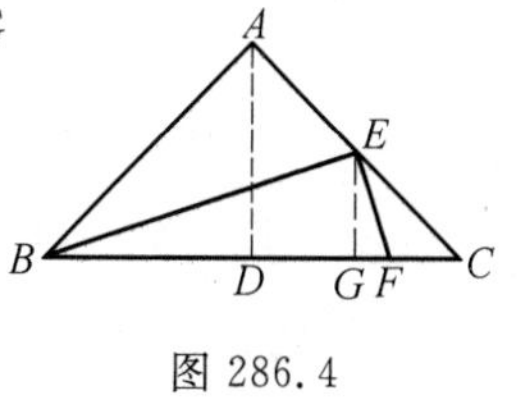

图 286.4

由 E 为 AC 的中点,可知 G 为 DC 的中点,有

$$EG=GC=\frac{\sqrt{2}}{4}$$

由 $EG^2=BG\cdot GF$,可知 $GF=\frac{\sqrt{2}}{12}$,有 $FC=\frac{\sqrt{2}}{6}$,于是

$$S_{\triangle CEF}=\frac{1}{2}FC\cdot EG=\frac{1}{24}$$

所以 $\triangle CEF$ 的面积是$\frac{1}{24}$.

解 5 如图 286.5,过 A 作 BC 的垂线交 BE 于 G,D 为垂足,连 DE.

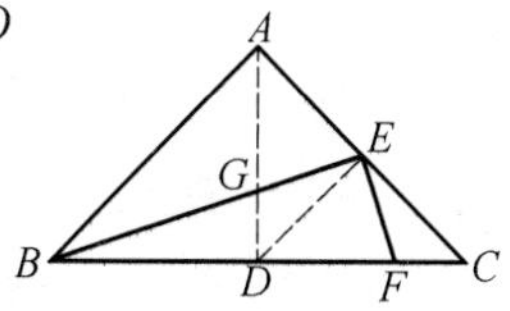

显然 $ED=EC=\frac{1}{2}AB$,可知$\frac{AG}{GD}=\frac{AB}{DE}=2$.

图 286.5

由 $\angle FEC=90^\circ-\angle BEA=\angle EBA$,可知 $\angle C=45^\circ=\angle GAB$,有 $\triangle CEF\backsim\triangle ABG$,于是

$$\frac{S_{\triangle CEF}}{S_{\triangle ABG}}=\left(\frac{EC}{AB}\right)^2=\frac{1}{4}$$

得

$$S_{\triangle ABG}=2S_{\triangle AGE}=\frac{2}{3}S_{\triangle ABE}=\frac{1}{6}$$

所以 $\triangle CEF$ 的面积是$\frac{1}{24}$.

注 另可由 $\triangle EGD \cong \triangle EFC$ 及 $\triangle ABG = 4\triangle EGD$ 解得.

解 6 如图 286.5,过 A 作 BC 的垂线交 BE 于 G,D 为垂足,连 DE.

显然 G 为 $\triangle ABC$ 的重心,有 $AG = 2GD$.

由 $\angle GDF = 90^\circ = \angle GEF$,可知 G,D,F,E 四点共圆,有 $\triangle ABG \backsim \triangle CEF$,于是$\frac{CF}{AG} = \frac{EC}{AB} = \frac{1}{2}$,得 $CF = \frac{1}{6}BC$.

所以 $S_{\triangle EFC} = \frac{1}{6}S_{\triangle EBC} = \frac{1}{24}$.

所以 $\triangle CEF$ 的面积是$\frac{1}{24}$.

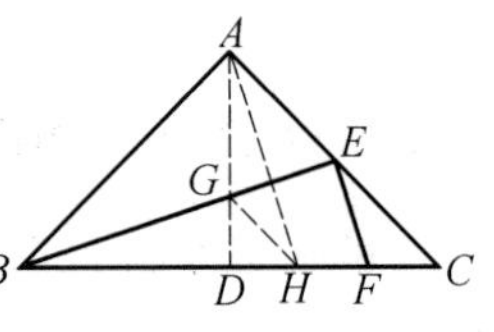

图 286.6

解 7 如图 286.6,过 A 作 BC 的垂线交 BE 于 G,D 为垂足,过 A 作 EF 的平行线交 BC 于 H,连 GH.

显然 G 为 $\triangle ABH$ 的垂心,可知 $HG \perp AB$,有 $GH \parallel AC$.

显然 G 为 $\triangle ABC$ 的重心,可知 $AG = 2GD$.

显然四边形 $AGHC$ 为等腰梯形,可知 $HC = AG = 2DG = 2DH$,有 $FC = \frac{1}{6}BC$.

所以 $S_{\triangle EFC} = \frac{1}{6}S_{\triangle EBC} = \frac{1}{24}$.

所以 $\triangle CEF$ 的面积是$\frac{1}{24}$.

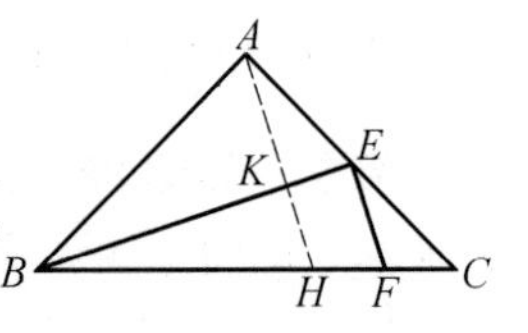

图 286.7

解 8 如图 286.7,过 A 作 EF 的平行线分别交 BC,BE 于 H,K.

显然 $AK \perp BE$,可知$\frac{BK}{AK} = \frac{AK}{KE} = \frac{AB}{AE} = 2$,有 $BK = 4KE$,于是 $BH = 4HF$.

由 E 为 AC 的中点,可知 F 为 HC 的中点,有 $FC = \frac{1}{6}BC$,于是 $S_{\triangle EFC} = \frac{1}{6}S_{\triangle EBC} = \frac{1}{24}$.

所以 $\triangle CEF$ 的面积是$\frac{1}{24}$.

解 9 如图 286.8,过 A 作 BC 的垂线交 BE 于 G,D 为垂足,过 A 作 EF 的平行线分别交 BC,BE 于 H,K.

由 E 为 AC 的中点,可知 F 为 HC 的中点.

显然 G 为 $\triangle ABC$ 的重心,可知 $AG = 2GD$.

由 $\angle GBD = 90° - \angle BHK = \angle HAD$ 及 $BD = AD$，可知 $Rt\triangle GBD \cong Rt\triangle HAD$，有 $DH = GD = \frac{1}{3}DC = FC$，于是 $FC = \frac{1}{6}BC$.

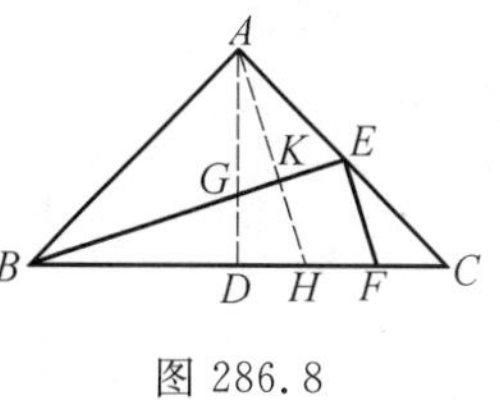

图 286.8

所以 $S_{\triangle EFC} = \frac{1}{6}S_{\triangle EBC} = \frac{1}{24}$.

所以 $\triangle CEF$ 的面积是$\frac{1}{24}$.

解 10 如图 286.9，过 E 作 BC 的垂线交直线 BA 于 D.

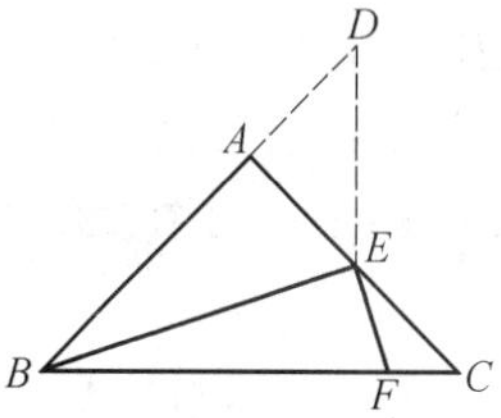

显然 $AD = AE = \frac{1}{2}AB$.

由 $\angle FEC = 90° - \angle BEA = \angle EBA$，$\angle C = 45° = \angle D$，可知 $\triangle BED \backsim \triangle EFC$，有$\frac{FC}{DE} = \frac{EC}{BD}$，代入 $BC = 2DE$，$BD = 3EC$，于是 $FC = \frac{1}{6}BC$.

图 286.9

所以 $S_{\triangle EFC} = \frac{1}{6}S_{\triangle EBC} = \frac{1}{24}$.

所以 $\triangle CEF$ 的面积是$\frac{1}{24}$.

本文参考自：

1.《中学数学》1999 年 2 期 45 页.
2.《中学数学教学》1998 年 3 期 42 页.
3.《中学数学教学》1998 年 5 期 29 页.
4.《中小学数学》1998 年 5 期 25 页.
5.《中等数学》1998 年 3 期 34 页.

第 287 天

2000 年全国初中数学竞赛

如图 287.1,已知四边形 $ABCD$ 的外接圆圆 O 的半径为 2,对角线 AC 与 BD 的交点为 E,$AE=EC$,$AB=\sqrt{2}AE$,且 $BD=2\sqrt{3}$.

求四边形 $ABCD$ 的面积.

解 1 如图 287.1,设 H 为 AO 与 BD 的交点,连 OB.

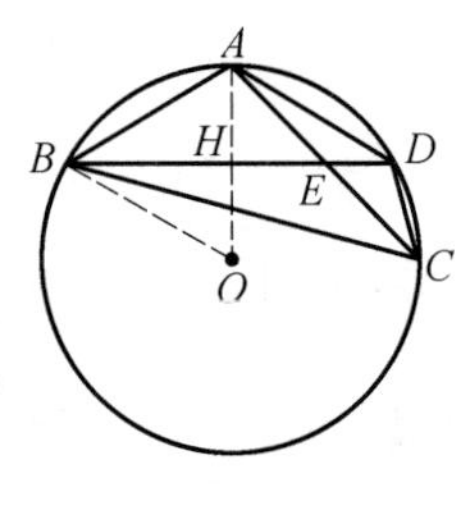

图 287.1

由 $AE=EC$,$AB=\sqrt{2}AE$,可知 $AB^2=2AE^2=AE\cdot AC$,有 $\triangle AEB\backsim\triangle ABC$,于是 $\angle ABD=\angle ACB=\angle ADB$,得 $AD=AB$. 进而 $AO\perp BD$,$BH=HD=\frac{1}{2}BD=\sqrt{3}$.

在 Rt$\triangle BOH$ 中,$OB=2$,$BH=\sqrt{3}$,当然 $OH=1$,进而 $AH=1$.

由 $AE=EC$,可知 $\triangle BEA$ 与 $\triangle BEC$ 的面积相等,$\triangle DEA$ 与 $\triangle DEC$ 的面积相等,于是四边形 $ABCD$ 的面积等于 $\triangle ABD$ 的面积的两倍,即

$$S_{ABCD}=2S_{\triangle ABD}=2\times\frac{1}{2}\times 2\sqrt{3}\times 1=2\sqrt{3}$$

所以四边形 $ABCD$ 的面积为 $2\sqrt{3}$.

解 2 如图 287.2,设 DF 为圆 O 的直径,连 FB,OB,OA.

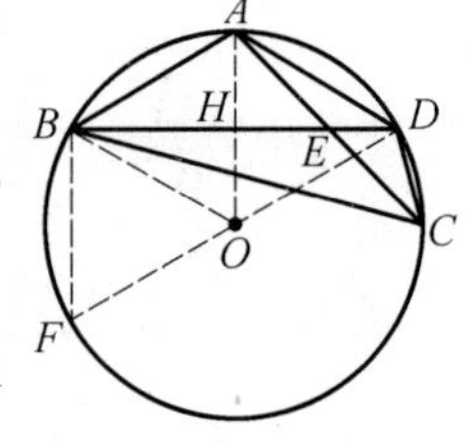

图 287.2

在 Rt$\triangle BFD$ 中,$FD=4$,$BD=2\sqrt{3}$,可知 $BF=2$,有 $\triangle OBF$ 为正三角形,于是 $\angle BOD=120°$.

同前求得 $AB=AD$,可知 AO 为 BD 的中垂线,四边形 $ABOD$ 为一菱形.

由 $AE=EC$,可知 $\triangle ABD$ 与 $\triangle CBD$ 的边 BD 上的高相等,因而这两个三角形的面积相等,即四边形 $ABCD$ 的面积等于 $\triangle ABD$ 的面积的两倍,于是四边形 $ABCD$ 的面积等于菱形 $ABOD$ 的面积,即

$$S_{ABCD}=S_{ABOD}=\frac{1}{2}BD\cdot AO=\frac{1}{2}\times 2\sqrt{3}\times 2=2\sqrt{3}$$

所以四边形 $ABCD$ 的面积为 $2\sqrt{3}$.

解 3 如图 287.3,设 H 为 AO,BD 的交点,连 OB,OC,OD.

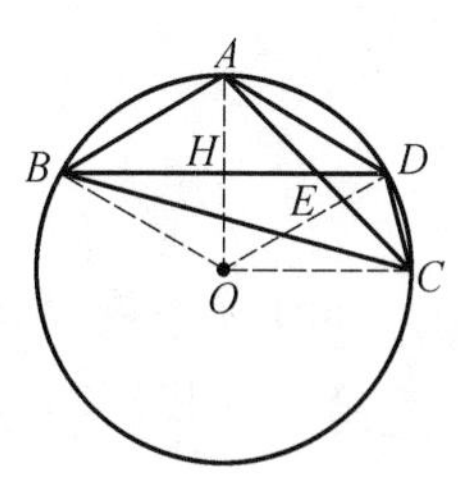

图 287.3

由 $AB=\sqrt{2}AE$,$AE=EC$,可知 $AB^2=2AE^2=AC\cdot AE$,有$\frac{AB}{AE}=\frac{AC}{AB}$.

由 $\angle BAE=\angle CAB$,可知 $\triangle ABE\backsim\triangle ACB$,有 $\angle ABE=\angle ACB$,于是 $AB=AD$,得 $OA\perp BD$.

显然 $BH=\frac{1}{2}BD=\sqrt{3}$.

由 $OB=2$,可知 $OH=1$,即 H 又为 AO 的中点.

由 E 为 AC 的中点,可知 HE 为 $\triangle AOC$ 的中位线,有 $OC\parallel BD$.

显然 $S_{\triangle CBD}=S_{\triangle OBD}$,可知

$$S_{ABCD}=S_{ABOD}=\frac{1}{2}BD\cdot OA=2\sqrt{3}$$

所以四边形 $ABCD$ 的面积为 $2\sqrt{3}$.

本文参考自:

1.《中等数学》2000 年 4 期 22 页.
2.《中学数学月刊》2001 年 4 期 47 页.
3.《中学生数学》2000 年 8 期 25 页(试题答案).
4.《中学生数学》2000 年 12 期 13 页.

第 288 天

2001 年全国初中数学竞赛

已知：如图 288.1，设 PA，PB 为圆 O 的切线，A，B 为切点，PCD 为圆 O 的割线，PCD 与 AB 交于 Q. 求证：$\frac{1}{PC}+\frac{1}{PD}=\frac{2}{PQ}$.

证明 1 如图 288.1，连 PO 交 AB 于 E，过 O 作 PD 的垂线，M 为垂足，连 OA，OB，MA.

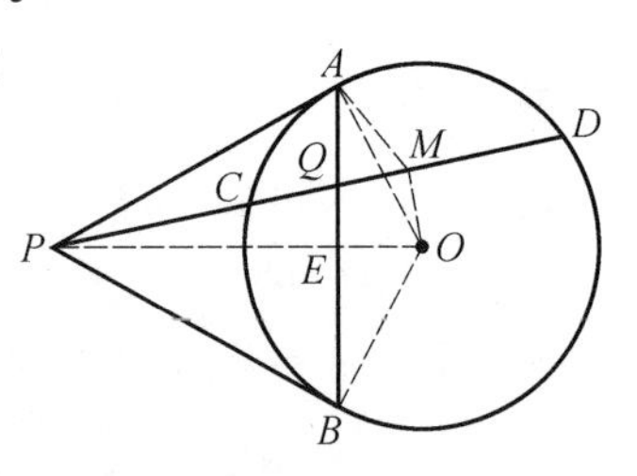

图 288.1

显然 Q，E，O，M 四点共圆，可知

$PQ \cdot PM = PE \cdot PO = PA^2 = PC \cdot PD$

有

$$PQ \cdot \frac{PC+PD}{2}=PC \cdot PD$$

所以

$$\frac{1}{PC}+\frac{1}{PD}=\frac{2}{PQ}$$

证明 2 如图 288.2，过 O 作 PD 的垂线，M 为垂足，连 OA，OB，MA.

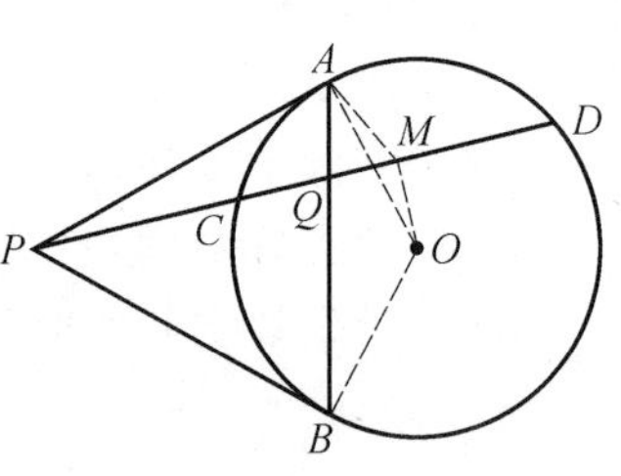

图 288.2

显然 P，B，O，M，A 五点共圆，可知 $\angle PMA=\angle PBA=\angle PAB$，有 $\triangle PMA \backsim \triangle PAG$，于是

$$PQ \cdot PM = PA^2 = PC \cdot PD$$

有

$$PQ \cdot \frac{PC+PD}{2}=PC \cdot PD$$

所以

$$\frac{1}{PC}+\frac{1}{PD}=\frac{2}{PQ}$$

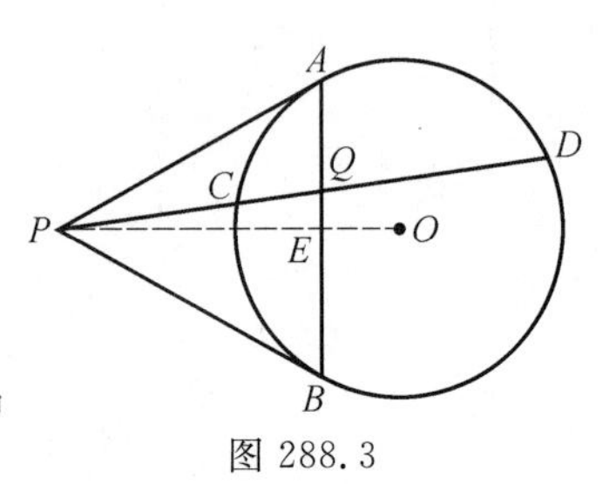

图 288.3

证明 3 如图 288.3，连 PO 交 AB 于 E. 显然 PO 是 AB 的中垂线，有 $EA=EB$. 由相交弦定理，有 $CQ \cdot QD = AQ \cdot QB$，其中

$$CQ \cdot QD = (PQ - PC) \cdot (PD - PQ)$$
$$= PQ \cdot PD - PQ^2 - PC \cdot PD + PC \cdot PQ$$
$$AQ \cdot QB = (AE - EQ) \cdot (BE + EQ)$$
$$= BE^2 - EQ^2$$
$$= PB^2 - PQ^2$$

于是

$$PQ \cdot PD - PQ^2 - PC \cdot PD + PC \cdot PQ = PB^2 - PQ^2$$

得

$$PQ \cdot PD - PC \cdot PD + PC \cdot PQ = PB^2 = PC \cdot PD$$

或

$$PQ \cdot PD + PC \cdot PQ = 2PC \cdot PD$$

即

$$PQ \cdot (PC + PD) = 2PC \cdot PD$$

所以

$$\frac{1}{PC} + \frac{1}{PD} = \frac{2}{PQ}$$

证明 4 如图 288.4,连 AC,CB,BD,DA.

由 $\triangle PCA \backsim \triangle PAD$,可知 $\frac{PC}{PA} = \frac{PA}{PD} = \frac{AC}{AD}$. 由 $\triangle PCB \backsim \triangle PBD$,可知 $\frac{PC}{PB} = \frac{PB}{PD} = \frac{BC}{BD}$.

又 $PA^2 = PC \cdot PD$,可知

$$\frac{AC}{AD} \cdot \frac{BC}{BD} = \frac{PA}{PD} \cdot \frac{PB}{PD} = \frac{PA^2}{PD^2}$$
$$= \frac{PC \cdot PD}{PD^2} = \frac{PC}{PD}$$

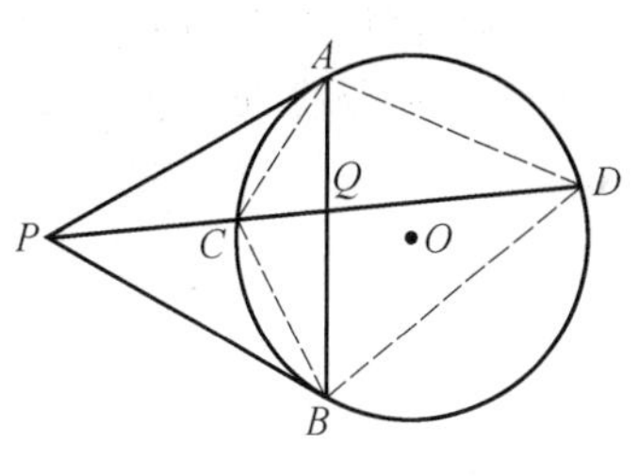

图 288.4

注意到

$$\frac{S_{\triangle ACB}}{S_{\triangle ADB}} = \frac{QC}{QD}$$
$$\frac{S_{\triangle ACB}}{S_{\triangle ADB}} = \frac{AC \cdot BC}{AD \cdot BD} = \frac{PC}{PD}$$

就有

$$\frac{PC}{PD} = \frac{QC}{QD}$$

于是

$$\frac{PC}{PD}=\frac{PQ-PC}{PD-PQ}$$

得

$$PC\cdot(PD-PQ)=PD\cdot(PQ-PC)$$

进而

$$PQ\cdot PD+PC\cdot PQ=2PC\cdot PD$$

即

$$PQ\cdot(PC+PD)=2PC\cdot PD$$

所以

$$\frac{1}{PC}+\frac{1}{PD}=\frac{2}{PQ}$$

证明5　如图288.5,连PO交AB于E,直线DE交圆O于另一点F,连CE,PF,AO,DO,FO.

易知$EP\cdot EO=EA\cdot EB=ED\cdot EF$,可知$P$,$F,O,D$四点共圆.

由$OD=OF$,可知PO平分$\angle DPF$.

由对称性,可知PE平分$\angle CEF$,有EQ为$\angle CED$的平分线,EP为$\triangle CDE$的外角平分线,于是

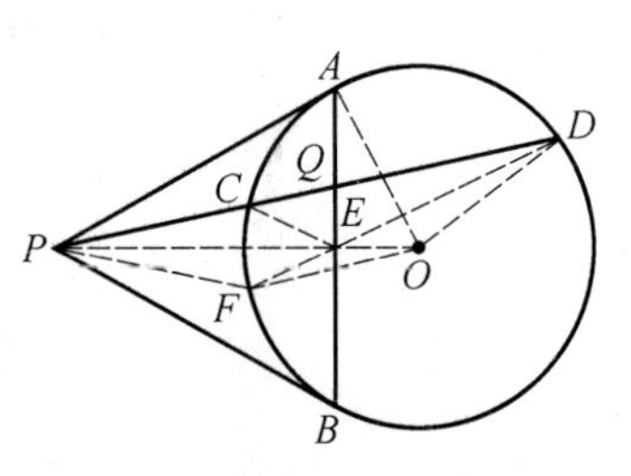

图288.5

$$\frac{PC}{PD}=\frac{EC}{ED}=\frac{QC}{QD}$$

得

$$\frac{PC}{PD}=\frac{PQ-PC}{PD-PQ}$$

$$PC\cdot(PD-PQ)=PD\cdot(PQ-PC)$$

可知

$$PQ\cdot PD+PC\cdot PQ=2PC\cdot PD$$

有

$$PQ\cdot(PC+PD)=2PC\cdot PD$$

所以

$$\frac{1}{PC}+\frac{1}{PD}=\frac{2}{PQ}$$

本文参考自:

1.《中学生数学》2002年7期17页.

2.《中学数学月刊》2001年5期46页.

第 289 天

2002 年全国初中数学联赛(A 卷)

如图 289.1,等腰三角形 ABC 中,P 为底边 BC 上任意一点,过 P 作两腰的平行线分别与 AB,AC 相交于 Q,R 两点,又 P_1 是 P 关于直线 RQ 的对称点.

证明:$\triangle P_1QB \backsim \triangle P_1RC$.

证明 1 如图 289.1,连 P_1B,P_1C,P_1P,P_1Q,P_1R.

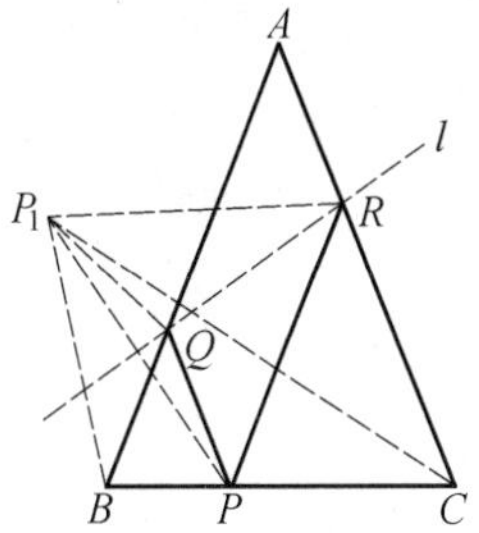

图 289.1

由 $AB=AC$,可知 $QP=QB$,$RC=RP$.

显然 $QP_1=QP=QB$,可知 Q 为 $\triangle PBP_1$ 的外心,有

$$\angle PP_1B=\frac{1}{2}\angle PQB=\frac{1}{2}\angle A$$

同理 R 为 $\triangle PCP_1$ 的外心,可知

$$\angle PP_1C=\frac{1}{2}\angle PRC=\frac{1}{2}\angle A$$

有

$$\angle BP_1C=\angle PP_1B+\angle PP_1C=\angle A$$

于是 P_1,B,C,A 四点共圆,得

$$\angle P_1BA=\angle P_1CA$$

显然 $\angle P_1BA$ 与 $\angle P_1CA$ 分别为等腰三角形 QP_1B 与等腰三角形 RP_1C 的一个底角,可知 $\triangle P_1QB \backsim \triangle P_1RC$.

证明 2 如图 289.2,设直线 AC 交 $\triangle P_1PC$ 的外接圆于 S,C 两点,连 P_1S,P_1B,P_1C,P_1P,P_1Q,P_1R.

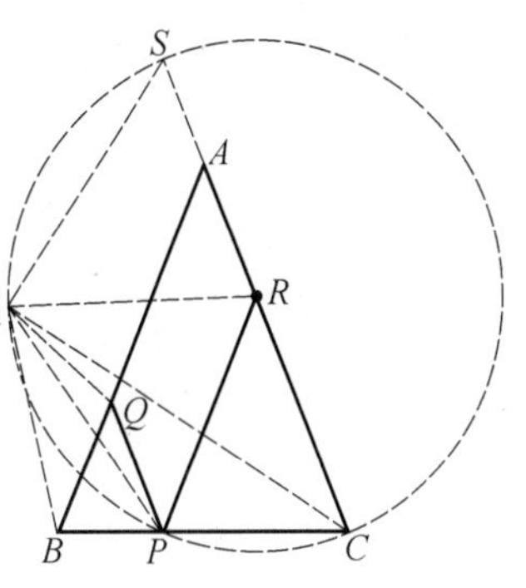

图 289.2

由 $AB=AC$,可知 $QP=QB$,$RC=RP$.

显然 $QP_1=QP=QB$,可知 Q 为 $\triangle PBP_1$ 的外心.

同理 R 为 $\triangle PCP_1$ 的外心,可知

$$QP_1 = QB, RP_1 = RC$$

有

$$\frac{QP_1}{RP_1} = 1 = \frac{QB}{RC}$$

显然 $\angle P_1PB = \angle S$,可知

$$\angle P_1RC = 2\angle P_1PB = 2\angle S = \angle P_1QB$$

有

$$\triangle P_1QB \backsim \triangle P_1RC$$

本文参考自：
1.《中等数学》2002 年 4 期 25 页.
2.《中学生数学》2002 年 6 期 30 页(试卷).
3.《中学教研》2003 年 3 期 36 页.

第 290 天

2002 年全国初中数学联赛

通过等腰三角形 ABC 的底边 BC 上的一点 P 引平行于两腰的直线，交两腰于点 Q 和 R.

求证：点 P 关于直线 QR 的对称点 D 在 $\triangle ABC$ 的外接圆上.

证明 1 如图 290.1，连 DA，DQ，DR，DB.

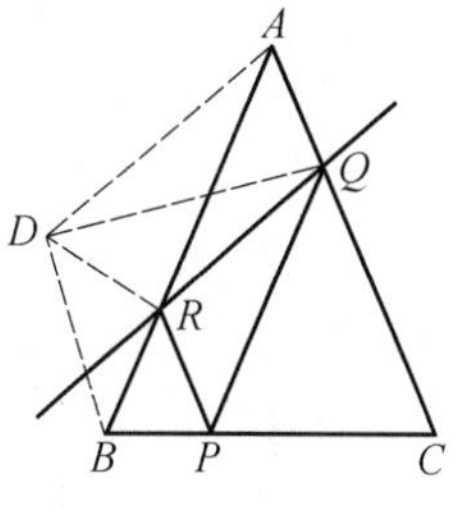

图 290.1

显然四边形 $ARPQ$ 为平行四边形，可知 $\triangle AQR \cong \triangle PRQ$.

由 D 与 P 关于 QR 对称，可知 $\triangle DRQ \cong \triangle PRQ$，有 $\triangle AQR \cong \triangle DRQ$，可知 $DR=AQ$，$\angle DRQ=\angle AQR$，有四边形 $ADRQ$ 为等腰梯形，于是 $\angle RDA=\angle DAQ$.

由 $RP \parallel AC$，$AB=AC$，可知 $RB=RP=RD$，有 $\angle RDB=\angle RBD$，于是

$$\begin{aligned}\angle C+\angle ADB&=\angle ABC+\angle BDR+\angle RDA\\&=\angle ABC+\angle RBD+\angle DAQ\\&=\angle DBC+\angle DAC\end{aligned}$$

即

$$\angle C+\angle ADB=\angle DBC+\angle DAC$$

显然 $\angle C+\angle ADB+\angle DBC+\angle DAC=360^\circ$，可知 $\angle C+\angle ADB=180^\circ$，有 A,D,B,C 四点共圆.

所以点 P 关于直线 QR 的对称点 D 在等腰三角形 ABC 的外接圆上.

证明 2 如图 290.2，连 DA，DQ，DC，DR，DP，DB.

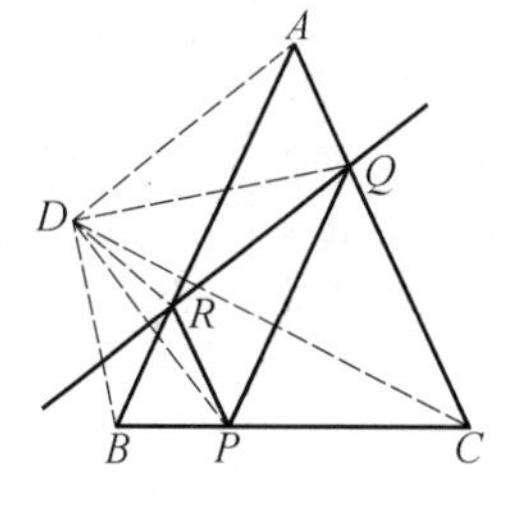

图 290.2

显然 $\angle PRB=\angle CAB=\angle CQP$.

由 $RP \parallel AC$，$AB=AC$，可知 $RB=RP=RD$，有 R 为 $\triangle PBD$ 的外心，于是

$$\angle PDB=\frac{1}{2}\angle PRB=\frac{1}{2}\angle CAB$$

同理 Q 为 $\triangle PCD$ 的外心，可知

$$\angle PDC=\frac{1}{2}\angle PQC=\frac{1}{2}\angle CAB$$

有

$$\angle BDC=\angle PDB+\angle PDC=\angle BAC$$

于是 A,D,B,C 四点共圆.

所以点 P 关于直线 QR 的对称点 D 在等腰三角形 ABC 的外接圆上.

证明 3 如图 290.3,设 O 为 $\triangle ABC$ 的外心,连 OA,OB,OD,OR,OQ,DA,DR.

显然四边形 $ARPQ$ 为平行四边形,可知 $RP=AQ$.

由 $RP\parallel AC,AB=AC$,可知 $RB=RP=AQ$.

显然 AO 为 $\angle BAC$ 的平分线,可知

$$\angle OAQ=\angle OAB=\angle OBR$$

由 $OA=OB$,可知 $\triangle OAQ\cong\triangle OBR$,有 $OQ=OR$,于是 O 为 RQ 中垂线上的一点.

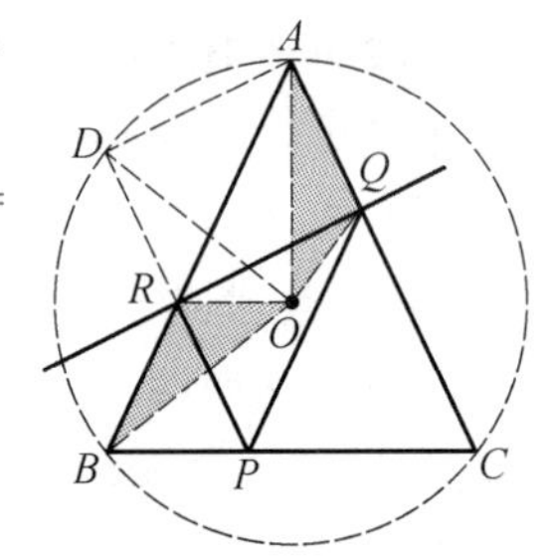

图 290.3

由 D 与 P 关于 QR 对称,可知 $\triangle DRQ\cong\triangle PRQ$,有 $\triangle AQR\cong\triangle DRQ$,可知 $DR=AQ$,$\angle DRQ=\angle AQR$,有四边形 $ADRQ$ 为等腰梯形,于是 O 为 AD 的中垂线上的一点,得 $OD=OA$.

所以点 P 关于直线 QR 的对称点 D 在等腰三角形 ABC 的外接圆上.

第 291 天

2003 年全国初中数学联赛

在 $\triangle ABC$ 中，D 为 AB 的中点，点 E，F 分别在射线 CA，CB 上，且 $DE = DF$，过点 E，F 分别作 CA，CB 的垂线得交点 P.

求证：$\angle PAE = \angle PBF$.

证明 1 如图 291.1，过 B 作 DE 的平行线交直线 CE 于 M，过 A 作 DF 的平行线交直线 CF 于 N，连 PM，PN.

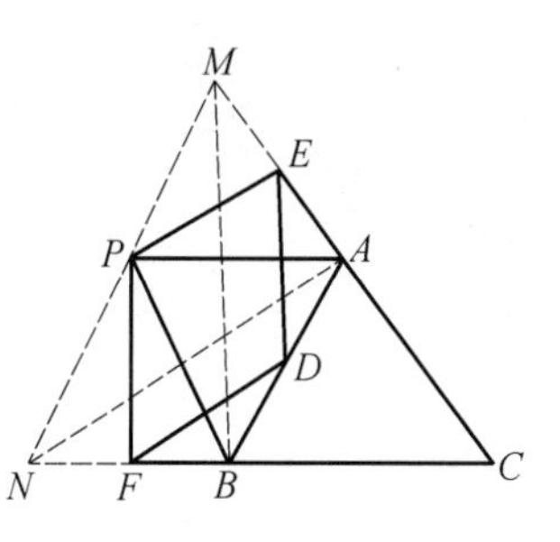

图 291.1

由 D 为 AB 的中点，可知 E 为 AM 的中点，F 为 NB 的中点，有 $MB = 2ED$，$NA = 2FD$.

由 $DE = DF$，可知 $MB = NA$.

由 $PE \perp MC$，$PF \perp NC$，可知 PE，PF 分别为 MA，NB 的中垂线，有 $PM = PA$，$PB = PN$.

显然 $\triangle PMB \cong \triangle PAN$，可知 $\angle MPB = \angle APN$，有 $\angle MPA = \angle BPN$.

显然 $\triangle PAM \backsim \triangle PNB$，可知 $\angle PAE = \angle PNB = \angle PBN$.

证明 2 如图 291.2，设 M，N 分别为 PA，PB 的中点，连 MD，ME，ND，NF.

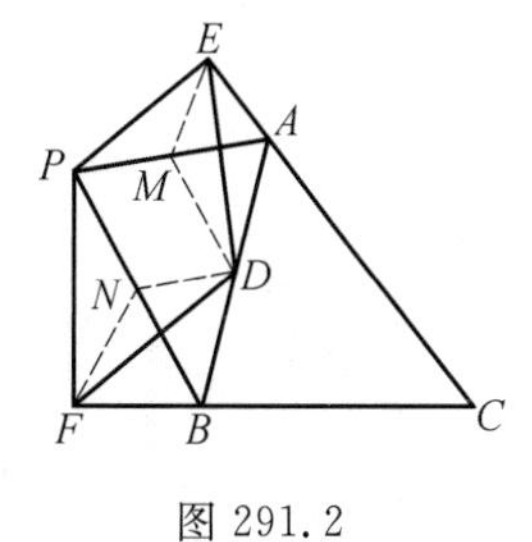

图 291.2

由 D 为 AB 的中点，可知

$$DM = \frac{1}{2}PB, DM \parallel PB$$

$$DN = \frac{1}{2}PA, DN \parallel PA$$

有

$$\angle AMD = \angle APB = \angle DNB$$

由 M，N 分别为 $\mathrm{Rt}\triangle PAE$，$\mathrm{Rt}\triangle PBF$ 的斜边的中点，可知 $ME = \frac{1}{2}PA = DN$，$FN = \frac{1}{2}PB = DM$.

由 $DE = FD$，有 $\triangle MDE \cong \triangle NFD$，于是 $\angle EMD = \angle DNF$，得 $\angle EMD - \angle AMD = \angle DNF - \angle DNB$，就是 $\angle AME = \angle BNF$.

显然$\triangle MAE$与$\triangle NBF$都是等腰三角形，可知$\angle PAE=\angle PBF$.

本文参考自：

1.《中等数学》2007年2期2页.
2.《中等数学》2003年4期22页.
3.《中学生数学》2003年5期38页(试卷答案).

第 292 天

2004 年全国初中数学联赛(B 卷)

如图 292.1,梯形 $ABCD$ 中,$AD // BC$,分别以两腰 AB,CD 为边向两边作正方形 $ABGE$ 和正方形 $DCHF$,设线段 AD 的垂直平分线 l 交线段 EF 于点 M.

求证:点 M 为 EF 的中点.

证明 1　如图 292.1,设 N 为 l 与 AD 的交点,分别过 E,F 作 AD 的垂线,K,L 为垂足,分别过 A,D 作 BC 的垂线,P,Q 为垂足.

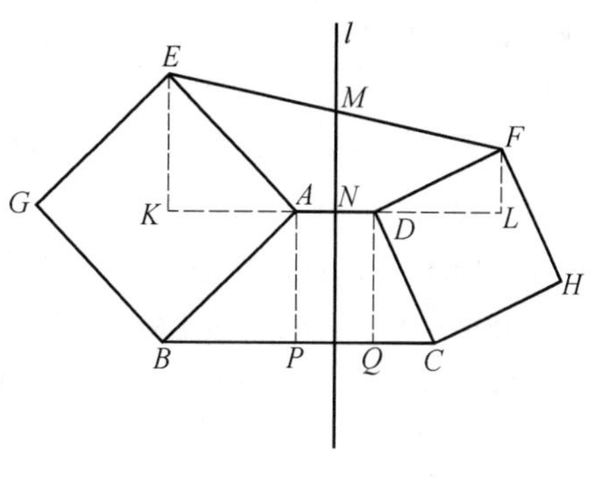

图 292.1

显然四边形 $APQD$ 为矩形,有 $DQ=AP$,$DQ \perp DL$.

由 $DC \perp DF$,可知 $\angle QDL=90^\circ=\angle CDF$,有 $\angle QDL-\angle CDL=\angle CDF-\angle CDL$,就是 $\angle QDC=\angle LDF$.

由 $DC=DF$,可知 $\mathrm{Rt}\triangle QDC \cong \mathrm{Rt}\triangle LDF$,有 $DL=DQ$.

同理 $KA=AP$,可知 $KA=DL$.

由 N 为 AD 的中点,可知 N 为 KL 的中点.

显然 $EK // MN // FL$,可知 M 为 EF 的中点.

所以点 M 为 EF 的中点.

证明 2　如图 292.2,设 N 为 l 与 AD 的交点,分别过 A,D 作 AD 的垂线交 EF 于 P,Q,设 K,L 为 BC 上的两个点,$BK=AP$,$LC=DQ$,连 AK,DL.

显然 $\angle ABC=180^\circ-\angle BAD=\angle PAE$,$AB=AE$,可知 $\triangle ABK \cong \triangle EAP$,有 $EP=AK$.

同理 $QF=DL$.

显然 $PA // MN // QD$,可知 $\angle APE+\angle DQF=180^\circ$,有 $\angle BKA+\angle CLD=180^\circ$,于是 $AK // DL$.

由 $AD // BC$,可知四边形 $AKLD$ 为平行四边形,有 $AK=DL$,于是 $EP=$

QF.

由 N 为 AD 的中点，可知 M 为 PQ 的中点，所以 M 为 EF 的中点.

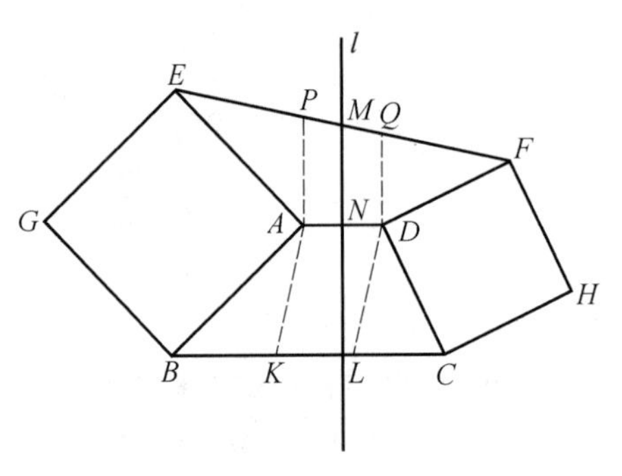

图 292.2

证明 3 如图 292.3，设 N 为 l 与 AD 的交点，分别过 A，D 作 BC 的垂线，P，Q 为垂足，过 F 作 BC 的平行线分别交直线 MN，QD 于 K，L，过 E 作 BC 的平行线分别交直线 PA，NM 于 S，R.

显然四边形 $APQD$ 为矩形，四边形 $ANRS$ 为矩形，四边形 $NDLK$ 为矩形，可知 $AP=DQ$，$SR=AN$，$KL=ND$.

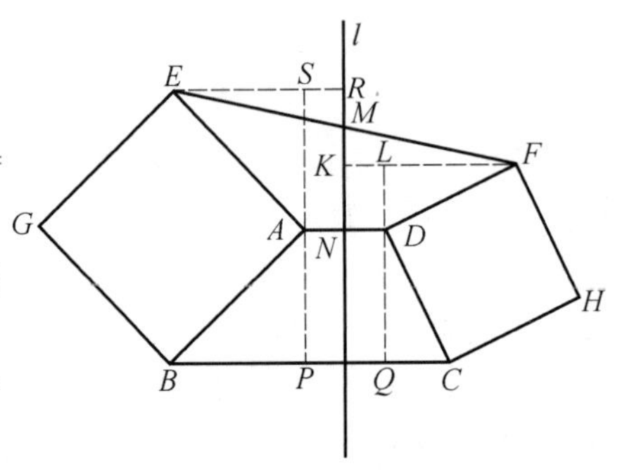

图 292.3

由 N 为 AD 的中点，可知 $AN=ND$，有 $SR=KL$.

显然 $\mathrm{Rt}\triangle DQC \cong \mathrm{Rt}\triangle DLF$，可知 $LF=DQ$.

同理 $ES=AP$，可知 $ES=LF$，有 $ES+SR=LF+KL$，即 $ER=KF$.

显然 $\mathrm{Rt}\triangle MER \cong \mathrm{Rt}\triangle MFK$，可知 $ME=MF$.

所以点 M 为 EF 的中点.

证明 4 如图 292.4，设 T 为 l 与 BC 的交点，分别过 E，F 作 BC 的平行线交直线 MN 于 K，L，过 N 作 AE 的平行线交 EK 于 S，过 N 作 DF 的平行线交 LF 于 R，过 N 作 AB 的平行线交 BC 于 P，过 N 作 DC 的平行线交 BC 于 Q.

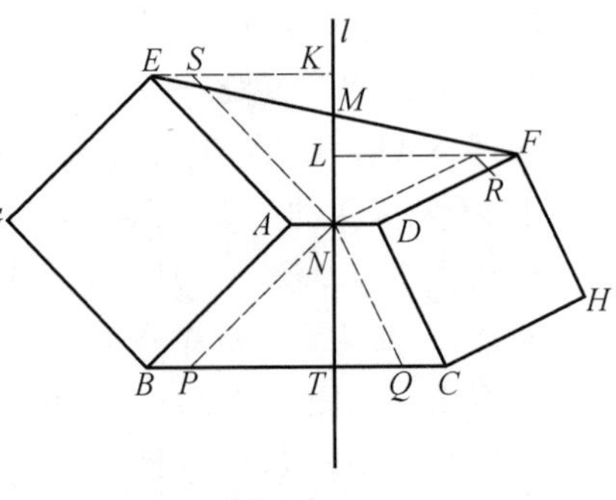

图 292.4

显然四边形 $ABPN$，$DCQN$，$AESN$，$DFRN$ 均为平行四边形，可知 $AN=ES$，$QC=ND=RF$.

由 N 为 AD 的中点，可知 $ES=BP=QC=RF$.

显然 $NP=NS$，$\angle NPQ=90^\circ-\angle SNM=\angle KSN$，可知 $\mathrm{Rt}\triangle NPT \cong \mathrm{Rt}\triangle SNK$，有 $SK=NT$.

同理 $LR=NT$，可知 $SK=LR$，有 $SK+ES=LR+RF$，就是 $EK=LF$.

显然 $\mathrm{Rt}\triangle MEK \cong \mathrm{Rt}\triangle MFL$，可知 $ME=MF$.

所以点 M 为 EF 的中点.

本文参考自：

1.《中等数学》2006 年 1 期 18 页.
2.《中等数学》2005 年 2 期 21 页.
3.《中等数学》2004 年 4 期 22 页.

第 293 天

2005 全国初中数学联赛

如图 293.1，半径不等的两圆相交于 A，B 两点，线段 CD 经过 A，且分别交两圆于 C，D 两点，连 BC，BD，设 P，Q，K 分别是 BC，BD，CD 的中点，M，N 分别是 $\overset{\frown}{BC}$ 和 $\overset{\frown}{BD}$ 的中点.

求证：(1) $\dfrac{BP}{PM}=\dfrac{NQ}{QB}$；

(2) $\triangle KPM \backsim \triangle NQK$.

证明 1 (1) 如图 293.2，连 AB，BM，BN.

由 P，Q 分别为 BC，BD 的中点，M，N 分别为 $\overset{\frown}{BC}$，$\overset{\frown}{BD}$ 的中点，可知 $PM \perp BC$，$QN \perp BD$.

显然

$$\angle PBM=\frac{1}{2}\angle CAB=\frac{1}{2}\angle DNB=\angle QNB$$

可知

$$\mathrm{Rt}\triangle BPM \backsim \mathrm{Rt}\triangle NQB$$

有

$$\frac{BP}{PM}=\frac{NQ}{QB}$$

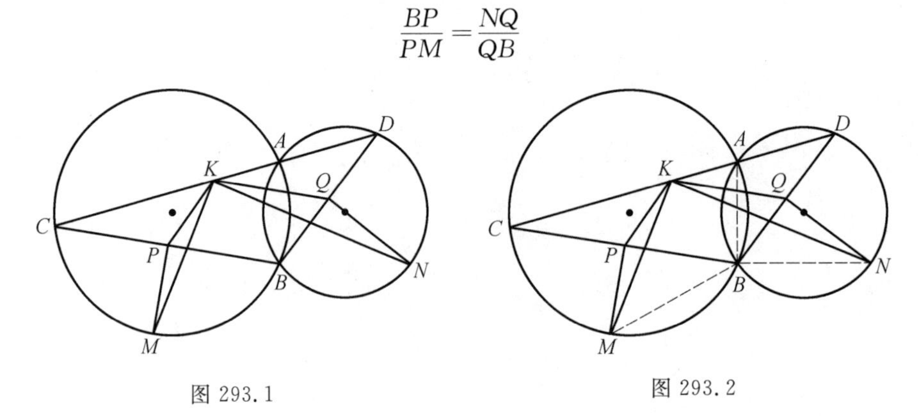

图 293.1　　图 293.2

(2) 由 K，P 分别为 CD，CB 的中点，可知 $KP \parallel DB$，$KP=\dfrac{1}{2}DB=QB$，

有四边形 $KPBQ$ 为平行四边形，于是 $BP=QK$，$QB=KP$，得$\frac{QK}{PM}=\frac{NQ}{KP}$.

由 $\angle KPM=\angle KPB+90^\circ=\angle KQB+90^\circ=\angle KQN$，可知 $\triangle PMK\backsim\triangle QNK$.

所以$\frac{BP}{PM}=\frac{NQ}{QB}$，$\triangle KPM\backsim\triangle NQK$.

证明 2 (1) 如图 293.2，连 BA，BM，BN.

由题设，可知 $PM\perp BC$，$QN\perp BD$，有 $\angle BPM=\angle BQN=90^\circ$.

显然 $\angle PBM=\frac{1}{2}\angle CAB$，$\angle QBN=\frac{1}{2}\angle DAB$，可知 $\angle PBM+\angle QBN=\frac{1}{2}\angle CAD=90^\circ$，有$\frac{PB}{PM}=\tan\angle PMB=\tan\angle QBN=\frac{QN}{QB}$，于是$\frac{BP}{PM}=\frac{NQ}{QB}$.

(2) 同前，由 $\angle KPM=\angle KPB+90^\circ=\angle KQB+90^\circ=\angle KQN$，可知 $\triangle PMK\backsim\triangle QNK$.

所以$\frac{BP}{PM}=\frac{NQ}{QB}$，$\triangle KPM\backsim\triangle NQK$.

证明 3 (1) 如图 293.3，连 BA，BM，BN，MC，ND.

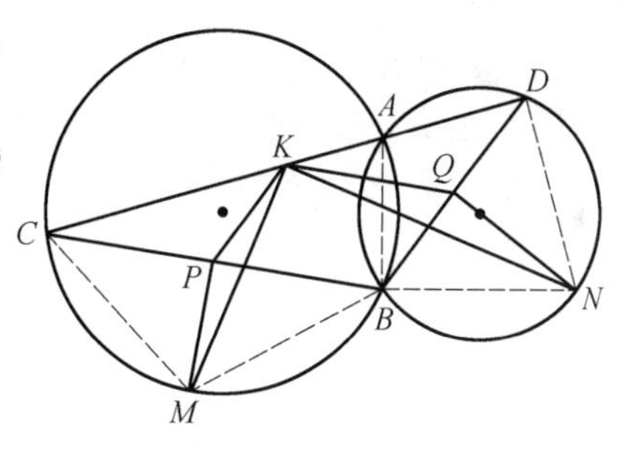

图 293.3

显然 PM 为 BC 的中垂线，QN 为 BD 的中垂线，可知

$$\angle PMB=\frac{1}{2}\angle BMC$$

$$\angle QNB=\frac{1}{2}\angle BND$$

显然 $\angle BMC=\angle BAD$，$\angle BAD+\angle BND=180^\circ$，可知 $\angle PMB+\angle QNB=\frac{1}{2}\angle BAD+\frac{1}{2}\angle BND=\frac{1}{2}(\angle BAD+\angle BND)=90^\circ$，有 $\angle PMB=\angle QBN$，于是 $\mathrm{Rt}\triangle PMB\backsim\mathrm{Rt}\triangle QBN$，得$\frac{BP}{PM}=\frac{NQ}{QB}$.

(2) 同前，由 $\angle KPM=\angle KPB+90^\circ=\angle KQB+90^\circ=\angle KQN$，可知 $\triangle PMK\backsim\triangle QNK$.

所以$\frac{BP}{PM}=\frac{NQ}{QB}$，$\triangle KPM\backsim\triangle NQK$.

证明 4 (1) 如图 293.4，连 BA，BM，BN，AM，AN.

显然 AM 平分 $\angle BAC$，AN 平分 $\angle BAD$，可知 $\angle MAN=\frac{1}{2}\angle CAD=90°$.

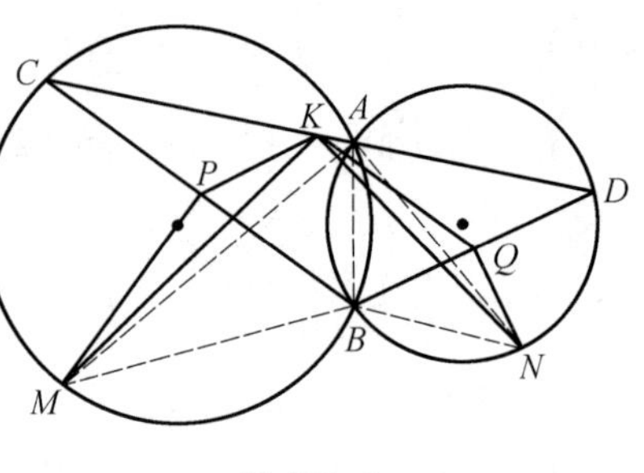

图 293.4

由 $\angle PBM=\angle CAM=\angle BAM$，$\angle QBN=\angle DAN=\angle BAN$，可知 $\angle PBM+\angle QBN=\angle BAM+\angle BAN=\angle MAN=90°$，于是 $\angle PMB=\angle QBN$，得 $Rt\triangle PMB\backsim Rt\triangle QBN$.

显然$\frac{BP}{PM}=\frac{NQ}{QB}$.

(2) 同前，由 $\angle KPM=\angle KPB+90°=\angle KQB+90°=\angle KQN$，可知 $\triangle PMK\backsim\triangle QNK$.

所以$\frac{BP}{PM}=\frac{NQ}{QB}$，$\triangle KPM\backsim\triangle NQK$.

本文参考自：
1.《中学教研》2005 年 8 期 40 页.
2.《中等数学》2005 年 7 期 26 页.

第 294 天

2006 年全国初中数学联赛

在平行四边形 $ABCD$ 中，$\angle BAD$ 的平分线交直线 BC，DC 于 F，E，O 是 $\triangle CEF$ 的外心.

求证：$\angle ABC=2\angle OBD$.

证明 1　如图 294.1，连 OC，OD，OF.

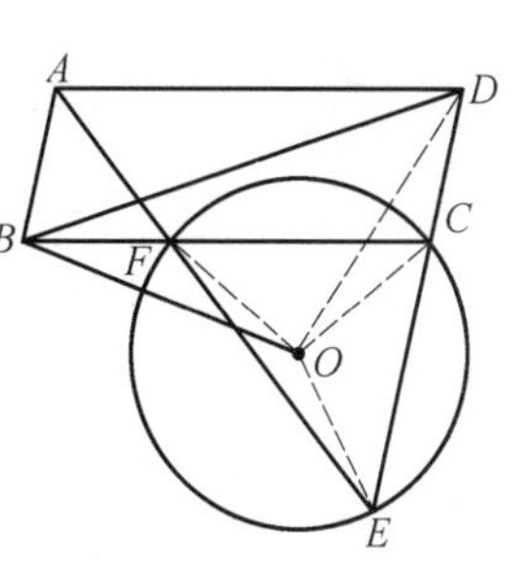

图 294.1

显然 $BF=BA=DC$，可知 $CF=CE$，有 CO 为 EF 的中垂线，于是 $\angle OCE=\angle OCF=\angle OFC$，得 $\angle DCO=180^\circ-\angle OCE=180^\circ-\angle OFC=\angle BFO$.

由 $OC=OF$，可知 $\triangle DCO\cong\triangle BFO$，有 $\angle ODC=\angle OBC$，于是 B，O，C，D 四点共圆，得

$$\angle OBD=\angle OCE=\frac{1}{2}\angle BCE=\frac{1}{2}\angle ABC$$

即 $\angle OBD=\frac{1}{2}\angle ABC$.

所以 $\angle ABC=2\angle OBD$.

证明 2　如图 294.1，连 OC，OD，OF.

（先证明 $\triangle DCO\cong\triangle BFO$，同上）

显然 $BF=BA=DC$，可知 $CF=CE$，有 CO 为 EF 的中垂线，于是 $\angle OCE=\angle OCF=\angle OFC$，得

$$\angle DCO=180^\circ-\angle OCE=180^\circ-\angle OFC=\angle BFO$$

由 $OC=OF$，可知 $\triangle DCO\cong\triangle BFO$，有 $\angle DOC=\angle BOF$，于是 $\angle FOC=\angle BOD$.

显然 $OD=OB$，$OF=OC$，可知 $\triangle BOD\backsim\triangle FOC$，有

$$\angle OBD=\angle OFC=\angle OCF=\frac{1}{2}\angle BCE=\frac{1}{2}\angle ABC$$

所以 $\angle ABC=2\angle OBD$.

证明 3　如图 294.1，连 OC，OD，OE.

（先证明 $\triangle DCO\cong\triangle BFO$，同上）

显然 $BF=BA=DC$，可知 $CF=CE$，有 CO 为 EF 的中垂线，于是

$\angle OCE = \angle OCF = \angle OFC$，得 $\angle DCO = 180^\circ - \angle OCE = 180^\circ - \angle OFC = \angle BFO$.

由 $OC = OF$，可知 $\triangle DCO \cong \triangle BFO$，有 $\angle DOC = \angle BOF$.

由 O 为 $\triangle CEF$ 的外心，可知 $\angle FOC = 2\angle FEC = \angle BAD$，有 $\angle BOD = \angle BAD$，于是

$$2\angle OBD = 180^\circ - \angle BOD = 180^\circ - \angle BAD = \angle ABC$$

所以 $2\angle OBD = \angle ABC$.

本文参考自：

《中等数学》2007 年 2 期 3 页.

第 295 天

2007 年全国初中数学联赛

如图 295.1,四边形 $ABCD$ 是梯形,点 E 是上底边 AD 上一点,CE 的延长线与 BA 的延长线交于点 F,过点 E 作 BA 的平行线交 CD 的延长线于点 M,BM 与 AD 交于点 N. 证明:$\angle AFN=\angle DME$.

证明 1 如图 295.1,设 MN,FC 相交于 P.

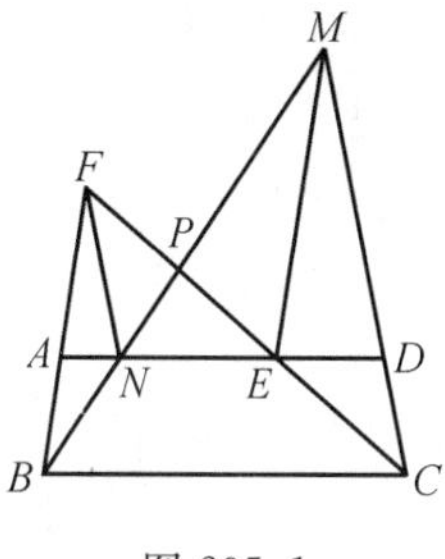

图 295.1

由 $NE\parallel BC$,可知 $\triangle PNE\backsim\triangle PBC$,有 $\frac{PN}{PB}=\frac{PE}{PC}$,于是 $PB\cdot PE=PC\cdot PN$.

同理 $PB\cdot PE=PF\cdot PM$,可知 $PC\cdot PN=PF\cdot PM$,有 $\frac{PM}{PN}=\frac{PC}{PF}$,于是 $\triangle PNF\backsim\triangle PMC$,得 $\angle PNF=\angle PMC$.

显然 $FN\parallel MC$,可知 $\angle FNA=\angle MDE$.

由 $EN\parallel MC$,可知 $\angle FAN=\angle MED$,有

$$\begin{aligned}\angle AFN&=180^\circ-\angle FAN-\angle FNA\\&=180^\circ-\angle MED-\angle MDE=\angle DME\end{aligned}$$

所以 $\angle AFN=\angle DME$.

证明 2 如图 295.2,设 MN,FC 相交于 P,直线 ME,FN 相交于 G.

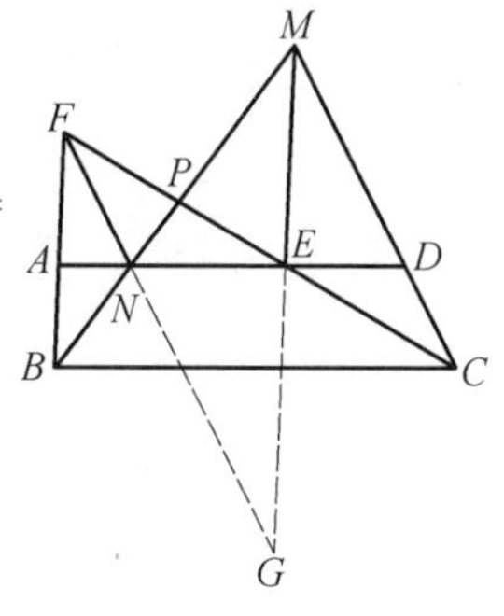

图 295.2

由 $NE\parallel BC$,可知 $\triangle PNE\backsim\triangle PBC$,有 $\frac{PN}{PB}=\frac{PE}{PC}$,于是 $PB\cdot PE=PC\cdot PN$.

同理 $PB\cdot PE=PF\cdot PM$,可知 $PC\cdot PN=PF\cdot PM$,有 $\frac{PM}{PN}=\frac{PC}{PF}$,于是 $\triangle PNF\backsim\triangle PMC$,得 $\angle PNF=\angle PMC$.

显然 $FN\parallel MC$,可知 $\angle DME=\angle G$.

由 $EM \parallel FB$，可知 $\angle AFN=\angle G=\angle DME$.

所以 $\angle AFN=\angle DME$.

证明 3 如图 295.3，设 MN，FC 相交于 P，直线 FB，MC 相交于 G.

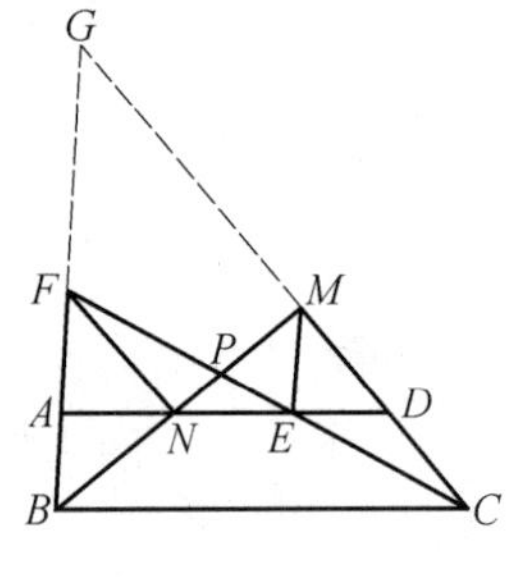

图 295.3

由 $NE \parallel BC$，可知 $\triangle PNE \backsim \triangle PBC$，有 $\frac{PN}{PB}=\frac{PE}{PC}$，于是 $PB \cdot PE=PC \cdot PN$.

同理 $PB \cdot PE=PF \cdot PM$，可知 $PC \cdot PN=PF \cdot PM$，有 $\frac{PM}{PN}=\frac{PC}{PF}$，于是 $\triangle PNF \backsim \triangle PMC$，得 $\angle PNF=\angle PMC$.

显然 $FN \parallel MC$，可知 $\angle AFN=\angle G$.

由 $EM \parallel FB$，可知 $\angle DME=\angle G=\angle AFN$.

所以 $\angle AFN=\angle DME$.

本文参考自：

《中等数学》2007 年 8 期 25 页.

第 296 天

2006 年全国初中数学联赛(决赛)

如图 296.1,已知锐角$\triangle ABC$及其外接圆圆O,AM是BC边的中线,分别过点B,C作圆O的切线,两条切线相交于点X,连AX.

求证:$\dfrac{AM}{AX}=\cos\angle BAC$.

证明 1 如图 296.1,设A_1为AX与圆O的交点,连OB,OC,OX.

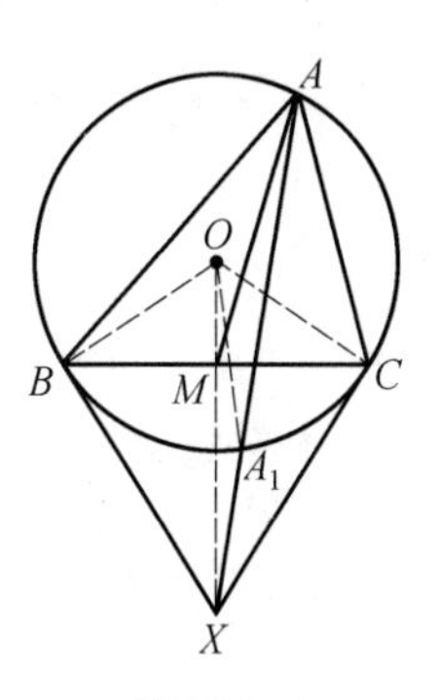

图 296.1

显然O,M,X三点共线.

由XB与圆O相切,可知

$$XB^2=XA\cdot XA_1$$

显然$OB\perp XB$,$MB\perp XO$,可知

$$XB^2=XM\cdot XO$$

有

$$XA\cdot XA_1=XM\cdot XO$$

或

$$\frac{XA}{XM}=\frac{XO}{XA_1}$$

于是

$$\triangle AXM\backsim\triangle OXA_1$$

得

$$\frac{AM}{AX}=\frac{OA_1}{OX}=\frac{OC}{OX}=\cos\angle XOC$$

显然

$$\angle BAC=\frac{1}{2}\angle BOC=\angle XOC$$

所以

$$\frac{AM}{AX}=\cos\angle BAC$$

证明 2 如图 296.2,连OA,OB,OX.

显然 O,M,X 三点共线.

显然 $OB \perp XB, MB \perp XO$,可知

$$OA^2 = OB^2 = OM \cdot OX$$

显然 $\angle MOA = \angle AOX$,可知

$$\triangle MOA \backsim \triangle AOX$$

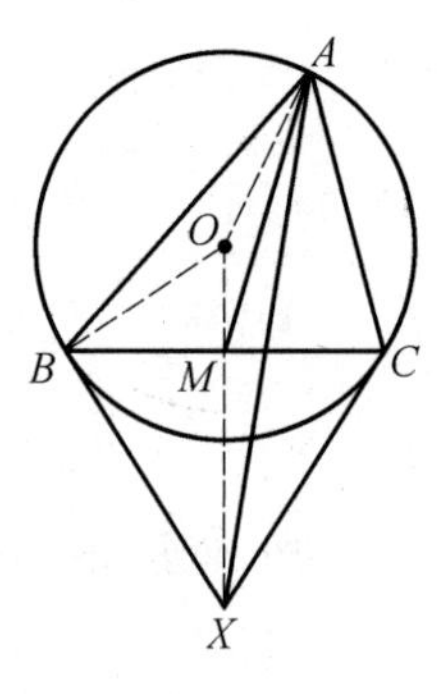

图 296.2

有

$$\frac{AM}{AX} = \frac{OA}{OX} = \frac{OB}{OX} = \cos \angle XOB$$

显然

$$\angle BAC = \frac{1}{2}\angle BOC = \angle XOB$$

所以

$$\frac{AM}{AX} = \cos \angle BAC$$

本文参考自:

《中学数学》2008 年 1 期 14 页.

国内高中数学竞赛试题

第 297 天

1978 年安徽省中学生数学竞赛

在正方形 $ABCD$ 内，以 A 为顶点作 $\angle EAF=45°$，且 $\angle EAC\neq\angle FAC$. 设这个角的两边分别交正方形的边 BC，CD 于 E，F. 自 E，F 分别作正方形对角线 AC 的垂线，垂足为 P，Q.

求证：过 B，P，Q 所作的圆的圆心在边 BC 上.

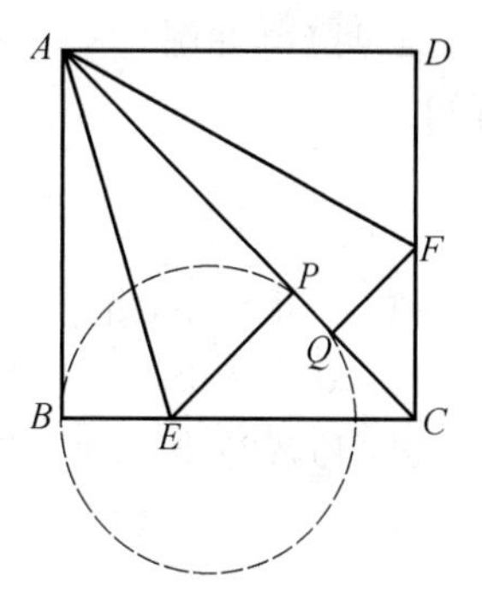

图 297.1

证明 1　如图 297.1.

显然 $\mathrm{Rt}\triangle ABE\backsim\mathrm{Rt}\triangle AQF$，可知 $\frac{AB}{AQ}=\frac{AE}{AF}$.

又显然 $\mathrm{Rt}\triangle APE\backsim\mathrm{Rt}\triangle ADF$，可知

$$\frac{AP}{AB}=\frac{AP}{AD}=\frac{AE}{AF}=\frac{AB}{AQ}$$

有

$$AB^2=AP\cdot AQ$$

于是 AB 是 $\triangle BPQ$ 的外接圆的切线.

所以过 B，P，Q 所作的圆的圆心在边 BC 上.

证明 2　如图 297.2，连 BP，BQ，过 P 作 BP 的垂线交 BC 于 G.

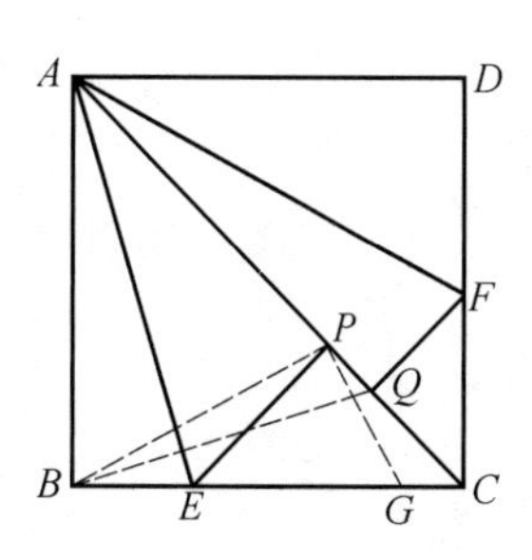

图 297.2

由上法证得 $AB^2=AP\cdot AQ$，可知

$$\triangle ABP\backsim\triangle AQB$$

有

$$\angle AQB=\angle ABP=90°-\angle PBC=\angle PGB$$

于是 P，Q，G，B 四点共圆，且 BG 为圆的直径.

所以过 B，P，Q 所作的圆的圆心在边 BC 上.

第 298 天

1978 年江苏省中学生数学竞赛

如图 298.1，$\triangle ABC$ 中，$AB > AC$，AT 为 $\angle A$ 的平分线，BC 上有一点 S，且 $BS = TC$.

求证：$AS^2 - AT^2 = (AB - AC)^2$.

证明 1 如图 298.1，在 $\triangle ATC$ 中，由余弦定理，可知

$$AT^2 + AC^2 - 2AT \cdot AC\cos\frac{A}{2} = TC^2 \qquad (1)$$

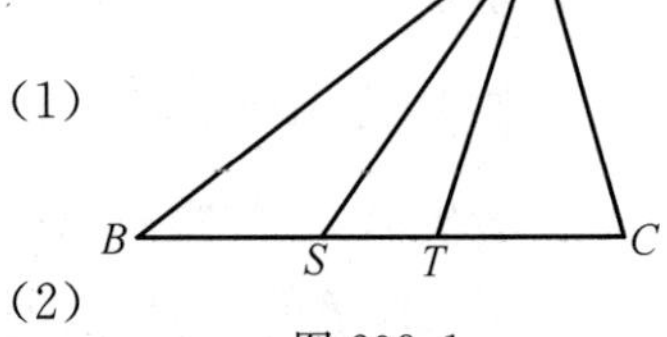

图 298.1

在 $\triangle ABS$ 中，由余弦定理，可知

$$AB^2 + BS^2 - 2AB \cdot BS\cos B = AS^2 \qquad (2)$$

式(1)，(2) 相加，可知

$$\begin{aligned}&AT^2 + AC^2 + AB^2 - AS^2\\ =& 2AT \cdot AC\cos\frac{A}{2} + 2AB \cdot BS\cos B + TC^2 - BS^2\end{aligned}$$

由 $BS = TC$，AT 平分 $\angle BAC$，可知

$$AB \cdot BS = AB \cdot TC = AC \cdot BT$$

有

$$\begin{aligned}&AT^2 + AC^2 + AB^2 - AS^2\\ =& 2AT \cdot AC\cos\frac{A}{2} + 2AC \cdot BT\cos B\\ =& 2AC \cdot \left(AT\cos\frac{A}{2} + BT\cos B\right)\end{aligned}$$

由射影定理，可知

$$AT\cos\frac{A}{2} + BT\cos B = AB$$

有

$$AT^2 + AC^2 + AB^2 - AS^2 = 2AC \cdot AB$$

于是

$$AC^2 + AB^2 - 2AC \cdot AB = AS^2 - AT^2$$

所以

$$AS^2 - AT^2 = (AB - AC)^2$$

证明2 如图298.2,过A作BC的垂线,D为垂足.

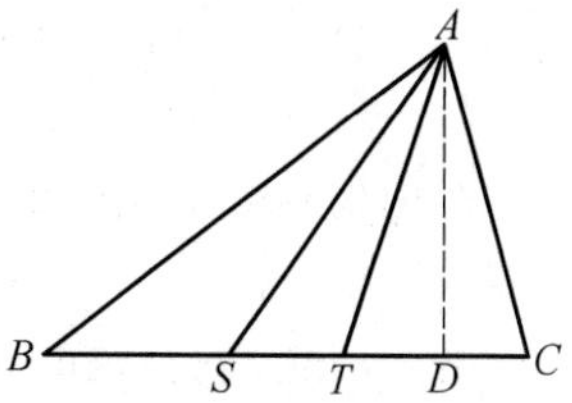

由勾股定理,可知

$$AS^2 - AT^2 = (AD^2 + SD^2) - (AD^2 + TD^2)$$
$$= (SD + TD) \cdot (SD - TD)$$
$$= ST \cdot (SD + TD) \qquad (1)$$

图298.2

$$(AB - AC)^2 = \frac{(AB^2 - AC^2) \cdot (AB - AC)}{AB + AC}$$
$$= \frac{(BD^2 - DC^2) \cdot (AB - AC)}{AB + AC}$$
$$= \frac{(BD + DC) \cdot (BD - DC) \cdot (AB - AC)}{AB + AC}$$
$$= \frac{BC \cdot (BS + SD - TC + TD) \cdot (AB - AC)}{AB + AC}$$
$$= \frac{BC \cdot (SD + TD) \cdot (AB - AC)}{AB + AC} \qquad (2)$$

由$\frac{AB}{AC} = \frac{BT}{TC}$,有

$$AB = \frac{AC \cdot BT}{TC} \qquad (3)$$

将式(3)代入式(2),得

$$(AB - AC)^2 = \frac{BC \cdot (SD + TD) \dfrac{AC \cdot BT - AC \cdot TC}{TC}}{\dfrac{AC \cdot BT + AC \cdot TC}{TC}}$$

于是

$$(AB - AC)^2 = ST \cdot (SD + TD) \qquad (4)$$

将式(1)与式(4)对照,可知

$$AS^2 - AT^2 = (AB - AC)^2$$

证明3 如图298.3,以BC为一底,以AC为一腰作等腰梯形$AEBC$,分别过E,A作BC的垂线,F,D为垂足,连ES.

由$BS = TC$,可知四边形$AEST$也是等腰梯形.

设$AC = b$,$AB = c$,$AT = y$,$AS = x$,$TC = n$,$SC = m$,可知$EB = b$,$ES = y$,$BT = m$.

在梯形 $EBCA$ 中

$$c^2-b^2=BD^2+AD^2-(AD^2+CD^2)$$
$$=(BD+CD)\cdot(BD-CD)$$
$$=AE\cdot(m+n) \qquad (1)$$

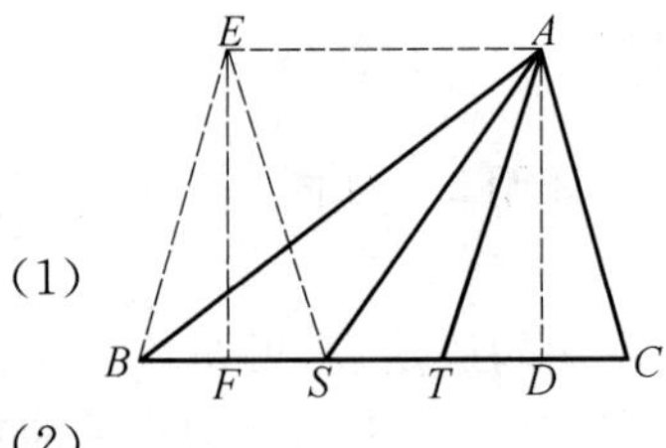

图 298.3

在梯形 $ESTA$ 中,同理可得

$$x^2-y^2=AE\cdot(m-n) \qquad (2)$$

由式(1),(2),可知

$$\frac{x^2-y^2}{c^2-b^2}=\frac{m-n}{m+n}$$

由 AT 为 $\angle BAC$ 的平分线,可知 $\frac{m}{n}=\frac{c}{b}$,有

$$\frac{m-n}{m+n}=\frac{c-b}{c+b}$$

于是

$$x^2-y^2=\frac{c-b}{c+b}\cdot(c^2-b^2)=(c-b)^2$$

得

$$x^2-y^2=(c-b)^2$$

所以

$$AS^2-AT^2=(AB-AC)^2$$

第 299 天

1978 年江西省数学竞赛

已知：如图 299.1，C 为以 AB 为直径的半圆上的一点，分别过 A，B，C 作半圆的切线得交点 E，F. 过 C 作 AB 的垂线，D 为垂足.

求证：AF，BE，CD 三线共点.

证明 1 如图 299.1，设直线 AE，BC 相交于 G，M 为 BE，CD 的交点.

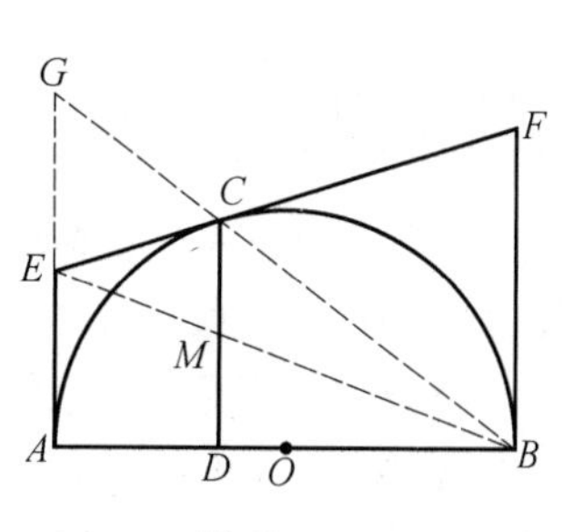

图 299.1

由 AE，BF 为半圆的切线，可知 $AE\perp AB$，$BF\perp AB$.

由 $CD\perp AB$，可知 $AE\parallel CD\parallel FB$，有

$$\frac{EG}{FB}=\frac{EC}{FC}$$

由 EF 为半圆的切线，可知 $FC=FB$，有 $EG=EC$.

显然 $EA=EC$，可知 $EG=EA$.

由 $\frac{MC}{EG}=\frac{MB}{EB}=\frac{MD}{EA}$，即 $\frac{MC}{EG}=\frac{MD}{EA}$，可知 $MC=MD$，即 M 为 CD 的中点.

同理 AF 与 CD 的交点也是 CD 的中点 M.

所以 AF，BE，CD 三线共点.

证明 2 如图 299.2，设直线 AE，BC 相交于 G，连 BE 交 CD 于 M，连 AC.

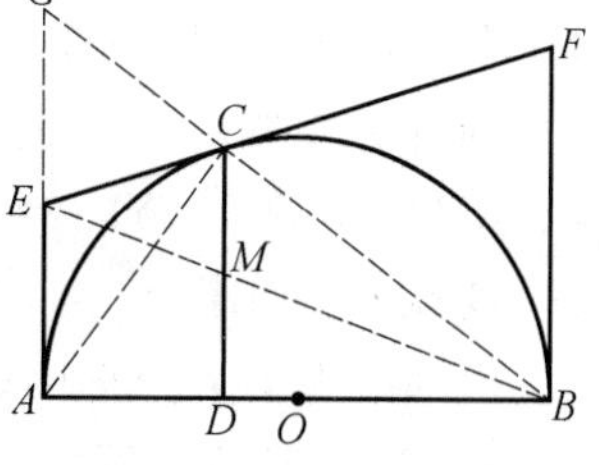

由 AB 为半圆的直径，可知 $AC\perp GB$.

由 EA，EC 为半圆的切线，可知 $EA=EC$，$\angle EAC=\angle ECA$，有 $\angle G=90^\circ-\angle EAC=90^\circ-\angle ECA=\angle ECG$，于是 $EG=EC$，即 EC 为 $\mathrm{Rt}\triangle ACG$ 的斜边 AG 上的中线，亦即 $EG=EA$.

图 299.2

由 $\frac{MC}{EG}=\frac{MB}{EB}=\frac{MD}{EA}$，即 $\frac{MC}{EG}=\frac{MD}{EA}$，可知 $MC=MD$，即 M 为 CD 的中点.

同理 AF 与 CD 的交点也是 CD 的中点 M.

所以 AF,BE,CD 三线共点.

证明3 如图299.3,设 BE,CD 相交于 M,连 MA,MF.

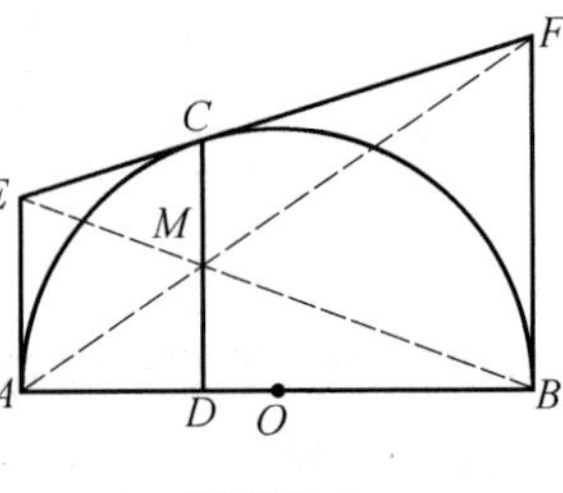

图299.3

由 AE,BF,EF 为半圆的切线,可知 $EA=EC$,$FB=FC$.

由 AE,BF 为半圆的切线,可知 $AE\perp AB$,$BF\perp AB$.

由 $CD\perp AB$,可知 $AE\parallel CD\parallel FB$,有

$$\frac{ME}{MB}=\frac{DA}{DB}=\frac{CE}{CF}=\frac{AE}{BF}$$

即 $\frac{ME}{MB}=\frac{AE}{BF}$.

显然 $\angle MEA=\angle MBF$,可知 $\triangle MEA\backsim\triangle MBF$,有 $\angle EMA=\angle BMF$,于是 A,M,F 三点共线.

所以 AF,BE,CD 三线共点.

证明4 如图299.4,设直线 AE,BC 相交于 G,连 BE 交 CD 于 M,连 OE.

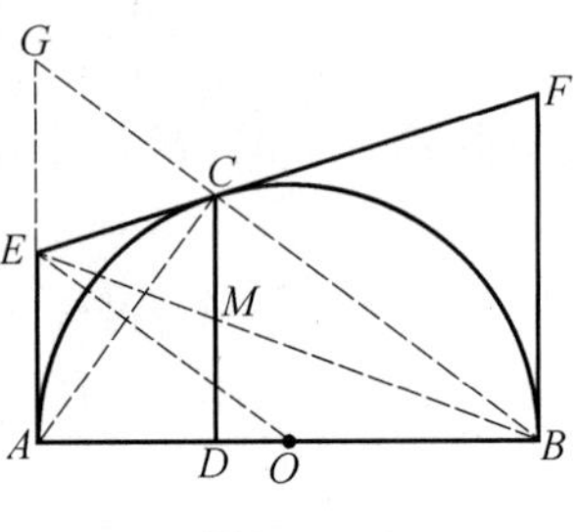

图299.4

由 EA,EC 为半圆的切线,可知 OE 为 AC 的中垂线.

由 AB 为半圆的直径,可知 $BC\perp AC$,有 $EO\parallel GB$.

由 O 为 AB 的中点,可知 E 为 AG 的中点.

由 $\frac{MC}{EG}=\frac{MB}{EB}=\frac{MD}{EA}$,即 $\frac{MC}{EG}=\frac{MD}{EA}$,可知 $MC=MD$,即 M 为 CD 的中点.

同理 AF 与 CD 的交点也是 CD 的中点 M.

所以 AF,BE,CD 三线共点.

证明5 如图299.2,设直线 AE,BC 相交于 G,连 BE 交 CD 于 M,连 AC.

由 AB 为半圆的直径,可知 $AC\perp GB$.

由 EA,EC 为半圆的切线,可知 $EA=EC$,有 $\angle EAC=\angle ECA$.

显然 $\angle G=\angle CAB=\angle FCB=\angle ECG$,可知 EC 为 $\mathrm{Rt}\triangle ACG$ 的斜边 AG 上的中线,亦即 $EG=EA$.

由 $\frac{MC}{EG}=\frac{MB}{EB}=\frac{MD}{EA}$,即 $\frac{MC}{EG}=\frac{MD}{EA}$,可知 $MC=MD$,即 M 为 CD 的中点.

同理 AF 与 CD 的交点也是 CD 的中点 M.

所以 AF,BE,CD 三线共点.

第 300 天

1978 年辽宁省数学竞赛

设 AM 是 $\triangle ABC$ 的边 BC 上的中线，任作一条直线分别交 AB，AC，AM 于点 P，Q，N.

求证：$\frac{AB}{AP}+\frac{AC}{AQ}=\frac{2AM}{AN}$.

证明 1　如图 300.1，设直线 PQ，BC 相交于 D，过 A 作 PQ 的平行线交直线 BC 于 E.

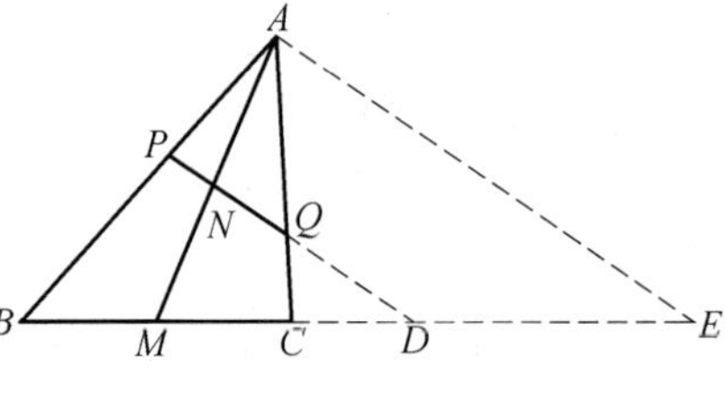

图 300.1

由 M 为 BC 的中点，可知 $EB+EC=2EM$.

显然

$$\frac{AB}{AP}=\frac{EB}{ED},\frac{AC}{AQ}=\frac{EC}{ED},\frac{AM}{AN}=\frac{EM}{ED}$$

可知

$$\frac{AB}{AP}+\frac{AC}{AQ}=\frac{EB}{ED}+\frac{EC}{ED}=\frac{EB+EC}{ED}=\frac{2EM}{ED}=\frac{2AM}{AN}$$

所以

$$\frac{AB}{AP}+\frac{AC}{AQ}=\frac{2AM}{AN}$$

证明 2　如图 300.2.

由 M 为 BC 的中点，可知 $S_{\triangle ABM}=S_{\triangle AMC}$.

由

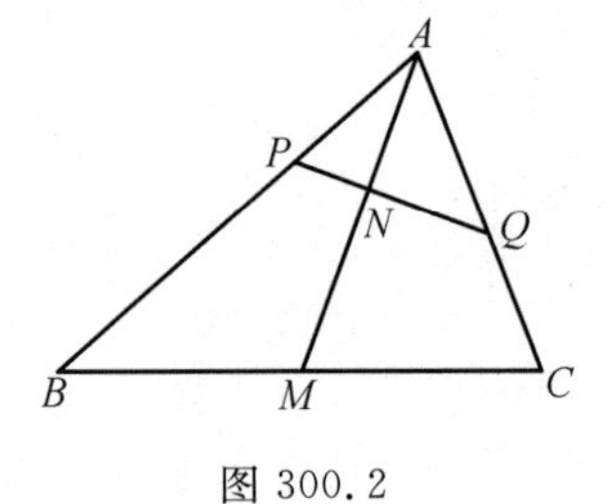

图 300.2

$$\frac{S_{\triangle APQ}}{S_{\triangle ABC}}=\frac{AP\cdot AQ}{AB\cdot AC}$$

$$\frac{S_{\triangle APN}}{S_{\triangle ABM}}=\frac{AP\cdot AN}{AB\cdot AM}$$

$$\frac{S_{\triangle ANQ}}{S_{\triangle AMC}}=\frac{AN\cdot AQ}{AM\cdot AC}$$

$$S_{\triangle ABC}=S_{\triangle ABM}+S_{\triangle AMC}$$

可知

$$\frac{S_{\triangle APQ}}{S_{\triangle ABC}}=\frac{S_{\triangle APN}}{S_{\triangle ABC}}+\frac{S_{\triangle ANQ}}{S_{\triangle ABC}}=\frac{S_{\triangle APN}}{2S_{\triangle ABM}}+\frac{S_{\triangle ANQ}}{2S_{\triangle AMC}}$$

有

$$\frac{AP\cdot AQ}{AB\cdot AC}=\frac{1}{2}\left(\frac{AP\cdot AN}{AB\cdot AM}+\frac{AN\cdot AQ}{AM\cdot AC}\right)$$

化简得

$$\frac{AB}{AP}+\frac{AC}{AQ}=\frac{2AM}{AN}$$

证明3 如图300.3,分别过B,C作AM的平行线交直线PQ于E,F.

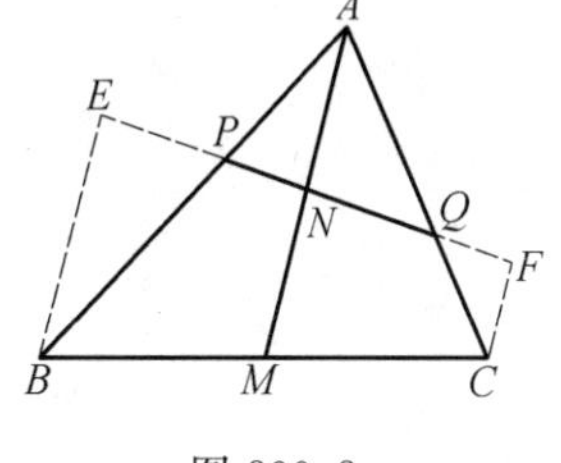

图300.3

显然四边形$BCFE$为等腰梯形.

由M为BC的中点,可知$2MN=BE+CF$.

由$\frac{PB}{AP}=\frac{EB}{AN}$,有$\frac{AP+PB}{AP}=\frac{AN+EB}{AN}$,即

$$\frac{AB}{AP}=\frac{AN+EB}{AN}$$

同理$\frac{AC}{AQ}=\frac{AN+CF}{AN}$,可知

$$\frac{AB}{AP}+\frac{AC}{AQ}=\frac{AN+EB}{AN}+\frac{AN+CF}{AN}=\frac{2AN+2MN}{AN}=\frac{2AM}{AN}$$

即

$$\frac{AB}{AP}+\frac{AC}{AQ}=\frac{2AM}{AN}$$

证明4 如图300.4,分别过B,C作PQ的平行线交直线AM于E,F.

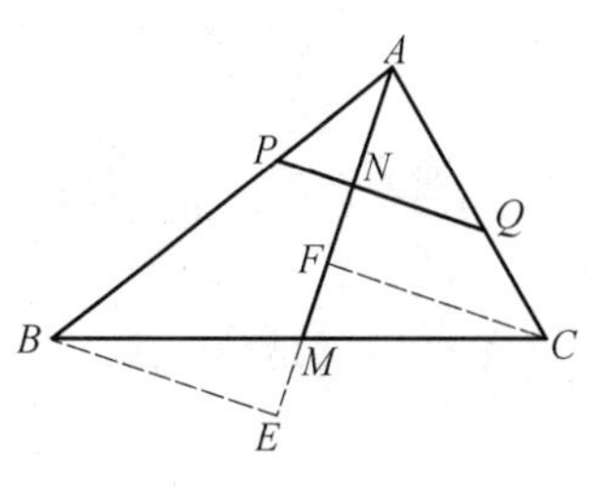

图300.4

由M为BC的中点,可知M为EF的中点,有$AE+AF=2AM$.

显然$\frac{AB}{AP}=\frac{AE}{AN}$,$\frac{AC}{AQ}=\frac{AF}{AN}$,可知

$$\frac{AB}{AP}+\frac{AC}{AQ}=\frac{AE}{AN}+\frac{AF}{AN}=\frac{AE+AF}{AN}=\frac{2AM}{AN}$$

所以$\frac{AB}{AP}+\frac{AC}{AQ}=\frac{2AM}{AN}$.

证明5 如图300.5,过B作AC的平行线分别交直线PQ,AM于E,F.

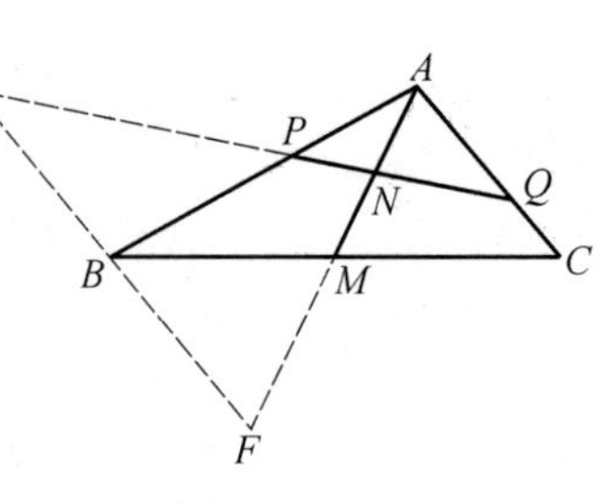

图300.5

由M为BC的中点,可知M为AF的中点,有$\triangle MBF \cong \triangle MCA$,于是$BF = AC$,$FN + AN = AF = 2AM$.

由$\frac{PB}{AP} = \frac{BE}{AQ}$,可知$\frac{AP + PB}{AP} = \frac{AQ + BE}{AQ}$,即$\frac{AB}{AP} = \frac{AQ + BE}{AQ}$,有

$$\begin{aligned}\frac{AB}{AP} + \frac{AC}{AQ} &= \frac{AQ + BE}{AQ} + \frac{AC}{AQ} \\ &= \frac{AQ + BE + BF}{AQ} \\ &= \frac{AQ + EF}{AQ}\end{aligned}$$

由$\frac{EF}{AQ} = \frac{FN}{AN}$,可知

$$\frac{AQ + EF}{AQ} = \frac{AN + FN}{AN} = \frac{AF}{AN} = \frac{2AM}{AN}$$

所以$\frac{AB}{AP} + \frac{AC}{AQ} = \frac{2AM}{AN}$.

证明6 如图300.6,过B作AM的平行线分别交直线AC,PQ于E,F.

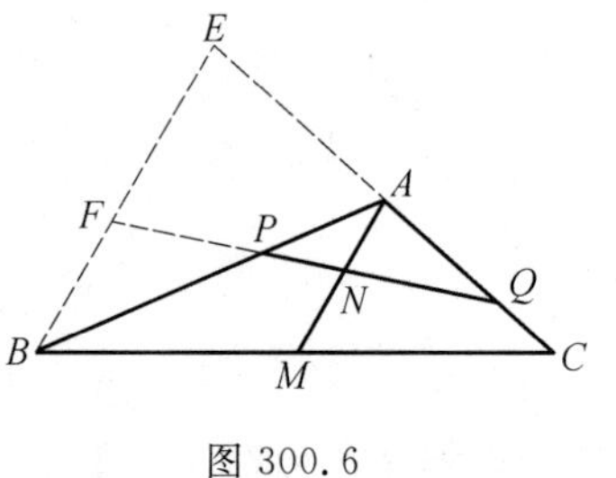

图300.6

由M为BC的中点,可知A为CE的中点,有$EB = 2AM$.

由$\frac{PB}{AP} = \frac{FB}{AN}$,可知$\frac{AP + PB}{AP} = \frac{AN + FB}{AN}$,即$\frac{AB}{AP} = \frac{AN + FB}{AN}$.

由$\frac{EQ}{AQ} = \frac{EF}{AN}$,可知$\frac{EQ - AQ}{AQ} = \frac{EF - AN}{AN}$,即$\frac{AE}{AQ} = \frac{EF - AN}{AN}$,有$\frac{AC}{AQ} = \frac{AE}{AQ} = \frac{EF - AN}{AN}$,于是

$$\frac{AB}{AP} + \frac{AC}{AQ} = \frac{AN + FB}{AN} + \frac{EF - AN}{AN} = \frac{EF + FB}{AN} = \frac{2AM}{AN}$$

所以$\frac{AB}{AP} + \frac{AC}{AQ} = \frac{2AM}{AN}$.

证明7 如图300.7,设直线 PQ,BC 相交于 F,过 A 作 BC 的平行线交直线 PQ 于 E.

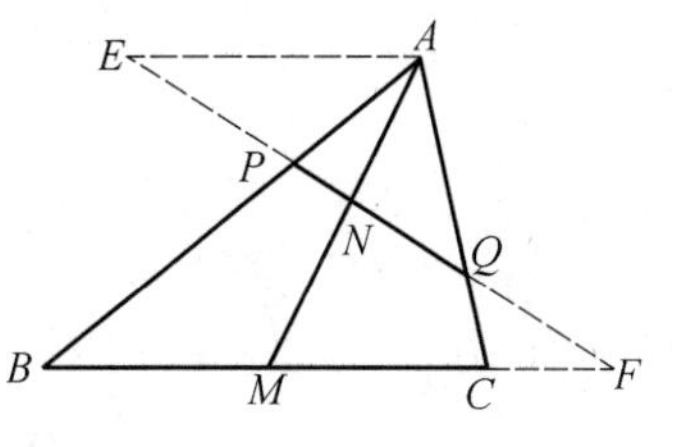

图300.7

由 M 为 BC 的中点,可知 $BF+CF=2MF$.

由 $\frac{PB}{AP}=\frac{BF}{AE}$,可知 $\frac{AP+PB}{AP}=\frac{AE+BF}{AE}$,即 $\frac{AB}{AP}=\frac{AE+BF}{AE}$.

由 $\frac{QC}{AQ}=\frac{CF}{AE}$,可知 $\frac{AQ+QC}{AQ}=\frac{AE+CF}{AE}$,即 $\frac{AC}{AQ}=\frac{AE+CF}{AE}$.

由 $\frac{FM}{AE}=\frac{NM}{AN}$,有 $\frac{AE+FM}{AE}=\frac{AN+NM}{AN}$,即 $\frac{AE+FM}{AE}=\frac{AM}{AN}$,于是

$$\begin{aligned}\frac{AB}{AP}+\frac{AC}{AQ}&=\frac{AE+FB}{AE}+\frac{AE+CF}{AE}\\&=\frac{2AE+FB+CF}{AE}\\&=\frac{2AE+2FM}{AE}\\&=\frac{2(AE+FM)}{AE}\\&=\frac{2AM}{AN}\end{aligned}$$

所以 $\frac{AB}{AP}+\frac{AC}{AQ}=\frac{2AM}{AN}$.

证明8 如图300.8,过 P 作 BC 的平行线分别交 AM,AC 于 F,G,过 Q 作 BC 的平行线分别交 AM,AB 于 D,E,连 NE,NG.

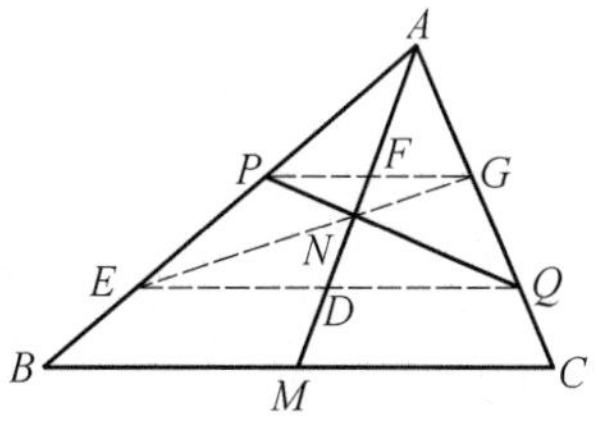

由 M 为 BC 的中点,可知 F 为 PG 的中点,D 为 EQ 的中点.

图300.8

显然 $\frac{NF}{ND}=\frac{FP}{DQ}=\frac{FG}{DE}$,可知 $\triangle NFG\backsim\triangle NDE$,有 $\angle FNG=\angle DNE$,于是 E,N,G 三点共线.

显然 $\frac{AF}{AD}=\frac{PF}{ED}=\frac{FG}{ED}=\frac{NF}{ND}$,即 $\frac{AF}{AD}=\frac{NF}{ND}$,(调和分割)可知 $\frac{1}{AD}+\frac{1}{AF}=\frac{2}{AN}$,(等价命题)有 $\frac{AM}{AD}+\frac{AM}{AF}=\frac{2AM}{AN}$.

所以 $\frac{AB}{AP}+\frac{AC}{AQ}=\frac{2AM}{AN}$.

附　　录

$\frac{AF}{AD}=\frac{NF}{ND}\Rightarrow\frac{1}{AD}+\frac{1}{AF}=\frac{2}{AN}$.

证明　显然 $AD\cdot NF=AF\cdot ND$,可知

$$AD\cdot(AN-AF)=AF\cdot(AD-AN)$$

有

$$AD\cdot AN-AD\cdot AF=AF\cdot AD-AF\cdot AN$$

于是

$$AD\cdot AN+AF\cdot AN=2AF\cdot AD$$

所以

$$\frac{1}{AD}+\frac{1}{AF}=\frac{2}{AN}$$

本文参考自:

《上海中学数学》1997 年 6 期 24 页.

第 301 天

1978 年内蒙古自治区数学竞赛

如图 301.1，设 P 为正方形 $ABCD$ 内一点，$PB:PA:PD=1:2:3$，求 $\angle APB$ 的度数.

证明 1 如图 301.1，以 AB 为一边在正方形 $ABCD$ 的外侧作 $\triangle QBA$，使 $QB=PD$，$QA=PA$，连 QP.

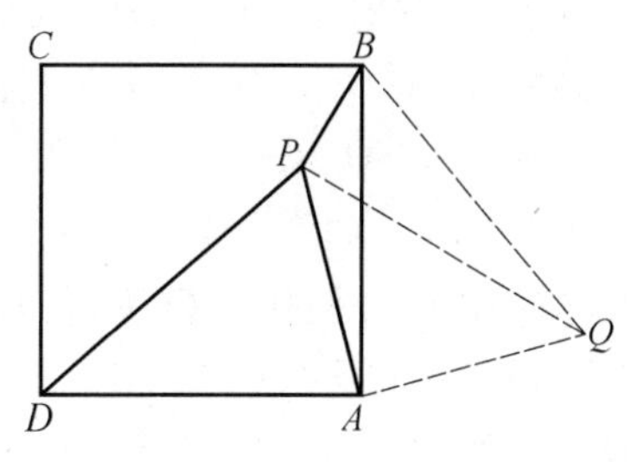

图 301.1

显然 $\triangle QBA\cong\triangle PDA$，可知 $\angle QAB=\angle PAD$.

由 $\angle DAB=90^\circ$，可知 $\angle PAQ=90^\circ$，有 $\angle APQ=\angle AQP=45^\circ$，于是 $PQ=\sqrt{2}PA=2\sqrt{2}PB$.

在 $\triangle PBQ$ 中，由 $PB^2+PQ^2=9PB^2=(3PB)^2=BQ^2$，可知 $\triangle PBQ$ 为直角三角形，$\angle BPQ=90^\circ$，有 $\angle BPA=\angle BPQ+\angle APQ=135^\circ$.

所以 $\angle APB=135^\circ$.

证明 2 如图 301.2，以 AD 为一边在正方形 $ABCD$ 的外侧作 $\triangle QAD$，使 $DQ=PB$，$QA=PA$，连 PQ.

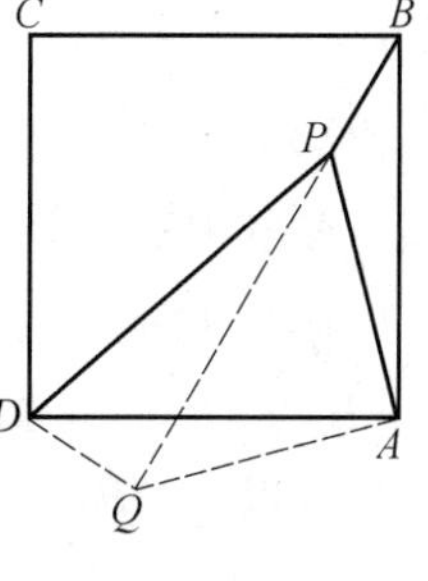

图 301.2

显然 $\triangle QAD\cong\triangle PAB$，可知 $\angle PAB=\angle QAD$.

由 $\angle BAD=90^\circ$，可知 $\angle PAQ=90^\circ$，有 $\angle APQ=\angle AQP=45^\circ$，于是 $PQ=\sqrt{2}PA=2\sqrt{2}PB$.

在 $\triangle PDQ$ 中，由 $PQ^2+DQ^2=9PB^2=(3PB)^2=PD^2$，可知 $\triangle PDQ$ 为直角三角形，$\angle PQD=90^\circ$，有 $\angle DQA=\angle PQD+\angle PQA=135^\circ$.

所以 $\angle APB=135^\circ$.

证明 3 如图 301.3，以 BC 为一边在正方形 $ABCD$ 的外侧作 $\triangle QCB$，使 $QC=PA$，$QB=PB$，连 PC，PQ.

显然 $\triangle QBC\cong\triangle PBA$，可知 $\angle QBC=\angle PBA$.

由 $\angle CBA=90^\circ$，可知 $\angle QBP=90^\circ$，有 $\angle PQB=\angle QPB=45^\circ$，于是 $PQ=$

$\sqrt{2}PB$.

设 $PB=1$，可知 $PA=2$，$PD=3$，有 $PQ=\sqrt{2}$，设点 P 到 CD，CB 的距离分别为 x，y，则点 P 到 AB，AD 的距离分别为 $a-x$，$a-y$，依题意有

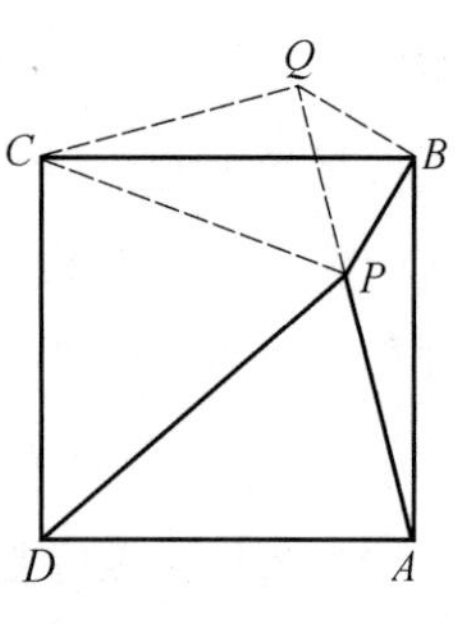

图 301.3

$$\begin{cases}(a-x)^2+y^2=1\\(a-x)^2+(a-y)^2=4\\x^2+(a-y)^2=9\end{cases}$$

解得 $x^2+y^2=6$，于是 $PC=\sqrt{6}$.

在 $\triangle PCQ$ 中，由 $CQ^2+PQ^2=6=PC^2$，可知 $\triangle PCQ$ 为直角三角形，$\angle PQC=90°$，有 $\angle BQC=135°$.

所以 $\angle APB=135°$.

证明4 如图301.4，以 BC 为一边在正方形 $ABCD$ 的外侧作 $\triangle QCB$，使 $QC=PA$，$QB=PB$，设 R 为 QC 的延长线上一点，$CR=PA$，连 DR，PQ，PR.

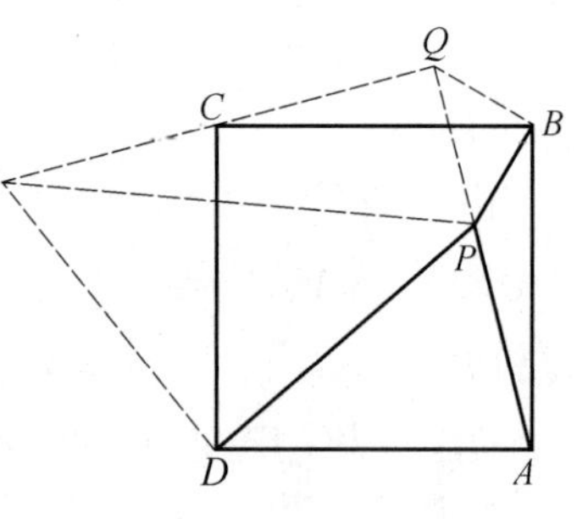

图 301.4

显然 $\triangle QCB\cong\triangle PAB$，可知 $\angle QBC=\angle PBA$.

由 $\angle CBA=90°$，可知 $\angle PBQ=90°$，有 $\angle BPQ=\angle BQP=45°$，于是 $PQ=\sqrt{2}PB$.

由 $\angle RCD+\angle QCB=90°$，$\angle PAD+\angle PAB=90°$，可知 $\angle RCD=\angle PAD$，有 $\triangle RCD\cong\triangle PAD$，于是 $\angle RDC=\angle PDA$，得 $\angle PDR=90°$，$DR=PD$.

显然 $PR=\sqrt{2}PD=3\sqrt{2}PB$.

在 $\triangle PRQ$ 中，显然 $QR=2PA=4PB$，由 $PQ^2+RQ^2=(\sqrt{2}PB)^2+(4PB)^2=PR^2$，可知 $\triangle PQR$ 为直角三角形，$\angle PQR=90°$，有 $\angle CQB=135°$.

所以 $\angle APB=135°$.

第 302 天

1978 年宁夏回族自治区中学数学竞赛

如图 302.1,在$\triangle ABC$中,$\angle BAC=90^{\circ}$,$AG\perp BC$,G为垂足,$\angle ABC$的平分线BE交AG于D,过D作BC的平行线交AC于F.

求证:$AE=FC$.

证明 1 如图 302.1. 由$\angle BAC=90^{\circ}$,$AG\perp BC$,可知$\mathrm{Rt}\triangle ABC\backsim\mathrm{Rt}\triangle GBA$.

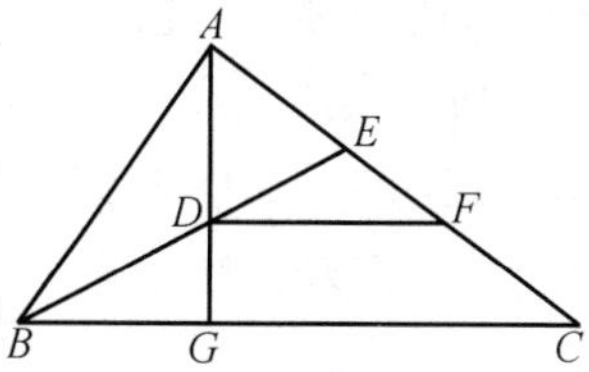

由$DF\parallel BC$,BD平分$\angle ABG$,BE平分$\angle ABC$,可知$\frac{AE}{EC}=\frac{BA}{BC}=\frac{BG}{BA}=\frac{GD}{DA}=\frac{FC}{FA}$,有$\frac{AE}{EC}=\frac{FC}{FA}$,于是$\frac{AE}{AE+EC}=\frac{FC}{FC+FA}$,就是$\frac{AE}{AC}=\frac{FC}{AC}$.

图 302.1

所以$AE=FC$.

证明 2 如图 302.2,过D作AC的平行线交BC于H.

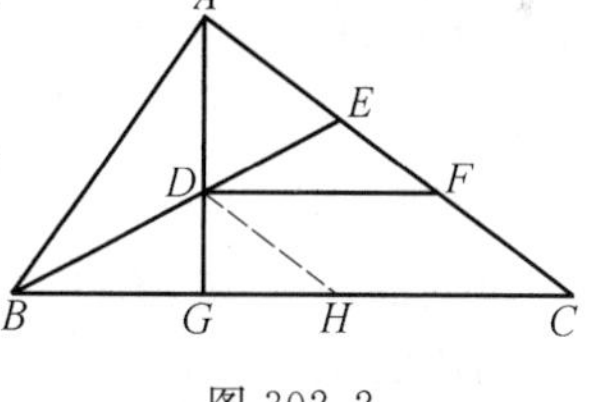

图 302.2

由$\angle BAC=90^{\circ}$,$AG\perp BC$,可知$\mathrm{Rt}\triangle ABC\backsim\mathrm{Rt}\triangle GBA$,有$\angle BAD=\angle C=\angle BHD$.

由BD平分$\angle ABH$,可知H与A关于BD对称,有$DH=AD$.

由$\angle ADE=\angle DAB+\angle DBA=\angle FCB+\angle EBC=\angle AED$,可知$AE=AD$.

显然四边形$DHCF$为平行四边形,可知$DH=FC$,有$FC=DH=AD=AE$.

所以$AE=FC$.

证明 3 如图 302.3,过E作BC的垂线,H为垂足,连HD.

由$\angle BAC=90^{\circ}$,BE平分$\angle ABC$,可知$EH=EA$.

显然$\angle ADE=\angle BDG=90^{\circ}-\angle EBC=90^{\circ}-\angle EBA=\angle AED$,可知$AD=AE=EH$.

由$AG\perp BC$,可知$AD\parallel EH$,有四边形$ADHE$为菱形,于是$DH\parallel AC$,

得四边形 $DHCF$ 为平行四边形.

显然 $FC = DH = AE$.

所以 $AE = FC$.

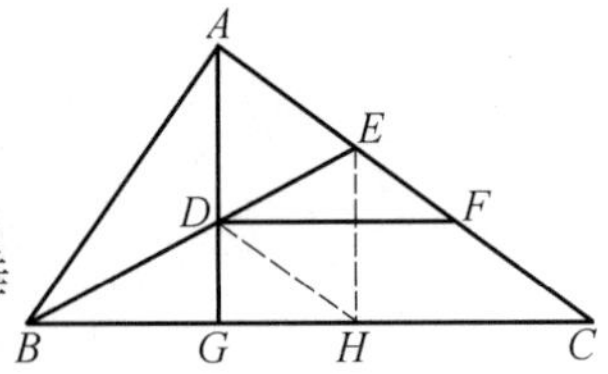

图 302.3

证明4 如图 302.4,过 E 作 BC 的垂线,H 为垂足.

由 $\angle BAC = 90^\circ$,BE 平分 $\angle ABC$,可知 $EH = EA$.

显然 $\angle ADE = \angle BDG = 90^\circ - \angle EBC = 90^\circ - \angle EBA = \angle AED$,可知 $AD = AE = EH$.

显然 $\mathrm{Rt}\triangle ADF \cong \mathrm{Rt}\triangle EHC$,可知 $AF = EC$,有 $AF - EF = EC - EF$.

所以 $AE = FC$.

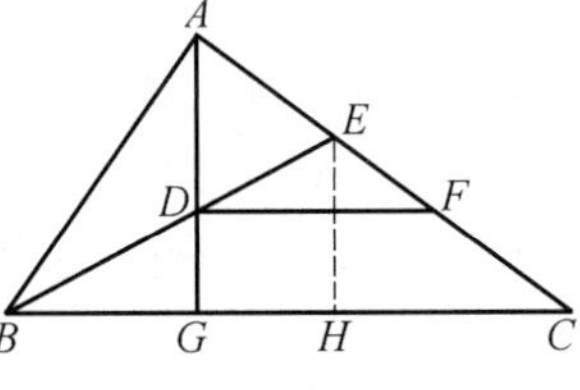

图 302.4

证明5 如图 302.5,过 D 作 AB 的垂线,K 为垂足,过 F 作 BC 的垂线,H 为垂足.

由 $AB \perp AC$,$AG \perp BC$,可知 $\angle BAG = \angle ACB$.

由 BD 平分 $\angle ABC$,可知 $DK = DG$.

显然四边形 $DGHF$ 为矩形,可知 $FH = DG = DK$,有 $\mathrm{Rt}\triangle ADK \cong \mathrm{Rt}\triangle CFH$,于是 $FC = AD$.

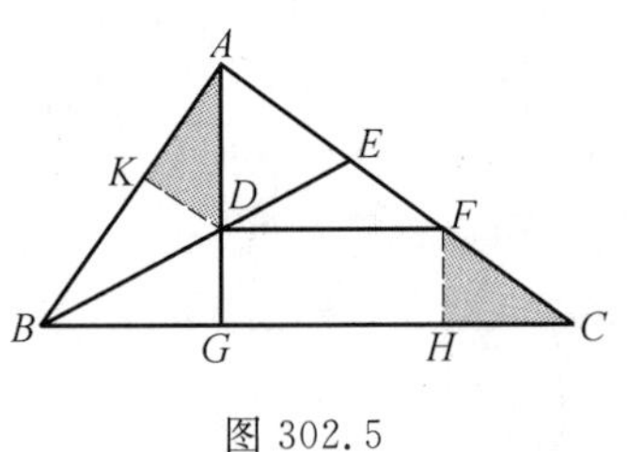

图 302.5

显然 $\angle ADE = \angle BDG = 90^\circ - \angle EBC = 90^\circ - \angle EBA = \angle AED$,可知$AE = AD = FC$.

所以 $AE = FC$.

证明6 如图 302.6,过 F 作 BE 的平行线交 BC 于 H.

显然四边形 $BHFD$ 为平行四边形,可知 $FH = DB$.

由 BE 平分 $\angle ABC$,可知 $\angle DBA = \angle DBC = \angle FHC$.

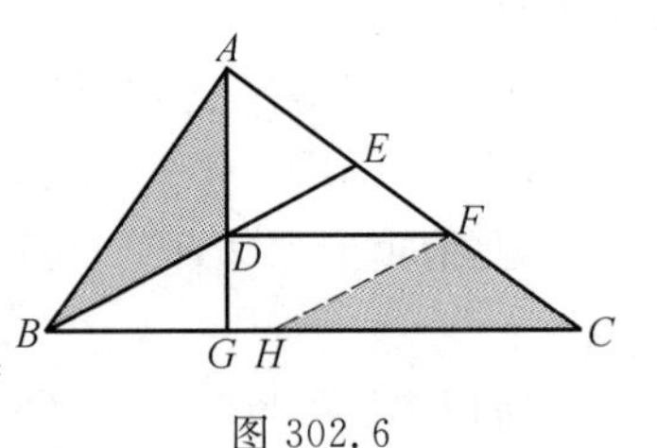

图 302.6

由 $AB \perp AC$,$AG \perp BC$,可知 $\angle BAG = \angle ACB$,有 $\triangle ABD \cong \triangle CHF$,于是 $FC = AD$.

显然 $\angle ADE = \angle BDG = 90^\circ - \angle EBC = 90^\circ - \angle EBA = \angle AED$,可知 $AE = AD = FC$.

所以 $AE = FC$.

第 303 天

1978 年陕西省中学生数学竞赛

P 为正方形 $ABCD$ 内一点，P 到 A，B，D 距离分别为 $1,3,\sqrt{7}$. 求正方形 $ABCD$ 的面积.

解 1　如图 303.1，以 DA 为一边在正方形外作 $\triangle EAD$，使 $ED=PB=3$，$EA=PA=1$，连 PE.

显然 $\triangle ADE\cong\triangle ABP$，可知 $\triangle PEA$ 为等腰直角三角形，有 $PE=\sqrt{2}$.

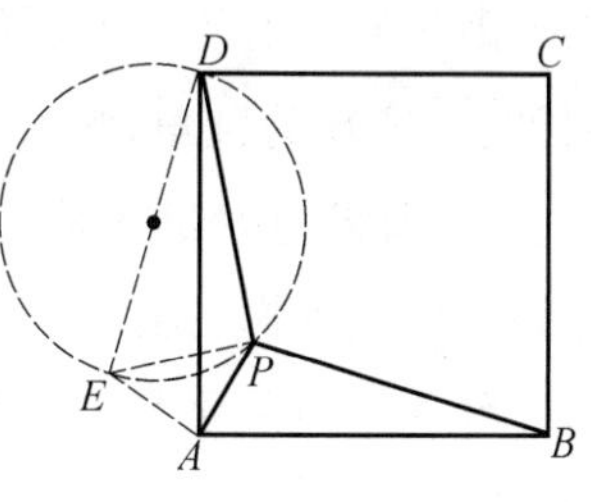

图 303.1

由 $PD^2+PE^2=7+2=9=DE^2$，可知 $\angle DPE=90^\circ$，有 $\angle APD=135^\circ$，于是

$AD^2=PD^2+PA^2-2PD\cdot PA\cos\angle APD$

得

$$AD^2=8+\sqrt{14}$$

即正方形 $ABCD$ 的面积为 $8+\sqrt{14}$.

（对称地，将 $\triangle PAD$ 绕点 A 按顺时针方向旋转 90°，同样可证）

解 2　如图 303.1，设正方形的边长为 a，点 P 到 AD，AB 的距离分别为 x，y，依题意有

$$x^2+y^2=1 \tag{1}$$

$$(a-x)^2+y^2=9 \tag{2}$$

$$x^2+(a-y)^2=7 \tag{3}$$

式(2)－(3) 得

$$y-x=\frac{1}{a} \tag{4}$$

由式(1)×2－(4)^2，可知

$$(x+y)^2=2-\frac{1}{a^2},x+y>0$$

有

$$x+y=\sqrt{2-\frac{1}{a^2}} \tag{5}$$

式(4)+(5)得

$$y=\frac{1}{2}\left(\frac{1}{a}+\sqrt{2-\frac{1}{a^2}}\right) \tag{6}$$

式(5)-(4)得

$$x=\frac{1}{2}\left(\sqrt{2-\frac{1}{a^2}}-\frac{1}{a}\right) \tag{7}$$

将式(6),(7)代入式(2),整理得

$$a^4-16a^2+50=0$$

解得 $a^2=8\pm\sqrt{14}$.

因为共顶点的三个邻角 $\angle APB$,$\angle DPB$,$\angle APD$ 中,至少有两个是钝角.如果 $\angle APB$ 为钝角,则 $a>3$,即 $a^2>9$;如果 $\angle APD$ 为钝角,则 $a>\sqrt{7}$,即 $a^2>7$,所以舍去 $a^2=8-\sqrt{14}$.

所以正方形 $ABCD$ 的面积为 $8+\sqrt{14}$.

解 3 如图 303.1,设正方形 $ABCD$ 的边长为 a,$\angle PAB=\beta$,根据余弦定理,可知

$$3^2=1+a^2-2a\cos\beta \tag{1}$$

$$\sqrt{7}^2=1+a^2-2a\cos(90^\circ-\beta) \tag{2}$$

由式(1),有

$$2a\cos\beta=a^2-8 \tag{3}$$

由式(2),有

$$2a\sin\beta=a^2-6 \tag{4}$$

式$(3)^2+(4)^2$,得

$$4a^2=(a^2-8)^2+(a^2-6)^2$$

于是

$$a^4-16a^2+50=0$$

解得 $a^2=8\pm\sqrt{14}$.

因为共顶点的三个邻角 $\angle APB$,$\angle DPB$,$\angle APD$ 中,至少有两个是钝角.如果 $\angle APB$ 为钝角,则 $a>3$,即 $a^2>9$;如果 $\angle APD$ 为钝角,则 $a>\sqrt{7}$,即 $a^2>7$,所以舍去 $a^2=8-\sqrt{14}$.

所以正方形 $ABCD$ 的面积为 $8+\sqrt{14}$.

第 304 天

1978 年上海市中学数学竞赛

圆内接四边形对角线互相垂直，圆心到一边的距离等于对边的一半.

如图 304.1，四边形 $ABCD$ 内接于圆 O，对角线 AC，BD 相交于 P，$AC \perp BD$，$OE \perp AB$ 于 E.

求证：$OE = \frac{1}{2}CD$.

证明 1 如图 304.1，过 O 作 CD 的垂线，F 为垂足，连 OA，OC.

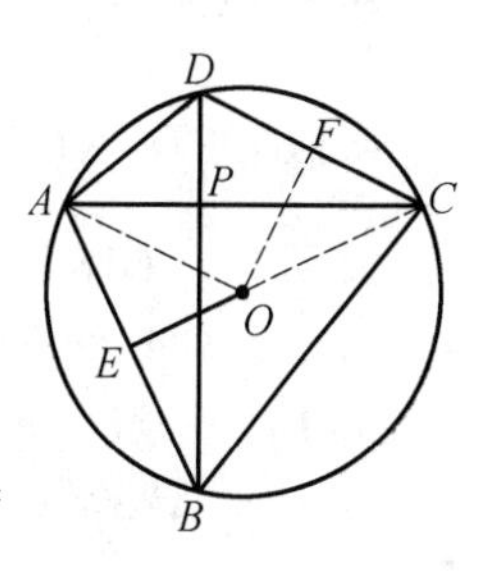

图 304.1

由 $OE \perp AB$，可知 $\angle AOE = \frac{1}{2}\angle AOB = \angle ADB$，有 $\angle OAE = \angle DAC$.

显然 $\angle COF = \frac{1}{2}\angle COD = \angle DAC$，可知 $\angle COF = \angle OAE$，有 $\text{Rt}\triangle COF \cong \text{Rt}\triangle OAE$，于是 $CF = OE$.

所以 $OE = \frac{1}{2}CD$.

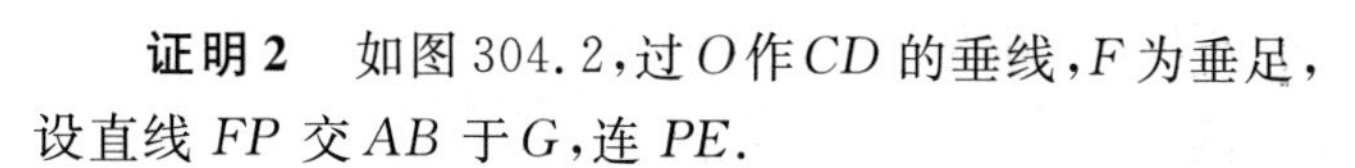

证明 2 如图 304.2，过 O 作 CD 的垂线，F 为垂足，设直线 FP 交 AB 于 G，连 PE.

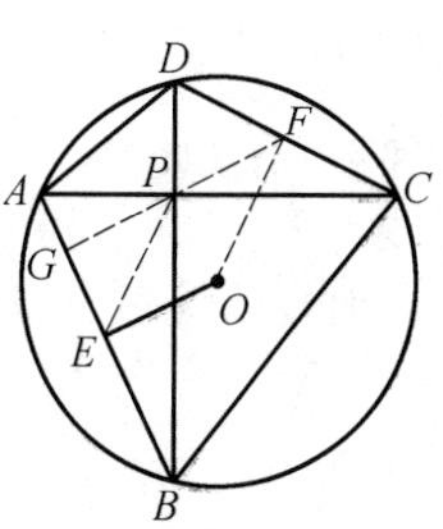

图 304.2

显然 F 为 CD 的中点，可知 $FP = \frac{1}{2}CD$，$\angle FPC = \angle FCP$.

由 $\angle APG = \angle FPC$，可知 $\angle APG = \angle FCP = \angle DBA$，有 $PG \perp AB$.

由 $OE \perp AB$，可知 $FP \parallel OE$.

同理 $PE \parallel FO$，可知四边形 $PEOF$ 为平行四边形，有 $OE = FP$.

所以 $OE = \frac{1}{2}CD$.

证明 3 如图 304.3，设直线 AO 交圆 O 于 G，连 GB，GC.

显然 AG 为圆 O 的直径，可知 $CG \perp AC$.

由 $BD \perp AC$，可知 $CG \parallel DB$，有 $BG = DC$。

显然 $BG \perp AB$。

由 $OE \perp AB$，可知 $OE \parallel GB$。

由 O 为 AG 的中点，可知 $OE = \frac{1}{2}GB = \frac{1}{2}CD$。

所以 $OE = \frac{1}{2}CD$。

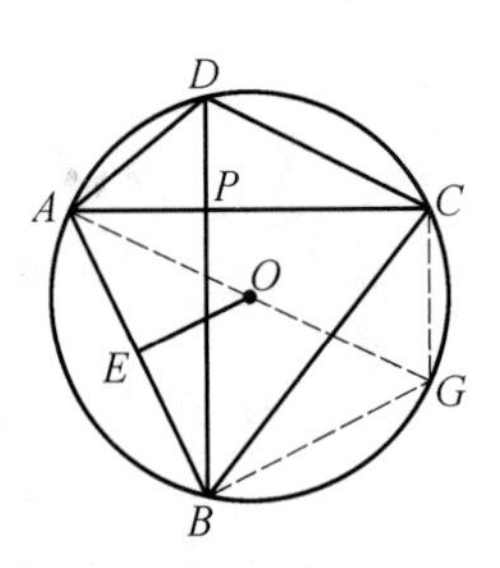

图 304.3

证明 4　如图 304.4，设直线 BO 交圆 O 于 G，连 GA，GC，GD。

显然 BG 为圆 O 的直径，可知 $DG \perp DB$。

由 $AC \perp DB$，可知 $AC \parallel DG$，有 $AG = CD$。

显然 $OE = \frac{1}{2}AG = \frac{1}{2}CD$。

所以 $OE = \frac{1}{2}CD$。

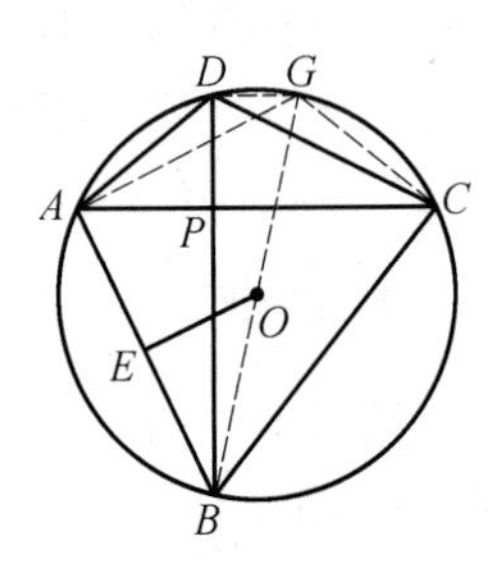

图 304.4

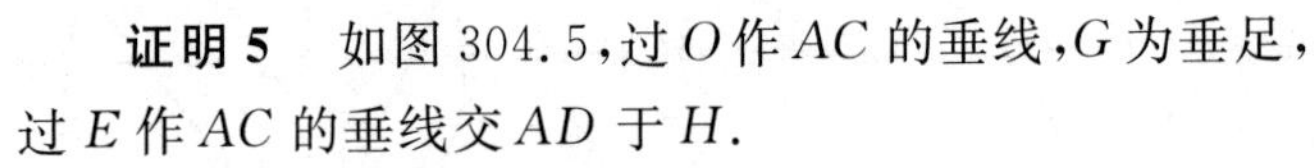

证明 5　如图 304.5，过 O 作 AC 的垂线，G 为垂足，过 E 作 AC 的垂线交 AD 于 H。

由 $BD \perp AC$，可知 $HE \parallel DB \parallel GO$。

由 E 为 AB 的中点，可知 H 为 AD 的中点。

显然 G 为 AC 的中点，可知 $HG \parallel DC$，$HG = \frac{1}{2}CD$。

易知 $\angle GHE = \angle CDB = \angle CAB = 90° - \angle AEH = \angle OEH$，即 $\angle GHE = \angle OEH$，可知四边形 $OEHG$ 为等腰梯形，有 $OE = GH = \frac{1}{2}CD$。

所以 $OE = \frac{1}{2}CD$。

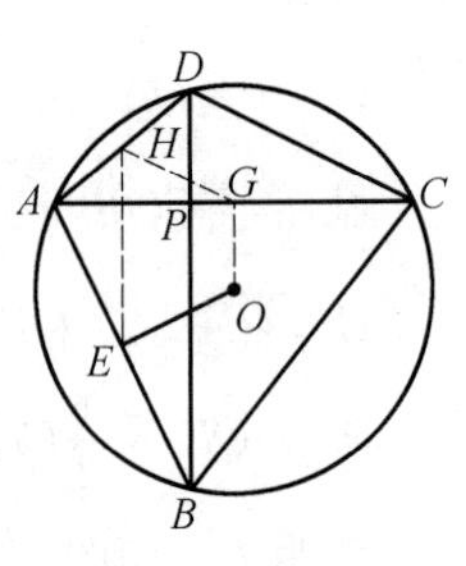

图 304.5

第 305 天

1978 年天津市数学竞赛

如图 305.1,AD 是等腰三角形 ABC 的高,以 AD 为直径作圆 O,分别过 B,C 作圆 O 的切线,E,F 为切点,EF 分别交 AB,AC,AD 于 M,N,K.

求证:$MN=EM+NF$.

证明 1 如图 305.1,过 A 作 BC 的平行线交直线 BE 于 P.

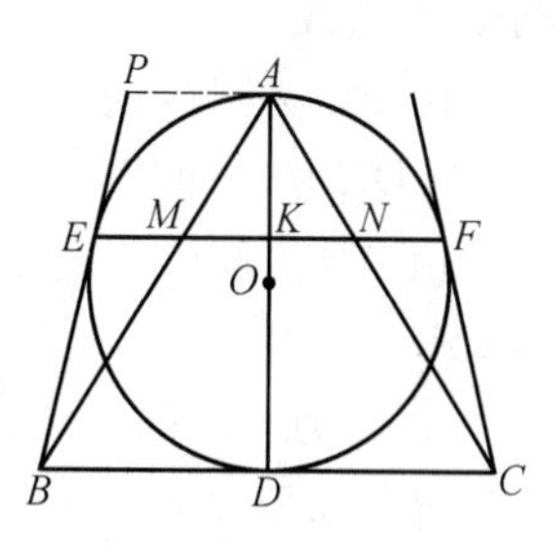

图 305.1

由 $AB=AC$,$AD\perp BC$,可知 $DC=DB$,BC 为圆 O 的切线.

由 BE,CF 为圆 O 的切线,可知 $BE=BD$,$CF=DC$,有 $BE=CF$,于是四边形 $BCFE$ 为等腰梯形.

显然 $PA\perp AD$,可知 PA 为圆 O 的切线,有 $PA=PE$.

显然 $PA\parallel BC\parallel EF$,可知

$$\frac{ME}{EB}=\frac{PA}{PB}=\frac{PE}{PB}=\frac{AK}{AD}=\frac{MK}{BD}=\frac{MK}{EB}$$

即$\frac{ME}{EB}=\frac{MK}{EB}$,有 $ME=MK$.

同理 $NF=NK$,可知 $MN=MK+NK=EM+NF$.

所以 $MN=EM+NF$.

证明 2 如图 305.2,过 A 作圆 O 的切线交直线 BE 于 P,连 MP,MD.

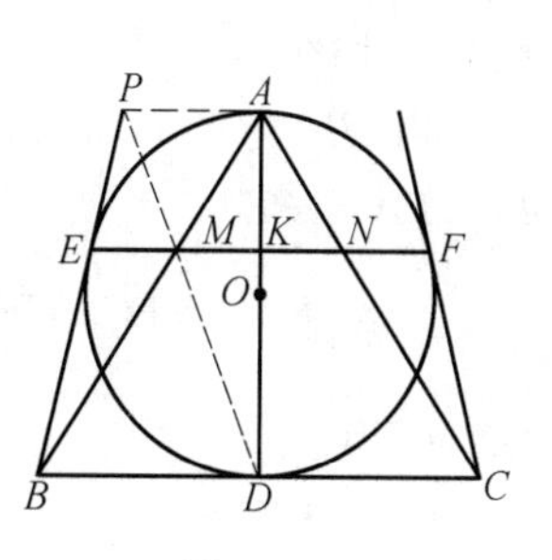

图 305.2

由 $AB=AC$,$AD\perp BC$,可知 $DC=DB$,BC 为圆 O 的切线.

由 BE,CF 为圆 O 的切线,可知 $BE=BD$,$CF=DC$,有 $BE=CF$,于是四边形 $BCFE$ 为等腰梯形.

显然 $PA\perp AD$,可知 PA 为圆 O 的切线,有 $PA=PE$.

显然 $PA \parallel BC \parallel EF$，可知 $\angle PAB = \angle ABD$，$\dfrac{PA}{BD} = \dfrac{PE}{BE} = \dfrac{AM}{BM}$，有 $\triangle PAM \backsim \triangle DBM$，于是 $\angle PMA = \angle DMB$，得 P,M,D 三点共线.

显然 $\dfrac{EM}{PA} = \dfrac{DM}{DP} = \dfrac{MK}{PA}$，即 $ME = MK$.

同理 $NF = NK$，可知 $MN = MK + NK = EM + NF$.

所以 $MN = EM + NF$.

证明 3　如图 305.3，设直线 AE，CB 相交于 Q，连 OB，DE.

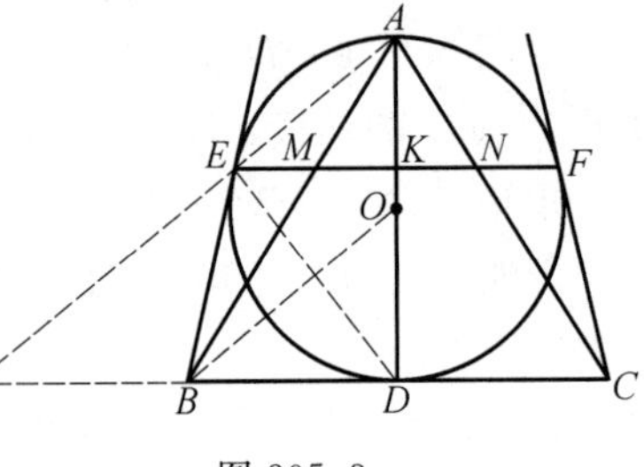

图 305.3

由 $AB = AC$，$AD \perp BC$，可知 BC 为圆 O 的切线.

由 BE 为圆 O 的切线，可知 $BE = BD$，OB 为 DE 的中垂线.

由 AD 为圆 O 的直径，可知 $DE \perp QA$，有 $QA \parallel OB$.

由 O 为 AD 的中点，可知 B 为 QD 的中点.

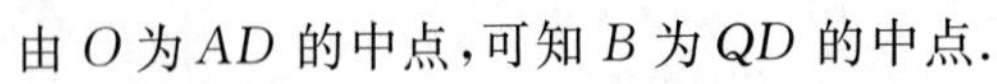

显然 $EF \parallel CB$.

易知 $\dfrac{EM}{QB} = \dfrac{AM}{AB} = \dfrac{KM}{DB}$，即 $\dfrac{EM}{QB} = \dfrac{KM}{DB}$，可知 $EM = KM$.

同理 $NF = NK$，可知 $MN = MK + NK = EM + NF$.

所以 $MN = EM + NF$.

证明 4　如图 305.4，过 A 作圆 O 的切线交直线 BE 于 P，设直线 AE，CB 相交于 Q.

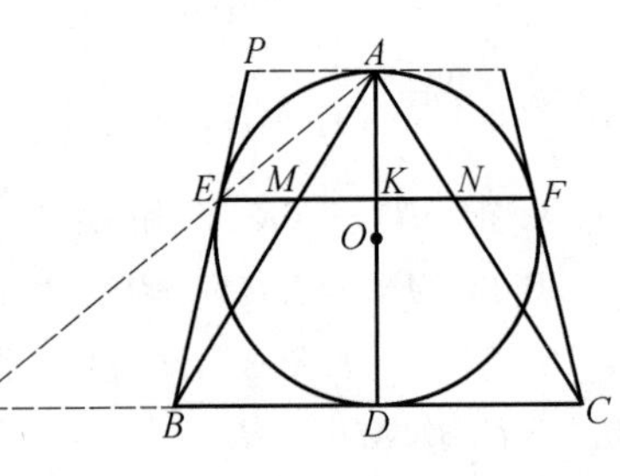

图 305.4

由 $AB = AC$，$AD \perp BC$，可知 BC 为圆 O 的切线.

由 BE 为圆 O 的切线，可知 $BE = BD$，$PA = PE$.

显然 $PA \parallel BC$，可知 $\dfrac{QB}{PA} = \dfrac{EB}{EP}$，有

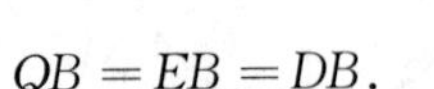

$QB = EB = DB$.

显然 $EF \parallel CB$.

易知 $\dfrac{EM}{QB} = \dfrac{AM}{AB} = \dfrac{KM}{DB}$，即 $\dfrac{EM}{QB} = \dfrac{KM}{DB}$，可知 $EM = KM$.

同理 $NF = NK$，可知 $MN = MK + NK = EM + NF$.

所以 $MN = EM + NF$.

证明 5 如图 305.2,过 A 作圆 O 的切线交直线 BE 于 P,连 MP,MD.

由 $AB = AC$,$AD \perp BC$,可知 $DC = DB$,BC 为圆 O 的切线.

由 BE,CF 为圆 O 的切线,可知 $BE = BD$,$CF = DC$,有 $BE = CF$,于是四边形 $BCFE$ 为等腰梯形.

显然 $PA \perp AD$,可知 PA 为圆 O 的切线,有 $PA = PE$.

显然 $PA \parallel BC \parallel EF$,可知 $\angle PAB = \angle ABD$,$\frac{PA}{BD} = \frac{PE}{BE} = \frac{AM}{BM}$,有 $\triangle PAM \backsim \triangle DBM$,于是 $\angle PMA = \angle DMB$,得 P,M,D 三点共线.

显然 $S_{\triangle PBD} = S_{\triangle ABD}$,可知 $S_{\triangle PBM} = S_{\triangle ADM}$,有 $ME = MK$.

同理 $NF = NK$,可知 $MN = MK + NK = EM + NF$.

所以 $MN = EM + NF$.

证明 6 如图 305.2,过 A 作 BC 的平行线交直线 BE 于 P.

由 $AB = AC$,$AD \perp BC$,可知 $DC = DB$,BC 为圆 O 的切线.

由 BE,CF 为圆 O 的切线,可知 $BE = BD$,$CF = DC$,有 $BE = CF$,于是四边形 $BCFE$ 为等腰梯形.

显然 $PA \perp AD$,可知 PA 为圆 O 的切线,有 $PA = PE$.

显然 $PA \parallel BC \parallel EF$,可知$\frac{EM}{PE} = \frac{EM}{PA} = \frac{BE}{PB} = \frac{BD}{PB}$,即$\frac{EM}{PE} = \frac{BD}{PB}$,有 P,M,D 三点共线.

显然$\frac{EM}{PA} = \frac{DM}{DP} = \frac{MK}{PA}$,即 $ME = MK$.

同理 $NF = NK$,可知 $MN = MK + NK = EM + NF$.

所以 $MN = EM + NF$.

第 306 天

1978 年武汉市数学竞赛

作圆 O 的半径 OA 及 OB，B 在直线 OA 上的射影为 E，E 在直线 AB 上的射影为 P.

求证：OP^2+EP^2 为一定值.

证明 1 如图 306.1，设直线 OP 交圆 O 于 G，F 两点.

设 R 为圆 O 的半径.

由 $BE\perp OA$，$EG\perp AB$，可知

$$\begin{aligned}EP^2&=PA\cdot PB=PG\cdot PF\\&=(R-OP)\cdot(R+OP)\\&=R^2-OP^2\end{aligned}$$

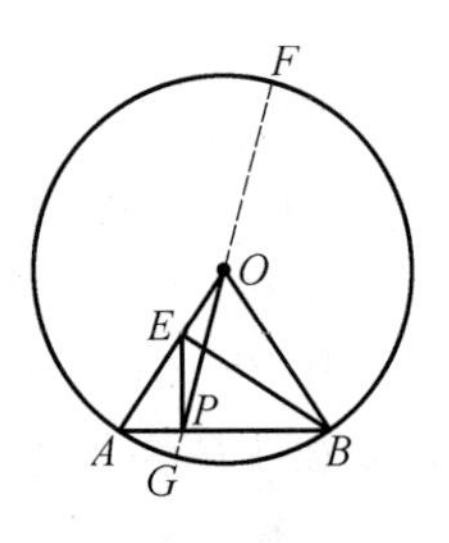

图 306.1

即 $EP^2=R^2-OP^2$，或 $OP^2+EP^2=R^2$.

所以 $OP^2+EP^2=R^2$ 为一定值.

证明 2 如图 306.2，过 O 作 AB 的垂线，D 为垂足.

显然 D 为 AB 的中点.

在 Rt$\triangle OPD$ 中，由勾股定理，可知

$$OP^2=PD^2+OD^2$$

$$\begin{aligned}EP^2&=PA\cdot PB=(AD-PD)(PD+DB)\\&=AD^2-PD^2\end{aligned}$$

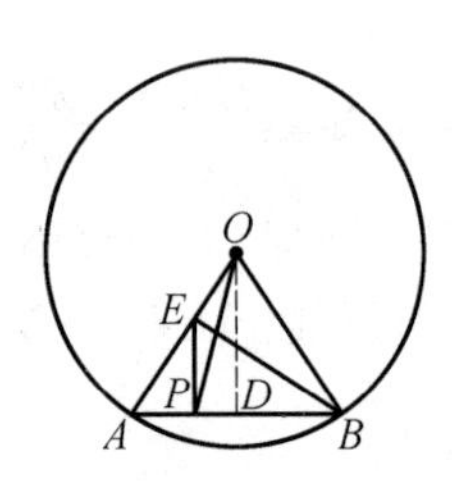

图 306.2

有

$$\begin{aligned}OP^2+EP^2&=PD^2+OD^2+AD^2-PD^2\\&=OD^2+AD^2=OA^2=R^2\end{aligned}$$

所以 $OP^2+EP^2=R^2$ 为一定值.

证明 3 如图 306.3，设直线 BO 交圆 O 于 C，连 AC.

设 $\angle ABC=\beta$，可知 $\cos\beta=\dfrac{AB}{BC}$，有 $AB=2BO\cos\beta$.

在 $\triangle BOP$ 中，依余弦定理，可知

$$OP^2=OB^2+PB^2-2OB\cdot PB\cos\beta$$

有

$$OP^2+EP^2=OB^2+PB^2-AB\cdot PB+EP^2$$
$$=OB^2+PB^2-EB^2+EP^2$$
$$=OB^2=R^2$$

所以 $OP^2+EP^2=R^2$ 为一定值.

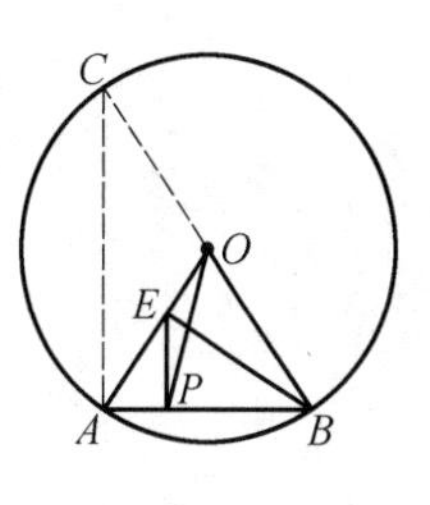

图 306.3

证明 4 如图 306.4,设直线 OP 交圆于 G,F 两点,过 P 作 GF 的垂线交圆于 H,K,连 OH.

由 $BE\perp OA$,$EP\perp AB$,可知 $EP^2=PA\cdot PB$.

显然 GF 为圆的直径,可知 P 为 HK 的中点,即 $PH=PK$.

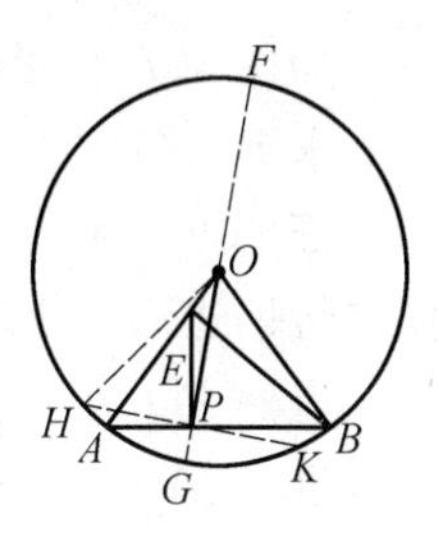

图 306.4

由相交弦定理,可知
$$PH^2=PH\cdot PK=PA\cdot PB=EP^2$$
有
$$PH=EP$$
在 Rt$\triangle OPH$ 中,由勾股定理,可知
$$OP^2+PH^2=OH^2$$
于是
$$OP^2+EP^2=R^2$$
所以 $OP^2+EP^2=R^2$ 为一定值.

第 307 天

1979 年青岛市中学生数学竞赛

如图 307.1,设 P 为平行四边形 $ABCD$ 内的一点,$\angle ABP=\angle ADP$.

求证:$\angle PAB=\angle PCB$.

证明 1 如图 307.1,以 DC,DP 为邻边作平行四边形 $PQCD$,连 BQ.

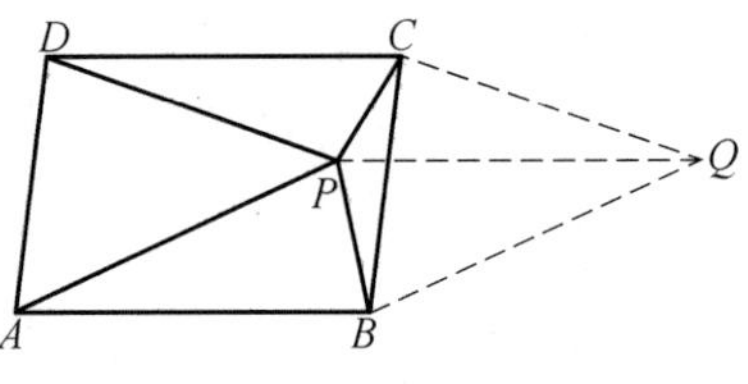

图 307.1

显然 $PQ\parallel DC$,$PQ=BC$,可知 $PQ\parallel AB$,$PQ=AB$,有四边形 $ABQP$ 为平行四边形,于是 $BQ\parallel AP$.

显然 $\triangle CBQ\cong\triangle DAP$,可知 $\angle BCQ=\angle ADP$.

显然 $\angle BPQ=\angle ABP$.

由 $\angle ABP=\angle ADP$,可知 $\angle BCQ=\angle BPQ$,有 P,B,Q,C 四点共圆,于是 $\angle PCB=\angle PQB=\angle PAB$.

所以 $\angle PAB=\angle PCB$.

证明 2 如图 307.2,设直线 DP,AB 相交于 E,直线 BP,CD 相交于 F.

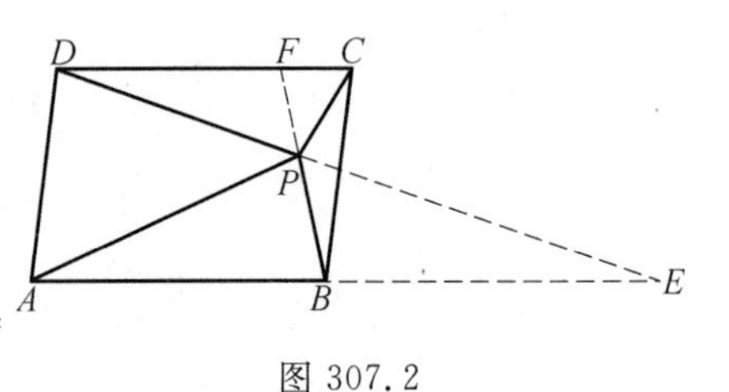

图 307.2

由四边形 $ABCD$ 为平行四边形,可知 $\angle ABC=\angle ADC$,$\angle DAB=\angle DCB$.

由 $\angle ABP=\angle ADP$,可知 $\angle CBF=\angle CDE=\angle E$,有 $\triangle BCF\backsim\triangle EDA$,于是 $\frac{BC}{AE}=\frac{BF}{ED}=\frac{BP}{PE}$,即 $\frac{BC}{AE}=\frac{BP}{PE}$.

由 $\angle PBC=\angle PEA$,可知 $\triangle PBC\backsim\triangle PAE$,有 $\angle PAB=\angle PCB$.

所以 $\angle PAB=\angle PCB$.

证明 3 如图 307.3,过 P 作 AB 的平行线分别交 AD,BC 于 E,F.

由四边形 $ABCD$ 为平行四边形,可知 $\angle ABC=\angle ADC$.

由 $\angle ABP=\angle ADP$,可知 $\angle CBP=\angle CDP=\angle EPD$.

由 $\angle PFB=\angle PED$,可知 $\triangle PFB\backsim\triangle DEP$,有

$$\frac{PF}{DE}=\frac{FB}{EP}$$

代换 $DE=CF$，$FB=AE$，可知 $\frac{PF}{CF}=\frac{AE}{EP}$，或 $\frac{PF}{AE}=\frac{CF}{EP}$.

由 $\angle AEP=\angle PFC$，可知 $\triangle AEP\backsim\triangle PFC$，有 $\angle PCB=\angle EPA=\angle PAB$.

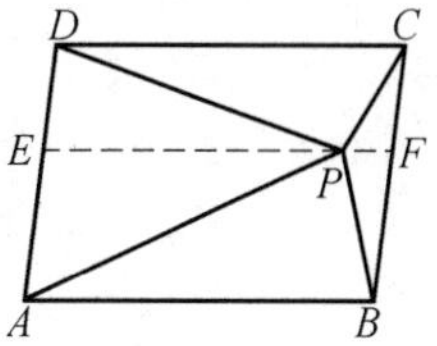

图 307.3

所以 $\angle PAB=\angle PCB$.

证明 4 如图 307.4，过 P 作 AB 的平行线分别交 AD，BC 于 E，F，过 P 作 AD 的平行线分别交 AB，DC 于 H，G. 设直线 AP，BC 相交于 K，直线 CP，AB 相交于 L.

显然四边形 $DEFC$，四边形 $PHBF$，四边形 $AHPE$ 都是平行四边形，可知 $DE=CF$，$HB=PF$，$EP=AH$.

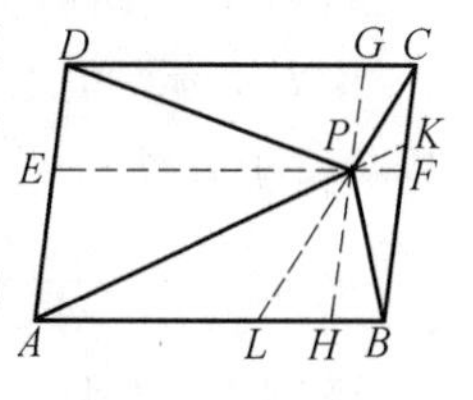

图 307.4

易知 $\triangle PDE\backsim\triangle PBH$，可知 $\frac{DE}{HB}=\frac{EP}{PH}$，有

$$\frac{CF}{PF}=\frac{AH}{PH}$$

显然 $\frac{CF}{PF}=\frac{CB}{LB}$，$\frac{AH}{PH}=\frac{AB}{KB}$，可知 $\frac{CB}{LB}=\frac{AB}{KB}$，有 $\triangle CLB\backsim\triangle AKB$.

所以 $\angle PAB=\angle PCB$.

证明 5 如图 307.5，过 P 作 DA 的平行线交 $\triangle PAB$ 的外接圆于 Q.

显然 $\angle AQP=\angle ABP$.

由 $\angle ABP=\angle ADP$，可知 $\angle AQP=\angle ADP$.

易知 $AQ\parallel DP$，可知四边形 $AQPD$ 为平行四边形，有 $PQ=AD=BC$，于是四边形 $PQBC$ 为平行四边形，得 $\angle PCB=\angle PQB=\angle PAB$.

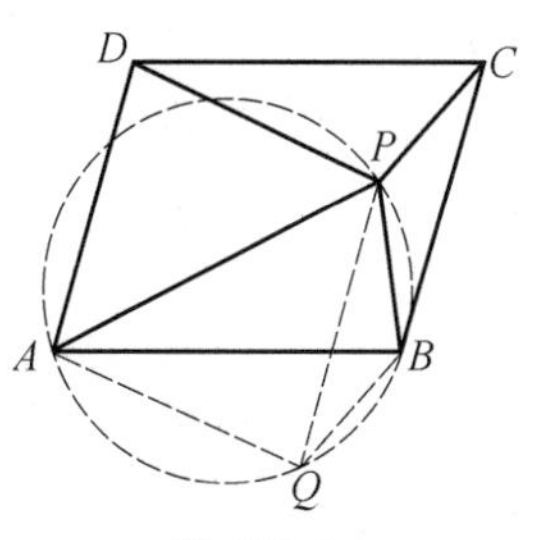

图 307.5

所以 $\angle PAB=\angle PCB$.

证明 6 如图 307.6，过 P 作 AB 的垂线交 CD 于 F，E 为垂足，过 P 作 AD 的垂线交 BC 于 G，H 为垂足，连 EG，GF，FH，HE.

显然 P，H，D，F 四点共圆，可知 $\angle HFE=\angle PDA$.

由 P，E，B，G 四点共圆，可知 $\angle PGE=\angle PBA$.

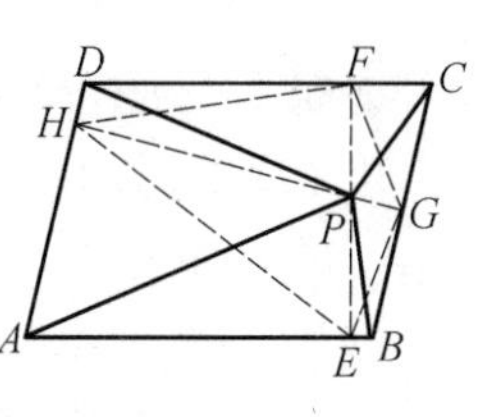

图 307.6

由 $\angle ABP=\angle ADP$，可知 $\angle PGE=\angle HFE$，有 H，E，G，F 四点共圆，于是 $\angle PHE=\angle PFG$.

由 $\angle PHE=\angle PAB$，$\angle PFG=\angle PCB$，可知 $\angle PAB=\angle PCB$.

第 308 天

1979 年全国高校招生试题

设 CD 为直角三角形 ABC 的斜边 AB 上的高线，以 CD 为直径作圆分别交 AC，BC 于 E，F.

求证：$\frac{BF}{AE}=\frac{BC^3}{AC^3}$.

证明 1　如图 308.1，连 DE，DF.

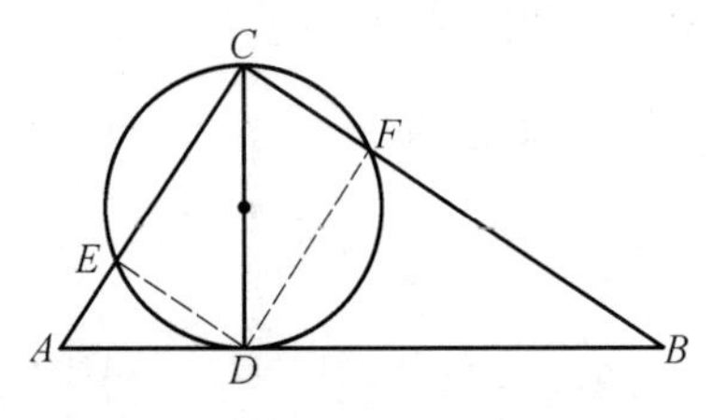

图 308.1

由 CD 为圆的直径，可知 $DE\perp AC$，$DF\perp BC$，有 $DF\parallel AC$，$DE\parallel BC$，于是

$$\frac{BF}{BC}=\frac{DF}{AC},\frac{AC}{AE}=\frac{BC}{DE}$$

显然 $\mathrm{Rt}\triangle FCD\backsim\mathrm{Rt}\triangle CAB$，可知

$$\frac{BC}{AC}=\frac{DF}{CF}=\frac{DF}{DE}$$

有

$$\begin{aligned}\frac{BF}{AE}&=\frac{BF}{BC}\cdot\frac{AC}{AE}\cdot\frac{BC}{AC}\\&=\frac{DF}{AC}\cdot\frac{BC}{DE}\cdot\frac{DF}{DE}\\&=\frac{DF}{DE}\cdot\frac{BC}{AC}\cdot\frac{DF}{DE}=\frac{BC^3}{AC^3}\end{aligned}$$

所以 $\frac{BF}{AE}=\frac{BC^3}{AC^3}$.

证明 2　如图 308.1，连 DE，DF.

由 CD 为圆的直径，可知 $DE\perp AC$，$DF\perp BC$，有四边形 $DFCE$ 为矩形，于是 $DE=CF$，$DF=CE$.

显然 $AD^2=AE\cdot AC$，$BD^2=BF\cdot BC$.

由 CD 为直角三角形 ABC 的斜边 AB 上的高线，可知 $BC^2=BD\cdot BA$，$AC^2=AD\cdot AB$，有

$$\frac{BC^4}{AC^4}=\frac{BD^2}{AD^2}=\frac{BF\cdot BC}{AE\cdot AC}$$

所以$\dfrac{BF}{AE}=\dfrac{BC^3}{AC^3}$.

证明 3　如图 308.1,连 DE,DF.

由 CD 为圆的直径,可知 $DE\perp AC$,有 $DE\parallel BC$,于是$\dfrac{AC}{AE}=\dfrac{AB}{AD}$,得

$$AD=\frac{AE\cdot AB}{AC}$$

显然 $AD^2=AE\cdot AC$,可知$\dfrac{AE^2\cdot AB^2}{AC^2}=AD^2=AE\cdot AC$,有 $AB^2=\dfrac{AC^3}{AE}$.

同理 $AB^2=\dfrac{BC^3}{BF}$,可知$\dfrac{AC^3}{AE}=\dfrac{BC^3}{BF}$.

所以$\dfrac{BF}{AE}=\dfrac{BC^3}{AC^3}$.

证明 4　如图 308.1,连 DE,DF.

由 CD 为圆的直径,可知 $DE\perp AC$,$DF\perp BC$,有 $DF\parallel AC$,$DE\parallel BC$,于是

$$\frac{BF}{BC}=\frac{BD}{BA},\frac{AC}{AE}=\frac{AB}{AD}$$

得

$$\frac{BF}{BC}\cdot\frac{AC}{AE}=\frac{BD}{BA}\cdot\frac{AB}{AD}=\frac{BD}{AD}$$

或

$$\frac{AE\cdot BD}{AD\cdot BF}=\frac{AC}{BC}$$

显然$\dfrac{AE^2\cdot BD^2}{AD^2\cdot BF^2}=\dfrac{AC^2}{BC^2}$,代换 $AD^2=AE\cdot AC$,$BD^2=BF\cdot BC$,可知

$$\frac{AE^2\cdot BF\cdot BC}{AE\cdot AC\cdot BF^2}=\frac{AC^2}{BC^2}$$

所以$\dfrac{BF}{AE}=\dfrac{BC^3}{AC^3}$.

证明 5　如图 308.1,连 DE,DF.

由 CD 为圆的直径,可知 $DF\perp BC$,有 $DF\parallel AC$,于是$\dfrac{BF}{BC}=\dfrac{DF}{AC}$,得

$$BF=\frac{BC\cdot DF}{AC}$$

同理 $AE=\dfrac{AC\cdot DE}{BC}$,可知

$$\frac{BF}{AE}=\frac{BC \cdot FD \cdot BC}{AC \cdot AC \cdot DE}=\frac{BC^2 \cdot FD}{AC^2 \cdot DE}$$

显然 Rt$\triangle FCD \backsim$ Rt$\triangle CAB$，可知

$$\frac{BC}{AC}=\frac{DF}{CF}=\frac{DF}{DE}$$

所以$\frac{BF}{AE}=\frac{BC^3}{AC^3}$.

证明 6 如图 308.1，连 DE，DF.

由 CD 为圆的直径，可知 $DE \perp AC$，$DF \perp BC$.

由 $CD \perp AB$，可知 $DE^2=EA \cdot EC$，$DF^2=FB \cdot FC$.

显然 Rt$\triangle FCD \backsim$ Rt$\triangle CAB$，可知

$$\frac{BC}{AC}=\frac{DF}{CF}=\frac{DF}{DE}$$

有

$$\frac{BC^3}{AC^3}=\frac{DF^3}{DE^3}=\frac{DF \cdot DF^2}{DE \cdot DE^2}=\frac{DF \cdot FB \cdot FC}{DE \cdot EA \cdot EC}$$

代换其中的 $DE=CF$，$DF=CE$，就得$\frac{BF}{AE}=\frac{BC^3}{AC^3}$.

第 309 天

1980 年天津市中学生数学竞赛,2001 年"TI 杯"全国初中数学竞赛

设 PA,PB 为圆 O 的切线,A,B 为切点,PCD 为圆 O 的割线,PCD 与 AB 交于 Q.

求证:$\frac{PC}{PD}=\frac{QC}{QD}$(即 C,D 调和分割 PQ).

证明 1 如图 309.1,连 PO 交 AB 于 E.

显然 PO 是 AB 的中垂线,有 $EA=EB$.

由相交弦定理,可知

$$\begin{aligned}CQ\cdot QD&=AQ\cdot QB=(AE-EQ)(BE+EQ)\\&=BE^2-EQ^2=PB^2-PQ^2\\&=PC\cdot PD-PQ(PC+CQ)\\&=PC\cdot PD-PQ\cdot PC-PQ\cdot CQ\end{aligned}$$

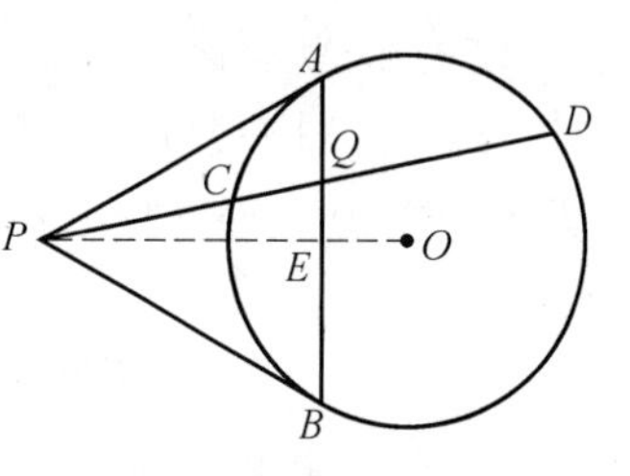

图 309.1

有

$$CQ\cdot QD+PQ\cdot CQ=PC\cdot PD-PQ\cdot PC$$

于是

$$CQ(QD+PQ)=PC(PD-PQ)$$

得

$$CQ\cdot PD=PC\cdot QD$$

所以$\frac{PC}{PD}=\frac{QC}{QD}$.

证明 2 如图 309.2,取 CD 的中点 M,连 OM,MA,AO,OB.

易证 P,B,O,M,A 五点共圆,可知 $\angle PMA=\angle PBA=\angle PAB$,有 $\triangle PAQ\backsim\triangle PMA$,于是 $PA^2=PQ\cdot PM=PC\cdot PD$.

注意到 $2PM=PC+PD$,可知

$$PQ(PC+PD)=2PC\cdot PD$$

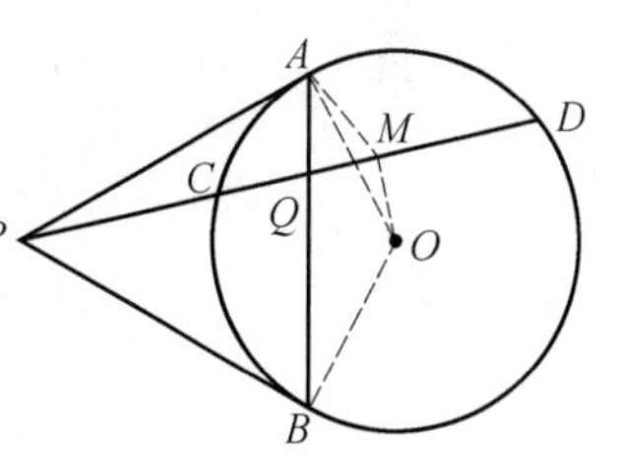

图 309.2

有

$$PQ \cdot PC + PQ \cdot PD = PC \cdot PD + PC \cdot PD$$

或

$$PD(PQ - PC) = PC(PD - PQ)$$

于是

$$PD \cdot QC = PC \cdot QD$$

所以$\dfrac{PC}{PD}=\dfrac{QC}{QD}$.

证明3 如图309.3,取CD的中点M,连PO交AB于E,连AM,OM,OA,OB.

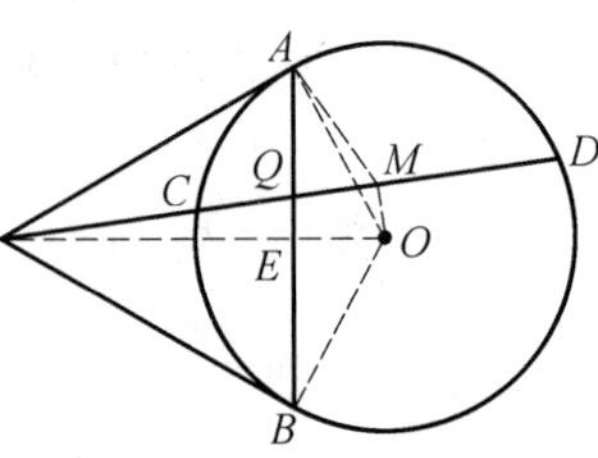

图 309.3

易证O,M,Q,E四点共圆,可知$PQ \cdot PM = PE \cdot PO$.

代入$2PM = PC + PD$及$PE \cdot PO = PB^2 = PC \cdot PD$,可知$PQ(PC + PD) = 2PC \cdot PD$,有

$$PQ \cdot PC + PQ \cdot PD = PC \cdot PD + PC \cdot PD$$

于是

$$PD(PQ - PC) = PC(PD - PQ)$$

即

$$PD \cdot QC = PC \cdot QD$$

所以$\dfrac{PC}{PD}=\dfrac{QC}{QD}$.

证明4 如图309.4,连AC,CB,BD,DA.

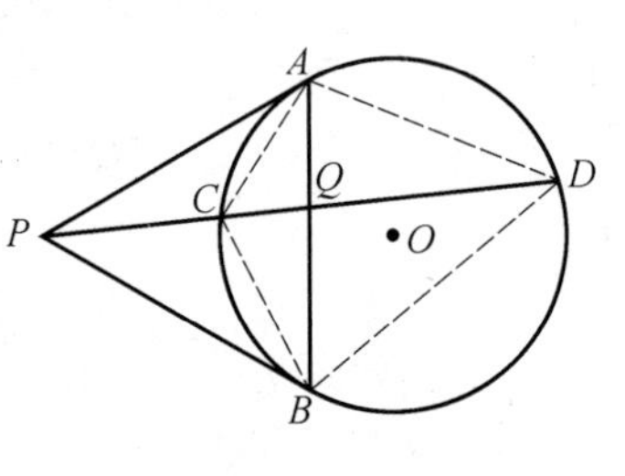

图 309.4

由$\triangle PCA \backsim \triangle PAD$,可知$\dfrac{PC}{PA}=\dfrac{PA}{PD}=\dfrac{AC}{AD}$.

由$\triangle PCB \backsim \triangle PBD$,可知$\dfrac{PC}{PB}=\dfrac{PB}{PD}=\dfrac{BC}{BD}$.

由$PA^2 = PC \cdot PD$,可知

$$\frac{AC}{AD} \cdot \frac{BC}{BD} = \frac{PA}{PD} \cdot \frac{PB}{PD} = \frac{PA^2}{PD^2} = \frac{PC \cdot PD}{PD^2} = \frac{PC}{PD}$$

注意到

$$\frac{S_{\triangle ACB}}{S_{\triangle ADB}} = \frac{QC}{QD}$$

$$\frac{S_{\triangle ACB}}{S_{\triangle ADB}} = \frac{AC \cdot BC}{AD \cdot BD} = \frac{PC}{PD}$$

所以$\frac{PC}{PD}=\frac{QC}{QD}$.

证明5 如图309.5,连PO交AB于E,直线DE交圆O于另一点F,连CE,PF,AO,DO,FO.

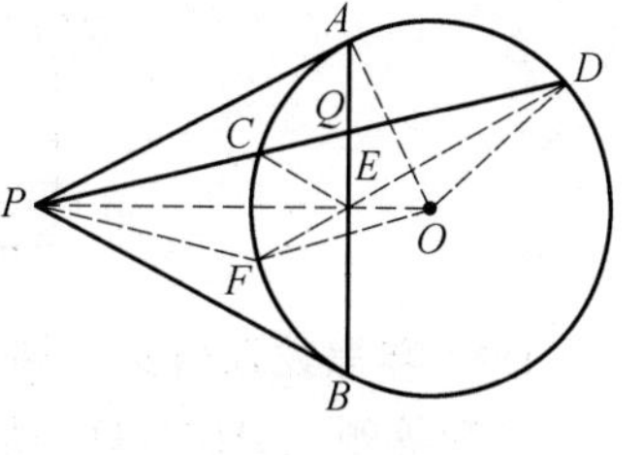

图309.5

易知$EP\cdot EO=EA\cdot EB=ED\cdot EF$,可知$P,F,O,D$四点共圆.

由$OD=OF$,可知PO平分$\angle DPF$.

由对称性,可知PE平分$\angle CEF$,有EQ为$\angle CED$的平分线,EP为$\triangle CDE$的$\angle CED$的外角平分线,于是

$$\frac{PC}{PD}=\frac{EC}{ED}=\frac{QC}{QD}$$

所以$\frac{PC}{PD}=\frac{QC}{QD}$.

注 $\frac{PC}{PD}=\frac{QC}{QD}$与$\frac{1}{PC}+\frac{1}{PD}=\frac{2}{PQ}$为等价命题,简证如下

$$\begin{aligned}\frac{PC}{PD}=\frac{QC}{QD}&\Leftrightarrow PC\cdot QD=PD\cdot QC\\&\Leftrightarrow PC\cdot(PD-PQ)=PD\cdot(PQ-PC)\\&\Leftrightarrow PC\cdot PD-PC\cdot PQ=PD\cdot PQ-PC\cdot PD\\&\Leftrightarrow 2PC\cdot PD=PQ\cdot(PC+PD)\\&\Leftrightarrow \frac{1}{PC}+\frac{1}{PD}=\frac{2}{PQ}\end{aligned}$$

本文参考自:

1.《中等数学》2001年4期23页.
2.《数学通报》1997年12期47页数学问题1102.

第 310 天

1981 年黑龙江省第 3 届中学生数学竞赛

已知等腰 $\triangle ABC$，D 为底边 BC 的中点，E 为 AC 上一点，EF 垂直 BC 于 F，EG 垂直于 BE 且交 BC 于 G，$BG=4DF$.

求证：BE 平分 $\angle ABC$.

证明 1 如图 310.1，连 AD，过 E 作 BC 的平行线交 AB 于 H，过 H 作 BC 的垂线，K 为垂足，设直线 GE，BA 相交于 L.

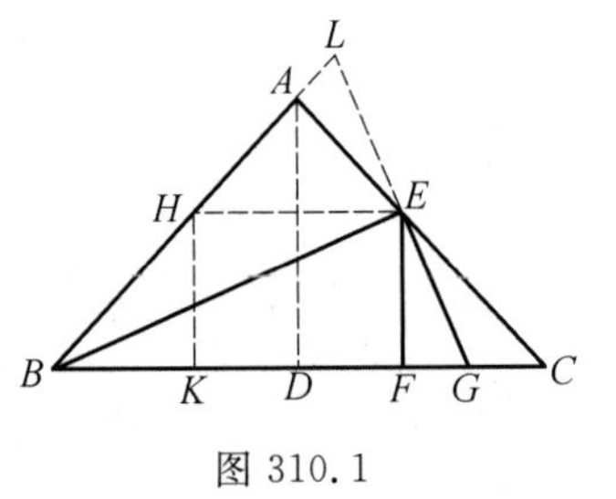

图 310.1

显然四边形 $EHKF$ 为矩形，可知 $HE=KF$.

由 $AB=AC$，D 为 BC 的中点，可知 AD 为 BC 的中垂线，有 AD 为等腰三角形 ABC 的对称轴，AD 为矩形 $EHKF$ 的一条对称轴，于是 $DK=DF$，得 $HE=KF=2DF$.

由 $BG=4DF=2KF=2HE$，$HE \parallel BC$，可知 HE 为 $\triangle LBG$ 的中位线，有 $EL=EG$.

由 BE 与 GL 垂直，可知 BE 为 GL 的中垂线，有 $BG=BL$，且 BE 为 $\angle LBC$ 的平分线.

所以 BE 平分 $\angle ABC$.

证明 2 如图 310.2，过 E 作 BC 的平行线交 AB 于 H，设 M 为 BG 的中点，连 EM.

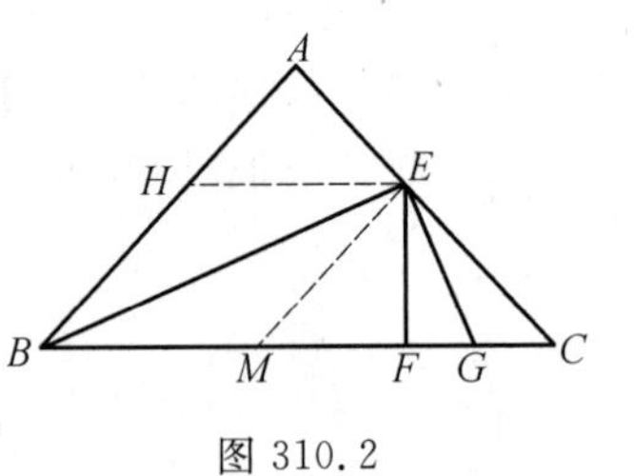

图 310.2

显然 EM 为 $\mathrm{Rt}\triangle BGE$ 的斜边 BG 上的中线，可知 $ME=\frac{1}{2}BG=BM$，有 $\angle EBM=\angle BEM$.

由 $HE \parallel BC$，可知 $\angle HEB=\angle EBM=\angle BEM$.

利用证明 1 的结论 $HE=\frac{1}{2}BG=BM=EM$，可知 H 与 M 关于 BE 对称（或四边形 $BMEH$ 为菱形）.

所以 BE 平分 $\angle ABC$.

证明3 如图310.3,过E作BC的平行线交AB于H,设K,L分别为EB,EG的中点,直线HK,BC相交于P.

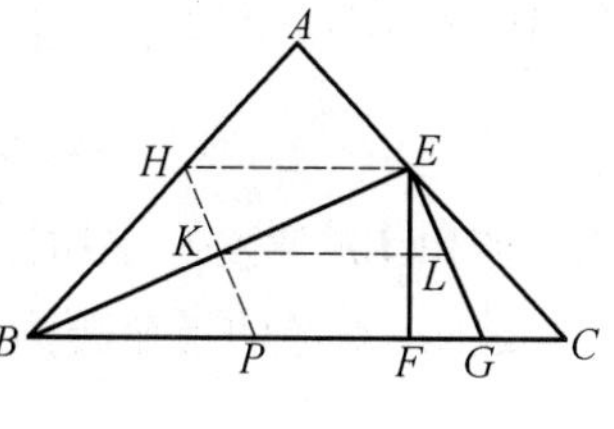

图310.3

显然$KL=\frac{1}{2}BG$.

利用证明1的结论$HE=\frac{1}{2}BG$,可知$KL=HE$.

显然$KL\parallel BC$,可知$KL\parallel HE$,有四边形$EHKL$为平行四边形,于是$HP\parallel EG$.

由$BE\perp EG$,可知$BK\perp PH$,可知BK为PH的中垂线,有$BH=BP$,且BK为$\angle HBP$的平分线.

所以BE平分$\angle ABC$.

证明4 如图310.4,设M为BG的中点,连AD,EM.

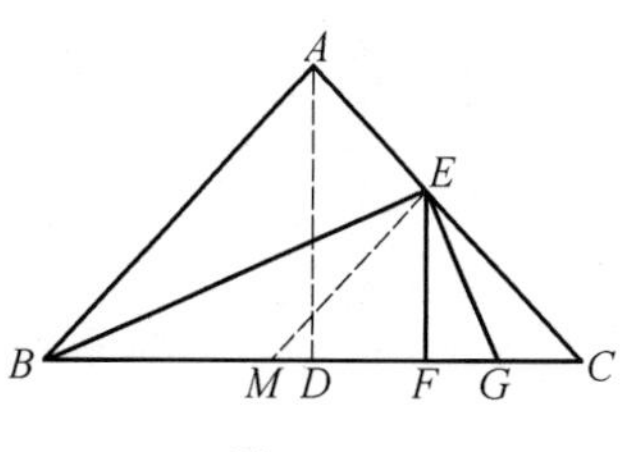

图310.4

由$BE\perp EG$,可知$EM=\frac{1}{2}BG=BM$.

显然$AD\parallel EF$,可知

$$\frac{AE}{EC}=\frac{DF}{FC}=\frac{DF}{BC-BF}$$
$$=\frac{DF}{BC-BD-DF}=\frac{DF}{BD-DF}$$
$$=\frac{2DF}{2BD-2DF}$$
$$=\frac{BM}{MC}$$

有$AB\parallel EM$,于是

$$\frac{AB}{BC}=\frac{EM}{MC}=\frac{BM}{MC}=\frac{AE}{EC}$$

所以BE平分$\angle ABC$.

证明5 如图310.4,设M为BG的中点,连AD,EM.

由$BE\perp EG$,$BG=4DF$,可知$EM=\frac{1}{2}BG=BM=2DF$.

显然$AD\parallel EF$,可知

$$\frac{AE}{AC}=\frac{DF}{DC}=\frac{2DF}{BC}=\frac{BM}{BC}$$

有 $AB \parallel EM$，于是

$$\frac{AB}{BC}=\frac{EM}{MC}=\frac{BM}{MC}=\frac{AE}{EC}$$

所以 BE 平分 $\angle ABC$.

注 本题的逆命题为第 35 天的内容.

第 311 天

2006 年全国高中联赛黑龙江预赛,1994 年印度数学奥林匹克

设$\triangle ABC$的内切圆与边AB,BC相切于E,F,$\angle A$的平分线与线段EF相交于K.

试证:$\angle CKA$为直角.

证明 1 如图 311.1,连OB,OC,OF.

由$\angle BOK+\angle OKE=90^\circ$,$\angle BOK=\angle OAB+\angle OBA=\frac{1}{2}\angle BAC+\frac{1}{2}\angle ABC=90^\circ-\frac{1}{2}\angle ACB$,可知$\angle OKE=\frac{1}{2}\angle ACB=\angle OCF$,于是$O,K,F,C$四点共圆,得$\angle OKC=\angle OFC=90^\circ$.

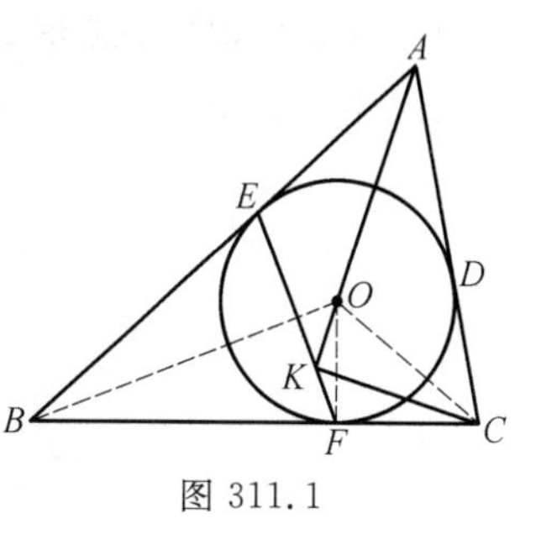

图 311.1

所以$\angle CKA$为直角.

证明 2 如图 311.2,设D为圆O与AC的切点,过C作AB的平行线分别交直线AK,EK于G,H,连KD.

由$\angle BFE=\angle BEF$,可知$\angle CFH=\angle CHF$,有$CH=CF$,进而$CH=CD$.

由$\angle G=\angle GAB=\angle GAC$,可知$CG=CA$,有$GH=AD$,进而$GH=AE$.

显然$\triangle GKH\cong\triangle AKE$,可知$K$为$AG$的中点,于是$CK$是等腰三角形$CAG$的底边$AG$上的高线.

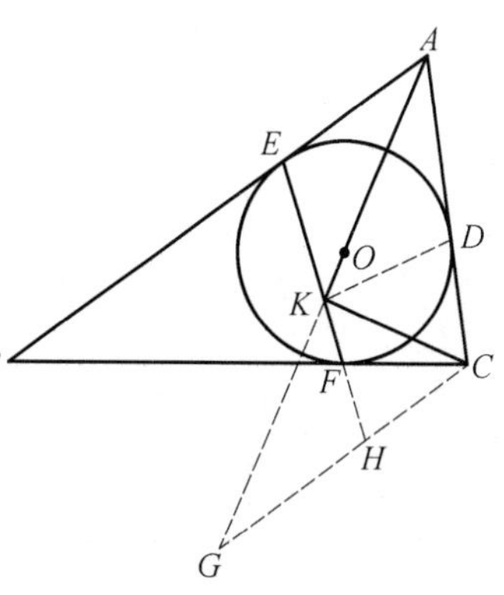

图 311.2

所以$\angle CKA$为直角.

证明 3 (同一法)如图 311.3,在AB上取一点P,使$AP=AC$,连PC交EF于H,过P作EF的平行线交BC于Q.

显然P与C关于AK对称,Q与P关于BO对称,可知$QF=PE=CD=CF$,有F为QC的中点,进而H为PC的中点,于是AH就是等腰三角形APC

的顶角 A 的平分线,故 H 与 K 为同一个点.

所以 $\angle CKA$ 为直角.

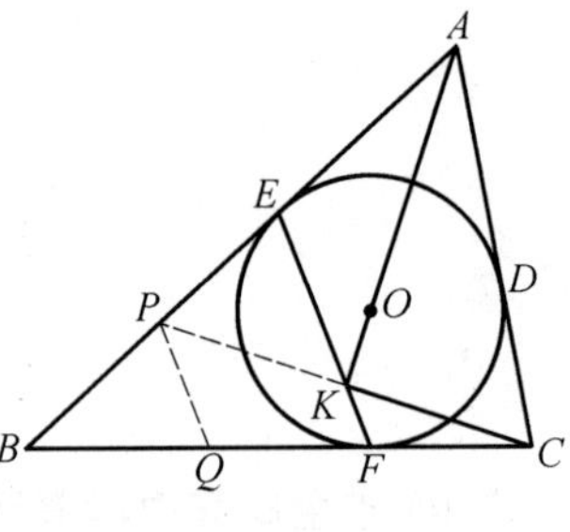

图 311.3

证明 4　如图 311.4,连 OD,OF,DK.

显然 $\triangle AKD \cong \triangle AKE$,可知 $\angle CDK = \angle BEF = \angle BFE$,有 K,F,C,D 四点共圆.

易知O,F,C,D四点共圆,可知O,K,F,C,D五点共圆,于是 $\angle OKC = \angle OFC = 90°$.

所以 $\angle CKA$ 为直角.

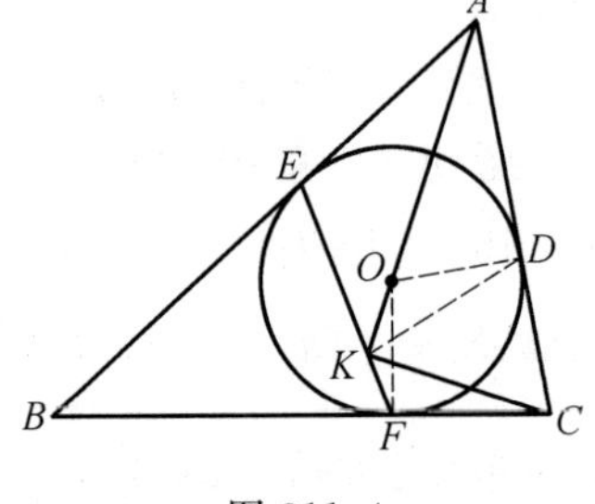

图 311.4

本文参考自:

1.《数学通报》1983 年 10 期 33 页.

2.《中等数学》2007 年 3 期 31 页.

第 312 天

2006 年南昌市高中数学竞赛

如图 312.1,四边形 $ABCD$ 内接于圆,P 是 AB 的中点,$PE\perp AD$,$PF\perp BC$,$PG\perp CD$,M 是线段 PG 和 EF 的交点. 求证:$ME=MF$.

证明 1 如图 312.1,设 H 为 BC 的延长线上的一点,过 A 作 BC 的平行线交直线 FP 于 K,连 EK.

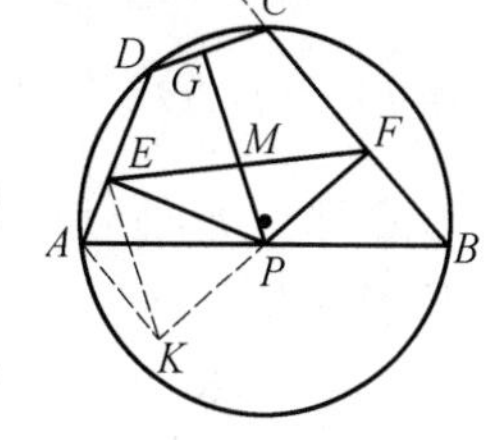

图 312.1

由 P 为 AB 的中点,可知 P 为 KF 的中点,即

$$KP=PF \tag{1}$$

显然 $\angle AKF=\angle KFB$.

由 $PF\perp BC$,$PG\perp CD$,可知 P,F,C,G 四点共圆,有 $\angle PFB=\angle PGC$.

由 $PE\perp AD$,$PG\perp DC$,可知 P,G,D,E 四点共圆,有 $\angle PGC=\angle PED$,于是 $\angle PED=\angle PGC=\angle PFB=\angle AKF$,即 $\angle PED=\angle AKF$.

显然 P,E,A,K 四点共圆,可知 $\angle PKE=\angle PAE=\angle HCD=\angle FPG$,即 $\angle PKE=\angle FPG$,有

$$GP\parallel EK \tag{2}$$

由式(1),(2),可知 M 为 EF 的中点.

所以 $ME=MF$.

证明 2 如图 312.2,过 A 作 BC 的垂线,L 为垂足,过 B 作 AD 的垂线,K 为垂足. 设直线 KL,GP 相交于 H,连 HE,HF,PK,PL.

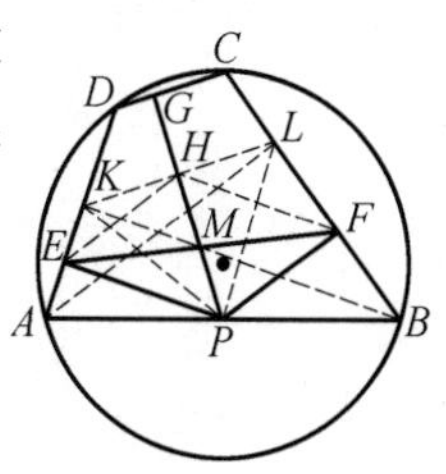

图 312.2

由 P 为 AB 的中点,可知 PK,PL 分别为 Rt$\triangle ABK$ 与 Rt$\triangle ABL$ 的斜边上的直线,有 $PE=\dfrac{1}{2}AB=PL$.

显然 A,B,L,K 四点共圆,可知 $\angle CLK=\angle DAB=180^\circ-\angle C$,有 $KL\parallel DC$.

由 $PG\perp DC$,可知 $PG\perp KL$,有 PH 为 KL 的中垂线,即 H 为 KL 的中点.

由 $PF \perp BC$，可知 $AL \parallel PF$.

由 P 为 AB 的中点，可知 F 为 LB 的中点，有 $HF \parallel KB$，$HF = \frac{1}{2}KB$.

由 $PE \perp AD$，可知 $PE \parallel KB$.

由 P 为 AB 的中点，可知 E 为 KA 的中点，有 $EP \parallel KB \parallel HF$，$EP = \frac{1}{2}KB = HF$，于是四边形 $PFHE$ 为平行四边形，得 PH 与 EF 互相平分.

所以 $ME = MF$.

附　　录

已知在圆内接四边形 $ABCD$ 中，M 是线段 AB 内任意一点，P，Q，R 是点 M 在 BC，CD，DA 上的射影，N 是 PR 与 MQ 的交点. 试证：$\frac{PN}{NR} = \frac{BM}{MA}$.

证明　如图 312.3，过 A 作 CB 的平行线交直线 PM 于 E，连 RE.

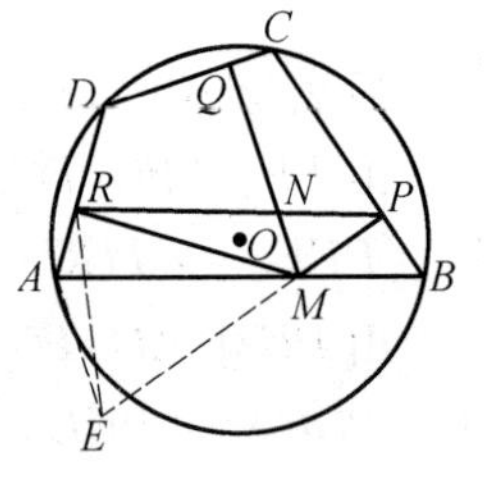

图 312.3

易知 M，R，A，E 四点共圆，可知 $\angle REM = \angle RAM$.

易知 M，P，C，Q 四点共圆，可知 $\angle QMP = \angle BCD$ 的补角 $= \angle RAM = \angle REM$，于是 $RE \parallel QM$，得 $\frac{PN}{NR} = \frac{PM}{ME} = \frac{BM}{MA}$.

所以 $\frac{PN}{NR} = \frac{BM}{MA}$.

本文参考自：

《中等数学》2007 年 5 期 28 页.

第 313 天

2006 年全国高中数学联赛陕西赛区预赛

如图 313.1，$\triangle ABC$ 的内心为 I，过点 A 作直线 BI 的垂线，垂足为 H. 设 D,E 分别为内切圆圆 I 与边 BC,CA 的切点. 求证：D,H,E 三点共线.

证明 1 如图 313.1，设直线 BH,AC 相交于 K，连 IA,ID,IE,EH,DH.

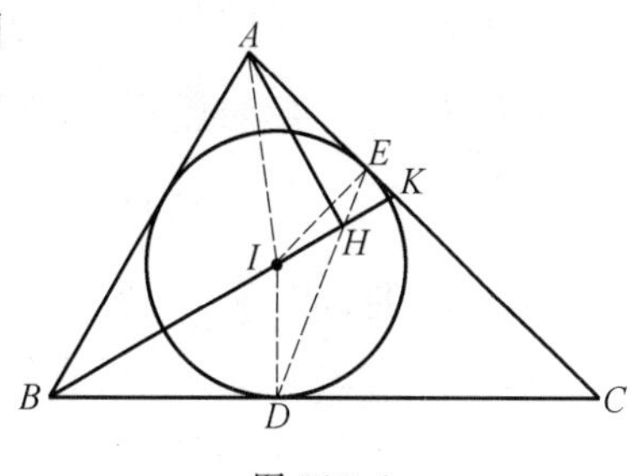

图 313.1

显然 $\mathrm{Rt}\triangle ABH \backsim \mathrm{Rt}\triangle IBD$，可知

$$\frac{BH}{BD}=\frac{AB}{IB}$$

有

$$\frac{BH}{AB}=\frac{BD}{BI}$$

于是

$$\triangle HBD \backsim \triangle ABI$$

得

$$\angle BHD=\angle BAI=\frac{1}{2}\angle BAC$$

显然 A,I,H,E 四点共圆，可知

$$\angle EHK=\angle EAI=\frac{1}{2}\angle BAC=\angle BHD$$

所以 D,H,E 三点共线.

证明 2 如图 313.2，连 IA,IE,ED,EH.

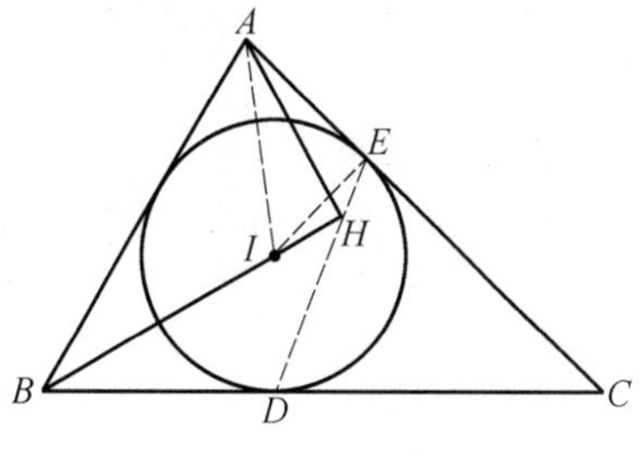

图 313.2

显然 A,I,H,E 四点共圆，可知

$$\begin{aligned}\angle AEH&=\angle AIH=\angle IBA+\angle IAB\\&=\frac{1}{2}\angle ABC+\frac{1}{2}\angle BAC\end{aligned}$$

显然 $\angle DEC=\frac{1}{2}(180^\circ-\angle C)$，可知

$$\angle AEH+\angle DEC=180^\circ$$

所以 D,H,E 三点共线.

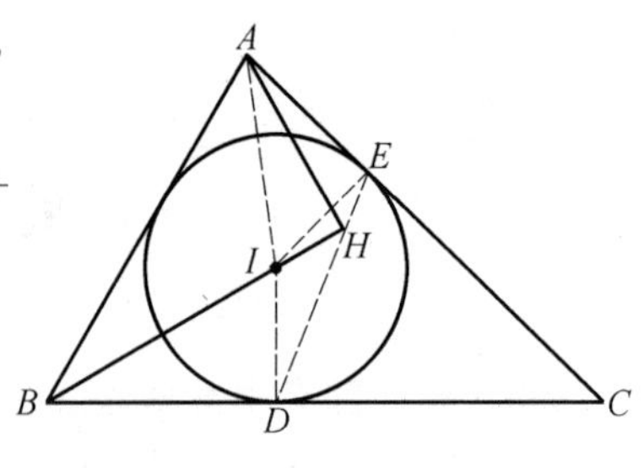

图 313.3

证明 3 如图 313.3，连 OA,OD,OE,ED,EH,DH.

在 $\triangle AIH$ 中，易知 $\angle AIH=\angle IBA+\angle IAB=\frac{1}{2}\angle ABC+\frac{1}{2}\angle BAC$，可知

$$\angle IAH=\frac{1}{2}\angle ACB$$

显然 A,I,H,E 四点共圆，可知

$$\angle IEH=\angle IAH=\frac{1}{2}\angle ACB$$

显然 E,I,D,C 四点共圆，可知

$$\angle IED=\angle IDE=\frac{1}{2}ACB=\angle IEH$$

所以 D,H,E 三点共线.

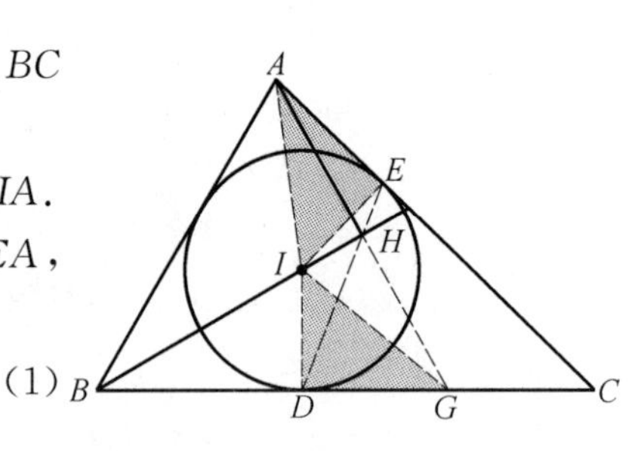

图 313.4

证明 4 如图 313.4，设直线 AH 交 BC 于 G，连 EH,DH,IA,ID,IG.

显然 BH 为 AG 的中垂线，可知 $IG=IA$.

由 $ID=IE$，可知 $\mathrm{Rt}\triangle IDG\cong\mathrm{Rt}\triangle IEA$，有

$$\angle DIG=\angle EIA \tag{1}$$

显然 I,D,G,H 四点共圆，可知

$$\angle AHE=\angle AIE \tag{2}$$

显然 I,D,G,H 四点共圆，可知

$$\angle DHG=\angle DIG \tag{3}$$

由式(1),(2),(3)，可知 $\angle AHE=\angle DHG$.

所以 D,H,E 三点共线.

本文参考自：

《中等数学》2006 年 7 期 30 页.

第 314 天

第 3 届中国东南地区数学奥林匹克

如图 314.1，在$\triangle ABC$中，$\angle A=60^\circ$，$\triangle ABC$的内切圆圆I分别切边AB，AC于点D，E，直线DE分别与直线BI，CI相交于点F，G.

求证：$FG=\dfrac{1}{2}BC$.

证明 1　如图 314.1，连BG，CF，IA，ID，IE.

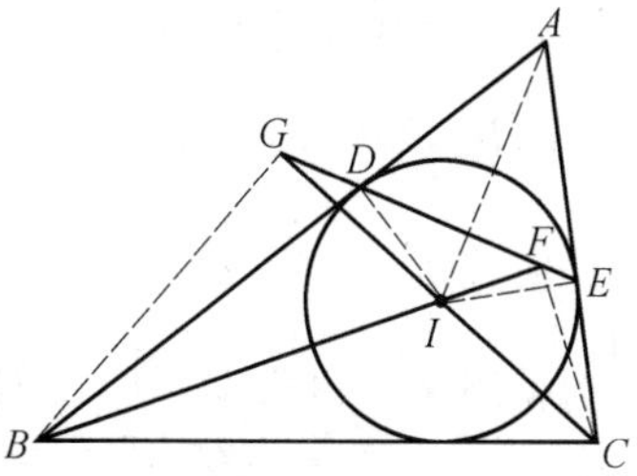

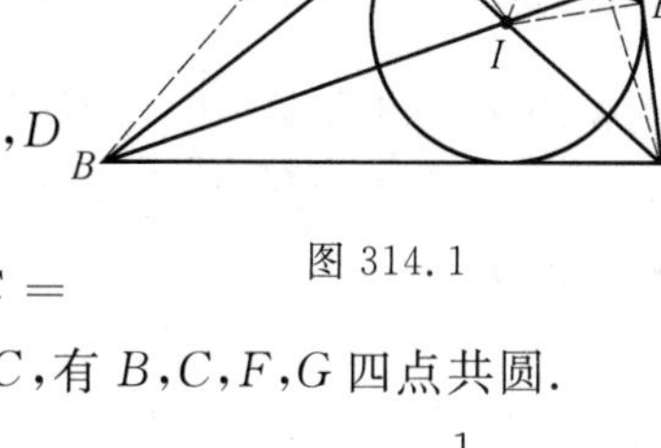

图 314.1

由AD，AE为圆I的切线，可知$AD=AE$.

由$\angle A=60^\circ$，可知$\triangle ADE$为正三角形，有$\angle ADE=\angle AED=60^\circ$.

显然$\angle GDB=60^\circ=\angle GIB$，可知$G$，$B$，$I$，$D$四点共圆.

同理E，C，I，F四点共圆，可知$\angle BGC=\angle BDI=90^\circ$，$\angle BFC=\angle IEC=90^\circ=\angle BGC$，有$B$，$C$，$F$，$G$四点共圆.

由$\angle GCF=90^\circ-\angle FIC=30^\circ$，可知$FG=BC\sin\angle GCF=\dfrac{1}{2}BC$.

所以$FG=\dfrac{1}{2}BC$.

证明 2　如图 314.2，设M为BC的中点，连MG，MF，BG，CF，IA，ID，IE.

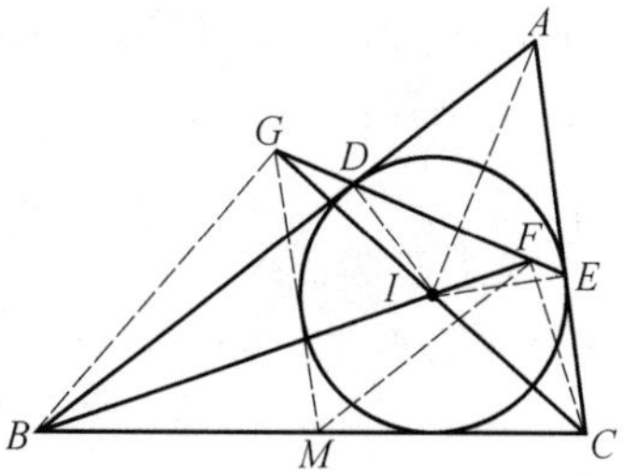

图 314.2

由AD，AE为圆I的切线，可知$AD=AE$.

由$\angle A=60^\circ$，可知$\triangle ADE$为正三角形，有$\angle ADE=\angle AED=60^\circ$.

显然$\angle GDB=60^\circ=\angle GIB$，可知$G$，$B$，$I$，$D$四点共圆.

同理E，C，I，F四点共圆，可知$\angle BGC=\angle BDI=90^\circ$，$\angle BFC=\angle IEC=90^\circ=\angle BGC$，有$B$，$C$，$F$，$G$四点共圆.

显然MG，MF分别为$\mathrm{Rt}\triangle GBC$，$\mathrm{Rt}\triangle FBC$的斜边BC上的中线，可知

$MF=MG$，$\angle GMF=2\angle GCF=60°$，有 $\triangle MFG$ 为正三角形，于是

$$GF=GM=\frac{1}{2}BC$$

所以 $FG=\frac{1}{2}BC$.

证明 3　如图 314.1，连 BG，CF，IA，ID，IE.

显然 A，D，I，E 四点共圆，可知 $\angle IDE=\angle IAE=30°$，有 $\angle BDF=120°$.

易知 $\angle BIC=180°-\frac{1}{2}(\angle ABC+\angle ACB)=120°=\angle BDF$.

由 BI 平分 $\angle ABC$，可知 $\triangle BDF\backsim\triangle BIC$，有 $\frac{BF}{BC}=\frac{BD}{BI}$.

由 BI 平分 $\angle ABC$，可知 $\mathrm{Rt}\triangle BDI\backsim\mathrm{Rt}\triangle BFC$，有 $\angle CFB=\angle IDB=90°$.

由 $\angle FIC=180°-\angle BIC=60°$，可知 $\angle FCI=30°$.

同理 $BG\perp GC$，可知 B，C，F，G 四点共圆，有 $\frac{FG}{\sin\angle FCG}=BC$.

所以 $FG=\frac{1}{2}BC$.

证明 4　如图 314.3，过 B 作 CA 的平行线交 CG 于 H，交 EG 于 K，设 L 为 BC 与圆 I 的切点，连 GL，GB，FC.

显然 $\angle ADE=\angle AED$，可知 $\angle BDK=\angle BKD$，有 $BK=BD=BL$.

显然 CG 平分 $\angle ACB$，可知 $\angle H=\angle BCH$，有 $BH=BC$，于是 $KH=LC$.

显然 $\angle GLC=\angle GEC=\angle GKH$，可知 $\triangle GCL\cong\triangle GHK$，有 $GC=GH$，于是 $BG\perp GC$.（以下同证明 1，略）

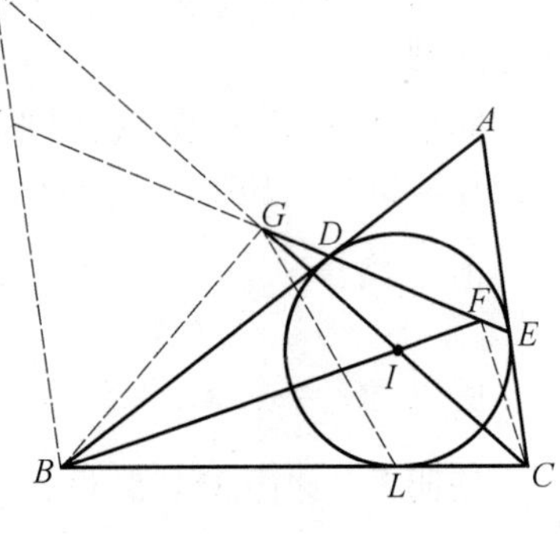

图 314.3

本文参考自：

《中等数学》2006 年 11 期 4 页.

第 315 天

1978 年全国中学数学竞赛决赛

$\triangle ABC$ 中，D，E 分别为 AB，AC 上的一点，$DE \parallel BC$，BE 与 CD 交于 O，AO 分别交 BC，DE 于 M，N.

求证：$BM=CM$.

证明 1　如图 315.1.

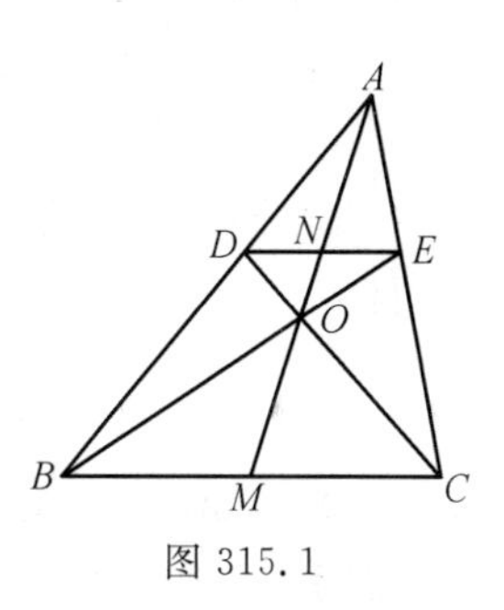

图 315.1

显然 $\frac{DN}{BM}=\frac{AN}{AM}=\frac{EN}{CM}$，即 $\frac{DN}{BM}=\frac{EN}{CM}$.

显然 $\frac{DN}{CM}=\frac{ON}{OM}=\frac{EN}{BM}$，即 $\frac{DN}{CM}=\frac{EN}{BM}$，可知

$$\frac{\frac{DN}{BM}}{\frac{DN}{CM}}=\frac{\frac{EN}{CM}}{\frac{EN}{BM}}$$

有 $\frac{CM}{BM}=\frac{BM}{CM}$，于是 $BM^2=CM^2$. 所以 $BM=CM$.

证明 2　如图 315.2，过 C 作 BE 的平行线交直线 AM 于 P，连 BP.

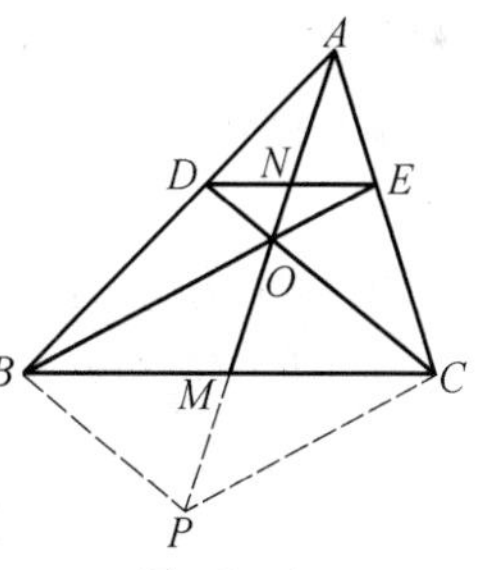

图 315.2

显然 $\frac{AO}{AP}=\frac{AE}{AC}=\frac{AD}{AB}$，可知四边形 $BPCO$ 为平行四形. 所以 $BM=CM$.

证明 3　如图 315.3，过 O 作 BC 的平行线，分别交 AB，AC 于 P，Q.

由 $DE \parallel BC$，可知 $S_{\triangle DBC}=S_{\triangle EBC}$，有 $S_{\triangle BDO}=S_{\triangle CEO}$，于是 $PO=OQ$.

由 $PQ \parallel BC$，可知 $\frac{BM}{PO}=\frac{MC}{OQ}$.

所以 $BM=CM$.（当然还有 $DN=NE$）

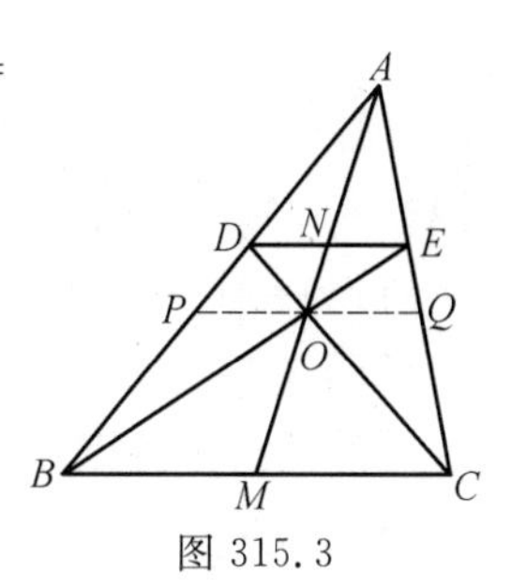

图 315.3

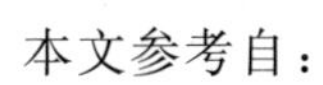
本文参考自：

《湖南数学通讯》1998 年 1 期 21 页.

第 316 天

1982 年二十八省、市、自治区数学竞赛

已知：

(1) 半圆的直径 AB 长为 $2r$；

(2) 半圆外的直线 l 与 BA 的延长线垂直，垂足为 T，$|AT|=2a(2a<\frac{r}{2})$；

(3) 半圆上有相异两点 M,N，它们与直线 l 的距离 $|MP|$，$|NQ|$ 满足条件

$$\frac{|MP|}{|AM|}=\frac{|NQ|}{|AN|}=1$$

求证：$|AM|+|AN|=|AB|$.

证明 1 如图 316.1，分别过 M,N 作 AB 的垂线，C,D 为垂足，连 MB,NB.

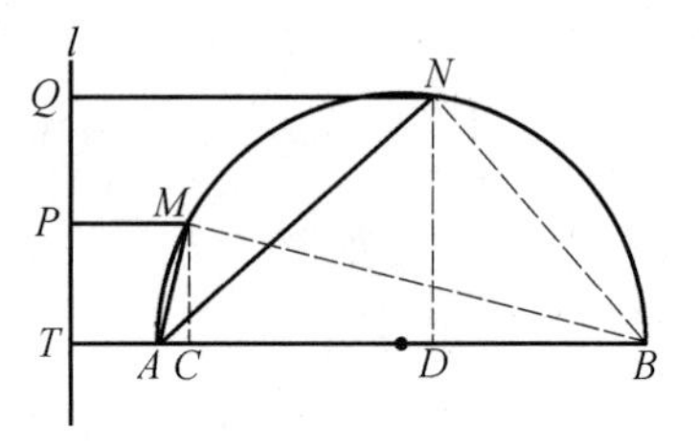

图 316.1

显然 $AD-AC=CD=QN-PM=AN-AM$.

由 AB 为半圆的直径，可知 $AM\perp MB$，$AN\perp NB$，有 $AN^2=AD\cdot AB$，$AM^2=AC\cdot AB$；于是

$$\begin{aligned}AN^2-AM^2&=AD\cdot AB-AC\cdot AB\\&=AB\cdot(AD-AC)=AB\cdot(AN-AM)\end{aligned}$$

即

$$(AN+AM)\cdot(AN-AM)=AB\cdot(AN-AM)$$

得 $AN+AM=AB$.

所以 $|AM|+|AN|=|AB|$.

证明 2 如图 316.1，设 $\angle MAB=\alpha$，$\angle NAB=\beta$.

显然四边形 $MPTC$ 为矩形，可知 $AM=MP=TA+AC=2a+AM\cos\alpha$.

同理 $AN=NQ=TA+AD=2a+AN\cos\beta$，有

$$AN-AM=AN\cos\beta-AM\cos\alpha$$

由 AB 为半圆的直径，可知 $\angle AMB=\angle ANB=90^\circ$，有 $\cos\alpha=\dfrac{AM}{2r}$，$\cos\beta=\dfrac{AN}{2r}$，于是

$$AN-AM=\frac{1}{2r}(AN+AM)\cdot(AN-AM)$$

由 $AN-AM\neq 0$，可知 $AN+AM=2r=AB$.

所以 $|AM|+|AN|=|AB|$.

证明3 如图316.2，过 M 作 AB 的垂线，C 为垂足，连 MB.

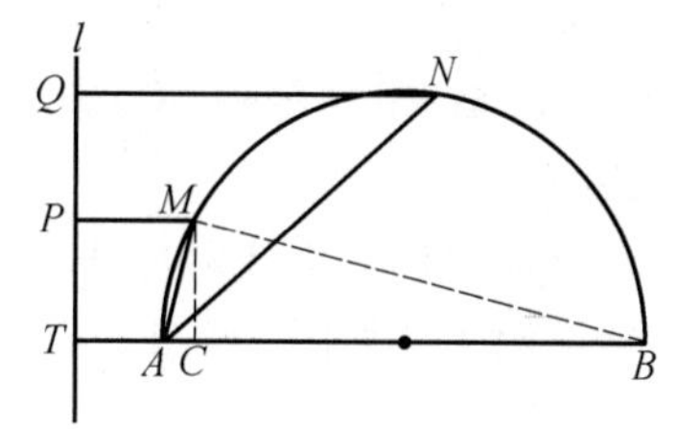

图316.2

由 AB 为半圆直径，可知 $AM^2=AC\cdot AB$.

设 $AM=x$，可知 $AC=x-2a$，有

$$x^2=(x-2a)\cdot 2r$$

或

$$x^2-2rx+4ar=0$$

即 AM 为方程 $x^2-2rx+4ar=0$ 的一个根.

同理 AN 为方程 $x^2-2rx+4ar=0$ 的另一个根.

依韦达定理，可知 $x_1+x_2=2r$，即 $AM+AN=AB$.

所以 $|AM|+|AN|=|AB|$.

本文参考自：

1.《数学教学》1983年1期36页，2期30页.

2.《中学数学研究》1982年6期6页.

3.《福建中学数学》1982年6期23页.

4.《数学通讯》1982年11期34页.

第 317 天

1983 年全国中学数学竞赛

如图 317.1,在四边形 $ABCD$ 中,$\triangle ABD$,$\triangle BCD$,$\triangle ABC$ 的面积比是 $3:4:1$. 点 M,N 分别在 AC,CD 上,满足 $AM:AC=CN:CD$,并且 B,M,N 三点共线.

求证:M 与 N 分别是 AC 与 CD 的中点.

证明 1 如图 317.1.

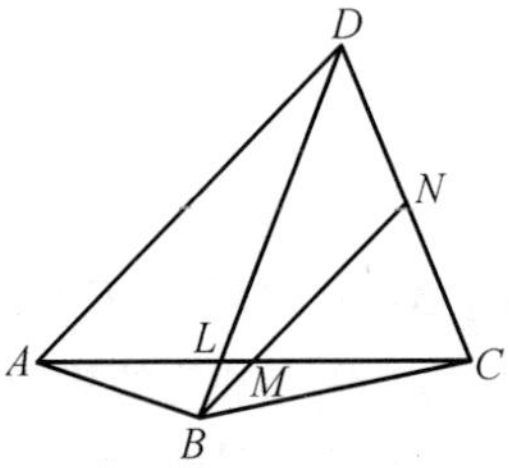

不妨设$\dfrac{CN}{CD}=\gamma(0<\gamma<1)$,$S_{\triangle ABC}=1$,可知$\dfrac{AM}{AC}=\gamma$,$S_{\triangle ABD}=3$,$S_{\triangle BCD}=4$,$S_{\triangle ACD}=3+4-1=6$,$S_{\triangle ABM}=\gamma$,$S_{\triangle BCM}=1-\gamma$,$S_{\triangle BCN}=4\gamma$,$S_{\triangle CNM}=S_{\triangle BCN}-S_{\triangle BCM}=4\gamma-(1-\gamma)=5\gamma-1$.

图 317.1

由$\dfrac{S_{\triangle CNM}}{S_{\triangle CDA}}=\dfrac{CN\cdot CM}{CD\cdot CA}=\gamma(1-\gamma)$,可知 $S_{\triangle CNM}=6\gamma(1-\gamma)$,有 $6\gamma(1-\gamma)=5\gamma-1$,于是 $6\gamma^2-\gamma-1=0$.

这个方程在$(0,1)$中的唯一解是 $\gamma=\dfrac{1}{2}$.

这就证明了 M 与 N 分别是 AC 与 CD 的中点.

证明 2 如图 317.2,取 CD 的中点 N_1,连 AN_1,再连 BN_1 交 AC 于 M_1.

设 $S_{\triangle ABC}=1$,可知 $S_{\triangle AN_1D}=\dfrac{1}{2}(3+4-1)=3$,有 $S_{\triangle AN_1D}=S_{\triangle ABD}$,于是 $BN_1 /\!/ AD$,得 M_1 为 AC 的中点.

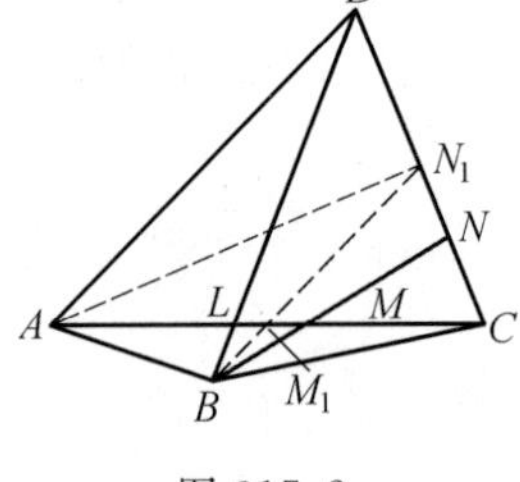

图 317.2

显然,满足题设条件$\dfrac{AM_1}{AC}=\dfrac{CN_1}{CD}$.

再过 B 任作一直线,分别交 AC,CD 于 M,N.

若 M 在 CM_1 内,则 N 在 CN_1 内,即 $AM>AM_1$,$CN_1>CN$,可知$\dfrac{AM}{AC}>\dfrac{AM_1}{AC}=\dfrac{CN_1}{CD}>\dfrac{CN}{CD}$.

当 M 在 AM_1 内时，亦如此.

这就证明了满足条件的 M,N 必是 AC 与 CD 的中点.

证明3 如图317.3，设直线 AD,BC 相交于 E,F 为 AB 的延长线上的一点，$BF=AB$，连 CF，设 G 为直线 EF,NB 的交点，分别过 B,C 作 AD 的垂线，H_1,H_2 为垂足.

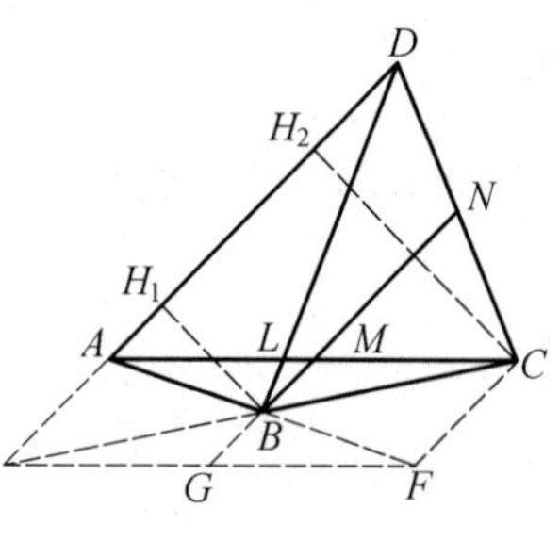

图317.3

由 $\triangle ABD,\triangle BCD,\triangle ABC$ 的面积比是 $3:4:1$，可知 $\frac{S_{\triangle ABD}}{S_{\triangle ACD}}=\frac{3}{6}=\frac{1}{2}$，有 $\frac{CH_1}{CH_2}=\frac{1}{2}$.

显然 $BH_1\parallel CH_2$，可知 $\triangle EBH_1\backsim\triangle ECH_2$，有 $\frac{EB}{EC}=\frac{BH_1}{CH_2}=\frac{1}{2}$，于是 $EB=BC$.

由 $AB=BF$，可知四边形 $AEFC$ 为平行四边形，有 $FC=AM$，于是

$$\frac{FG}{FE}=\frac{AM}{AC}=\frac{CN}{CD}$$

得 $GN\parallel ED\parallel CF$.

由 B 为 AF 的中点，可知 BN 必平分 AC 和 CD.

即证得 M 与 N 分别是 AC 和 CD 的中点.

证明4 如图317.1，设 AC,BD 相交于 L. 设 $S_{\triangle ABC}=m$，可知 $S_{\triangle ABD}=3m,S_{\triangle BDC}=4m$，有 $S_{\triangle ADC}=S_{\triangle ABD}+S_{\triangle BCD}-S_{\triangle ABC}=6m$.

易知

$$\frac{BL}{LD}=\frac{S_{\triangle ABL}}{S_{\triangle ALD}}=\frac{S_{\triangle BLC}}{S_{\triangle LDC}}$$
$$=\frac{S_{\triangle ABL}+S_{\triangle BLC}}{S_{\triangle ALD}+S_{\triangle LDC}}=\frac{S_{\triangle ABC}}{S_{\triangle ADC}}=\frac{1}{6}$$

设 $\frac{CN}{CD}=x$，可知 $\frac{AM}{AC}=x$，有

$$\frac{CM}{AC}=\frac{AC-AM}{AC}=1-x$$

于是

$$\frac{S_{\triangle MCN}}{S_{\triangle DAC}}=\frac{CN\cdot CM}{CD\cdot CA}=\frac{CN}{CD}\cdot\frac{CM}{CA}=x\cdot(1-x)$$

得

$$S_{\triangle MCN}=x\cdot(1-x)\cdot S_{\triangle ACD}=x\cdot(1-x)\cdot 6m$$

由 $\frac{S_{\triangle BMC}}{S_{\triangle BAC}}=\frac{MC}{AC}=1-x$，可知

$$S_{\triangle BMC}=(1-x)\cdot S_{\triangle ABC}=(1-x)\cdot m$$

由$\frac{S_{\triangle BCN}}{S_{\triangle BDC}}=\frac{CN}{CD}=x$，可知

$$S_{\triangle BCD}=x\cdot S_{\triangle BDC}=x\cdot 4m$$

由 B,M,N 三点共线，可知

$$S_{\triangle MCN}+S_{\triangle BMC}=S_{\triangle BCN}$$

有

$$x\cdot(1-x)\cdot 6m+(1-x)\cdot m=x\cdot 4m(m\neq 0)$$

于是

$$6x^2-x-1=0$$

得

$$x=\frac{1}{2}(\text{舍去 } x=-\frac{1}{3})$$

故

$$\frac{CN}{CD}=\frac{AM}{AC}=\frac{1}{2}$$

所以 N,M 分别是 CD,AC 的中点.

证明 5 如图 317.1，设 AC,DB 相交于 L，视 $\triangle LDC$ 被直线 NMB 所截，依梅涅劳斯定理，可知

$$\frac{CN}{ND}\cdot\frac{DB}{BL}\cdot\frac{LM}{MC}=1 \tag{1}$$

显然

$$\frac{AL}{LC}=\frac{S_{\triangle ALB}}{S_{\triangle LBC}}=\frac{S_{\triangle ALD}}{S_{\triangle LCD}}$$
$$=\frac{S_{\triangle ALB}+S_{\triangle ALD}}{S_{\triangle LCB}+S_{\triangle LCD}}=\frac{S_{\triangle ABD}}{S_{\triangle BDC}}=\frac{3}{4}$$

同理

$$\frac{DL}{LB}=\frac{S_{\triangle ADC}}{S_{\triangle ABC}}=\frac{S_{\triangle ABD}+S_{\triangle BDC}-S_{\triangle ABC}}{S_{\triangle ABC}}=6$$

设 $AL=3n,MC=x$，可知 $LC=4n$，有

$$\frac{LM}{MC}=\frac{4n-x}{x}$$

$$\frac{DB}{BL}=\frac{BL+DL}{BL}=1+\frac{DL}{BL}=7$$

由$\frac{CN}{CD}=\frac{AM}{AC}$，可知$\frac{CN}{ND}=\frac{AM}{MC}=\frac{7n-x}{x}$.

将上面三个比的值代入式(1),可知

$$\frac{7n-x}{x}\cdot 7\cdot \frac{4n-x}{x}=1$$

有

$$x^2=7(7n-x)(4n-x)$$

于是

$$6x^2-77nx+196n^2=0$$

得

$$x=\frac{7}{2}n(x=\frac{28}{3}n\text{ 不合理,舍去})$$

显然 $MC=x=\frac{7}{2}n$,可知 $MC=\frac{1}{2}AC$.

由 $\frac{AM}{AC}=\frac{CN}{CD}$,可知 $CN=\frac{1}{2}AD$.

故 M,N 分别是 CD,AC 的中点.

本文参考自:

《湖南数学通讯》1998 年 1 期 21 页.

第 318 天

1989 年全国高中数学竞赛

在 $\triangle ABC$ 中，$AB > AC$，$\angle A$ 的一个外角的平分线交 $\triangle ABC$ 的外接圆于点 P，过 P 作 $PQ \perp AB$ 于 Q. 求证：$2AQ = AB - AC$.

证明 1 如图 318.1，设 O 为 $\triangle ABC$ 的外心，$\angle BAC$ 的平分线交圆 O 于 G，过 P 作 AC 的垂线，R 为垂足，连 PB，PG.

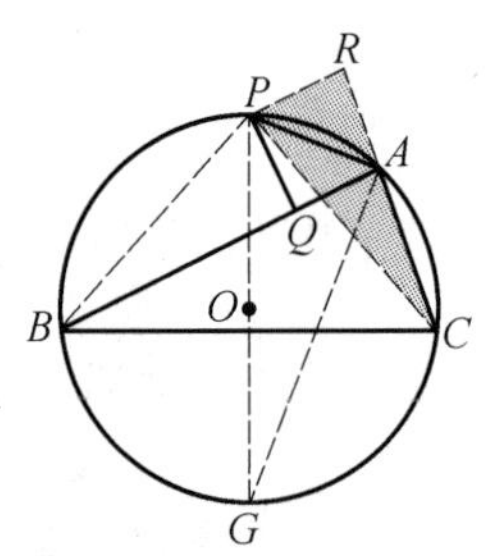

图 318.1

显然 $AP \perp AG$，可知 PG 为圆 O 的直径.

显然 $\overset{\frown}{GB} = \overset{\frown}{GC}$，可知 PG 为 BC 的中垂线，有 $PB - PC$.

由 $\angle PBA = \angle PCA$，可知 $\mathrm{Rt}\triangle PBQ \cong \mathrm{Rt}\triangle PCR$，有 $BQ = CR$，$PQ = PR$.

由 $PQ \perp AB$，PA 平分 $\angle RAQ$，可知 $\mathrm{Rt}\triangle PAR \cong \mathrm{Rt}\triangle PAQ$，有 $AR = AQ$，于是

$$AB - AQ = BQ = CR = AC + AR = AC + AQ$$

所以 $2AQ = AB - AC$.

证明 2 如图 318.2，设 R 为 AB 上一点，$BR = AC$，连 PB，PR，PC.

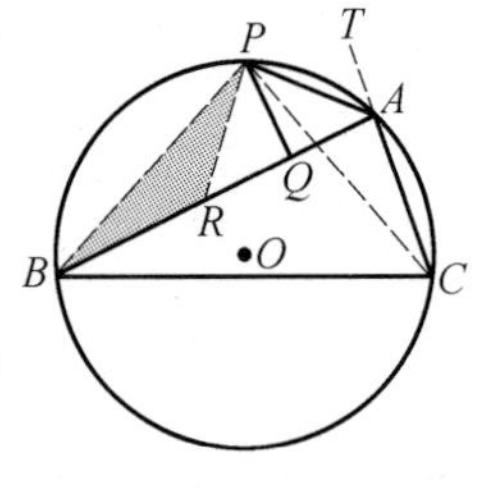

图 318.2

由 AP 平分 $\angle TAB$，可知 $\angle APC + \angle ACP = \angle TAP = \angle PAB$，有 $\overset{\frown}{PAC} = \overset{\frown}{PB}$，于是 $PB = PC$.

由 $\angle PBA = \angle PCA$，可知 $\triangle PBR \cong \triangle PCA$，有 $PR = PA$.

由 $PQ \perp AB$，可知 Q 为 AR 的中点，有 $AB - AC = AB - BR = AR = 2AQ$.

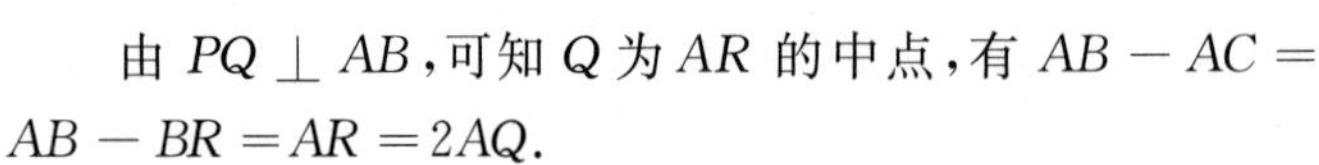

所以 $2AQ = AB - AC$.

证明 3 如图 318.3，过 C 作 AB 的平行线交圆 O 于 S，连 SB，SP.

显然 $BS = AC$.

由 AP 为 $\triangle ABC$ 的 $\angle BAC$ 的外角平分线，可知 $\overset{\frown}{PAC} = \overset{\frown}{PB}$.

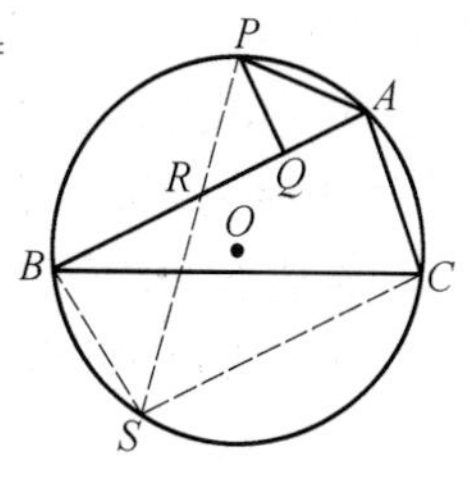

图 318.3

显然$\overset{\frown}{BS}=\overset{\frown}{AC}$，可知 PS 平分 $\angle BSC$，有 $\angle PSB=\angle PSC=\angle PRA=\angle BRS$，于是 $BR=BS=AC$.

由 $\angle PAB=\angle PSB=\angle PRA$，可知 $PR=PA$.

由 $PQ\perp AB$，可知 Q 为 AR 的中点，有

$$AB=BR+AR=AC+2AQ$$

所以 $2AQ=AB-AC$.

证明 4　如图 318.4，过 P 作 AB 的平行线交圆 O 于 R，过 R 作 AB 的垂线，S 为垂足，连 RB，RC.

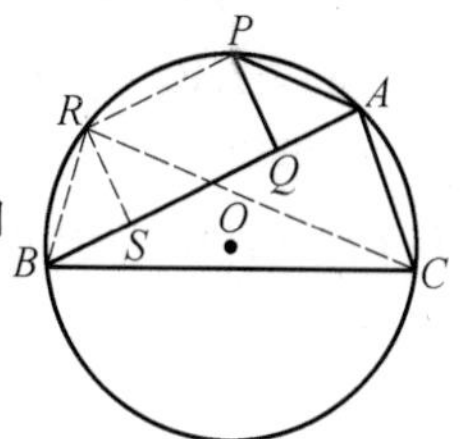

图 318.4

显然 $RB=PA$，$\overset{\frown}{RB}=\overset{\frown}{PA}$.

由 AP 为 $\triangle ABC$ 的 $\angle BAC$ 的外角平分线，可知 $\overset{\frown}{PAC}=\overset{\frown}{PB}$，有$\overset{\frown}{PR}=\overset{\frown}{AC}$，于是 $PR=AC$.

由 $PQ\perp AB$，可知四边形 $PRSQ$ 为矩形，有

$$SQ=PR=AC$$

显然 $\text{Rt}\triangle RBS\cong\text{Rt}\triangle PAQ$，可知 $BS=AQ$，有

$$AB=BS+SQ+AQ=AC+2AQ$$

所以 $2AQ=AB-AC$.

证明 5　如图 318.5，设 $\angle BAC$ 的平分线交圆 O 于 G，过 A 作 BC 的平行线交圆 O 于 R，过 R 作 BG 的平行线交 AB 于 S，连 PB，PR，PS，PG，BG，RB.

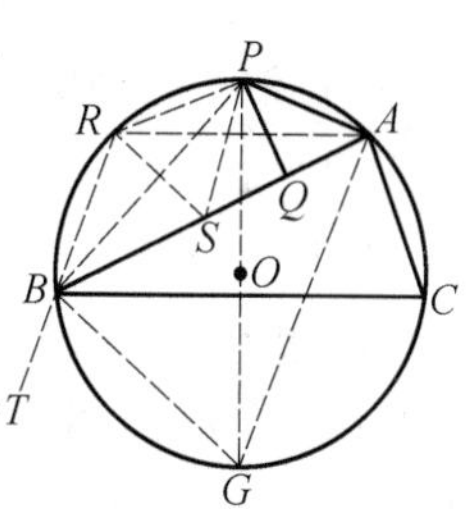

图 318.5

显然 $\overset{\frown}{RBG}=\overset{\frown}{ACG}$，可知 $\angle RAG=\angle ABG$，有 $\angle SRB=\angle TBG=\angle RAG=\angle ABG=\angle RSB$，于是 $BS=BR=AC$.

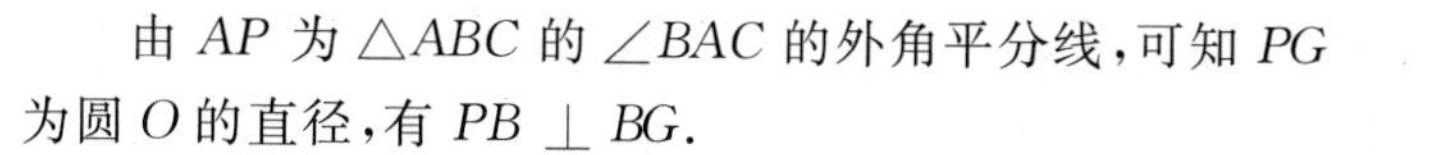

由 AP 为 $\triangle ABC$ 的 $\angle BAC$ 的外角平分线，可知 PG 为圆 O 的直径，有 $PB\perp BG$.

由 BG 平分 $\angle TBA$，可知 BP 平分 $\angle RBA$，有 PB 为 RS 的中垂线，于是 $PS=PR$.

显然 PG 为 BC 的中垂线，当然 PG 为 RA 的中垂线，可知 $PR=PA$，有 $PS=PA$.

由 $PQ\perp AB$，可知 Q 为 AS 的中点，有 $AB=BS+AS=AC+2AQ$.

所以 $2AQ=AB-AC$.

证明 6　如图 318.6，设 $\angle BAC$ 的平分线交圆 O 于 G，过 C 作 AG 的垂线交 AB 于 R，T 为垂足，连 PB，PG，ST，SQ.

由 AP 为 $\triangle ABC$ 的 $\angle BAC$ 的外角平分线，可知 PG 为圆 O 的直径，有

$PS \perp BC$.

由 $PQ \perp AB$，可知 P,B,S,Q 四点共圆，有 $\angle PSQ = \angle PBA = \angle PGA$，于是 $QS \parallel AG$.

显然 S 为 BC 的中点，T 为 RC 的中点，可知 $TS \parallel AB$，有四边形 $ATSQ$ 为平行四边形，于是

$$AQ = ST = \frac{1}{2}BR$$

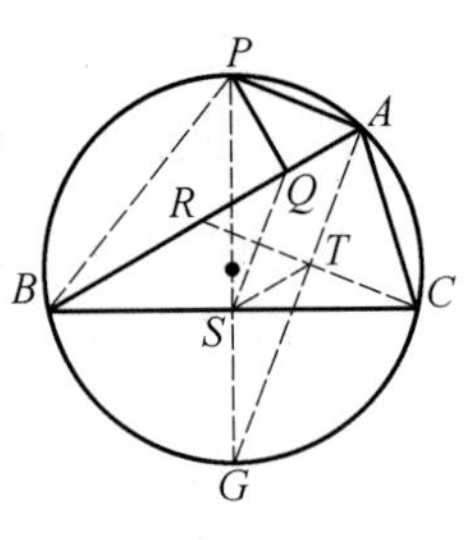

图 318.6

显然 $AB = BR + AR = 2AQ + AC$.

所以 $2AQ = AB - AC$.

证明 7 如图 318.7，设 S 为 CA 的延长线上的一点，$PS = PA$，过 P 作 AC 的垂线，R 为垂足，连 PS，PC，PB.

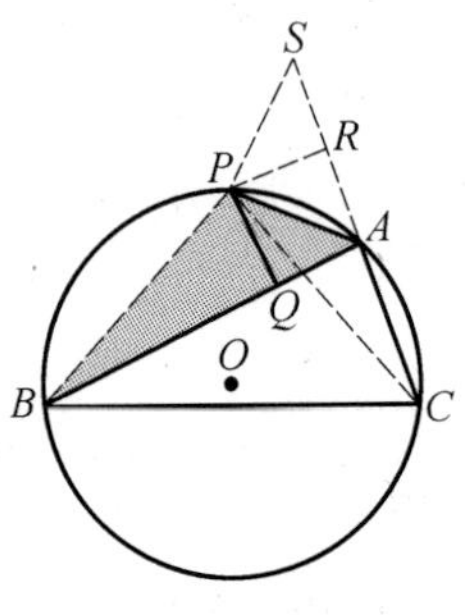

图 318.7

由 AP 平分 $\angle SAB$，可知 $PR = PQ$，可知 $AR = AQ$.

由 $PR \perp SA$，可知 R 为 AS 的中点，有 $AS = 2AQ$.

由 AP 平分 $\angle TAB$，可知 $\angle APC + \angle ACP = \angle TAP = \angle PAB$，有 $\overset{\frown}{PAC} = \overset{\frown}{PB}$，于是 $PB = PC$.

显然 $\angle S = \angle PAS = \angle PAB$，$\angle PCS = \angle PBA$，可知 $\triangle PCS \cong \triangle PBA$，有 $SC = AB$，于是 $AB = AC + AS = AC + 2AQ$.

所以 $2AQ = AB - AC$.

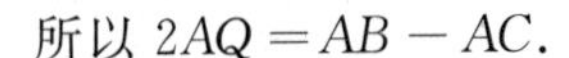

证明 8 如图 318.8，过 P 作 AC 的平行线交圆 O 于 R，直线 BR，AC 相交于 S，过 R 作 AC 的垂线，T 为垂足，连 RC.

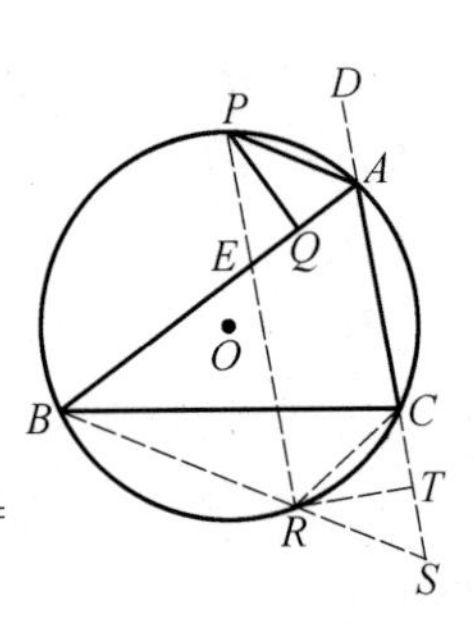

图 318.8

由 AP 平分 $\angle DAB$，可知 $\angle RPA = \angle DAP = \angle PAB = \angle PRB = \angle ASB$.

由 $\angle ABS = \angle APR$，可知 $\angle ABS = \angle S$，有 $AS = AB$.

由 $\angle RCS = \angle ABS = \angle S$，可知 $RS = RC$.

由 $RT \perp AC$，可知 T 为 CS 的中点.

显然 $RC = AP$，可知 $\mathrm{Rt}\triangle RCT \cong \mathrm{Rt}\triangle PAQ$，有 $CT = AQ$，于是 $CS = 2AQ$，得 $AB = AS = AC + CS = AC + 2AQ$.

所以 $2AQ = AB - AC$.

证明 9 如图 318.9，过 P 作 AC 的平行线交圆 O 于 S，分别过 S，P 作 AC 的垂线，T，R 为垂足，连 BS，CS.

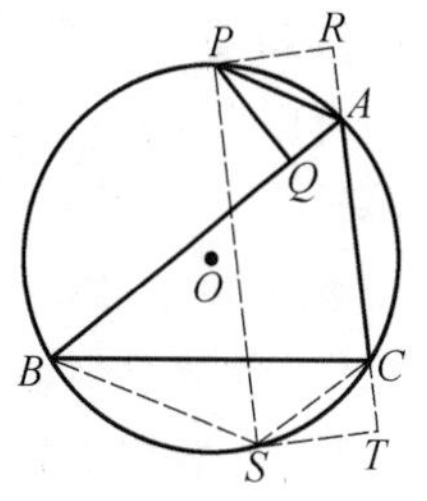

图 318.9

显然四边形 $APSC$ 为等腰梯形，四边形 $RPST$ 为矩形，可知 $SC=AP$，$ST=PR$，$PS=RT$.

由 AP 平分 $\angle RAB$，可知 $\angle APS=\angle RAP=\angle BAP=\angle BSP$，有 $BS\parallel PA$，于是 $AB=PS=RT$.

由 AP 为 $\angle RAQ$ 的平分线，可知 $PQ=PR=ST$.

显然 $\mathrm{Rt}\triangle PAQ\cong\mathrm{Rt}\triangle PAR\cong\mathrm{Rt}\triangle SCT$，可知 $CT=AR=AQ$，有 $RT=AC+AR+CT=AC+2AQ$.

所以 $2AQ=AB-AC$.

证明 10 如图 318.10，设 R 为 AB 上一点，$PR=PA$，过 C 作 AP 的平行线交 AB 于 S，连 PC.

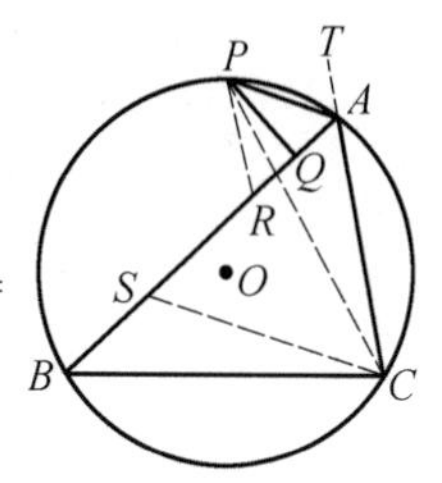

图 318.10

由 $PQ\perp AB$，可知 Q 为 AR 的中点，即 $AR=2AQ$.

由 AP 平分 $\angle TAB$，可知 $\angle ASC=\angle ACS$，有 $AS=AC$.

显然 $\angle PRA=\angle PAB=\angle ASC=\angle ACS$，可知 $\triangle PRA\backsim\triangle ASC$，有 $\dfrac{PA}{AC}=\dfrac{RA}{SC}$.

显然 $\angle PAC=180^{\circ}-\angle TAP=180^{\circ}-\angle ASC=\angle BSC$，$\angle APC=\angle SBC$，可知 $\triangle APC\backsim\triangle SBC$，有 $\dfrac{PA}{AC}=\dfrac{SB}{SC}$，于是 $\dfrac{SB}{SC}=\dfrac{RA}{SC}$，得 $SB=RA=2AQ$.

显然 $AB=AS+SB=AC+2AQ$.

所以 $2AQ=AB-AC$.

证明 11 如图 318.11，设 $\angle BAC$ 的平分线交圆 O 于 G，过 B 作 AG 的垂线交直线 AC 于 R，T 为垂足，设 S 为 PG，BC 的交点，连 ST，PB，SQ.

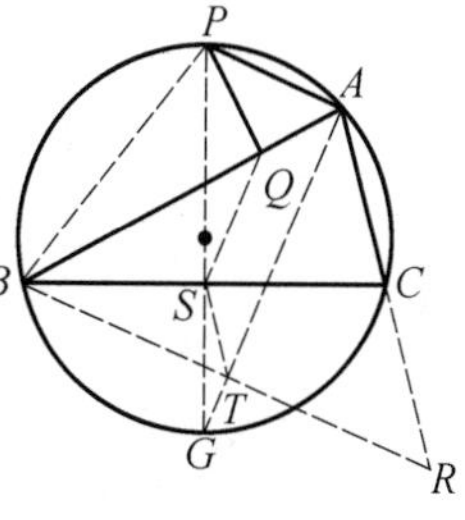

图 318.11

由 AP 为 $\triangle ABC$ 的 $\angle BAC$ 的外角平分线，可知 PG 为圆 O 的直径，有 $PB\perp BC$.

由 $PQ\perp AB$，可知 P,B,S,Q 四点共圆，有 $\angle PSQ=\angle PBA=\angle PGA$，于是 $QS\parallel AG$.

显然 S 为 BC 的中点，T 为 BR 的中点，可知 $TS\parallel AC$，有四边形 $ATSQ$ 为等腰梯形，于是 $AQ=ST=\dfrac{1}{2}CR$，或 $CR=2AQ$.

显然 $AB=AR=AC+CR=AC+2AQ$.

所以 $2AQ=AB-AC$.

证明 12 如图 318.2，设 R 为 AB 上一点，$PR=PA$，连 PB，PC.

易证 $\triangle PBR\cong\triangle PCA$，可知 $BR=AC$.

易知 Q 为 AR 的中点，可知 $AB = BR + AR = AC + 2AQ$.

所以 $2AQ = AB - AC$.

本文参考自：
1.《数学教学通讯》1997 年 1 期 40 页.
2.《中学数学教学》2003 年 1 期 38 页.

第 319 天

1996 年全国高中数学竞赛

如图 319.1,圆 O_1 和圆 O_2 与 $\triangle ABC$ 的三边所在的三条直线都相切,E,F,G,H 为切点,并且 EG,FH 的延长线交于点 P.

求证:直线 PA 与 BC 垂直.

证明 1 如图 319.1,设 PA 与 BC 相交于 D, 连 O_1G,O_1E,O_2F,O_2H,O_1O_2,过 D 分别作 AC,AB 的平行线交 EG 于 S,交 FH 于 T.

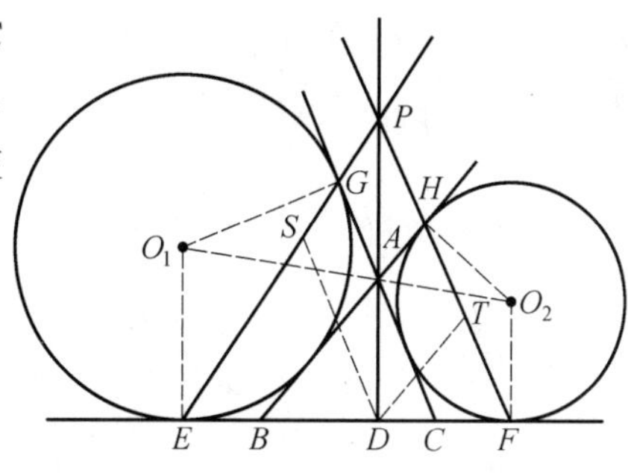

图 319.1

显然 A 在 O_1O_2 上.

显然 $CE=CG$,可知 $DE=DS$.

同理 $DT=DF$.

显然 $\frac{GA}{SD}=\frac{PA}{PD}=\frac{HA}{TD}$,可知 $\frac{AG}{ED}=\frac{AH}{DF}$.

易知 $\triangle AGO_1 \backsim \triangle AHO_2$,可知 $\frac{AG}{O_1A}=\frac{AH}{AO_2}$,有 $\frac{AO_1}{AO_2}=\frac{DE}{DF}$,于是 $O_1E \parallel AD \parallel O_2F$.

由 $O_1E \perp BC$,可知 $AD \perp BC$.

所以 $PA \perp BC$.

证明 2 如图 319.2,设 AB 与圆 O_1 相切于 S,设 O_1B 交 EG 于 M,O_2C 交 HF 于 N,连 MN,O_1S,O_1G,O_2H,AM,AN,O_1O_2.

显然 A 在 O_1O_2 上.

易知 $\triangle ABC$ 的周长 $=2EC=2BF$,可知 $EC=BF$,有 $EB=CF$.

显然 CO_2 为等腰三角形 CGE 的顶角 $\angle GCE$ 的外角平分线,可知 $CO_2 \parallel EG$.

同理 $BO_1 \parallel HF$,可知 $\triangle MEB \cong \triangle NCF$,有 $MN \parallel EF$.

由 $\angle AO_1B=\angle AO_1S+\angle BO_1S=\frac{1}{2}\angle GO_1E=90^\circ-\frac{1}{2}\angle GCE=\angle EGC$,

可知 O_1,M,A,G 四点共圆，有

$$\angle AMO_1=180^\circ-\angle AGO_1=90^\circ$$

同理 $AN\perp CO_2$，可知 A 为 $\triangle PMN$ 的垂心，有 $PA\perp MN$.

所以 $PA\perp BC$.

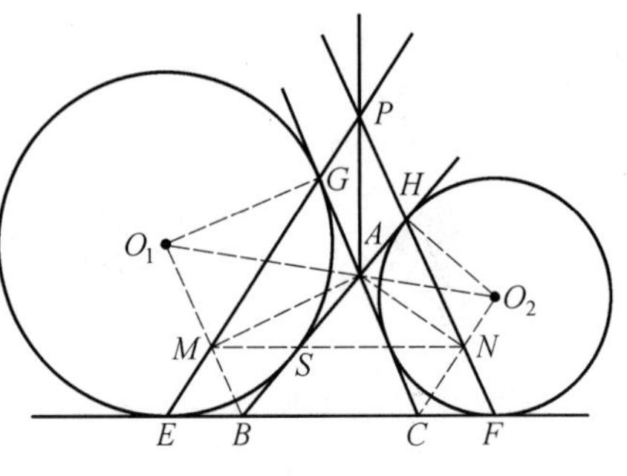

图 319.2

证明 3　如图 319.3，设 O_1O_2 与 EG 的交点为 K，连 $O_1E,O_1B,KB,KH,O_2H,O_2F,DH$，记 $\angle BAC,\angle ABC,\angle ACB$ 分别为 $\angle A,\angle B,\angle C$.

显然 A 在 O_1O_2 上.

由 $CE=CG$，可知

$$\angle CEG=90^\circ-\frac{1}{2}\angle C$$

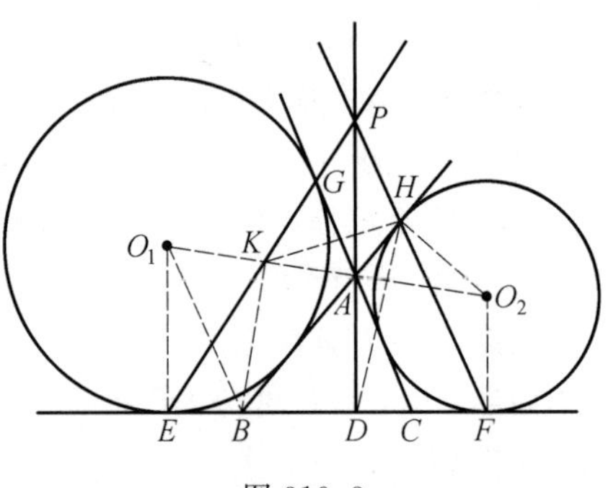

图 319.3

同理 $\angle BHF=90^\circ-\dfrac{1}{2}\angle B$，可知

$$\begin{aligned}\angle O_1KE&=180^\circ-\angle AKE\\&=180^\circ-(360^\circ-\angle KAB-\angle ABE-\angle BEK)\\&=-180^\circ+90^\circ-\frac{1}{2}\angle A+180^\circ-\angle B+90^\circ-\frac{1}{2}\angle C\\&=90^\circ-\frac{1}{2}\angle B=\angle O_1BE\end{aligned}$$

有 O_1,E,B,K 四点共圆，于是

$$\angle O_1KB=180^\circ-\angle O_1EB=90^\circ$$

$$\angle PKA=\angle O_1KE=90^\circ-\frac{1}{2}\angle B=\angle BHF$$

得 A,H,P,K 四点共圆.

显然 $\angle APH=\angle AKH$，$\angle O_2HB=\angle O_2FB=\angle O_2KB=90^\circ$，可知 B,K,H,O_2,F 五点共圆，有 $\angle AKH=\angle O_2FH$.

由 $\angle APH=\angle O_2FH$，可知 $PA\parallel O_2F$.

显然 $O_2F\perp BC$，可知 $PA\perp BC$.

证明 4　如图 319.4，设 BO_2 与 HF 交于 L，连 $O_1E,O_1B,KB,O_2B,O_2F,O_2H,O_2C,O_1O_2$.

显然 A 在 O_1O_2 上.

由 CO_1,CO_2 分别为 $\angle ACB$ 及其外角的平分线,可知 $CO_1\perp CO_2$.

同理 $BO_1\perp BO_2$,可知 O_1,B,C,O_2 四点共圆,有 $\angle KO_1B=\angle O_2CF$.

易知 $CO_2 /\!/ PE$,可知 $\angle O_2CF=\angle KEB$,有 $\angle KEB=\angle KO_1B$,于是 E,B,K,O_1 四点共圆,得 $\angle BKO_1=90°$,$\angle O_1KE=\angle O_1BE$.

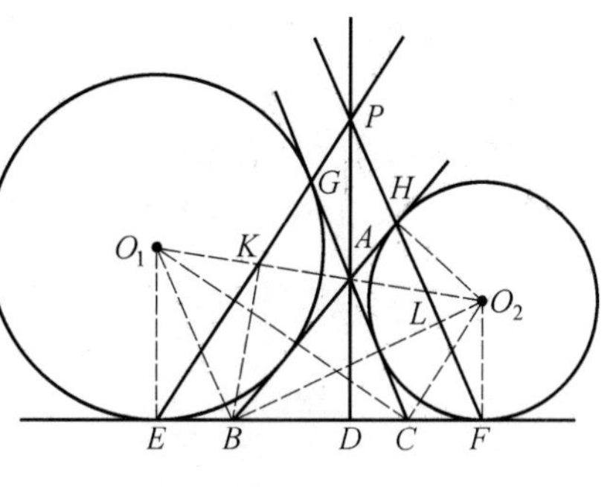

图 319.4

由 $BO_1 /\!/ PF$,可知 $\angle BHF=\angle BFH=\angle O_1BE$.

由 $\angle PKA=\angle O_1KE$,可知 $\angle PKA=\angle BHF$,有 A,H,P,K 四点共圆,于是 $\angle HKA=\angle HPA$.

由 $\angle BKO_2=\angle BFO_2=\angle BHO_2$,可知 K,B,F,O_2,H 五点共圆,且 $O_2H=O_2F$,有 $\angle O_2BF=\angle HKO_2=\angle HPA$,于是 $\triangle PDF\backsim\triangle BLF$.

由 $BO_2\perp HF$,可知 $PA\perp BC$.

证明 5 如图 319.5,(同一法)分别过点 P,A 作 BC 的垂线,垂足为 L,D,连 O_1E,O_1G,O_1C,O_1O_2,O_2B,O_2F,O_2H.

易知 $\triangle PEL\backsim\triangle CO_1E$,可知

$$\frac{EL}{r_1}=\frac{PL}{EC}(r_1\text{ 为圆 }O_1\text{ 的半径})$$

同理有

$$\frac{LF}{r_2}=\frac{PL}{BF}(r_2\text{ 为圆 }O_2\text{ 的半径})$$

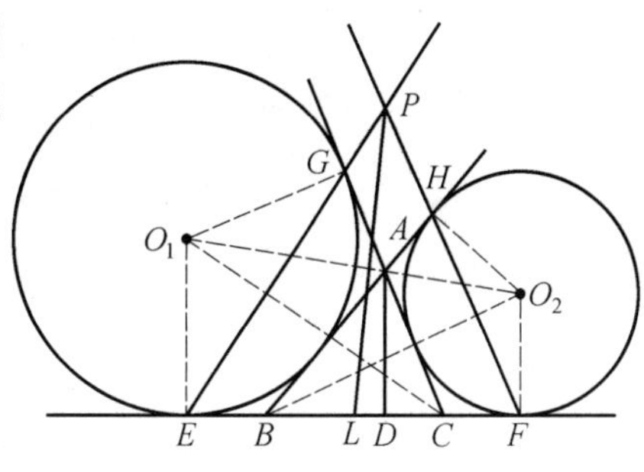

图 319.5

于是

$$\frac{EL}{FL}=\frac{r_1}{r_2}\cdot\frac{BF}{EC}=\frac{r_1}{r_2}\cdot\frac{EF-EB}{EF-CF}=\frac{r_1}{r_2}(\text{其中 }EB=CF)$$

由 $O_1E /\!/ AD /\!/ O_2F$,可知$\dfrac{ED}{DF}=\dfrac{AO_1}{AO_2}$.

由 $\triangle AGO_1\backsim\triangle AHO_2$,可知$\dfrac{AO_1}{AO_2}=\dfrac{r_1}{r_2}$,有$\dfrac{EL}{LF}=\dfrac{ED}{FD}$,于是 L 与 D 为同一个点.

所以 $PA\perp BC$.

证明 6 如图 319.6,(同一法)过 A 作 BC 的垂线交直线 EG 于 P_1,交直线 FH 于 P_2,D 为垂足,连 O_1G,O_1E,BK,O_2H,O_2F,O_1O_2.

显然 A 在 O_1O_2 上.

由

$$\angle O_1KE=\angle P_1KA$$
$$=180^\circ-\angle KAG-\angle KGA$$
$$=180^\circ-\frac{180^\circ-\angle A}{2}-\frac{180^\circ-\angle C}{2}$$
$$=\frac{\angle A+\angle C}{2}=\angle O_1BE$$

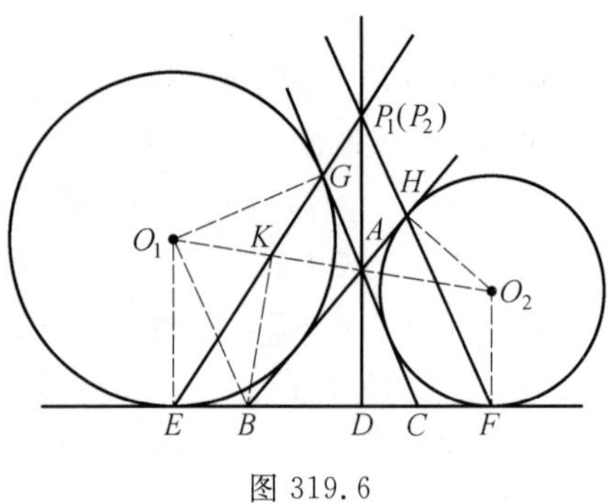

图 319.6

可知 O_1,K,B,E 四点共圆，有 $\angle O_1KB=90^\circ$，且 $\angle KBO_1=\angle O_1EK=\angle EP_1D$，有 $\triangle BKO_1\backsim\triangle P_1DE$，于是

$$\frac{P_1D}{BK}=\frac{DE}{O_1K}\tag{1}$$

由 $\triangle O_1EK\backsim\triangle AP_1K$，可知

$$\frac{P_1A}{O_1E}=\frac{KA}{O_1K}\tag{2}$$

由式(1),(2)，可知

$$\frac{P_1A}{P_1D}=\frac{KA}{KB}\cdot\frac{r_1}{DE}(r_1\text{ 为圆 }O_1\text{ 的半径})$$

由 $\triangle AKB\backsim\triangle AGO_1$，可知

$$\frac{P_1A}{P_1D}=\frac{AG}{DE}\tag{3}$$

同理

$$\frac{P_2A}{P_2D}=\frac{AH}{DF}\tag{4}$$

由 $O_1E\parallel AD\parallel O_2F$，可知

$$\frac{DE}{DF}=\frac{AO_1}{AO_2}\tag{5}$$

由 $\triangle AGO_1\backsim\triangle AHO_2$，可知

$$\frac{AO_1}{AO_2}=\frac{AG}{AH}\tag{6}$$

由式(5),(6)，可知

$$\frac{DE}{DF}=\frac{AG}{AH}\tag{7}$$

由式(3),(4),(7)，有

$$\frac{P_1A}{P_1D}=\frac{P_2A}{P_2D}$$

于是

$$\frac{P_1A}{P_1D-P_1A}=\frac{P_2A}{P_2D-P_2A}$$

得$\frac{P_1A}{AD}=\frac{P_2A}{AD}$,进而 $P_1A=P_2A$,所以 P_1 与 P_2 重合.所以原命题获证.

证明7 如图 319.7,设直线 PA,BC 相交于 D,连 O_1G,O_1E,O_2H,O_2F,O_1O_2.

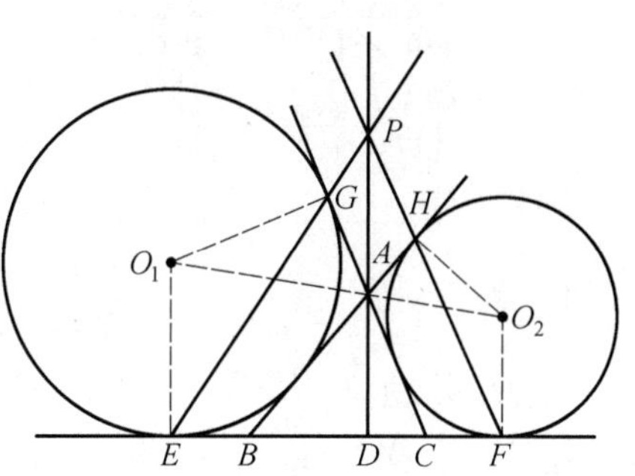

图 319.7

显然 A 在 O_1O_2 上.

直线 PHF 与 $\triangle ABD$ 的三边延长线都相交,直线 PGE 与 $\triangle ADC$ 的三边延长线都相交,依梅涅劳斯定理,可知

$$\frac{AH}{HB}\cdot\frac{BF}{FD}\cdot\frac{DP}{PA}=1$$

$$\frac{DP}{PA}\cdot\frac{AG}{GC}\cdot\frac{CE}{ED}=1$$

有

$$\frac{AH}{HB}\cdot\frac{BF}{FD}=\frac{AG}{GC}\cdot\frac{CE}{ED}$$

由 $BH=BF$,$CE=CG$,可知$\frac{AH}{DF}=\frac{AG}{DE}$.

由 $\triangle AGO_1\backsim\triangle AHO_2$,可知 $\frac{AO_1}{AO_2}=\frac{AG}{AH}=\frac{ED}{DF}$,有 $AD\,/\!/\,O_1E$,于是 $AD\perp EF$.

所以 $PA\perp BC$.

证明8 如图 319.8,延长 PA 交 BC 于 D,连 O_1G,O_1E,O_2H,O_2F,O_1O_2.

显然 A 在 O_1O_2 上.

显然

$$\frac{DE}{DF}=\frac{S_{\triangle PED}}{S_{\triangle PFD}}=\frac{\frac{1}{2}PE\cdot PD\sin\angle EPD}{\frac{1}{2}PF\cdot PD\sin\angle DPF}$$

在 $\triangle PEF$ 中,$\frac{PE}{PF}=\frac{\sin\angle PFE}{\sin\angle PEF}$.

显然 $\sin\angle PEF=\sin\angle PGC$，$\sin\angle PFE=\sin\angle PHB$，可知

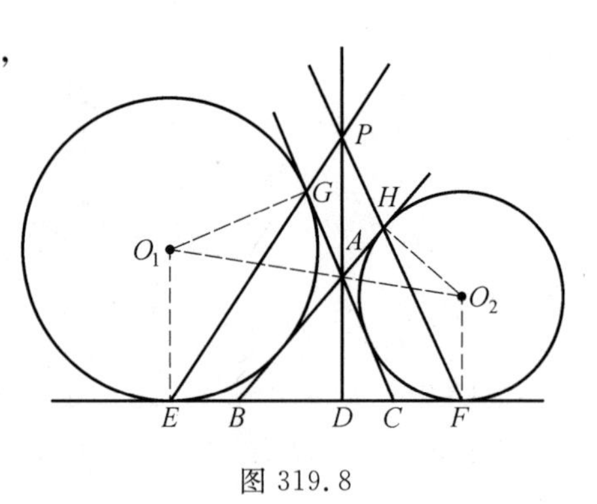

图 319.8

$$\frac{DE}{DF}=\frac{\sin\angle PFE}{\sin\angle PEF}\cdot\frac{\sin\angle EPD}{\sin\angle DPF}$$
$$=\frac{\sin\angle PHB\cdot\sin\angle EPD}{\sin\angle PGC\cdot\sin\angle DPF}$$
$$=\frac{\sin\angle PHB}{\sin\angle DPF}\cdot\frac{\sin\angle EPD}{\sin\angle PGC}$$
$$=\frac{PA}{AH}\cdot\frac{AG}{PA}=\frac{AG}{AH}$$

易知 $\triangle AGO_1\backsim\triangle AHO_2$，可知

$$\frac{AO_1}{AO_2}=\frac{AG}{AH}=\frac{ED}{DF}$$

显然四边形 O_1EFO_2 为直角梯形.

由 $\frac{ED}{DF}=\frac{AO_1}{AO_2}$，可知 $AD\ /\!/\ DE$，有 $AD\perp BC$.

所以 $PA\perp BC$.

本文参考自：

1.《中学数学月刊》1997 年 2 期 43 页.
2.《中学生数学》1997 年 12 期 20 页.
3.《中学数学研究》1997 年 1 期 32 页.
4.《中等数学》2001 年 4 期 8 页.
5.《中等数学》1997 年 1 期 12 页.
6.《中等数学》1997 年 1 期 14 页.
7.《中等数学》1997 年 5 期 15 页.

第 320 天

1998 年全国高中数学联赛

如图 320.1,O,I 分别为 $\triangle ABC$ 的外心和内心,AD 是 BC 边上的高,I 在线段 OD 上.求证:$\triangle ABC$ 的外接圆的半径等于 BC 边上的旁切圆的半径.

证明 1 如图 320.1,设 AI 交圆 O 于 K,连 OK 交 BC 于 M,过 I 作 AB 的垂线,N 为垂足.

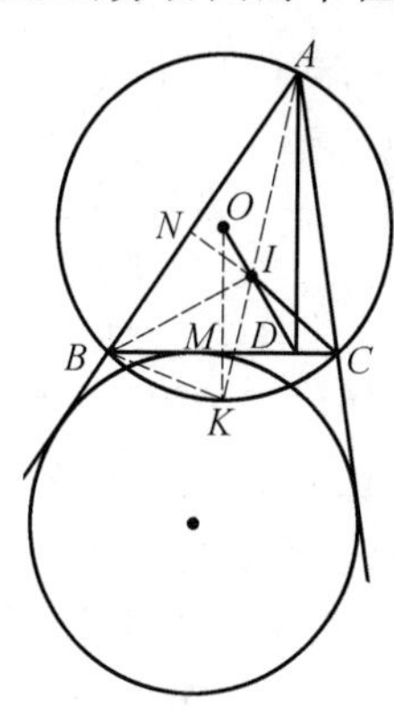

图 320.1

显然 M 为 BC 的中点,K 为 $\overset{\frown}{BC}$ 的中点,$OK \perp BC$.

由 $OK \parallel AD$,可知 $\dfrac{OK}{AD}=\dfrac{IK}{AI}$.

由 I 为 $\triangle ABC$ 的内心,易证 $BK=IK$.

显然 $\triangle ANI \backsim \triangle BMK$,可知 $\dfrac{BK}{AI}=\dfrac{BM}{AN}$,有

$$\frac{BM}{AN}=\frac{OK}{AD}$$

于是

$$OK=\frac{BM\cdot AD}{AN}=\frac{\frac{1}{2}BC\cdot AD}{\frac{1}{2}(b+c-a)}=\frac{2S_{\triangle ABC}}{b+c-a}$$

得

$$OK=\frac{2S_{\triangle ABC}}{b+c-a}$$

设 $\triangle ABC$ 的外接圆的半径为 R,$\triangle ABC$ 的 BC 边上的旁切圆的半径为 r_a,所以 $r_a=R$,即 $\triangle ABC$ 的外接圆的半径等于 BC 边上的旁切圆的半径.

证明 2 如图 320.2,设 J 为 $\triangle ABC$ 的 BC 边上旁切圆的圆心,过 J 作 BC 的垂线,F 为垂足,设直线 AJ 分别交 BC 于 E,交 $\triangle ABC$ 的外接圆于 K,连 OK,CK,BI,CI.

显然 A,I,J 三点共线.

易证 $IK=CK$.

易知 $BI\perp BJ$，$CI\perp CJ$，可知 B，J，C，I 四点共圆，有 $EI\cdot EJ=EC\cdot EB$，于是

$$EJ=\frac{EC\cdot EB}{EI} \tag{1}$$

由 BI 平分 $\angle ABC$，可知

$$\frac{AB}{BE}=\frac{AI}{IE} \tag{2}$$

易知 $\triangle ABE\backsim\triangle CKE$，可知

$$\frac{AB}{CK}=\frac{EA}{EC} \tag{3}$$

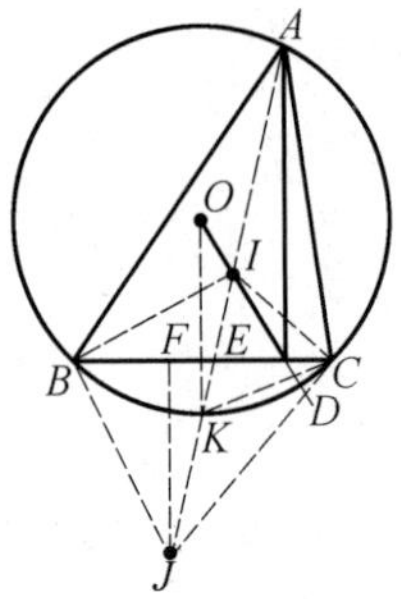

图 320.2

由式(1)，(2)，(3)，可知

$$\frac{EJ}{AE}=\frac{CK}{AI}=\frac{KI}{AI}$$

显然 $\frac{JF}{AD}=\frac{EJ}{AE}$，$\frac{OK}{AD}=\frac{KI}{AI}$，可知 $\frac{JF}{AD}=\frac{OK}{AD}$，有 $JF=OK$.

所以 $\triangle ABC$ 的外接圆的半径等于 BC 边上的旁切圆的半径.

证明 3　如图 320.3，连 IB，IC，分别过 B，C 作 IB，IC 的垂线，得交点 J，连 AI，IJ，设 N 为 IJ 与 BC 的交点，M 为 IJ 与 $\triangle ABC$ 的外接圆的交点，过 J 作 BC 的垂线，K 为垂足，连 OM，BM.

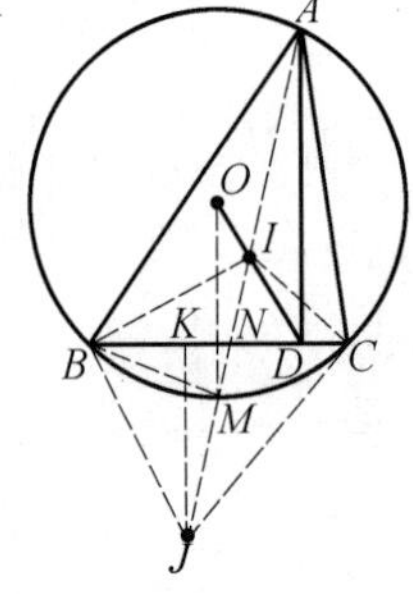

图 320.3

显然 J 为 $\triangle ABC$ 的 BC 边上旁切圆的圆心，A，I，J 三点共线，JK 为 $\triangle ABC$ 的 BC 边上旁切圆的半径.

由 $\angle MBC=\angle MAC=\angle MAB$，可知 $MB^2=MN\cdot MA$.

易知 $MI=MJ=MB$，可知 $MI^2=MN\cdot MA$，有

$$\begin{aligned}&NM\cdot AM-NM\cdot IM+AM\cdot IM-MI^2\\=&IM\cdot AM-IM\cdot MN\end{aligned}$$

于是

$$(NM+IM)\cdot(AM-IM)=IM\cdot(AM-MN)$$

得

$$\frac{NM+IM}{AM-MN}=\frac{IM}{AM-IM}$$

进而

$$\frac{NJ}{AN}=\frac{IM}{AI}$$

显然$\frac{JK}{AD}=\frac{NJ}{AN}$,$\frac{OM}{AD}=\frac{IM}{AI}$,可知$\frac{JK}{AD}=\frac{OM}{AD}$,有$JK=OM$.

所以$\triangle ABC$的外接圆的半径等于BC边上的旁切圆的半径.

证明4 如图320.4,设J为$\triangle ABC$的BC边上旁切圆的圆心,则A,I,J共线,过J作BC的垂线,M为垂足,设AJ与圆O相交于K,AJ与BC相交于P.

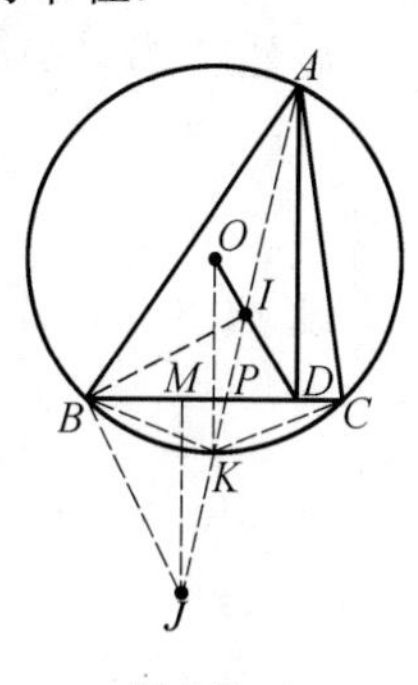

图320.4

显然K为$\overset{\frown}{BC}$的中点,$OK\perp BC$,$OK=R$.

显然$\angle IBJ=90°$,BK为$\mathrm{Rt}\triangle IBJ$的斜边上的中线.

易证$KI=KB=KC=KJ$.

显然$\frac{KI}{AI}=\frac{OK}{AD}$,$\frac{PJ}{AP}=\frac{MJ}{AD}$.

由BI平分$\angle ABC$,可知$\frac{AI}{IP}=\frac{AB}{BP}$.

易证$\triangle AKC\backsim\triangle ABP$,可知$\frac{AK}{KC}=\frac{AB}{BP}$,有

$$\frac{AI}{PI}=\frac{AK}{KC}=\frac{AK}{KI}$$

于是

$$AI\cdot KI=PI\cdot AK=PI\cdot(AI+KI)$$

或

$$KI\cdot AI-AI\cdot PI=PI\cdot KI$$

得

$$\frac{KI-PI}{PI}=\frac{KI}{AI}$$

进而

$$\frac{KI-PI+KI}{PI+AI}=\frac{KI}{AI}$$

由$JP=2KI-PI$,$AP=AI+IP$,可知

$$\frac{MJ}{AD}=\frac{JP}{PA}=\frac{2KI-IP}{PI+IA}=\frac{KI}{AI}=\frac{OK}{AD}$$

有

$$MJ=OK$$

所以$\triangle ABC$的外接圆的半径等于BC边上的旁切圆的半径.

证明5 如图320.5,连AO,AI,过O作AC的垂线,M为垂足,分别过O,I作BC的垂线,E,F为垂足.设$\angle ACB$的外角平分线交直线AI于J,AJ交BC于H,过J作BC的垂线,G为垂足.

易知 $\angle DAC=\angle OAB$，可知 AI 平分 $\angle OAD$，有

$$\frac{OA}{AD}=\frac{OI}{DI}=\frac{EF}{FD}$$

显然 J 为 $\triangle ABC$ 的 BC 边上旁切圆的圆心，可知

$$\frac{JG}{AD}=\frac{GH}{DH}$$

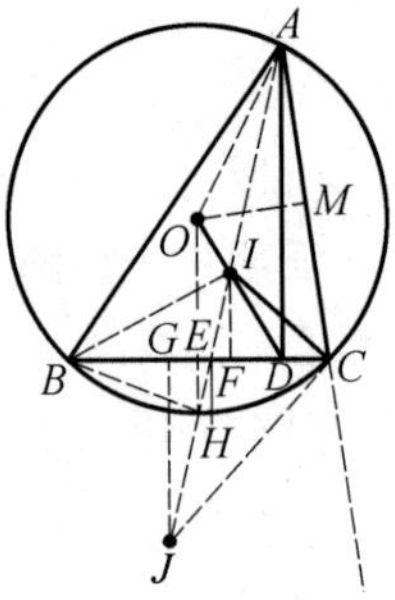

设 $BC=a,CA=b,AB=c,s=\frac{a+b+c}{2}$，可知

$$CG=s-b=\frac{a-b+c}{2}$$

$$CE=\frac{1}{2}AB=\frac{a}{2}$$

$$CH=\frac{AC}{AB+AC}\cdot BC=\frac{ab}{b+c}$$

$$CF=s-c=\frac{a+b-c}{2}$$

$$CD=AC\cdot\cos C=\frac{a^2+b^2-c^2}{2a}$$

图 320.5

于是

$$\frac{EF}{FD}=\frac{CF-CE}{CD-CF}=\frac{\frac{a+b-c}{2}-\frac{a}{2}}{\frac{a^2+b^2-c^2}{2a}-\frac{a+b-c}{2}}$$

$$=\frac{\frac{b-c}{2}}{\frac{(b-c)\cdot(b+c-a)}{2a}}$$

$$=\frac{a}{b+c-a}$$

且

$$\frac{GH}{DH}=\frac{CH-CG}{CD-CH}=\frac{\frac{ab}{b+c}-\frac{a-b+c}{2}}{\frac{a^2+b^2-c^2}{2a}-\frac{ab}{b+c}}=\frac{a}{b+c-a}$$

得 $\frac{EF}{FD}=\frac{GH}{DH}$，进而 $\frac{OA}{AD}=\frac{JG}{AD}$，故 $OA=JG$.

所以 $\triangle ABC$ 的外接圆的半径等于 BC 边上的旁切圆的半径.

证明 6 如图 320.6，设 AI 的延长线交圆 O 于点 K，半径 OK 记为 R. 因为 $OK\perp BC$，所以 $OK/\!/AD$，从而

$$\frac{AI}{IK}=\frac{AD}{OK}=\frac{c\cdot\sin B}{R}=2\sin B\sin C \tag{1}$$

$$\frac{AI}{IK}=\frac{S_{\triangle ABI}}{S_{\triangle KBI}}=\frac{\frac{1}{2}AB\cdot BI\cdot\sin\frac{B}{2}}{\frac{1}{2}BK\cdot BI\cdot\sin\frac{A+B}{2}}$$

$$=\frac{AB}{BK}\cdot\frac{\sin\frac{B}{2}}{\cos\frac{C}{2}}=\frac{2\sin\frac{B}{2}\sin\frac{C}{2}}{\sin\frac{A}{2}} \tag{2}$$

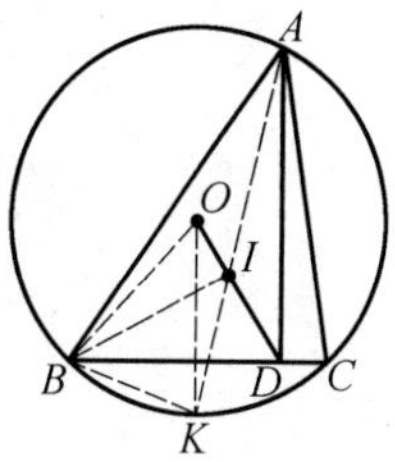

图 320.6

由式(1),(2)得

$$4\sin\frac{A}{2}\cos\frac{B}{2}\cos\frac{C}{2}=1 \tag{3}$$

设$\triangle ABC$的BC边上的旁切圆的半径为r_a,则

$$\frac{1}{2}bc\sin A=S_{\triangle ABC}=\frac{1}{2}r_a(b+c-a)$$

所以

$$r_a=\frac{bc\sin A}{b+c-a}=2R\frac{\sin A\sin B\sin C}{\sin B+\sin C-\sin A}$$

$$=R\frac{\sin A\sin B\sin C}{\sin\frac{B+C}{2}\cdot 2\sin\frac{B}{2}\sin\frac{C}{2}}$$

$$=4R\cdot\sin\frac{A}{2}\cos\frac{B}{2}\cos\frac{C}{2}=R$$

所以$\triangle ABC$的外接圆的半径等于BC边上的旁切圆的半径.

本文参考自:

1.《中学数学》1999 年 5 期 40 页.
2.《中学数学教学》1998 年 6 期 40 页.
3.《中学数学月刊》2002 年 6 期 43 页.
4.《中等数学》1998 年 6 期 25 页.
5.《中等数学》1999 年 1 期 12 页.
6.《中等数学》1999 年 1 期 15 页.
7.《中等数学》1999 年 2 期 41 页.
8.《中等数学》2001 年 4 期 6 页.

第 321 天

2000 年全国高中数学联赛

如图 321.1，在锐角 $\triangle ABC$ 的 BC 边上有两点 E,F，满足 $\angle BAE=\angle CAF$. 作 $FM\perp AB,FN\perp AC$(M,N 是垂足)，延长 AE 交 $\triangle ABC$ 的外接圆于点 D.

证明：四边形 $AMDN$ 与 $\triangle ABC$ 的面积相等.

证明 1 如图 321.1，连 MN,BD.

由 $FM\perp AB,FN\perp AC$，可知 A,M,F,N 四点共圆，有 $\angle AMN=\angle AFN$，于是 $\angle AMN+\angle BAE=\angle AFN+\angle CAF=90°$，得 $MN\perp AD$，进而

$$S_{AMDN}=\frac{1}{2}AD\cdot MN$$

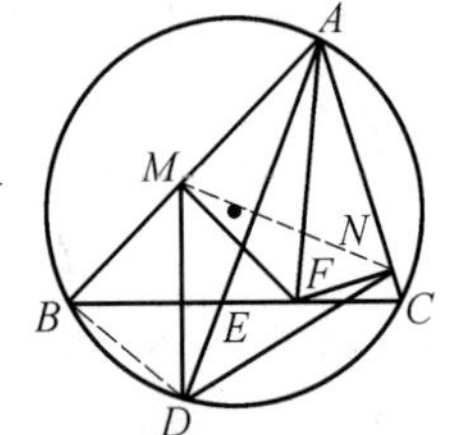

图 321.1

由 $\angle CAF=\angle DAB,\angle ACF=\angle ADB$，可知 $\triangle AFC\backsim\triangle ABD$，有 $\frac{AF}{AB}=\frac{AC}{AD}$，于是 $AB\cdot AC=AD\cdot AF$.

显然 AF 为过 A,M,F,N 四点的圆的直径，可知 $\frac{MN}{\sin\angle BAC}=AF$，有

$$AF\cdot\sin\angle BAC=MN$$

于是

$$\begin{aligned}S_{\triangle ABC}&=\frac{1}{2}AB\cdot AC\cdot\sin\angle BAC\\&=\frac{1}{2}AD\cdot AF\cdot\sin\angle BAC\\&=\frac{1}{2}AD\cdot MN=S_{AMDN}\end{aligned}$$

证明 2 如图 321.2，设 AG 为 $\triangle ABC$ 的外接圆的直径，连 $MN,DB,GB,GN,GM,GD,GF,GC,DF$.

先证明 $MN\perp AD$(同证明 1，略).

显然 $DG\perp AD$，可知 $MN\,/\!/\,DG$，有 $S_{\triangle DMN}=S_{\triangle GMN}$.

显然 $BG\,/\!/\,FM$，可知 $S_{\triangle BMF}=S_{\triangle GMF}$.

同理 $S_{\triangle CNF}=S_{\triangle GNF}$，于是

$$\begin{aligned}S_{\triangle ABC}&=S_{\triangle BMF}+S_{\triangle CNF}+S_{\triangle FNM}+S_{\triangle AMN}\\&=S_{\triangle GMF}+S_{\triangle GNF}+S_{\triangle FNM}+S_{\triangle AMN}\\&=S_{\triangle GNM}+S_{\triangle AMN}\\&=S_{\triangle DNM}+S_{\triangle AMN}\\&=S_{AMDN}\end{aligned}$$

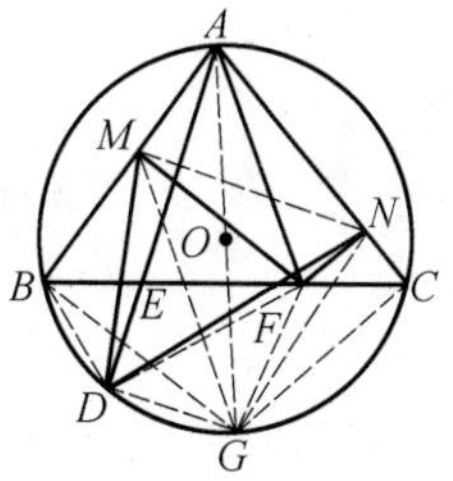

图 321.2

证明 3　如图 321.3，连 DB，DC.

如果 $AF\perp BC$，可知 $\angle DAB+\angle ADB=\angle FAC+\angle ACB=90^\circ$，有 AD 为 $\triangle ABC$ 的外接圆的直径，于是 $BD\parallel FM$，$CD\parallel FN$，得

$$S_{\triangle DMF}=S_{\triangle BMF},S_{\triangle CNF}=S_{\triangle DNF}$$

于是

$$\begin{aligned}S_{\triangle ABC}&=S_{\triangle BMF}+S_{\triangle CNF}+S_{AMFN}\\&=S_{\triangle DMF}+S_{\triangle DNF}+S_{AMFN}=S_{AMDN}\end{aligned}$$

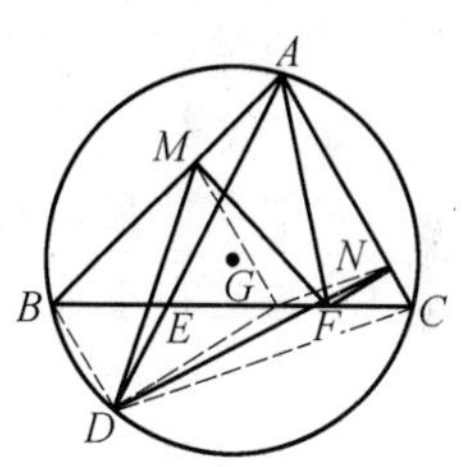

图 321.3

如果 AF 与 BC 不垂直，过 M 作 BD 的平行线交 BC 于 G，连 GD，GN.

显然 $\angle MGB=\angle DBC=\angle DAC$，可知 A,M,G,F 四点共圆.

显然 A,M,F,N 四点共圆，可知 A,M,G,F,N 五点共圆，有 $\angle NGF=\angle CAF=\angle BAD=\angle BCD$，于是 $GN\parallel DC$，得

$$S_{\triangle DGM}=S_{\triangle BGM},S_{\triangle DGN}=S_{\triangle CGN}$$

所以 $S_{\triangle ABC}=S_{AMDN}$.

证明 4　如图 321.4，过 A 作 BC 的垂线，G 为垂足，连 GM，GN，GD，DB，DC.

显然 A,M,G,F,N 五点共圆，可知 $\angle NGF=\angle CAF=\angle BAD=\angle BCD$，有 $GN\parallel DC$.

同理 $BD\parallel MG$，于是

$$S_{\triangle DGM}=S_{\triangle BGM},S_{\triangle DGN}=S_{\triangle CGN}$$

所以 $S_{\triangle ABC}=S_{AMDN}$.

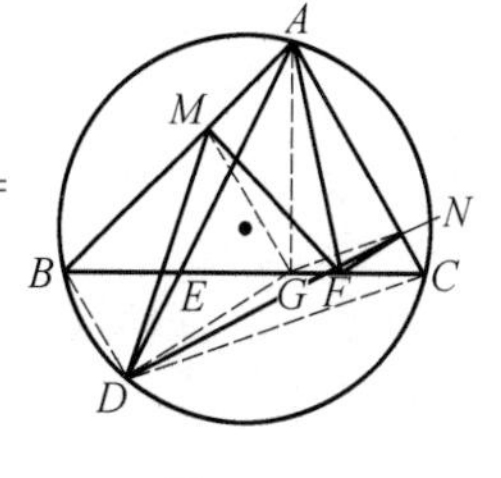

图 321.4

证明 5　如图 321.5，过 D 作直线 MN 的平行线交直线 AC 于 G，连 MG，DB.

显然 A,M,F,N 四点共圆，可知 $\angle MFA=\angle MNA=\angle DGA$，有 $\triangle ADG\backsim\triangle AMF$，于是

$$AD\cdot AF=AM\cdot AG$$

显然 $\triangle ABD\backsim\triangle AFC$，可知

$$AD \cdot AF = AB \cdot AC$$

有

$$AB \cdot AC = AM \cdot AG$$

于是

$$S_{\triangle AMG} = S_{\triangle ABC}$$

所以 $S_{\triangle ABC} = S_{AMDN}$.

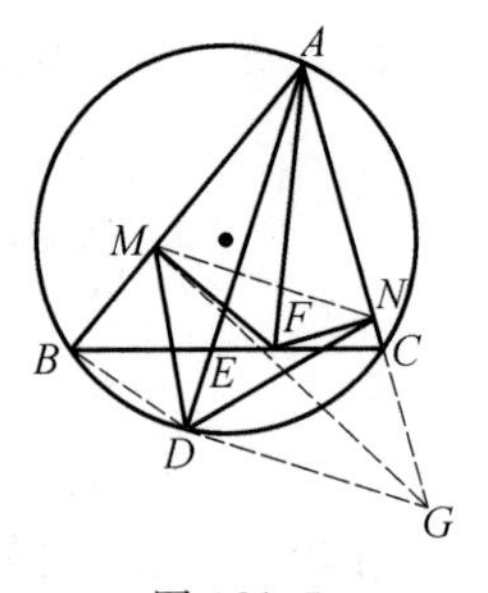

图 321.5

本文参考自：
1.《中学数学》2000 年 12 期 41 页.
2.《中学数学月刊》2001 年 4 期 47 页.
3.《中学生数学》2001 年 3 期 28 页.
4.《福建中学数学》2000 年 6 期 34 页.
5.《中学教研》2001 年 5 期 19 页.
6.《中学教研》2001 年 3 期 29 页.
7.《中等数学》2000 年 6 期 24 页.
8.《中等数学》2001 年 2 期 17 页.
9.《上海中学数学》2001 年 6 期 32 页.

第 322 天

2002 年全国高中数学联赛加试试题

如图 322.1,在 $\triangle ABC$ 中,$\angle A=60^\circ$,$AB>AC$,点 O 是外心,两条高 BE,CF 交于点 H. 点 M,N 分别在线段 BH,HF 上,且满足 $BM=CN$.

求$\dfrac{MH+NH}{OH}$的值.

证明 1 如图 322.1,设 K 为 BE 上一点,$KB=HC$,连 OK,OB,OC.

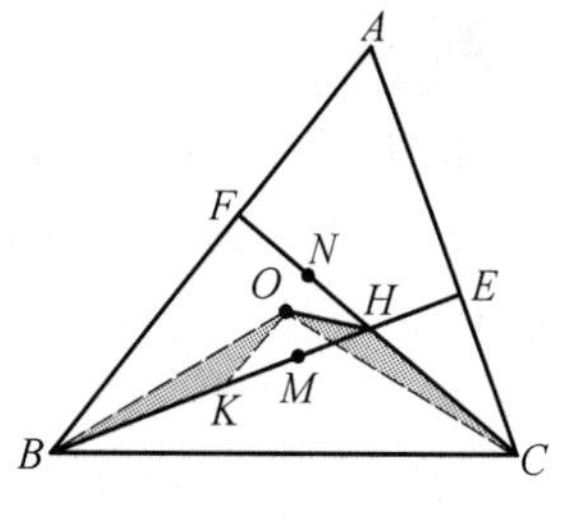

图 322.1

由 $\angle A=60^\circ$,O 为 $\triangle ABC$ 的外心,可知

$$\angle BOC=2\angle BAC=120^\circ$$

由 H 为 $\triangle ABC$ 的垂心,显然

$$\angle BHC=\angle FHE=180^\circ-\angle A=120^\circ=\angle BOC$$

可知 B,C,H,O 四点共圆,有 $\angle OBH=\angle OCH$.

显然 $OB=OC$,$BK=CH$,可知 $\triangle OBK\cong\triangle OCH$,有 $\angle BOK=\angle COH$,$OK=OH$,于是 $\angle KOH=\angle BOC=120^\circ$,$\angle OKH=\angle OHK=30^\circ$.

显然 $KH=\sqrt{3}\,OH$.

由 $BM=CN$,$BK=CH$,可知 $KM=NH$,有 $MH+NH=MH+KM=KH$,于是

$$\frac{MH+NH}{OH}=\frac{KH}{OH}=\frac{\sqrt{3}\,OH}{OH}=\sqrt{3}$$

所以$\dfrac{MH+NH}{OH}=\sqrt{3}$.

证明 2 如图 322.2,连 OB,OC,OM,ON,MN.

由 $\angle A=60^\circ$,O 为 $\triangle ABC$ 的外心,可知 $\angle BOC=2\angle BAC=120^\circ$.

由 H 为 $\triangle ABC$ 的垂心,显然 $\angle BHC=\angle FHE=180^\circ-\angle A=120^\circ=\angle BOC$,可知 B,C,H,O 四点共圆,有 $\angle OBH=\angle OCH$.

由 $OB=OC$,$MB=NC$,可知 $\triangle OBM\cong\triangle OCN$,有 $\angle OMB=\angle ONC$,$OM=ON$,于是 O,M,H,N 四点共圆,得 $\angle MON=\angle BHC=120^\circ$.

在 $\triangle OMN$ 中，显然 $MN=\sqrt{3}\,ON$.

在圆的内接四边形 $OMHN$ 中，依托勒密定理，可知

$$MH\cdot ON+NH\cdot OM=MN\cdot OH$$
$$=\sqrt{3}\,ON\cdot OH$$

代入 $OM=ON$，得 $MH+NH=\sqrt{3}\,OH$.

所以 $\dfrac{MH+NH}{OH}=\sqrt{3}$.

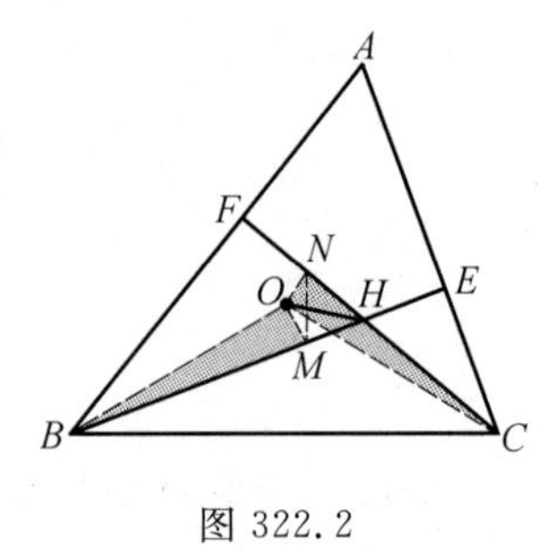

图 322.2

证明 3 如图 322.3，连 OB，OC，OM，ON，OH.

当 N 与 H 重合时：

由 $\angle A=60^\circ$，O 为 $\triangle ABC$ 的外心，可知 $\angle BOC=2\angle BAC=120^\circ$.

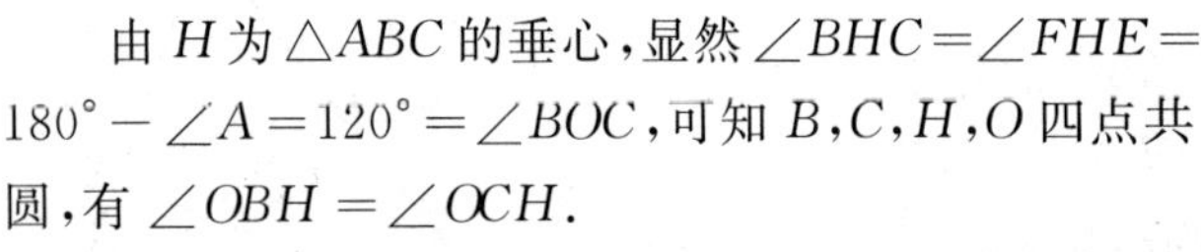

由 H 为 $\triangle ABC$ 的垂心，显然 $\angle BHC=\angle FHE=180^\circ-\angle A=120^\circ=\angle BOC$，可知 B,C,H,O 四点共圆，有 $\angle OBH=\angle OCH$.

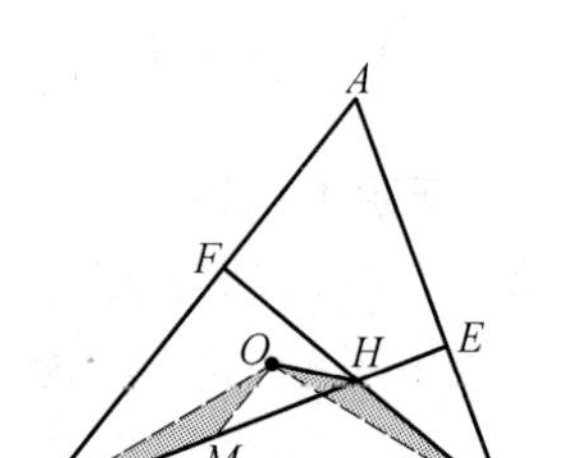

图 322.3

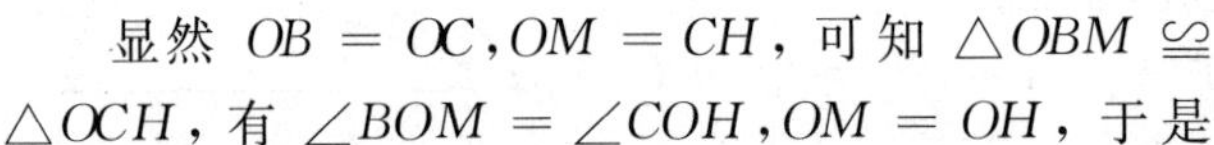

显然 $OB=OC$，$OM=CH$，可知 $\triangle OBM\cong\triangle OCH$，有 $\angle BOM=\angle COH$，$OM=OH$，于是

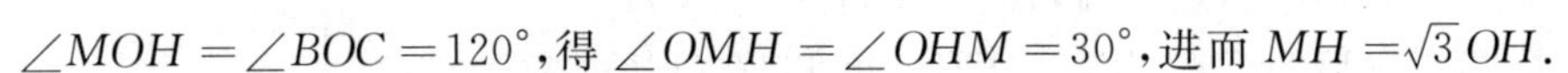

$\angle MOH=\angle BOC=120^\circ$，得 $\angle OMH=\angle OHM=30^\circ$，进而 $MH=\sqrt{3}\,OH$.

显然 $\dfrac{MH+NH}{OH}=\dfrac{MH+0}{OH}=\sqrt{3}$.

由 $BM=CN$，可知

$$MH+NH=(BH-BM)+(CN-CH)$$
$$=BH-CH$$

为一常数.

所以 $\dfrac{MH+NH}{OH}=\sqrt{3}$.

证明 4 如图 322.4，设直线 BE，CF 分别交 $\triangle ABC$ 的外接圆于 X，Y，过 O 分别作 BX，CY 的垂线，P，Q 为垂足，连 XY，CX，BY.

由 H 为 $\triangle ABC$ 的垂心，$\angle BAC=60^\circ$，可知 $\angle XCA=\angle XBA=30^\circ$，$\angle YBA=\angle YCA=30^\circ$，有 $\angle XCY=60^\circ=\angle XBY$.

显然 $\angle BYC=\angle BXC=\angle BAC=60^\circ=\angle XCY=\angle XBY$，可知四边形 $BCXY$ 为等腰梯形，有 $BX=CY$，于是 $OP=OQ$.

显然 OH 平分 $\angle YHB$，可知 $\angle OHP=30^\circ$，有

$$HP=OH\cdot\cos 30^{\circ}=\frac{\sqrt{3}}{2}OH$$

于是

$$MH+NH=(PH-MP)+(HQ+NQ)$$
$$=2HP=\sqrt{3}\,OH$$

所以$\dfrac{MH+NH}{OH}=\sqrt{3}$.

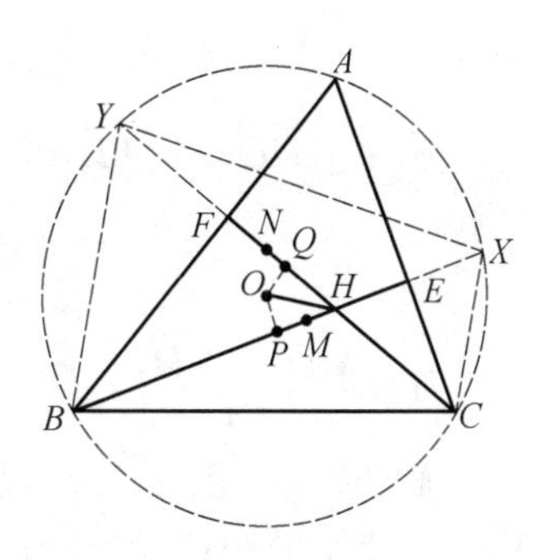

图 322.4

证明 5　如图 322.5,连 OB,OC.

由$\angle A=60^{\circ}$,O为$\triangle ABC$的外心,可知$\angle BOC=2\angle BAC=120^{\circ}$,有 $OB=OC$,于是 $BC=\sqrt{3}\,OB$.

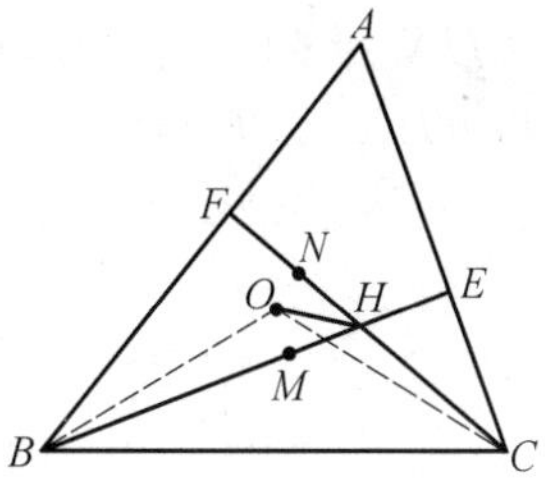

由 H 为 $\triangle ABC$ 的垂心,显然

$$\angle BHC=\angle FHE=180^{\circ}-\angle A=120^{\circ}=\angle BOC$$

可知 B,C,H,O 四点共圆.

图 322.5

依托勒密定理,可知

$$HO\cdot BC+HC\cdot OB=OC\cdot BH$$

有

$$\sqrt{3}\,OB\cdot OH+HC\cdot OB=OC\cdot BH$$

或

$$\sqrt{3}\,OH+HC=BH$$

于是

$$BH-CH=\sqrt{3}\,OH$$

又 $MH+NH=(BH-BM)+(CN-CH)=BH-CH=\sqrt{3}\,OH$.

所以$\dfrac{MH+NH}{OH}=\sqrt{3}$.

证明 6　如图 322.6,过 C 作 OH 的平行线交 BE 于 D,连 OB,OC.

由$\angle A=60^{\circ}$,O为$\triangle ABC$的外心,可知$\angle BOC=2\angle BAC=120^{\circ}$,有 $OB=OC$,于是 $BC=\sqrt{3}\,OB$.

显然 $\angle HDC=30^{\circ}=\angle HCD$,可知 $CH=DH$,有 $BH-CH=BH-DH=BD$.

由 $BM=CN$,可知 $MH+NH=BH-BM+CN-CH=BH-CH=BD$.

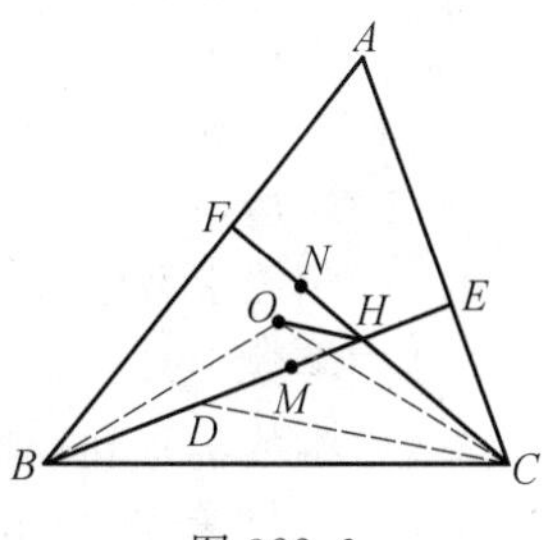

图 322.6

由 H 为 $\triangle ABC$ 的垂心,显然 $\angle BHC=\angle FHE=180^{\circ}-\angle A=120^{\circ}=\angle BOC$,可知 B,C,H,O 四点共圆,有 $\angle OHF=\angle OBC=30^{\circ}$,$\angle HDC=$

$\angle OHB=\angle OCB=30^\circ$，于是 $\angle OHC=150^\circ=\angle BDC$.

显然 $\angle HOC=\angle HBC$，可知 $\triangle HOC\backsim\triangle DBC$，有 $\frac{BD}{OH}=\frac{BC}{OC}=\sqrt{3}$，于是

$$\frac{MH+NH}{OH}=\frac{BD}{OH}=\sqrt{3}$$

所以 $\frac{MH+NH}{OH}=\sqrt{3}$.

证明7　如图322.7，设直线 BE 交圆 O 于 X，K 为 BX 上一点，$BK=HX$，连 OX，CX，OB，OK.

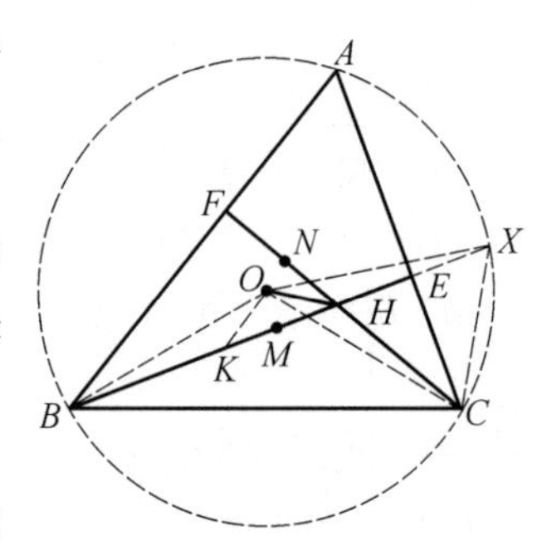

图 322.7

由 H 为 $\triangle ABC$ 的垂心，$\angle BAC=60^\circ$，可知 $\angle CHX=60^\circ$，有 $\triangle CHX$ 为正三角形，于是 $CH=HX=BK$.

显然 $\triangle OBK\cong\triangle OXH$，可知 $OH=OK$.

由 $\angle A=60^\circ$，O 为 $\triangle ABC$ 的外心，可知 $\angle BOC=2\angle BAC=120^\circ$.

由 H 为 $\triangle ABC$ 的垂心，显然 $\angle BHC=\angle FHE=180^\circ-\angle A=120^\circ=\angle BOC$，可知 B,C,H,O 四点共圆，有 $\angle OHM=\angle OCB=30^\circ$，于是 $KH=\sqrt{3}OH$.

由 $BM=CN$，可知

$$\begin{aligned}MH+NH&=BH-BM+CN-CH\\&=BH-CH=BH-BK\\&=KH=\sqrt{3}OH\end{aligned}$$

即

$$MH+NH=\sqrt{3}OH$$

所以 $\frac{MH+NH}{OH}=\sqrt{3}$.

本文参考自：
1.《中学数学教学》2003年2期42页.
2.《中学数学月刊》2002年11期45页.
3.《中学数学月刊》2003年5期39页.
4.《中等数学》2003年1期11页.
5.《中等数学》2002年6期18页.
6.《中学教研》2002年12期36页.
7.《中学教研》2003年4期25页.

第 323 天

2003 年全国高中数学联赛

过圆外一点 P 作圆的两条切线和一条割线,切点为 A,B,所作割线交圆于 C,D 两点,C 在 P,D 之间,在弦 CD 上取一点 Q,使 $\angle DAQ=\angle PBC$.

求证:$\angle DBQ=\angle PAC$.

证明 1 如图 323.1,连 AB.

显然 $\angle QAB=\angle DAB-\angle DAQ=\angle DCB-\angle PBC=\angle QPB$,可知 A,Q,B,P 四点共圆,有 $\angle PAB=\angle PQB$,于是 $\angle PAC=\angle PAB-\angle CAB=\angle PQB-\angle CDB=\angle DBQ$.

所以 $\angle DBQ=\angle PAC$.

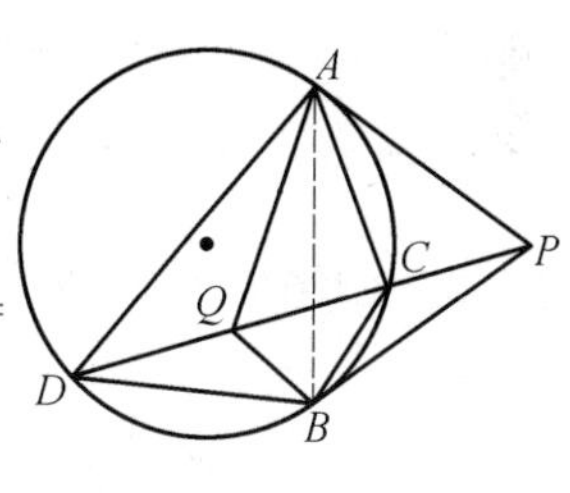

图 323.1

证明 2 如图 323.1,连 AB.

显然 $\angle PQA=\angle DAQ+\angle ADQ=\angle PBC+\angle ABC=\angle ABP$,可知 A,Q,B,P 四点共圆,有 $\angle PAB=\angle PQB$,于是 $\angle PAC=\angle PAB-\angle CAB=\angle PQB-\angle CDB=\angle DBQ$.

所以 $\angle DBQ=\angle PAC$.

证明 3 如图 323.2,设 E 为 AB,PD 的交点.

由 PA,PB 为圆的切线,可知 $\angle PDA=\angle PAC$,$\angle PDB=\angle PBC$.

由 $\angle DAQ=\angle PBC$,可知 $\angle BAC=\angle PDB=\angle DAQ$,有 $\angle PAE=\angle ADC+\angle BAC=\angle ADQ+\angle DAQ=\angle AQP$.

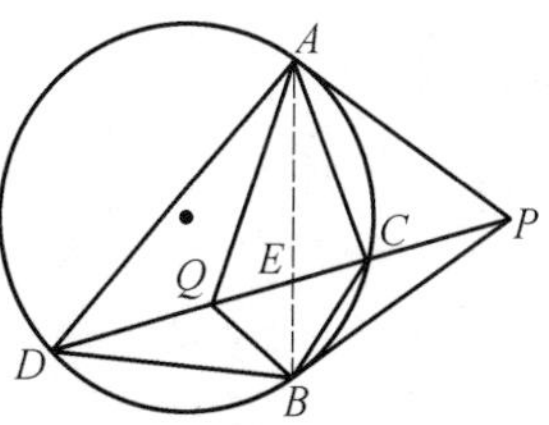

图 323.2

由 $\angle EPA=\angle APQ$,可知 $\triangle APE\backsim\triangle QPA$,有 $\frac{PE}{PA}=\frac{PA}{PQ}$.

由 $PA=PB$,可知$\frac{PE}{PB}=\frac{PB}{PQ}$.

由 $\angle BPE=\angle QPB$,可知 $\triangle PBE\backsim\triangle PQB$,有 $\angle PBE=\angle PQB=\angle PDB+\angle DBQ=\angle BAC+\angle DBQ$.

由 $\angle PBE=\angle PBC+\angle ABC=\angle BAC+\angle PAC$，可知 $\angle DBQ=\angle PAC$.

证明 4　如图 323.1，连 AB.

由 $\angle ABC=\angle ADQ$，$\angle BAC=\angle PBC=\angle DAQ$，可知 $\triangle ABC\backsim\triangle ADQ$，有

$$\frac{BC}{DQ}=\frac{AC}{AQ} \tag{1}$$

由 $\triangle PAC\backsim\triangle PDA$，可知 $\frac{PA}{PD}=\frac{AC}{DA}$.

由 $\triangle PBC\backsim\triangle PDB$，可知 $\frac{PB}{PD}=\frac{BC}{DB}$，有

$$\frac{AC}{DA}=\frac{BC}{DB} \tag{2}$$

由式(1)，(2)，可知 $\frac{AQ}{DQ}=\frac{DA}{DB}$.

由 $\angle DAQ=\angle PDB$，可知 $\triangle ADQ\backsim\triangle DBQ$，有 $\angle QBD=\angle ADP=\angle PAC$.

所以 $\angle DBQ=\angle PAC$.

证明 5　如图 323.1，连 AB.

显然 $\frac{S_{\triangle PAC}}{S_{\triangle PBC}}=\frac{S_{\triangle ADQ}}{S_{\triangle BDQ}}$，可知

$$\frac{\frac{1}{2}PA\cdot AC\sin\angle PAC}{\frac{1}{2}PB\cdot BC\sin\angle PBC}=\frac{\frac{1}{2}AD\cdot DQ\sin\angle ADQ}{\frac{1}{2}BD\cdot DQ\sin\angle BDQ}$$

有

$$\frac{AC}{BC}=\frac{AD}{BD} \tag{1}$$

由 $\angle DAQ=\angle PBC=\angle CAB$，$\angle ABC=\angle ADQ$，可知 $\triangle ADQ\backsim\triangle ABC$，有

$$\frac{AC}{BC}=\frac{AQ}{DQ} \tag{2}$$

由式(1)，(2)，可知 $\frac{AD}{BD}=\frac{AQ}{DQ}$.

由 $\angle DAQ=\angle PBC=\angle BDQ$，$\angle ADQ=\angle PAC$，可知 $\angle DBQ=\angle PAC$.

证明 6　如图 323.3，设圆心为 O，连 OQ，OA，OP，AB.

由 PA，PB 为圆的切线，可知 $\angle PAB=\angle AOP$.

由 $\angle PAB=\angle PAC+\angle BAC$，$\angle PAC=\angle PDA$，$\angle BAC=\angle PBC=$

$\angle DAQ$,可知$\angle AOP=\angle QAD+\angle QDA=\angle PQA$,有$A,Q,O,P$四点共圆,于是$\angle OQP=\angle OAP=90^\circ$,得$QC=QD$.

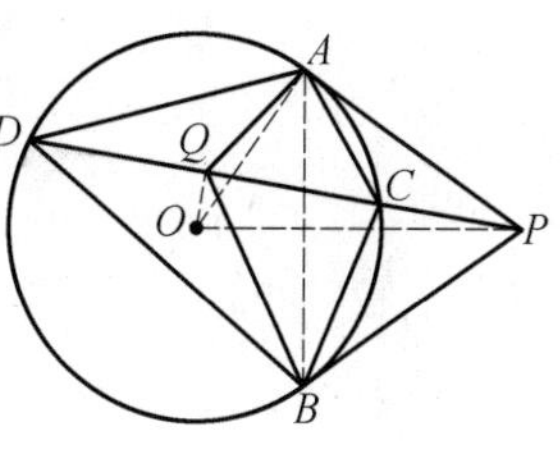

图 323.3

由$\angle CAB=\angle DAQ$,可知$\angle CAQ=\angle BAD$.

由$\angle ACD=\angle ABD$,可知$\triangle CAQ\backsim\triangle BAD$,有

$$\frac{BD}{AD}=\frac{CQ}{AQ}$$

将$DQ=CQ$代入上式,可知$\frac{BD}{AD}=\frac{DQ}{AQ}$.

由$\angle PDB=\angle PBC=\angle DAQ$,可知$\triangle BDQ\backsim\triangle PAC$,有$\angle PDA=\angle DBQ$.

所以$\angle DBQ=\angle PAC$.

证明7 如图323.4,设AQ与圆相交于点E,BQ与圆相交于点F,连BA,BE,FA.

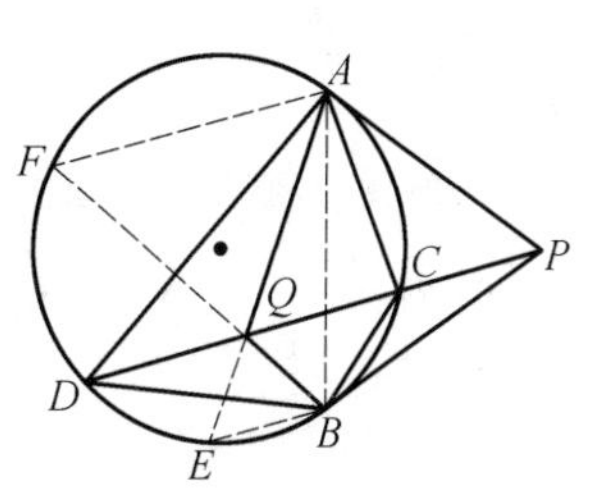

图 323.4

同前,先证明P,A,M,B四点共圆.

由$OA\perp PA$,可知$OQ\perp DP$,有Q为DC的中点.

由$\angle DAQ=\angle PBC=\angle BAC$,可知$EB\parallel DC$,有$BF=EA$,于是$FA\parallel CD$,得$\angle DBQ=\angle DBF=\angle ABC=\angle PAC$.

所以$\angle DBQ=\angle PAC$.

本文参考自:

1.《中等数学》2004年1期11页.

2.《中学教研》2005年4期37页(15种证法).

第 324 天

2004 年全国高中数学联赛

如图 324.1，在锐角三角形 ABC 中，AB 上的高 CE 与 AC 上的高 BD 相交于点 H，以 DE 为直径的圆分别交 AB，AC 于 F，G 两点，FG 与 AH 相交于点 K. 已知 $BC=25$，$BD=20$，$BE=7$.

求 AK 的长.

解 1　如图 324.1，设直线 AH 与 BC 相交于 P，连 DF.

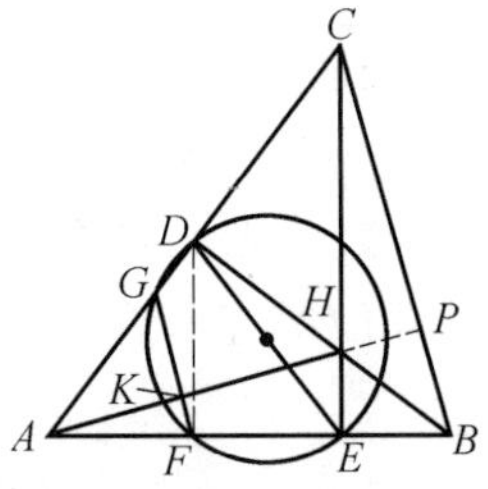

在 Rt$\triangle BCD$ 中，$BC=25$，$BD-20$，依勾股定理，可知 $DC=15$.

在 Rt$\triangle BCE$ 中，$BC=25$，$BE=7$，依勾股定理，可知 $CE=24$.

图 324.1

显然 Rt$\triangle AEC \backsim$ Rt$\triangle ADB$，可知

$$\frac{AC}{AB}=\frac{AE}{AD}=\frac{CE}{BD}=\frac{24}{20}=\frac{6}{5}$$

有 $\frac{AC}{AB}=\frac{6}{5}$，或 $\frac{AD+15}{AE+7}=\frac{6}{5}$，于是 $AD=15=DC$，$AE=18$.

显然 DB 为 AC 的中垂线，可知 $AB=CB=25$，$AP=CE=24$.

由 DE 为直径，可知 $DF\perp AB$，有 $DF\,/\!/\,CE$.

由 D 为 AC 的中点，可知 F 为 AE 的中点，有 $AF=FE=9$.

由 $\angle AGF=\angle AED=\angle ACB$，可知 $GF\,/\!/\,CB$，有 $\frac{AK}{AP}=\frac{AF}{AB}$，于是

$$AK=\frac{24\times 9}{25}=\frac{216}{25}$$

所以 AK 的长为 $\frac{216}{25}$.

解 2　如图 324.2，设直线 AH 与 BC 相交于 P.

在 Rt$\triangle BCD$ 中，$BC=25$，$BD=20$，依勾股定理，可知 $DC=15$.

在 Rt$\triangle BCE$ 中，$BC=25$，$BE=7$，依勾股定理，可知 $CE=24$.

显然 B，C，D，E 四点共圆，依托勒密定理，可知 $DE\cdot BC+CD\cdot BE=$

$CE\cdot BD$,有 $DE=15=DC$.

由 $CE\perp AB$,可知 DE 为 $\mathrm{Rt}\triangle AEC$ 的斜边上的中线,即 D 为 AC 的中点,有 BD 为 AC 的中垂线,于是 $AB=BC=25$,$AP=CE=24$,得 $AE=AB-BE=18$.

由 $DA=DE$,DE 为直径,可知 F 为 AE 的中点,有 $AF=9$.

由 $\angle AGF=\angle AED=\angle ACB$,可知 $GF\parallel CB$,有 $\dfrac{AK}{AP}=\dfrac{AF}{AB}$,于是 $AK=\dfrac{24\times 9}{25}=\dfrac{216}{25}$.

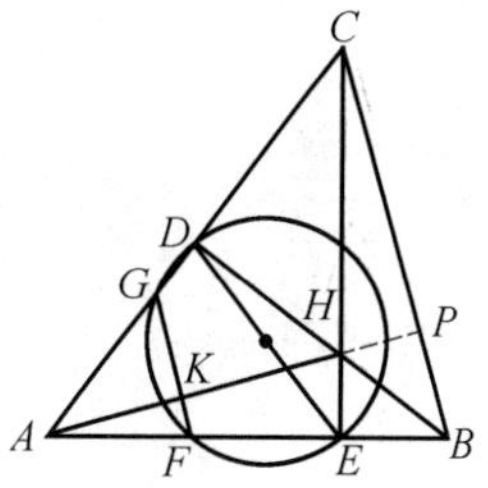

图 324.2

所以 AK 的长为$\dfrac{216}{25}$.

解 3 如图 324.3.同前求得 $AE=18$,$AF=9$.

显然 $\mathrm{Rt}\triangle AEH\backsim\mathrm{Rt}\triangle CEB$,可知

$$AH=\frac{AE\cdot BC}{EC}=\frac{75}{4}$$

易知 $GF\parallel CB$,可知 $\angle AFK=\angle ABC=\angle AHE$,有 H,E,F,K 四点共圆,于是 $AF\cdot AE=AK\cdot AH$,得

$$AK=\frac{AF\cdot AE}{AH}=\frac{216}{25}$$

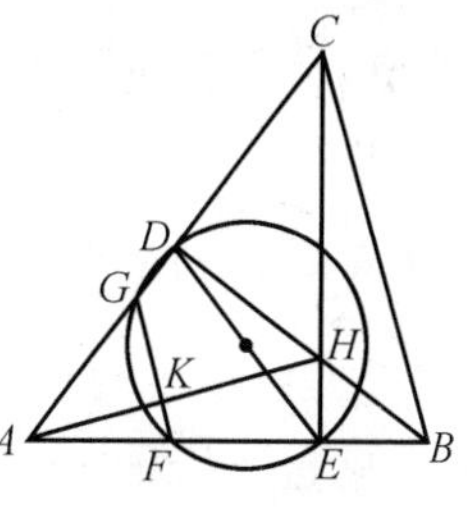

图 324.3

所以 AK 的长为$\dfrac{216}{25}$.

本文参考自:

1.《中等数学》2004 年 6 期 20 页.
2.《中等数学》2005 年 1 期 12 页(6 种解法).
3.《中学教研》2005 年 3 期 36 页.

第 325 天

2005 年全国高中数学联赛加试题

如图 325.1,在 $\triangle ABC$ 中,设 $AB > AC$,过点 A 作 $\triangle ABC$ 的外接圆的切线 l,又以点 A 为圆心,AC 为半径作圆分别交线段 AB 于点 D,交直线 l 于点 E,F. 证明:直线 DE,DF 分别通过 $\triangle ABC$ 的内心与一个旁心.

证明 1 如图 325.1,设 $\angle BAC$ 的平分线交 DE 于 I,交直线 FD 于 I_1,连 CI,CD,CE,CI_1.

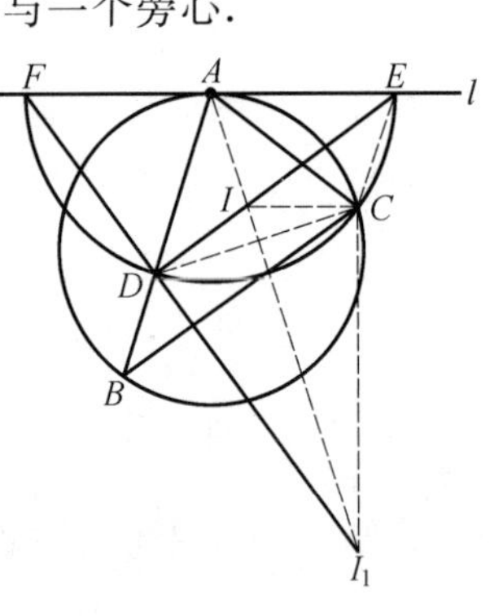

图 325.1

显然 $AC=AD$,可知 D 与 C 关于 AI 对称,有 $\angle ICA=\angle IDA=\frac{1}{2}\angle FAB=\frac{1}{2}\angle ACB$,于是 CI 平分 $\angle ACB$,得 I 为 $\triangle ABC$ 的内心.

显然 AI 为 DC 的中垂线.

由 $\angle EDF=90^\circ$,可知 $IC \perp CI_1$,有 CI_1 为 $\triangle ABC$ 的 $\angle ACB$ 的外角平分线,于是 I_1 为 $\triangle ABC$ 的一个旁心.

所以直线 DE,DF 分别通过 $\triangle ABC$ 的内心与一个旁心.

证明 2 如图 325.2,设 $\angle BAC$ 的平分线交 DE 于 I,交直线 FD 于 I_1,交 $\triangle ABC$ 的外接圆于 G,连 CI,CF,CE,CI_1.

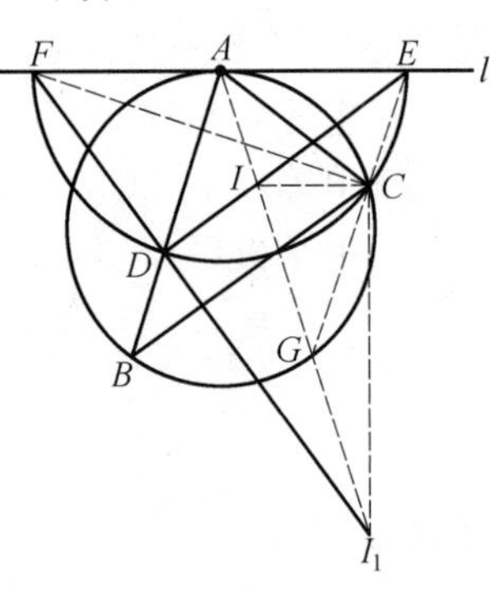

图 325.2

由 A 为 $\triangle CDE$ 的外心,可知 $\angle DEC=\frac{1}{2}\angle DAC=\angle IAC$,有 A,I,C,E 四点共圆,于是 $\angle AGC=\angle EAC=\angle EIC$.

由 $\angle GAC=\angle IEC$,可知 $\triangle GAC \backsim \triangle IEC$,有 $\angle GCA=\angle ICE$,于是 $\angle GCI=\angle ACE$.

显然 $\angle GIC=\angle AEC$,可知

$$\triangle GIC \backsim \triangle AEC$$

显然 $AC=AE$,可知 $GC=GI$,有 I 为 $\triangle ABC$ 的内心.

由 $\angle EAC=\angle CGI$,可知 $\angle FAC=\angle CGI_1$.

由 A 为 $\triangle CDF$ 的外心，可知 $\angle DFC=\frac{1}{2}\angle DAC=\angle CAI_1$，有 F,I_1,C,A 四点共圆，于是 $\angle AFC=\angle AI_1C$，得 $\triangle AFC\backsim\triangle GI_1C$.

显然 $AC=AF$，可知 $GC=GI_1$，有 I 为 $\triangle ABC$ 的一个旁心.

所以直线 DE,DF 分别通过 $\triangle ABC$ 的内心与一个旁心.

证明3 如图 325.3，设 $\angle BAC$ 的平分线交 DE 于 I，交直线 FD 于 I_1，过 B 作 AI 的垂线交直线 AC 于 H，连 CI,CD,CI_1.

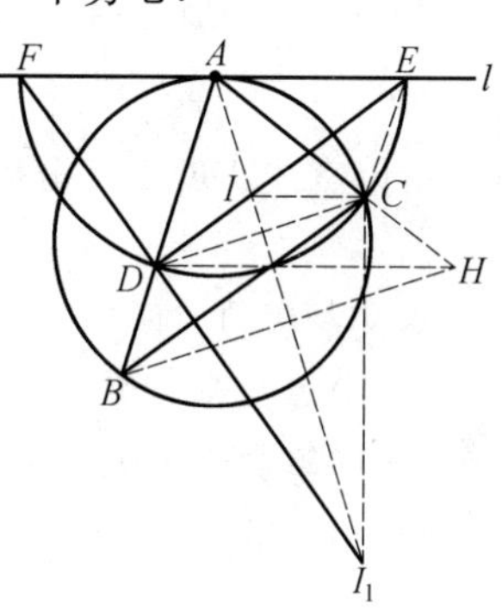

图 325.3

由 $AC=AD$，可知 C 与 D 关于 AI 对称.

显然 H 与 B 关于 AI 对称，可知 $\angle AHD=\angle ABC=\angle EAC$，有 $DH\parallel FE$，于是 $\angle ICB=\angle IDH=\angle AED=\angle ADI=\angle ACI$，得 I 为 $\triangle ABC$ 的内心.

由 $\angle HCI_1=\angle BDI_1=\angle ADF=\angle AFD=\angle HDI_1=\angle BCI_1$，可知 CI_1 平分 $\angle BCH$，有 I_1 为 $\triangle ABC$ 的一个旁心.

所以直线 DE,DF 分别通过 $\triangle ABC$ 的内心与一个旁心.

证明4 如图 325.1，设 $\angle ACB$ 的外角平分线交直线 FD 于 I_1，连 AI_1 交 DE 于点 I，连 CI,CD,CE.

显然 $\angle BCI_1=\frac{1}{2}(\angle ABC+\angle BAC)$.

由直线 l 为 $\triangle ABC$ 的外接圆的切线，可知 $\angle BAF=\angle ACB$.

由 $AD=AF$，可知

$$\begin{aligned}\angle ACI_1+\angle AFI_1&=\angle ACB+\frac{1}{2}(\angle ABC+\angle BAC)+\frac{1}{2}(180^\circ-\angle BAF)\\&=\frac{1}{2}(2\angle ACB+\angle ABC+\angle BAC+180^\circ-\angle ACB)=180^\circ\end{aligned}$$

有 A,F,I_1,C 四点共圆.

由 $AF=AC$，可知 AI_1 平分 $\angle FI_1C$.

由 $\angle BDI_1=\angle ADF=\frac{1}{2}(180^\circ-\angle ACB)=\angle BCI_1$，可知 B,I_1,C,D 四点共圆，有 $\angle ABC=\angle DI_1C=2\angle AI_1C$.

由 $\angle I_1AC+\angle AI_1C=\frac{1}{2}(\angle ABC+\angle BAC)$，可知 $\angle I_1AC=\frac{1}{2}\angle BAC$，有 AI_1 为 $\angle BAC$ 的平分线，I_1 为 $\triangle ABC$ 的一个旁心，FD 过 $\triangle ABC$ 的 $\angle A$ 内

的旁心.

由 $\angle IAC=\frac{1}{2}\angle BAC=\angle DEC$，可知 A,I,C,E 四点共圆，有 $\angle ACI=\angle AED$.

由 $AD=AE$，$\angle FAB=\angle ACB$，可知 $\angle ACI=\angle AED=\frac{1}{2}\angle ACB$，有 CI 为 $\angle ACB$ 的平分线.

所以直线 DE，DF 分别通过 $\triangle ABC$ 的内心与一个旁心.

本文参考自：

1.《中等数学》2006 年 3 期 7 页.
2.《中等数学》2006 年 1 期 12 页.
3.《中等数学》2005 年 12 期 30 页.

第 326 天

1996 年第 37 届国际数学奥林匹克(IMO) 中国国家队选拔赛

以 $\triangle ABC$ 的底边 BC 为直径作半圆，分别与边 AB，AC 交于点 D 和 E，分别过点 D，E 作 BC 的垂线，垂足依次为 F，G，线段 DG 与 EF 交于点 M.

求证：$AM \perp BC$.

证明 1 如图 326.1，设 AM 与 BC 相交于 H，连 BE，CD.

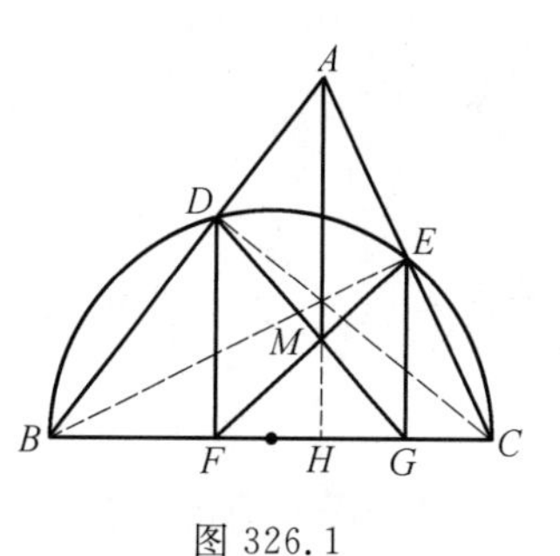

图 326.1

显然 $\angle BEC = 90° = \angle BDC$，直线 FME 与 $\triangle AHC$ 相截，直线 GMD 与 $\triangle ABH$ 相截，依梅涅劳斯定理，可知

$$\frac{AM}{MH} \cdot \frac{HF}{FC} \cdot \frac{CE}{EA} = 1$$

$$\frac{AM}{MH} \cdot \frac{HG}{GB} \cdot \frac{BD}{DA} = 1$$

有

$$\frac{FH}{HG} = \frac{CF \cdot AE \cdot BD}{CE \cdot BG \cdot AD} \tag{1}$$

在 Rt$\triangle DBC$ 与 Rt$\triangle EBC$ 中，应用射影定理，可知 $CD^2 = BC \cdot FC$，$BE^2 = BC \cdot BG$，有

$$\frac{CF}{BG} = \frac{CD^2}{BE^2} \tag{2}$$

将式(2) 代入式(1)，得

$$\frac{FH}{HG} = \frac{CD^2 \cdot AE \cdot BD}{BE^2 \cdot CE \cdot AD} \tag{3}$$

显然 $\triangle ABE \backsim \triangle ACD$，可知

$$\frac{CD}{BE} = \frac{AD}{AE} \tag{4}$$

将式(4) 代入式(3)，得

$$\frac{FH}{HG} = \frac{CD \cdot BD}{BE \cdot CE} = \frac{S_{\triangle DBC}}{S_{\triangle EBC}} = \frac{DF}{EG} = \frac{DM}{MG}$$

于是 $MH \parallel DF$.

由 $DF \perp BC$，可知 $MH \perp BC$.

所以 $AM \perp BC$.

证明2 如图 326.2，设 AH 为 $\triangle ABC$ 的高线，连 BE，CD.

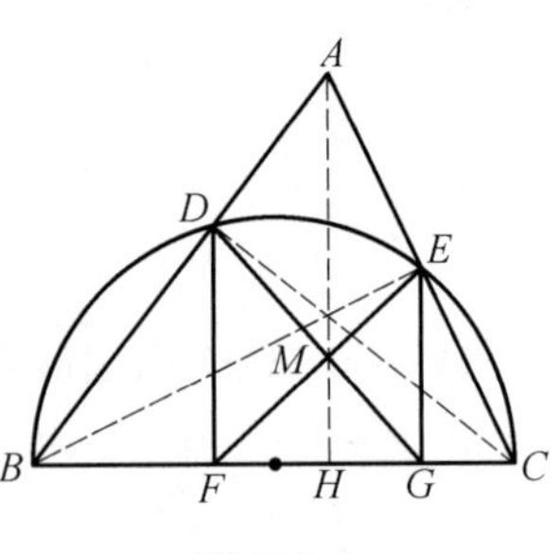

图 326.2

显然 $\angle BDC = 90^\circ = \angle BEC$，可知 $DF = BD \cdot \sin B = BC \cdot \cos B\sin B$，$EG = BC \cdot \cos C\sin C$，有

$$\frac{GM}{MD} = \frac{EG}{FD} = \frac{\cos C\sin C}{\cos B\sin B} = \frac{AB}{AC} \cdot \frac{\cos C}{\cos B}$$

由 $BH = AB \cdot \cos B$，$HG = AE \cdot \cos C$，可知

$$\frac{BH}{HG} = \frac{AB \cdot \cos B}{AE \cdot \cos C} = \frac{AC \cdot \cos B}{AD \cdot \cos C}$$

有

$$\frac{BH}{HG} \cdot \frac{GM}{MD} = \frac{AB}{AD}$$

于是

$$\frac{BH}{HG} \cdot \frac{GM}{MD} \cdot \frac{DA}{AB} = 1$$

由梅涅劳斯定理的逆定理，可知 H，M，A 三点共线.

由 $AH \perp BC$，可知 $AM \perp BC$.

证明3 如图 326.2，设 AH 为 $\triangle ABC$ 的高线，连 BE，CD.

显然 AH，BE，CD 交于一点，即 $\triangle ABC$ 的垂心.

由塞瓦定理，可知 $\frac{AD}{DB} \cdot \frac{BH}{HC} \cdot \frac{CE}{EA} = 1$.

由 $EG \parallel DF$，可知 $\triangle MDF \backsim \triangle MGE$，有

$$\frac{GM}{MD} \cdot \frac{EG}{DF} = \frac{S_{\triangle EBC}}{S_{\triangle DBC}} = \frac{BE \cdot CE}{BD \cdot CD}$$

由 $AH \parallel EG$，可知 $\frac{HG}{AE} = \frac{CH}{AC}$，有

$$\frac{AD}{AB} \cdot \frac{BH}{HG} \cdot \frac{GM}{MD} = \frac{AD}{AB} \cdot \frac{BH \cdot AC}{AE \cdot CH} \cdot \frac{BE \cdot CE}{BD \cdot CD}$$

由 $AB \cdot CD = 2S_{\triangle ABC} = AC \cdot BE$，可知

$$\frac{AD}{AB} \cdot \frac{BH}{HG} \cdot \frac{GM}{MD} = \frac{AD}{BD} \cdot \frac{BH}{HC} \cdot \frac{CE}{EA} = 1$$

由梅涅劳斯定理的逆定理，可知 H，M，A 三点共线.

所以 $AM \perp BC$.

证明4 如图 326.3，设 BE 与 DC 交于 O，直线 AO 交 BC 于 H，连 DE 交

AH 于 K.

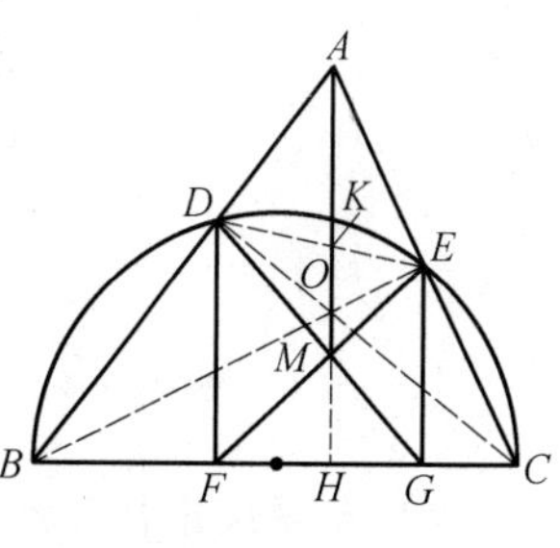

图 326.3

显然 O 为 $\triangle ABC$ 的垂心,$AH\perp BC$,$\dfrac{DK}{KE}=\dfrac{S_{\triangle ADO}}{S_{\triangle AEO}}$.

由 $\triangle AOE\backsim\triangle BCE$,$\triangle AOD\backsim\triangle CBD$,可知 $\dfrac{S_{\triangle AOD}}{S_{\triangle CBD}}=\dfrac{AO^2}{BC^2}=\dfrac{S_{\triangle AOE}}{S_{\triangle BCE}}$.

所以$\dfrac{FM}{ME}=\dfrac{DF}{EG}=\dfrac{S_{\triangle CBD}}{S_{\triangle BCE}}=\dfrac{S_{\triangle AOD}}{S_{\triangle AOE}}=\dfrac{DK}{KE}$.

所以 $AM\parallel DF$.

所以 $AM\perp BC$.

本文参考自:

1.《中等数学》1998 年 5 期 32 页.
2.《中等数学》1999 年 4 期 8 页.
3.《中等数学》1997 年 5 期 16 页.

第 327 天

1997 年重庆市初三数学竞赛,2005 年全国初中数学竞赛四川赛区初赛

如图 327.1,AB 是圆 O 的直径,BC 是圆 O 的切线,$BC=AB$,OC 交圆 O 于 F,直线 AF 交 BC 于 E.

求证:$BE=CF$.

证明 1 如图 327.1,过 C 作 AB 的平行线交直线 BF 于 G.

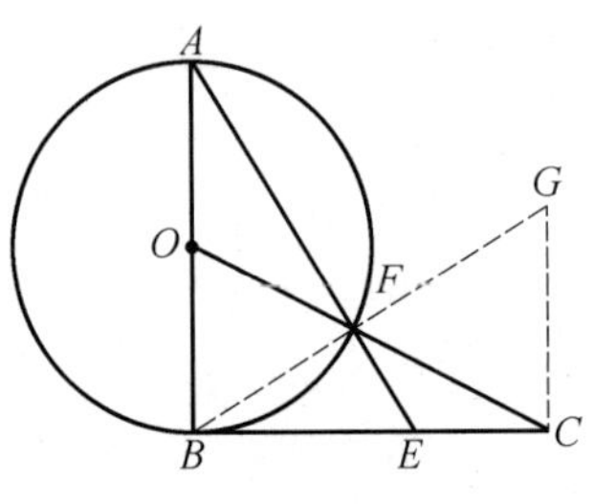

图 327.1

显然 $\angle G=\angle ABF=\angle OFB=\angle GFC$,可知 $GC=FC$.

由 AB 为圆 O 的直径,可知 $AF\perp BF$.

由 BC 为圆 O 的切线,可知 $OB\perp BC$,有

$$\angle AEB=90^\circ-\angle FBE=\angle ABF=\angle G$$

由 $AB=BC$,可知 $\mathrm{Rt}\triangle ABE\cong\mathrm{Rt}\triangle BCG$,有 $BE=CG=CF$.

所以 $BE=CF$.

证明 2 如图 327.2,过 C 作 AB 的平行线交直线 AE 于 G,连 BF,BG.

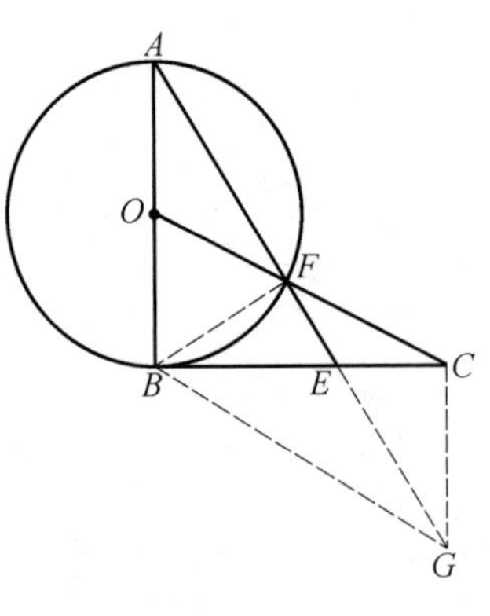

图 327.2

显然 $\dfrac{CG}{AO}=\dfrac{CF}{OF}$.

由 $AO=OF$,可知 $CF=CG$.

由 BC 为圆 O 的切线,可知 $AB\perp BC$,有 $GC\perp BC$.

由 AB 为圆 O 的直径,可知 $BF\perp AE$,有 B,G,C,F 四点共圆,于是

$$\angle GBC=\angle GFC=\angle OFA=\angle A$$

由 $BA=BC$,可知 $\mathrm{Rt}\triangle ABE\cong\mathrm{Rt}\triangle BCG$,有 $BE=CG$.

所以 $BE=CF$.

证明 3 如图 327.3,过 O 作 BC 的平行线交 AE 于 G.

由 O 为 AB 的中点，可知 G 为 AE 的中点，有 $OG=\frac{1}{2}BE$.

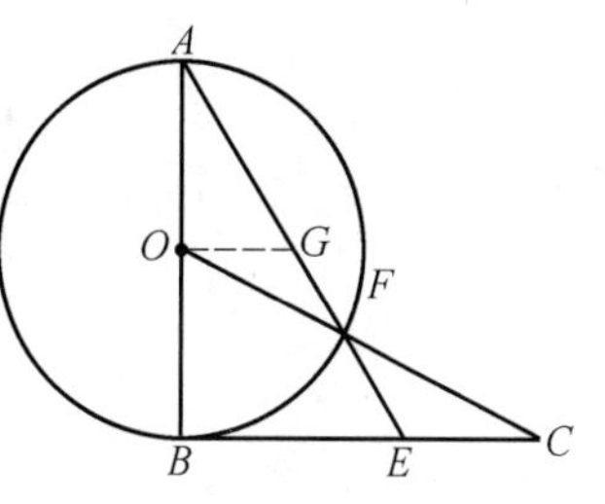

图 327.3

设 $AB=2$，可知 $BC=2$，有 $AO=OB=OF=1$，$EC=2-BE$.

在 Rt$\triangle OBC$ 中，可知 $OC=\sqrt{5}$，有 $CF=\sqrt{5}-1$.

显然 $\triangle FOG\backsim\triangle FCE$，可知 $\frac{OG}{CE}=\frac{OF}{CF}$，有

$$\frac{\frac{1}{2}BE}{2-BE}=\frac{1}{\sqrt{5}-1}$$

于是 $BE=\sqrt{5}-1=CF$.

所以 $BE=CF$.

证明 4 如图 327.4，过 C 作 AE 的垂线，G 为垂足，连 GB，FB，AC.

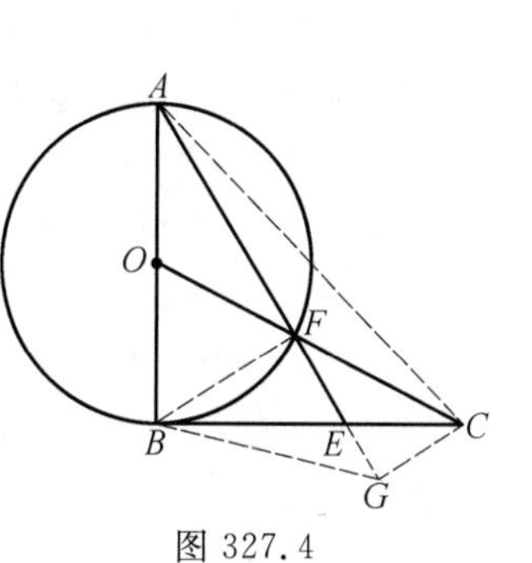

图 327.4

由 BC 为圆 O 的切线，可知 $AB\perp BC$，有 A，B，G，C 四点共圆，于是 $\angle AGB=\angle ACB=45^\circ$.

由 AB 为圆 O 的直径，可知 $BF\perp AE$，有 $\angle FBE=45^\circ=\angle FGB$，于是 $FB=FG$.

显然 $\angle FBE=\angle BAE=\angle OFA=\angle GFC$，即 $\angle FBE=\angle GFC$，可知 Rt$\triangle FBE\cong$ Rt$\triangle GFC$.

所以 $BE=CF$.

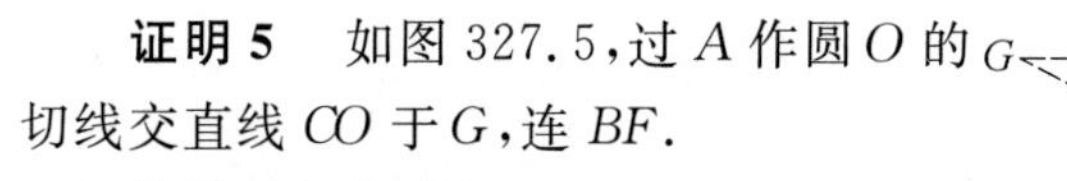
证明 5 如图 327.5，过 A 作圆 O 的切线交直线 CO 于 G，连 BF.

显然 $GA\perp AB$.

由 BC 为圆 O 的切线，可知 $BC\perp AB$，有 $GA\parallel BC$，有 $\frac{GA}{AF}=\frac{CE}{EF}$，于是 $GA\cdot EF=AF\cdot CE$.

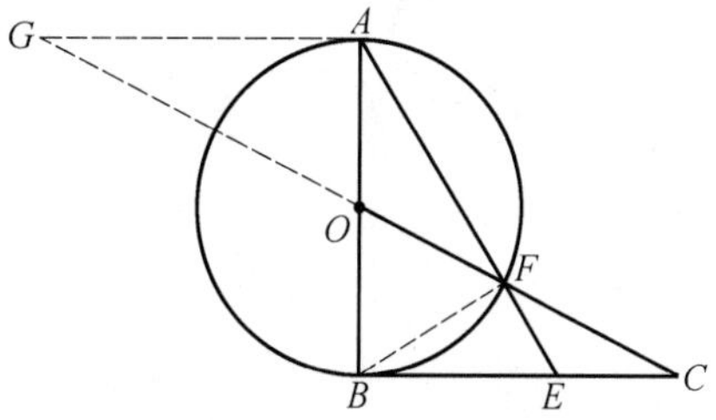

图 327.5

由 AB 为圆 O 的直径，可知 $BF\perp AE$，有 $\angle FBC=\angle BAE=\angle OFA=\angle EFC$，于是 $\triangle FBC\backsim\triangle EFC$，得

$$CF^2=CE\cdot CB \tag{1}$$

显然

$$BE^2=AE\cdot EF \tag{2}$$

易知

$$\frac{AE}{BC}=\frac{AE}{AB}=\frac{AB}{AF}=\frac{GA}{AF}=\frac{CE}{EF}$$

即

$$\frac{AE}{BC}=\frac{CE}{EF}$$

可知

$$AE \cdot EF = CE \cdot CB \tag{3}$$

由式(1),(2),(3),可知 $BE^2=CF^2$.

所以 $BE=CF$.

证明 6 如图 327.6,过 O 作 AE 的平行线交 BC 于 G,连 GF.

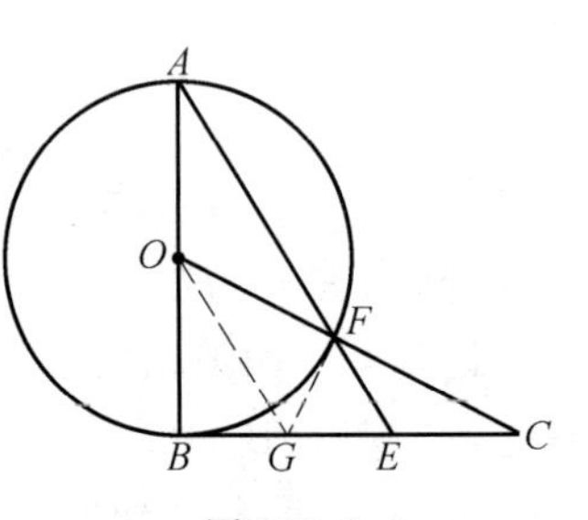

图 327.6

由 O 为 AB 的中点,可知 G 为 BE 的中点.

由 BC 为圆 O 的切线,可知 $\angle GBO=90°$.

由 $OF=OA$,可知 $\angle OFA=\angle A$,有 OG 平分 $\angle BOC$.

由 $OB=OF$,可知 B 与 F 关于 OG 对称,有 $\angle GFO=\angle GBO=90°$,于是 $\mathrm{Rt}\triangle GFC \backsim \mathrm{Rt}\triangle OBC$,得 $\frac{FC}{BC}=\frac{FG}{BO}$.

由 $BC=AB=2BO$,可知 $FC=2FG=BE$.

所以 $BE=CF$.

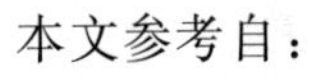
本文参考自:

《中等数学》2006 年 2 期 23 页.

数学期刊中的问题

第 328 天

《数学通报》2001 年 11 期 48 页

直角梯形 $ABCD$ 中，$AD /\!/ BC$，$AB \perp BC$，E 为 AB 的中点，F 为 BC 的中点，且 $AD = DC$.

求证：$CE \perp DF$.

证明 1　如图 328.1，过 E 作 BC 的平行线，分别交 AC，DC 于 O，G，设直线 DO 交 BC 于 H，连 AH，OF.

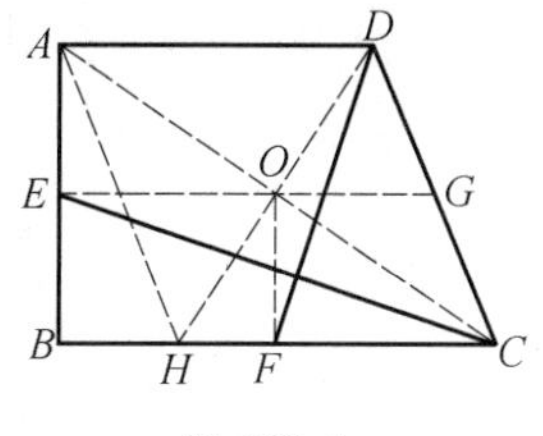

图 328.1

由 E 为 AB 的中点，可知 O 为 AC 的中点，G 为 DC 的中点，有 DH 与 AC 互相垂直平分，于是四边形 $AHCD$ 为菱形.

由 F 为 BC 的中点，可知 $OF /\!/ AB$，有 $OF \perp BC$，于是 $\mathrm{Rt}\triangle AOD \backsim \mathrm{Rt}\triangle CFO$，得

$$\frac{DO}{OF} = \frac{AO}{FC} = \frac{OC}{EO}$$

易知 $\angle DOF = \angle COE$，可知 $\triangle DOF \backsim \triangle COE$.

由 $OE \perp OF$，$OC \perp OD$，可知 $CE \perp DF$.

证明 2　如图 328.2，连 DE，EF.

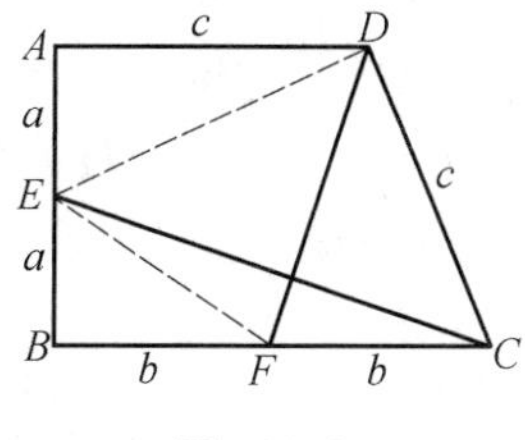

图 328.2

设 $AE = a$，$BF = b$，$CD = c$，可知 $EB = a$，$FC = b$，$AD = c$.

易知 $ED^2 - EF^2 = a^2 + c^2 - (a^2 + b^2) = c^2 - b^2$.

显然 $DC^2 - FC^2 = c^2 - b^2$，可知

$$ED^2 - EF^2 = DC^2 - FC^2$$

所以 $CE \perp DF$.

第 329 天

《数学通报》2002 年 3 期 47 页问题 1357

$\triangle ABC$ 的内切圆 O 切 AB 于 D，$S_{\triangle ABC}=AD\cdot DB$. 求证：$\angle C=90°$.

证明 1　如图 329.1，设 $AD=x$，$BE=y$，$CF=z$，可知 $AF=x$，$DB=y$，$CE=z$.

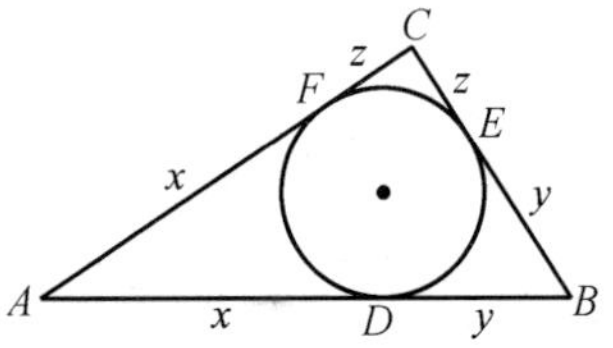

设 $p=x+y+z$，由海伦公式

$$S=\sqrt{p(p-a)(p-b)(p-c)}=AD\cdot DB$$

可知

$$\sqrt{(x+y+z)xyz}=xy$$

有

$$xz+yz+z^2=xy$$

于是

$$(x+z)^2+(y+z)^2=(x+y)^2$$

或

$$AC^2+BC^2=AB^2$$

所以 $\angle C=90°$.

图 329.1

证明 2　如图 329.2，分别以 CA，CB 为邻边作平行四边形 $AKBC$，过 O 分别作 CA，CB 的平行线交 AK 于 M，交 BK 于 N，过 A 作 MO 的垂线，P 为垂足，过 B 作 ON 的垂线，Q 为垂足，连 OD.

由

$$S_{\triangle ABC}=\frac{1}{2}AC\cdot CB\sin C$$

$$S_{\square OMKN}=OM\cdot ON\sin C$$

及

$$AC\cdot CB=2AD\cdot DB$$

可知

$$S_{\triangle ABC}=S_{\square OMKN}$$

或

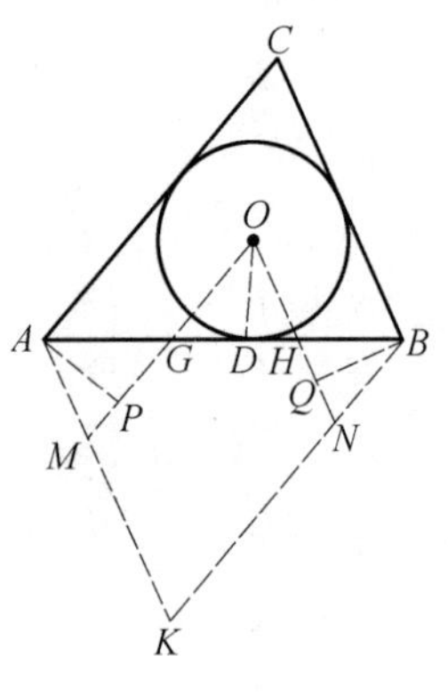

图 329.2

$$S_{\triangle GOH}=S_{\triangle GAM}+S_{\triangle BHN}$$

但是$\triangle APG\cong\triangle ODG$,$\triangle BQH\cong\triangle ODH$,可知$S_{\triangle AMP}=0$,$S_{\triangle BQN}=0$,这就是说$P$与$M$重合,$Q$与$N$重合.

所以$\angle C=90°$.

证明3 如图329.1,设$AD=x$,$BE=y$,$CF=z$,可知$AF=x$,$DB=y$,$CE=z$.

设$p=x+y+z$,由海伦公式

$$S=\sqrt{p(p-a)(p-b)(p-c)}=AD\cdot DB$$

可知

$$\sqrt{(x+y+z)xyz}=xy$$

有

$$xz+yz+z^2=xy$$

于是

$$z^2+(x+y)\cdot z-xy=0$$

使用求根公式,得

$$z=\frac{-(x+y)+\sqrt{(x+y)^2+4xy}}{2}$$

(当然是取正根),所以

$$(x+z)+(y+z)=\sqrt{(x+y)^2+4xy}$$

两边平方并整理,得

$$(x+z)^2+(y+z)^2=(x+y)^2+4xy-2(x+z)\cdot(y+z)=(x+y)^2$$

就是

$$(x+z)^2+(y+z)^2=(x+y)^2$$

或

$$AC^2+BC^2=AB^2$$

所以$\angle C=90°$.

注 这里只是必要性,其充分性见第340天的内容.

本文参考自:

1.《中小学数学》1988年5期23页.
2.《中等数学》2005年8期47页.

第 330 天

《数学通报》1984 年 9 期 306 题

在 $\triangle ABC$ 中，D 为 BC 边的中点，在直线 AB，AC 上分别取点 F，E，使 $DE=DF=DB=DC$.

试证：

(1)DF 和 DE 分别切 $\triangle AEF$ 的外接圆于 F 和 E；

(2)若 AG 为 $\triangle AEF$ 的外接圆的直径，则 B，G，E 三点及 C，G，F 三点分别共线；

(3)$AG\perp BC$.

证明 1 如图 330.1，连 FE，BE，GE.

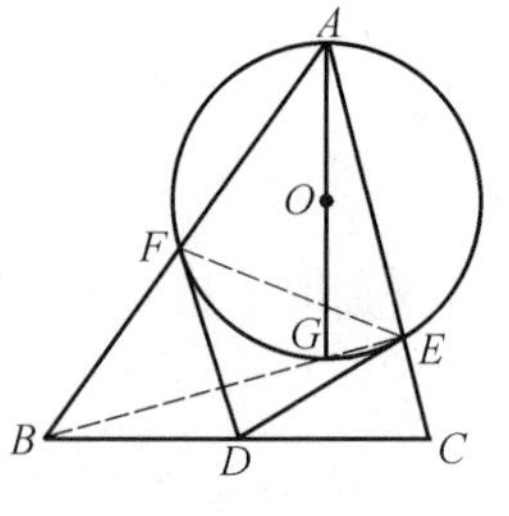

图 330.1

(1) 由 $DE=DF=DB=DC$，可知 B，C，E，F 四点共圆，有 $\angle DEC=\angle C$，$\angle FEA=\angle ABC$，于是 $\angle DEF=180^\circ-\angle DEC-\angle FEA=180^\circ-\angle C-\angle ABC=\angle BAC$，得 DE 切 $\triangle AEF$ 的外接圆于 E.

同理 DF 切 $\triangle AEF$ 的外接圆于 F.

(2) 由 $DE=DF=DB=DC$，可知 B，C，E，F 四点共圆，且 BC 为点 B，C，E，F 所在圆的直径，有 $\angle BEC=90^\circ$.

由 AG 为圆 O 的直径，可知 $\angle GEA=90^\circ$，有 B，G，E 三点共线. 同理 F，G，C 三点共线.

(3) 显然 G 为 $\triangle ABC$ 的垂心. 所以 $AG\perp BC$.

证明 2 如图 330.2，连 FE，BE，GE，OE，OF.

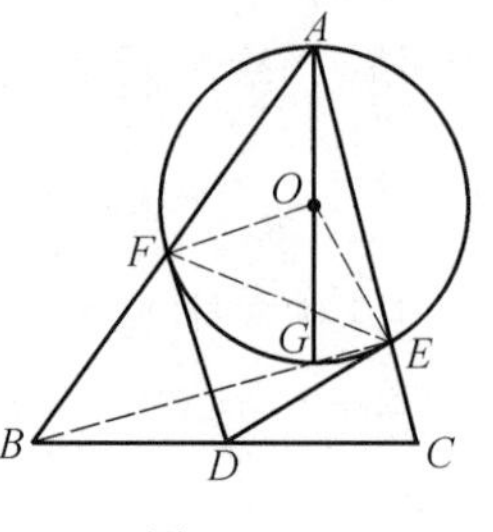

图 330.2

(1) 由证明 1，$\angle DEF=\angle FAE=\frac{1}{2}\angle FOE$.

由 $\frac{1}{2}\angle FOE+\angle OEF=90^\circ$，可知 $\angle DEF+\angle OEF=90^\circ$，有 $OE\perp DE$.

所以 DE 切 $\triangle AEF$ 的外接圆于 E.

同理 DF 切 $\triangle AEF$ 的外接圆于 F.

(2),(3) 略.

证明 3 如图 330.2,连 FE,BE,GE,OE,OF.

(1) 由证明 1,$\angle DEF=\angle FAE$,可知 $\angle EOF+\angle EDF=2\angle EAF+\angle EDF=2\angle DEF+\angle EDF=180^\circ$,有 D,E,O,F 四点共圆.

显然 OD 为 FE 的中垂线,可知 $\angle ODE=\angle ODF$,有 $\angle OED=\angle OFD=90^\circ$.

所以 DF 和 DE 分别切 $\triangle AEF$ 的外接圆于 F 和 E.

(2),(3) 略.

证明 4 如图 330.1,连 FE,BE,GE.

(1) 由 $DE=DF=DB=DC$,可知 $\angle DFB=\angle DBF$,$\angle DEC=\angle C$,有

$$\begin{aligned}\angle EDF&=180^\circ-\angle FDB-\angle EDC\\&=180^\circ-(180^\circ-2\angle DBF)-(180^\circ-2\angle C)\\&=2\angle DBF+2\angle C-180^\circ\\&=180^\circ-(360^\circ-2\angle DBF-2\angle C)\\&=180^\circ-2\angle BAC\end{aligned}$$

于是

$$\angle BAC=\frac{1}{2}(180^\circ-\angle EDF)$$

在 $\triangle DEF$ 中,由 $\angle DFE=\angle DEF=\frac{1}{2}(180^\circ-\angle EDF)$,可知 $\angle DFE=\angle DEF=\angle BAC$.

所以 DF 和 DE 分别切 $\triangle AEF$ 的外接圆于 F 和 E.

(2),(3) 略.

第 331 天

《数学通报》2001 年 4 期 48 页

已知正方形 $ABCD$ 的边 BC，CD 上各有一点 M，N，$\angle MAN=45°$.

求证：$BM\cdot DN=BC^2-BC\cdot MN$.

证明 1　如图 331.1，在 CB 的延长线上取一点 Q，使 $BQ=DN$，连 AQ.

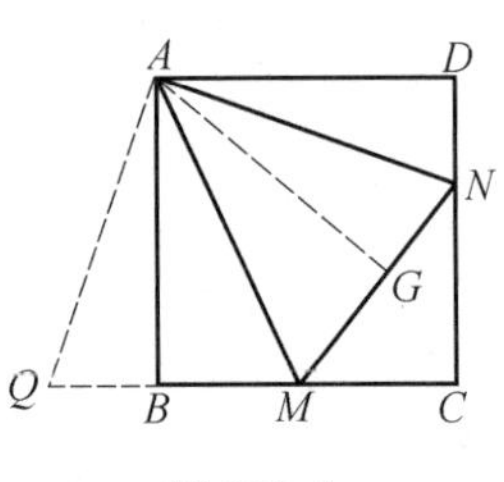

图 331.1

显然 $Rt\triangle AQB\cong Rt\triangle AND$，可知 $AQ=AN$，$\angle QAB=\angle NAD$，有 $\angle QAM=45°=\angle NAM$，于是 $\triangle QAM\cong\triangle NAM$，得 $\angle AMQ-\angle AMN$，进而 $AG=AB=BC$.

显然 $Rt\triangle ABM\cong Rt\triangle AGM$，可知 $BM=MG$，且有 $GN=QB=DN$.

由 $MC^2+NC^2=MN^2$，可知

$$(BC-BM)^2+(DC-DN)^2=(BM+DN)^2$$

有

$$BC^2-2BC\cdot BM+BM^2+DC^2-2DC\cdot DN+DN^2$$
$$=BM^2+2BM\cdot DN+DN^2$$

于是

$$BC^2-2BC\cdot BM+DC^2-2DC\cdot DN=2BM\cdot DN$$

或

$$2BC^2-2BC\cdot BM-2DC\cdot DN=2BM\cdot DN$$

即

$$BC^2-BC\cdot BM-DC\cdot DN=BM\cdot DN$$

就是

$$BC^2-BC\cdot MN=BM\cdot DN$$

所以

$$BM\cdot DN=BC^2-BC\cdot MN$$

证明 2　如图 331.2，设 AG，ME，NF 为 $\triangle AMN$ 的三条高线，P 为垂心. 在 CB 的延长线上取一点 Q，使 $BQ=DN$，连 AQ.

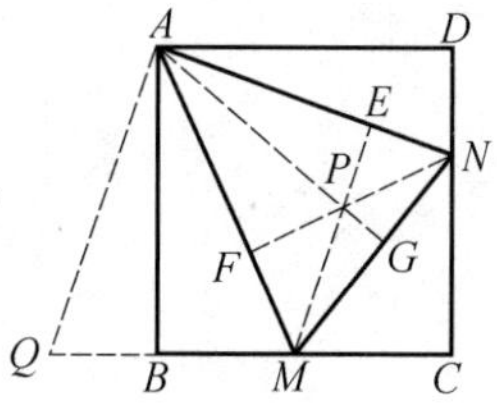

显然 Rt$\triangle AQB \cong$ Rt$\triangle AND$，可知 $AQ=AN$，$\angle QAB=\angle NAD$，有 $\angle QAM=45^\circ=\angle NAM$，于是 $\triangle QAM \cong \triangle NAM$，得 $\angle AMQ=\angle AMN$，进而 $AG=AB=BC$.

图 331.2

显然 Rt$\triangle ABM \cong$ Rt$\triangle AGM$，可知 $BM=MG$，且有 $GN=QB=DN$.

由 $\angle EMA=45^\circ=\angle EAM$，可知 $ME=AE$，有 Rt$\triangle MNE \cong$ Rt$\triangle APE$，于是 $AP=MN$.

显然 Rt$\triangle AMG \backsim$ Rt$\triangle NPG$，可知$\dfrac{AG}{NG}=\dfrac{MG}{PG}$，有

$$\begin{aligned}MG\cdot NG&=AG\cdot PG=AG(AG-AP)\\&=AG^2-AG\cdot AP\end{aligned}$$

代换 $MG=BM$，$NG=DN$，$AG=BC$，$AP=MN$，就得

$$BM\cdot DN=BC^2-BC\cdot MN$$

第 332 天

《数学通报》2000 年 7 期 46 页

C 是以 AB 为直径的半圆上的一点($AC < BC$),D 在 BC 上,$BD = AC$,F 是 AC 上的一点,BF 交 AD 于 E,且 $\angle BED = 45°$.

求证:$AF = CD$.

证明 1 如图 332.1,在 BC 上取一点 G,使 $BG = CD$,过 B 作 BC 的垂线交直线 AG 于 H,K 为 AG 与 BF 的交点,连 KD,HD.

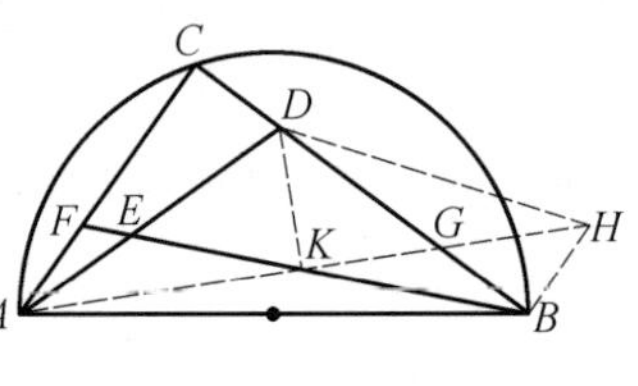

图 332.1

由 $BG = CD$,可知 $CG = BD = AC$,有 $\triangle CAG$ 为等腰直角三角形,于是 $\angle CAH = 45°$,$\angle HGB = \angle CGA = 45°$,得 $BH = BG$,进而 $BH = CD$.

易知 $\text{Rt}\triangle DBH \cong \text{Rt}\triangle ACD$,可知 $DA = DH$.

由 $\angle DBK = 45° - \angle BKH = 45° - \angle EKA = \angle DAH = \angle DHK$,可知 D,K,B,H 四点共圆,有 $DK \perp AH$,于是 K 为 AH 的中点.

由 $BH \parallel AC$,可知 K 为 FB 的中点,进而 $\triangle KFA \cong \triangle KBH$,有 $BH = AF$.

所以 $AF = CD$.

证明 2 如图 332.2,分别过 D,A 作 AC,DC 的平行线得交点 H,连 HB,HE,HF.

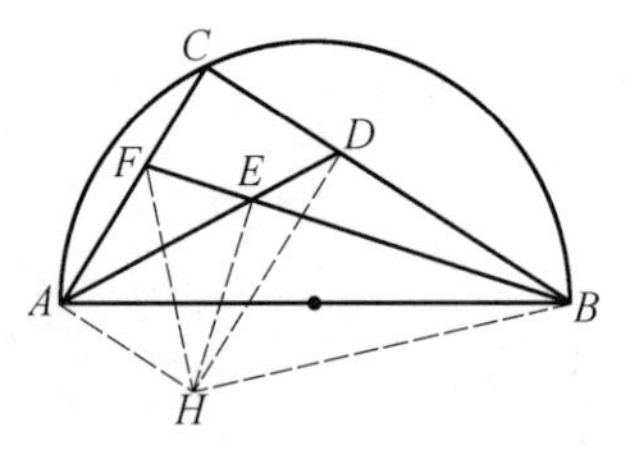

图 332.2

显然四边形 $AHDC$ 为矩形,可知 $AH = CD$,$DH = AC = DB$.

显然 $\triangle DHB$ 为等腰直角三角形,可知 $\angle DHB = 45° = \angle DEB$,有 E,H,B,D 四点共圆,于是 $HE \perp FB$.

由 $HA \perp AC$,可知 A,H,E,F 四点共圆,有 $\angle AHF = \angle AEF = 45°$,于是 $\triangle AHF$ 为等腰直角三角形,得 $AF = AH$.

所以 $AF = CD$.

证明 3 如图 332.3,分别以 CA,CB 为邻边作平行四边形 $AGBC$,过 D 作 BC 的垂线交 AG 于 H,连 HB,HE,HF.

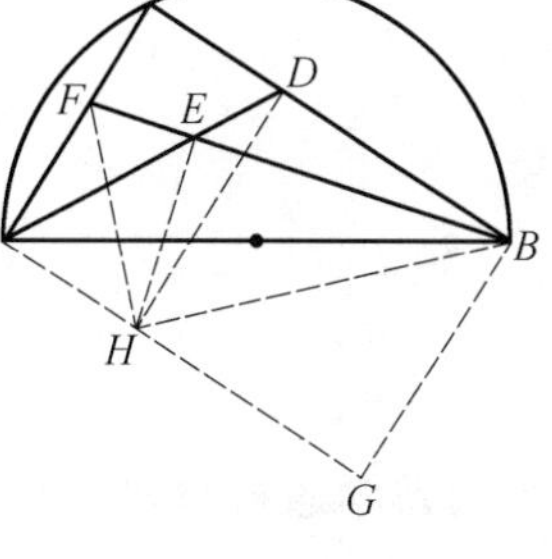

图 332.3

由 AB 为半圆的直径，可知 $\angle ACB=90^\circ$，有四边形 $AGBC$ 为矩形，于是 $BG=AC$.

由 $BD=AC$，可知 $BD=BG$，有四边形 $HGBD$ 为正方形，四边形 $AHDC$ 为矩形，于是 $AH=CD$.

显然 $\angle DHB=45^\circ=\angle DEB$，可知 E,H,G,B,D 五点共圆，有 $\angle EHA=\angle EBG=\angle EFC$，于是 A,H,E,F 四点共圆，得 $\angle AHF=\angle AEF=45^\circ$.

显然 $\triangle AFH$ 为等腰直角三角形，可知 $AF=AH$.

所以 $AF=CD$.

证明 4 如图 332.4，过 D 作 AD 的垂线，又过 B 作 BC 的垂线得交点 G，连 AG.

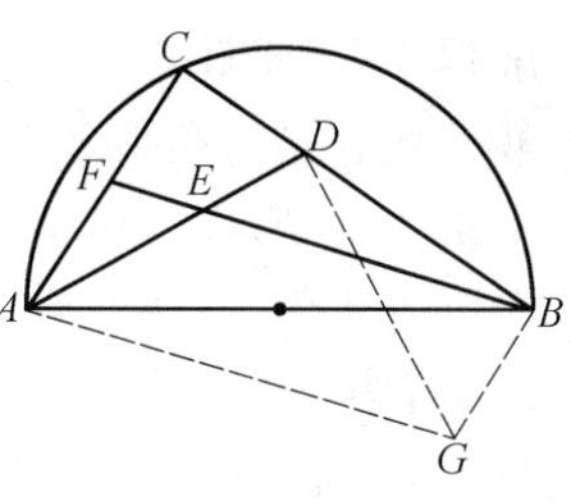

图 332.4

由 $AC=DB$，$\angle CAD=90^\circ-\angle CDA=\angle BDG$，可知 $\mathrm{Rt}\triangle BDG\cong\mathrm{Rt}\triangle CAD$，有 $BG=CD$，$DG=DA$，于是 $\triangle DAG$ 为等腰直角三角形，得 $\angle DAG=45^\circ=\angle DEB$，进而 $AG\parallel FB$.

显然四边形 $AGBF$ 为平行四边形，可知 $AF=BG$.

所以 $AF=CD$.

证明 5 如图 332.5，设 L 为 AC 的延长线上的一点，$CL=CD$，分别以 CL，CB 为邻边作平行四边形 $BHLC$，连 HA 交 FB 于 K，连 HF，DL，DK.

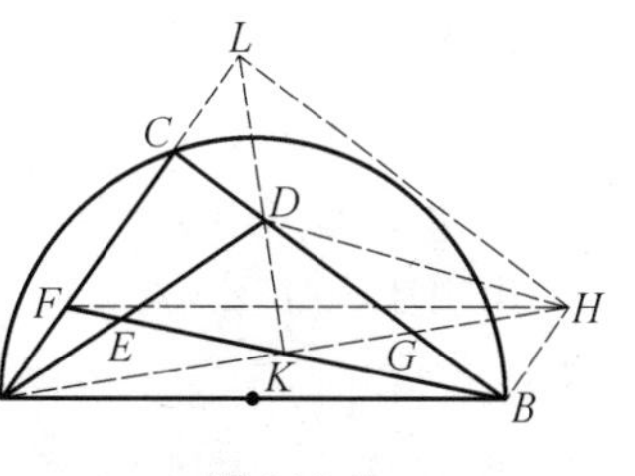

图 332.5

显然 $\triangle LAH$ 为等腰直角三角形，LD 为 AH 的中垂线，可知 $DH=DA$.

显然 $\angle BGH=\angle LHA=45^\circ$，可知 $\angle DBK=45^\circ-\angle BKH=45^\circ-\angle AKF=\angle DAH=\angle DHA$，有 D,H,B,K 四点共圆，于是 $\angle DKH=\angle DBH=90^\circ$，得 K 为 AH 的中点.

显然 $HB\parallel FA$，可知四边形 $ABHF$ 为平行四边形，有 $AF=BH$，于是 $AF=CL=CD$.

所以 $AF=CD$.

注 第 248 天的内容为此题的逆命题.

第 333 天

《数学通报》1997 年 6 期 48 页问题 1073

在 $\triangle ABC$ 中，$AB=AC$，$\angle A=100^\circ$，I 为内心，D 为 AB 上一点，使得 $BD=BI$.

试求 $\angle BCD$ 的度数.

解 1 如图 333.1，连 IC，以 IC 为一边在 $\triangle IBC$ 内作正三角形 ECI，连 BE.

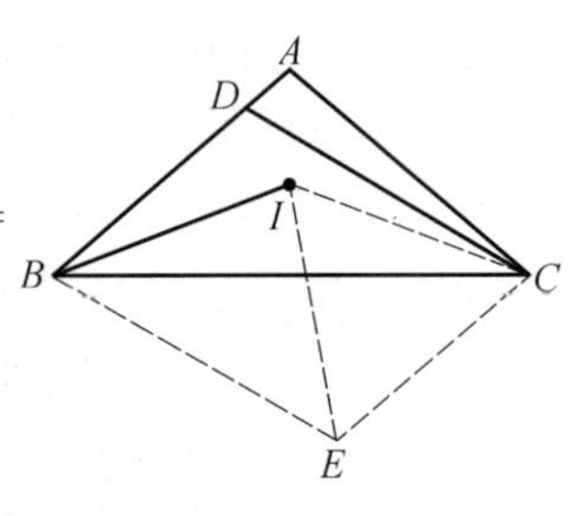

图 333.1

由 $AB=AC$，$\angle A=100^\circ$，可知 $\angle ACB=\angle ABC=40^\circ$.

由 I 为内心，可知 $\angle ICB=20^\circ$，有 $\angle ECB=40^\circ=\angle DBC$，于是 $EC\ /\!/\ BD$.

显然 $IC=IB$，可知 $EC=IC=IB=BD$，有四边形 $DBEC$ 为平行四边形，于是 $IE=IC=IB$，$\angle BIE=80^\circ$，进而 $\angle EBI=50^\circ$，得 $\angle EBC=30^\circ$.

所以 $\angle BCD=30^\circ$.

解 2 如图 333.2，以 BC 为一边在 $\triangle ABC$ 内作正三角形 EBC，连 ED，IC.

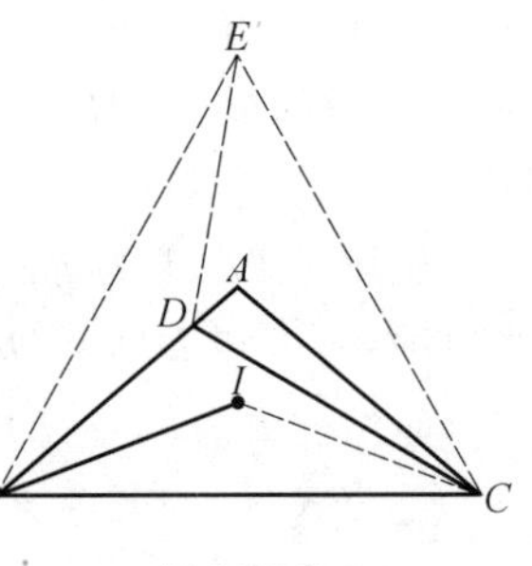

图 333.2

由 $AB=AC$，$\angle A=100^\circ$，可知 $\angle ABC=40^\circ$，有 $\angle DBE=20^\circ$.

由 I 为内心，可知 $\angle IBC=\angle ICB=20^\circ$，有 $\angle DBE=\angle IBC$.

由 $BD=BI$，$BE=BC$，可知 $\triangle DBE\cong\triangle IBC$，有 $\angle DEB=\angle ICB=20^\circ=\angle DBE$，于是 DC 为 BE 的中垂线，得 $\angle DCB=\frac{1}{2}\angle ECB=30^\circ$.

所以 $\angle BCD=30^\circ$.

解 3 如图 333.3，过 D 作 BC 的平行线交 AC 于 E，连 IC，ID，IE，DE.

由 $AB=AC$，$\angle A=100^\circ$，可知 $\angle ABC=\angle ACB=40^\circ$.

由 I 为内心，可知 $\angle IBC=\angle ICB=20^\circ$，有 $\angle ICA=20^\circ$.

由 $BD=BI$，$\angle IBA=20^\circ$，可知 $\angle BDI=\angle BID=80^\circ$.

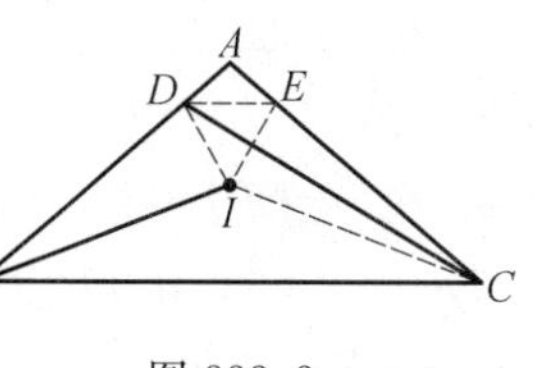

图 333.3

由 $\angle ADE=\angle ABC=40^\circ$，可知 $\angle EDI=60^\circ$.

显然 I 在 DE 的中垂线上，可知 $IE=ID$，于是 $\triangle IED$ 为正三角形.

易知 $EC=DB=IB=IC$，可知 DC 为 IE 的中垂线.

所以 $\angle BCD=30^\circ$.

解 4　如图 333.4，以 BI 为一边在 $\triangle IBC$ 的内侧作正三角形 EIB，连 EC，ED.

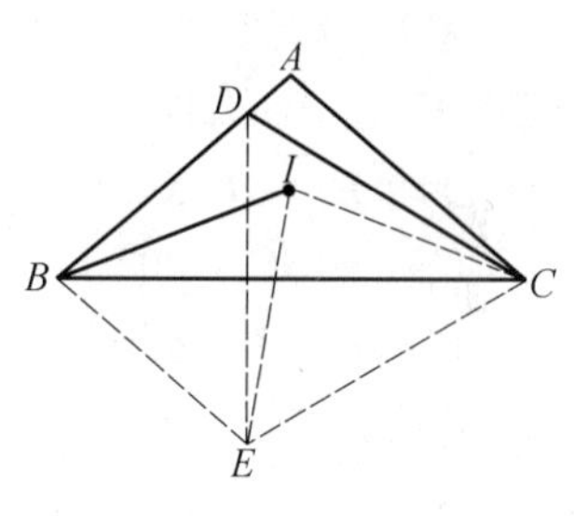

图 333.4

由 $AB=AC$，$\angle A=100^\circ$，可知 $\angle ABC=40^\circ$.

由 I 为内心，可知 $\angle IBC=\angle ICB=20^\circ$，有 $\angle EBC=40^\circ=\angle ABC$.

由 $BE=BI=BD$，可知 E 与 D 关于 BC 对称，有 $\angle BCD=\angle BCE$.

由 $IC=IB=IE$，可知 I 为 $\triangle BCE$ 的外心，有 $\angle BCE=\dfrac{1}{2}\angle BIE=30^\circ$.

所以 $\angle BCD=30^\circ$.

解 5　如图 333.5，设直线 ID 交直线 CA 于 B_1，直线 CI 交 AB 于 E，连 B_1B，B_1D.

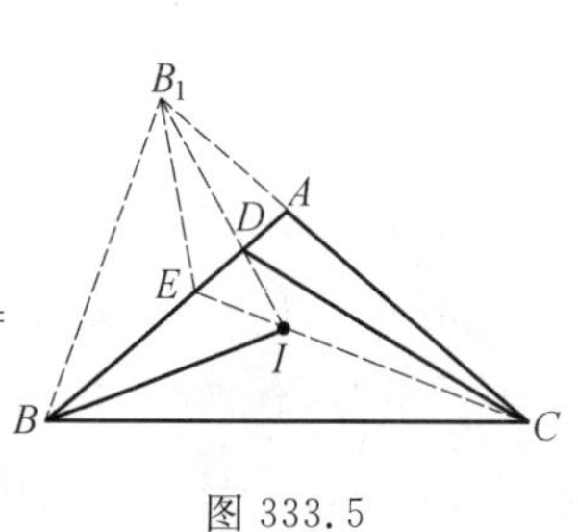

图 333.5

由 $BD=BI$，$\angle ABI=20^\circ$，可知 $\angle BDI=80^\circ$，有 $\angle B_1DA=80^\circ=\angle B_1AB$，于是 $\angle IB_1C=20^\circ=\angle IBC$.

由 I 为 $\triangle ABC$ 的内心，可知 IC 为 $\angle B_1CB$ 的平分线，有 B_1 与 B 关于直线 IC 对称，于是 $\angle BB_1C=$
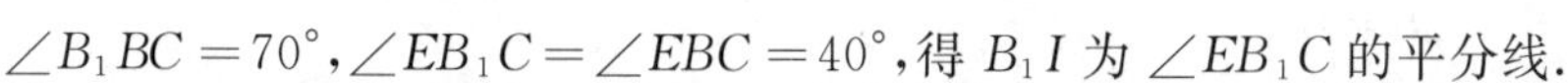
$\angle B_1BC=70^\circ$，$\angle EB_1C=\angle EBC=40^\circ$，得 B_1I 为 $\angle EB_1C$ 的平分线.

由 $\angle B_1EA=\angle EB_1B+\angle EBB_1=60^\circ=\angle ABC+\angle BCE=\angle AEC$，可知 EA 为 $\angle B_1EC$ 的平分线，有 D 为 $\triangle ECB_1$ 的内心，得 $\angle DCA=10^\circ$，进而 $\angle DCB=\angle ACB-\angle DCA=30^\circ$.

所以 $\angle DCB=30^\circ$.

解 6　如图 333.6，设直线 DI 交 BC 于 E，直线 IC 交 AB 于 F，连 EF.

由 $BD=BI$，$\angle DBI=20^\circ$，可知 $\angle BDE=80^\circ$，有 $\angle DEB=60^\circ$.

由 $\angle AFC=\angle ABC+\angle FCB=60^\circ=\angle DEB$，可知 B，E，I，F 四点共圆.

在$\triangle CEF$中,由$\angle EFC=\angle EBI=\angle ECI$,可知$FE=EC$.

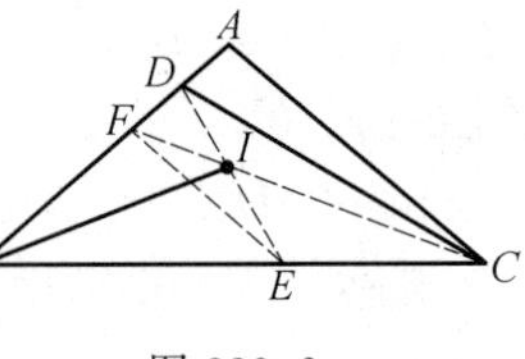

图 333.6

在$\triangle DEF$中,由$\angle DEF=\angle IBF=20°$,$\angle DFE=80°$,可知$\angle EDF=80°=\angle DFE$,有$DE=FE=CE$,即$E$为$\triangle CDF$的外心,于是$\angle DCF=\frac{1}{2}\angle DEF=10°$,得$\angle ECD=30°$.

所以$\angle DCB=30°$.

解 7 如图 333.7,过C作BI的平行线交直线AI于E,连EB,ED.

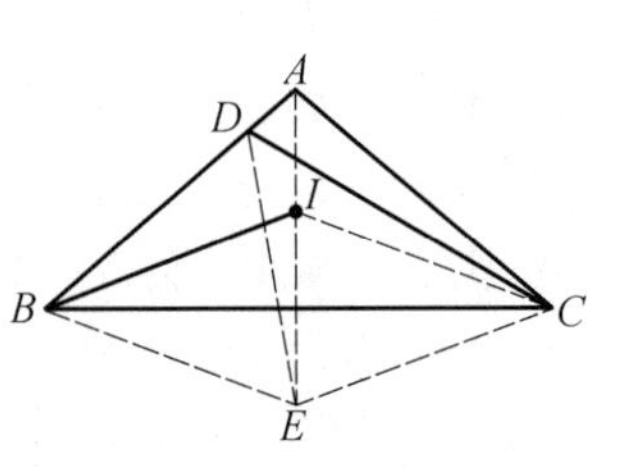

图 333.7

显然E与I关于BC对称,可知$BE=BI$,$\angle EBC=\angle IBC=20°$.

由$BD=BI$,可知$BD=BE$.

显然$\angle DBE=60°$,可知$\triangle DBE$为正三角形,有$ED=EB=EC$,$\angle DEC=80°$.

由$\angle DAC=100°$,可知$\angle DAC+\angle DEC=180°$,有$A$,$D$,$E$,$C$四点共圆,于是$\angle ECD=\angle EAD=50°$.

所以$\angle DCB=30°$.

解 8 如图 333.8,设G为D关于BC的对称点,直线DI交GC于F,DF交BC于E,连GB,GD,GI,GE,CI.

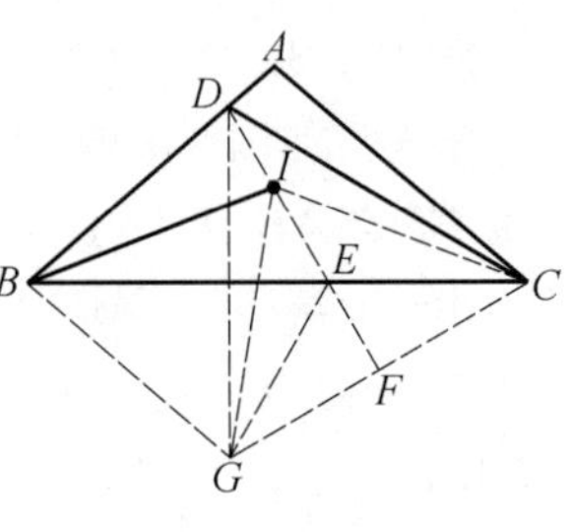

图 333.8

显然$\angle GBC=\angle ABC=40°$,$BG=BD=BI$.

由$\angle GBI=\angle GBC+\angle IBC=60°$,可知$\triangle GBI$为正三角形,有$IG=IB=IC$,即$I$为$\triangle GCB$的外心,于是$\angle GCB=\frac{1}{2}\angle GIC=30°$.

所以$\angle DCB=30°$.

解 9 如图 333.9,设直线CI交AB于E,直线BI交AC于F,$\triangle ABF$的外接圆交BC于G,$\triangle AEC$的外接圆交BC于H,连辅助线如图.

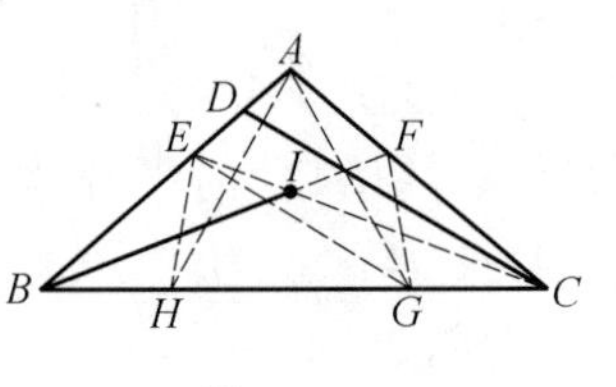

图 333.9

显然$\angle AGB=\angle AFB=60°$.

同理$\angle AHC=60°$,可知$\triangle AHG$为正三角形.

由A,E,H,C四点共圆,CE平分$\angle ACH$,可知$EH=EA$,有EG为AH的中垂线,于是$\angle EGB=30°$.

显然 $\angle BGF = 180^\circ - \angle BAC = 80^\circ$,可知 $BG = BF$.

由 $\angle EIB = \angle IBC + \angle ICB = 40^\circ = \angle FCB$,可知 $\triangle EIB \backsim \triangle FCB$,有 $\frac{BE}{BD} = \frac{BE}{BI} = \frac{BF}{BC} = \frac{BG}{BC}$,于是 $EG \parallel DC$.

所以 $\angle DCB = \angle EGB = 30^\circ$.

解 10 如图 333.10,设直线 ID 与 CA 相交于 F,直线 CI 与 AB 相交于 E,连 FB,FE.

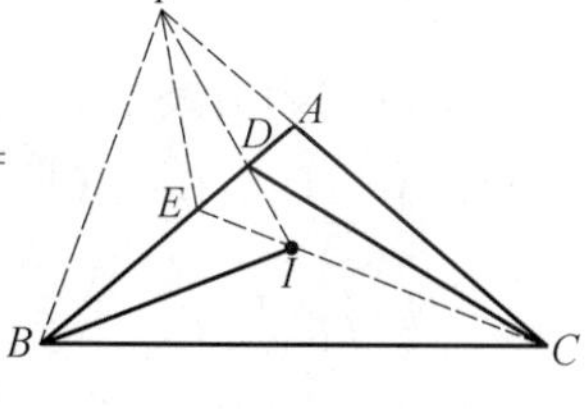

图 333.10

由 $AB = AC$,$\angle BAC = 100^\circ$,可知 $\angle ABC = \angle ACB = 40^\circ$.

由 I 为 $\triangle ABC$ 的内心,可知 $\angle IBA = 20^\circ$.

由 $BD = BI$,可知 $\angle BDI = \angle BID = 80^\circ$,有 $\angle FDA = 80^\circ = \angle FAD$,于是 $\angle IFC = 20^\circ = \angle IBC$,得 F 与 B 关于 EC 对称.

显然 $\angle FEC = \angle BEC = 120^\circ$,可知 $\angle FEB = 120^\circ = \angle CEB$,即 AB 平分 $\angle FEC$.

显然 $\angle EFC = \angle EBC = 40^\circ$,可知 FD 平分 $\angle EFC$,有 D 为 $\triangle EFC$ 的内心,于是 $\angle DCA = 10^\circ$.

所以 $\angle DCB = 30^\circ$.

本文参考自:

《中等数学》2006 年 1 期 11 页.

第 334 天

《数学通报》1982 年 12 期 3 页

如图 334.1,在 $\triangle OPQ$ 中,$\angle POQ=120^\circ$,OR 为 $\angle POQ$ 的平分线.

求证:$\dfrac{1}{OP}+\dfrac{1}{OQ}=\dfrac{1}{OR}$.

证明 1 如图 334.1,过 P 作 RO 的平行线交直线 QO 于 A,过 Q 作 RO 的平行线交直线 PO 于 B.

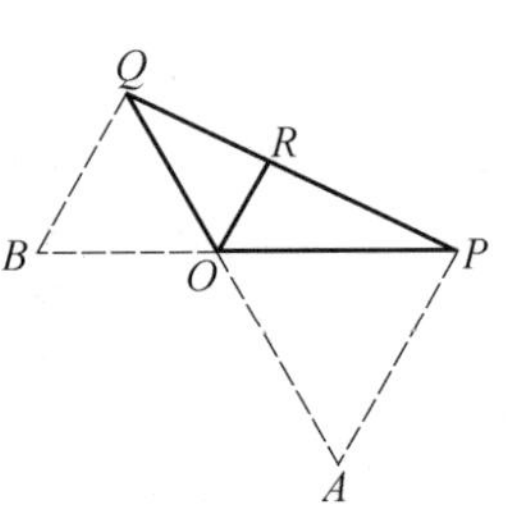

图 334.1

显然 $\triangle OAP$ 与 $\triangle OBQ$ 均为正三角形,可知 $AP=OP$,$BQ=OQ$.

显然 $\dfrac{OR}{OP}=\dfrac{OR}{AP}$,$\dfrac{OR}{OQ}=\dfrac{OR}{BQ}$,可知

$$\frac{OR}{OP}+\frac{OR}{OQ}=\frac{OR}{AP}+\frac{OR}{BQ}=\frac{QR}{QP}+\frac{RP}{QP}$$
$$=\frac{QR+RP}{QP}=\frac{QP}{QP}=1$$

所以 $\dfrac{1}{OP}+\dfrac{1}{OQ}=\dfrac{1}{OR}$.

证明 2 如图 334.2,过 R 作 OP 的平行线交 OQ 于 S. 显然 $\triangle ORS$ 为正三角形,可知

$$\frac{OR}{OP}=\frac{SR}{OP}=\frac{QS}{QO},\frac{OR}{OQ}=\frac{OS}{OQ}$$

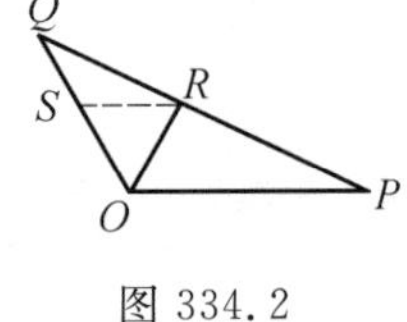

图 334.2

有

$$\frac{OR}{OP}+\frac{OR}{OQ}=\frac{QS}{QO}+\frac{OS}{OQ}=\frac{QS+OS}{OQ}=\frac{OQ}{OQ}=1$$

所以 $\dfrac{1}{OP}+\dfrac{1}{OQ}=\dfrac{1}{OR}$.

证明 3 如图 334.3,设直线 OR 交 $\triangle OPQ$ 的外接圆于 S,连 PS,QS.

显然 $\triangle RPO\backsim\triangle RSQ$,可知 $\dfrac{OR}{QR}=\dfrac{OP}{SQ}$,有 $\dfrac{OR}{OP}=\dfrac{QR}{SQ}=\dfrac{QR}{PQ}$.

显然 $\triangle RQO\backsim\triangle RSP$,可知 $\dfrac{OR}{RP}=\dfrac{OQ}{PS}$,有 $\dfrac{OR}{OQ}=\dfrac{PR}{PS}=\dfrac{PR}{PQ}$,于是

$$\frac{OR}{OP}+\frac{OR}{OQ}=\frac{QR}{PQ}+\frac{PR}{PQ}=\frac{QR+RP}{QP}=\frac{QP}{QP}=1$$

所以$\frac{1}{OP}+\frac{1}{OQ}=\frac{1}{OR}$.

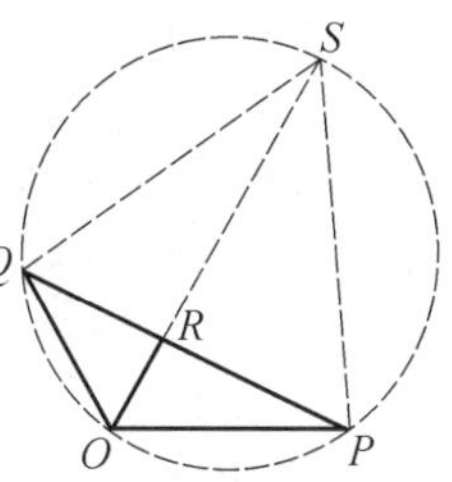

图 334.3

证明 4　如图 334.4,过 Q 作 OP 的垂线交直线 OR 于 S,连 PS.

由 $\angle POQ=120°$,OR 为 $\angle POQ$ 的平分线,可知直线 QS 与 OQ,OS 的交角都是 $30°$,OP 为 $\angle QOS$ 的平分线,可知 S 与 Q 关于 OP 对称,有 $PS=PQ$,OP 平分 $\angle QPS$.

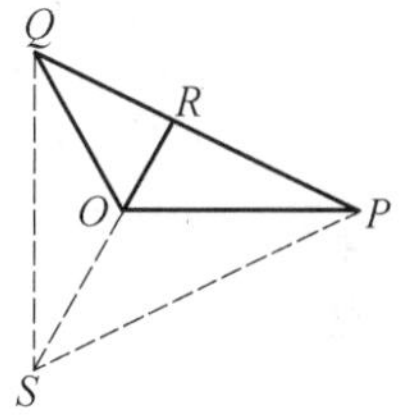

图 334.4

显然$\frac{OS}{OR}=\frac{PS}{PR}$,$\frac{QR}{PR}=\frac{OQ}{OP}$.易知

$$\frac{OQ}{OR}=\frac{OS}{OR}=\frac{PS}{PR}=\frac{PQ}{PR}=\frac{PR+RQ}{PR}$$
$$=1+\frac{QR}{PR}=1+\frac{OQ}{OP}$$

所以$\frac{1}{OP}+\frac{1}{OQ}=\frac{1}{OR}$.

证明 5　如图 334.5,过 Q 作 OP 的平行线交直线 OR 于 S,过 P 作 OR 的平行线交直线 QS 于 M.

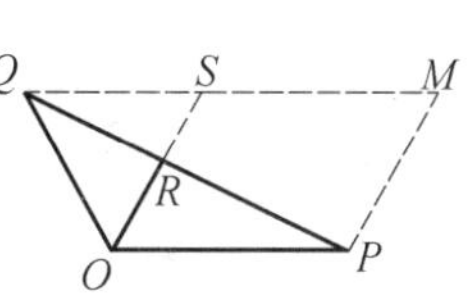

图 334.5

显然 $\triangle OSQ$ 为正三角形,四边形 $OPMS$ 为平行四边形.

由$\frac{OR}{RS}=\frac{OP}{QS}$,可知$\frac{OR}{RS+OR}=\frac{OP}{QS+OP}$,即

$$\frac{OR}{OS}=\frac{OP}{QS+OP}=\frac{OP}{QS+SM}=\frac{OP}{QM}$$

有

$$\frac{OR}{OQ}=\frac{OR}{OS}=\frac{OP}{QM}=\frac{SM}{QM}$$

易知$\frac{OR}{OP}=\frac{SR}{SQ}=\frac{MP}{QM}=\frac{SO}{QM}=\frac{SQ}{QM}$,可知

$$\frac{OR}{OP}+\frac{OR}{OQ}=\frac{SQ}{QM}+\frac{SM}{QM}=\frac{SQ+SM}{QM}=1$$

所以$\frac{1}{OP}+\frac{1}{OQ}=\frac{1}{OR}$.

证明 6　如图 334.6,过 P 作 OQ 的平行线交直线 OR 于 A,过 Q 作 OR 的平行线交直线 PO 于 B.

显然 $\triangle QBO$ 与 $\triangle AOP$ 都是正三角形,可知 $QB\ /\!/\ RO$,$AP\ /\!/\ QO$,$QB=$

OB, $AP=OP$.

由$\frac{OR}{RA}=\frac{QR}{RP}$，可知$\frac{OR}{RA+OR}=\frac{QR}{RP+QR}$，即$\frac{OR}{OA}=\frac{QR}{PQ}$，于是$\frac{OR}{OP}=\frac{OR}{OA}=\frac{QR}{PQ}$.

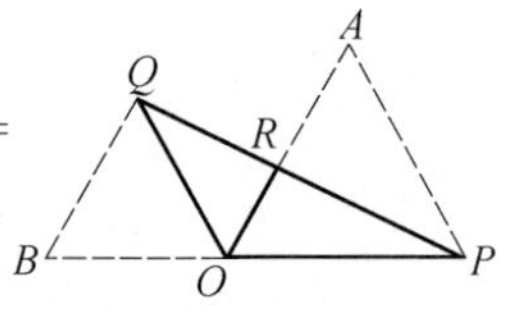

图 334.6

显然$\frac{OR}{BQ}=\frac{PR}{PQ}$，可知$\frac{OR}{OQ}=\frac{PR}{PQ}$，有

$$\frac{OR}{OP}+\frac{OR}{OQ}=\frac{QR}{PQ}+\frac{PR}{PQ}=\frac{QR+PR}{PQ}=1$$

所以$\frac{1}{OP}+\frac{1}{OQ}=\frac{1}{OR}$.

本文参考自：

《数学通报》1982 年 12 期 3 页.

第 335 天

《数学通报》1984 年 1 期

如图 335.1,AD 为 Rt$\triangle ABC$ 的斜边 BC 上的高线,P 为 AD 的中点,BP 交 AC 于 E,过 E 作 BC 的垂线,F 为垂足.求证:$EF^2=AE\cdot EC$.

证明 1 如图 335.1,过 D 作 BE 的平行线交 AC 于 G,连 AF,FG.

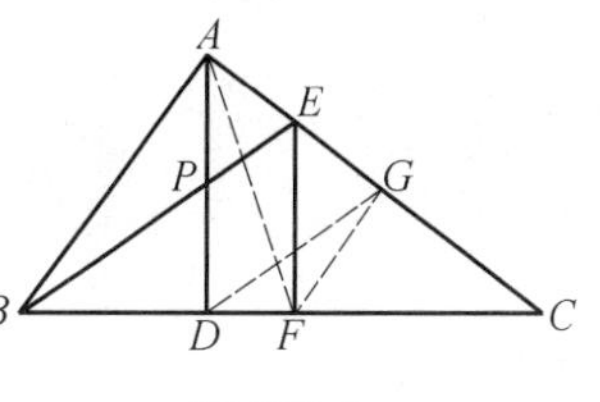

图 335.1

由 $AP=PD$,可知 $EG=AE$.

由 $BA\perp AC$,$EF\perp BC$,可知 A,B,F,E 四点共圆,有 $\angle EAF=\angle EBF=\angle GDF$,于是 A,D,F,G 四点共圆.

由 $AD\perp BC$,可知 $FG\perp EC$,有 $EF^2=EG\cdot EC=AE\cdot EC$.

所以 $EF^2=AE\cdot EC$.

证明 2 如图 335.2,过 D 作 BE 的平行线交 AC 于 G.

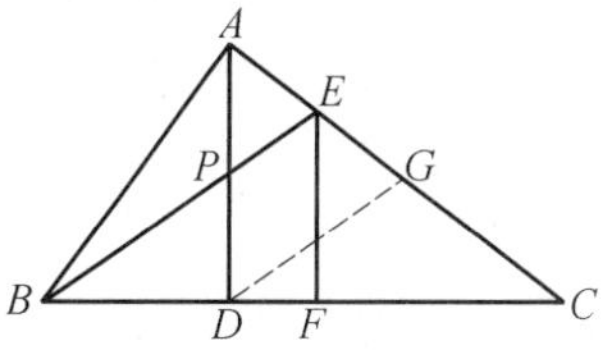

图 335.2

由 P 为 AD 的中点,可知 E 为 AG 的中点,有 $EG=AE$.

显然

$$\frac{BD}{BC}=\frac{EG}{EC}=\frac{AE}{EC} \tag{1}$$

显然 $AD\parallel EF$,可知

$$\frac{EF}{AD}=\frac{EC}{AC} \tag{2}$$

由 AD 为 Rt$\triangle ABC$ 的斜边 BC 上的高线,可知

$$AD^2=BD\cdot DC,AC^2=DC\cdot BC \tag{3}$$

将式(3)代入式$(2)^2$,得

$$EF^2=\frac{EC^2\cdot BD}{BC} \tag{4}$$

将式(1)代入式(4),得

$$EF^2=AE\cdot EC$$

证明 3 如图 335.3,设 G 为直线 AB 与 EF 的交点.

显然$\dfrac{GE}{AP}=\dfrac{AE}{BP}=\dfrac{EF}{PD}$.

由 P 为AD 的中点,即 $PA=PD$,可知 $EG=EF$.

由 AD 为 Rt$\triangle ABC$ 的斜边BC 上的高线,可知 $\angle G=\angle BAD=90^\circ-\angle DAC=\angle C$,有$G,A,P,C$ 四点共圆,于是 $EG\cdot EF=AE\cdot EC$.

所以 $EF^2=AE\cdot EC$.

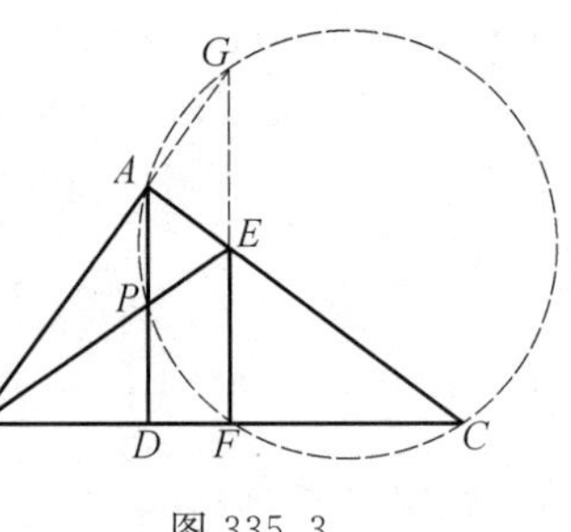

图 335.3

第 336 天

《数学通报》1985 年 10 期 48 页

已知 O 和 H 分别为锐角 $\triangle ABC$ 的外心和垂心，在 AB 上截线段 $AD=HA$，在 AC 上截线段 $AE=AO$. 试证：$DE=AE$.

证明 1 如图 336.1，设 CF 为圆 O 的直径，连 FA，FB.

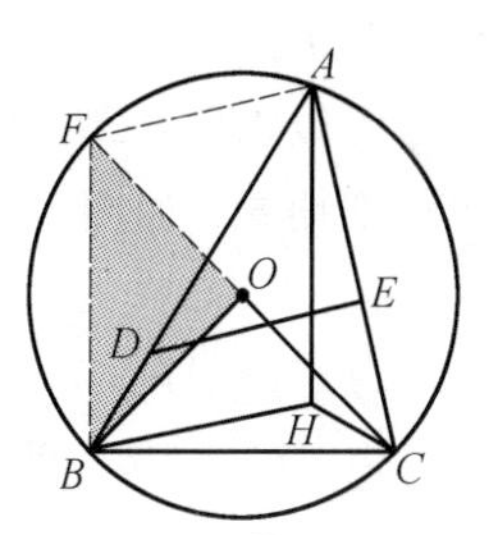

图 336.1

显然 $FA\perp AC$，$FB\perp BC$.

由 $BH\perp AC$，$AH\perp BC$，可知四边形 $AFBH$ 为平行四边形，有 $FB=AH=AD$.

显然 $\angle BFC=\angle BAC$，$FO=AO=AE$，可知 $\triangle FOB\cong\triangle AED$，有 $DE=BO=AO=AE$.

所以 $DE=AE$.

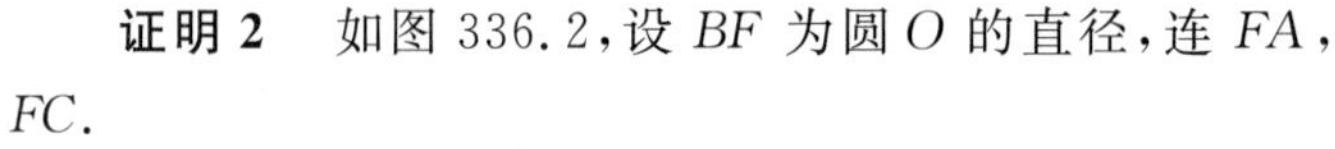

证明 2 如图 336.2，设 BF 为圆 O 的直径，连 FA，FC.

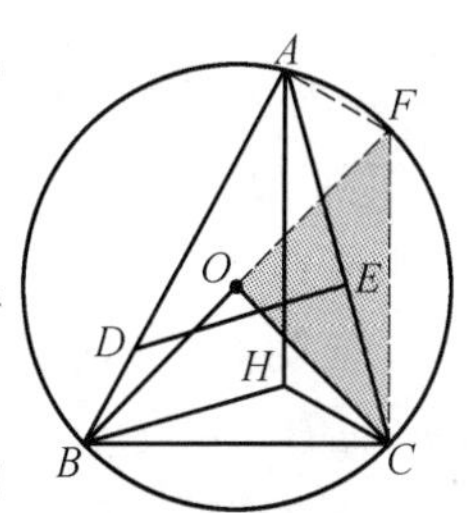

图 336.2

显然 $FA\perp AB$，$FC\perp BC$.

由 $CH\perp AB$，$AH\perp BC$，可知四边形 $AFCH$ 为平行四边形，有 $FC=AH=AD$.

显然 $\angle BFC=\angle BAC$，$FO=AO=AE$，可知 $\triangle FOC\cong\triangle AED$，有 $DE=CO=AO=AE$.

所以 $DE=AE$.

证明 3 如图 336.3，设 AG 为圆 O 的直径，直线 CH 交圆 O 于 F，C，连 AF，OF，BG.

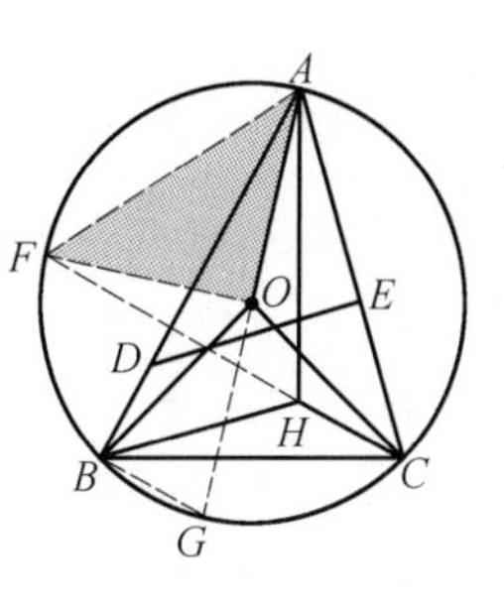

图 336.3

由 $\angle FAB=\angle FCB=\angle BAH$，$AB\perp FC$，可知 $AF=AH$.

由 $\angle BAG=90^\circ-\angle G=90^\circ-\angle ACB=\angle CAH$，可知 $\angle BAG+\angle FAB=\angle CAH+\angle BAH$，就是 $\angle FAG=\angle BAC$.

由 $AO=AE$，可知 $\triangle AFO\cong\triangle ADE$，有 $DE=FO=AO=AE$.

所以 $DE=AE$.

证明 4 如图 336.4,设直线 CH 交圆 O 于 F,C,连 FA,FO.

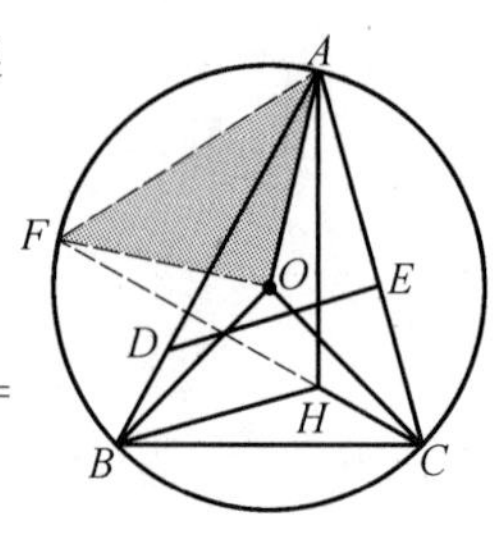

图 336.4

由 $\angle AFC=\angle ABC=90^\circ-\angle BAH=\angle AHF$.

由 $AB\perp FC$,可知 $AF=AH=AD$.

由 $AO=FO$,可知 $\angle OAF=\angle OFA$,有 $\angle FAO=90^\circ-\frac{1}{2}\angle AOF=90^\circ-\angle ACF=\angle BAC$.

由 $AO=AE$,可知 $\triangle AFO\cong\triangle ADE$,有 $DE=FO=AO=AE$.

所以 $DE=AE$.

证明 5 如图 336.5,设直线 BH 交圆 O 于 F,连 FA,FO.

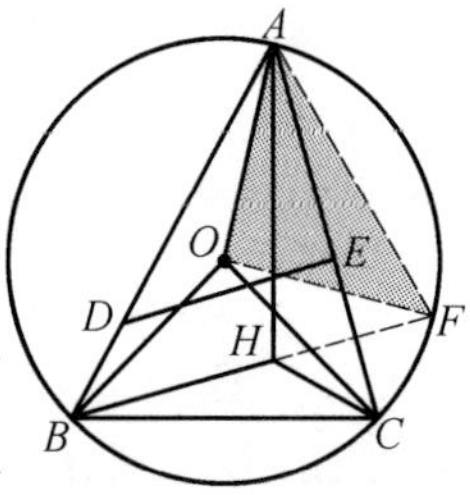

图 336.5

显然 $\angle AFB=\angle ACB=90^\circ-\angle CAH=\angle AHF$.

由 $AC\perp BF$,可知 $AF=AH=AD$.

由 $OA=OB$,可知 $\angle OAB=\angle OBA=90^\circ-\frac{1}{2}\angle AOB=90^\circ-\angle AFB=\angle FAC$,有 $\angle OAB+\angle OAC=\angle FAC+\angle OAC$,就是 $\angle BAC=\angle OAF$.

由 $AE=AO$,可知 $\triangle AED\cong\triangle AOF$,有 $DE=OF=OA=AE$.

所以 $DE=AE$.

证明 6 如图 336.6,设 F 为 O 关于 BC 的对称点,OF 与 BC 相交于 G,连 FC.

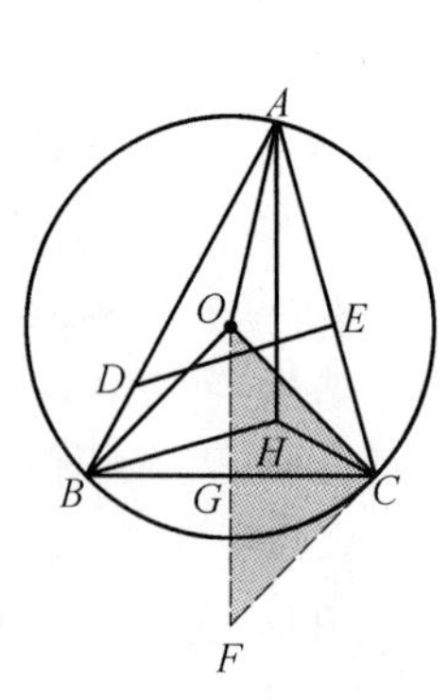

图 336.6

由 $OB=OC$,可知 OF 平分 $\angle BOC$,$FC=OC$,有 $\angle BAC=\frac{1}{2}\angle BOC=\angle COF$.

使用熟知的结论:$OG=\frac{1}{2}AH$,可知 $OF=AH=AD$.

由 $OC=OA=AE$,可知 $\triangle OCF\cong\triangle AED$,有 $DE=FC=OC=OA=AE$.

所以 $DE=AE$.

证明 7 如图 336.7,设直线 HC 交圆 O 于 F,C,直线 AH 交圆 O 于 A,G,连 GO,GF,GB,FB.

由 $OA=OC$,可知 $\angle OAC=\angle OCA=90^\circ-\frac{1}{2}\angle AOC=90^\circ-\angle ABC=$

$\angle BAG=\angle BFG$，即$\angle OAC=\angle BFG$.

同理$\angle OCA=\angle BGF$，可知$\triangle AOC\backsim\triangle FBG$，有$\frac{FB}{AO}=\frac{FG}{AC}=\frac{FH}{AH}=\frac{FH}{AD}$，于是$\frac{FB}{AE}=\frac{FB}{AO}=\frac{FH}{AD}$.

由$OA=OC$，可知$BF=BG$.

由$\angle BFH=\angle BFC=\angle BAC$，可知$\triangle BFH\backsim\triangle EAD$，有$\frac{BF}{AE}=\frac{BH}{DE}$.

显然$BH=BG=BF$.

所以$DE=AE$.

图 336.7

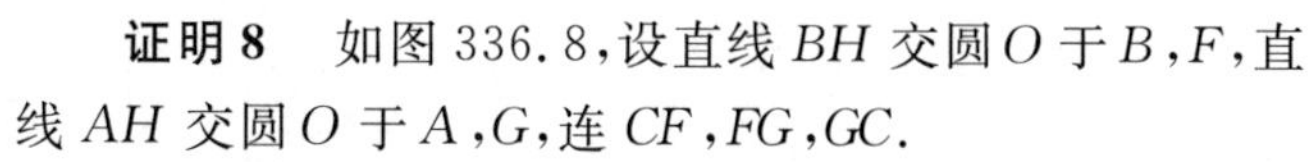

证明 8 如图336.8，设直线BH交圆O于B,F，直线AH交圆O于A,G，连CF,FG,GC.

(与证明7相同)

显然$\triangle CFG\backsim\triangle OAB$.

可知$\triangle CFH\backsim\triangle EAD$.

由$CH=CF$，可知$DE=AE$.

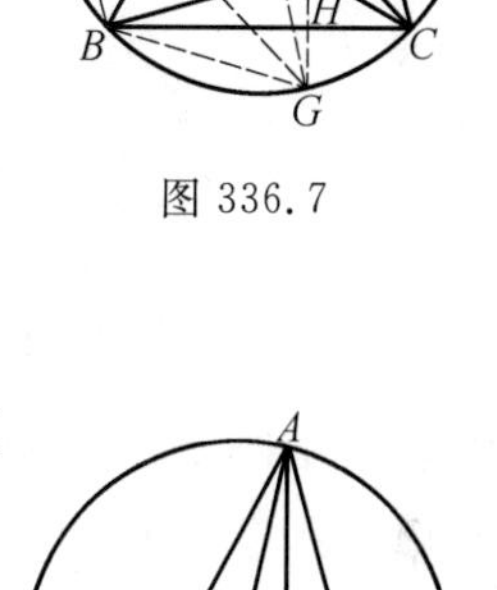

图 336.8

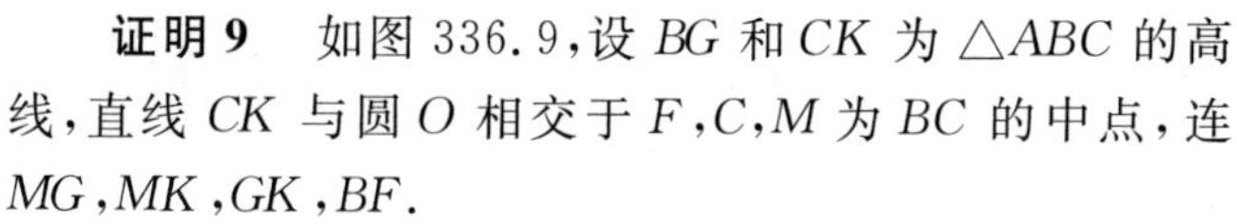

证明 9 如图336.9，设BG和CK为$\triangle ABC$的高线，直线CK与圆O相交于F,C,M为BC的中点，连MG,MK,GK,BF.

显然$MG=\frac{1}{2}BC=MK$.

显然B,C,G,K四点共圆，可知$\frac{KG}{BC}=\frac{KH}{BH}$，有

$$\frac{KG}{KM}=\frac{KG}{\frac{1}{2}BC}=\frac{2KG}{BC}=\frac{2KH}{BH}=\frac{FH}{BH}$$

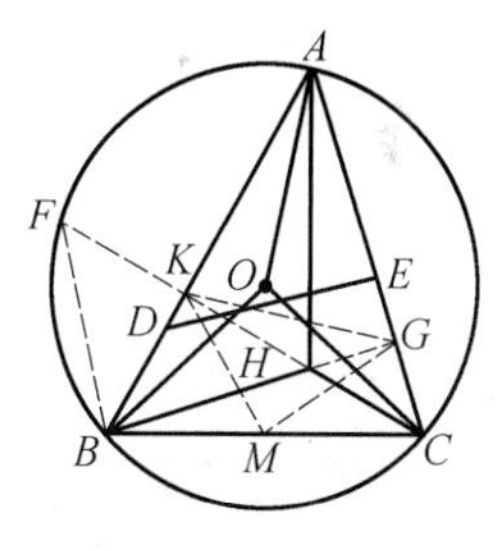

图 336.9

于是$\frac{KG}{FH}=\frac{KM}{BH}=\frac{GM}{BF}$，得$\triangle MGK\backsim\triangle BHF$.

利用证明7的结论：$\triangle BFH\backsim\triangle EAD$，可知$\triangle MGK\backsim\triangle EAD$，有$\frac{AE}{GM}=\frac{DE}{KM}$，于是$DE=AE$.

证明 10 如图336.10，设BG和CK为$\triangle ABC$的高线，直线BG与圆O相交于B,F,M为BC的中点，连MG,MK,GK,CF.

先证明$\triangle MGK\backsim\triangle CHF$，再利用已有的结论：$\triangle CHF\backsim\triangle EAD$，可知$\triangle EAD\backsim\triangle MGK$.

由 $GK=GM$，可知 $DE=AE$.

证明 11　如图 336.11，设 G 为 AC 的延长线上的一点，$BG=BA$，设 BL 和 CK 为 $\triangle ABC$ 的高线，直线 CK 交圆 O 于 F，C，连 BF.

显然 G 与 A 关于 BL 对称，可知 $\angle ABG=2\angle ABL=2\angle ACF=2\angle ABF=\angle HBF$.

由 $\angle BAG=\angle BFH$，可知 $\triangle ABG\backsim\triangle FBH$.

利用前面证明的结论：$\triangle AED\backsim\triangle FBH$，可知

$\triangle ABG\backsim\triangle AED$，有 $\dfrac{DE}{BG}=\dfrac{AE}{AB}$.

由 $AB=BG$，可知 $DE=AE$.

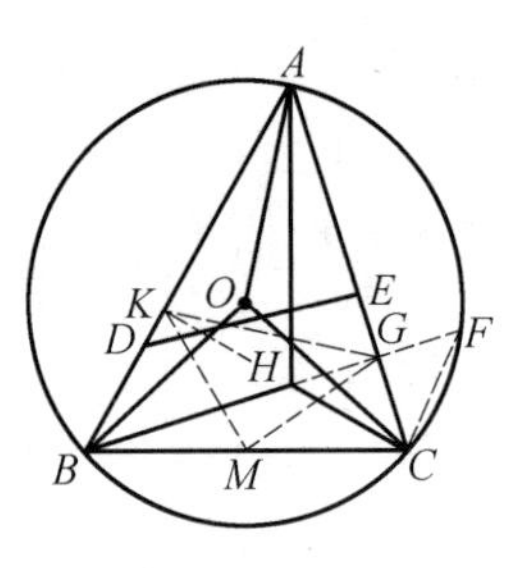

图 336.10

证明 12　如图 336.12，设 L 为 AB 的延长线上的一点，$CL=CA$，CK 和 BG 为 $\triangle ABC$ 的高线，直线 BG 交圆 O 于 B，F，连 CF.

显然 L 与 A 关于 KC 对称，可知 $\angle ACL=2\angle ACK=2\angle ABF=2\angle ACF=\angle HCF$.

由 $\angle CAL=\angle CFH$，可知 $\triangle ACL\backsim\triangle FCH$.

利用前面证明的结论：$\triangle AED\backsim\triangle FBH$，可知 $\triangle ACL\backsim\triangle AED$，有 $\dfrac{DE}{LC}=\dfrac{AE}{AC}$.

由 $AC=LC$，可知 $DE=AE$.

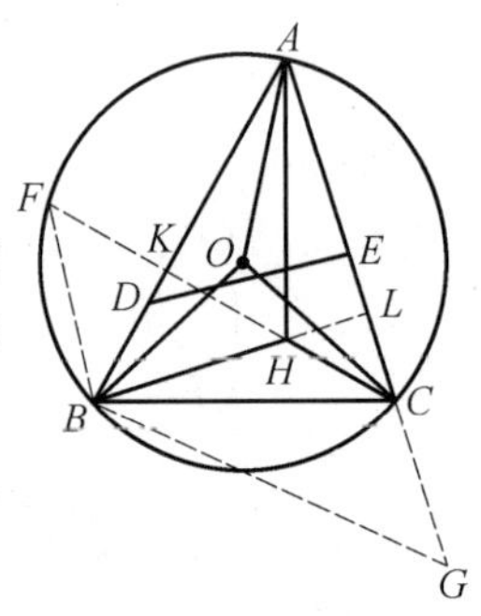

图 336.11

本文参考自：

《中学生数学》2004 年 1 期 15 页.

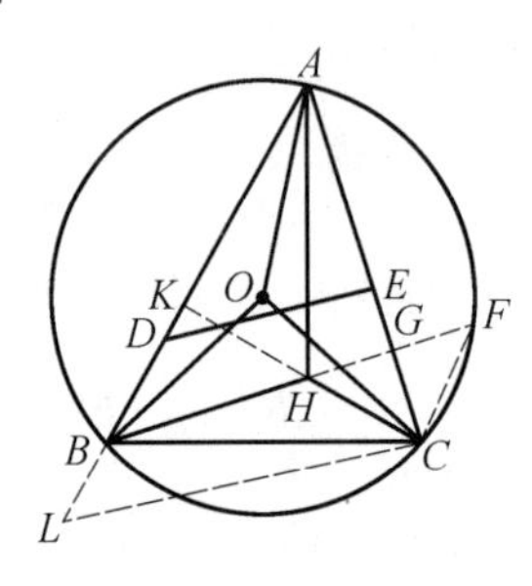

图 336.12

第 337 天

《数学通报》2002 年 4 期 46 页,《数学通报》1983 年 10 期 33 页

已知:如图 337.1,CD 是直角三角形的斜边 AB 上的高线,O_1,O_2 分别为 $\triangle ADC$ 和 $\triangle DBC$ 的内心,直线 O_1O_2 分别交 AC,BC 于 E,F.

求证:$CE=CD=CF$.

证明 1 如图 337.1,设 CD,EF 相交于 K,分别延长 DO_1,DO_2 交 AC,BC 于 P,Q,连 O_1C,O_2B.

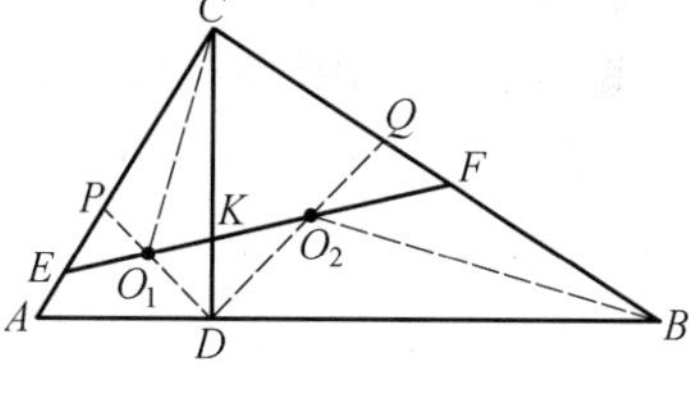
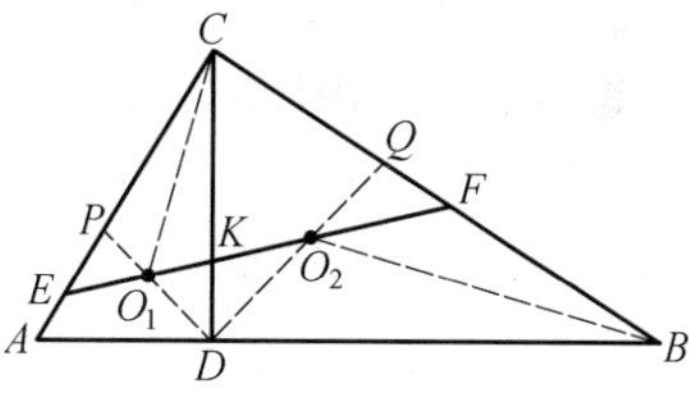

图 337.1

显然 $\triangle DO_1C \backsim \triangle DO_2B$,由此可知

$$\triangle DO_1O_2 \backsim \triangle DCB$$

有

$$\angle DO_1K=\angle DCB=\angle A$$

于是

$$\angle CKO_1=\angle DO_1K+45^\circ=\angle A+45^\circ=\angle CPO_1$$

得

$$\triangle CKO_1 \cong \triangle CPO_1$$

所以 $CK=CP$. 同理 $CK=CQ$.

所以 $CE=CD=CF$.

证明 2 如图 337.2,设 O 为 $\triangle ABC$ 的内心,连 AO,BO,CO,CO_1,CO_2,DO_2.

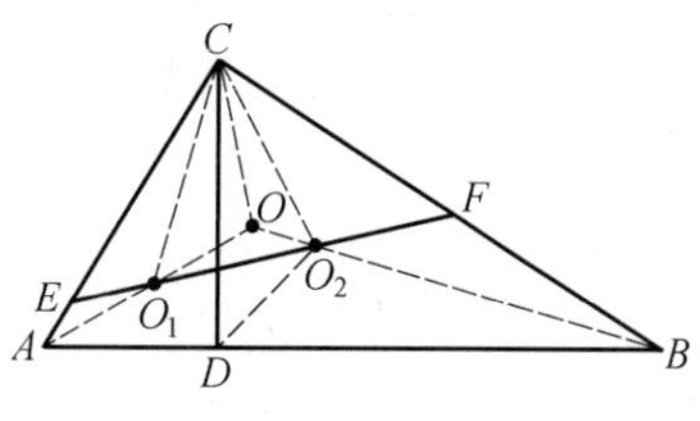

图 337.2

显然 O_1 在 AO 上,O_2 在 BO 上.

易知 $BO \perp CO_1$,$AO \perp CO_2$,可知 O 为 $\triangle O_1O_2C$ 的垂心,有 $CO \perp EF$.

由 $\angle OCA=\angle OCB$,可知 $CE=CF$.

易证 $\triangle CFO_2 \cong \triangle CDO_2$,可知 $CF=CD$.

所以 $CE=CD=CF$.

证明 3 如图 337.3,设 DO_1 交 AC 于 P,DO_2 交 BC 于 Q,连 PQ.

易证 $\triangle ADP \backsim \triangle CDQ$,可知$\dfrac{AD}{CD}=\dfrac{AP}{CQ}$.

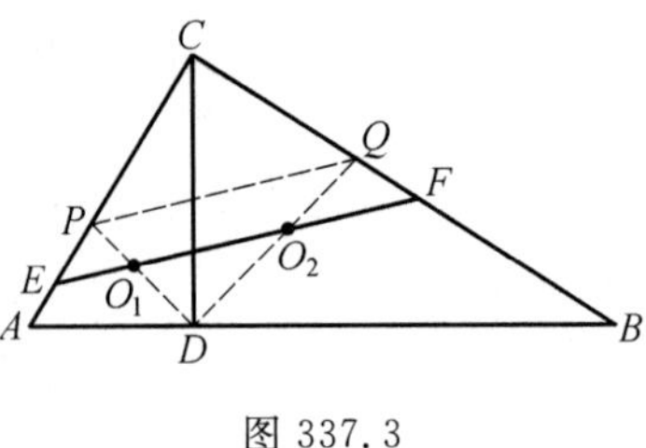

图 337.3

由 DP 平分 $\angle ADC$，可知 $\dfrac{AD}{CD}=\dfrac{AP}{PC}$，有 $\dfrac{AP}{CQ}=\dfrac{AP}{PC}$，于是 $PC=CQ$.

由 $\dfrac{CD}{AD}=\dfrac{CP}{PA}$，$\dfrac{CD}{DB}=\dfrac{CQ}{QB}$，可知 $\dfrac{AD}{AP}=\dfrac{DB}{QB}$.

但 $\dfrac{AD}{AP}=\dfrac{O_1D}{O_1P}$，$\dfrac{DB}{QB}=\dfrac{DO_2}{O_2Q}$，可知 $\dfrac{O_1D}{O_1P}=\dfrac{O_2D}{O_2Q}$，有 $EF\parallel PQ$，于是 $CE=CF$.

显然 D 与 F 关于 CO_2 对称.

所以 $CE=CD=CF$.

证明 4 如图 337.4，设直线 CO_1 与 AB 相交于 P，直线 CO_2 与 AB 相交于 Q，连 O_1A，O_1Q，O_2B，O_2P，O_2D.

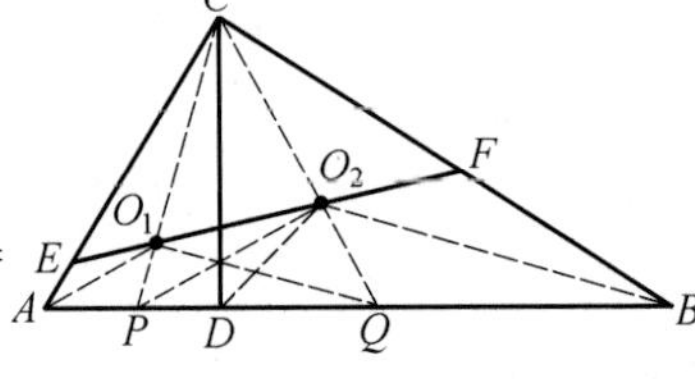

图 337.4

由 $AC\perp BC$，$CD\perp AB$，可知 $\angle CAB=\angle DCB$.

由 CP 平分 $\angle ACD$，可知 $\angle PCA+\angle CAB=\angle PCD+\angle DCB$，就是 $\angle CPB=\angle PCB$，有 $PB=CB$.

同理 $QA=CA$.

由 O_2B 平分 $\angle CBA$，可知 O_2B 为 PC 的中垂线，有 $O_2C=O_2P$.

显然 $\angle PCQ=\dfrac{1}{2}\angle ACB=45^\circ$，可知 $\angle O_2PC=45^\circ=\angle PCQ$，有 $\triangle O_2PC$ 为等腰直角三角形.

同理 $\triangle O_1CQ$ 为等腰直角三角形.

显然 $\angle O_2PC=45^\circ=\angle O_1QC$，可知 O_2，O_1，P，Q 四点共圆，有 $\angle O_1PA=\angle O_1O_2Q=\angle CO_2F$.

由 $\angle O_1AP=\angle O_2CF$，可知 $\angle CFE=\angle AO_1P=\angle O_1AC+\angle O_1CA=\dfrac{1}{2}(\angle CAD+\angle ACD)=45^\circ$，有 $\angle CEF=45^\circ=\angle CFE$，于是 $CE=CF$.

显然 D 与 F 关于 CQ 对称，可知 $CD=CF$.

所以 $CE=CD=CF$.

证明 5 如图 337.5，设直线 CO_1 与 AB 相交于 P，直线 CO_2 与 AB 相交于 Q，直线 QO_1 与 AC 相交于 G，连 PG，PO_2，O_1A，O_2B.

（同前，证明 O_2，O_1，P，Q 四点共圆）

由 $AC \perp BC$,$CD \perp AB$,可知 $\angle CAB = \angle DCB$.

由 CP 平分 $\angle ACD$,可知 $\angle PCA + \angle CAB = \angle PCD + \angle DCB$,就是 $\angle CPB = \angle PCB$,有 $PB = CB$.

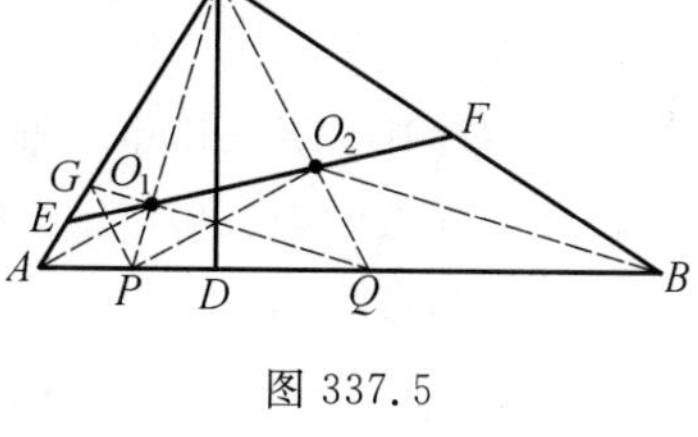

图 337.5

同理 $QA = CA$.

由 O_2B 平分 $\angle CBA$,可知 O_2B 为 PC 的中垂线,有 $O_2C = O_2D$.

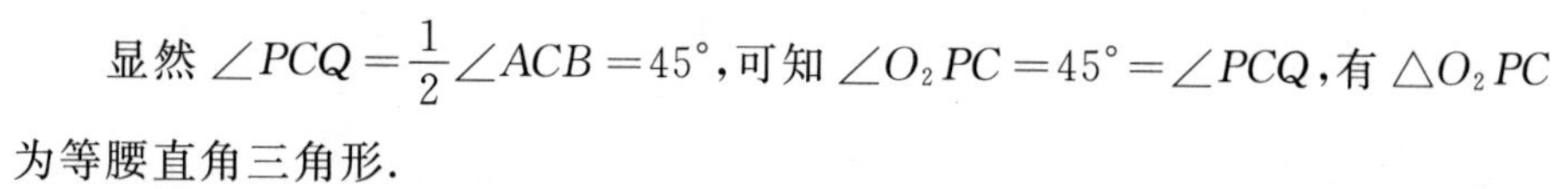
显然 $\angle PCQ = \frac{1}{2}\angle ACB = 45°$,可知 $\angle O_2PC = 45° = \angle PCQ$,有 $\triangle O_2PC$ 为等腰直角三角形.

同理 $\triangle O_1CQ$ 为等腰直角三角形.

显然 $\angle O_2PC = 45° = \angle O_1QC$,可知 O_2,O_1,P,Q 四点共圆,有 $\angle O_2O_1Q = \angle O_2PQ$.

由 AO_1,PO_2 同为 CQ 的垂线,可知 $AO_1 \parallel PO_2$,有 $\angle O_1PQ = \angle O_1AP = \frac{1}{2}\angle CAD = \frac{1}{2}\angle BCD = \angle FCQ$,于是 $\angle O_2O_1Q = \angle FCQ$,得 C,O_1,Q,F 四点共圆,进而 $\angle CFE = \angle CQO_1 = 45°$.

(以下同证明 4,略)

证明 6 如图 337.6,设 PO_2 与 QO_1 相交于 I,直线 CO_1 与 AB 相交于 P,直线 CO_2 与 AB 相交于 Q,连 O_1A,O_1D,O_2B,O_2D,O_1Q,O_2P.

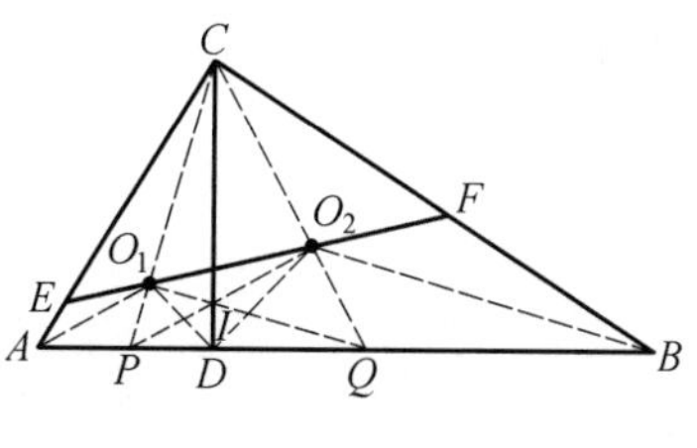

图 337.6

易知 I 为 $\triangle CPQ$ 的垂心,I 为 $\triangle DO_1O_2$ 的内心.

显然 $\angle DO_1O_2 = \angle DCF$,可知 C,O_1,D,F 四点共圆,有 $\angle CFE = \angle CDO_1$.

(以下同证明 4,略)

证明 7 如图 337.7.(孙哲)使用定理

$$CA \cdot \frac{CD}{CK} + CD \cdot \frac{CA}{CE} = CA + AD + CD$$

$$CB \cdot \frac{CD}{CK} + CD \cdot \frac{CB}{CF} = CB + DB + CD$$

(以下略)

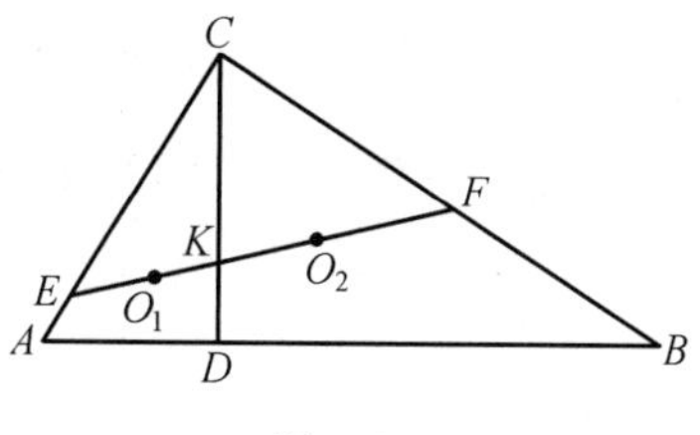

图 337.7

本文参考自：
1.《中学数学》1997 年 7 期.
2.《中学数学》1998 年 2 期.
3.《中学数学》1999 年 3 期.
4.《中学数学》1999 年 6 期 46 页.
5.《中学数学》2000 年 1 期 50 页.
6.《中等数学》1993 年 6 期.

第 338 天

《数学通报》1997 年 12 期 47 页问题 1102

由圆 O 外一点 A 引圆 O 的两条切线 AS，AT，S，T 为切点，过 A 引圆 O 的任一割线 APQ 交 ST 于 R. 若 M 为 PQ 的中点，则 $AP \cdot AQ = AR \cdot AM$.

证明 1 如图 338.1，连 OA，OS，OM.

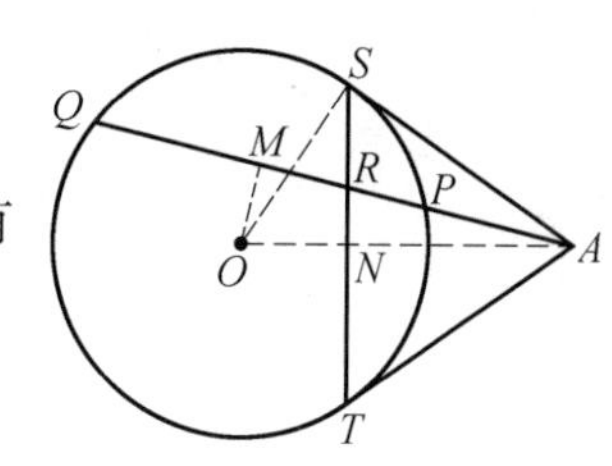

图 338.1

由 M 为 PQ 的中点，可知 $OM \perp PQ$.

由 AS，AT 为圆 O 的切线，可知 $ST \perp AO$，有 M，O，N，R 四点共圆，于是

$AR \cdot AM = AN \cdot AO = AS^2 = AP \cdot AQ$

所以 $AP \cdot AQ = AR \cdot AM$.

证明 2 如图 338.2，连 OM，OS，SM，OA.

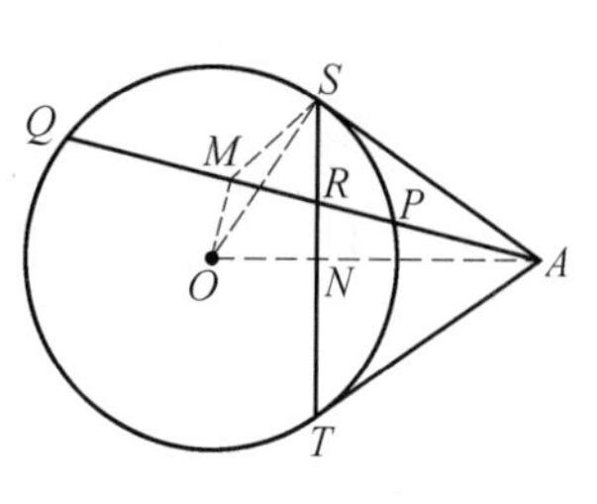

图 338.2

由 M 为 PQ 的中点，可知 $OM \perp PQ$.

由 AS 为圆 O 的切线，可知 $OS \perp AS$，有 M，O，A，S 四点共圆，于是 $\angle SMA = \angle SOA$.

由 AT，AS 为圆 O 的切线，可知 $ST \perp AO$，可知 $\angle SOA = \angle RSA$，有 $\angle RSA = SMA$，于是 $\triangle RSA \backsim \triangle SMA$，得 $AS^2 = AR \cdot AM$.

显然 $AS^2 = AP \cdot AQ$，可知

$$AP \cdot AQ = AR \cdot AM$$

证明 3 如图 338.3，连 AO.

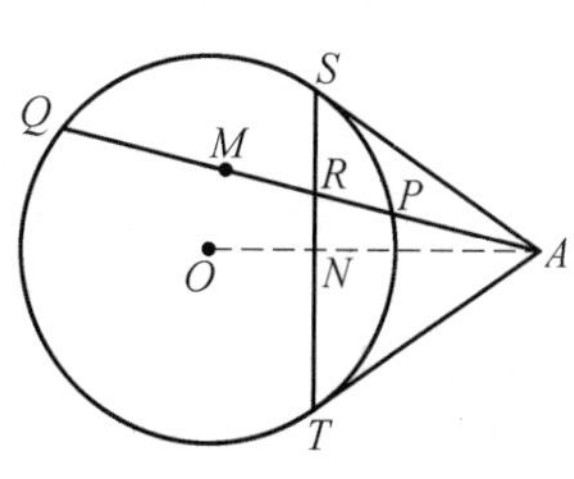

图 338.3

由 AS，AT 为圆 O 的切线，可知 AO 为 ST 的中垂线，有 N 为 ST 的中点.

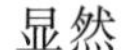
显然

$$\begin{aligned} RP \cdot RQ &= RS \cdot RT \\ &= (NS - NR)(NT + NR) \\ &= NS^2 - NR^2 \\ &= AS^2 - AR^2 \\ &= AP \cdot AQ - AR(AP + PR) \\ &= AP \cdot AQ - AP \cdot AR - AR \cdot PR \end{aligned}$$

可知

$$RP \cdot RQ = AP \cdot AQ - AP \cdot AR - AR \cdot PR$$

有

$$\begin{aligned} AP \cdot AQ - AP \cdot AR &= RP \cdot RQ + AR \cdot PR \\ &= PR(RQ + AR) \\ &= PR \cdot AQ \\ &= AQ(AR - AP) \\ &= AQ \cdot AR - AQ \cdot AP \end{aligned}$$

于是

$$AP \cdot AQ - AP \cdot AR = AQ \cdot AR - AQ \cdot AP$$

得

$$\begin{aligned} 2AP \cdot AQ &= AR \cdot AQ + AR \cdot AP \\ &= AR(AQ + AP) \\ &= 2AM \cdot AR \end{aligned}$$

即

$$2AP \cdot AQ = 2AM \cdot AR$$

所以

$$AP \cdot AQ = AR \cdot AM$$

证明 4 如图 338.4,连 PS,SQ,QT,TP.

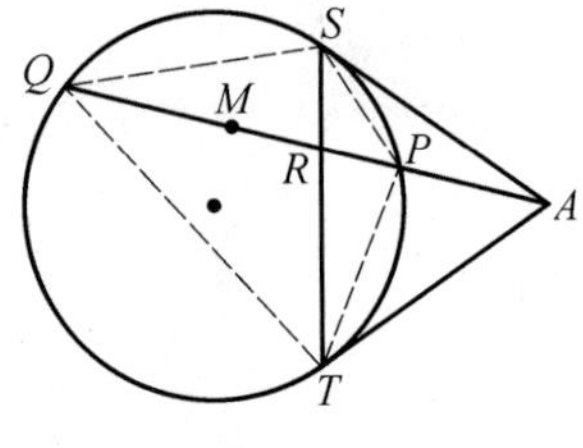

图 338.4

显然 $\triangle APS \backsim \triangle ASQ$,可知$\frac{AS}{AQ}=\frac{PS}{SQ}$.

显然 $\triangle APT \backsim \triangle ATQ$,可知$\frac{AT}{AQ}=\frac{PT}{TQ}$,有

$$\frac{PS}{SQ} \cdot \frac{PT}{TQ} = \frac{AS}{AQ} \cdot \frac{AT}{AQ} = \frac{AS^2}{AQ^2} = \frac{AP \cdot AQ}{AQ^2} = \frac{AP}{AQ}$$

于是

$$\frac{RP}{RQ} = \frac{S_{\triangle PST}}{S_{\triangle QST}} = \frac{PS \cdot PT}{QS \cdot QT} = \frac{AP}{AQ}$$

即

$$\frac{RP}{RQ} = \frac{AP}{AQ}$$

显然 $AP \cdot RQ = AQ \cdot RP$,可知

$$AP \cdot (AQ - AR) = AQ \cdot (AR - AP)$$

有

$$AP \cdot AQ - AP \cdot AR = AQ \cdot AR - AQ \cdot AP$$

于是

$$AQ \cdot AR + AP \cdot AR = 2AP \cdot AQ$$

得

$$AR \cdot (AP + AQ) = 2AP \cdot AQ$$

进而

$$2AM \cdot AR = 2AP \cdot AQ$$

所以

$$AP \cdot AQ = AR \cdot AM$$

证明5 如图338.5,设OA交ST于N,交圆O于E,直线QN交圆O于F,连FA,FO,NP,OQ,OS.

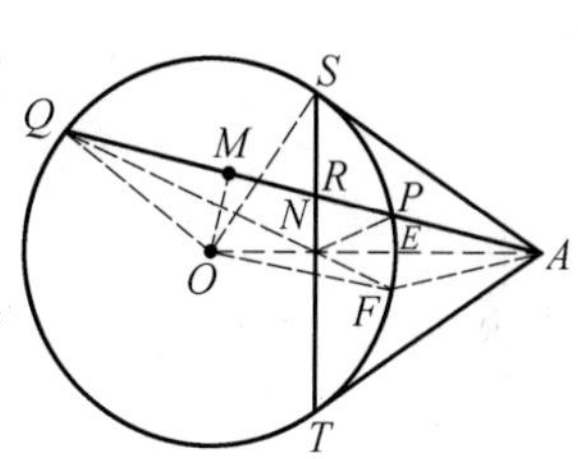

图338.5

显然S,O,T,A四点共圆,可知$NO \cdot NA = NS \cdot NT = NF \cdot NQ$,有$Q$,$O$,$F$,$A$四点共圆.

由$OF = OQ$,可知AO平分$\angle QAF$,有F与P关于AO对称,于是NA平分$\angle PNF$.

显然$ST \perp AO$,可知NR平分$\angle PNQ$,有

$$\frac{RP}{RQ} = \frac{NP}{NQ} = \frac{AP}{AQ}$$

即

$$\frac{RP}{RQ} = \frac{AP}{AQ}$$

显然$AP \cdot RQ = AQ \cdot RP$,可知

$$AP \cdot (AQ - AR) = AQ \cdot (AR - AP)$$

有

$$AP \cdot AQ - AP \cdot AR = AQ \cdot AR - AQ \cdot AP$$

于是

$$AQ \cdot AR + AP \cdot AR = 2AP \cdot AQ$$

得

$$AR \cdot (AP + AQ) = 2AP \cdot AQ$$

进而

$$2AM \cdot AR = 2AP \cdot AQ$$

所以

$$AP \cdot AQ = AR \cdot AM$$

注 此题的等价命题为第288天与第309天的内容.

附　　录

由$\frac{AP}{AQ}=\frac{RP}{RQ}$到$AP\cdot AQ=AR\cdot AM$的证明：

显然$AP\cdot RQ=AQ\cdot RP$，可知

$$AP\cdot(AQ-AR)=AQ\cdot(AR-AP)$$

有

$$AP\cdot AQ-AP\cdot AR=AQ\cdot AR-AQ\cdot AP$$

于是

$$AQ\cdot AR+AP\cdot AR=2AP\cdot AQ$$

得

$$AR\cdot(AP+AQ)=2AP\cdot AQ$$

进而

$$2AM\cdot AR=2AP\cdot AQ$$

所以

$$AP\cdot AQ=AR\cdot AM$$

由$\frac{AP}{AQ}=\frac{RP}{RQ}$到$\frac{1}{AP}+\frac{1}{AQ}=\frac{2}{AR}$的证明：

显然$AP\cdot RQ=AQ\cdot RP$，可知

$$AP\cdot(AQ-AR)=AQ\cdot(AR-AP)$$

有

$$AP\cdot AQ-AP\cdot AR=AQ\cdot AR-AQ\cdot AP$$

于是

$$AQ\cdot AR+AP\cdot AR=2AP\cdot AQ$$

所以

$$\frac{1}{AP}+\frac{1}{AQ}=\frac{2}{AR}$$

本文参考自：

《中等数学》2001年4期23页.

第 339 天

《数学教学》2004 年 12 期 48 页,《数学通报》1994 年 10 期 48 页

设点 M 是 $\triangle ABC$ 的边 BC 的中点,O 是内切圆的中心,AH 是高,E 为直线 MO 和 AH 的交点.

求证:AE 等于内切圆半径 r.

证明 1 如图 339.1,设 P 为 BC 与 $\triangle ABC$ 的内切圆的切点,连 OP.

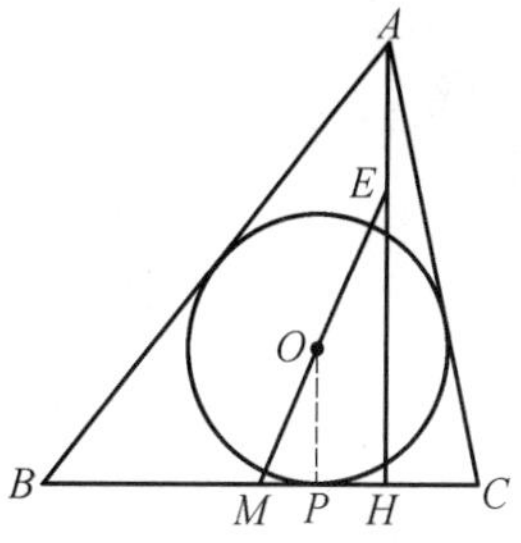

设 $BC=a,CA=b,AB=c,r$ 为 $\triangle ABC$ 的内切圆的半径.

由 M 为 BC 的中点,可知 $MC=\frac{a}{2}$.

由 CM 为圆 O 的切线,可知 $PC=\frac{a+b-c}{2}$.

图 339.1

由余弦定理,可知

$$a^2+b^2-c^2=2ab\cos C=2a\cdot HC$$

有

$$HC=\frac{a^2+b^2-c^2}{2a}$$

显然 $OP\perp BC,AH\perp BC$,可知 $OP /\!/ AH$,有

$$\triangle OMP\backsim\triangle EMH$$

于是

$$\frac{EH}{OP}=\frac{MH}{MP}=\frac{MC-HC}{MC-PC}=\frac{a-2HC}{c-b}$$

$$=\frac{a^2-a^2-b^2+c^2}{a\cdot(c-b)}=\frac{b+c}{a}$$

得

$$\frac{b+c}{a}=\frac{EH}{OP}=\frac{EH}{r}$$

显然 $AH\cdot a=S_{\triangle ABC}=r\cdot(a+b+c)$,可知

$$\frac{AH}{r}=\frac{a+b+c}{a}$$

显然 $AE=AH-EH$，可知

$$\frac{AE}{r}=\frac{AH}{r}-\frac{EH}{r}=\frac{a+b+c}{a}-\frac{b+c}{a}=1$$

有 $AE=r$，所以 AE 等于内切圆半径 r.

证明2 如图339.2，设 P 为 BC 与 $\triangle ABC$ 的内切圆的切点，直线 PO 交圆 O 于 F，过 F 作 BC 的平行线分别交 AB，AC 于 K，L，设直线 AF 交 BC 于 D.

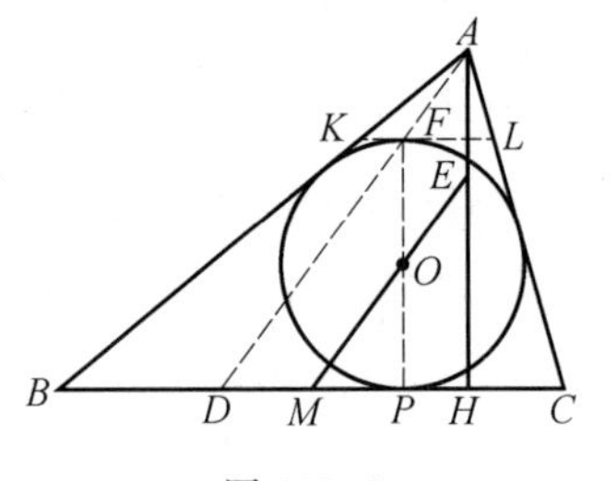

图339.2

熟知的结论：$BD=PC$. 证明如下：

显然四边形 $KBCL$ 为梯形，可知

$KF\cdot BP=FL\cdot PC=r^2$（$r$ 为圆 O 的半径）

有 $\frac{PC}{BP}=\frac{KF}{FL}$.

显然 $\frac{KF}{BD}=\frac{AF}{AD}=\frac{FL}{DC}$，可知 $\frac{KF}{BD}=\frac{FL}{DC}$，有 $\frac{BD}{DC}=\frac{KF}{FL}$，于是 $\frac{BD}{DC}=\frac{PC}{BP}$，得 $\frac{BD}{DC+BD}=\frac{PC}{BP+PC}$，即 $\frac{BD}{BC}=\frac{PC}{BC}$.

所以 $BD=PC$.

由 $PC=BD$，$MC=BM$，可知 M 为 DP 的中点.

由 O 为 FP 的中点，可知 $AF\parallel EO$.

显然 $FO\parallel AE$，可知四边形 $AFOE$ 为平行四边形，有 $AE=FO=r$，于是 $AE=r$.

所以 AE 等于内切圆半径 r.

第 340 天

《数学通报》2002 年 3 期 46 页

Rt$\triangle ABC$ 的内切圆与斜边 BC 相切于点 T.

求证:$BT\cdot TC$ 等于 $\triangle ABC$ 的面积.

证明1 如图 340.1,设 $BC=a,CA=b,AB=c$, $BT=x,TC=y$,$\triangle ABC$ 的内切圆半径为 r.

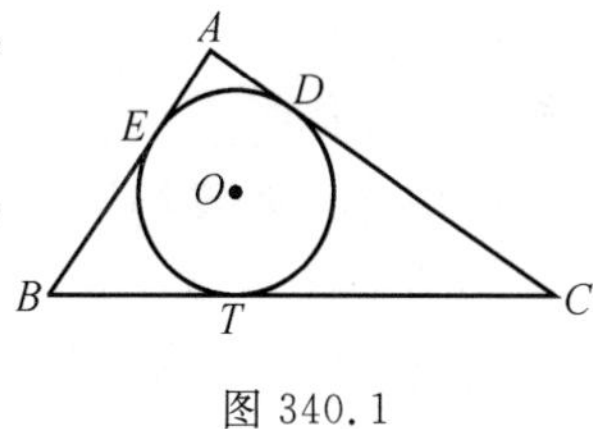

图 340.1

显然 $x+y=a,BE=x,CD=y,AE=AD=r$, $x+r=c,y+r=b$,可知

$$x+y+r=p=\frac{1}{2}(a+b+c)$$

由

$$\begin{aligned}S_{\triangle ABC}&=\frac{1}{2}AB\cdot AC\\&=\frac{1}{2}(x+r)\cdot(y+r)\\&=\frac{1}{2}(xy+xr+yr+r^2)\\&=\frac{1}{2}xy+\frac{1}{2}(x+y+r)r\\&=\frac{1}{2}xy+\frac{1}{2}pr\\&=\frac{1}{2}xy+\frac{1}{2}S_{\triangle ABC}\end{aligned}$$

可知

$$S_{\triangle ABC}=\frac{1}{2}xy+\frac{1}{2}S_{\triangle ABC}$$

有

$$S_{\triangle ABC}=xy=BT\cdot TC$$

所以 $BT\cdot TC$ 等于 $\triangle ABC$ 的面积.

证明2 如图 340.2,过 B 作 AC 的平行线,过 C 作 AB 的平行线得交点为 F,过 $\triangle ABC$ 的内心 O 作 AB 的平行线分别交 AC,BF 于 D,G,过 O 作 AC 的

平行线分别交 AB,CF 于 E,H,连 OB,OC,OT.

显然 D,E 为切点.

显然四边形 $ABFC$ 与四边形 $OGFH$ 均为矩形,$\text{Rt}\triangle FCB \cong \text{Rt}\triangle ABC$,当然有 $S_{\triangle FCB} = S_{\triangle ABC}$.

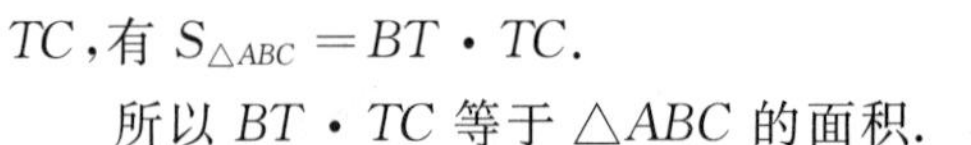

图 340.2

显然 D 与 T 关于 OC 对称,可知 $OH = DC = TC$.

同理 $OG = BT$.

易知 $\text{Rt}\triangle OBG \cong \text{Rt}\triangle BOT$,$\text{Rt}\triangle OCT \cong \text{Rt}\triangle COH$,可知 $S_{\triangle FCB} = S_{OGFH} = OG \cdot OH = BT \cdot TC$,有 $S_{\triangle ABC} = BT \cdot TC$.

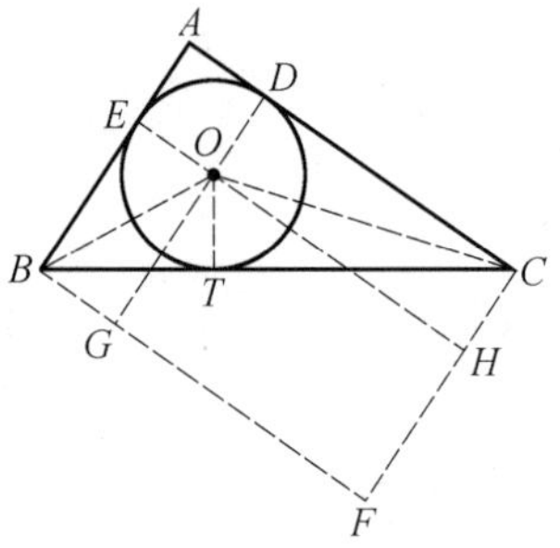

所以 $BT \cdot TC$ 等于 $\triangle ABC$ 的面积.

证明 3 如图 340.1,设 $BC = a$,$CA = b$,$AB = c$,$BT = x$,$TC = y$,$\triangle ABC$ 的内切圆半径为 r.

显然 $x + y = a$,$BE - x$,$CD = y$,$AE = AD = r$,$x + r = c$,$y + r = b$.

由 $(x + r)^2 + (y + r)^2 = (x + y)^2$,可知 $xr + yr + r^2 = xy$.

由

$$\begin{aligned} S_{\triangle ABC} &= \frac{1}{2} AB \cdot AC \\ &= \frac{1}{2}(x + r) \cdot (y + r) \\ &= \frac{1}{2}(xy + xr + yr + r^2) \\ &= xy = BT \cdot TC \end{aligned}$$

所以 $BT \cdot TC$ 等于 $\triangle ABC$ 的面积.

本文参考自:

《数学通报》1984 年 11 期.

第 341 天

《数学通报》1999 年 7 期

在 $\triangle ABC$ 中，$\angle ABC=40^{\circ}$，$\angle ACB=20^{\circ}$，P 为形内一点，$\angle PAB=20^{\circ}$，$\angle PBA=10^{\circ}$.

求 $\angle PCB$ 的度数.

解 1 如图 341.1，设 BC 的中垂线分别交直线 BA，BP 于 D，E，BE 交 AC 于 F，连 DF，DC，EC.

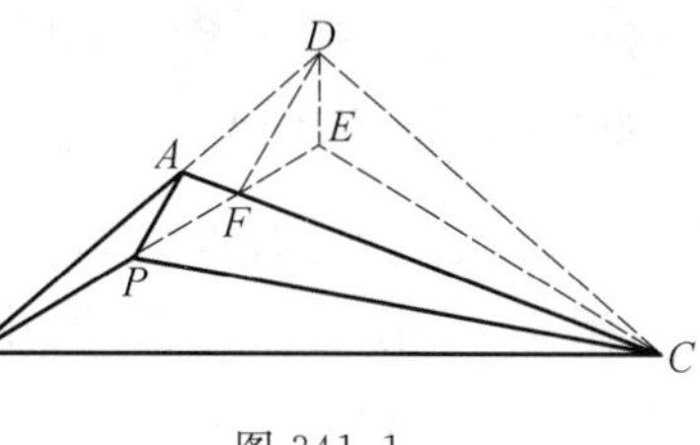

图 341.1

显然 $\angle DCB=\angle ABC=40^{\circ}$，$\angle ECB=\angle PBC=30^{\circ}$，可知 $\angle DEC=\angle DEB=120^{\circ}$，有 $\angle FEC=120^{\circ}=\angle DEC$.

易知 EC 平分 $\angle DCA$，可知 F 与 D 关于 EC 对称，有 $FC=DC$，$\angle FDC=80^{\circ}$，于是 $\angle FDB=20^{\circ}=\angle PAB$，得 $PA \parallel FD$.

由 AC 平分 $\angle BCD$，可知$\dfrac{BC}{FC}=\dfrac{BC}{DC}=\dfrac{BA}{AD}=\dfrac{BP}{PF}$，得 PC 平分 $\angle ACB$.

所以 $\angle PCB=\dfrac{1}{2}\angle ACB=10^{\circ}$.

解 2 如图 341.2，设 D 为 P 关于 BC 的对称点，连 DA 交 BC 于 E，连 EP，DP，DB，DC.

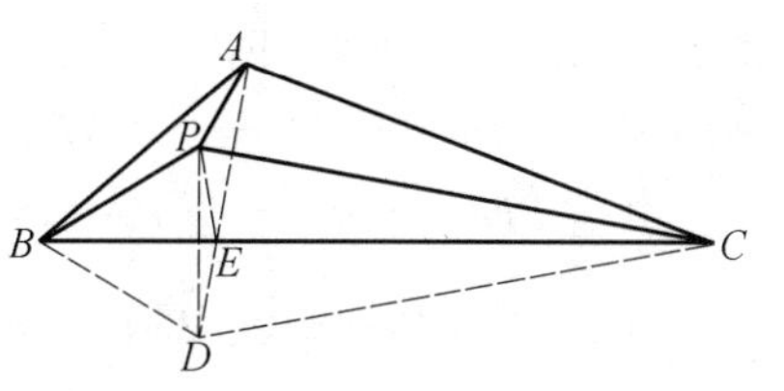

图 341.2

由 $\angle ABC=40^{\circ}$，$\angle ACB=20^{\circ}$，可知 $\angle BAC=120^{\circ}$.

由 $\angle PBC=30^{\circ}$，可知 $\triangle PBD$ 为正三角形，有 $\angle BPD=60^{\circ}$.

由 $\angle PAB=20^{\circ}$，$\angle PBA=10^{\circ}$，可知 $\angle APB=150^{\circ}$，有 $\angle APD=360^{\circ}-\angle APB-\angle BPD=150^{\circ}=\angle APB$，于是 D 与 B 关于 AP 对称，得 $\angle PDA=\angle PBA=10^{\circ}$，$\angle PAD=\angle PAB=20^{\circ}$.

显然 $\angle EPD=\angle PDA=10^{\circ}$，可知 $\angle PEA=20^{\circ}=\angle PAD$，有 $PA=PE$.

由 $\angle PEC=100^\circ=\angle PAC$,可知 E 与 A 关于 PC 对称.

所以 $\angle PCB=\frac{1}{2}\angle ACB=10^\circ$.

解 3 如图 341.3,设 $\angle ABC$ 的平分线交 AC 于 D,连 BD,PD.在 BD 上取一点 E,使 $BE=BA$,连 EA,EP.

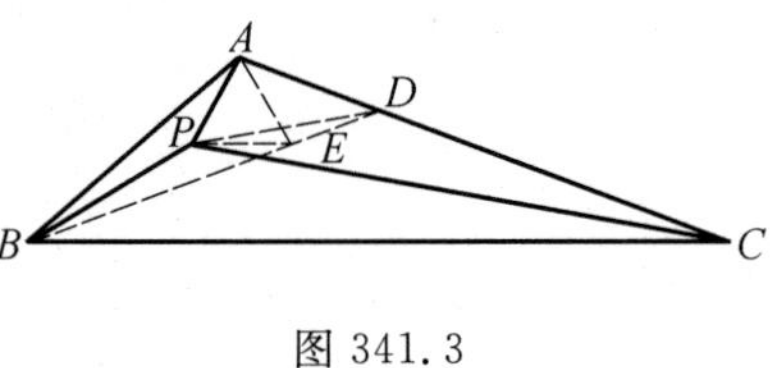

图 341.3

由 $\angle ABC=40^\circ$,$\angle ACB=20^\circ$,可知 $\angle BAC=120^\circ$.

由 $\angle DBC=\angle ACB=20^\circ$,可知 $\angle DBA=20^\circ$,$\angle PBD=10^\circ=\angle PBA$,有 BP 为 AE 的中垂线,$\triangle PEA$ 为正三角形,$\angle EAB=\angle AEB=80^\circ$,于是 $\angle EAD=40^\circ=\angle ADB$,得 $ED=EA=EP$.

显然 E 为 $\triangle PDA$ 的外心,可知 $\angle PDA=\frac{1}{2}\angle PEA=30^\circ=\angle PBC$,于是 P,B,C,D 四点共圆,得 $\angle PCB=\angle PDB=10^\circ$.

解 4 如图 341.4,在 BC 上取一点 D,使 $DC=AC$,连 DA,DP.设 AP 交 BC 于 F,过 F 作 BP 的垂线交 BA 于 E,连 EF.

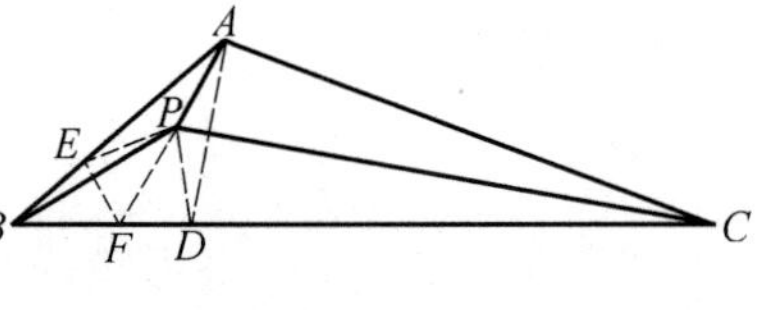

图 341.4

由 $\angle ABC=40^\circ$,$\angle ACB=20^\circ$,可知 $\angle BAC=120^\circ$.

由 $\angle ACB=20^\circ$,可知 $\angle DAC=\angle ADC=80^\circ$,有 $\angle DAB=40^\circ$,于是 AP 平分 $\angle DAB$.

由 $\angle FPB=\angle PAB+\angle PBA=30^\circ=\angle PBC$,可知 EF 为 BP 的中垂线,有 $\angle EPB=\angle PBA=10^\circ$,$\angle PFE=\angle BFE=60^\circ$,$\angle PFD=60^\circ=\angle PFE$,于是 D 与 E 关于 FA 对称,得 $\angle PDF=\angle PEF=80^\circ$,$\angle PDA=\angle PEA=\angle EPB+\angle PBA=20^\circ=\angle PAD$.

由 $\angle PDC=100^\circ=\angle PAC$,可知 D 与 A 关于 PC 对称.

所以 $\angle PCB=\frac{1}{2}\angle ACB=10^\circ$.

解 5 如图 341.5,在 BC 上取一点 F,使 $FC=AC$,连 AF.设 $\angle ABC$ 的平分线交 AF 于 E,在 BE 的延长线上取一点 D,使 $DE=PE$,连 DA,DF,PE,PF.

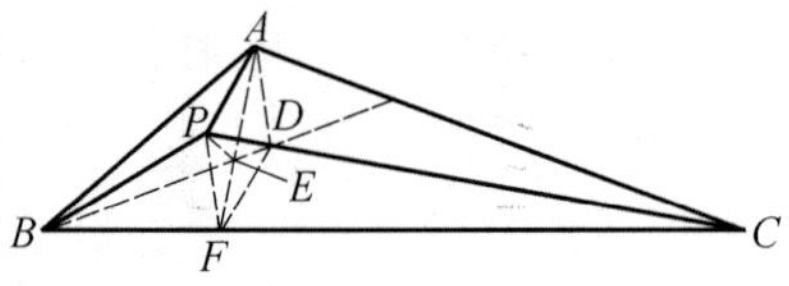

图 341.5

由 $\angle ABC=40^\circ$,$\angle ACB=20^\circ$,可知 $\angle BAC=120^\circ$.

由 $\angle ACB=20^\circ$,可知 $\angle FAC=\angle AFC=80^\circ$,有 $\angle FAB=40^\circ$.

由 $\angle PAB=20^\circ$,$\angle PBA=10^\circ$,可知 P 为 $\triangle EBA$ 的内心,有 $\angle PEA=\angle PEB=\frac{1}{2}\angle AEB=60^\circ$,于是 $\angle DEA=60^\circ=\angle PEA$,得 D 与 P 关于 AF 对称.

显然 $\angle DAF=\angle PAF=20^\circ=\angle DBF$,可知 A,B,F,D 四点共圆,有 $\angle DFA=\angle DBA=20^\circ$,于是 $\angle PFA=20^\circ=\angle PAF$,得 $PA=PF$,进而 PC 为 AF 的中垂线.

所以 $\angle PCB=\frac{1}{2}\angle ACB=10^\circ$.

注 P,D,C 三点共线,心照不宣.

第 342 天

《数学通报》1999 年 8 期问题 1208

在 $\triangle ABC$ 中，$\angle ABC=50^\circ$，$\angle ACB=30^\circ$，P 为形内一点，$\angle PAC=40^\circ$，$\angle PCA=10^\circ$.

求 $\angle PBC$ 的度数.

解 1 如图 342.1，以 BC 为一边在 $\triangle ABC$ 内作正 $\triangle DBC$，连 DA，DP.

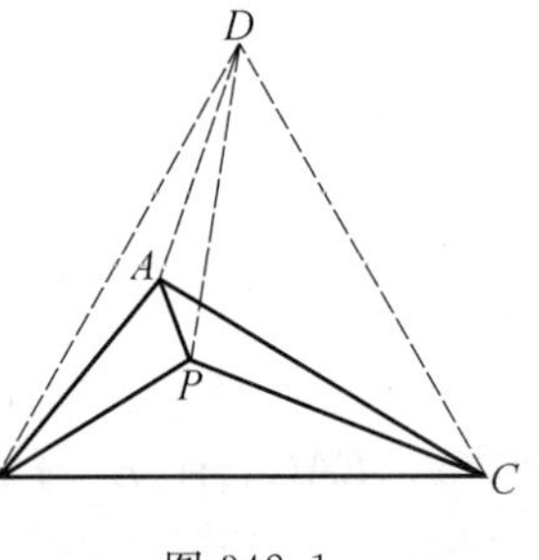

图 342.1

由 $\angle PAC=40^\circ$，$\angle PCA=10^\circ$，可知 $\angle APC=130^\circ$.

由 $\angle ACB=30^\circ$，可知 D 与 B 关于 AC 对称，有 $\angle ADC=\angle ABC=50^\circ$，于是 $\angle ADC+\angle APC=180^\circ$，得 P，C，D，A 四点共圆.

显然 $\angle PDC=\angle PAC=40^\circ=\angle PCD$，可知 BP 为 DC 的中垂线，有 $\angle PBC=\frac{1}{2}\angle DBC=30^\circ$.

所以 $\angle PBC=30^\circ$.

解 2 如图 342.2，设 BC 的中垂线分别交 AC 及 $\angle PCB$ 的平分线于 D，E 两点. 设 CE 交 BD 于 F，连 FA，FP，BE.

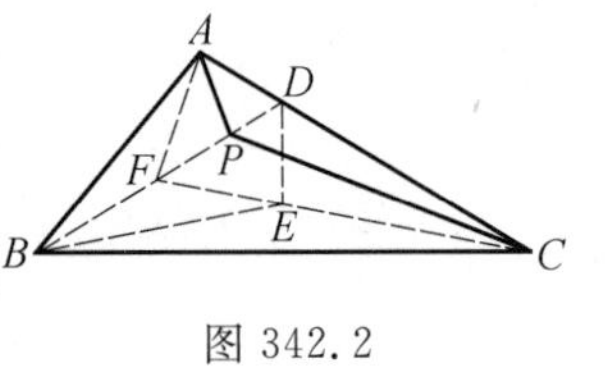

图 342.2

显然 $\angle DBC=\angle ACB=30^\circ$，可知 $\angle EDB=\angle EDC=\frac{1}{2}\angle BDC=60^\circ$，有 $\angle ADB=60^\circ=\angle EDB$.

由 $\angle EBC=\angle ECB=\frac{1}{2}\angle PCB=10^\circ$，$\angle ABC=50^\circ$，可知 BD 平分 $\angle ABE$，有 E 与 A 关于 BD 对称，于是 $\angle FAB=\angle FEB=\angle EBC+\angle ECB=20^\circ$，得 $\angle DFA=40^\circ=\angle DFC$，即 FD 为 $\angle AFC$ 的平分线.

由 $\angle ABC=50^\circ$，$\angle ACB=30^\circ$，可知 $\angle BAC=100^\circ$，有 $\angle FAC=\angle BAC-\angle FAB=80^\circ=2\angle PAC$，即 AP 平分 $\angle FAC$.

显然 PC 平分 $\angle FCA$，可知 P 为 $\triangle FCA$ 的内心，有 FP 为 $\angle AFC$ 的平分线，于是 F，P，D 三点共线，即点 P 在直线 BD 上.

所以 $\angle PBC=\angle DBC=30^\circ$.

解 3 如图 342.3,分别过 B,C 作 AC,AB 的垂线得交点 D,连 DA,DP.

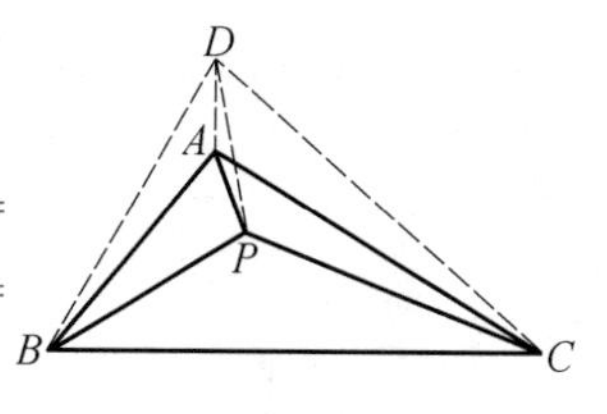

图 342.3

显然 A 为 $\triangle DBC$ 的垂心,可知 $\angle ADC=\angle ABC=50^\circ$,$\angle ADB=\angle ACB=30^\circ$,有 $\angle DBC=60^\circ$,$\angle DCB=40^\circ=2\angle PCB$.

由 $\angle PAC=40^\circ$,$\angle PCA=10^\circ$,可知 $\angle APC=130^\circ$,有 $\angle ADC+\angle APC=180^\circ$,于是 P,C,D,A 四点共圆.

显然 $\angle PDA=\angle PCA=10^\circ$,可知 $\angle PDC=40^\circ=\dfrac{1}{2}\angle BDC$,有 P 为 $\triangle DBC$ 的内心,于是 $\angle PBC=\dfrac{1}{2}\angle DBC=30^\circ$.

解 4 如图 342.4,设 BC 的中垂线分别交直线 BP,BA 于 D,E,连 EC.设 $\angle ECA$ 的平分线交 ED 于 F,连 FA,DP,DB.

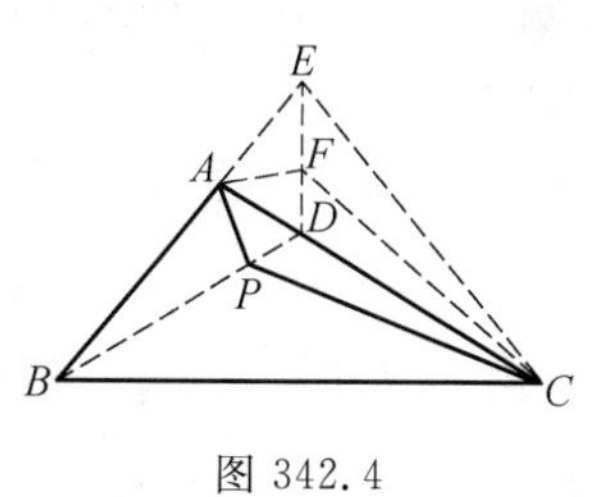

图 342.4

由 $\angle ECB=\angle ABC=50^\circ$,可知 $\angle BEC=80^\circ=\angle EAC$,有 E 与 A 关于 FC 对称,于是 $\angle FAC=\angle FEC=40^\circ=\angle PAC$.

由 $\angle FAC=\dfrac{1}{2}\angle ECA=10^\circ=\angle PCA$,可知 P 与 F 关于 AC 对称,有 $\angle ADP=\angle ADF=60^\circ$.

显然 $\angle DBC=\angle ACB=30^\circ$,可知 $\angle ADB=60^\circ=\angle ADP$,有 B,P,D 三点共线,于是 $\angle PBC=\angle DBC=30^\circ$.

所以 $\angle PBC=30^\circ$.

解 5 如图 342.1,设 D 为 B 关于 AC 的对称点,连 DA,DB,DC,DP.

显然 $\angle ADC=\angle ABC=50^\circ$.

由 $\angle ACB=30^\circ$,可知 $\triangle DBC$ 为正三角形.

由 $\angle PAC=40^\circ$,$\angle PCA=10^\circ$,可知 $\angle APC=130^\circ$.

由 $\angle ADC+\angle APC=180^\circ$,可知 P,C,D,A 四点共圆,有 $\angle PDC=\angle PAC=40^\circ=\angle PCD$,于是 BP 为 DC 的中垂线,得 $\angle PBC=\dfrac{1}{2}\angle DBC=30^\circ$.

所以 $\angle PBC=30^\circ$.

第 343 天

《数学通报》1998 年 7 期 1142 题

在 $\triangle ABC$ 中，$\angle ABC = 60°$，$\angle ACB = 40°$，P 为形内一点，$\angle PBA = 20°$，$\angle PAB = 10°$.

求 $\angle PCB$ 的度数.

解 1 如图 343.1，在 BC 上取一点 D，使 $\angle DAB = 20°$，设 $\angle PBC$ 的平分线交 AD 于 E，连 PD，PE.

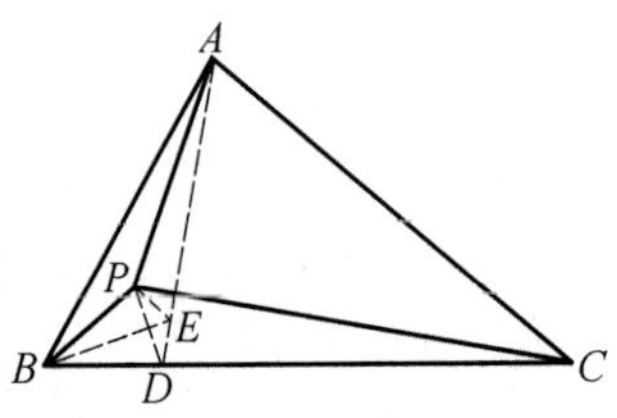

图 343.1

由 $\angle ABC = 60°$，$\angle ACB = 40°$，可知 $\angle BAC = 80°$.

由 $\angle PBE = \frac{1}{2}\angle PBC = 20° = \angle PBA$，$\angle PAD = 10° = \angle PAB$，可知 P 为 $\triangle EBA$ 的内心，有 $\angle PEB = \angle PEA = \frac{1}{2}\angle BEA = 60°$，于是 $\angle DEB = 60° = \angle PEB$，得 D 与 P 关于 BE 对称.

显然 $\angle PDB = \angle DPB = 70° = \angle PAC$，可知 P，D，C，A 四点共圆，有 $\angle PCA = \angle PDA = 30°$.

所以 $\angle PCB = \angle ACB - \angle PCA = 10°$.

解 2 如图 343.2，在 AC 上取一点 D，使 $AD = AB$，以 AP 为一边在 $\triangle APD$ 内作正 $\triangle APE$，连 DE，DP，DB.

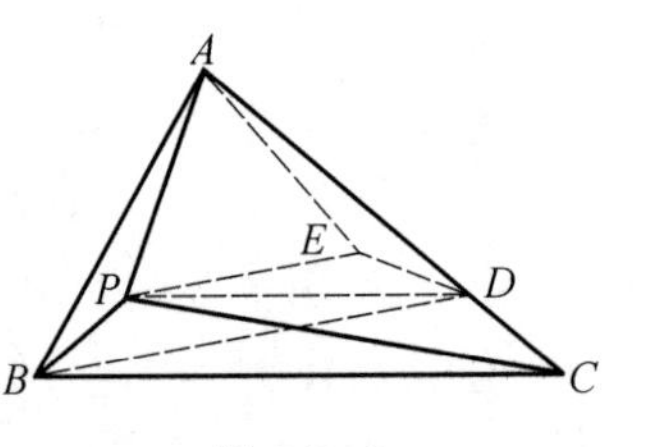

图 343.2

由 $\angle ABC = 60°$，$\angle ACB = 40°$，可知 $\angle BAC = 80°$.

显然 $\angle EAD = 10° = \angle PAB$，可知 $\triangle EAD \cong \triangle PAB$，有 $\angle AED = \angle APB = 150°$.

由 $\angle PED = 360° - \angle AED - \angle PEA = 150° = \angle AED$，可知 P 与 A 关于 ED 对称，有 $\angle PDA = 2\angle EDA = 40° = \angle ACB$，于是 $PD \parallel BC$.

由 $\angle PBC = 40° = \angle ACB$，可知四边形 $PBCD$ 为等腰梯形.

所以 $\angle PCB = \angle PDB = 10°$.

解 3 如图 343.2,在 AC 上取一点 D,使 $AD=AB$,连 DB,DP,以 BD 为一底,以 PB 为一腰作等腰梯形 $PBDE$.(以下略)

解 4 如图 343.3,在 AC 上取一点 D,使 $AD=AB$,连 DB,DP,以 BD 为一边在 $\triangle BCD$ 外作正 $\triangle BDE$,连 AE.

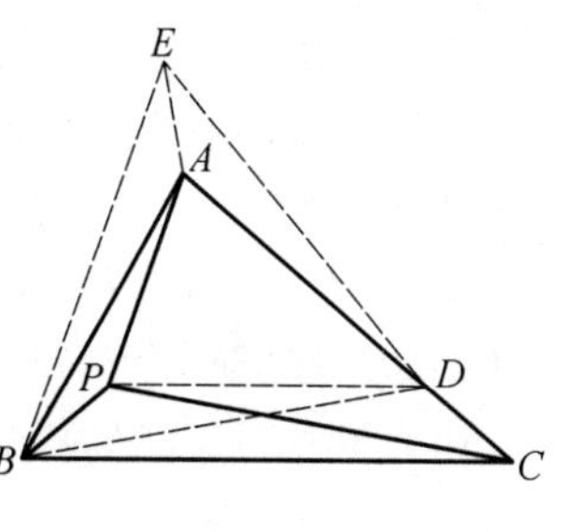

图 343.3

显然 EA 为 BD 的中垂线,可知 $\angle AEB=30°=\angle PBE$.

由 $\angle EBA=10°=\angle PAB$,可知 $PA \parallel BE$,有四边形 $PBEA$ 为等腰梯形,于是 $EA=PB$,得 $\triangle ADE \cong \triangle PDB$.

显然 $\angle PDB=\angle ADE=10°$,可知 $\angle ADP=40°=\angle ACB$,于是 $PD \parallel BC$.

由 $\angle PBC=40°=\angle ACB$,可知四边形 $PBCD$ 为等腰梯形.

所以 $\angle PCB=\angle PDB=10°$.

解 5 如图 343.4,在 AC 上取一点 D,使 $AD=AB$,连 DB,DP.过 A 作 BD 的垂线交直线 BP 于 E,连 DE.

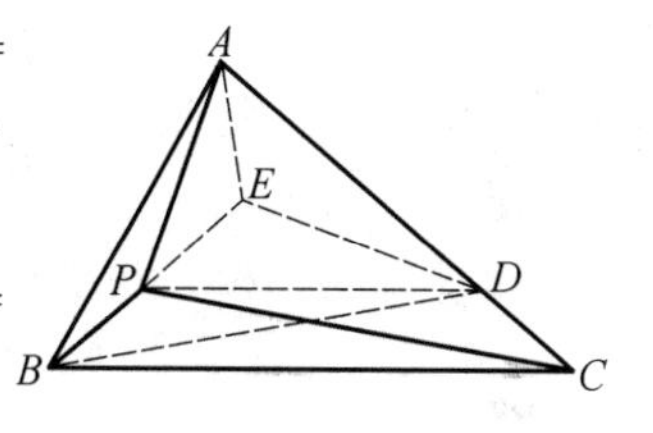

图 343.4

由 $\angle ABC=60°$,$\angle ACB=40°$,可知 $\angle BAC=80°$.

显然 AE 为 BD 的中垂线,由 $\angle ABD=\angle ADB=50°$,可知 $\angle EDB=\angle EBD=30°$,$\angle AED=\angle AEB=120°$,有 $\angle PED=120°=\angle AED$,于是 P 与 A 关于 ED 对称,得 $\angle APD=\angle PAD=70°$.

易知 $\angle ADP=40°=\angle ACB$,于是 $PD \parallel BC$.

由 $\angle PBC=40°=\angle ACB$,可知四边形 $PBCD$ 为等腰梯形.

所以 $\angle PCB=\angle PDB=10°$.

解 6 如图 343.5,在 AC 上取一点 D,使 $AD=AB$,以 AD 为一边在 $\triangle ABD$ 外作正 $\triangle ADE$,连 EB,EP,DP,DB.

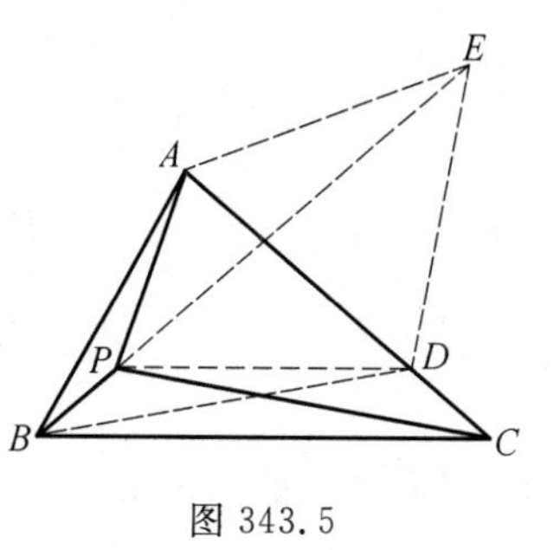

图 343.5

由 $\angle ABC=60°$,$\angle ACB=40°$,可知 $\angle BAC=80°$.

由 $AE=AD=AB$,$\angle BAE=140°$,可知 $\angle ABE=\angle AEB=20°=\angle ABP$,有 B,P,E 三点共线,于是 $\angle EPA=\angle PBA+\angle PAB=30°$.

由 $DA=DE$，$\angle EDA=60^\circ=2\angle EPA$，可知 D 为 $\triangle PEA$ 的外心，有 $\angle PDA=2\angle PEA=40^\circ=\angle BCA$，于是 $PD\parallel BC$.

由 $\angle PBC=40^\circ=\angle ACB$，可知四边形 $PBCD$ 为等腰梯形.

所以 $\angle PCB=\angle PDB=10^\circ$.

解 7 如图 343.6，在 AC 上取一点 D，使 $AD=AB$，以 AB 为一边在 $\triangle ABD$ 外作正 $\triangle ABE$，连 EP，DP，DB.

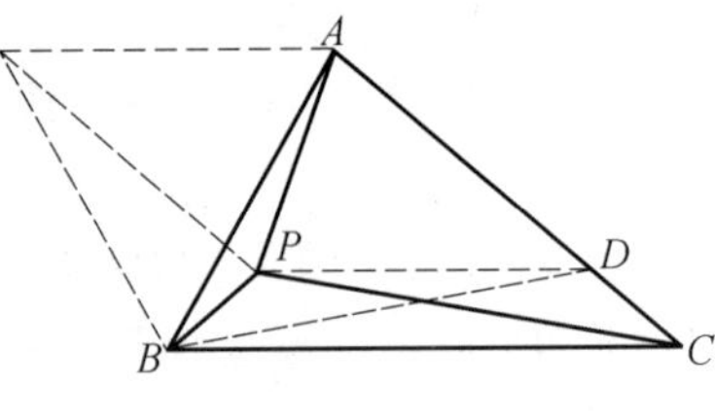

图 343.6

由 $\angle ABC=60^\circ$，$\angle ACB=40^\circ$，可知 $\angle BAC=80^\circ$.

由 $\angle PBA=20^\circ$，$\angle PAB=10^\circ$，可知 $\angle BPA=150^\circ$.

由 $EA=EB$，$\angle BPA+\frac{1}{2}\angle BEA=180^\circ$，可知 E 为 $\triangle PBA$ 的外心，有 $\angle PEA=2\angle PBA=40^\circ$.

显然 $AE=AB=AD$，$\angle PAE=70^\circ=\angle PAD$，可知 E 与 D 关于 PA 对称，有 $\angle PDA=\angle PEA=40^\circ=\angle ACB$，于是 $PD\parallel BC$.

由 $\angle PBC=40^\circ=\angle ACB$，可知四边形 $PBCD$ 为等腰梯形.

所以 $\angle PCB=\angle PDB=10^\circ$.

解 8 如图 343.7，在 AC 上取一点 D，使 $AD=AB$，连 DB，DP. 设 E 为 B 关于 PA 的对称点，连 EA，EB，ED，EP.

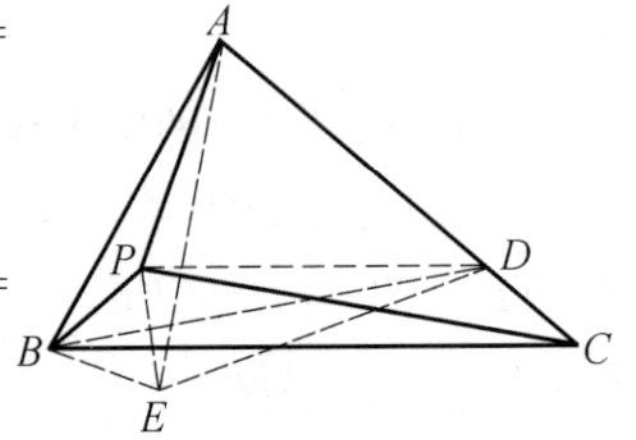

图 343.7

由 $\angle ABC=60^\circ$，$\angle ACB=40^\circ$，可知 $\angle BAC=80^\circ$.

由 $\angle PBA=20^\circ$，$\angle PAB=10^\circ$，可知 $\angle PAE=10^\circ$，$\angle PEA=20^\circ$，进而 $\angle EBA=BEA=80^\circ$，有 $\angle PBE=60^\circ=\angle PEB$，于是 $\triangle PBE$ 为正三角形.

易知 $\angle PBD=30^\circ$，可知 BD 为 PE 的中垂线，有 $\angle PDB=\angle EDB=10^\circ=\angle DBC$，于是 $PD\parallel BC$.

由 $\angle PBC=40^\circ=\angle ACB$，可知四边形 $PBCD$ 为等腰梯形.

所以 $\angle PCB=\angle PDB=10^\circ$.

解 9 如图 326.7，在 AC 上取一点 D，使 $AD=AB$，连 DB，DP. 以 AD 为一边在 $\triangle PDA$ 内作正 $\triangle EDA$，连 EB，EP.（以下略）

解 10 如图 343.8，在 AC 上取一点 D，使 $AD=AB$，连 DB，DP. 以 AB 为一边在 $\triangle ABD$ 外作等腰 $\triangle EBA$，使 $\angle EAB=120^\circ$，连 ED，EP.

由 $\angle ABC=60^\circ$，$\angle ACB=40^\circ$，可知 $\angle BAC=80^\circ$，$\angle EAD=160^\circ$.

由 $\angle PBA=20^\circ$，$\angle PAB=10^\circ$，可知 $\angle BPA=150^\circ$，有 $\angle BPA+\angle BEA=180^\circ$，于是 P,A,E,B 四点共圆，得 $\angle PEB=\angle PAB=10^\circ$.

显然 A 为 $\triangle EBD$ 的外心，可知 $\angle EBD=\frac{1}{2}\angle EAD=80^\circ$，$\angle BED=\frac{1}{2}\angle BAD=40^\circ$，$\angle PBE=50^\circ$.

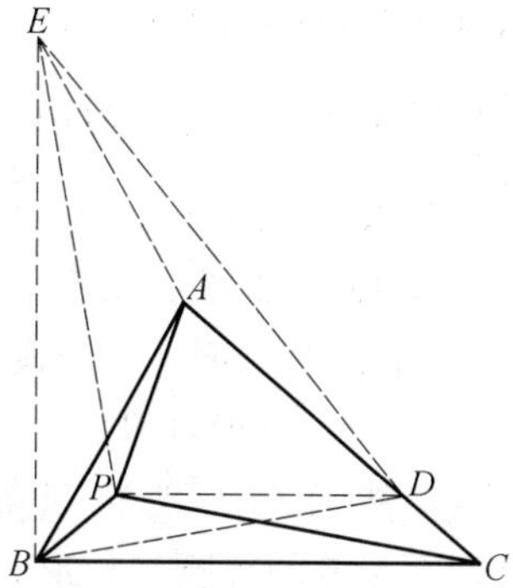

图 343.8

由 $\angle EBD+\angle PEB=90^\circ$，$\angle BED+\angle PBE=90^\circ$，可知 $EP\perp BD$，$BP\perp ED$，有 P 为 $\triangle EBD$ 的垂心，于是 $PD\perp EB$，得 $\angle PDB=\angle PEB=10^\circ=\angle DBC$.

显然 $PD\parallel BC$.

由 $\angle PBC=40^\circ=\angle ACB$，可知四边形 $PBCD$ 为等腰梯形.

所以 $\angle PCB=\angle PDB=10^\circ$.

解 11 如图 343.9，分别在 BC，AC 上取点 E，F，使 $AF=AE=AB$，设直线 BP 交 AC 于 D，连 BF，FE，ED，EA.

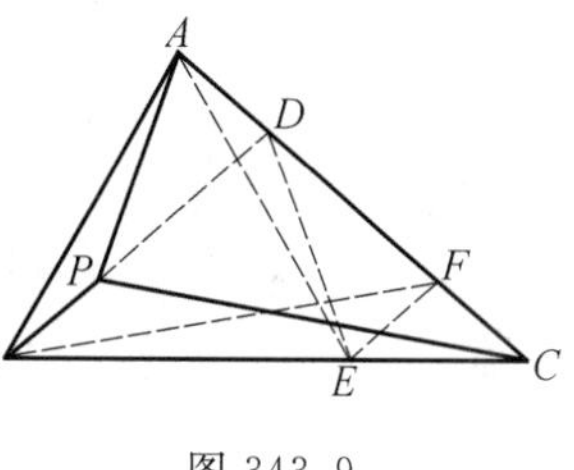

图 343.9

显然 $\triangle ABE$ 为正三角形，$\triangle AEF$ 与 $\triangle BAD$ 是两个全等的等腰三角形，可知 $EF=AD$，$\angle FEC=180^\circ-\angle AEB-\angle AEF=40^\circ=\angle ACB$，有 $FC=EF$.

由 $BE=BA=BD$，即 B 为 $\triangle EDA$ 的外心，可知 $\angle DEA=\frac{1}{2}\angle DBA=10^\circ=\angle PAB$.

易知 $\triangle DEA\cong\triangle PAB$，可知 $BP=AD=EF=FC$，有 $\triangle PCB\cong\triangle FBC$.

所以 $\angle PCB=\angle FBC=10^\circ$.

解 12 如图 343.10，以 PA 为一边在 $\triangle PCA$ 内作正 $\triangle PDA$，过 B 作 PD 的平行线交 AC 于 E，连 DB，DC，DE.

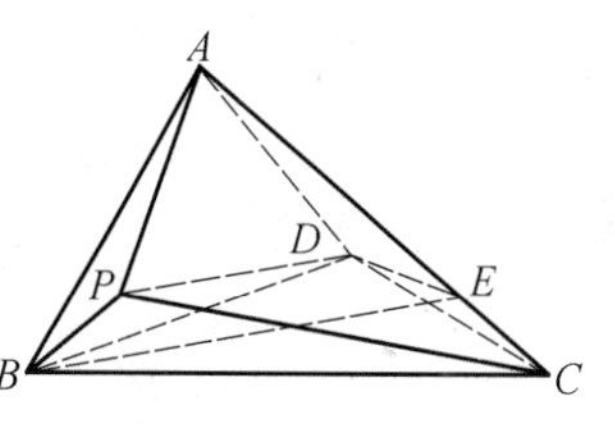

图 343.10

易知 D 与 A 关于 BP 对称，E 与 B 关于 BE 的中垂线对称，可知 $\triangle DAE\cong\triangle PDB\cong\triangle PAB$，有 $\angle DEA=\angle PBD=\angle PBA=20^\circ$.

显然 $\angle DBC=20^\circ=\angle DEA$，可知 D,B,C,E

四点共圆,有 $\angle DCE=\angle DBE=10^\circ=\angle DAC$,于是 $DC=DA=DP$,得 D 为 $\triangle PCA$ 的外心,故 $\angle PCA=\frac{1}{2}\angle PDA=30^\circ$.

所以 $\angle PCB=\angle ACB-\angle PCA=10^\circ$.

解 13 如图 343.11,分别在 BC,AC 上取点 F,D,使 $AD=BF=AB$.设直线 BP 交 AC 于 E,连 FA,FE,FD,DP,DB.

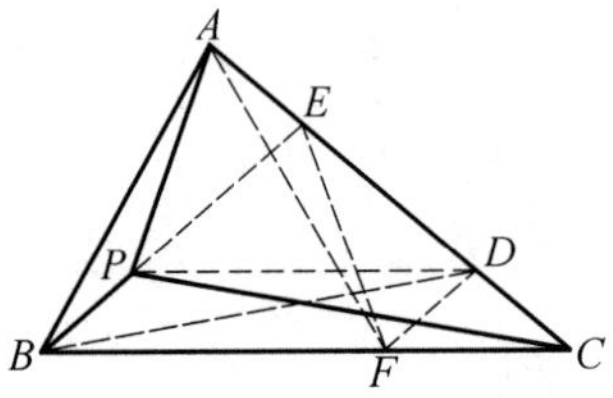

显然 $\triangle ABF$ 为正三角形,$\triangle AEB$ 与 $\triangle DFA$ 是两个全等的等腰三角形,可知 $AE=FD$.

图 343.11

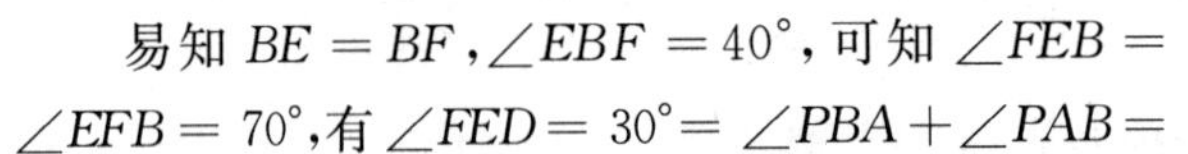

易知 $BE=BF$,$\angle EBF=40^\circ$,可知 $\angle FEB=\angle EFB=70^\circ$,有 $\angle FED=30^\circ=\angle PBA+\angle PAB=$

$\angle APE$,于是 $\triangle PEA\cong\triangle EFD$,得 $EP=ED$.

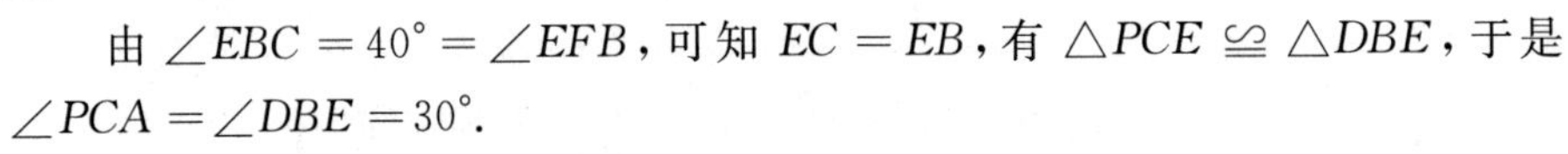

由 $\angle EBC=40^\circ=\angle EFB$,可知 $EC=EB$,有 $\triangle PCE\cong\triangle DBE$,于是 $\angle PCA=\angle DBE=30^\circ$.

所以 $\angle PCB=\angle ACB-\angle PCA=10^\circ$.

第 344 天

《数学通报》2002 年 2 期 48 页 1352 题

如图 344.1,在直径为 AB 的半圆中,半径 $OC \perp AB$ 交 AB 于 O,以 OC 为直径作圆 O_1,AE 切圆 O_1 于 E,交半圆于 F,交 OC 的延长线于 D,BF 交 OD 于 M,交 CE 于 N. 求证:$EN=NC$.

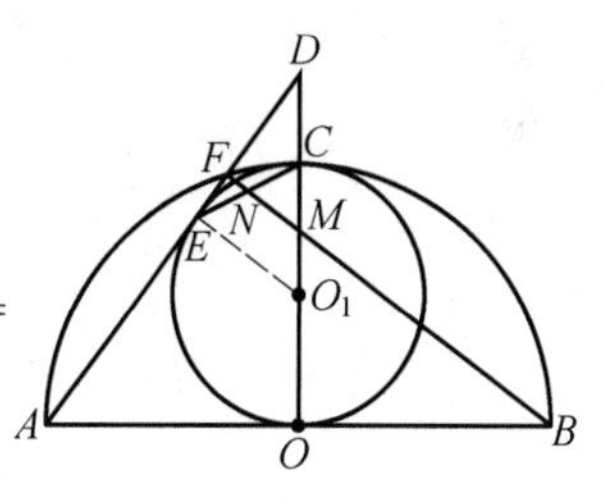

图 344.1

证明 1　如图 344.1,连 O_1E.

显然 $\mathrm{Rt}\triangle DEO_1 \backsim \mathrm{Rt}\triangle DOA$.

由 $AO=2EO_1$,可知 $DO=2DE$.

在 $\mathrm{Rt}\triangle DAO$ 中,使用勾股定理(注意 $AE=AO$),可得$\dfrac{DO}{AO}=\dfrac{4}{3}$.

易知 $\mathrm{Rt}\triangle MOB \backsim \mathrm{Rt}\triangle AOD$,可知$\dfrac{BO}{MO}=\dfrac{4}{3}$,有 $CM=MO_1$.

显然 $EO_1 \parallel FB$,可知 $NE=NC$.

证明 2　如图 344.1,连 O_1E.

设 $AO=2r$,$DC=x$,可知 $AE=2r$,$CO=2r$.

由 $DE^2=DC\cdot DO$,可知 $DE=\sqrt{x(x+2r)}$.

在 $\mathrm{Rt}\triangle DAO$ 中,由勾股定理,可知$(\sqrt{x(x+2r)}+2r)^2=(x+2r)^2+(2r)^2$,有 $x=\dfrac{2}{3}r$,于是$\dfrac{DO}{AO}=\dfrac{4}{3}$.

易知 $\mathrm{Rt}\triangle MOB \backsim \mathrm{Rt}\triangle AOD$,可知$\dfrac{BO}{MO}=\dfrac{4}{3}$,有 $CM=MO_1$.

显然 $EO_1 \parallel FB$,可知 $NE=NC$.

证明 3　如图 344.1,连 O_1E.

显然 $\mathrm{Rt}\triangle DEO_1 \backsim \mathrm{Rt}\triangle DOA$,可知$\dfrac{DE}{DO}=\dfrac{EO_1}{OA}=\dfrac{1}{2}$.

由 $DE^2=DC\cdot DO$,可知 $DO=4DC$,有 $AO=CO=3DC$,于是$\dfrac{DO}{AO}=\dfrac{4}{3}$.

易知 $\mathrm{Rt}\triangle MOB \backsim \mathrm{Rt}\triangle AOD$,可知$\dfrac{BO}{MO}=\dfrac{4}{3}$,有 $CM=MO_1$.

显然 $EO_1 \parallel FB$，可知 $NE=NC$.

证明 4 如图 344.2，设直线 EO_1 交 AB 于 G，连 EO，AO_1.

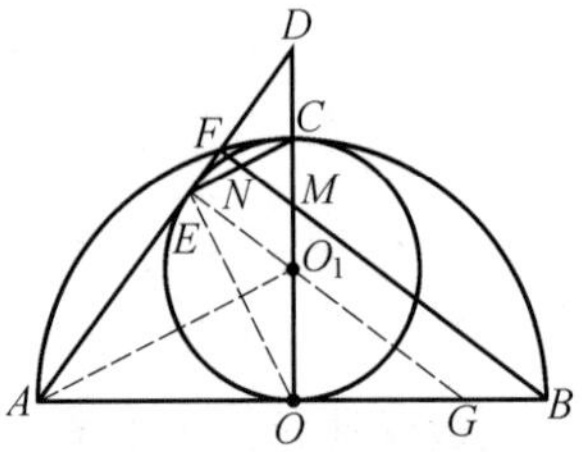

易知 $\mathrm{Rt}\triangle OCE \backsim \mathrm{Rt}\triangle AO_1O$，可知 $EO=2EC$.

由 $\angle DEC=\angle EOC=\angle OEG$，$\angle D=\angle AGE$，可知 $\triangle ECD \backsim \triangle EOG$，有 $OG=2CD$.

设 $CD=x$，$CO=R$.

由 $ED^2=DC\cdot DO$，可知 $ED=\sqrt{x(x+R)}$.

图 344.2

显然 $\mathrm{Rt}\triangle AOD \cong \mathrm{Rt}\triangle AEG$，可知 $AG=AD$，有 $OG=ED$，即 $2x=\sqrt{x(x+R)}$，于是 $x=\frac{1}{3}R$，得 $\frac{DO}{AO}=\frac{4}{3}$，进而 $\frac{BO}{MO}=\frac{4}{3}$，故 $MC=O_1M$.

由 $FM \parallel EO_1$，可知 $NE=NC$.

证明 5 如图 344.3，设 AO_1 与 EO 相交于 G，连 EO_1.

显然 $AO=2O_1O$，$EC=2GO_1$.

易知 $AG=2OG=4GO_1$，可知 $\frac{DC}{DO_1}=\frac{EC}{AO_1}=\frac{2}{5}$，有 $\frac{AO}{DO}=\frac{CO}{DO}=\frac{6}{8}=\frac{3}{4}$，于是 $\frac{BO}{MO}=\frac{4}{3}$，故 $MC=O_1M$.

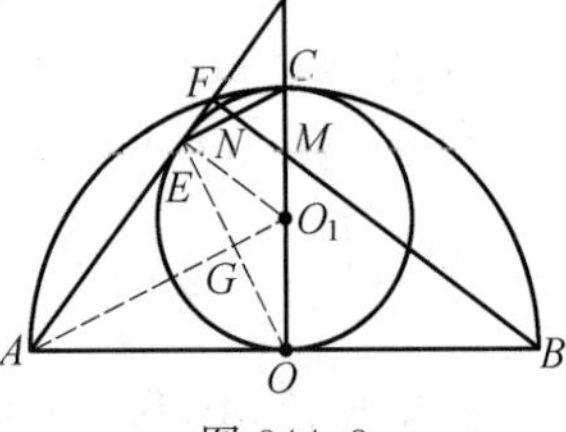

图 344.3

由 $FM \parallel EO_1$，可知 $NE=NC$.

证明 6 如图 344.4，过 C 作 AD 的垂线交圆 O_1 于 G，H 为垂足，连 GO，AO_1，EO_1.

易知 $\mathrm{Rt}\triangle ECH \backsim \mathrm{Rt}\triangle AO_1O$，可知 $EH=2CH$.

易证 $OG=2EH=4CH$.

由 $HE^2=CH\cdot GH$，可知 $CG=3CH$，有 $\frac{CG}{OG}=\frac{3}{4}$.

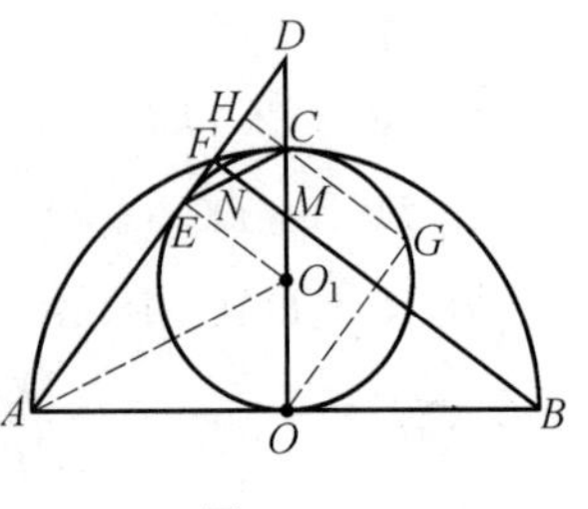

图 344.4

易证 $\mathrm{Rt}\triangle MOB \backsim \mathrm{Rt}\triangle CGO$，可知 $\frac{OM}{OB}=\frac{3}{4}$，有 $MC=O_1M$.

由 $FM \parallel EO_1$，可知 $NE=NC$.

证明 7 如图 344.5，设 AO_1 与 OE 相交于 G，分别过 G，E 作 AB 的垂线，H，K 为垂足，连 EO_1.

易知 $AH=2GH=4OH$.

由 G 为 EO 的中点，可知 H 为 KO 的中点，有 $AK=3OH$，$AE=AO=$

$5OH$,于是$\frac{MO}{BO}=\frac{AK}{EK}=\frac{3}{4}$,故 $MC=O_1M$.

由 $FM\ /\!/\ EO_1$,可知 $NE=NC$.

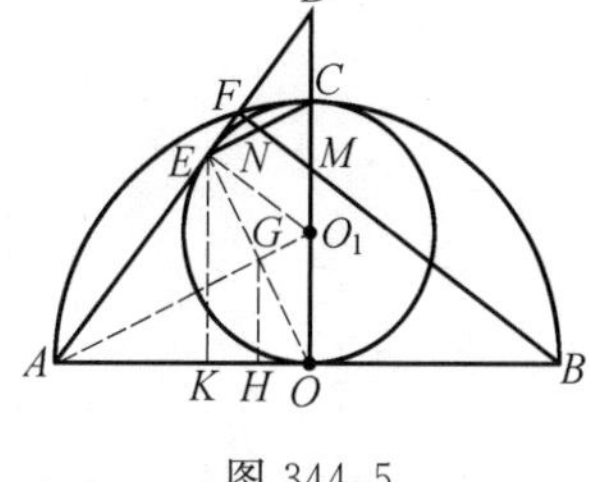

图 344.5

证明 8 如图 344.6,连 AO_1,EO_1.

设 $\angle O_1AO=\beta$,可知 $\tan\beta=\frac{1}{2}$.

由

$$\tan 2\beta=\frac{2\tan\beta}{1-\tan^2\beta}=\frac{2\times\frac{1}{2}}{1-\left(\frac{1}{2}\right)^2}=\frac{4}{3}$$

可知$\frac{DO}{AO}=\frac{4}{3}$.

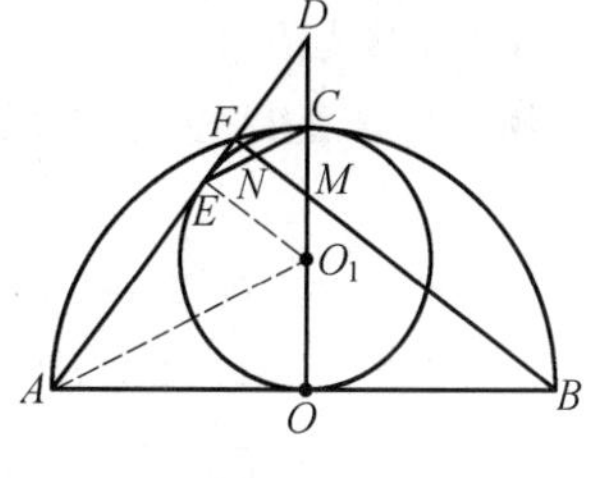

图 344.6

由 Rt$\triangle MOB\backsim$Rt$\triangle AOD$,可知$\frac{BO}{MO}=\frac{4}{3}$,有 $CM=MO_1$.

显然 $EO_1\ /\!/\ FB$,可知 $NE=NC$.

第 345 天

《数学教学》1999 年 5 期 41 页

在$\triangle ABC$中，$\angle ABC=70^{\circ}$，$\angle ACB=30^{\circ}$，P为形内一点，$\angle PAC=\angle PCB=20^{\circ}$.

求$\angle PBC$的度数.

解 1 如图 345.1，在AP的延长线上取一点D，使$AD=AB$. 设直线CD交AB于E，连EP，BD.

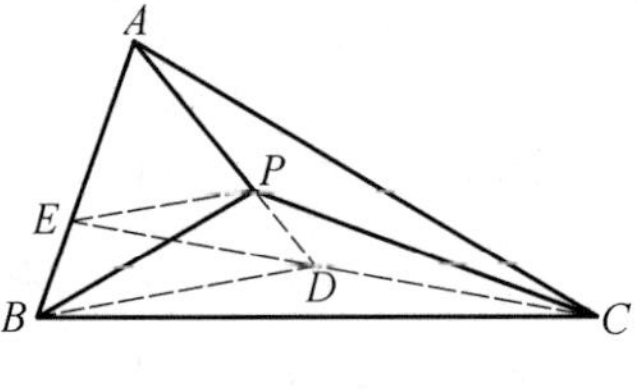

图 345.1

显然$\triangle ABD$为正三角形.

由$DA=DB$，$\angle ADB=30^{\circ}=2\angle ACB$，可知$D$为$\triangle ABC$的外心，有$\angle DCA=\angle DAC=20^{\circ}$，进而$\angle CEA=80^{\circ}=\angle EAC$.

由$CA=CE$，CP平分$\angle ACE$，可知PC为AE的中垂线，有$PA=PE$.

显然$\triangle AEP$为正三角形，可知四边形$EBDP$为等腰梯形，有$\angle PBD=\angle EDB=\angle DBC+\angle DCB=20^{\circ}$.

所以$\angle PBC=\angle PBD+\angle DBC=30^{\circ}$.

解 2 如图 345.2，过A作BC的垂线交直线CP于D，E为BD的延长线上的一点，$EC=DC$，连EA，EP.

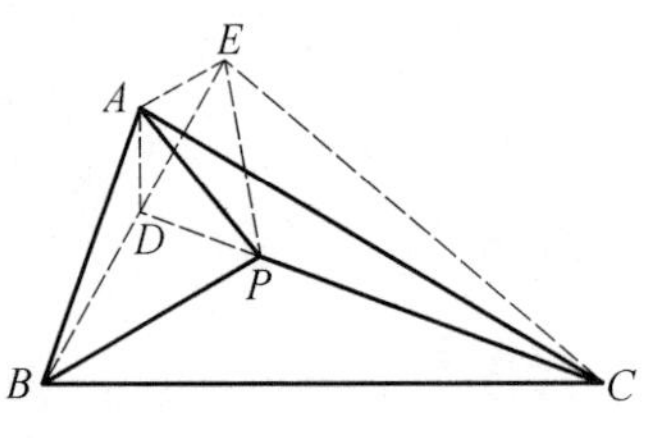

图 345.2

显然D为$\triangle ABC$的垂线，可知$\angle PAD=40^{\circ}$，$\angle DAC=60^{\circ}$.

D与E关于AC对称，可知$\angle EAC=\angle DAC=60^{\circ}$，有$\angle AED=30^{\circ}$.

由$\angle APD=\angle PAC+\angle PCA=30^{\circ}=\angle AED$，可知$A$，$D$，$P$，$E$四点共圆，有$\angle PED=\angle PAD=40^{\circ}$.

显然$\angle EBC=60^{\circ}$，$\angle ECB=40^{\circ}$，可知$\angle BEC=80^{\circ}$.

显然BP平分$\angle EBC$，EP平分$\angle BEC$，可知P为$\triangle EBC$的内心，有$\angle PBC=\dfrac{1}{2}\angle EBC=30^{\circ}$.

所以 $\angle PBC=30^\circ$.

注 也可以由 $\angle PAE=80^\circ=\angle PDE$,推得 A,D,P,E 四点共圆.

解3 如图345.3,设 F 为 BA 的延长线上的一点,$FC=BC$,过 B 作 AC 的垂线分别交直线 CP,CF 于 D,E 两点,连 EA,EP,DA,DF.

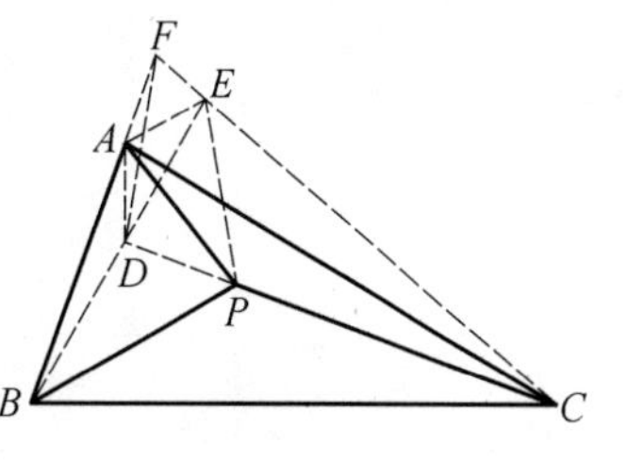

图 345.3

显然 D 为 $\triangle ABC$ 的垂心,可知 $\angle DAC=60^\circ$.

显然 F 与 B 关于直线 PC 对称,可知 $\angle DFC=\angle DBC=60^\circ=\angle DAC$,有 A,D,C,F 四点共圆.

易知 AC 平分 $\angle DCF$,可知 $AF=AD$.

显然 D 与 E 关于 AC 对称,可知 $AE=AD=AF$,有 A 为 $\triangle DEF$ 的外心,于是 $\angle AED=\angle ADE=\angle DAB+\angle DBA=30^\circ$.

由 $\angle APD=\angle PAC+\angle PCA=30^\circ=\angle AED$,可知 A,D,P,E 四点共圆,有 $\angle PED=\angle PAD=40^\circ$.

显然 $\angle EBC=60^\circ$,$\angle ECB=40^\circ$,可知 $\angle BEC=80^\circ$.

显然 BP 平分 $\angle EBC$,EP 平分 $\angle BEC$,可知 P 为 $\triangle EBC$ 的内心,有 $\angle PBC=\frac{1}{2}\angle EBC=30^\circ$.

所以 $\angle PBC=30^\circ$.

注 这可是罕见的"三心大会".

国外中学生数学竞赛试题

第 346 天

第 18 届普特南数学竞赛,第 14 届爱尔兰数学竞赛,1993 年第 3 届澳门数学竞赛

在 $\triangle ABC$ 中,$AP \perp BC$,O 为 AP 上的任意一点,CO,BO 分别与 AB,AC 交于 D,E.

求证:$\angle DPA = \angle EPA$.

证明 1 如图 346.1,分别过 D,E 作 BC 的垂线,交 BE,CD 于 F,G,M,N 为垂足.

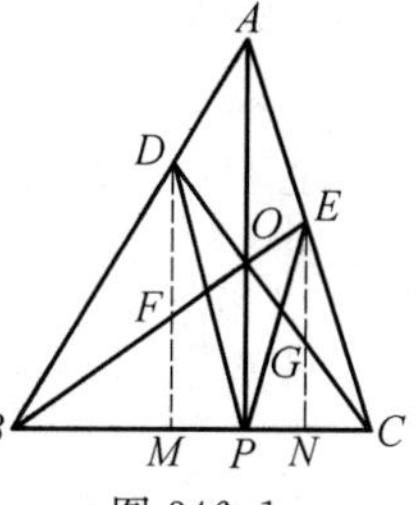

图 346.1

由 $\frac{DM}{DF}=\frac{AP}{AO}=\frac{EN}{EG}$,可知 $\frac{DM}{EN}=\frac{DF}{EG}=\frac{FO}{OE}=\frac{MP}{NP}$,有 $\triangle PDM \backsim \triangle PEN$,于是 $\angle DPB = \angle EPC$.

所以 $\angle DPA = \angle EPA$.

证明 2 如图 346.2,过 O 作 BC 的平行线分别交 AB,AC,PD,PE 于 M,N,F,G.

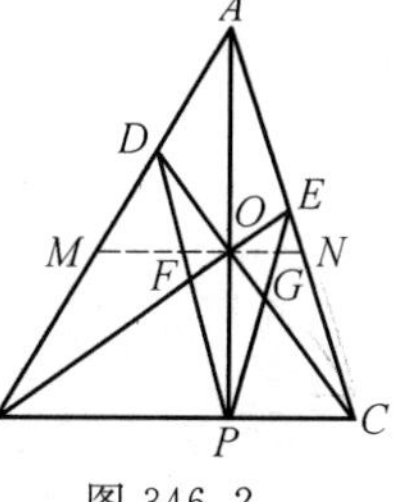

图 346.2

易知 $\frac{OF}{PC}=\frac{OM}{BC}$,$\frac{OG}{BP}=\frac{ON}{BC}$,还有 $\frac{OM}{ON}=\frac{BP}{PC}$,可得 $OF=OG$,于是 $\angle FPO = \angle GPO$.

所以 $\angle DPA = \angle EPA$.

证明 3 如图 346.3,过 A 作 BC 的平行线分别交直线 PD,PE,CD,BE 于 F,G,M,N.

易知 $\frac{FA}{PB}=\frac{DA}{DB}=\frac{MA}{BC}$,$\frac{GA}{PC}=\frac{AE}{EC}=\frac{AN}{BC}$,还有 $\frac{MA}{PC}=\frac{NA}{PB}$,可知 $FA=GA$,于是 $\angle FPA = \angle GPA$.

所以 $\angle DPA = \angle EPA$.

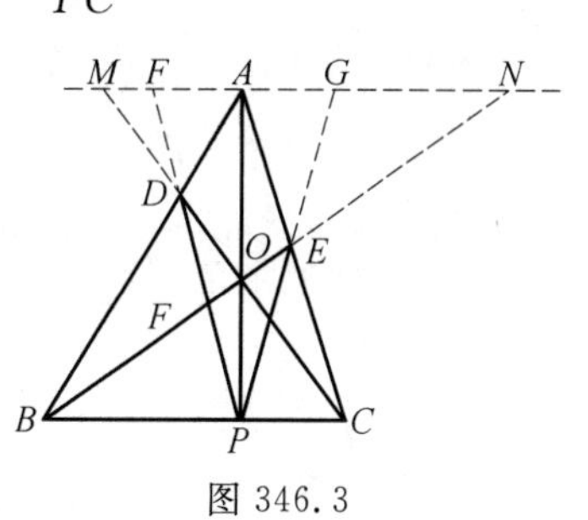

图 346.3

证明 4 如图 346.4,过 A 作 BC 的平行线分别交直线 PD,PE 于 F,G.

易知 $\frac{AG}{PC}=\frac{AE}{EC}$,$\frac{AF}{PB}=\frac{AD}{DB}$.

由塞瓦定理,可知$\frac{AD}{DB}\cdot\frac{BP}{PC}\cdot\frac{CE}{EA}=1$,得$AF=AG$,于是$\angle FPA=\angle GPA$.

所以$\angle DPA=\angle EPA$.

证明5 如图346.4,过A作BC的平行线分别交直线PD,PE于F,G.

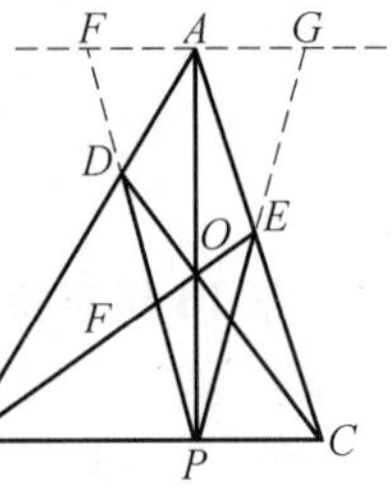

显然$\frac{AG}{PC}=\frac{AE}{EC}=\frac{S_{\triangle BAE}}{S_{\triangle BCE}}=\frac{S_{\triangle OAE}}{S_{\triangle OCE}}=\frac{S_{\triangle OAB}}{S_{\triangle OCB}}$,可知$AG=PC\cdot\frac{S_{\triangle OAB}}{S_{\triangle OCB}}$.

同理有$AF=PB\cdot\frac{S_{\triangle OAC}}{S_{\triangle OBC}}$,$\frac{BP}{PC}=\frac{S_{\triangle AOB}}{S_{\triangle AOC}}$,于是$\frac{AG}{AF}=\frac{PC}{BP}\cdot\frac{S_{\triangle AOB}}{S_{\triangle AOC}}=1$,得$AG=AF$,故$PA$为$FG$的中垂线.

图346.4

所以$\angle DPA=\angle EPA$.

证明6 如图346.5,分别过D,E作AP的垂线,M,N为垂足.

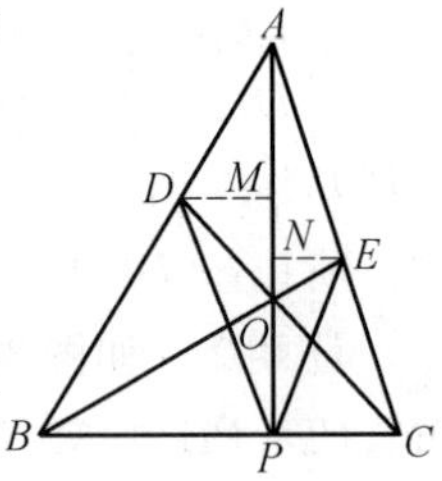

显然$\frac{EN}{CP}=\frac{AN}{AP}$,$\frac{DM}{PB}=\frac{AM}{AP}$,可知$\frac{DM}{EN}=\frac{AM}{AN}\cdot\frac{PB}{PC}$.

由$\frac{AN}{NP}=\frac{AE}{EC}$,$\frac{PM}{MA}=\frac{BD}{DA}$及$\frac{AD}{DB}\cdot\frac{BP}{PC}\cdot\frac{CE}{EA}=1$(塞瓦定理),可知

图346.5

$$\begin{aligned}\frac{DM}{NE}\cdot\frac{PN}{PM}&=\frac{AM}{AN}\cdot\frac{PB}{PC}\cdot\frac{PN}{PM}\\&=\frac{AM}{PM}\cdot\frac{PB}{PC}\cdot\frac{PN}{AN}\\&=\frac{AD}{DB}\cdot\frac{PB}{PC}\cdot\frac{CE}{EA}=1\end{aligned}$$

即$\frac{DM}{NE}\cdot\frac{PN}{PM}=1$,于是$\frac{DM}{NE}=\frac{PM}{PN}$,故$\mathrm{Rt}\triangle PMD\backsim\mathrm{Rt}\triangle PNE$.

所以$\angle DPA=\angle EPA$.

本文参考自:

1.《中学数学杂志》2002 年 2 期 47 页.
2.《数学教师》1997 年 8 期 34 页.
3.《中学数学教学》1997 年 2 期 29 页.
4.《中学数学教学》1984 年 1 期 32 页.
5.《上海中学数学》2002 年 3 期 23 页.

第 347 天

第 21 届全俄中学生数学竞赛

在 $\triangle ABC$ 中，$\angle A:\angle B:\angle C=4:2:1$，$a,b,c$ 分别是 $\angle A,\angle B,\angle C$ 的对边.

求证：$\frac{1}{a}+\frac{1}{b}=\frac{1}{c}$.

证明 1 如图 347.1，设 AC 的中垂线交 BC 于 D，连 AD.

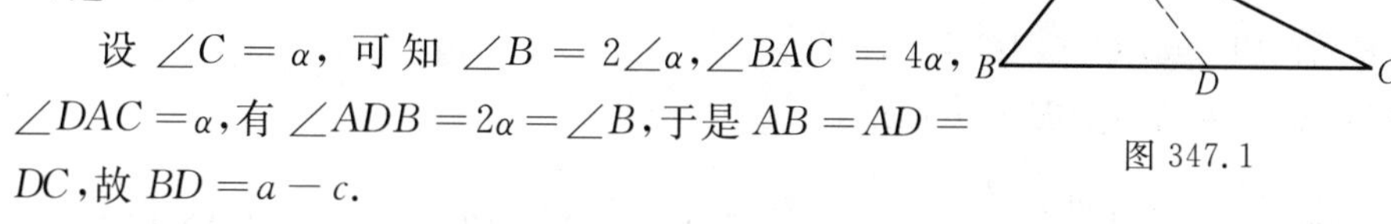

图 347.1

设 $\angle C=\alpha$，可知 $\angle B=2\angle\alpha$，$\angle BAC=4\alpha$，$\angle DAC=\alpha$，有 $\angle ADB=2\alpha=\angle B$，于是 $AB=AD=DC$，故 $BD=a-c$.

易知 $\angle DAB=3\alpha$，可知 AB 为 $\triangle ADC$ 的 $\angle DAC$ 的外角平分线，有 $\frac{AD}{AC}=\frac{BD}{BC}$，于是 $\frac{c}{b}=\frac{a-c}{a}$，得 $ac=ab-bc$，或 $bc+ac=ab$.

所以 $\frac{1}{a}+\frac{1}{b}=\frac{1}{c}$.

证明 2 如图 347.2，设 BC 的中垂线交直线 BA 于 D，连 DC.

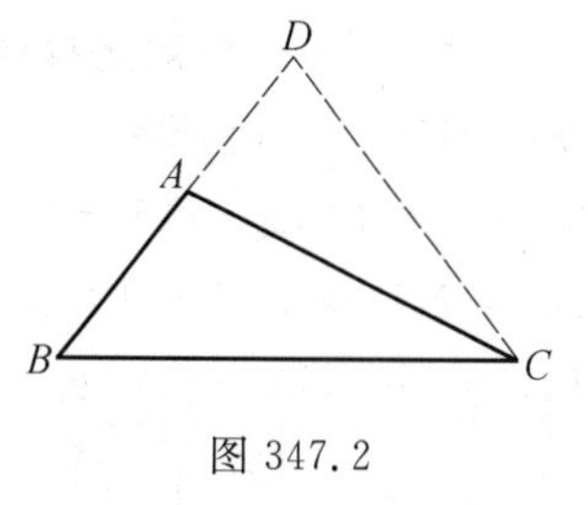

图 347.2

设 $\angle ACB=\alpha$，可知 $\angle DCB=\angle B=2\alpha$，$\angle BAC=4\alpha$，$\angle DAC=3\alpha=\angle D$，有 $DC=AC=b$，$AD=b-c$.

显然 $\frac{BC}{DC}=\frac{BA}{AD}$，可知 $\frac{a}{b}=\frac{c}{b-c}$，有 $ab-ac=bc$，或 $bc+ac=ab$.

所以 $\frac{1}{a}+\frac{1}{b}=\frac{1}{c}$.

证明 3 如图 347.3，设 AC 的中垂线交 BC 于 D，连 AD，过 B 作 DA 的平行线交直线 CA 于 E.

设 $\angle C=\alpha$，可知 $\angle ABC=2\angle\alpha$，$\angle BAC=4\alpha$，$\angle DAC=\alpha$，$\angle BAD=3\alpha$，有 $\angle ADB=2\alpha=\angle ABC$，$\angle BEC=\alpha=\angle C$，$\angle EBA=\angle BAD=3\alpha=\angle EAB$，于

是 $DC=AD=AB=c$，$EA=EB=BC=a$，故 $EC=a+b$.

由$\frac{AC}{EC}=\frac{DC}{BC}$，可知$\frac{b}{a+b}=\frac{c}{a}$，有 $ac+bc=ab$.

所以$\frac{1}{a}+\frac{1}{b}=\frac{1}{c}$.

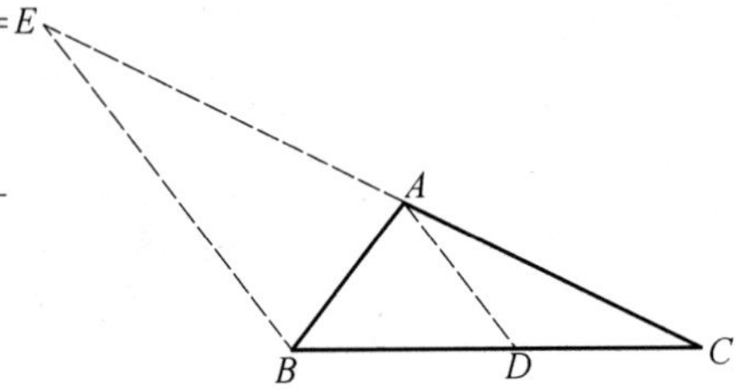

图 347.3

证明 4　如图 347.4，设 BC 的中垂线交直线 BA 于 D，过 D 作 AC 的平行线交直线 BC 于 E，连 DC.

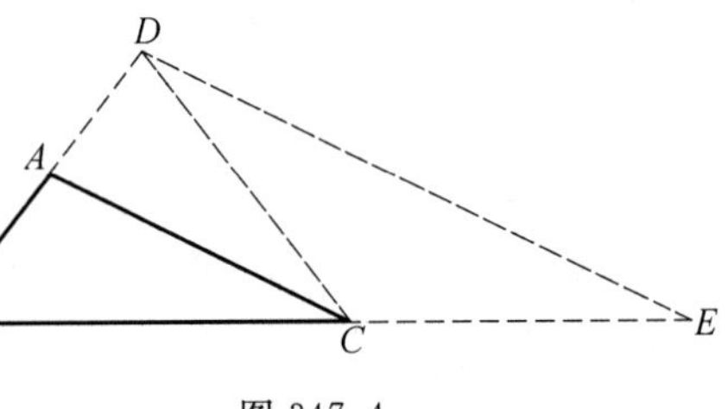

图 347.4

设 $\angle ACB=\alpha$，可知 $\angle DCB=\angle B=2\alpha$，$\angle BDE=\angle BAC=4\alpha$，$\angle BDC=3\alpha=\angle DAC$，$\angle CDE=\alpha=\angle E$，有 $BD=DC=AC=b$，$EC=DC=AC=b$，于是 $BE=a+b$.

由$\frac{BD}{BA}=\frac{BE}{BC}$，可知$\frac{b}{c}=\frac{a+b}{a}$，有 $ac+bc=ab$.

所以$\frac{1}{a}+\frac{1}{b}=\frac{1}{c}$.

证明 5　如图 347.5，设 E 为 CA 的延长线上的一点，$EB=CB$，过 A 作 CB 的平行线交 EB 于 D.

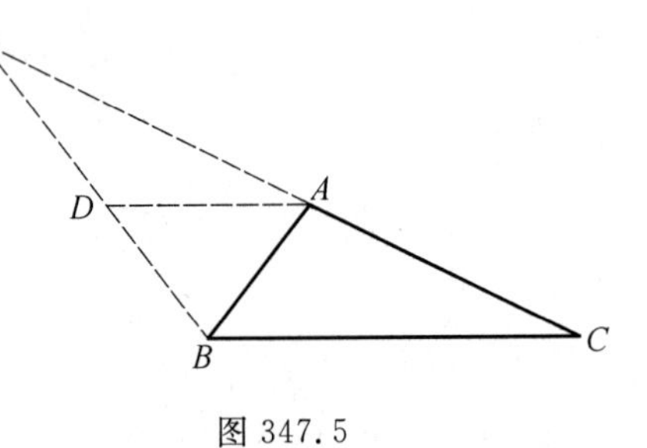

图 347.5

设$\angle C=\alpha$，可知$\angle DAB=\angle ABC=2\alpha$，$\angle BAC=4\alpha$，$\angle E=\angle C=\alpha$，$\angle EAB=3\alpha=\angle EBA$，$\angle BDA=2\alpha=\angle BAD$，有 $BD=BA=c$，$EA=EB=BC=a$，于是 $ED=a-c$，$EC=a+b$.

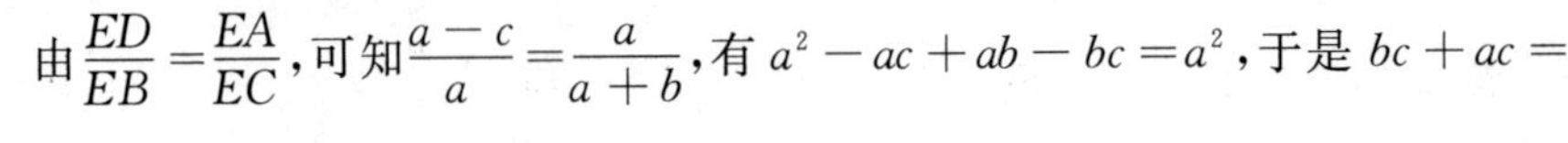
由$\frac{ED}{EB}=\frac{EA}{EC}$，可知$\frac{a-c}{a}=\frac{a}{a+b}$，有 $a^2-ac+ab-bc=a^2$，于是 $bc+ac=ab$.

所以$\frac{1}{a}+\frac{1}{b}=\frac{1}{c}$.

证明 6　如图 347.6，在 CA 的延长线上取一点 D，使 $AD=AB=c$，在 AB 的延长线上取一点 E，使 $BE=BC=a$，连 BD，EC.

设$\angle ACB=\alpha$，可知$\angle ABC=2\alpha$，$\angle BAC=4\alpha$，有$\angle E=\alpha$，$\angle DAB=3\alpha$，于是$\angle DBA=\angle D=2\alpha=\angle ABC$.

显然$\triangle BDC\backsim\triangle ABC$，可知$BC^2=CA\cdot CD$，有$\frac{a}{b}=\frac{b+c}{a}$.

显然$\triangle ACE\backsim\triangle ABC$，可知$AC^2=AB\cdot AE$，有$\frac{b}{c}=\frac{a+c}{b}$.

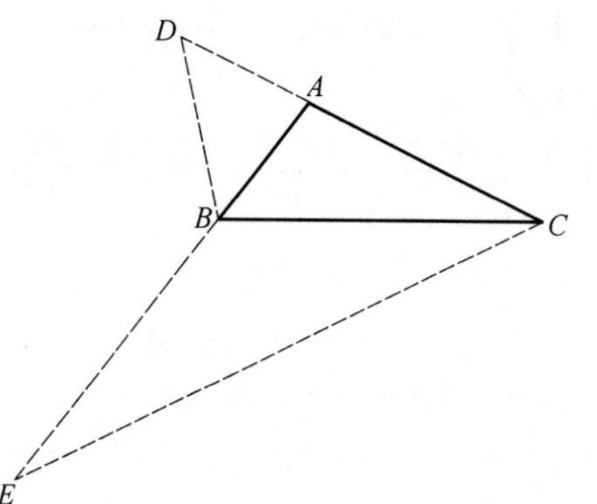

图 347.6

两式相加可得$\frac{b}{c}=\frac{b+c}{a}+\frac{c}{b}$，于是$\frac{(b+c)\cdot(b-c)}{bc}=\frac{b+c}{a}$.

所以$\frac{1}{a}+\frac{1}{b}=\frac{1}{c}$.

证明 7　如图 347.7，设AC的中垂线交BC于D，过B作DA的平行线交直线CA于E，过C作DA的平行线交直线BA于F.

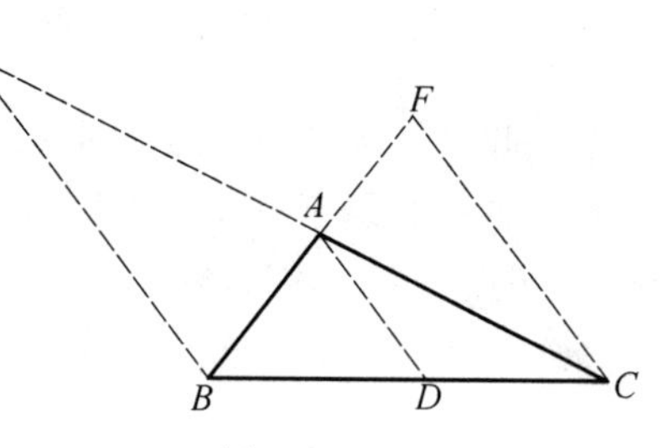

图 347.7

设$\angle ACB=\alpha$，可知$\angle ABC=2\alpha$，$\angle BAC=4\alpha$，有$\angle FCA=\angle E=\angle DAC=\alpha$，$\angle FAC=\angle EAB=3\alpha$，于是$\angle F=3\alpha=\angle FAC$，$\angle EBA=3\alpha=\angle EAB$，$\angle FCB=2\alpha=\angle FBC$，得$EA=EB=BC=a$，$FB=FC=AC=b$，$DC=AD=AB=c$，进而$BD=a-c$，$EC=a+b$.

由$\frac{AB}{FB}=\frac{DB}{CB}$，$\frac{AC}{EC}=\frac{DC}{BC}$，可知$\frac{AB}{FB}+\frac{AC}{EC}=1$.

所以$\frac{1}{a}+\frac{1}{b}=\frac{1}{c}$.

证明 8　如图 347.8，设$\angle BAC$的平分线交BC于D，$\angle ABC$的平分线交AC于E，过D作BE的平行线交AC于F.

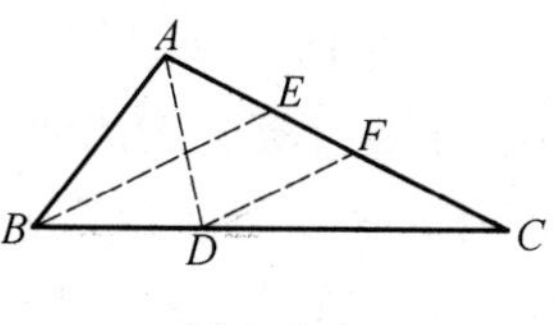

图 347.8

设$\angle ACB=\alpha$，可知$\angle ABC=2\alpha$，$\angle BAC=4\alpha$，有$EC=BE$，$FC=FD$.

显然$\triangle DAB\cong\triangle DAF$，可知$DB=DF$，$AF=AB=c$.

在 $\triangle ADF$ 中，$\angle DAC=2\alpha=\angle DFA$，可知 $AD=DF=FC=AC-AF=b-c$.

显然 $\triangle ABC\backsim\triangle DAC$，可知 $\frac{AB}{BC}=\frac{AD}{AC}$，有 $\frac{c}{a}=\frac{b-c}{b}$，两边都除以 c，得

$$\frac{1}{a}+\frac{1}{b}=\frac{1}{c}$$

证明 9　如图 347.9，设 D 为 $\triangle ABC$ 的外接圆上的一点，$DB=AB$，连 DA，DC.

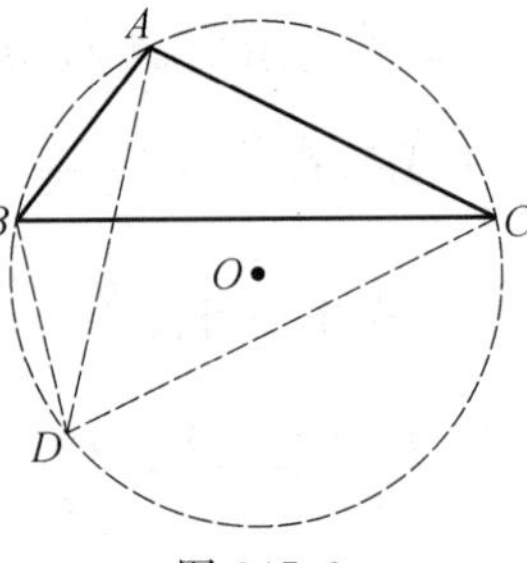

图 347.9

设 $\angle ACB=\alpha$，可知 $\angle ABC=2\alpha$，$\angle BAC=4\alpha$，有 $\angle BCD=\alpha$，$\angle BDC=3\alpha$，于是 $\angle ADC=\angle ABC=2\alpha=\angle ACD$，$\angle DBC=3\alpha=\angle BDC$，得 $AD=AC$，$DC=BC$.

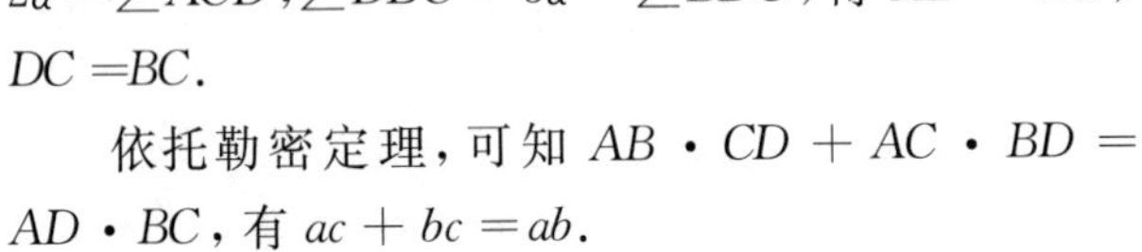

依托勒密定理，可知 $AB\cdot CD+AC\cdot BD=AD\cdot BC$，有 $ac+bc=ab$.

所以 $\frac{1}{a}+\frac{1}{b}=\frac{1}{c}$.

证明 10　如图 347.10，过 A 作 BC 的平行线交 $\angle ABC$ 的平分线于 D，E 为 BD 与 AC 的交点. 设 F 为 BC 上一点，$FC=DC$，连 EF.

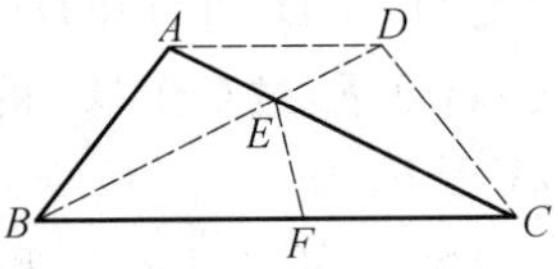

图 347.10

设 $\angle ACB=\alpha$，可知 $\angle ABC=2\alpha$，$\angle BAC=4\alpha$.

显然 $\angle DBC=\alpha=\angle ACB$，可知 $\angle ADB=\angle DBC=\alpha=\angle ACB$，有 A,B,C,D 四点共圆，于是四边形 $ABCD$ 为等腰梯形，于是 $BD=AC=b$，$AD=DC=AB=c$.

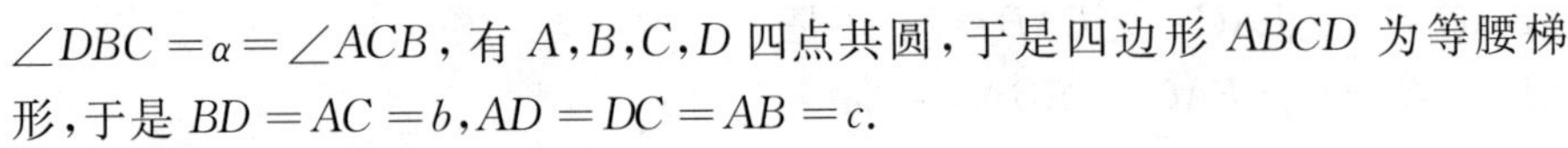

显然 F 与 D 关于 AC 对称，可知 $FC=DC=AB=c$，$\angle EFC=\angle BDC=4\alpha$，有 $\angle BFE=3\alpha$，于是 $\angle BEF=3\alpha$，得 $BE=BF=a-c$.

显然 $\triangle DAC\backsim\triangle EBC$，可知 $\frac{BE}{BC}=\frac{AD}{AC}$，有 $\frac{a-c}{a}=\frac{c}{b}$.

所以 $\frac{1}{a}+\frac{1}{b}=\frac{1}{c}$.

证明 11　如图 347.11，以 BC 为一底，以 AB 为一腰作等腰梯形 $ABCD$，BD 与 AC 相交于 E. 设 F 为 AC 上一点，$FC=DC$，连 DF.

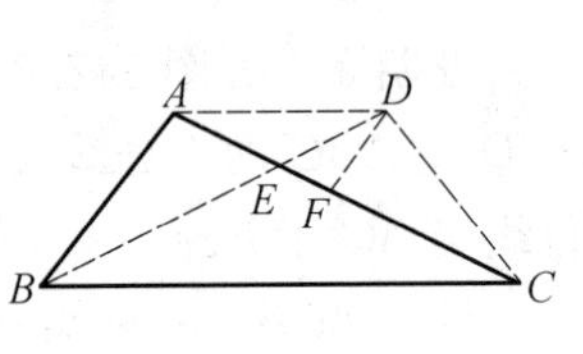

图 347.11

设 $\angle ACB=\alpha$，可知 $\angle ABC=2\alpha$，$\angle BAC=4\alpha$，有 $\angle DAC=\angle ACB=\alpha$，于是 AC 平分 $\angle DCB$，BD 平分 $\angle ABC$，$BD=AC=b$，$FC=DC=AB=c$，$AF=AC-FC=b-c$.

显然 $DA=DC=AB=c$.

由 $\angle FDC=3\alpha$，可知 $\angle BDF=\alpha=\angle ABD$，有 $DF\parallel AB$，于是 $\triangle FDA\backsim\triangle ABC$，得 $\dfrac{AF}{AC}=\dfrac{AD}{BC}$.

显然 $\dfrac{b-c}{b}=\dfrac{c}{a}$，可知 $\dfrac{1}{a}+\dfrac{1}{b}=\dfrac{1}{c}$.

证明 12 如图 347.12，过 A 作 BC 的平行线交 $\triangle ABC$ 的外接圆于 F，过 B 作 AC 的平行线交 $\triangle ABC$ 的外接圆于 E. 设 D 为 BC 的延长线上的一点，$CD=CA$，连 CE，CF，DE，AE.

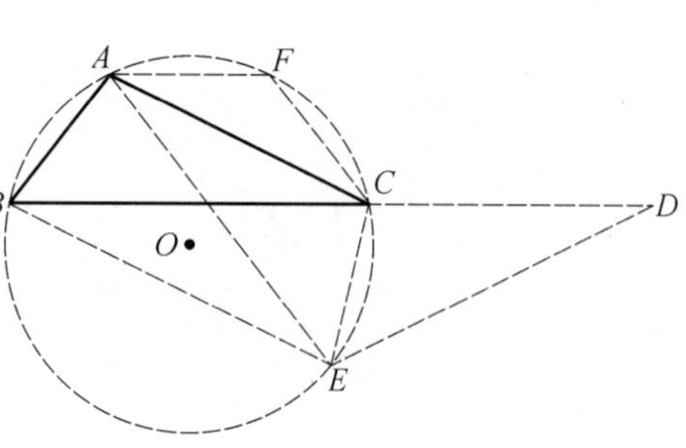

图 347.12

显然四边形 $ABCF$ 与四边形 $ABEC$ 均为等腰梯形，可知 $FC=AB=CE$.

由 $\angle FCB=\angle ABC=2\angle ACB$，可知 $\angle FCA=\angle ACB=\angle FAC$，有 $FA=FC=AB$.

易知 $\angle CEB=\angle ABE=3\angle ACB$，可知 $\angle BCE=3\angle ACB$，有 $\angle ECD=4\angle ACB=\angle BAC$，于是 $\triangle CED\cong\triangle ABC$，得 $DE=BC=BE$.

显然 $\triangle EBD\backsim\triangle FAC$，可知 $\dfrac{BD}{AC}=\dfrac{BE}{AF}$，有 $\dfrac{a+b}{b}=\dfrac{a}{c}$.

所以 $\dfrac{1}{a}+\dfrac{1}{b}=\dfrac{1}{c}$.

证明 13 如图 347.13，设 D 为 BC 上一点，$DC=AC$. 设 E 为 DC 的中垂线与 AC 的交点，过 E 作 AD 的平行线交 BC 于 F，连 AD，AF，DE.

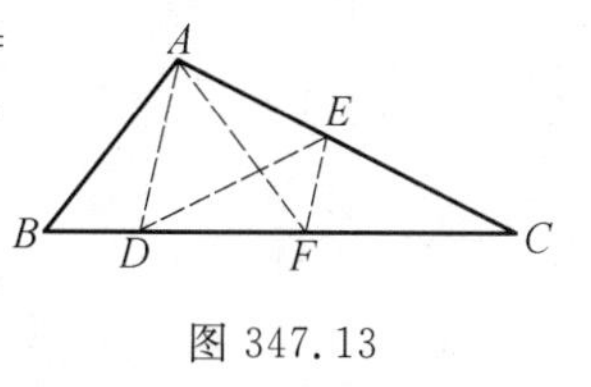

图 347.13

由 $\angle BAC+\angle ABC+\angle C=7\angle C$，可知 $\angle CDA=\angle CAD=3\angle C$.

显然 $\angle EDC=\angle C$，可知 $\angle ADE=2\angle C=\angle AED$，有 $AE=AD$.

显然四边形 $ADFE$ 为等腰梯形，可知 $\angle FAC=\angle EDC=\angle C$，有 $\angle AFB=2\angle C=\angle B$，于是 $AF=AB$，得 $AD=AE=AC-EC=AC-AB$.

显然 $\angle DAB=\angle C$，可知 $\triangle DBA\backsim\triangle ABC$，有 $\dfrac{AD}{AB}=\dfrac{AC}{BC}$，于是 $\dfrac{b-c}{c}=\dfrac{b}{a}$.

所以 $\dfrac{1}{a}+\dfrac{1}{b}=\dfrac{1}{c}$.

本文参考自：
1.《中学数学教学》1982 年 3 期 45 页.
2.《中学数学研究》1984 年 5 期 28 页.
3.《中学数学》2001 年 3 期 31 页.

第 348 天

1996 年第 22 届俄罗斯数学奥林匹克决赛

$\triangle ABC$ 中，$AB=BC$，CD 是 $\angle ACB$ 的平分线，O 是 $\triangle ABC$ 的外心，过 O 作 CD 的垂线交 BC 于 E，再过 E 作 CD 的平行线交 AB 于 F.

求证：$BE=FD$.

证明 1 如图 348.1，设 CD 交圆 O 于 N，直线 NE 交 BA 于 G，交圆 O 于 M.

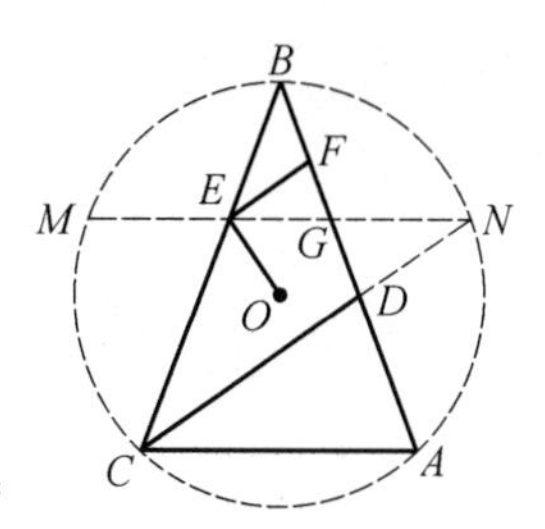

图 348.1

由 $EO\perp CN$，可知直线 EO 是 CN 的中垂线，有 $EC=EN$，EO 为 $\angle CEN$ 的平分线，于是 O 到 CB，MN 的距离相等，得 $CB=MN$，进而 $BE=ME$，$BA=MN$.

由 CD 平分 $\angle BCA$，可知 $\angle ACN=\angle BCN=\angle MNC$，有 $MN\parallel CA$，于是 M 与 N 关于 CA 的中垂线对称，E 与 G 关于 CA 的中垂线对称，得 $GN=ME$，进而 $GN=BE$.

由 $EF\parallel CN$，可知 EF 平分 $\angle BEG$，有 $\dfrac{BF}{FG}=\dfrac{BE}{EG}=\dfrac{GN}{EG}=\dfrac{GD}{FG}$，于是 $BF=GD$，得 $FD=BG$.

所以 $BE=FD$.

证明 2 如图 348.2，设 BO 分别交 CD，CA 于 K，H，EO 交 CD 于 G，连 CO，EK.

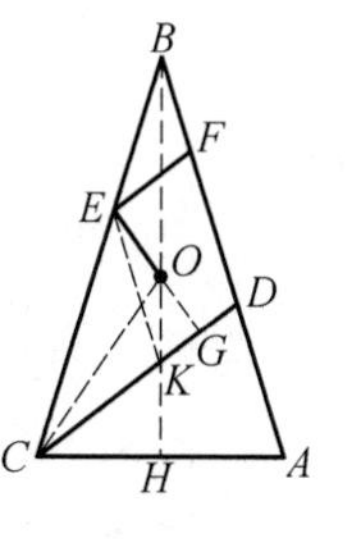

图 348.2

由 $BC=BA$，可知 BH 为 CA 的中垂线.

在 $\mathrm{Rt}\triangle KCH$ 与 $\mathrm{Rt}\triangle OKG$ 中，可知 $\angle KCH=\angle KOG=\angle BOE$.

由 CD 平分 $\angle BCA$，可知 $\angle ECK=\angle KCH$，有 $\angle ECK=\angle BOE$，于是 C,K,O,E 四点共圆，得 $\angle CEK=\angle COK=2\angle CBK=\angle CBA$，进而 $EK\parallel BA$.

由 $\angle EKB=\angle KBA=\angle KBE$，可知 $BE=EK$.

显然四边形 $EKDF$ 为平行四边形，可知 $FD=EK$.

所以 $BE=FD$.

本文参考自：
《中等数学》2001 年 4 期 7 页.

第 349 天

第 22 届全俄中学生(九年级)竞赛

在等腰三角形 ABC 中,$AC=BC$,O 是它的外心,I 是它的内心,点 D 在 BC 边上,使得 OD 与 BI 垂直. 证明:直线 ID 与 AC 平行.

证明 1 如图 349.1,设直线 CO,AB 相交于 E,直线 OD,BI 相交于 F,连 OB.

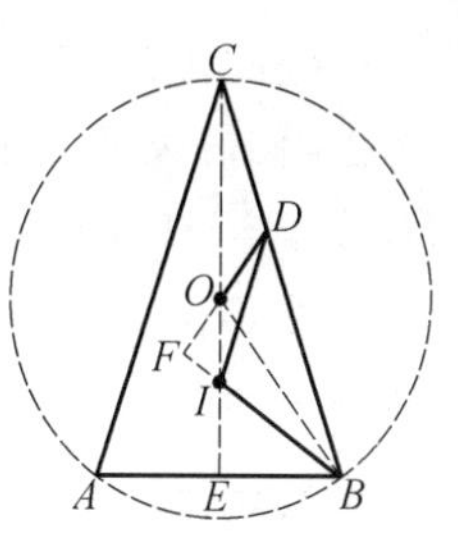

图 349.1

由 $AC=BC$,可知 CE 平分 $\angle ACB$,有点 I 在 CE 上.

显然 $CE\perp AB$.

由 $OD\perp FB$,可知 $\angle FOE=\angle FBE$.

由 I 为 $\triangle ABC$ 的内心,可知 BI 平分 $\angle ABC$,有 $\angle FBC=\angle FBE$.

显然 $\angle COD=\angle FOE$,可知 $\angle COD=\angle FBC$,有 O,E,B,D 四点共圆,于是 $\angle IDB=\angle IOB=2\angle OCB=\angle ACB$.

所以 $ID\parallel AC$.

证明 2 如图 349.1,设直线 CO,AB 相交于 E,直线 OD,BI 相交于 F,连 OB.

由 $AC=BC$,可知 CE 平分 $\angle ACB$,有点 I 在 CE 上.

显然 $CE\perp AB$.

由 $OD\perp FB$,可知 $\angle FOE=\angle FBE$.

由 I 为 $\triangle ABC$ 的内心,可知 BI 平分 $\angle ABC$,有 $\angle FBC=\angle FBE$.

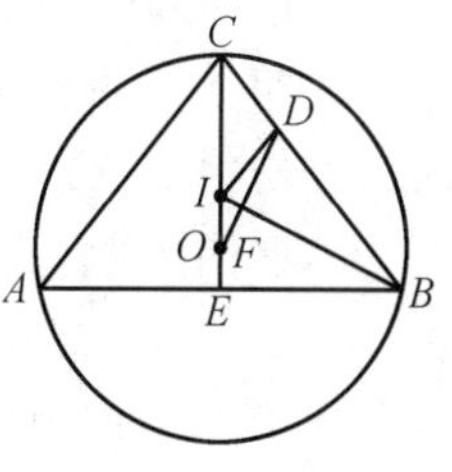

图 349.2

显然 $\angle COD=\angle FOE$,可知 $\angle COD=\angle FBC$,有 O,E,B,D 四点共圆,于是 $\angle OID=\angle OBD=\angle OCD=\angle ACO$.

所以 $ID\parallel AC$.

注 当 O 在 I 与 E 之间(图 349.2),同样可证,略!

第 350 天

第 28 届美国普特南数学竞赛

圆 O 的半径为 r，在这个圆中有一个内接六边形 $ABCDEF$，满足条件 $AB=CD=EF=r$. 设另外三边 FA,BC 和 DE 的中点分别为 G,H,J.

求证：$\triangle GHJ$ 为正三角形.

证明 1 如图 350.1，设 AB,CD,EF 的中点分别为 K,L,M，连 AD,AC,BD.

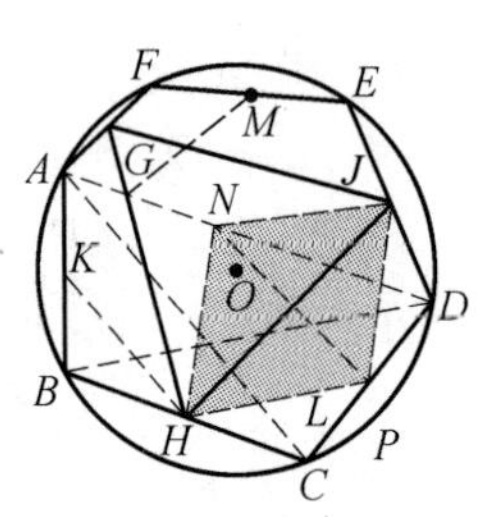

图 350.1

显然四边形 $ABCD$ 为等腰梯形，且 $\angle ACB=\angle DBC=30°$.

连 HK,HL，可知 $HK=\frac{1}{2}AC$，$HL=\frac{1}{2}BD$，$HK\parallel AC$，$HL\parallel BD$.

显然 $AC=BD$，可知 $HK=HL$，$\angle KHL=120°$.

同理 $JL=JM$，$\angle LJM=120°$，$GM=GK$，$\angle MGK=120°$.

设 N 为 L 关于 HJ 的对称点，连 HN,GM,GN.

显然 HJ 为 LN 的中垂线，GJ 为 MN 的中垂线，可知 $HL=HN$，$GM=GN$，有 $HK=HN$，$GK=GN$，于是 GH 为 KN 的中垂线.

由 $\angle KHL=120°$，$\angle LJM=120°$，$\angle MGK=120°$，可知 $\angle GHJ=60°$，$\angle HJG=60°$，$\angle JGH=60°$.

所以 $\triangle GHJ$ 为正三角形.

证明 2 如图 350.2，设直线 FA,BC,DE 两两相交得 $\triangle XYZ$，连 CF.

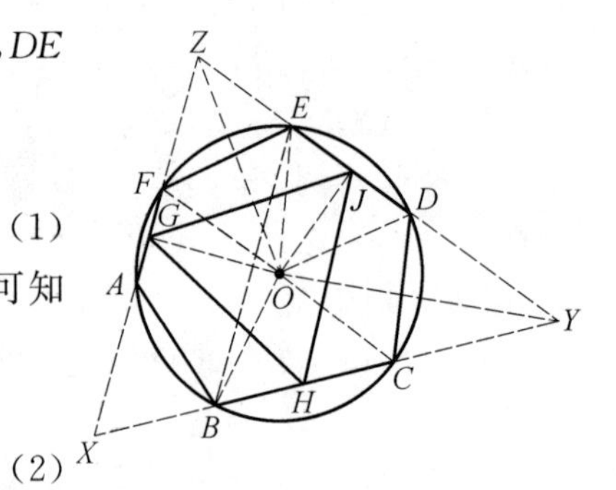

图 350.2

显然四边形 $CDEF$ 为等腰梯形，可知

$$\angle CDY=\angle FEZ \quad (1)$$

连 BE，由四边形 $CDEB$ 内接于圆 O，可知 $\angle DCY=\angle BED$.

由 $BE\parallel AZ$，可知 $\angle BED=\angle Z$，有

$$\angle DCY=\angle Z \quad (2)$$

由式(1),(2),可知 $\triangle CDY \backsim \triangle ZEF$,有$\dfrac{YD}{CD}=\dfrac{FE}{ZE}$,其中 $CD=EF=r$.

连 OD,OE,可知$\dfrac{YD}{OD}=\dfrac{OE}{EZ}$.

由 $\angle CDO=60^\circ=\angle FEO$ 及式(1),可知 $\angle YDO=\angle OEZ$.

连 YO,ZO,可知 $\triangle YDO \backsim \triangle OEZ$,有

$$\angle YOD=\angle OZE \tag{3}$$

显然 G,O,J,Z 四点共圆,可知

$$\angle OGJ=\angle OZE \tag{4}$$

由式(3),(4),有

$$\angle YOD=\angle OGJ \tag{5}$$

同理可得

$$\angle YOC=\angle OGH \tag{6}$$

由式(5),(6),可知

$$\angle JGH=\angle OGJ+\angle OGH=\angle YOD+\angle YOC=\angle DOC=60^\circ$$

所以 $\triangle GHJ$ 为正三角形.

第 351 天

第 58 届莫斯科数学奥林匹克(十年级)

梯形 $ABCD$ 的两条对角线相交于点 K,分别以梯形的两腰为直径各作一圆,现知 K 位于这两个圆之外.

证明:由点 K 向这两个圆所作的切线长度相等.

证明 1 如图 351.1,设 AC 与圆交于 M,BD 与圆交于 N,连 BM,CN.

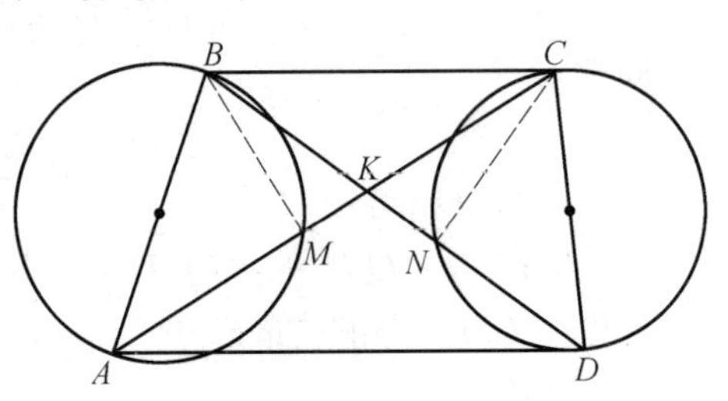

图 351.1

显然 $\mathrm{Rt}\triangle BMK \backsim \mathrm{Rt}\triangle CNK$,可知$\frac{KM}{KB}=\frac{KN}{KC}$.

易知$\frac{KA}{KD}=\frac{KC}{KB}$,可知

$$\frac{KA}{KD}\cdot\frac{KM}{KB}=\frac{KC}{KB}\cdot\frac{KN}{KC}$$

有

$$KA\cdot KM=KD\cdot KN$$

所以由点 K 向这两个圆所作的切线长度相等.

证明 2 如图 351.2,设 AC 与圆交于 M,BD 与圆交于 N,连 BM,MN,CN.

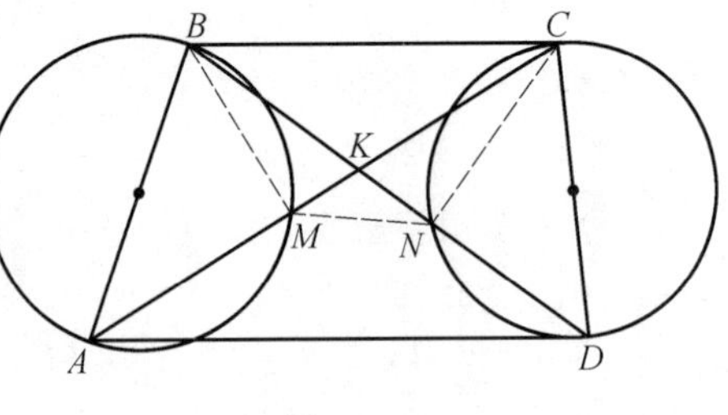

图 351.2

显然 B,M,N,C 四点共圆,可知$\angle MNB=\angle MCB=\angle CAD$,有 A,D,N,M 四点共圆,于是 $KA\cdot KM=KD\cdot KN$.

所以由点 K 向这两个圆所作的切线长度相等.

第 352 天

第 58 届莫斯科数学奥林匹克(十一年级)

AM,AT 为 $\triangle ABC$ 的中线和角平分线,D 为 AM 上一点,$DT \parallel AC$. 求证:$DC \perp AT$.

证明 1 如图 352.1,在 AM 的延长线上取一点 E,使 $ME = MA$,连 EB,EC,设直线 CD 交 AB 于 F.

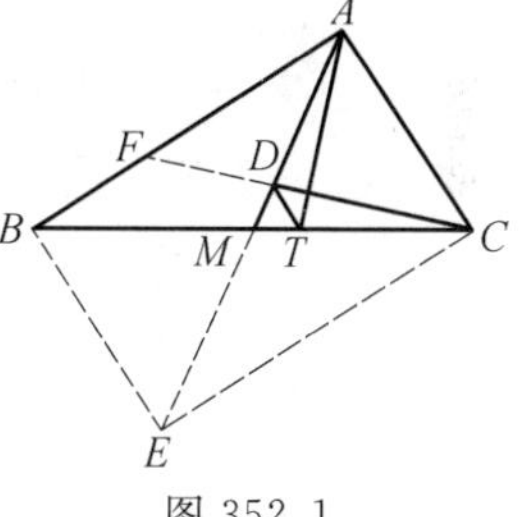

图 352.1

显然四边形 $ABEC$ 为平行四边形,可知

$$\frac{AF}{AB} = \frac{AF}{EC} = \frac{AD}{ED} = \frac{CT}{BT} = \frac{AC}{AB}$$

于是 $AF = AC$.

由 AT 平分 $\angle BAC$,可知 AT 是 $\triangle AFC$ 的边 FC 上的高线.

所以 $DC \perp AT$.

证明 2 如图 352.2,设 $AB = c$,$BC = a$,$CA = b$,(不失一般性,设 $c \geqslant b$)$AM = m$.

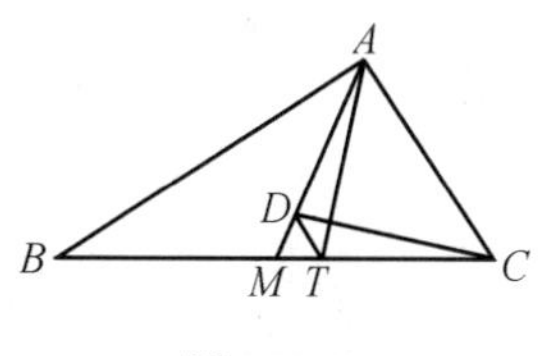

图 352.2

易知

$$TC = \frac{ab}{c+b}, MT = \frac{a(c-b)}{2(c+b)}$$

$$TD = \frac{b(c-b)}{c+b}, AD = \frac{2bm}{c+b}$$

由 $4m^2 + a^2 = 2 \cdot (b^2 + c^2)$,可知

$$AC^2 + TD^2 = \frac{2b^2(c^2 + b^2)}{(c+b)^2}$$

$$TC^2 + AD^2 = \frac{a^2 b^2}{(c+b)^2} + \frac{4b^2 m^2}{(c+b)^2} = \frac{2b^2(c^2 + b^2)}{(c+b)^2}$$

有

$$AC^2 + TD^2 = TC^2 + AD^2$$

所以 $DC \perp AT$.

注 本题的逆命题为《中等数学》2002 年 3 期 44 页,《数学教学》2001 年 5 期 40 页的内容.

本文参考自：
1.《数学教学》1997 年 5 期 26 页.
2.《中等数学》2000 年 2 期 9 页.

第 353 天

1962 年全俄数学奥林匹克

如图 353.1,过等腰$\triangle ABC$底边中点D作AC的垂线DE交AC于E,F是DE的中点.

求证:$AF\perp BE$.

证明 1 如图 353.1,连AD,过F作BC的平行线交AC于M,连DM.

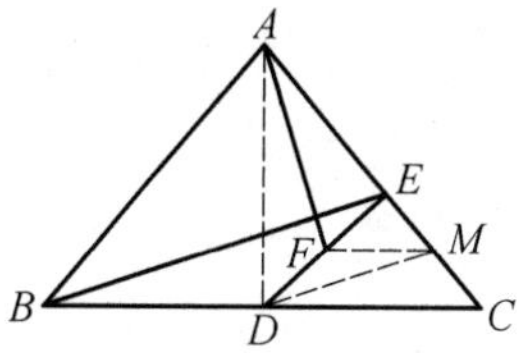

显然F为$\triangle ADM$的垂心,可知$AF\perp DM$.

因为$BE\parallel DM$,所以$AF\perp BE$.

图 353.1

证明 2 如图 353.2,连AD.

显然$AD\perp BC$,$\angle ADC=90^{\circ}$.

由$\angle ADE=90^{\circ}-\angle DAC=\angle C$,可知$\mathrm{Rt}\triangle ADE\backsim\mathrm{Rt}\triangle DCE$,有$\dfrac{AD}{DC}=\dfrac{DE}{CE}$.

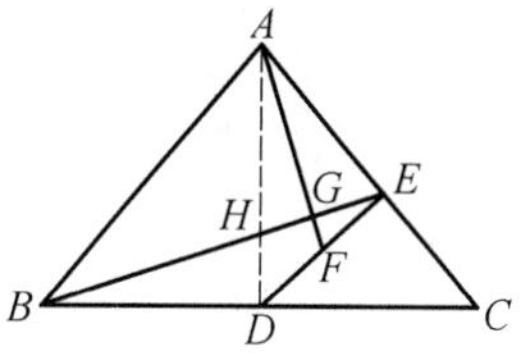

由$DE=2DF$,$DC=\dfrac{1}{2}BC$,可知$\dfrac{AD}{BC}=\dfrac{DF}{CE}$.

图 353.2

由$\angle ADF=\angle C$,可知$\triangle ADF\backsim\triangle BCE$,有$\angle DAF=\angle CBE$.

由$\angle CBE+\angle BHD=90^{\circ}$,可知$\angle DAF+\angle AHG=90^{\circ}$.

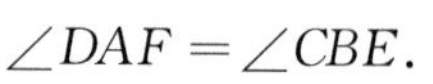

所以$AF\perp BE$.

证明 3 如图 353.3,过D作BE的平行线交AC于M.

显然$\angle AEB=\angle AMD$.

易知$\mathrm{Rt}\triangle ADE\backsim\mathrm{Rt}\triangle DCE$,可知$\dfrac{AE}{DE}=\dfrac{DE}{CE}$.

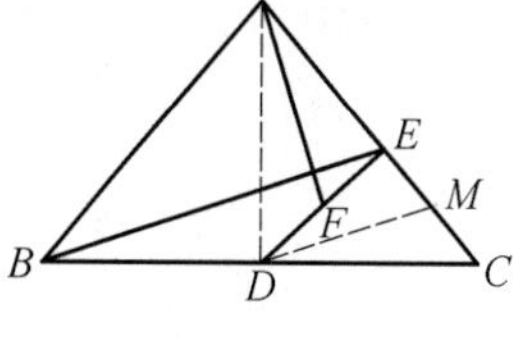

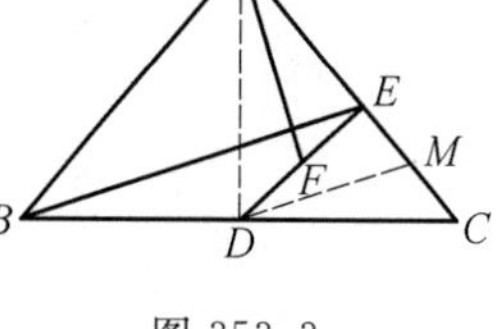

图 353.3

由$DE=2FE$,$CE=2EM$,可知$\dfrac{AE}{DE}=\dfrac{EF}{EM}$,有$\mathrm{Rt}\triangle AEF\backsim\mathrm{Rt}\triangle DEM$,于是$\angle EAF=\angle EDM$.

由$\angle EDM+\angle AMD=90^{\circ}$,可知$\angle EAF+\angle AEB=90^{\circ}$.

所以$AF\perp BE$.

证明 4　如图 353.4，连 AD，过 F 作 AC 的平行线交 AD 于 M.

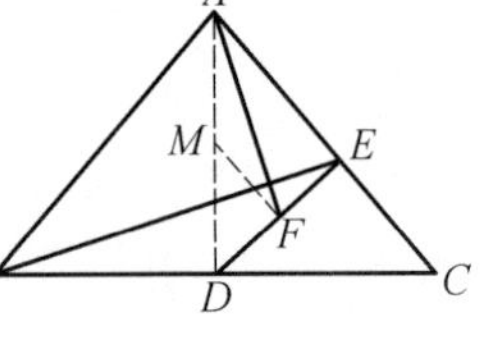

图 353.4

显然 MF 为 $\triangle DEA$ 的中位线，有 $AE=2MF$.

易知 $\mathrm{Rt}\triangle ADE \backsim \mathrm{Rt}\triangle DCE$，可知 $\frac{AD}{DC}=\frac{AE}{DE}$. 代入 $AD=2AM, AE=2MF, DC=BD$，有 $\frac{AM}{BD}=\frac{MF}{DE}$.

由 $\angle AMF=\angle MDF+90°=\angle BDE$，可知 $\triangle AMF \backsim \triangle BDE$，有 $\angle AFM=\angle BEF$.

由 $\angle AFM+\angle AFE=90°$，可知 $\angle BEF+\angle AFE=90°$.

所以 $AF \perp BE$.

证明 5　如图 353.5，连 AD，过 F 作 AD 的平行线交 AC 于 G.

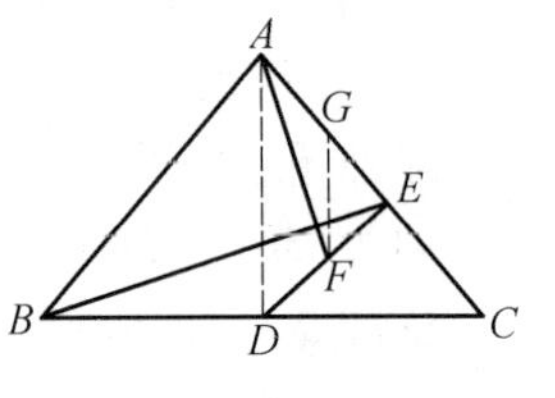

图 353.5

显然 FG 为 $\triangle ADE$ 的中位线，可知 $AD=2GF$.

易知 $\mathrm{Rt}\triangle ADE \backsim \mathrm{Rt}\triangle DCE$，可知 $\frac{AD}{DC}=\frac{AE}{DE}$. 代入 $AD=2GF, AE=2AG, BD=DC$，有 $\frac{GF}{DB}=\frac{AG}{ED}$.

由 $\angle CDE=\angle DAE=\angle FGE$，可知 $\angle AGF=\angle EDB$，有 $\triangle AGF \backsim \triangle EDB$，于是 $\angle FAG=\angle BED$.

由 $\angle BED+\angle BEA=90°$，可知 $\angle FAE+\angle BEA=90°$.

所以 $AF \perp BE$.

注　本题的逆命题为第 265 天的内容.

本文参考自：
1.《中学生数学》1999 年 9 期 9 页.
2.《中等数学》1999 年 4 期 9 页.

第 354 天

1970 年英国数学奥林匹克

$\triangle ABC$ 中，$AB=AC$，$\angle A=80^\circ$，D，E 分别是 BC，AC 上的点，且 $\angle BAD=50^\circ$，$\angle ABE=30^\circ$.

试求：$\angle BED$ 的度数.

解 1 如图 354.1，在 BE 的延长线上取一点 F，使 $DF=DB$，连 FA，FC.

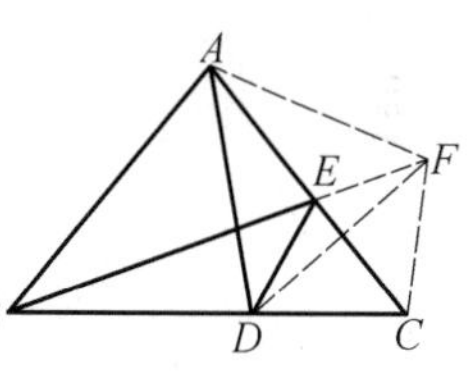

图 354.1

由 $\angle DAB=50^\circ=\angle DBA$，可知 $DA=DB=DF$，有 D 为 $\triangle ABF$ 的外心，于是 $\angle ADF=2\angle ABF=60^\circ$，得 $\triangle ADF$ 为正三角形.

由 $\angle DAC=30^\circ$，可知 AC 为 DF 的中垂线，有 $\angle EDF=\angle EFD=20^\circ$，得 $\angle BED=\angle EDF+\angle EFD=40^\circ$.

所以 $\angle BED=40^\circ$.

解 2 如图 354.2，以 AE 为一边在 $\triangle ABE$ 内作正三角形 PEA，连 PB，PD.

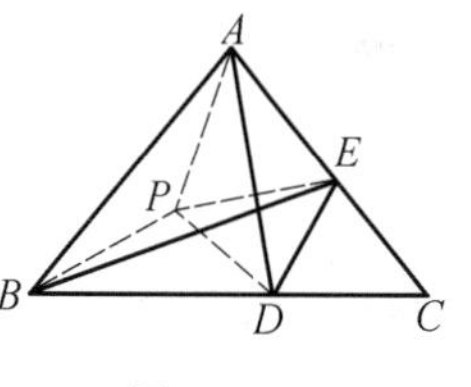

图 354.2

由 $\angle EBA=30^\circ$，可知 P 为 $\triangle ABE$ 的外心，有 $PB=PA$.

由 $\angle DAB=50^\circ=\angle DBA$，可知 $DA=DB$，有 PD 为 AB 的中垂线，于是 $\angle PDA=\angle PDB=\frac{1}{2}\angle ADB=40^\circ$.

由 $\angle DAC=30^\circ$，可知 AD 为 PE 的中垂线，有 $\angle EDA=\angle PDA=40^\circ$.

在 $\triangle BDE$ 中，显然 $\angle BED=40^\circ$.

解 3 如图 354.3，以 AB 为一边在 $\triangle ABC$ 内侧作正三角形 ABF，连 FC，FD，FE.

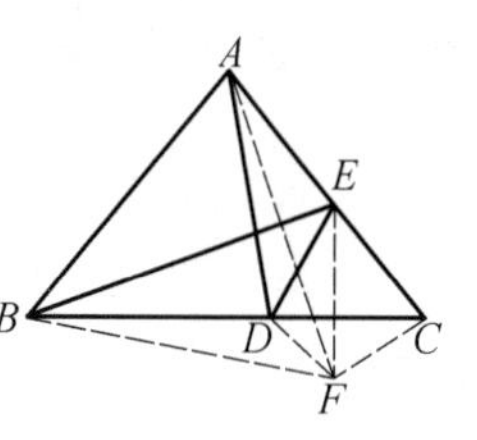

图 354.3

由 $AF=AB=AC$，可知 A 为 $\triangle BCF$ 的外心，有 $\angle BCF=\frac{1}{2}\angle BAF=30^\circ$.

由 $\angle ABE=30^\circ$，可知 BE 为 AF 的中垂线，有 $\angle EFB=\angle EAB=80^\circ$，$\angle BEF=\angle BEA=70^\circ$.

由 $\angle DAB=50^\circ=\angle DBA$，可知 $DA=DB$，有 DF 为 AB 的中垂线，于是 $\angle DFB=30^\circ$.

由 $\angle EFD=\angle EFB-\angle DFB=50^\circ=\angle ECD$，可知 D,F,C,E 四点共圆，有 $\angle DEF=\angle DCF=30^\circ$，于是 $\angle BED=\angle BEF-\angle DEF=40^\circ$.

所以 $\angle BED=40^\circ$.

本文参考自：

1.《中学数学月刊》2001 年 7 期 42 页.

2.《中等数学》2006 年 1 期 7 页.

第 355 天

1974 年加拿大第 7 届笛卡儿数学竞赛

设 AD 为 $\triangle ABC$ 的一中线，引任一直线 CEF 交 AD 于 E，交 AB 于 F. 求证：$\frac{AE}{ED}=\frac{2AF}{FB}$.

证明 1　如图 355.1，过 B 作 AD 的平行线交直线 CF 于 G.

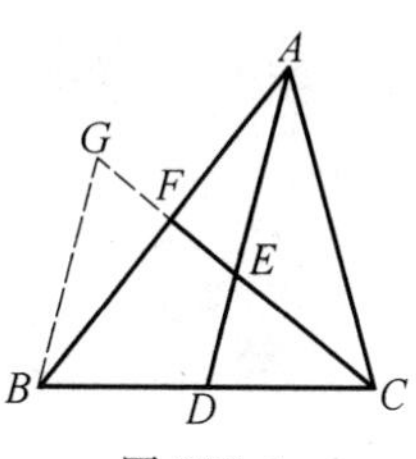

图 355.1

由 D 为 BC 的中点，可知 $DE=\frac{1}{2}BG$.

显然 $\triangle FAE \backsim \triangle FBG$，可知 $\frac{AF}{FB}=\frac{AE}{BG}=\frac{AE}{2ED}$，即 $\frac{AE}{2ED}=\frac{AF}{FB}$.

所以 $\frac{AE}{ED}=\frac{2AF}{FB}$.

证明 2　如图 355.2，过 B 作 FC 的平行线交直线 AD 于 G.

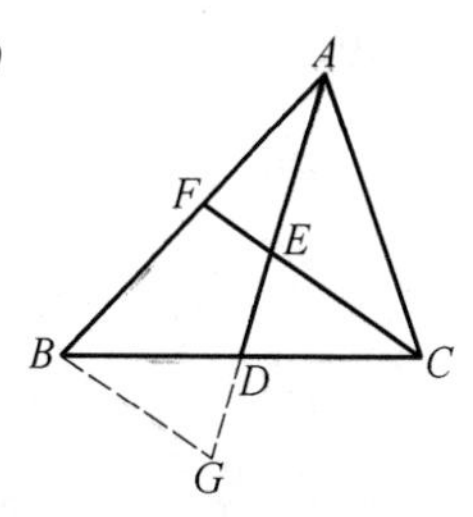

图 355.2

由 D 为 BC 的中点，可知 D 为 EG 的中点.

显然 $\frac{AF}{FB}=\frac{AE}{EG}=\frac{AE}{2ED}$，即 $\frac{AE}{2ED}=\frac{AF}{FB}$.

所以 $\frac{AE}{ED}=\frac{2AF}{FB}$.

证明 3　如图 355.3，过 A 作 BC 的平行线交直线 CF 于 G.

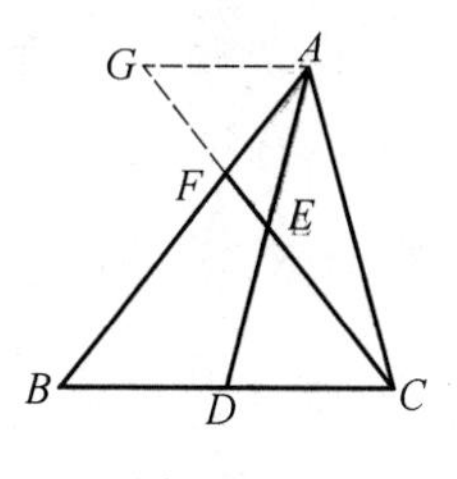

图 355.3

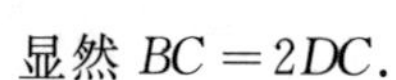
显然 $BC=2DC$.

显然 $\triangle EAG \backsim \triangle EDC$，可知 $\frac{AE}{ED}=\frac{AG}{DC}$.

显然 $\triangle FAG \backsim \triangle FBC$，可知 $\frac{AF}{FB}=\frac{AG}{BC}=\frac{AG}{2DC}=\frac{AE}{2ED}$，即 $\frac{AE}{2ED}=\frac{AF}{FB}$.

所以$\dfrac{AE}{ED}=\dfrac{2AF}{FB}$.

证明 4　如图 355.4,过 A 作 FC 的平行线交直线 BC 于 G.

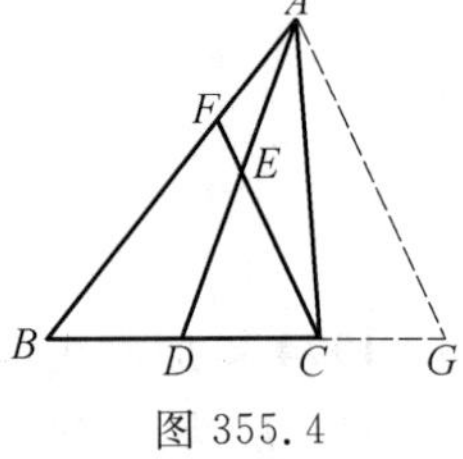

图 355.4

显然 $BC=2DC$.

显然$\dfrac{GC}{DC}=\dfrac{AE}{ED}$.

显然$\dfrac{AF}{FB}=\dfrac{GC}{BC}=\dfrac{GC}{2DC}=\dfrac{AE}{2ED}$.

所以$\dfrac{AE}{ED}=\dfrac{2AF}{FB}$.

证明 5　如图 355.5,过 D 作 FC 的平行线交 AB 于 G.

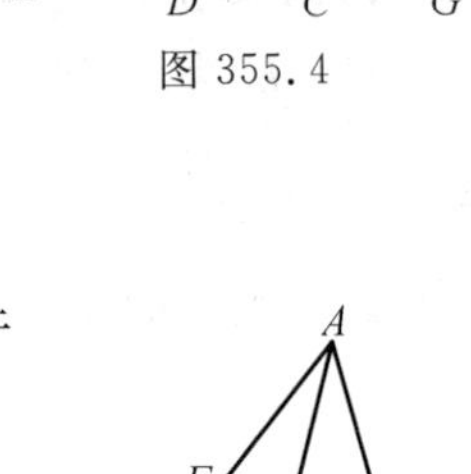

图 355.5

由 D 为 BC 的中点,可知 G 为 BF 的中点.

显然$\dfrac{AE}{ED}=\dfrac{AF}{FG}=\dfrac{AF}{\frac{1}{2}FB}=\dfrac{2AF}{FB}$.

所以$\dfrac{AE}{ED}=\dfrac{2AF}{FB}$.

证明 6　如图 355.6,过 D 作 BA 的平行线交 FC 于 G.

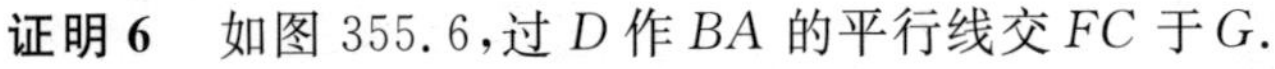

由 D 为 BC 的中点,可知 $DG=\dfrac{1}{2}FB$.

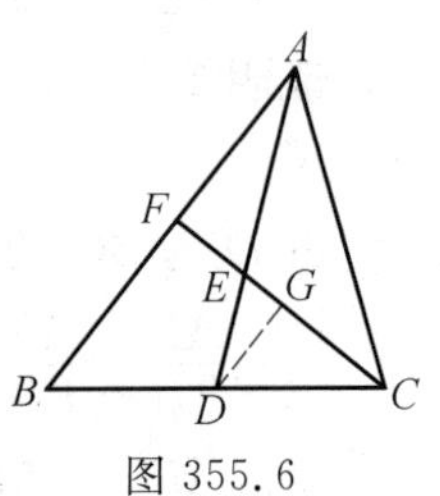

图 355.6

显然 $\triangle EAF\backsim\triangle EDG$,可知

$$\frac{AE}{ED}=\frac{AF}{DG}=\frac{AF}{\frac{1}{2}FB}=\frac{2AF}{FB}$$

所以$\dfrac{AE}{ED}=\dfrac{2AF}{FB}$.

证明 7　如图 355.7,连 BE.

由 D 为 BC 的中点,可知 $S_{\triangle EDB}=S_{\triangle EDC}=x$. 设 $S_{\triangle FEB}=y,S_{\triangle FEA}=z$.

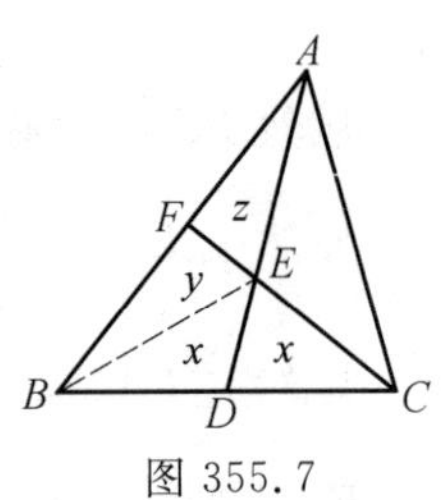

图 355.7

显然$\dfrac{AE}{ED}=\dfrac{y+z}{x},\dfrac{AF}{FB}=\dfrac{S_{\triangle EAC}}{S_{\triangle EBC}}=\dfrac{y+z}{2x}=\dfrac{AE}{2ED}$.

所以$\dfrac{AE}{ED}=\dfrac{2AF}{FB}$.

证明 8　如图 355.8，直线 CEF 截 $\triangle ABD$ 的三边，依梅涅劳斯定理，可知

$$\frac{AF}{FB}\cdot\frac{BC}{CD}\cdot\frac{DE}{EA}=1$$

代入 $BC=2CD$，得$\frac{AE}{ED}=\frac{2AF}{FB}$.

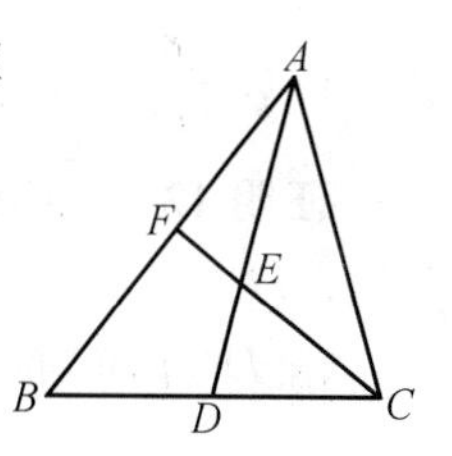

图 355.8

证明 9　如图 355.9，设 G 为 AD 的延长线上的一点，$DG=AD$，连 BG，CG.

由 D 为 BC 的中点，可知四边形 $ABGC$ 为平行四边形，有 $AB=GC$，$AD=DG$，于是 $EG-AE=AG-AE-AE=2AD-2AE=2(AD-AE)=2ED$.

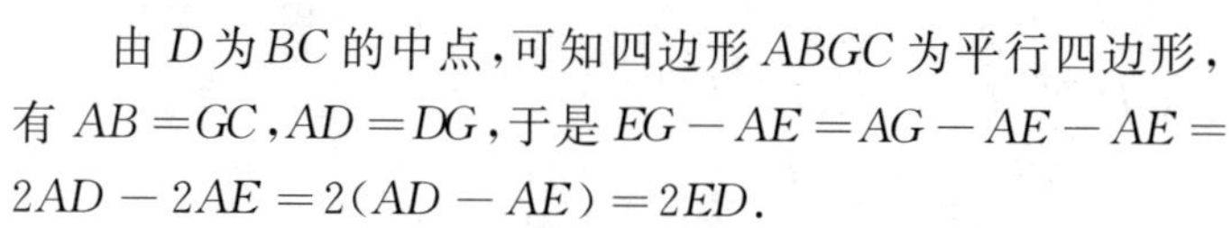

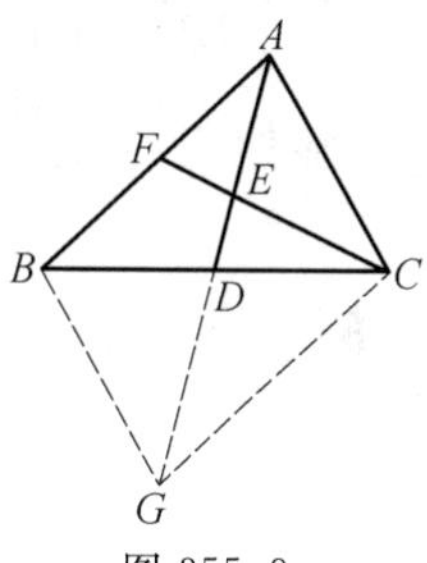

图 355.9

显然$\frac{AF}{AB}=\frac{AF}{GC}=\frac{AE}{EG}$，可知$\frac{AF}{AB-AF}=\frac{AE}{EG-AE}$，即$\frac{AF}{FB}=\frac{AE}{2ED}$.

所以$\frac{AE}{ED}=\frac{2AF}{FB}$.

证明 10　如图 355.10，过 C 作 AB 的平行线交直线 AD 于 G.

由 D 为 BC 的中点，可知 D 为 AG 的中点，有 $2ED=EG-AE$（见证明 9），$AB=CG$.

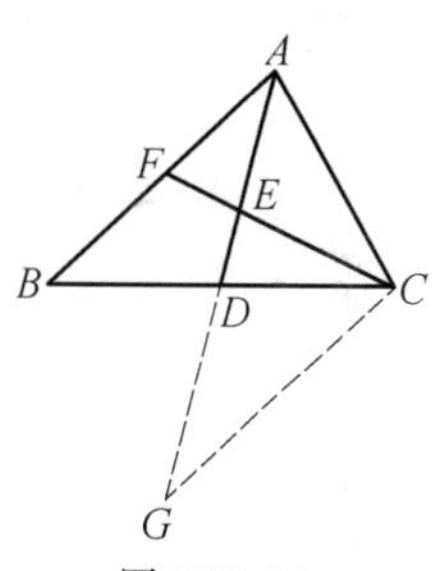

图 355.10

显然$\frac{AF}{AB}=\frac{AF}{GC}=\frac{AE}{EG}$，可知$\frac{AF}{AB-AF}=\frac{AE}{EG-AE}$，即$\frac{AF}{FB}=\frac{AE}{2ED}$.

所以$\frac{AE}{ED}=\frac{2AF}{FB}$.

证明 11　如图 355.11，过 C 作 AD 的平行线交直线 BA 于 G.

由 D 为 BC 的中点，可知 A 为 BG 的中点，有 $GC=2AD$，于是 $2ED=GC-AE$.

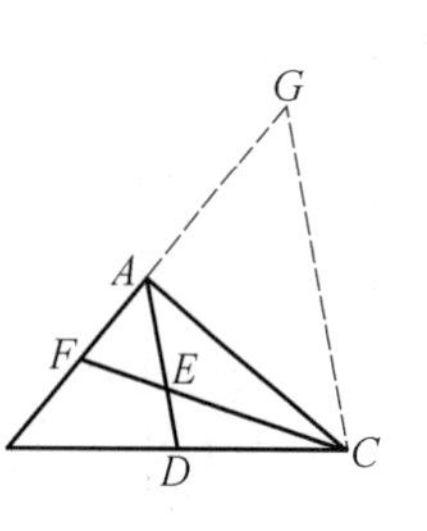

图 355.11

显然$\frac{AF}{AB}=\frac{AF}{AG}=\frac{AE}{GC}$，可知$\frac{AF}{AB-AF}=\frac{AE}{GC-AE}$，有$\frac{AF}{FB}=\frac{AE}{2ED}$.

所以$\frac{AE}{ED}=\frac{2AF}{FB}$.

证明 12 如图 355.12,过 D 作 AC 的平行线交直线 CF 于 H.

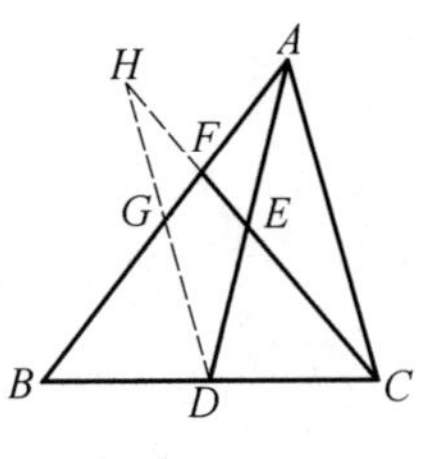

图 355.12

由 D 为 BC 的中点,可知 G 为 AB 的中点,有 $AC=2GD$.

显然$\frac{AE}{ED}=\frac{AC}{DH}=\frac{2GD}{DH}$.

显然$\frac{AF}{FG}=\frac{AC}{GH}=\frac{2GD}{GH}$,即$\frac{AF}{FG}=\frac{2GD}{GH}$,可知

$$\frac{AF}{2FG+AF}=\frac{GD}{GH+GD}=\frac{GD}{DH}$$

有

$$\frac{AF}{FB}=\frac{GD}{DH}=\frac{AE}{2ED}$$

所以$\frac{AE}{ED}=\frac{2AF}{FB}$.

证明 13 如图 355.13,过 F 作 BC 的平行线交 AD 于 G.

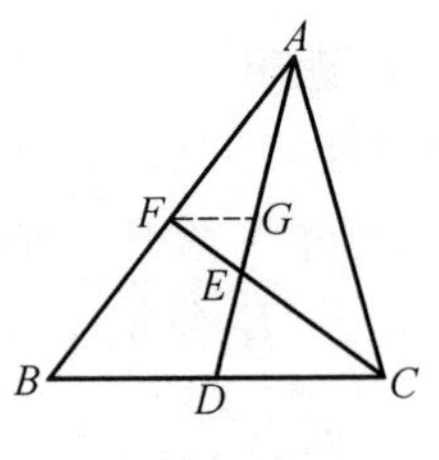

图 355.13

显然$\frac{AG}{AD}=\frac{FG}{BD}=\frac{FG}{DC}=\frac{GE}{DE}$,可知

$$\frac{AG}{AD}=\frac{GE}{DE}=\frac{AG+GE}{AD+DE}=\frac{AE}{AE+2DE}$$

有

$$\frac{AG}{AD}=\frac{AE}{AE+2DE}$$

于是

$$\frac{AG}{AD-AG}=\frac{AE}{2DE}$$

得

$$\frac{AE}{2DE}=\frac{AG}{GD}=\frac{AF}{AB}$$

所以$\frac{AE}{ED}=\frac{2AF}{FB}$.

证明 14 如图 355.14,过 E 作 AB 的平行线分别交 CB,CA 于 G,K,过 E 作 AC 的平行线交 BC 于 H.

由 D 为 BC 的中点,可知 D 为 GH 的中点.

显然$\frac{AF}{FB}=\frac{KE}{EG}=\frac{CH}{GH}=\frac{CH}{2DH}=\frac{AE}{2ED}$.

所以$\frac{AE}{ED}=\frac{2AF}{FB}$.

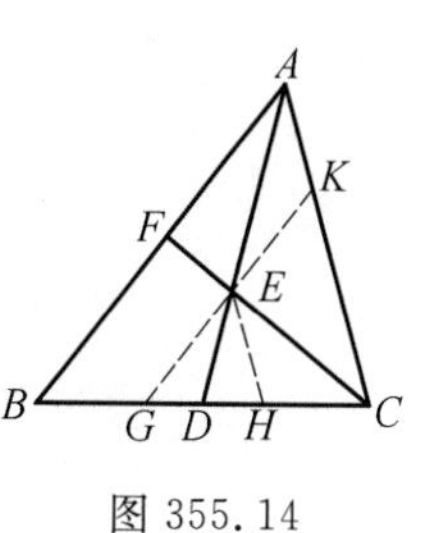

图 355.14

证明 15　如图 355.15,过 E 作 BC 的平行线,分别交 AB,AC 于 G,H. 过 E 作 AB 的平行线,分别交 CB,CA 于 L,K.

由 D 为 BC 的中点,可知 E 为 GH 的中点,有 K 为 AH 的中点.

显然$\frac{AF}{FB}=\frac{KE}{EL}=\frac{KH}{HC}=\frac{\frac{1}{2}AH}{HC}=\frac{AE}{2ED}$.

所以$\frac{AE}{ED}=\frac{2AF}{FB}$.

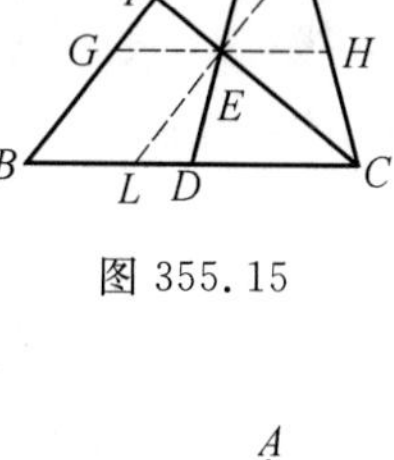

图 355.15

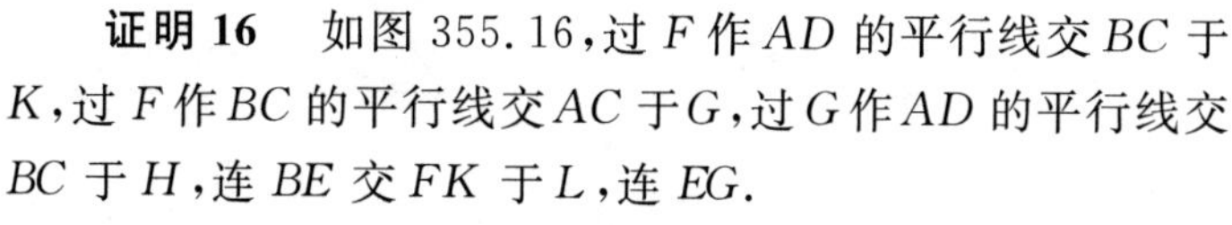

证明 16　如图 355.16,过 F 作 AD 的平行线交 BC 于 K,过 F 作 BC 的平行线交 AC 于 G,过 G 作 AD 的平行线交 BC 于 H,连 BE 交 FK 于 L,连 EG.

由 D 为 BC 的中点,可知 J 为 FG 的中点.

显然 $\frac{EJ}{ED}=\frac{FJ}{CD}=\frac{GJ}{BD}$,可知 $\triangle EJG\backsim\triangle EDB$,有 $\angle JEG=\angle DEB$,于是 B,E,G 三点共线.

显然$\frac{AE}{ED}=\frac{FL}{LK}=\frac{GL}{BL}=\frac{KH}{BK}=\frac{2KD}{BK}=\frac{2AF}{FB}$.

所以$\frac{AE}{ED}=\frac{2AF}{FB}$.

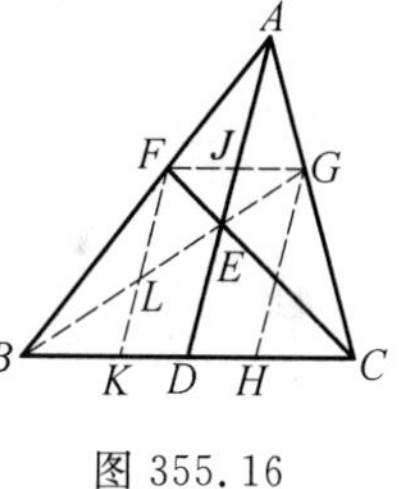

图 355.16

第 356 天

1983 年南斯拉夫数学奥林匹克

在 $\triangle ABC$ 中，$AB = AC$，$\angle BAC = 80^\circ$，P 为形内一点，$\angle PBC = 10^\circ$，$\angle PCB = 30^\circ$.

求 $\angle PAB$ 的度数.

解 1　如图 356.1，过 A 作 BC 的垂线交直线 CP 于 D. 连 BD.

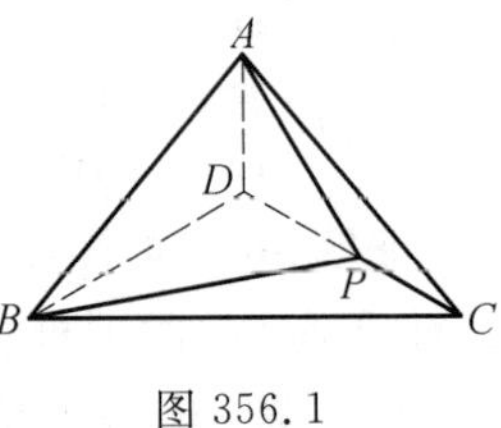

图 356.1

由 $AB - AC$，可知 AD 为 BC 的中垂线，有 $\angle DBC -\angle PCB - 30^\circ$，于是 BD 平分 $\angle PBA$.

由 $\angle DPB = \angle PBC + \angle PCB = 40^\circ = \angle DAB$，可知 A 与 P 关于 BD 对称.

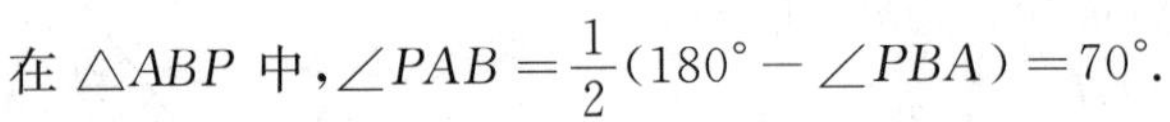
在 $\triangle ABP$ 中，$\angle PAB = \frac{1}{2}(180^\circ - \angle PBA) = 70^\circ$.

解 2　如图 356.2，以 BC 为一边在 $\triangle ABC$ 内作正三角形 DBC，连 DA.

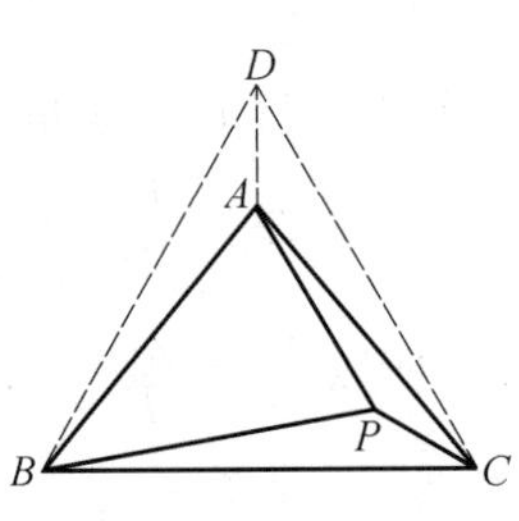

图 356.2

由 $AB = AC$，可知 DA 为 BC 的中垂线，有 $\angle BDA = 30^\circ = \angle BCP$.

由 $BD = BC$，$\angle DBA = 10^\circ = \angle CBP$，可知 $\triangle DBA \cong \triangle CBP$，于是 $BA = BP$.

在 $\triangle PBA$ 中，易得 $\angle PAB = 70^\circ$.

解 3　如图 356.3，以 AC 为一边在 $\triangle ABC$ 内作正三角形 DAC，连 DB.

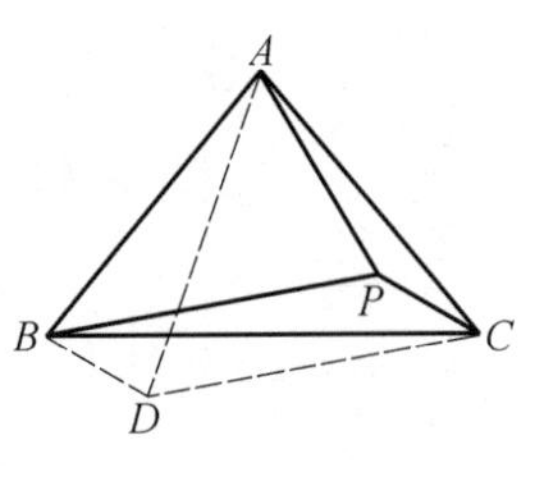

图 356.3

显然 $\angle DCB = 10^\circ = \angle CBP$，可知 $BP \parallel DC$.

由 $AB = AC = AD$，$\angle DAB = 20^\circ$，可知 $\angle DBA = 80^\circ$，于是 $\angle DBC = 30^\circ = \angle PCB$，有 $BD \parallel PC$，故四边形 $BDCP$ 为平行四边形，得 $AB = AC = DC = BP$.

在 $\triangle PBA$ 中，易得 $\angle PAB = 70^\circ$.

解 4　如图 356.4，以 AB 为一边在 $\triangle ABC$ 内作正三角形 DAB，连 DC.

由 $AC=AB=AD$，$\angle DAC=20^{\circ}$，可知 $\angle DCA=80^{\circ}$，于是 $\angle DCB=30^{\circ}=\angle PCB$.

由 $\angle DBC=10^{\circ}=\angle PBC$，可知 P 与 D 关于 BC 对称，于是 $BP=BD=BA$.

在 $\triangle PBA$ 中，可得 $\angle PAB=70^{\circ}$.

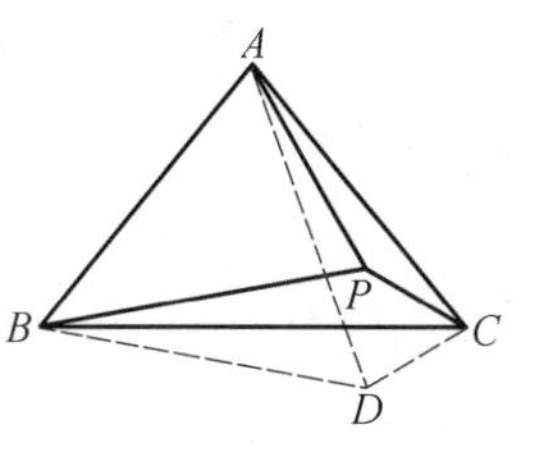

图 356.4

解 5　如图 356.5，以 AB，AC 为邻边作平行四边形 $ABDC$，连 DP.

显然四边形 $ABDC$ 为一菱形，有 $DB=DC$，$\angle BDC=80^{\circ}$.

由 $DB=DC$，$\angle BPC+\frac{1}{2}\angle BDC=180^{\circ}$，可知 D 为 $\triangle PBC$ 的外心.

由 $\angle PCB=30^{\circ}$，可知 $\triangle PBD$ 为正三角形，于是 $BP=BD=BA$.

在 $\triangle PBA$ 中，可得 $\angle PAB=70^{\circ}$.

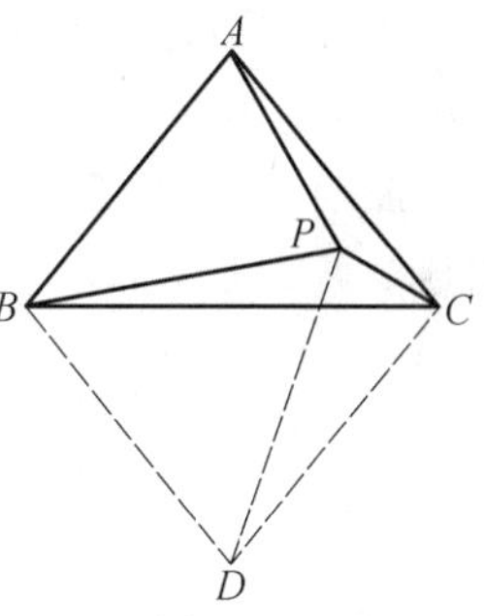

图 356.5

解 6　如图 356.5，设 D 为 A 关于 BC 的对称点，连 DB，DP，DC.（以下略）

解 7　如图 356.6，分别过 B，C 作 PC，PB 的垂线得交点 D，连 DA，DP.

显然 P 为 $\triangle DBC$ 的垂心，可知 $\angle DBC=60^{\circ}$，$\angle DCB=80^{\circ}$，有 $\angle BDC=40^{\circ}$.

由 $AB=AC$，$\angle BAC=2\angle BDC$，可知 A 为 $\triangle BDC$ 的外心，有 $\angle DAC=120^{\circ}=\angle DPC$，于是 D，A，P，C 四点共圆，得 $\angle PAC=\angle PDC=10^{\circ}$.

所以 $\angle PAB=70^{\circ}$.

解 8　如图 356.6，以 A 为外心作 $\triangle BDC$，连 DA，DP. 可证得 P 为 $\triangle BDC$ 的垂心.（以下略）

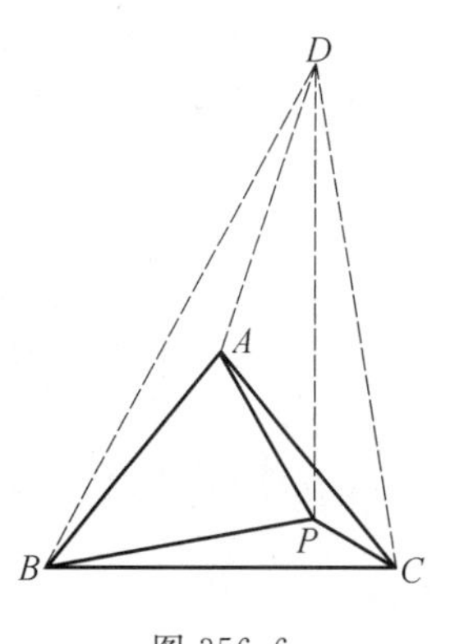

图 356.6

本文参考自：

1.《中等数学》2006 年 1 期 10 页.
2.《中等数学》2006 年 1 期 7 页.
3.《中学数学月刊》2001 年 7 期 41 页.
4.《中学生数学》1994 年 11 期 21 页.
5.《中学生数学》1988 年 10 期 14 页.

第 357 天

1988 年全俄数学奥林匹克

已知圆 O 是 $\triangle ABC$ 的内切圆，切点依次为 D,E,F，$DG \perp EF$ 于 G. 求证：GD 平分 $\angle BGC$.

证明 1 如图 357.1，分别过 B,C 作 FE 的垂线交直线 FE 于 M,N.

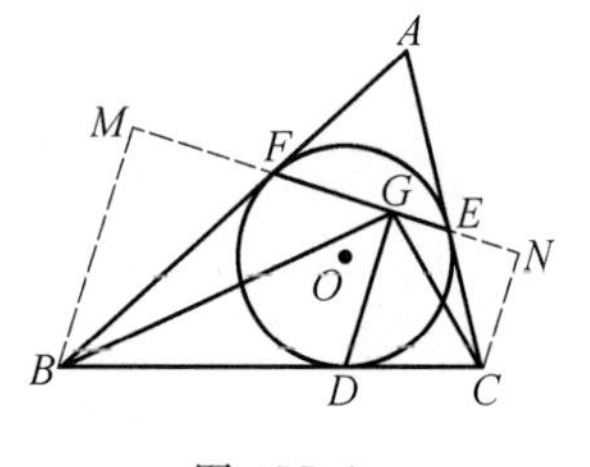

图 357.1

由 $BD=BF,DC=CE,MB \parallel GD \parallel NC$，可知 $\frac{MG}{GN}=\frac{BD}{DC}=\frac{BF}{CE}$.

由 $\angle AFE=\angle AEF$，可知 $\angle MFB=\angle NEC$，有 $\triangle MFB \backsim \triangle NEC$，于是 $\frac{MB}{NC}=\frac{BF}{CE}=\frac{MG}{NG}$，得 $\triangle MBG \backsim \triangle NCG$，进而 $\angle MGB=\angle NGC$.

所以 GD 平分 $\angle BGC$.

证明 2 如图 357.2，过 D 作 BA 的平行线交 FC 于 H，过 H 作 CA 的平行线交 FE 于 G'，连 DG'.

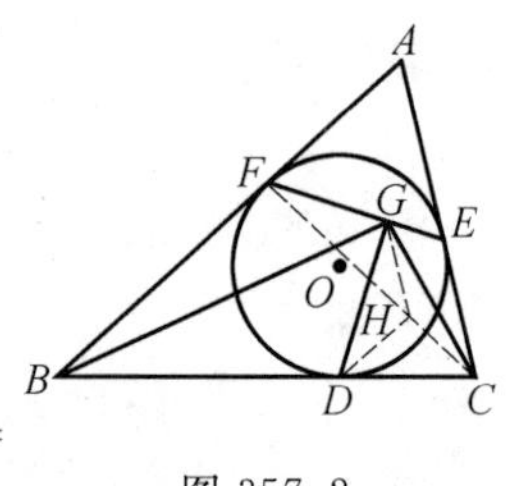

图 357.2

由 $\frac{HG'}{CE}=\frac{FH}{FC}=\frac{BD}{BC}=\frac{BF}{BC}=\frac{HD}{DC}=\frac{HD}{CE}$，可知 $HD=HG'$，$\angle HG'D=\angle HDG'$.

由 $\angle DHG'$ 等于 $\angle A$ 的补角，可知 $\angle HG'D=\frac{1}{2}\angle A$.

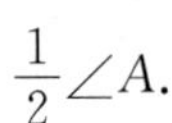

由 $HG' \parallel AC$，可知 DG' 平行于 $\angle A$ 的平分线.

由 DG 平行于 $\angle A$ 的平分线，可知 G' 与 G 重合，于是 $\frac{FG}{GE}=\frac{FH}{HC}=\frac{BD}{DC}=\frac{BF}{CE}$.

显然 $\angle BFG=\angle CEG$，可知 $\triangle BFG \backsim \triangle CEG$，有 $\angle BGF=\angle CGE$，于是 $\angle BGD=\angle CGD$.

所以 GD 平分 $\angle BGC$.

本文参考自：
1.《数学教学》1999 年 4 期 40 页.
2.《中学数学杂志》2002 年 2 期 47 页.
3.《中等数学》2006 年 1 期 8 页.

第 358 天

1998 年加拿大数学奥林匹克

$\triangle ABC$ 中，$\angle ABC = 60^\circ$，$\angle ACB = 40^\circ$，P 为形内一点，$\angle PBA = 40^\circ$，$\angle PAB = 70^\circ$.

求 $\angle PCB$ 的度数.

解 1 如图 358.1，以 AC 为一底，以 AB 为一腰作等腰梯形 $ABDC$，连 PD.

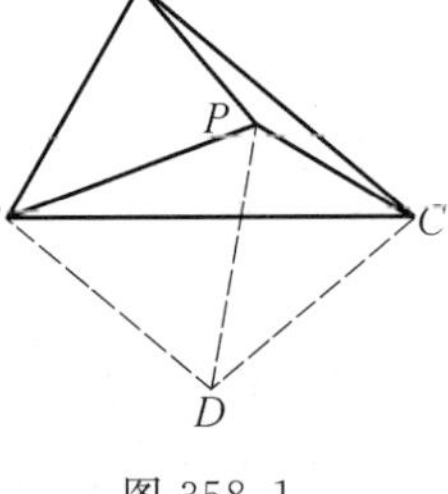

图 358.1

由 $\angle ABC - 60^\circ$，$\angle ACB = 40^\circ$，可知 $\angle DCA = \angle BAC - 80^\circ$，$\angle CDB = \angle ABD = 100^\circ$，有 $\angle DBC = 40^\circ = \angle DCB$，于是 $DB = DC = AB$.

由 $\angle PBA = 40^\circ$，$\angle PAB = 70^\circ$，可知 $\angle APB = 70^\circ = \angle PAB$，有 $BP = BA = BD$.

显然 $\angle PBD = 60^\circ$，可知 $\triangle PBD$ 为正三角形，有 $DP = DB = DC$，于是 D 为 $\triangle PBC$ 的外心.

所以 $\angle PCB = \dfrac{1}{2}\angle PDB = 30^\circ$.

解 2 如图 358.2，分别在 BC，AC 上取点 D，E，使 $AE = AD = AB$，连 PD，PE，DA，DE.

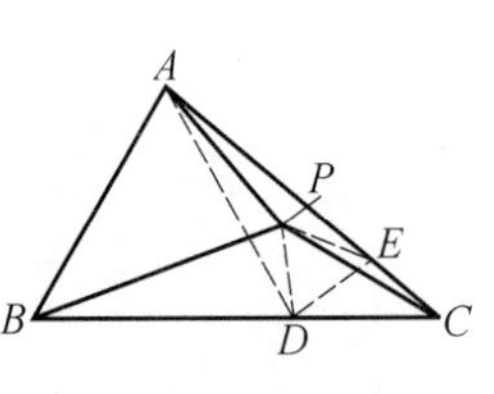

图 358.2

由 $\angle ABC = 60^\circ$，$\angle ACB = 40^\circ$，可知 $\angle BAC = 80^\circ$，$\angle ADB = \angle ABD = 60^\circ$，$\angle DAE = 20^\circ$.

显然 $\triangle ABD$ 为正三角形，可知 $\angle ADB = 60^\circ$.

由 $\angle PBA = 40^\circ$，$\angle PAB = 70^\circ$，可知 $\angle APB = 70^\circ = \angle PAB$，有 $BP = BA = BD$.

由 $\angle PBD = 20^\circ$，可知 $\angle PDB = 80^\circ$.

由 $\angle PAC = 10^\circ$，可知 AP 为 DE 的中垂线，有 $\angle PEA = \angle PDA = \angle PDB - \angle ADB = 20^\circ$，于是 $\angle PED = 60^\circ = \angle PDE$，得 $\triangle PDE$ 为正三角形，进而 $PE = DE$.

显然 $\angle EDC = 40^\circ = \angle ECD$，可知 $CE = DE = PE$，有 E 为 $\triangle PCD$ 的外心.

所以 $\angle PCB=\frac{1}{2}\angle PED=30^\circ$.

解 3 如图 358.3,设 BC 的中垂线交 AC 于 D,$\angle PBD$ 的平分线交 BC 的中垂线于 E,连 EP,EC,DB,DP.

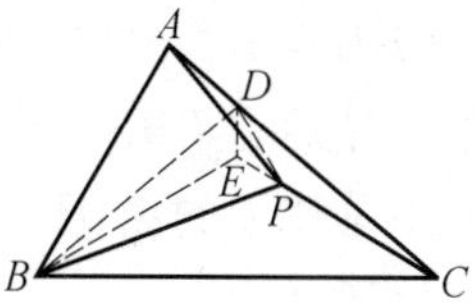

图 358.3

由 $\angle ABC=60^\circ$,$\angle ACB=40^\circ$,可知 $\angle BAC=80^\circ$.

由 $\angle PBA=40^\circ$,$\angle PAB=70^\circ$,可知 $\angle APB=70^\circ=\angle PAB$,有 $BP=BA$.

由 $\angle DBC=\angle DCB=40^\circ$,可知 BD 平分 $\angle PBA$,有 P 与 A 关于 BD 对称,于是 $\angle DPB=\angle DAB=80^\circ$.

显然 $\angle PBD=20^\circ$,可知 $\angle PDB=80^\circ=\angle DPB$,有 P 与 D 关于 BE 对称,于是 $\angle PEB=\angle DEB=120^\circ$,得 $\angle DEP=120^\circ$.

由 $\angle ECB=\angle EBC=30^\circ$,可知 $\angle DEC=\angle DEB=120^\circ=\angle DEP$,有 E,P,C 三点共线.

所以 $\angle PCB=\angle ECB=30^\circ$.

解 4 如图 358.4,设 E 为 $\triangle ABC$ 的内心,又设 $\angle PBA$ 的平分线交 AE 于 D,连 EB,EC,EP,DP.

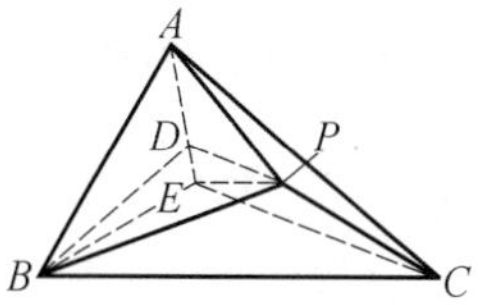

图 358.4

由 $\angle ABC=60^\circ$,$\angle ACB=40^\circ$,可知 $\angle BAC=80^\circ$.

由 $\angle PBA=40^\circ$,$\angle PAB=70^\circ$,可知 $\angle APB=70^\circ=\angle PAB$,有 P 与 A 关于 BD 对称,于是 $\angle DPA=\angle DAP=30^\circ$,$\angle DPB=\angle DAB=40^\circ$,$\angle PDB=120^\circ=\angle ADB=\angle PDA$,即 DE 平分 $\angle PDB$.

显然 BE 平分 $\angle PBD$,可知 E 为 $\triangle PBD$ 的内心,有 $\angle EPB=\frac{1}{2}\angle DPB=20^\circ=\angle PBC$,于是 $EP\parallel BC$,得四边形 $EBCP$ 为等腰梯形.

所以 $\angle PCB=\angle EBC=30^\circ$.

附　　录

在 $\triangle ABC$ 中,$\angle BAC=40^\circ$,$\angle ABC=60^\circ$,D 和 E 分别是边 AC 和 AB 上的点,使得 $\angle CBD=40^\circ$,$\angle BCE=70^\circ$,F 是直线 BD 和 CE 的交点.证明:直线 AF 和直线 BC 垂直.(1998 年加拿大数学奥林匹克试题之 4)

解 如图 358.5,以 AC 为一底,以 BC 为一腰作等腰梯形 $APBC$,连 PF.

由 $\angle BAC=40^\circ$,$\angle ABC=60^\circ$,可知 $\angle ACB=80^\circ$,有 $\angle PAC=80^\circ$,$\angle APB=\angle PBC=100^\circ$,于是 $\angle PBA=40^\circ$.

易知 $\angle PAB = 40^\circ = \angle PBA$，可知 $PB = PA = BC$.

在 $\triangle FBC$ 中，由 $\angle FBC = 40^\circ$，$\angle FCB = 70^\circ$，可知 $\angle CFB = 70^\circ = \angle FCB$，有 $BF = BC$，于是 $BF = PB$.

显然 $\angle PBF = 60^\circ$，可知 $\triangle PBF$ 为正三角形，有 F 为 PB 的中垂线上的点，于是 F 为 AC 的中垂线上的点，得 $\angle FAC = \angle FCA = 10^\circ$.

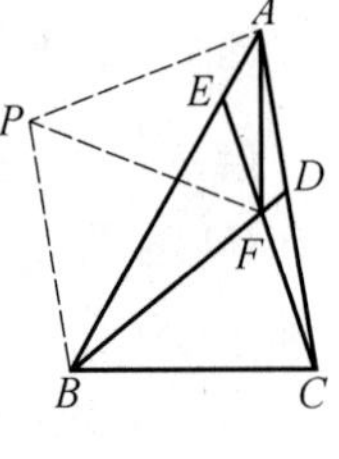

图 358.5

由 $\angle FAC + \angle ACB = 90^\circ$，可知 $AF \perp BC$.

所以直线 AF 和直线 BC 垂直.

注 该题始见于《数学通讯》1999 年 6 期 46 页，原解答使用三角知识，后又见于《中学数学》2000 年 1 期 42 页，解法虽然是纯几何的，但很是繁杂. 我们利用等腰梯形的对称轴，就使解法十分新颖、简捷、漂亮.

本文参考自：

1.《中等数学》2006 年 1 期 8 页.

2.《数学通讯》1999 年 6 期 46 页.

3.《中学数学》2000 年 1 期 42 页.

第 359 天

第 36 届美国数学竞赛

如图 359.1，在 $\triangle ABC$ 中，$\angle C=3\angle A$，$a=27$，且 $c=48$. 求 b.

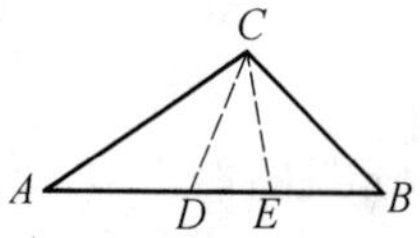

解 1 如图 359.1，设 D 为 AB 上的一点，$DC=DA$，$\angle BCD$ 的平分线交 AB 于 E.

显然 $\angle DCA=\angle A$，$\angle DCE=\angle BCE=\angle A$，$\angle CDB=\angle DCA+\angle A=2\angle A=\angle DCB$，可知 $DB=BC=27$，有 $AD=AB-DB=21$，于是 $CD=21$.

图 359.1

显然 $\frac{DE}{EB}=\frac{CD}{CB}=\frac{21}{27}=\frac{7}{9}$，可知 $\frac{DE}{DB}=\frac{DE}{EB+DE}=\frac{7}{9+7}=\frac{7}{16}$，$DE+EB=DB=27$，可知 $DE=\frac{7}{16}DB=\frac{189}{16}$.

显然 $\triangle CDE\backsim\triangle ACE$，可知 $CE^2=ED\cdot EA$，有 $CE=\frac{315}{16}$.

显然 CD 为 $\angle ACE$ 的平分线，可知 $\frac{AC}{CE}=\frac{AD}{DE}$，有 $AC=35$.

所以 $b=35$.

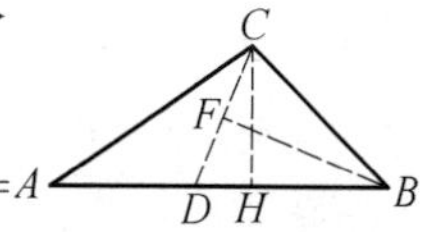

解 2 如图 359.2，设 D 为 AB 上的一点，$DC=DA$，分别过 B，C 作 CD，AB 的垂线，F，H 为垂足.

显然 $\angle DCA=\angle A$，$\angle CDB=\angle DCA+\angle A=2\angle A=\angle DCB$，可知 $DB=BC=27$，有 $AD=AB-DB=21$，于是 $CD=21$.

图 359.2

显然 F 为 CD 的中点，可知 $CF=\frac{21}{2}$.

在 Rt$\triangle BCF$ 中，由勾股定理，有 $BF=\frac{15\sqrt{11}}{2}$.

显然 $CH\cdot DB=BF\cdot CD$，有 $CH=\frac{35\sqrt{11}}{6}$.

在 Rt$\triangle CDH$ 中，由勾股定理，可知 $DH=\sqrt{DC^2-CH^2}=\frac{49}{6}$，有 $AH=$

$\frac{175}{6}$.

在 Rt$\triangle AHC$ 中，由勾股定理，可知 $AC=35$.

所以 $b=35$.

解 3　如图 359.3，设 D 为 AB 上的一点，$DC=AD$，过 A 作 DC 的平行线交直线 BC 于 G，连 GD.

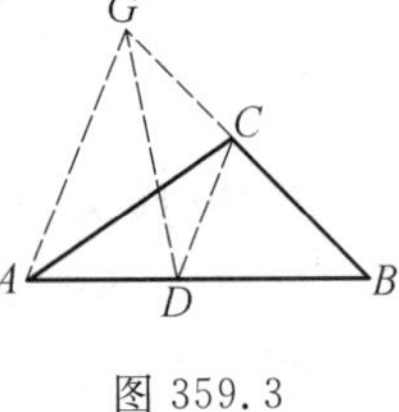

图 359.3

显然 $\angle DCA=\angle CAB$，$\angle GAB=\angle CDB=\angle DCA+\angle CAB=2\angle CAB=\angle DCB$，$\angle AGB=\angle DCB=2\angle CAB$，可知 $DB=BC=27$，有 $GC=AD=AB-DB=21$，于是 $CD=21$.

显然四边形 $ADCG$ 为等腰梯形，可知 $GD=AC$.

显然$\frac{AG}{CD}=\frac{AB}{DB}$，可知 $AG=\frac{112}{3}$.

显然 A,D,C,G 四点共圆，由托勒密定理，可知 $AG\cdot DC+AD\cdot CG=AC\cdot DG$，有 $AC^2=21\times21+21\times\frac{112}{3}=35^2$，于是 $AC=35$.

所以 $b=35$.

解 4　如图 359.4，设 D 为 AB 上的一点，$DC=DA$，过 A 作 DC 的平行线交直线 BC 于 G. 设 K 为 BG 的延长线上的一点，$GK=GA$，连 AK.

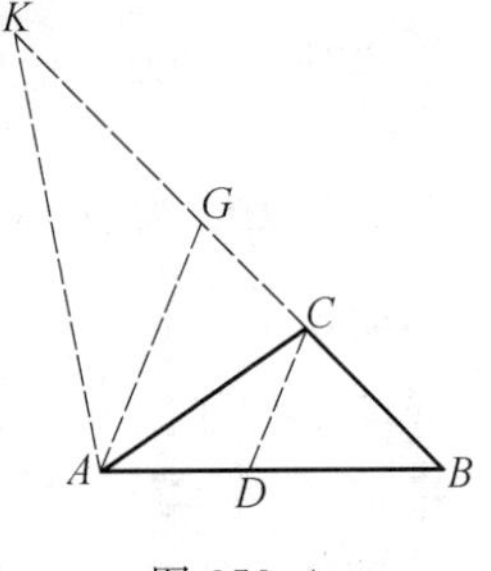

图 359.4

显然$\angle DCA=\angle CAB$，$\angle CDB=\angle DCA+\angle CAB=2\angle CAB=\angle DCB$，可知 $DB=BC=27$，有 $AD=AB-DB=21$，于是 $CD=21$，$CG=21$，$\angle K=\angle GAK=\angle CAG=\angle CAB$.

显然四边形 $ADCG$ 为等腰梯形，可知 $GD=AC$.

显然$\frac{AG}{CD}=\frac{AB}{DB}$，可知 $AG=\frac{112}{3}$，有 $GK=\frac{112}{3}$，于是 $CK=21+\frac{112}{3}$.

显然 $\triangle ACG\backsim\triangle GCA$，可知 $AC^2=CG\cdot CK=21\times(21+\frac{112}{3})$，有$AC^2=35^2$，于是 $AC=35$.

所以 $b=35$.

解 5　如图 359.5，设 D 为 AB 上的一点，$DC=DA$，过 D 作 AC 的平行线交 BC 于 L.

显然 $\angle DCA=\angle A$，$\angle CDB=\angle DCA+\angle A=2\angle A=\angle DCB$，可知 $DB=BC=27$，有 $AD=AB-DB=21$，于是 $CD=21$.

由 DL 平分 $\angle BDC$，易知 $DL=\frac{315}{16}$.

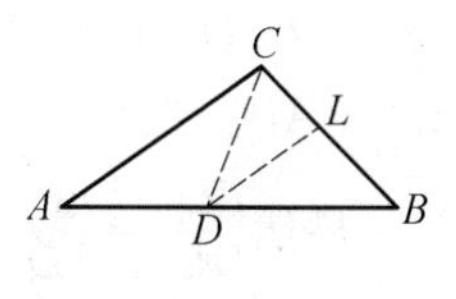

图 359.5

显然$\frac{DL}{AC}=\frac{DB}{AB}$，可知 $AC=35$.

所以 $b=35$.

解 6　如图 359.6，设 D 为 AB 上的一点，$DC=DA$，分别过 B,D 作 CD,CA 的垂线，F,I 为垂足.

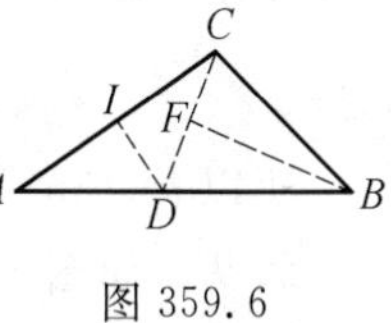

图 359.6

显然 $\angle DCA=\angle A,\angle CDB=\angle DCA+\angle A=2\angle A=\angle DCB$，可知 $DB=BC=27$，有 $AD=AB-DB=21$，于是 $CD=21$.

显然 F 为 CD 的中点，可知 $CF=\frac{21}{2}$.

在 $Rt\triangle BCF$ 中，由勾股定理，有 $BF=\frac{15\sqrt{11}}{2}$.

在 $Rt\triangle AID$ 中，由勾股定理，可知 $DI^2=AD^2-AI^2=AD^2-\frac{AC^2}{4}$.

显然$\frac{S_{\triangle CDA}}{S_{\triangle CDB}}=\frac{DA}{DB}=\frac{7}{9}$，可知 $S_{\triangle CDA}=\frac{7}{9}S_{\triangle CDB}=\frac{7}{18}CD\cdot FB$.

又 $S_{\triangle CDA}=\frac{1}{2}AC\cdot DI$，有 $AC^4-1\ 764AC^2+660\ 275=0$，于是 $AC=35$.

所以 $b=35$.

解 7　如图 359.7，设 D 为 AB 上的一点，$DC=DA$，过 B 作 CA 的平行线交直线 CD 于 P，连 PA.

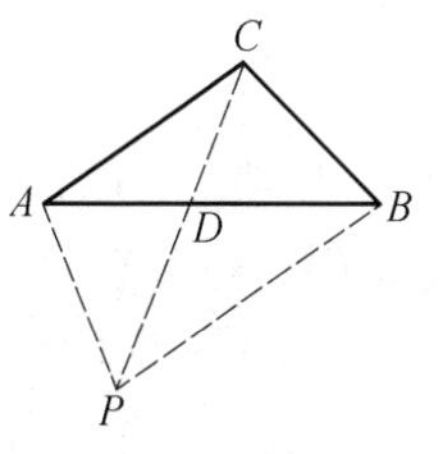

图 359.7

显然 $\angle DCA=\angle CAB,\angle CDB=\angle DCA+\angle CAB=2\angle CAB=\angle DCB$，可知 $DB=BC=27$，有 $AD=AB-DB=21$，于是 $CD=21$.

显然四边形 $APBC$ 为等腰梯形，可知 $CP=AB,AP=BC$.

显然$\frac{PB}{AC}=\frac{DB}{AD}=\frac{9}{7}$，可知 $PB=\frac{9}{7}AC$.

显然 A,P,B,C 四点共圆，依托勒密定理，可知 $PB\cdot AC=PC\cdot AB+PA\cdot CB$，有 $AC=35$.

所以 $b=35$.

解 8　如图 359.8，以 B 为圆心，以 BA 为半径作圆交直线 BC 于 M,N 两点，交直线 AC 于 Q，连 BQ，过 C 作 QB 的平行线交 AB 于 D.

显然 $\angle DCA=\angle Q=\angle A$，可知 $DC=DA,\angle CDB=\angle DCA+\angle A=$

$2\angle A=\angle DCB$，可知 $DB=BC=27$，有 $AD=AB-DB=21$，于是 $CD=21$.

显然$\frac{CQ}{DB}=\frac{AC}{AD}$，可知 $CQ=\frac{9}{7}AC$.

由相交弦定理，可知 $CM\cdot CN=CA\cdot CQ$，有$(c-a)(c+a)=\frac{9}{7}AC^2$，于是 $AC=35$.

所以 $b=35$.

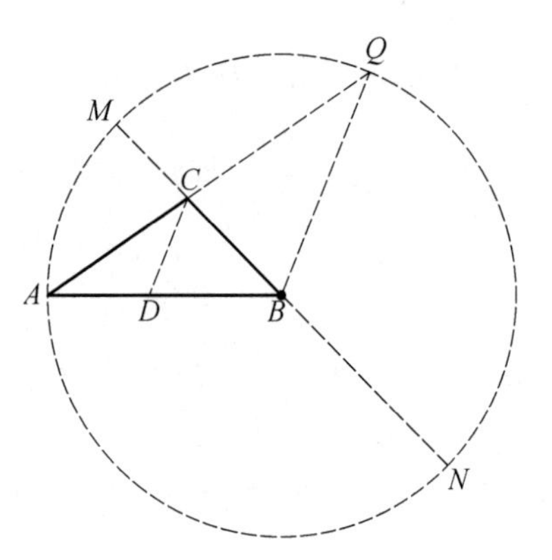

图 359.8

解 9　如图 359.9，以 C 为圆心，以 CA 为半径作圆交直线 CB 于 T，S，交直线 AB 于 R，过 C 作 AB 的垂线，H 为垂足.

同解 2，可求得 $CH=\frac{35\sqrt{11}}{6}$，有 $AH=\frac{175}{6}$，于是 $BR=2AH-AB=\frac{31}{3}$.

由相交弦定理，可知 $AB\cdot BR=BT\cdot BS$，有 $AC^2=16\times31+27^2$，于是 $AC=35$.

所以 $b=35$.

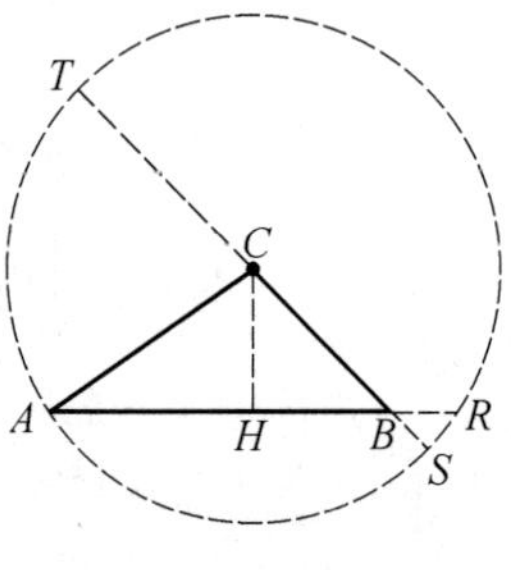

图 359.9

解 10　如图 359.10，设 D 为 AB 上的一点，$DC=DA$，$\angle BCD$ 的平分线交 AB 于 E，过 B 作 EC 的平行线交直线 AC 于 V.

显然 $\angle DCA=\angle A$，$\angle DCE=\angle BCE=\angle A$，$\angle CDB=\angle DCA+\angle A=2\angle A=\angle DCB$，可知 $DB=BC=27$，有 $AD=AB-DB=21$，于是 $CD=21$.

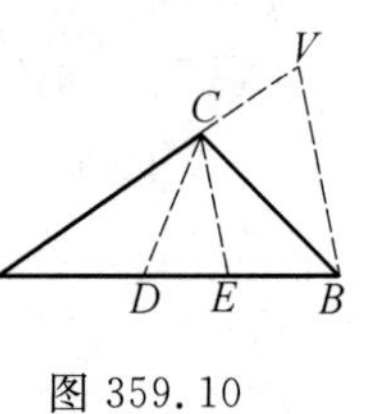

图 359.10

同解 1，可求得 $DE=\frac{189}{16}$，$CE=\frac{315}{16}$.

易知 $\triangle BVC\backsim\triangle CDE$，可知$\frac{CV}{DE}=\frac{CB}{CE}$，有 $CV=\frac{81}{5}$.

由 $CE\parallel VB$，可知$\frac{AC}{AE}=\frac{CV}{EB}$，有 $AC=35$.

所以 $b=35$.

本文参考自：

《中学生数学》1995 年 12 期 9 页.

第 360 天

1996 年第 25 届美国数学奥林匹克

如图 360.1,P 为 $\triangle ABC$ 内一点,使得 $\angle PAB=10^\circ$,$\angle PBA=20^\circ$,$\angle PCA=30^\circ$,$\angle PAC=40^\circ$.

求证:$\triangle ABC$ 是等腰三角形.

证明 1 如图 360.1,以 AC 为一边在 $\triangle ABC$ 内侧作正三角形 DAC,过 D 作 AC 的垂线交 PC 于 E,连 AE,DP,DB.

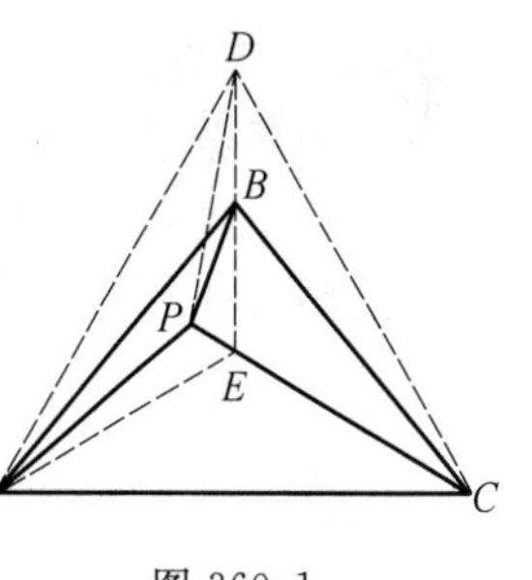

图 360.1

由 $\angle PAB=10^\circ$,$\angle PAC=40^\circ$,可知 $\angle BAC=50^\circ$,有 $\angle BAD=10^\circ$,进而 $\angle PAD=20^\circ$.

由 $\angle PCA=30^\circ$,可知 PC 为 AD 的中垂线,有 $\angle PDA=\angle PAD=20^\circ=\angle PBA$,于是 P,B,D,A 四点共圆,得 $\angle BDA=180^\circ-\angle APB=30^\circ=\angle EDA$.

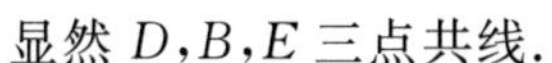
显然 D,B,E 三点共线.

所以 $BA=BC$.

因此 $\triangle ABC$ 是等腰三角形,BA,BC 是它的腰.

证明 2 如图 360.2,设 E 为 B 关于 PA 的对称点,D 为 AE,PC 的交点,连 BD.

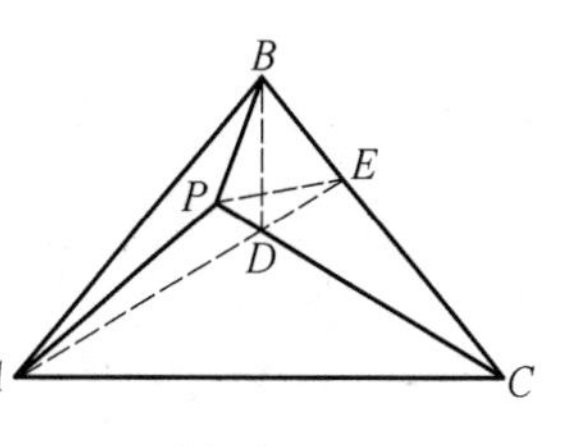

图 360.2

由 $\angle PAB=10^\circ$,$\angle PBA=20^\circ$,可知 $\angle PAE=10^\circ$,$\angle PEA=20^\circ$,有 $\angle BPE=60^\circ$,于是 $\triangle PEB$ 为正三角形,得 $\angle PBE=60^\circ$.

由 $\angle PAC=40^\circ$,可知 $\angle EAC=30^\circ=\angle PCA$,有 $\angle PDA=60^\circ=\angle PBE$,于是 P,D,E,B 四点共圆,得 $\angle PBD=\angle PED=20^\circ=\angle PBA$.

显然 $\angle DBA+\angle BAC=90^\circ$,可知 $BD\perp AC$.

由 $\angle PCA=30^\circ=\angle DAC$,可知 BD 为 AC 的中垂线,有 $BA=BC$.

因此 $\triangle ABC$ 是等腰三角形,BA,BC 是它的腰.

注 B,E,C 三点共线,P 为 $\triangle ABD$ 的内心,心照不宣!

证明 3 如图 360.3,过 B 作 AC 的垂线,E 为垂足.设 D 为 BE 上一点,

$\angle DAB=20^\circ$,直线 PD,AC 相交于点 C_1.

由 $\angle BAC=\angle PAB+\angle PAC=50^\circ$,可知 $\angle ABD=40^\circ=2\angle PBA$.

由 PA 平分 $\angle BAD$,可知 P 为 $\triangle ABD$ 的内心,有 PD 平分 $\angle ADB$,于是 $\angle ADC_1=\angle BDC_1=120^\circ$,得 $\angle PC_1A=30^\circ=\angle PCA$.

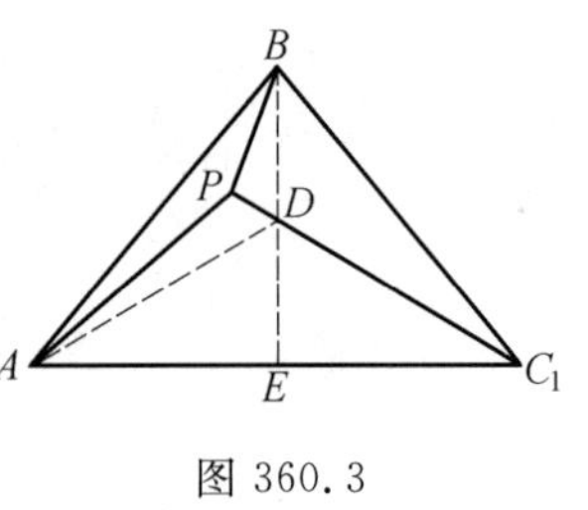

图 360.3

显然 C_1 与 C 为同一个点,可知 BD 为 AC 的中垂线.

所以 $BA=BC$.

本文参考自:

1.《中等数学》2006 年 1 期 9 页.
2.《中学生数学》2002 年 3 期 31 页.
3.《中等数学》1998 年 5 期 37 页.

国际数学奥林匹克(IMO)试题

第 361 天

第 17 届国际数学奥林匹克(IMO)

以任意 $\triangle ABC$ 的三边为边向形外作 $\triangle BPC$，$\triangle CQA$，$\triangle ARB$，使得 $\angle PBC=\angle CAQ=45°$，$\angle BCP=\angle QCA=30°$，$\angle ABR=\angle BAR=15°$.

试证：$\angle QRP=90°$，$QR=RP$.

证明 1 如图 361.1，以 AB 为一边在 $\triangle ABC$ 的外侧作正三角形 ABS，连 SR，SC.

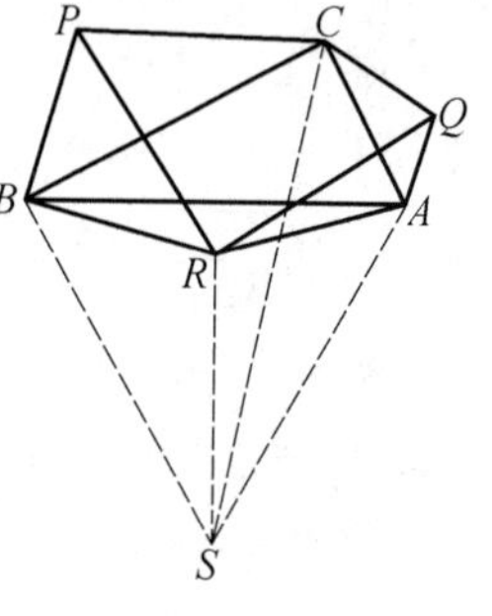

图 361.1

显然 $\triangle SRA \backsim \triangle CQA$，可知$\dfrac{SA}{CA}=\dfrac{RA}{QA}$.

由 $\angle CAS=\angle CAB+60°=\angle QAR$，可知 $\triangle CAS \backsim \triangle QAR$，有 $\angle QRA=\angle CSA$，$\dfrac{QR}{RA}=\dfrac{CS}{AS}$.

同理 $\triangle CBS \backsim \triangle PBR$，可知 $\angle PRB=\angle CSB$，$\dfrac{PR}{BR}=\dfrac{CS}{BS}=\dfrac{CS}{AS}=\dfrac{QR}{RA}=\dfrac{QR}{BR}$，有 $\angle QRA+\angle PRB=\angle CSA+\angle CSB=60°$，$\dfrac{PR}{BR}=\dfrac{QR}{BR}$.

所以 $\angle QRP=90°$，$QR=PR$.

证明 2 如图 361.2，分别以 CB，CA 为一边在 $\triangle ABC$ 的外侧作正三角形 TBC，正三角形 SAC. 设 BS，AT 相交于 W.

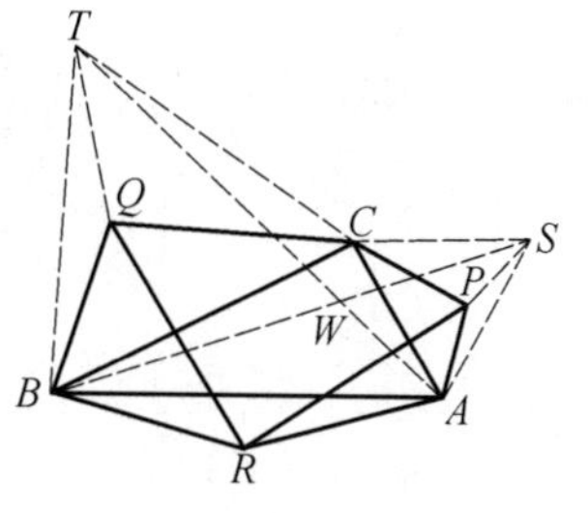

图 361.2

显然 $\triangle CTA \cong \triangle CBS$，可知 $TA=BS$.

显然 $\triangle QTB \backsim \triangle RBA \backsim \triangle PAS$，可知

$$\frac{BT}{BQ}=\frac{BA}{BR}=\frac{BA}{RA}=\frac{AS}{AP}$$

显然 $\angle TBA=\angle QBR$，$\angle BAS=\angle RAP$，可知 $\triangle TBA \backsim \triangle QBR$，$\triangle BAS \backsim \triangle RAP$，有$\dfrac{QR}{TA}=\dfrac{BR}{BA}=\dfrac{AR}{AB}=\dfrac{PR}{SB}$，即$\dfrac{QR}{TA}=\dfrac{PR}{SB}$，于是 $QR=RP$.

由 $\angle CSB=\angle CAT$，可知 A，S，C，W 四点共圆，有 $\angle AWS=\angle ACS=60°$，

于是 $\angle PRA+\angle QRB=\angle SBA+\angle TAB=\angle AWS=60^\circ$，得 $\angle PRQ=150^\circ-60^\circ=90^\circ$.

所以 $\angle QRP=90^\circ, QR=PR$.

证明3 如图361.3，以 AR 为一边在 $\triangle SRA$ 的内侧一方作正三角形 SRA，连 PS，PQ.

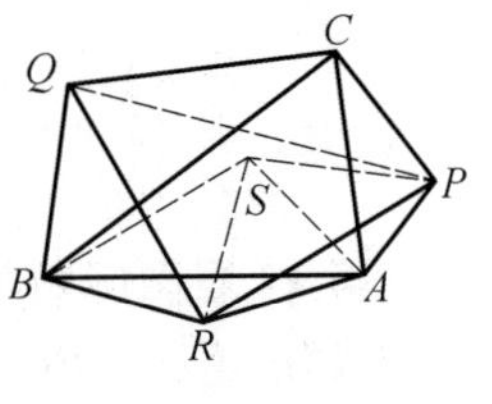

图361.3

由 $\angle RAB=\angle RBA=15^\circ$，可知 $RB=RA=RP$，有 R 为 $\triangle SAB$ 的外心，于是 $\angle SBA=\frac{1}{2}\angle SRA=30^\circ$，$\angle BRS=2\angle BAS=90^\circ$.

显然 $\triangle ABS\backsim\triangle APC\backsim\triangle BQC$，可知 $\frac{AS}{AB}=\frac{AP}{AC}$.

显然 $\angle PAS=\angle PAR-60^\circ=\angle CAB$，可知 $\triangle ASP\backsim\triangle ABC$，有 $\angle ASP=\angle ABC$.

显然 $\frac{SP}{BC}=\frac{SA}{BA}=\frac{BQ}{BC}$，可知 $SP-BQ$.

显然 $\angle RSP=60^\circ+\angle ASP=45^\circ+15^\circ+\angle ABC=\angle RBQ$，可知 $\triangle RSP\cong\triangle RBQ$，有 $RP=RQ$.

显然 $\angle SRP=\angle BRQ$，可知 $\angle QRP=\angle BRS=90^\circ$.

所以 $\angle QRP=90^\circ, QR=PR$.

本文参考自：

1.《中学数学月刊》2002年2期42页.

2.《中学生数学》1994年11期21页.

第 362 天

第 20 届国际数学奥林匹克(IMO)

在 $\triangle ABC$ 中,$AB=AC$,一圆内切于 $\triangle ABC$ 的外接圆,且与边 AB,AC 分别相切于 P,Q.

求证:线段 PQ 的中点是 $\triangle ABC$ 的内心.

证明 1 如图 362.1,设 O 为 $\triangle ABC$ 的外心,I 为内切于 $\triangle ABC$ 的外接圆且与边 AB,AC 分别相切于 P,Q 的圆的圆心.直线 AO 交圆 O 于 A,N 两点,交 PQ 于 M,交 BC 于 D,连 NB,NP,NQ,BM.

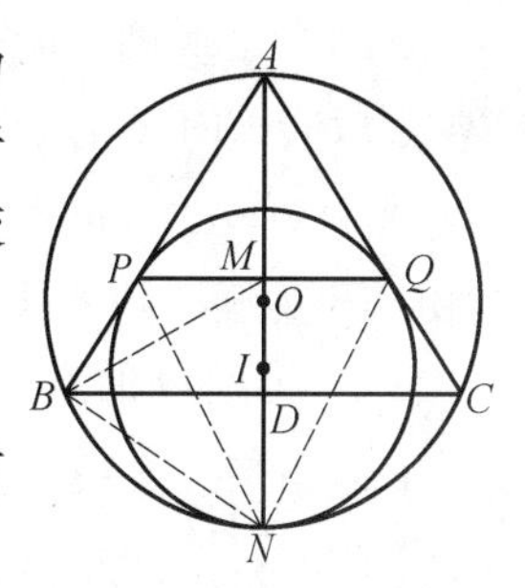

图 362.1

显然 N 为两圆的切点.

由 $AB=AC$,可知 AN 为等腰三角形 ABC 的对称轴.

由 AB,AC 为圆 I 的切线,可知 $AP=AQ$,AI 为 PQ 的中垂线,有 $PQ \parallel BC$,M 为 PQ 的中点,点 I 在 AN 上.

显然 $\overset{\frown}{PN}=\overset{\frown}{QN}$,可知 $\angle NPQ=\angle NQP$.

由 AB 为圆 I 的切线,可知 $\angle NPB=\angle NQP$,有 $\angle NPB=\angle NPQ$.

由 AN 为圆 O 的直径,可知 $AB \perp BN$,有 $\mathrm{Rt}\triangle PBN \cong \mathrm{Rt}\triangle PMN$,于是 $PM=PB$,得 $\angle PBM=\angle PMB=\angle MBC$,即 BM 为 $\angle ABC$ 的平分线.

显然 AM 为 $\angle BAC$ 的平分线,可知 M 为 $\triangle ABC$ 的内心.

所以线段 PQ 的中点是 $\triangle ABC$ 的内心.

证明 2 如图 362.1,设 O 为 $\triangle ABC$ 的外心,I 为内切于 $\triangle ABC$ 的外接圆且与边 AB,AC 分别相切于 P,Q 的圆的圆心.直线 AO 交圆 O 于 A,N 两点,交 PQ 于 M,交 BC 于 D,连 NB,PE,PN,BM.

显然 N 为两圆的切点.

由 $AB=AC$,可知 AN 为等腰三角形 ABC 的对称轴.

由 AB,AC 为圆 I 的切线,可知 $AP=AQ$,AI 为 PQ 的中垂线,有 $PQ \parallel BC$,M 为 PQ 的中点,点 I 在 AN 上,AN 平分 $\angle PNQ$.

由 AN 为圆 O 的直径,可知 $AB \perp BN$,有 B,N,M,P 四点共圆,于是

$\angle PBM=\angle PNM=\dfrac{1}{2}\angle PNQ=\dfrac{1}{2}\angle ABC$，得 BM 为 $\angle ABC$ 的平分线.

显然 AM 为 $\angle BAC$ 的平分线，可知 M 为 $\triangle ABC$ 的内心.

所以线段 PQ 的中点是 $\triangle ABC$ 的内心.

证明3 如图362.1，设 O 为 $\triangle ABC$ 的外心，I 为内切于 $\triangle ABC$ 的外接圆且与边 AB，AC 分别相切于 P，Q 的圆的圆心. 直线 AO 交圆 O 于 A，N 两点，交 PQ 于 M，交 BC 于 D，连 NB，NP，NQ，BM.

显然 N 为两圆的切点.

(先证明 $PM=PB$，同证明1)

由 $AB=AC$，可知 AN 为等腰三角形 ABC 的对称轴.

由 AB，AC 为圆 I 的切线，可知 $AP=AQ$，AI 为 PQ 的中垂线，有 $PQ\parallel BC$，M 为 PQ 的中点，点 I 在 AN 上.

显然 $\overset{\frown}{PN}=\overset{\frown}{QN}$，可知 $\angle NPQ=\angle NQP$.

由 AB 为圆 I 的切线，可知 $\angle NPB=\angle NQP$，有 $\angle NPB=\angle NPQ$.

由 AN 为圆 O 的直径，可知 $AB\perp BN$，有 $\mathrm{Rt}\triangle PBN\cong\mathrm{Rt}\triangle PMN$，于是 $PM=PB$，得 $\dfrac{MA}{MD}=\dfrac{PA}{PB}=\dfrac{PA}{PM}=\dfrac{BA}{BD}$，即 $\dfrac{MA}{MD}=\dfrac{BA}{BD}$.

显然 BM 为 $\angle ABC$ 的平分线.

显然 AM 为 $\angle BAC$ 的平分线，可知 M 为 $\triangle ABC$ 的内心.

所以线段 PQ 的中点是 $\triangle ABC$ 的内心.

证明4 如图362.1，设 O 为 $\triangle ABC$ 的外心，I 为内切于 $\triangle ABC$ 的外接圆且与边 AB，AC 分别相切于 P，Q 的圆的圆心. 直线 AO 交圆 O 于 A，N 两点，交 PQ 于 M，交 BC 于 D，连 NB，NP，NQ，BM.

显然 N 为两圆的切点.

(先证明 PN 平分 $\angle BPQ$，同证明1)

由 $AB=AC$，可知 AN 为等腰三角形 ABC 的对称轴.

由 AB，AC 为圆 I 的切线，可知 $AP=AQ$，AI 为 PQ 的中垂线，有 $PQ\parallel BC$，M 为 PQ 的中点，点 I 在 AN 上.

显然 $\overset{\frown}{PN}=\overset{\frown}{QN}$，可知 $\angle NPQ=\angle NQP$.

由 AB 为圆 I 的切线，可知 $\angle NPB=\angle NQP$，有 $\angle NPB=\angle NPQ$.

显然 $NB=NM$.

由熟知的结论，可知 M 为 $\triangle ABC$ 的内心.

所以线段 PQ 的中点是 $\triangle ABC$ 的内心.

证明5 如图362.2，设 O 为 $\triangle ABC$ 的外心，I 为内切于 $\triangle ABC$ 的外接圆

且与边 AB,AC 分别相切于 P,Q 的圆的圆心. 直线 AO 交圆 O 于 A,N 两点,交 PQ 于 M,交 BC 于 D,AO 与圆 I 的另一交点为 E,连 NB,PE,BM.

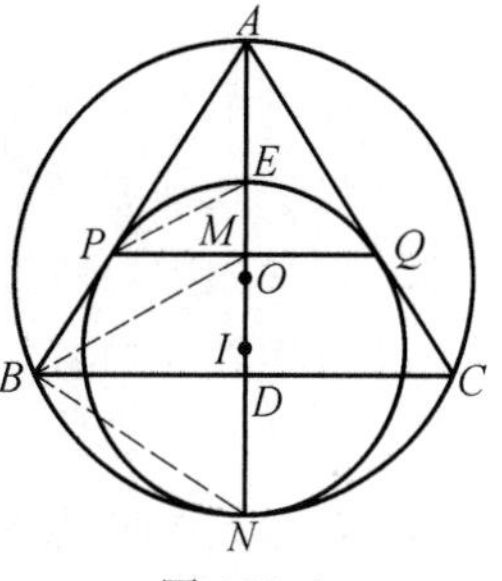

图 362.2

显然 N 为两圆的切点.

显然 $AE \cdot AN = AP^2 = AM \cdot AI$,即 $AE \cdot AN = AM \cdot AI$,可知 $\frac{AE}{AM} = \frac{AI}{AN} = \frac{AP}{AB}$,即 $\frac{AE}{AM} = \frac{AP}{AB}$,有 $PE \parallel BM$.

由 $PQ \parallel BC$,可知 $\angle MBC = \angle EPQ = \frac{1}{2}\angle APQ = \frac{1}{2}\angle ABC$,即 BM 为 $\angle ABC$ 的平分线.

显然 AM 为 $\angle BAC$ 的平分线,可知 M 为 $\triangle ABC$ 的内心.

所以线段 PQ 的中点是 $\triangle ABC$ 的内心.

证明 6 如图 362.3,设 O 为 $\triangle ABC$ 的外心,I 为内切于 $\triangle ABC$ 的外接圆且与边 AB,AC 分别相切于 P,Q 的圆的圆心. 直线 AO 交圆 O 于 A,N 两点,交 PQ 于 M,交 BC 于 D,连 NB,IP,过 M 作 AB 的垂线,S 为垂足.

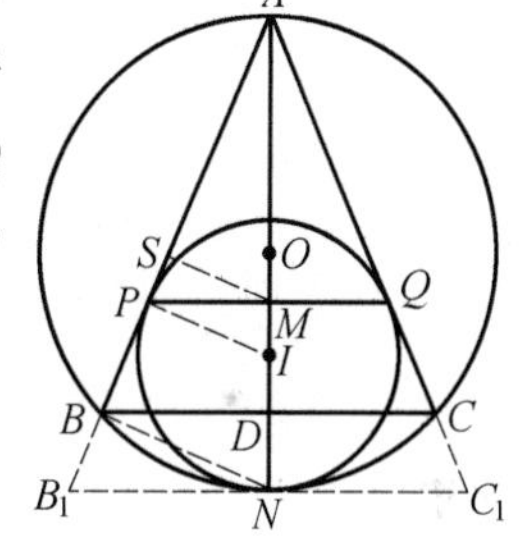

图 362.3

显然 N 为两圆的切点.

设两圆的外公切线分别交直线 AB,AC 于 B_1,C_1.

显然 N 为切点.

显然 AN 为 PQ,BC,B_1C_1 的中垂线,$PQ \parallel BC \parallel B_1C_1$.

易知 $\frac{AM}{AN} = \frac{AP}{AB_1}$,$\frac{AN}{AI} = \frac{AB}{AP}$,可知 $\frac{AM}{AI} = \frac{AB}{AB_1}$.

由 $\frac{SM}{PI} = \frac{AM}{AI}$,可知 $\frac{SM}{PI} = \frac{AB}{AB_1}$.

显然 $\triangle ABC \backsim \triangle AB_1C_1$,$\frac{AB}{AB_1}$ 为它们的相似比.

由 PI 为 $\triangle AB_1C_1$ 的内切圆半径,可知 SM 为 $\triangle ABC$ 的内切圆半径.

又 M 在 $\angle BAC$ 的平分线上,且 $SM \perp AB$,可知 M 为 $\triangle ABC$ 的内心.

所以线段 PQ 的中点是 $\triangle ABC$ 的内心.

注 此题“$AB = AC$”为过剩条件.

本文参考自：
1.《福建中学数学》1982 年 4 期.
2.《数学教师》1997 年 3 期 48 页.
3.《数学教师》1997 年 7 期 48 页.
4.《数学教学》1997 年 5 期 39 页.
5.《数学通报》1994 年 3 期 48 页数学问题之 876.
6.《湖南数学通讯》1984 年 1 期 7 页.
7.《中等数学》2000 年 2 期 9 页.
8.《数学通报》1994 年 4 期 19 页.

第 363 天

第 24 届国际数学奥林匹克(IMO)

已知 A 为平面上两个半径不相等的圆 O_1 和圆 O_2 的交点,外公切线 P_1P_2 的切点为 P_1,P_2,另一外公切线 Q_1Q_2 的切点为 Q_1,Q_2,M_1,M_2 分别为 P_1Q_1,P_2Q_2 的中点.

求证:$\angle O_1AO_2=\angle M_1AM_2$.

证明 1 如图 363.1,设直线 AB 交 P_1P_2 于 T,过 O_1 作 O_2A 的平行线交圆 O_1 于 C,连 M_1C,M_1B,O_1B.

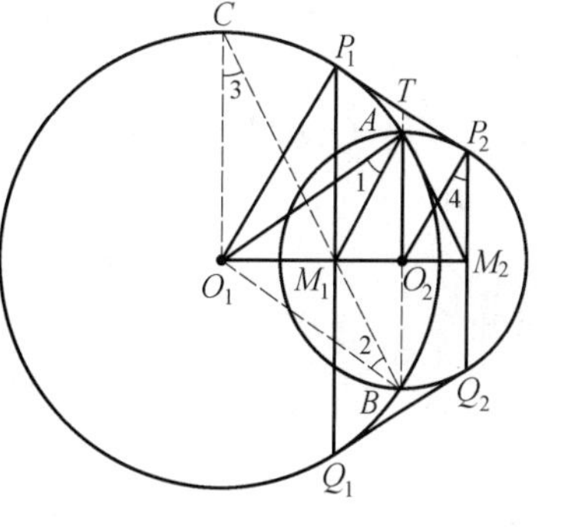

图 363.1

显然 $TP_1=TP_2$.

由 O_1O_2 为 AB 两点的对称轴,可知 AB 与 M_1M_2 互相平分,有 $AM_1=AM_2$.

显然 $\angle O_1BM_1=\angle O_1AM_1$,($\angle 1=\angle 2$) $\angle CO_1M_1=\angle AO_2M_2$,$\dfrac{O_1P_1}{O_1M_1}=\dfrac{O_2P_2}{O_2M_2}$,可知 $\dfrac{CO_1}{O_1M_1}=\dfrac{AO_2}{O_2M_2}$,有 $\triangle CO_1M_1\backsim\triangle AO_2M_2$,于是 $\angle O_1CM_1=\angle O_2AM_2$.($\angle 3=\angle 4$) 显然 $CM_1\parallel AM_2\parallel M_1B$,可知 C,M_1,B 三点共线,有 $\angle O_1CM_1=\angle O_1BM_1$,($\angle 2=\angle 3$) 于是 $\angle O_1AM_1=\angle O_2AM_2$.($\angle 1=\angle 4$) 所以 $\angle O_1AO_2=\angle M_1AM_2$.

证明 2 如图 363.2,分别过 O_1,O_2 作 AM_1,AM_2 的垂线,H_1,H_2 为垂足.

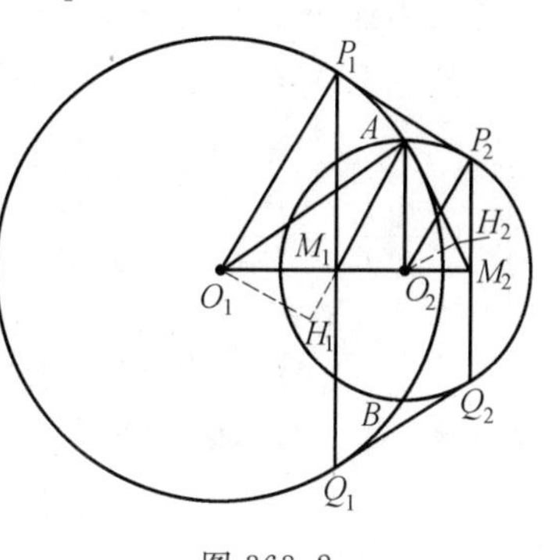

图 363.2

利用前证:$AM_1=AM_2$.

由 $\angle O_1M_1H_1=\angle AM_1M_2=\angle AM_2M_1$,可知 $\mathrm{Rt}\triangle O_1M_1H_1\backsim\mathrm{Rt}\triangle O_2M_2H_2$,有

$$\frac{O_1H_1}{O_2H_2}=\frac{O_1M_1}{O_2M_2}$$

易知 $\dfrac{AO_1}{AO_2}=\dfrac{P_1O_1}{P_2O_2}=\dfrac{O_1M_1}{O_2M_2}=\dfrac{O_1H_1}{O_2H_2}$,可知

$$\mathrm{Rt}\triangle AO_1H_1 \backsim \mathrm{Rt}\triangle AO_2H_2$$

有

$$\angle O_1AH_1 = \angle O_2AH_2$$

所以

$$\angle O_1AO_2 = \angle M_1AM_2$$

证明 3 如图 363.3，设 P_1P_2，Q_1Q_2 相交于 R，连 AR，O_1P_1，O_2P_2.

显然 O_1，O_2，R 三点共线.

由

$$O_1A^2 = O_1P_1{}^2 = O_1M_1 \cdot O_1R$$

可知

$$\triangle O_1AM_1 \backsim \triangle O_1RA$$

有

$$\angle O_1AM_1 = \angle O_1RA$$

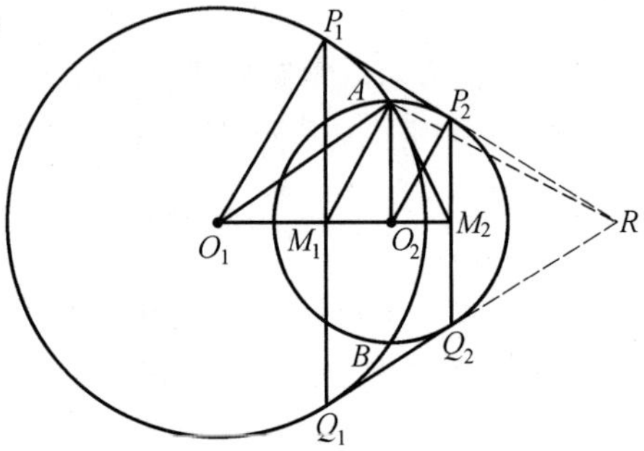

图 363.3

由

$$O_2A^2 = O_2P_2{}^2 = O_2M_2 \cdot O_2R$$

可知

$$\triangle O_2AM_2 \backsim \triangle O_2RA$$

有

$$\angle O_2AM_2 = \angle O_2RA = \angle O_1AM_1$$

所以

$$\angle O_1AO_2 = \angle M_1AM_2$$

证明 4 如图 363.4，设 R 为直线 O_1O_2 上一点，$AR = AO_2$.

利用证明 1，可知 $AM_1 = AM_2$.

显然 R 与 O_2 关于直线 AB 对称，可知

$$\angle M_1AR = \angle O_2AM_2$$

由 $\dfrac{AO_1}{AO_2} = \dfrac{P_1O_1}{P_2O_2} = \dfrac{O_1M_1}{O_2M_2}$，可知

$$\frac{AO_1}{O_1M_1} = \frac{AO_2}{O_2M_2} = \frac{AR}{RM_1}$$

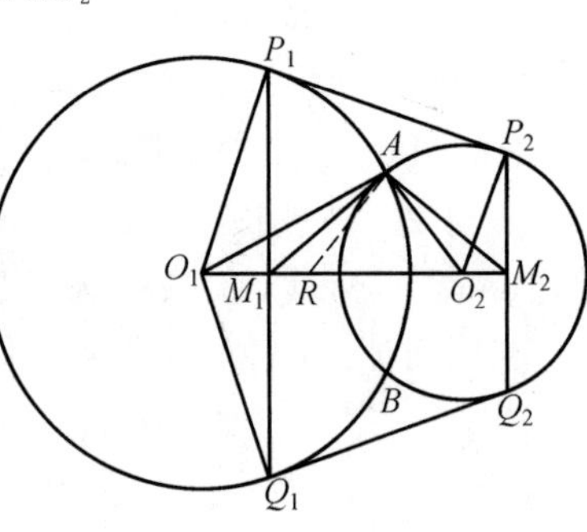

图 363.4

有 AM_1 为 $\angle O_1AR$ 的平分线，于是

$$\angle O_1AM_1 = \angle M_1AR = \angle O_2AM_2$$

所以 $\angle O_1AO_2 = \angle M_1AM_2$.

本文参考自：

《中学生数学》1996年3期12页.

第 364 天

第 28 届国际数学奥林匹克(IMO)

在锐角 $\triangle ABC$ 中，$\angle A$ 的平分线 AL 交外接圆于 N，过 L 作 $LK \perp AB$，$LM \perp AC$，垂足分别为 K，M. 求证：箏形 $AKNM$ 的面积等于 $\triangle ABC$ 的面积.

证明 1　如图 364.1，设 BC 分别交 NK，NM 于 E，F，连 NB，NC.

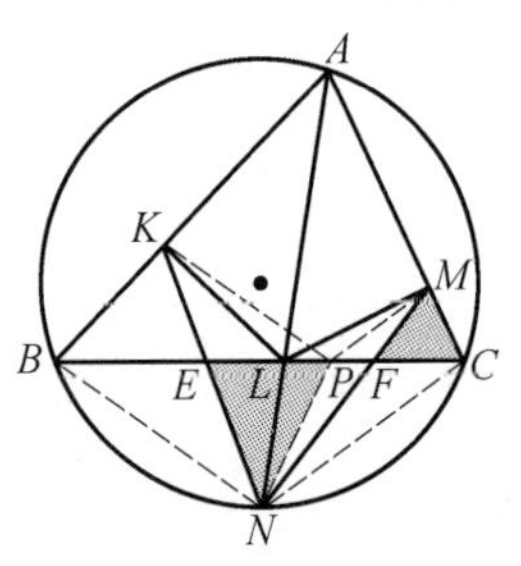

图 364.1

显然 A，K，L，M 四点共圆，设此圆与 BC 相交于 L，P 两点，连 PM，PK.

显然 $\angle KPL = \angle KAL = \angle MAL = \angle NBL$，即 $\angle KPL = \angle NBL$，可知 $KP \parallel BN$.

同理 $PM \parallel NC$.

显然 $S_{\triangle NPK} = S_{\triangle BPK}$，$S_{\triangle NPM} = S_{\triangle CPM}$，可知

$$S_{\triangle NPE} = S_{\triangle BEK}, S_{\triangle NPF} = S_{\triangle CFM}$$

有

$$\begin{aligned} S_{AKNM} &= S_{AKEFM} + S_{\triangle ENF} \\ &= S_{AKEFM} + S_{\triangle ENP} + S_{\triangle PNF} \\ &= S_{AKEFM} + S_{\triangle KBE} + S_{\triangle FCM} \\ &= S_{\triangle ABC} \end{aligned}$$

即 $S_{AKNM} = S_{\triangle ABC}$.

所以箏形 $AKNM$ 的面积等于 $\triangle ABC$ 的面积.

证明 2　如图 364.2，(使用正弦定理) 连 KM.

设 $\triangle ABC$ 的外接圆的半径为 R.

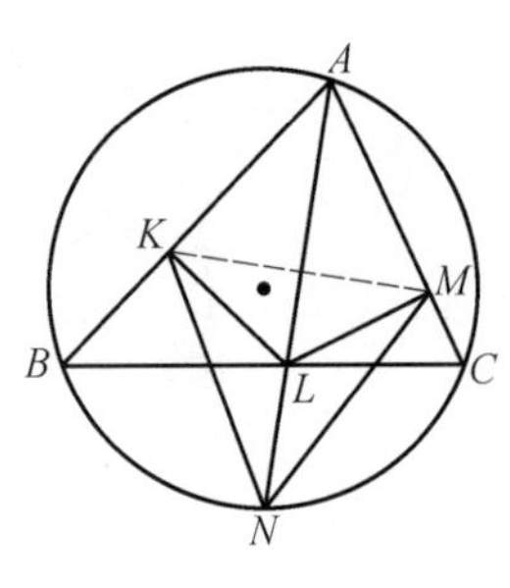

图 364.2

显然 $AN = 2R \cdot \sin B = 2R \cdot \sin\angle ABN = 2R \cdot \sin\left(B + \dfrac{A}{2}\right)$.

显然 A，K，L，M 四点共圆，且 AL 为其直径，可知

$$KM = AL \cdot \sin A = \frac{AC}{\sin \angle ALC} \cdot \sin C \cdot \sin A$$

$$=\frac{AC}{\sin\left(B+\frac{A}{2}\right)}\cdot\sin C\cdot\sin A$$

有

$$S_{AKNM}=\frac{1}{2}AN\cdot KM=R\cdot AC\cdot\sin C\cdot\sin A$$

$$=\frac{1}{2}AB\cdot AC\sin A=S_{\triangle ABC}$$

即

$$S_{AKNM}=S_{\triangle ABC}$$

所以筝形 $AKNM$ 的面积等于 $\triangle ABC$ 的面积.

证明3　如图364.3,(使用倍角公式,三角知识)过 C 作 AN 的垂线,D 为垂足,连 BN.

设 $\angle A=2\alpha$,可知 $\angle BAN=\angle CAN=\alpha$.

显然

$$S_{AKNM}=2S_{\triangle ANM}=AN\cdot AM\sin\alpha$$

$$S_{\triangle ABC}=\frac{1}{2}AB\cdot AC\sin 2\alpha$$

$$=AB\cdot AC\sin\alpha\cos\alpha$$

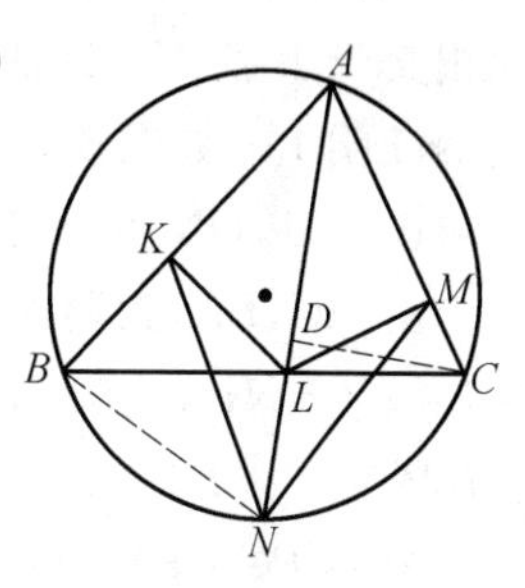

图364.3

由 $\angle ANB=\angle ACL$,可知 $\triangle ANB\backsim\triangle ACL$,$\text{Rt}\triangle ACD\backsim\text{Rt}\triangle ALM$,有 $\frac{AN}{AB}=\frac{AC}{AL}=\frac{AD}{AM}$,即 $\frac{AN}{AB}=\frac{AD}{AM}$,于是

$$AN\cdot AM=AB\cdot AD=AB\cdot AC\cos\alpha$$

得 $S_{AKNM}=S_{\triangle ABC}$.

所以筝形 $AKNM$ 的面积等于 $\triangle ABC$ 的面积.

本文参考自:
1.《上海中学数学》2001年6期34页.
2.《中学生数学》1997年1期22页.
3.《中学数学教学》2003年1期37页.
4.《中学数学教学》2001年3期45页.

第 365 天

第 36 届国际数学奥林匹克(IMO)

设 A,B,C,D 是一条直线上依次排列的四个不同的点,分别以 AC,BD 为直径的两圆相交于 X 和 Y,直线 XY 交 BC 于 Z. 若 P 为直线 XY 上异于 Z 的一点,直线 CP 与以 AC 为直径的圆相交于 C 及 M,直线 BP 与以 BD 为直径的圆相交于 B 及 N. 试证:AM,DN 和 XY 三线共点.

证明 1 如图 365.1,显然 AM 与 DN 不平行.

设 AM,DN 相交于 K,连 KP,MN.

由 AC,BD 为两个圆的直径,可知 $\angle KMP=90^\circ=\angle KNP$,有 P,N,K,M 四点共圆,于是 $\angle KMN=\angle KPN$.

显然 $PC\cdot PM=PX\cdot PY=PB\cdot PN$,可知 B,C,N,M 四点共圆,有 $\angle PMN=\angle PBC$,于是 $\angle KMN=90^\circ-\angle PMN=90^\circ-\angle PBC=\angle BPZ=\angle XPN$,得 $\angle KPN=\angle XPN$.

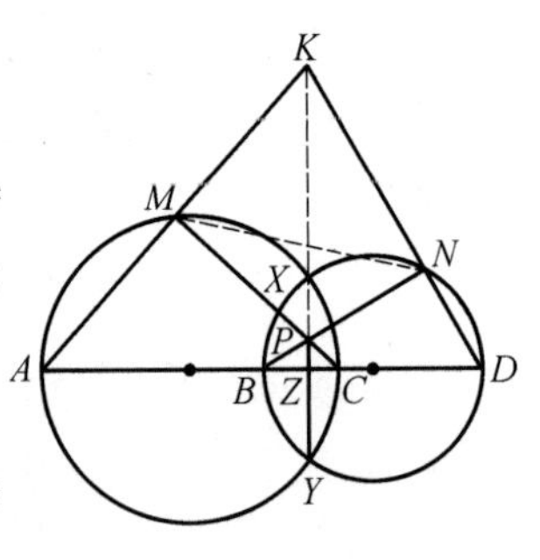

图 365.1

显然点 K 在直线 XY 上.

所以 AM,DN 和 XY 三线共点.

证明 2 如图 365.2,设直线 DN,XY 相交于 K,连 MK,MN.

显然 $\text{Rt}\triangle PKN\backsim\text{Rt}\triangle PBZ$,可知 $\angle PKN=\angle PBZ$.

显然 B,C,N,M 四点共圆,可知 $\angle PBZ=\angle PMN$,有 $\angle PKN=\angle PMN$,于是 P,N,K,M 四点共圆,得 $\angle PMK+\angle PNK=180^\circ$.

由 $\angle PNK=90^\circ$,可知 $\angle PMK=90^\circ$,有 A,M,K 三点共线.

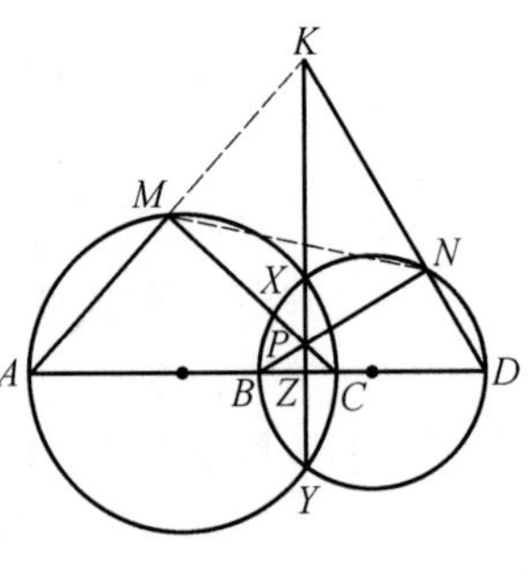

图 365.2

所以 AM,DN 和 XY 三线共点.

证明 3 如图 365.3,设直线 AM,XY 相交于 K,直线 DN,XY 相交于 L.

显然 B,Z,N,L 四点共圆,可知 $PB\cdot PN=PZ\cdot PL$.

显然 C,Z,M,K 四点共圆，可知 $PC\cdot PM=PZ\cdot PK$.

显然 $PB\cdot PN=PX\cdot PY=PC\cdot PM$，可知 $PB\cdot PN=PC\cdot PM$，有 $PZ\cdot PL=PZ\cdot PK$，于是 $PL=PK$，即 L 与 K 为同一个点.

所以 AM,DN 和 XY 三线共点.

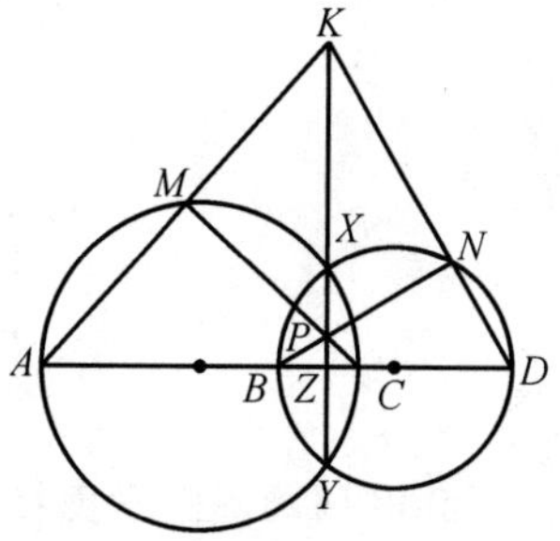

图 365.3

本文参考自：

《中学生数学》1996 年 3 期 22 页.

第 366 天

第 38 届国际数学奥林匹克(IMO)

设$\angle A$是$\triangle ABC$中的最小内角,点B和C将这个三角形的外接圆分成两段弧.设U是落在不含A的那段弧上且不等于B和C中的一个点,线段AB和AC的垂直平分线分别交线段AU于V和W,直线BV和CW交于T.证明:$AU=TB+TC$.

证明 1 如图 366.1,设O为$\triangle ABC$的外心,过O分别作AU,BV,CW的垂线,D,E,F为垂足,连TO.

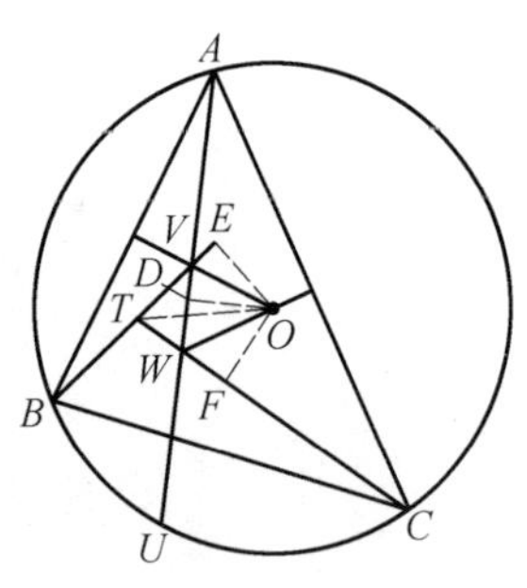

图 366.1

显然VO,WO分别为AB,AC的中垂线,可知VO,WO分别为$\angle AVB,\angle AWC$的平分线,有$\mathrm{Rt}\triangle OEV\cong\mathrm{Rt}\triangle ODV$,$\mathrm{Rt}\triangle OFW\cong\mathrm{Rt}\triangle OWD$,于是$VE=VD,WF=WD$.

显然$VA=VB,WA=WC$,可知$AD=BE,AD=FC$.

显然$\mathrm{Rt}\triangle OET\cong\mathrm{Rt}\triangle OFT$,可知$ET=FT$,有$TB+TC=EB-ET+ET+FC=AD+AD=AU$.

所以$AU=TB+TC$.

证明 2 如图 366.2,设O为$\triangle ABC$的外心,直线TC交圆O于C,P,连BP.

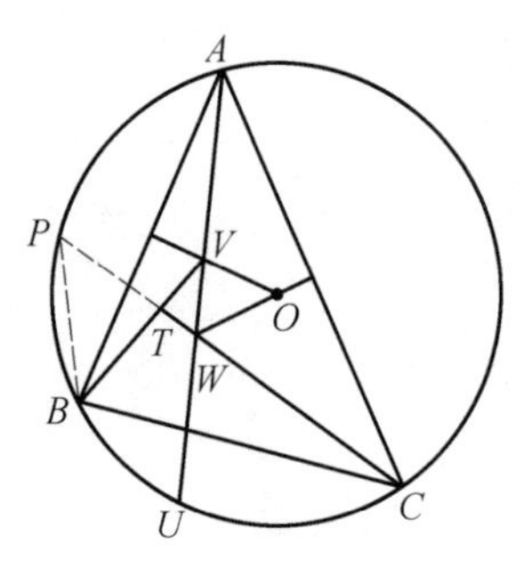

图 366.2

显然VO,WO分别为AB,AC的中垂线,可知$\angle UAC=\angle ACP,\angle BAU=\angle ABV$.

显然$WA\cdot WU=WC\cdot WP$,可知$WU=WP$,有$AU=CP$.

显然$\angle BAC=\angle P,\angle BAC=\angle UAC+\angle BAU=\angle ACP+\angle ABV=\angle ABP+\angle ABV=\angle PBV$,可知$\angle P=\angle PBV$,有$PT=BT$,于是$CP=CT+PT=CT+BT$.

所以$AU=TB+TC$.

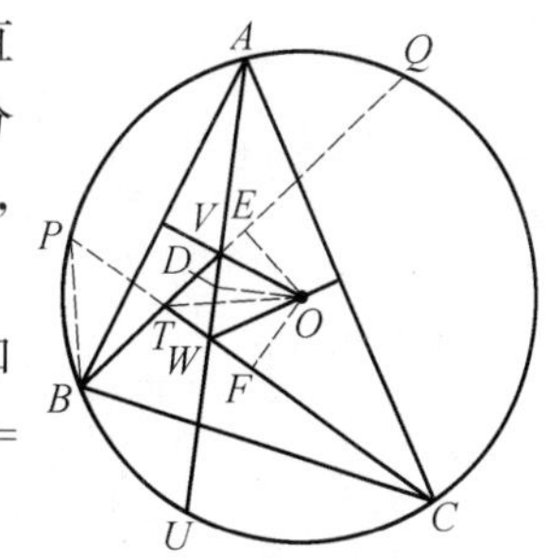

图 366.3

证明 3 如图 366.3,设 O 为 $\triangle ABC$ 的外心,直线 TC 交圆 O 于 C,P,直线 BT 交圆 O 于 B,Q.过 O 分别作 AU,BV,CW 的垂线,D,E,F 为垂足,连 BP,TO.

显然 VO,WO 分别为 AB,AC 的中垂线,可知 VO,WO 分别为 $\angle AVB,\angle AWC$ 的平分线,有 $OE=OD=OF$,于是 $AU=PC=BQ$,得 $AD=FC=BE$.

显然 $\mathrm{Rt}\triangle OET\cong\mathrm{Rt}\triangle OFT$,可知 $ET=FT$,有

$$\begin{aligned}TB+TC&=EB-ET+ET+FC\\&=AD+AD=AU\end{aligned}$$

所以 $AU=TB+TC$.

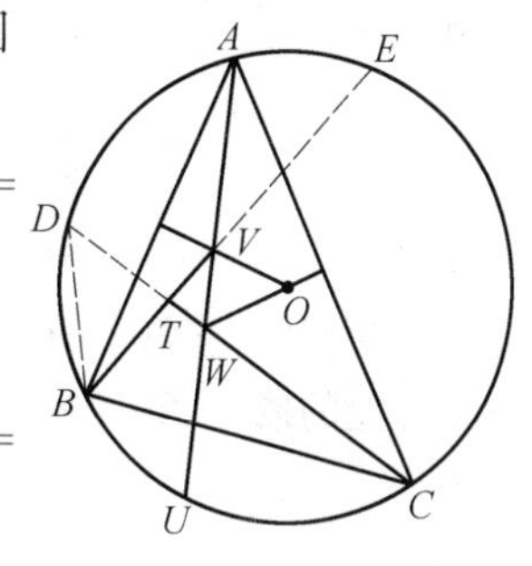

图 366.4

证明 4 如图 366.4,设 CT 交圆 O 于 D,BT 交圆 O 于 E.

由 $VE\cdot VB=VU\cdot VA$ 及 $VA=VB$,可知 $VE=VU$ 及 $BE=AU$,有

$$\overset{\frown}{BAE}=\overset{\frown}{ABU},\overset{\frown}{AE}=\overset{\frown}{BU}$$

同理 $DC=AU$,$\overset{\frown}{DA}=\overset{\frown}{UC}$,于是 $\angle DBE=\angle BDC$,得 $TD=TB$.

所以 $AU=TB+TC$.

注 本题之推广,可参考《数学教师》1998 年 4 期 45 页,《数学通报》1999 年 8 期 30 页.

本文参考自:

1.《数学通报》1997 年 9 期.

2.《中学生数学》1999 年 3 期 25 页.

3.《中等数学》1997 年 5 期 27 页.

4.《中等数学》2005 年 2 期 2 页.

5.《福建中学数学》1997 年 6 期 21 页.

6.《数学通报》1999 年 8 期 30 页.

7.《中等数学》1998 年 3 期 14 页.

8.《数学教师》1998 年 4 期 45 页.

9.《中等数学》1997 年 5 期 27 页.

上卷及中卷目录

上卷·基础篇(直线型)

中卷·基础篇(涉及圆)

题图目录

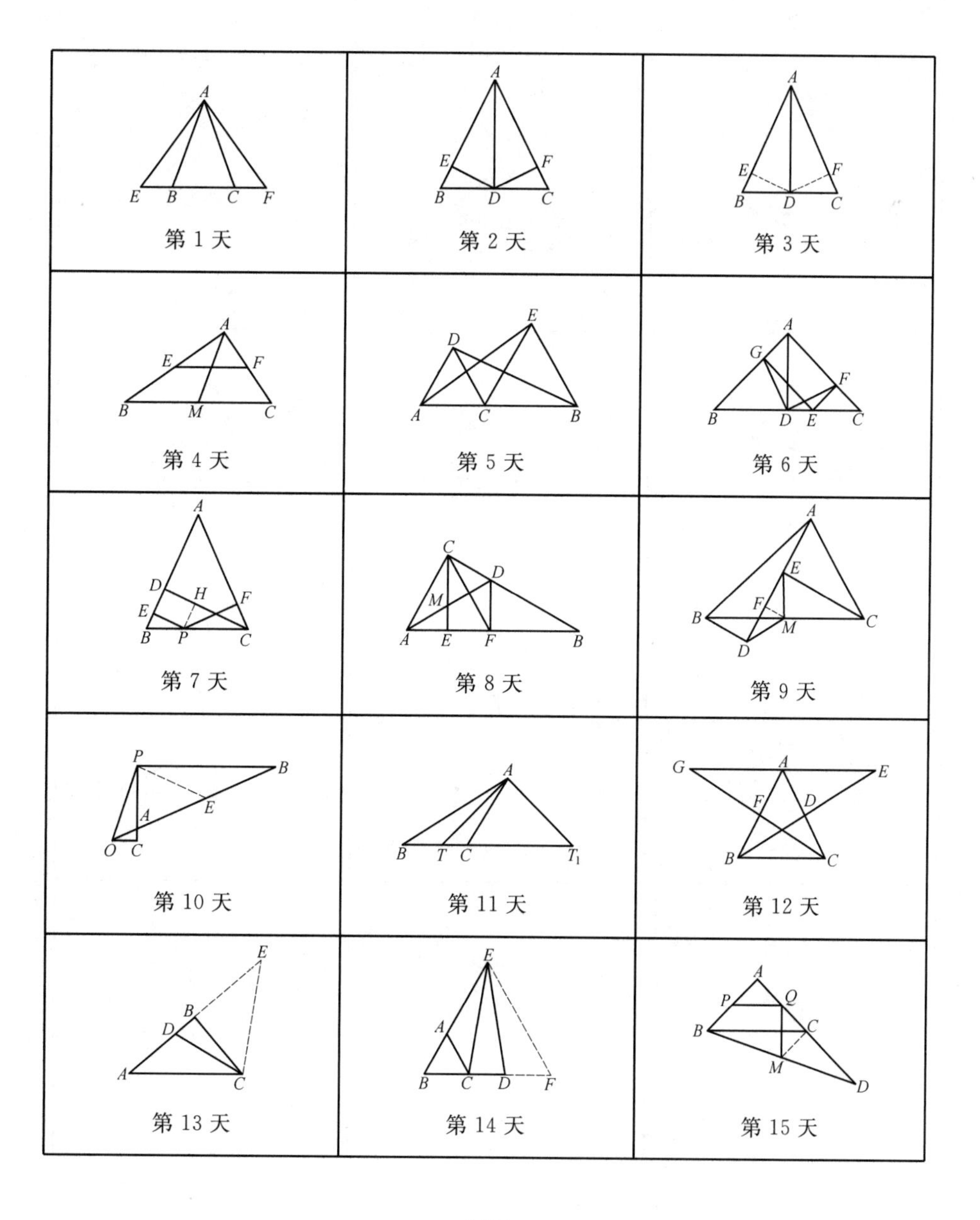

第 1 天　第 2 天　第 3 天

第 4 天　第 5 天　第 6 天

第 7 天　第 8 天　第 9 天

第 10 天　第 11 天　第 12 天

第 13 天　第 14 天　第 15 天

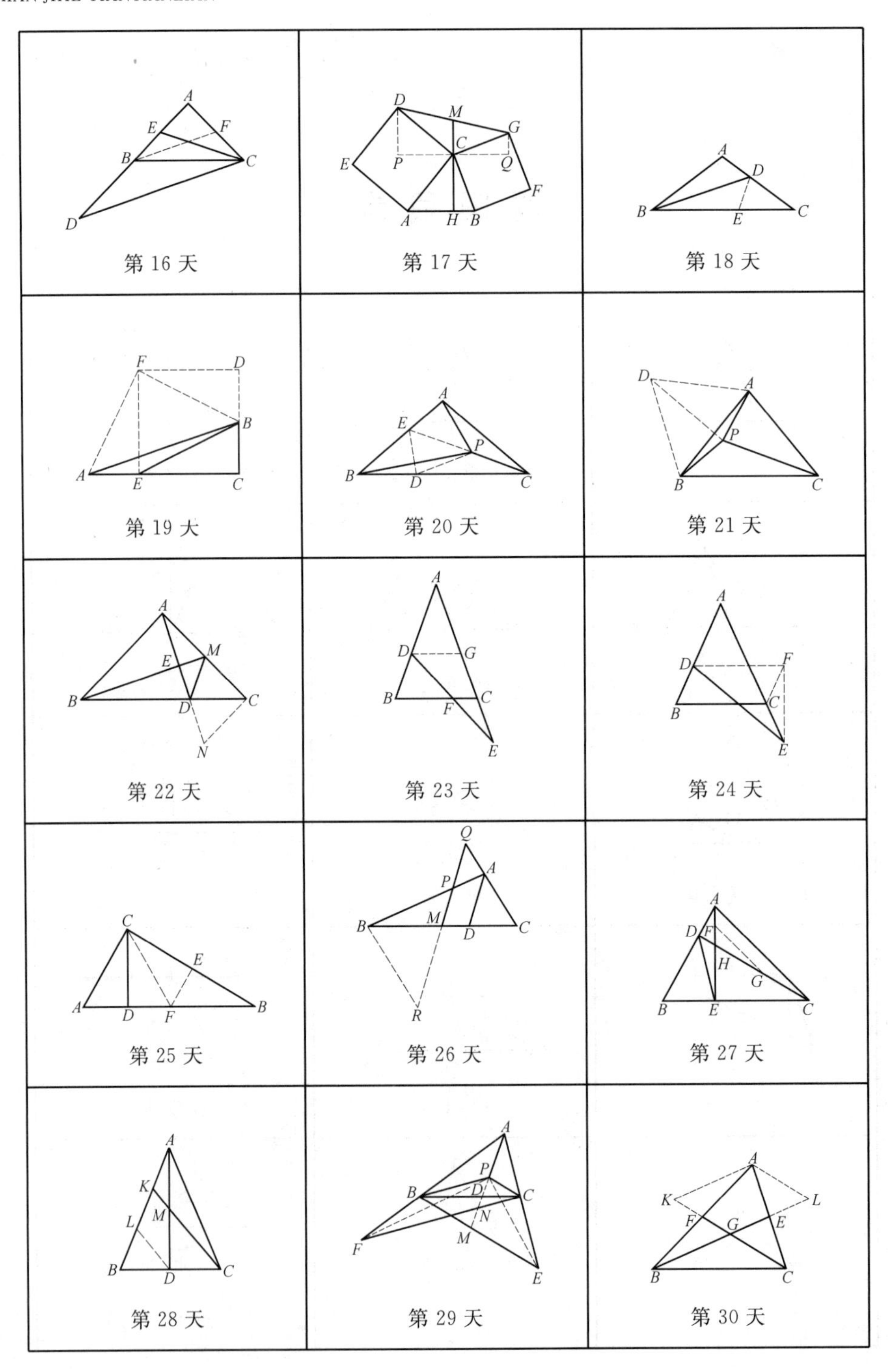

第 16 天 第 17 天 第 18 天

第 19 大 第 20 天 第 21 天

第 22 天 第 23 天 第 24 天

第 25 天 第 26 天 第 27 天

第 28 天 第 29 天 第 30 天

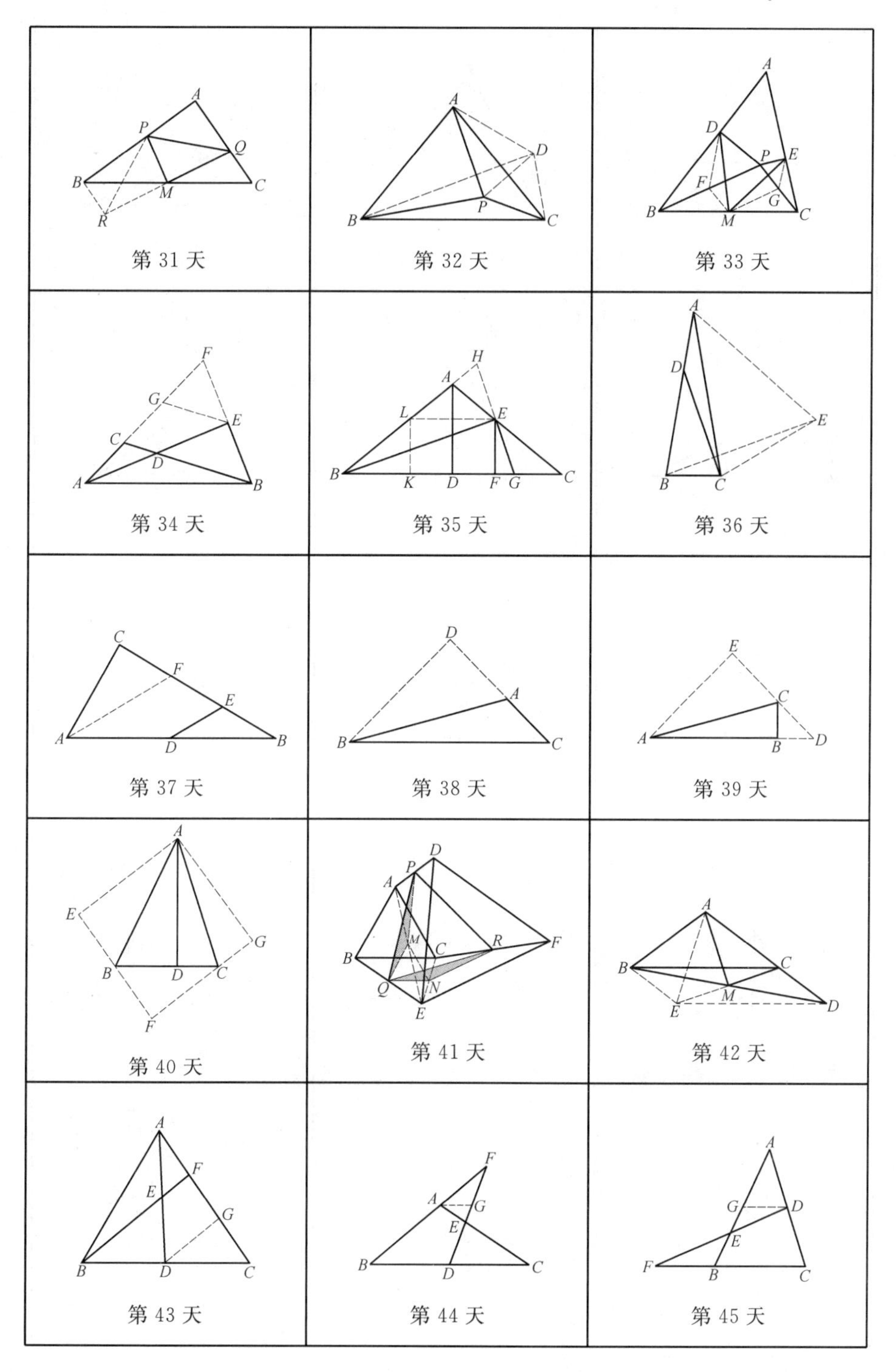

第 31 天　第 32 天　第 33 天

第 34 天　第 35 天　第 36 天

第 37 天　第 38 天　第 39 天

第 40 天　第 41 天　第 42 天

第 43 天　第 44 天　第 45 天

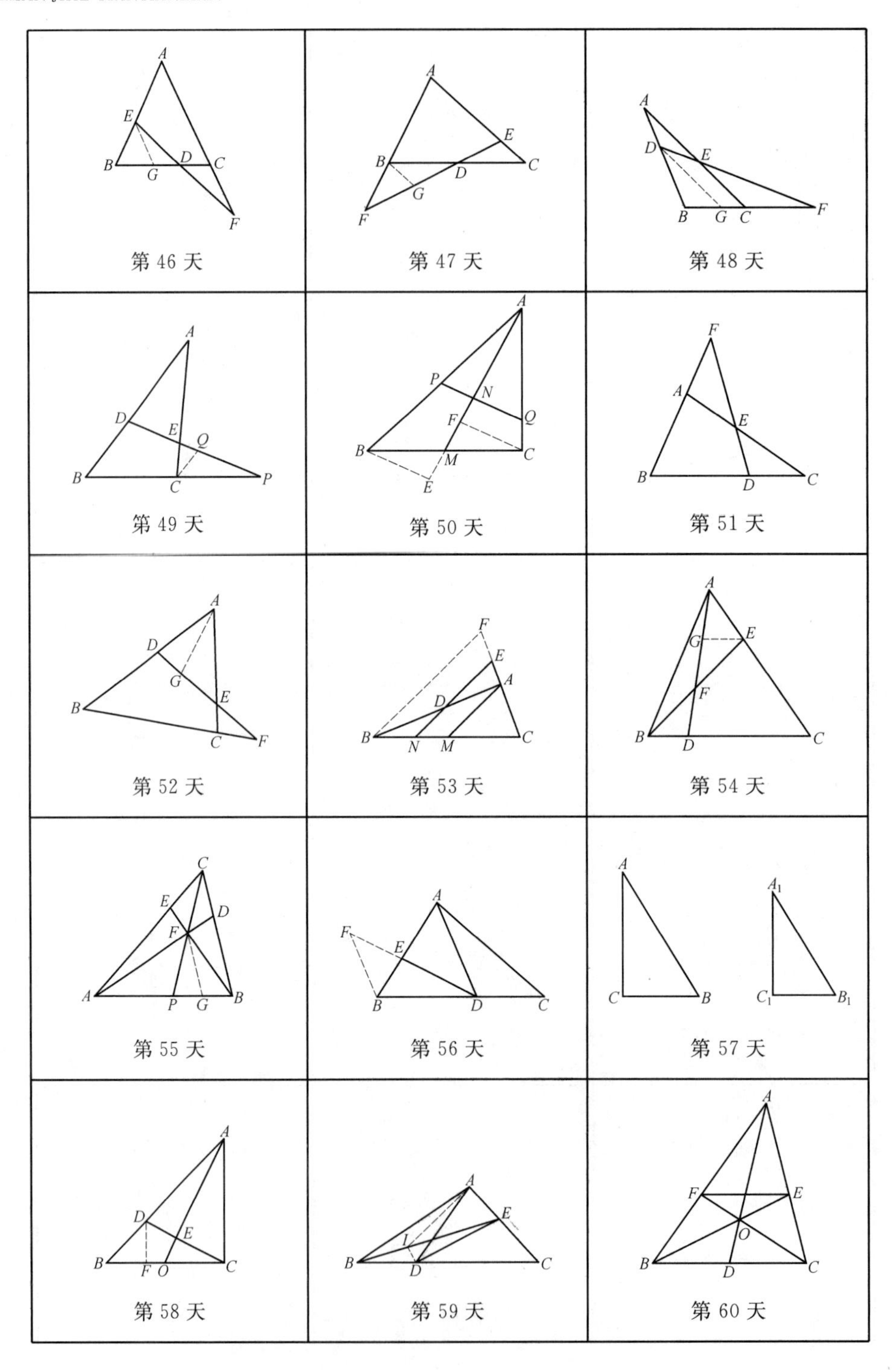

第 46 天　第 47 天　第 48 天
第 49 天　第 50 天　第 51 天
第 52 天　第 53 天　第 54 天
第 55 天　第 56 天　第 57 天
第 58 天　第 59 天　第 60 天

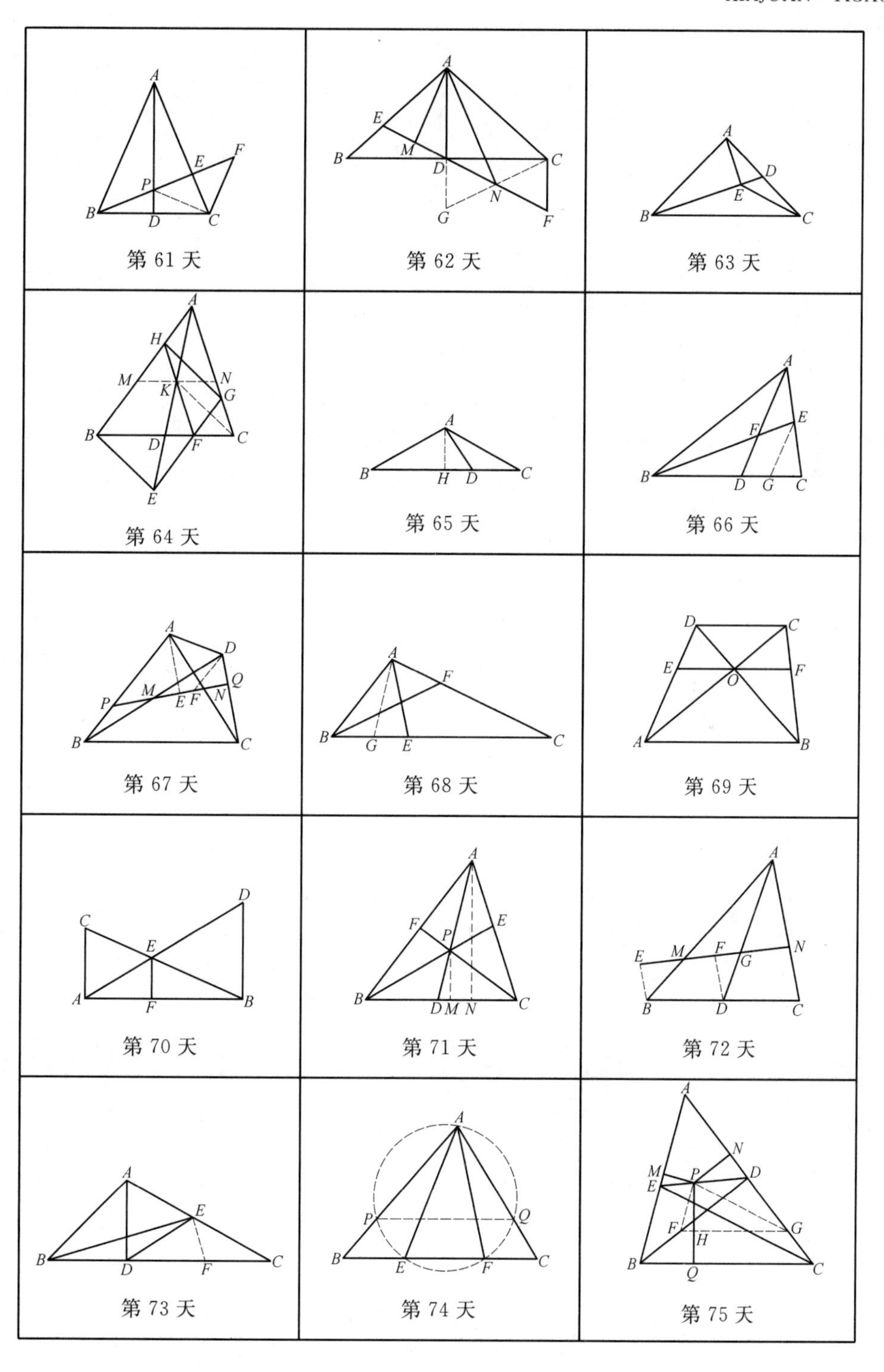

第 61 天　第 62 天　第 63 天

第 64 天　第 65 天　第 66 天

第 67 天　第 68 天　第 69 天

第 70 天　第 71 天　第 72 天

第 73 天　第 74 天　第 75 天

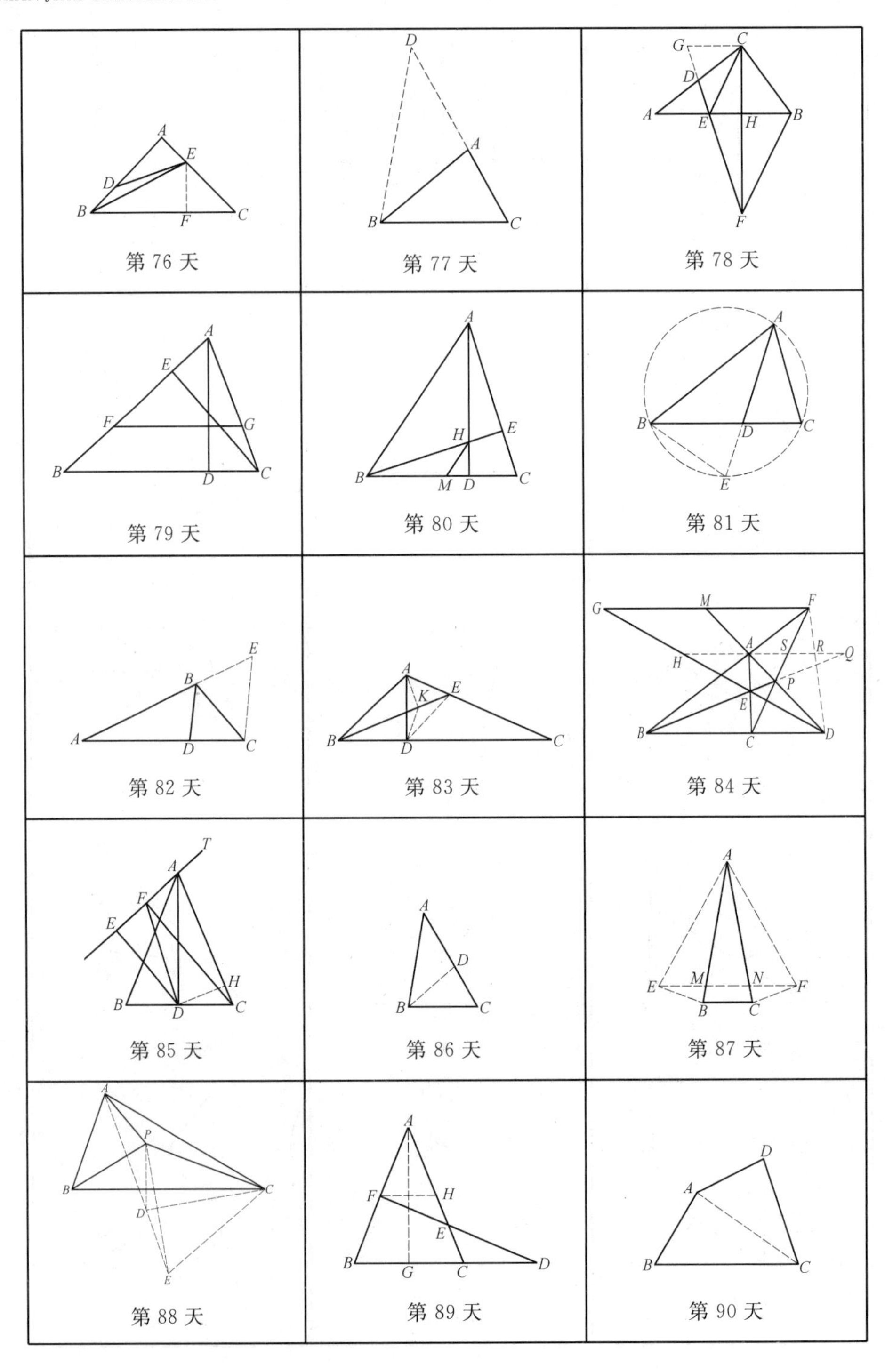
A E D B F C
第 76 天
D A B C
第 77 天
G C D A E H B F
第 78 天
A E F G B D C
第 79 天
A H E B M D C
第 80 天
A B D C E
第 81 天
E B A D C
第 82 天
A K E B D C
第 83 天
G M F A S R Q H P E B C D
第 84 天
T A F E H B D C
第 85 天
A D B C
第 86 天
A E M N F B C
第 87 天
A P B C D E
第 88 天
A F H E B G C D
第 89 天
D A B C
第 90 天

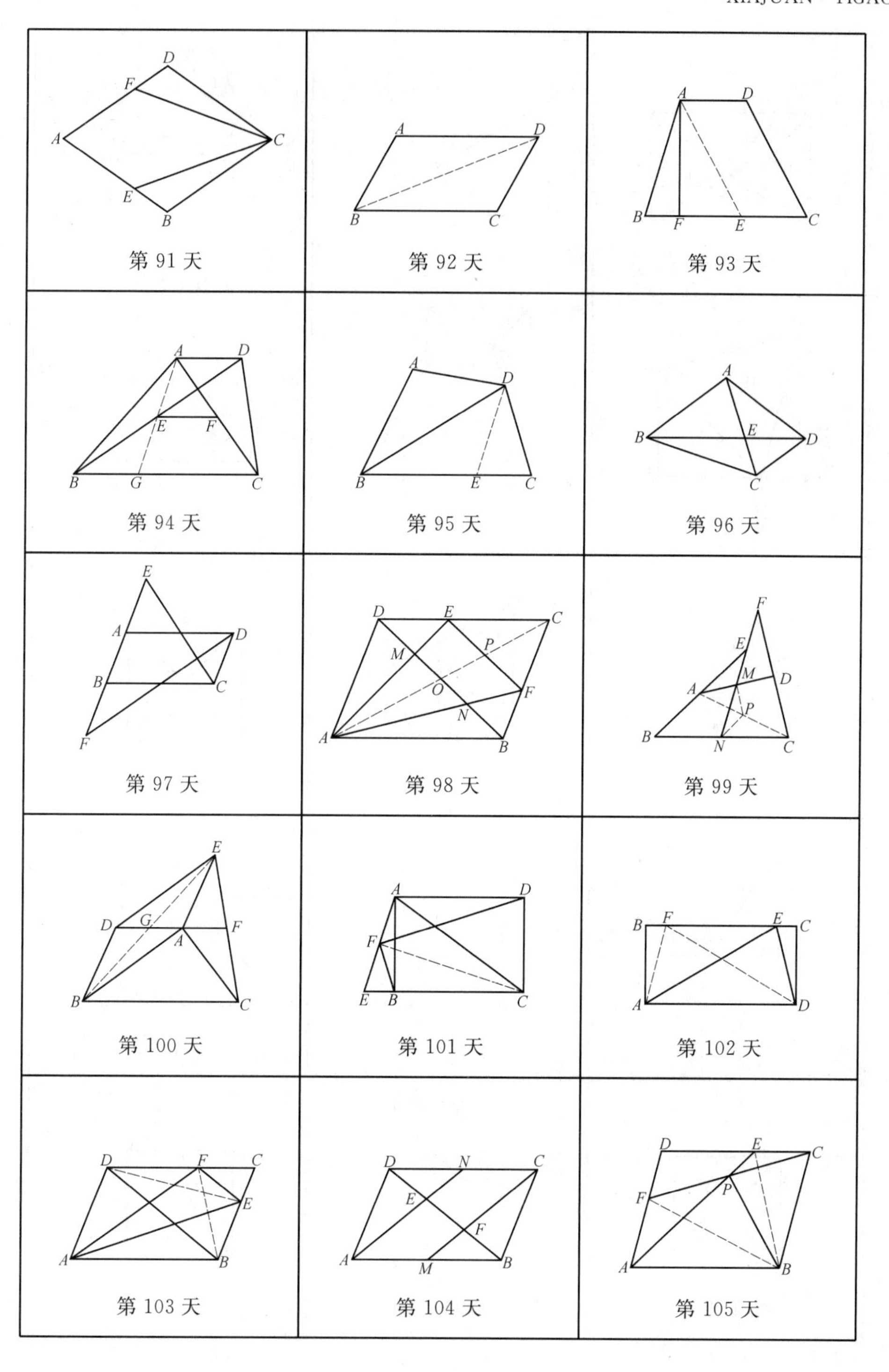
D F A C E B
第 91 天
A D B C
第 92 天
A D B F E C
第 93 天
A D E F B G C
第 94 天
A D B E C
第 95 天
A B E D C
第 96 天
E A D B C F
第 97 天
D E C M P O F N A B
第 98 天
F E M D A P B N C
第 99 天
E D G F A B C
第 100 天
A D F E B C
第 101 天
B F E C A D
第 102 天
D F C E A B
第 103 天
D N C E F A M B
第 104 天
D E C F P A B
第 105 天

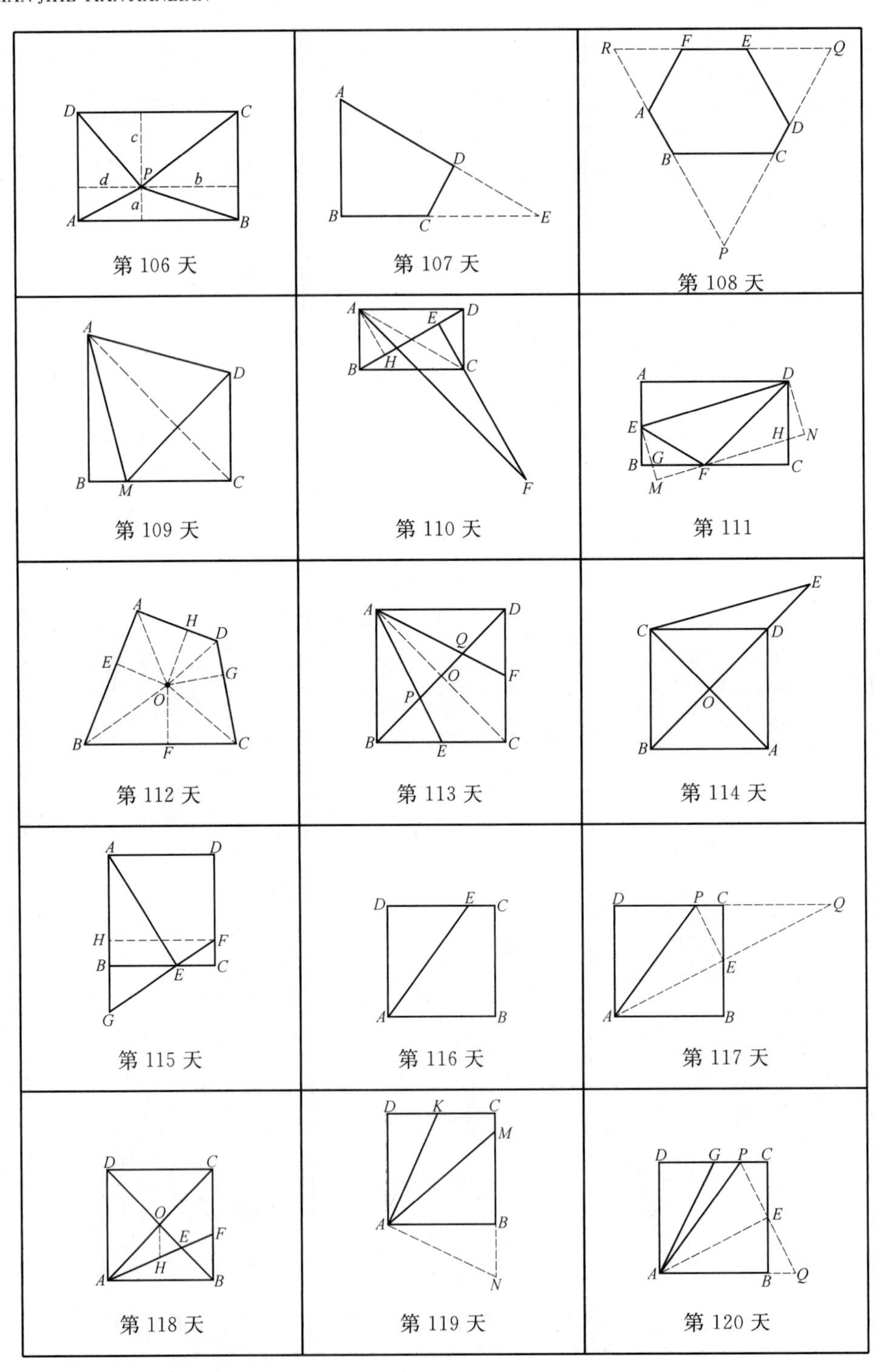

第 106 天　第 107 天　第 108 天

第 109 天　第 110 天　第 111

第 112 天　第 113 天　第 114 天

第 115 天　第 116 天　第 117 天

第 118 天　第 119 天　第 120 天

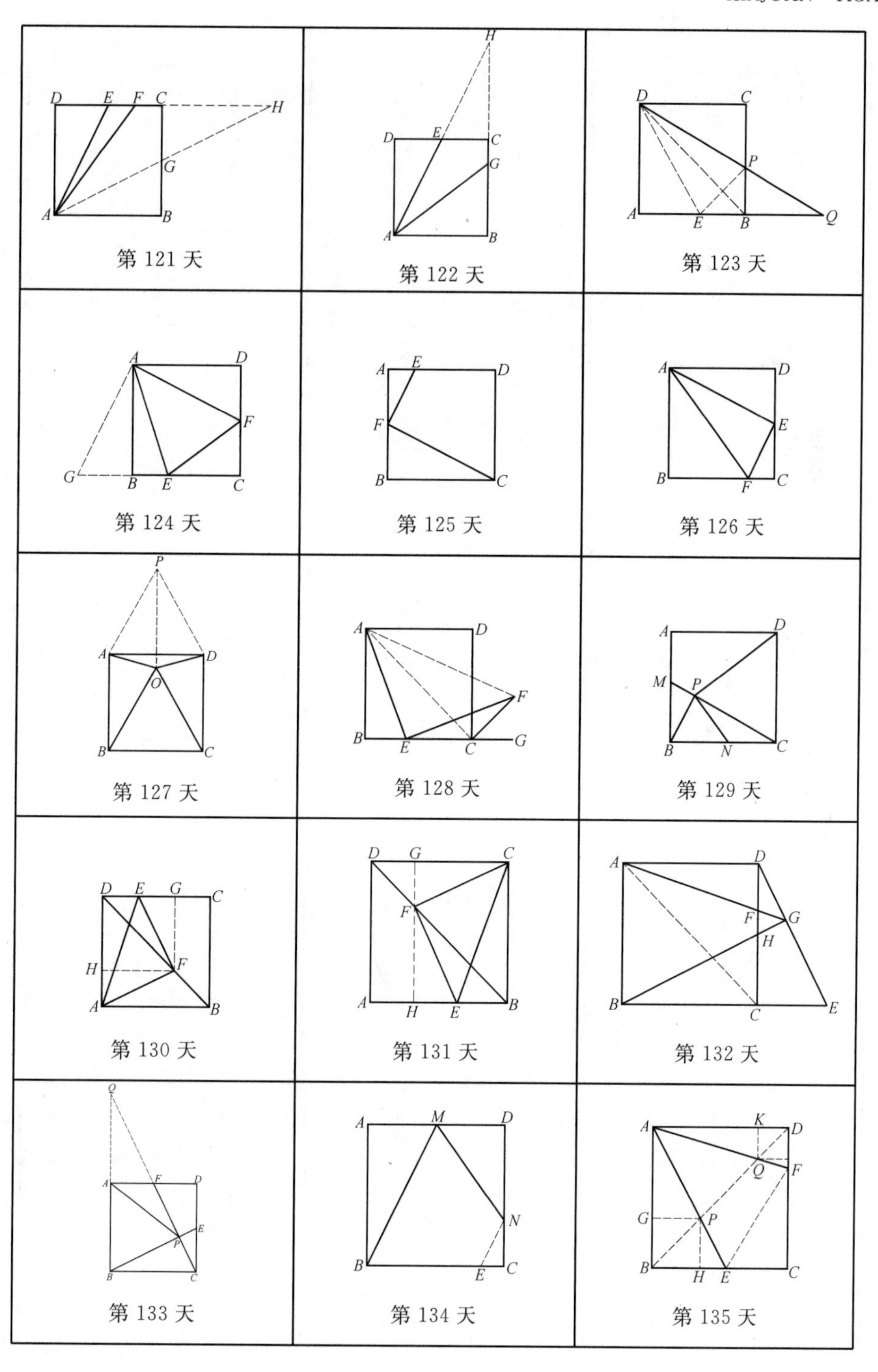
第 121 天
第 122 天
第 123 天
第 124 天
第 125 天
第 126 天
第 127 天
第 128 天
第 129 天
第 130 天
第 131 天
第 132 天
第 133 天
第 134 天
第 135 天

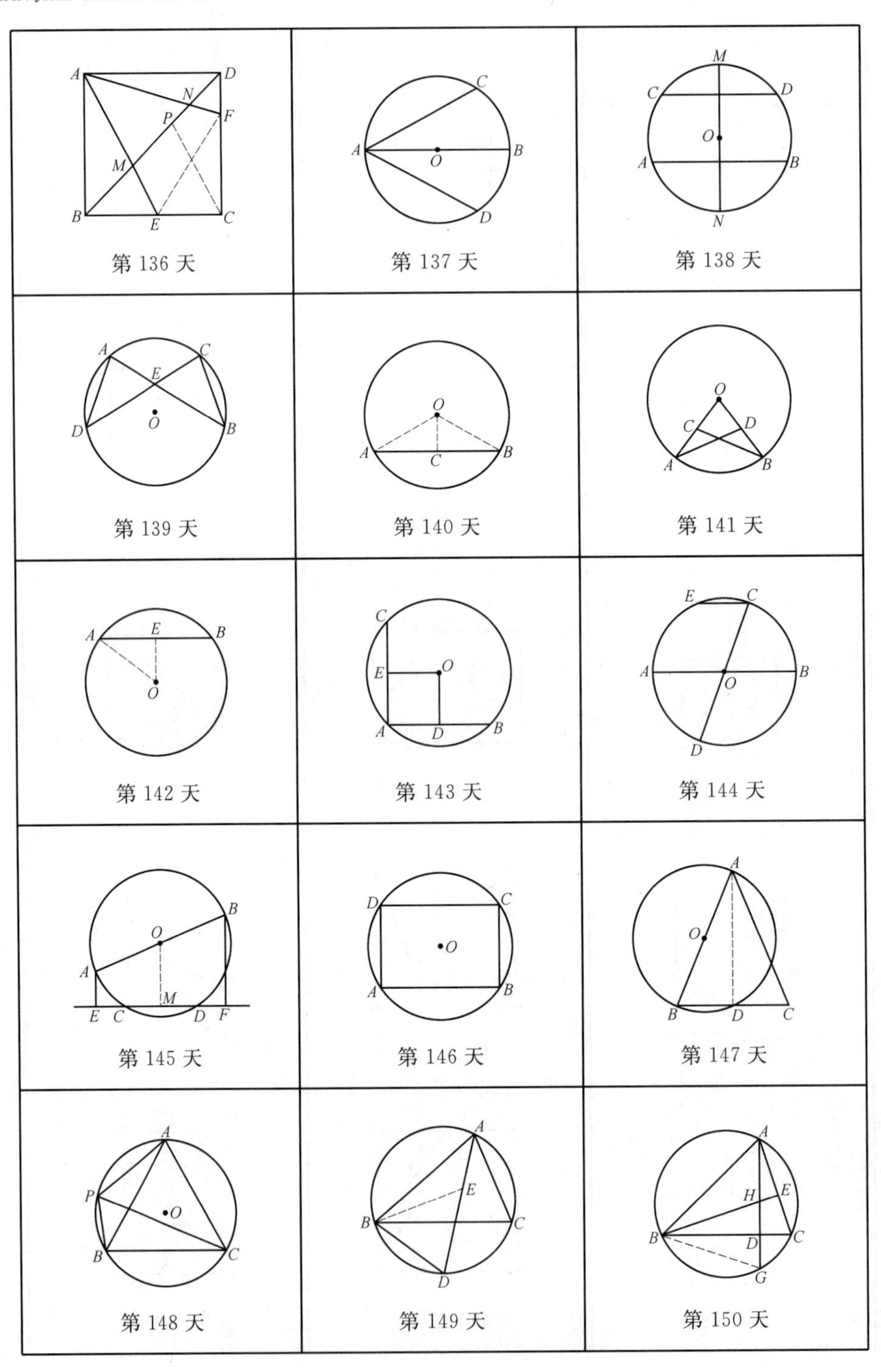

第 136 天　第 137 天　第 138 天

第 139 天　第 140 天　第 141 天

第 142 天　第 143 天　第 144 天

第 145 天　第 146 天　第 147 天

第 148 天　第 149 天　第 150 天

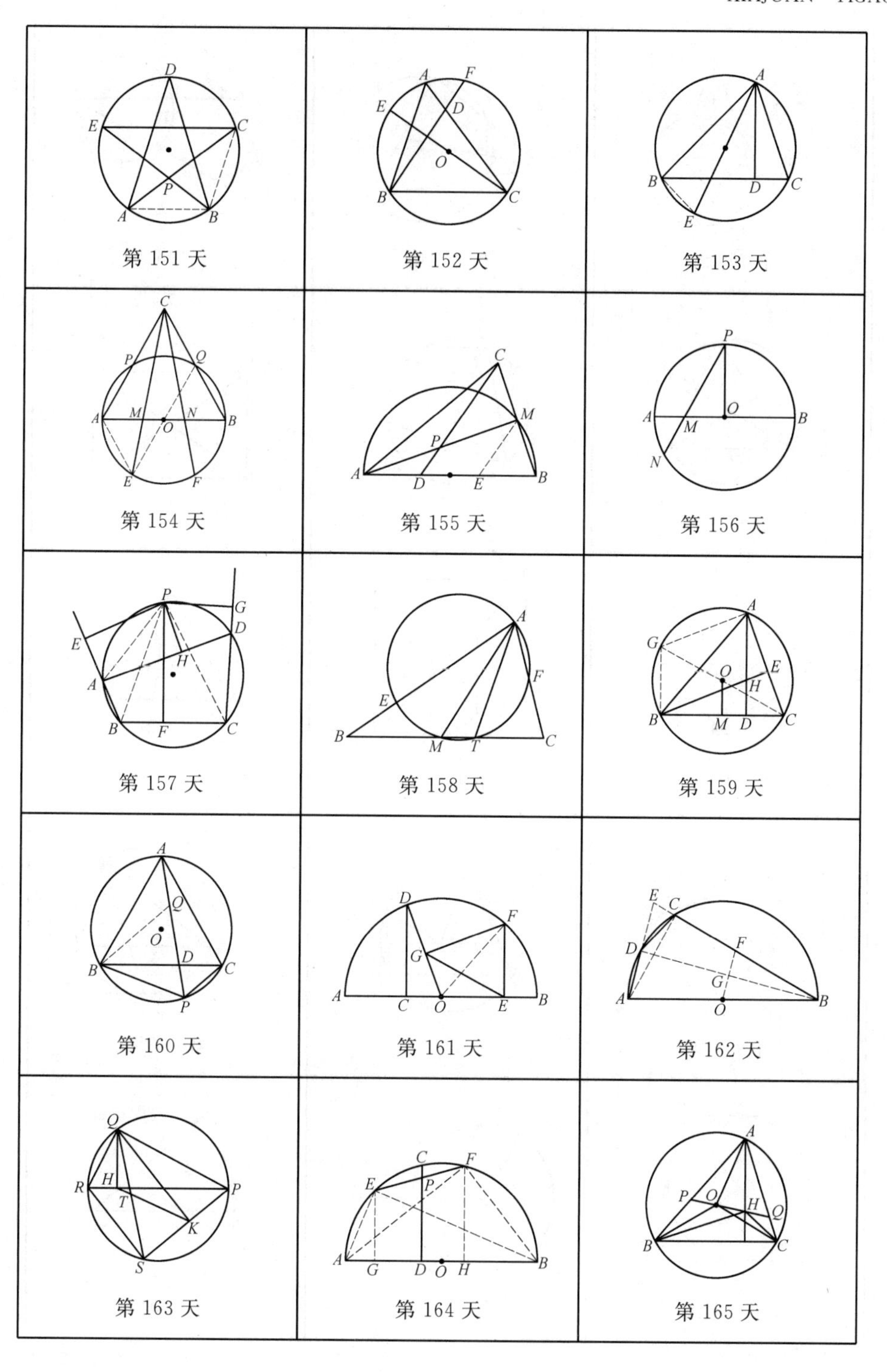

第151天 第152天 第153天

第154天 第155天 第156天

第157天 第158天 第159天

第160天 第161天 第162天

第163天 第164天 第165天

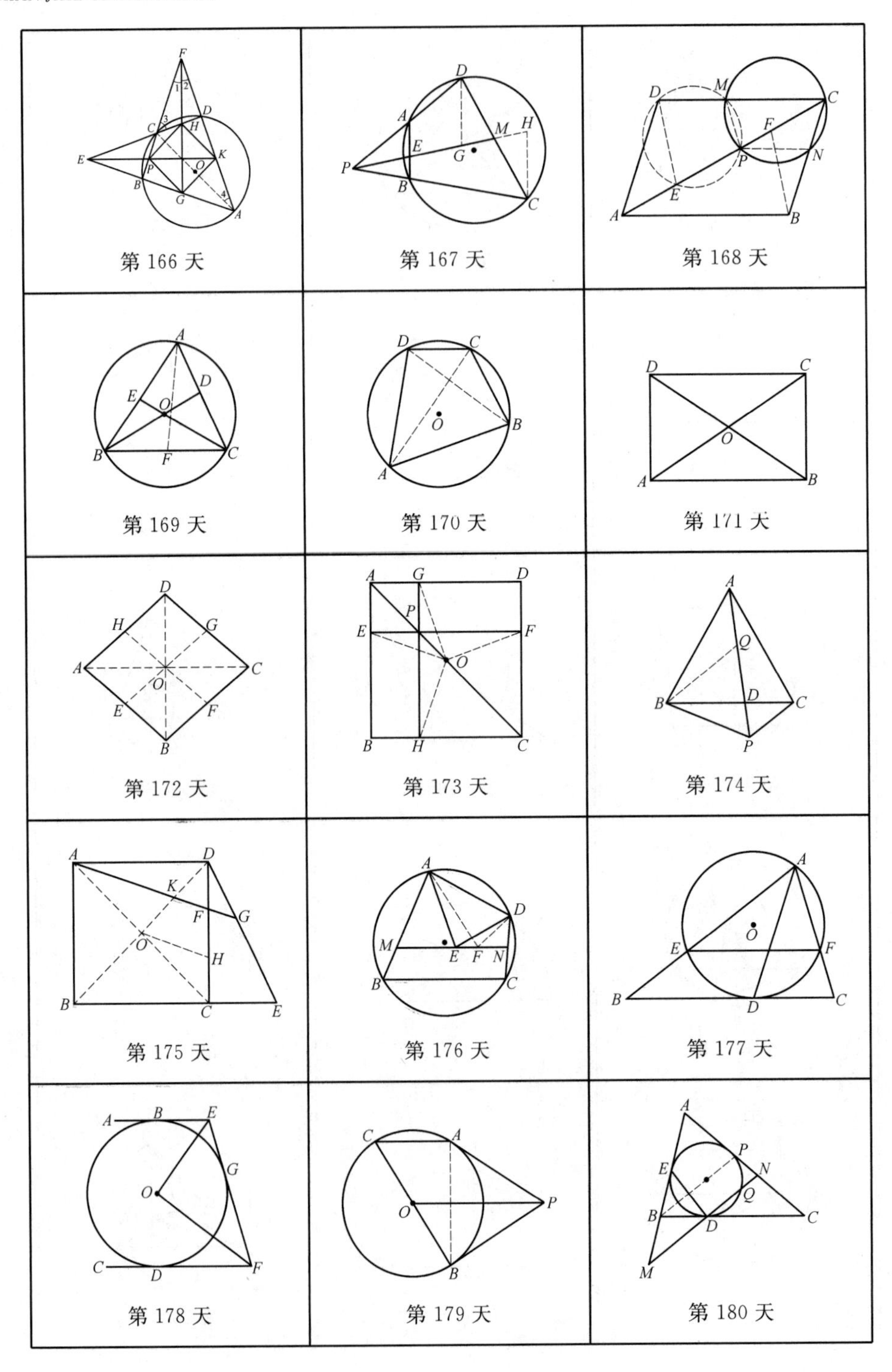
第 166 天
第 167 天
第 168 天
第 169 天
第 170 天
第 171 天
第 172 天
第 173 天
第 174 天
第 175 天
第 176 天
第 177 天
第 178 天
第 179 天
第 180 天

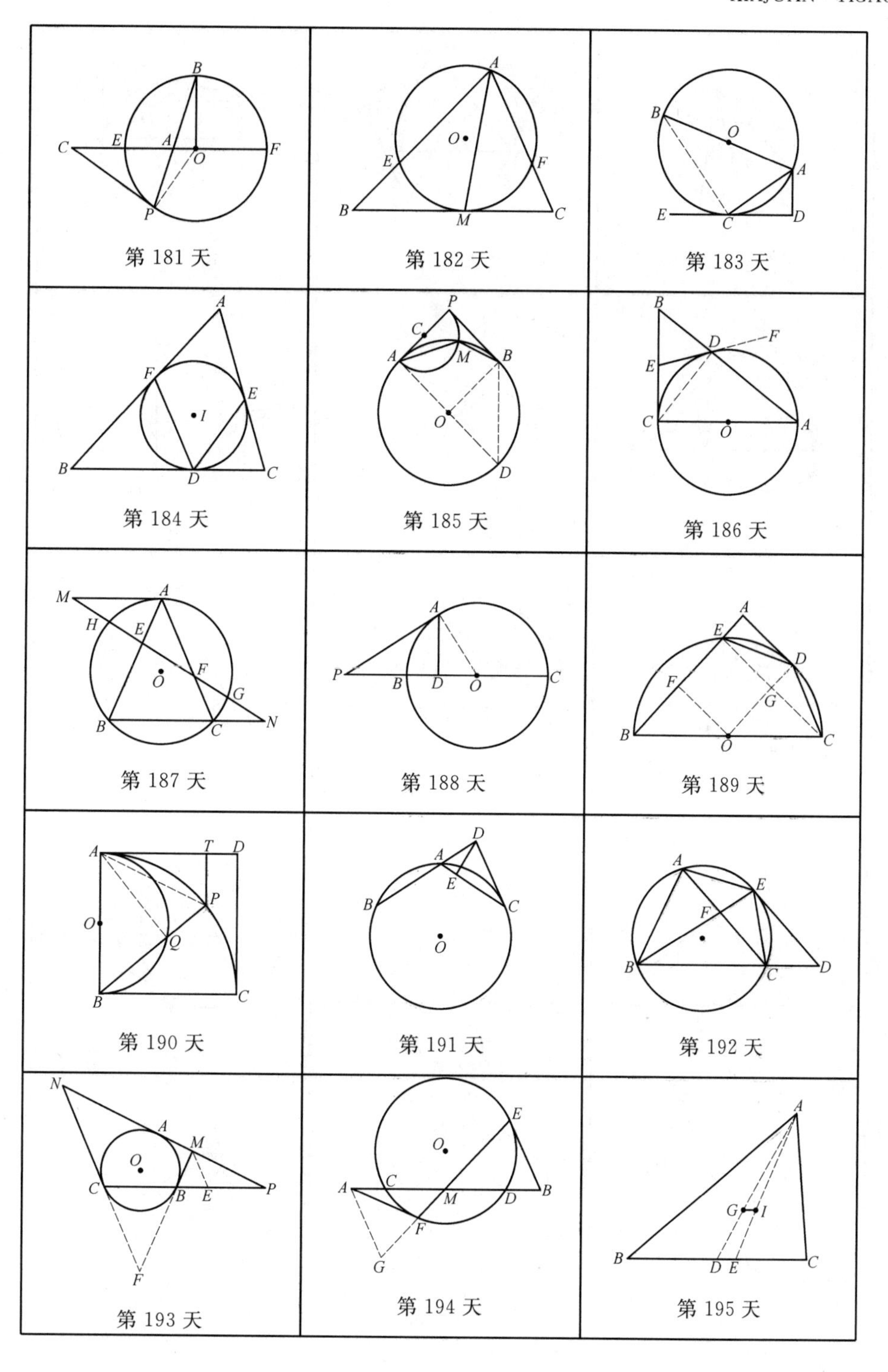

第 181 天　第 182 天　第 183 天

第 184 天　第 185 天　第 186 天

第 187 天　第 188 天　第 189 天

第 190 天　第 191 天　第 192 天

第 193 天　第 194 天　第 195 天

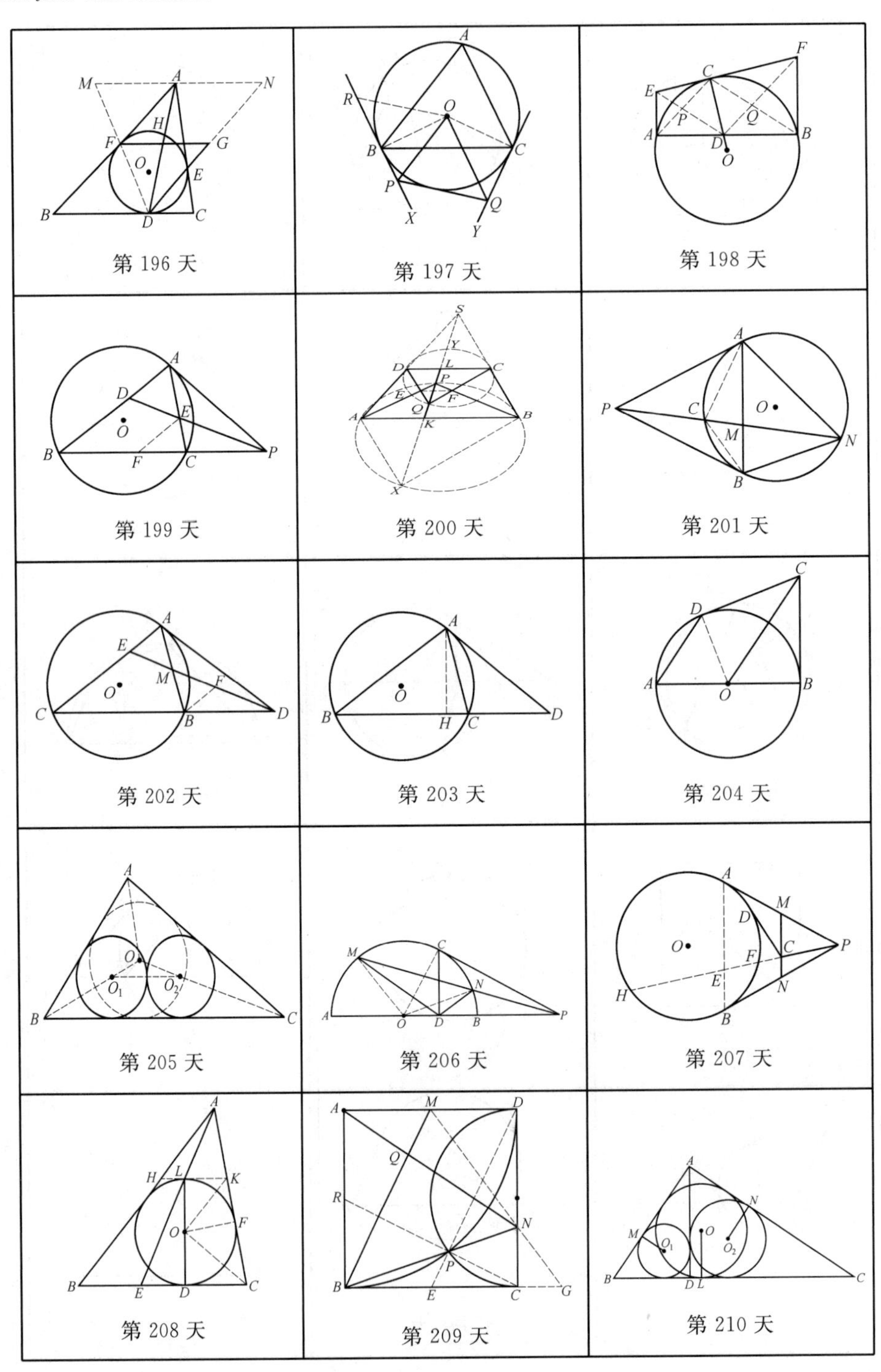

第 196 天　第 197 天　第 198 天

第 199 天　第 200 天　第 201 天

第 202 天　第 203 天　第 204 天

第 205 天　第 206 天　第 207 天

第 208 天　第 209 天　第 210 天

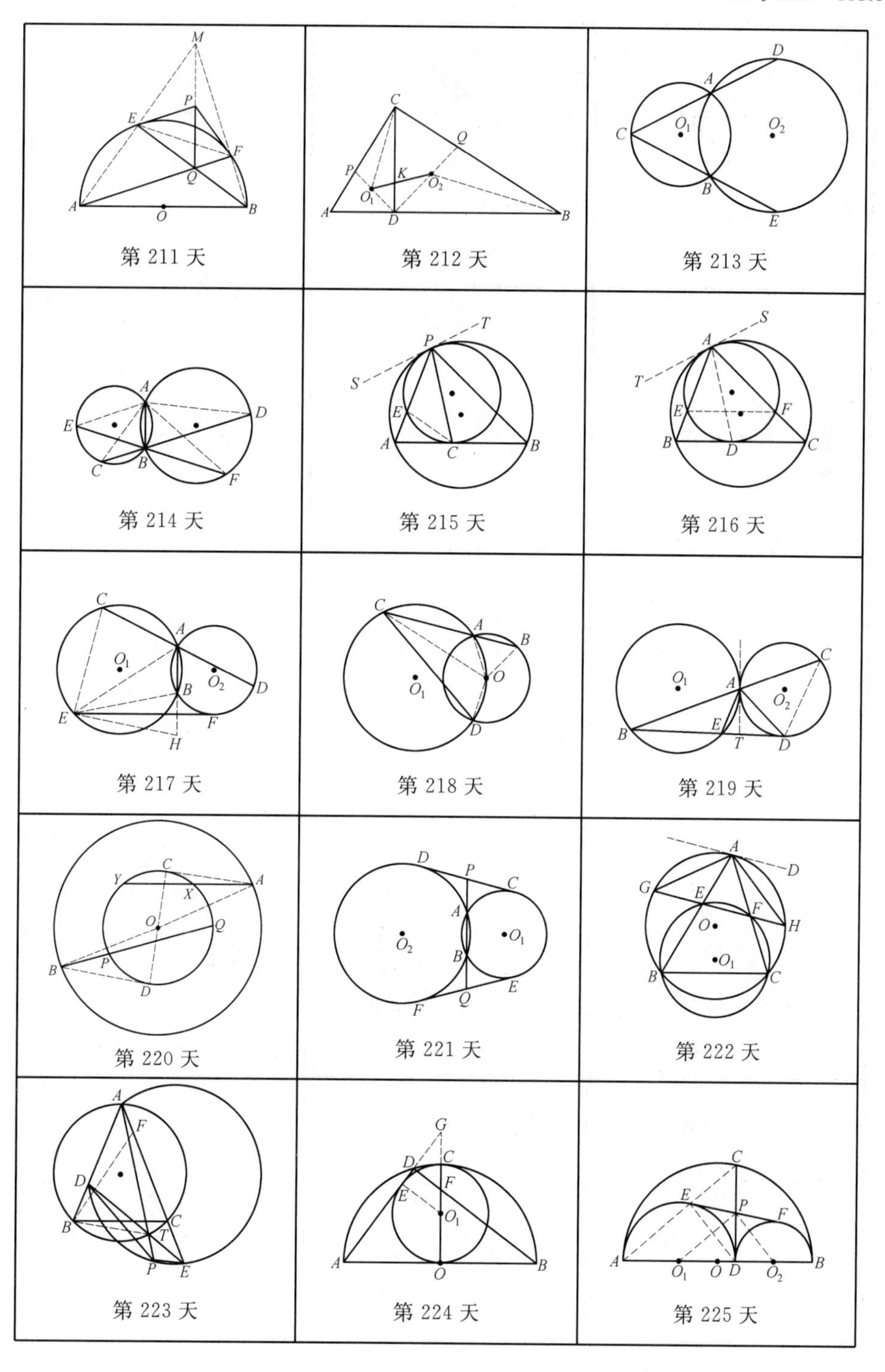

第 211 天　第 212 天　第 213 天

第 214 天　第 215 天　第 216 天

第 217 天　第 218 天　第 219 天

第 220 天　第 221 天　第 222 天

第 223 天　第 224 天　第 225 天

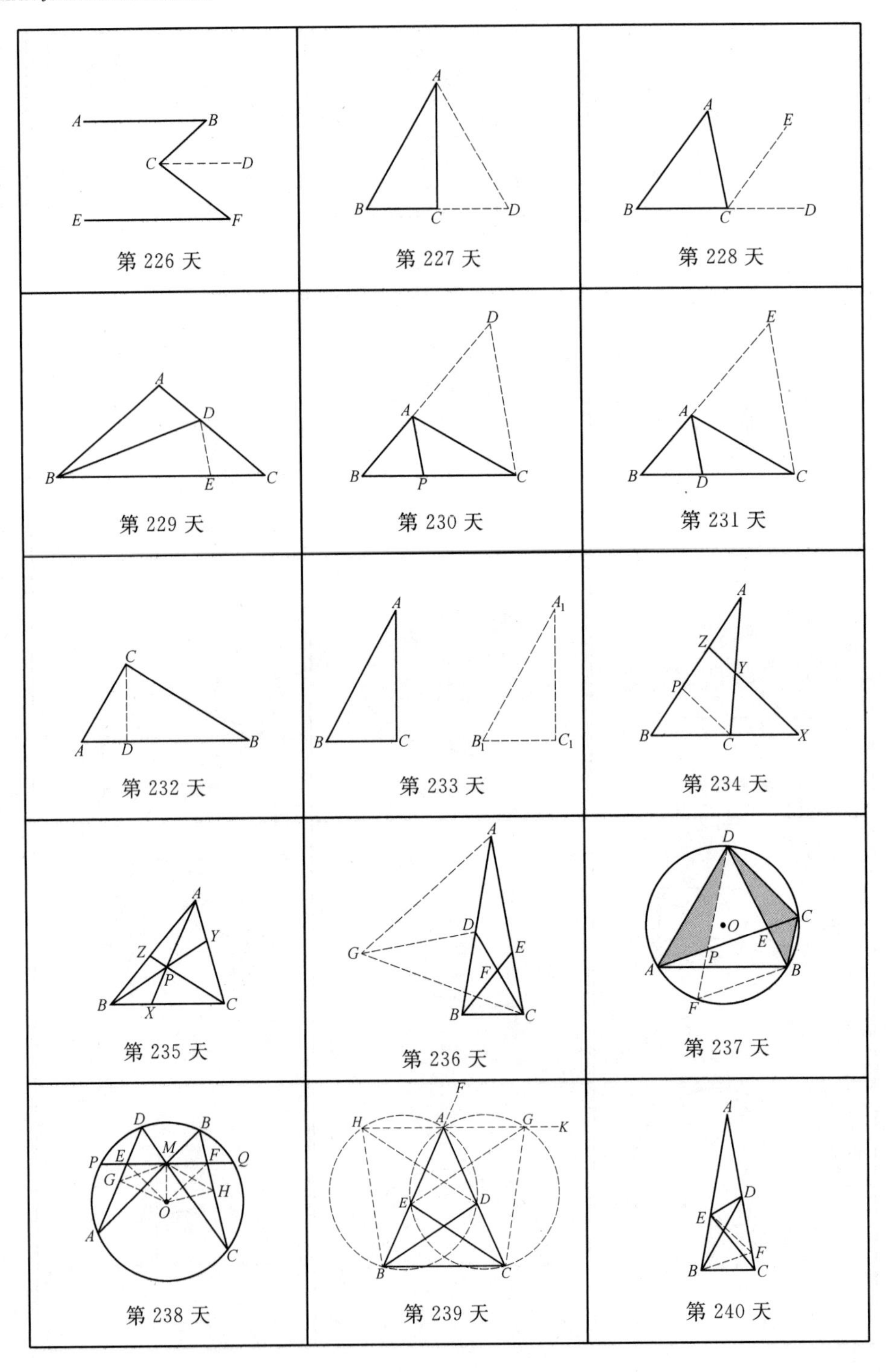

第 226 天　第 227 天　第 228 天

第 229 天　第 230 天　第 231 天

第 232 天　第 233 天　第 234 天

第 235 天　第 236 天　第 237 天

第 238 天　第 239 天　第 240 天

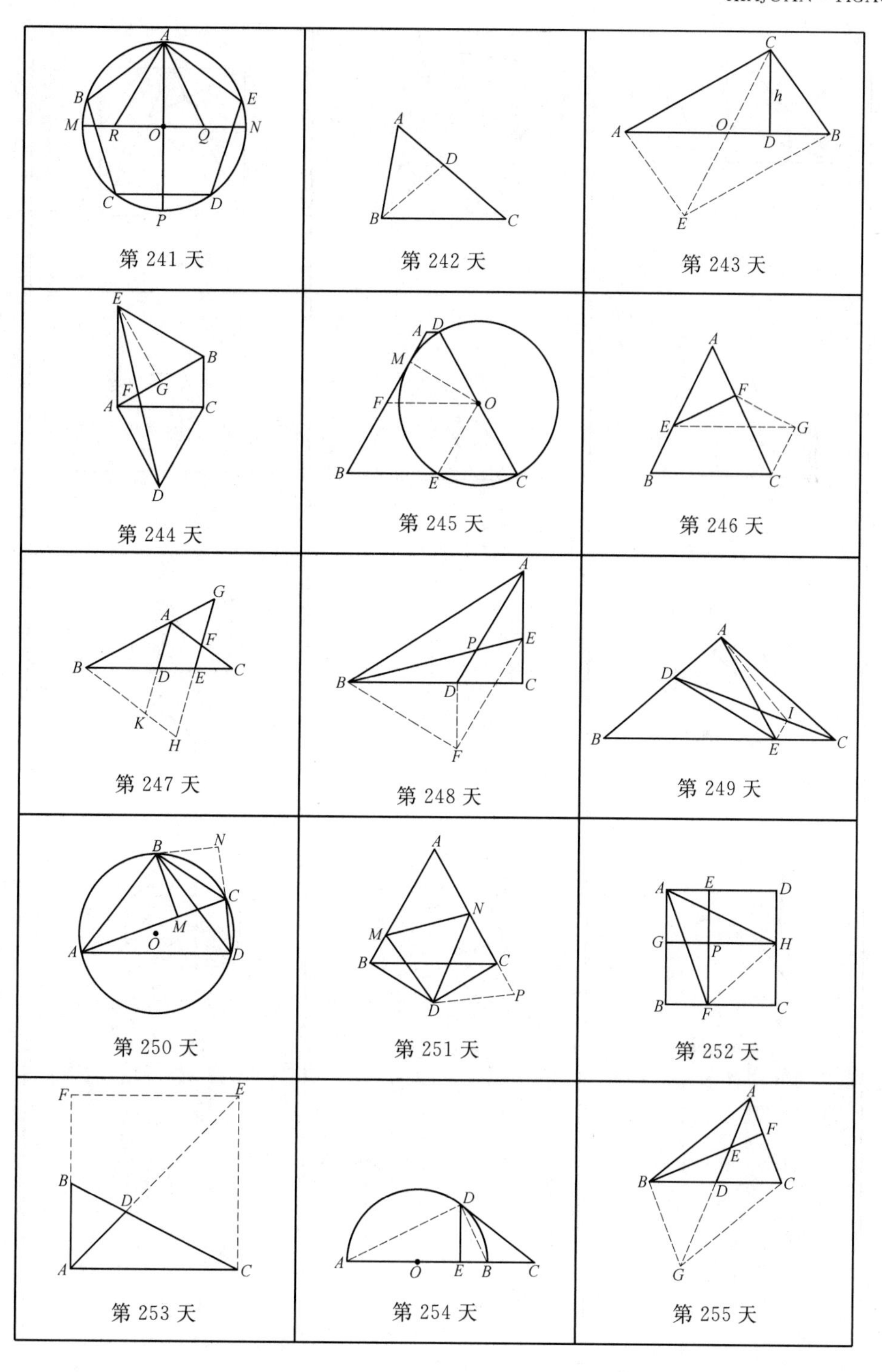

第 241 天　第 242 天　第 243 天

第 244 天　第 245 天　第 246 天

第 247 天　第 248 天　第 249 天

第 250 天　第 251 天　第 252 天

第 253 天　第 254 天　第 255 天

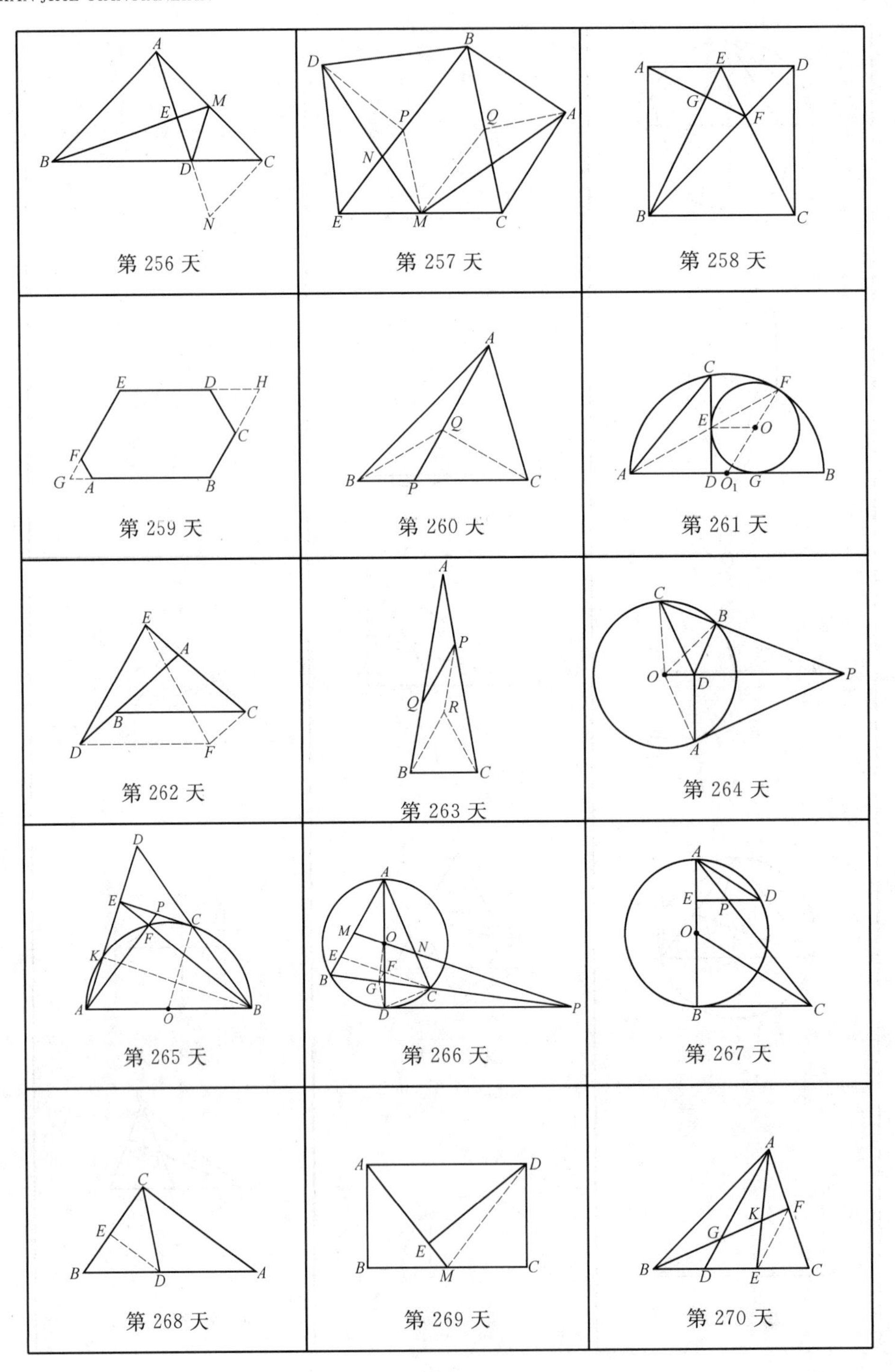
第 256 天
第 257 天
第 258 天
第 259 天
第 260 天
第 261 天
第 262 天
第 263 天
第 264 天
第 265 天
第 266 天
第 267 天
第 268 天
第 269 天
第 270 天

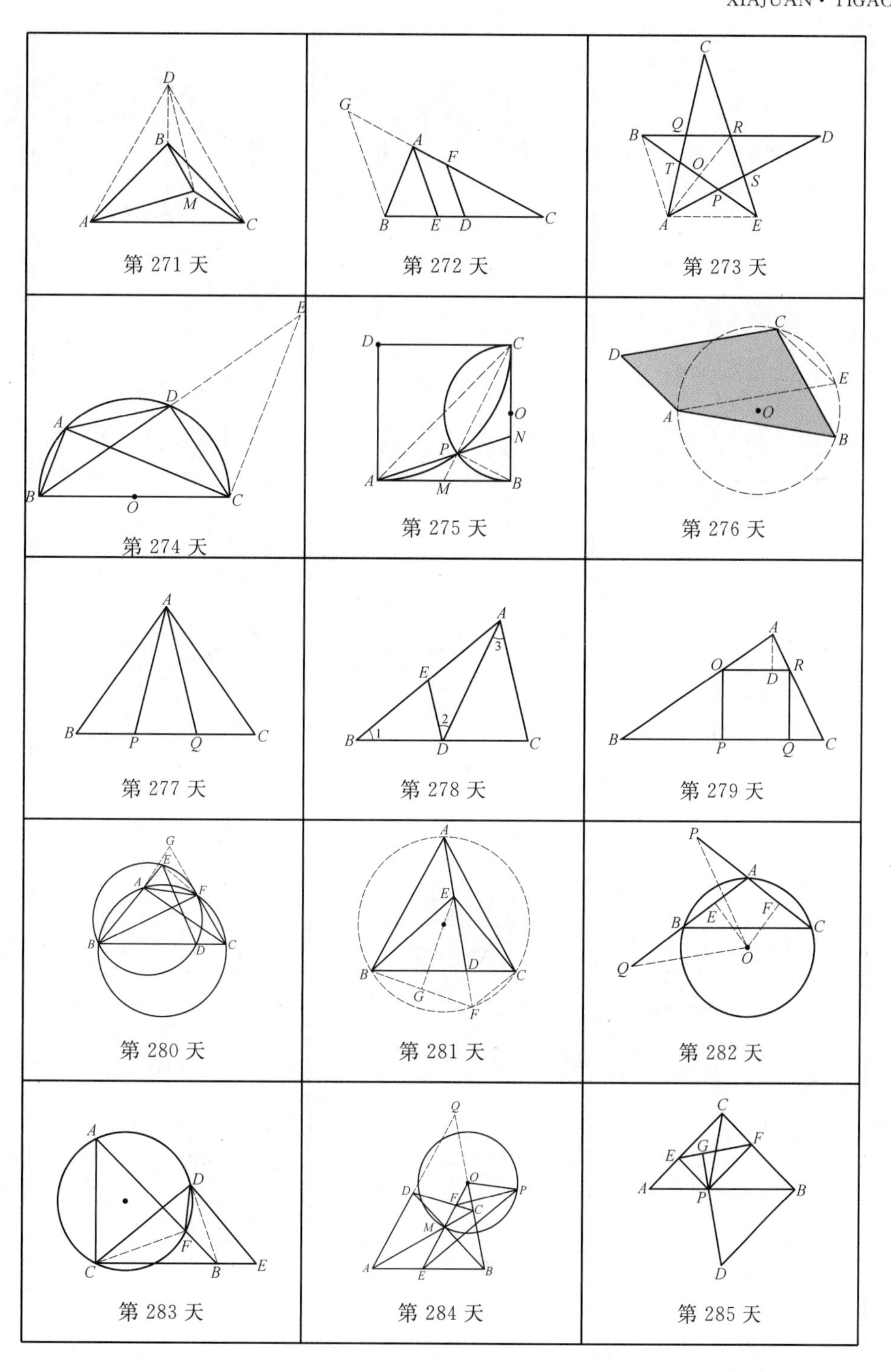

第 271 天　第 272 天　第 273 天

第 274 天　第 275 天　第 276 天

第 277 天　第 278 天　第 279 天

第 280 天　第 281 天　第 282 天

第 283 天　第 284 天　第 285 天

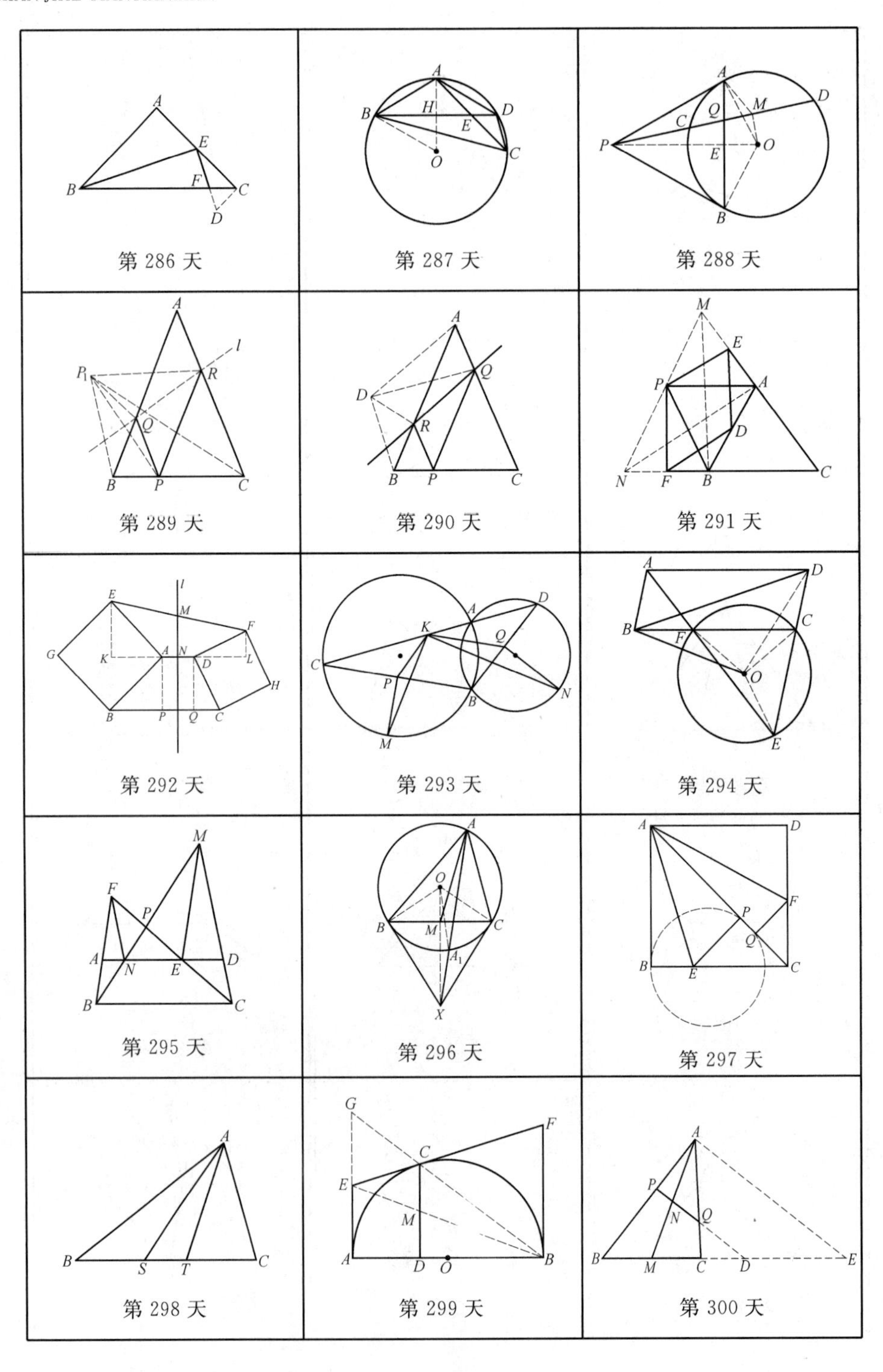
A E B F C D
第 286 天
A B H D E O C
第 287 天
A D C Q M P O E B
第 288 天
A l P_1 R Q B P C
第 289 天
A Q D R B P C
第 290 天
M E P A D N F B C
第 291 天
l E M F G K A N D L H B P Q C
第 292 天
D A K Q C P B N M
第 293 天
A D B C F O E
第 294 天
M F P A N E D B C
第 295 天
A O B M C A_1 X
第 296 天
A D F P Q B E C
第 297 天
A B S T C
第 298 天
G F C E M A D O B
第 299 天
A P N Q B M C D E
第 300 天

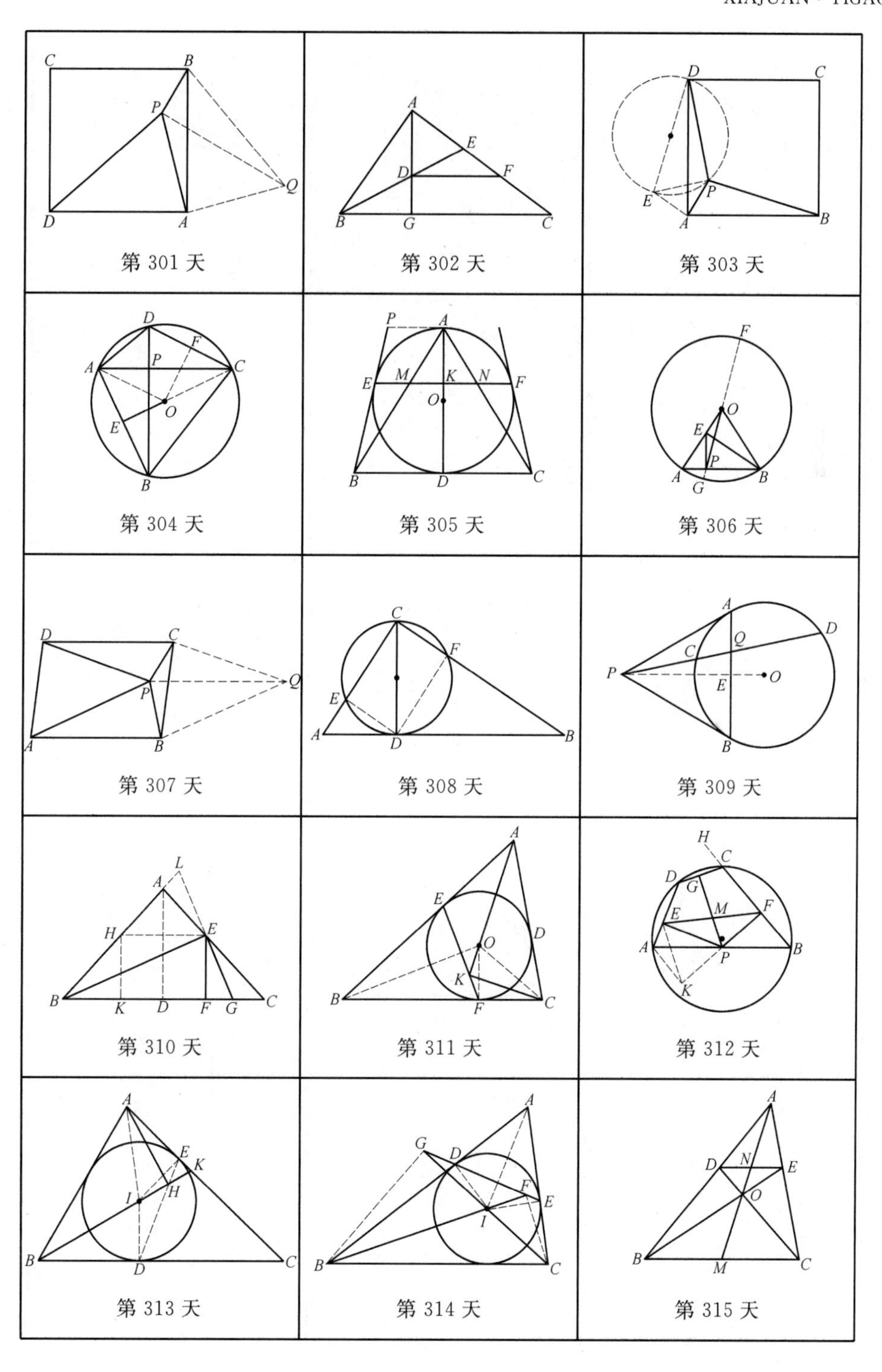

第 301 天 第 302 天 第 303 天

第 304 天 第 305 天 第 306 天

第 307 天 第 308 天 第 309 天

第 310 天 第 311 天 第 312 天

第 313 天 第 314 天 第 315 天

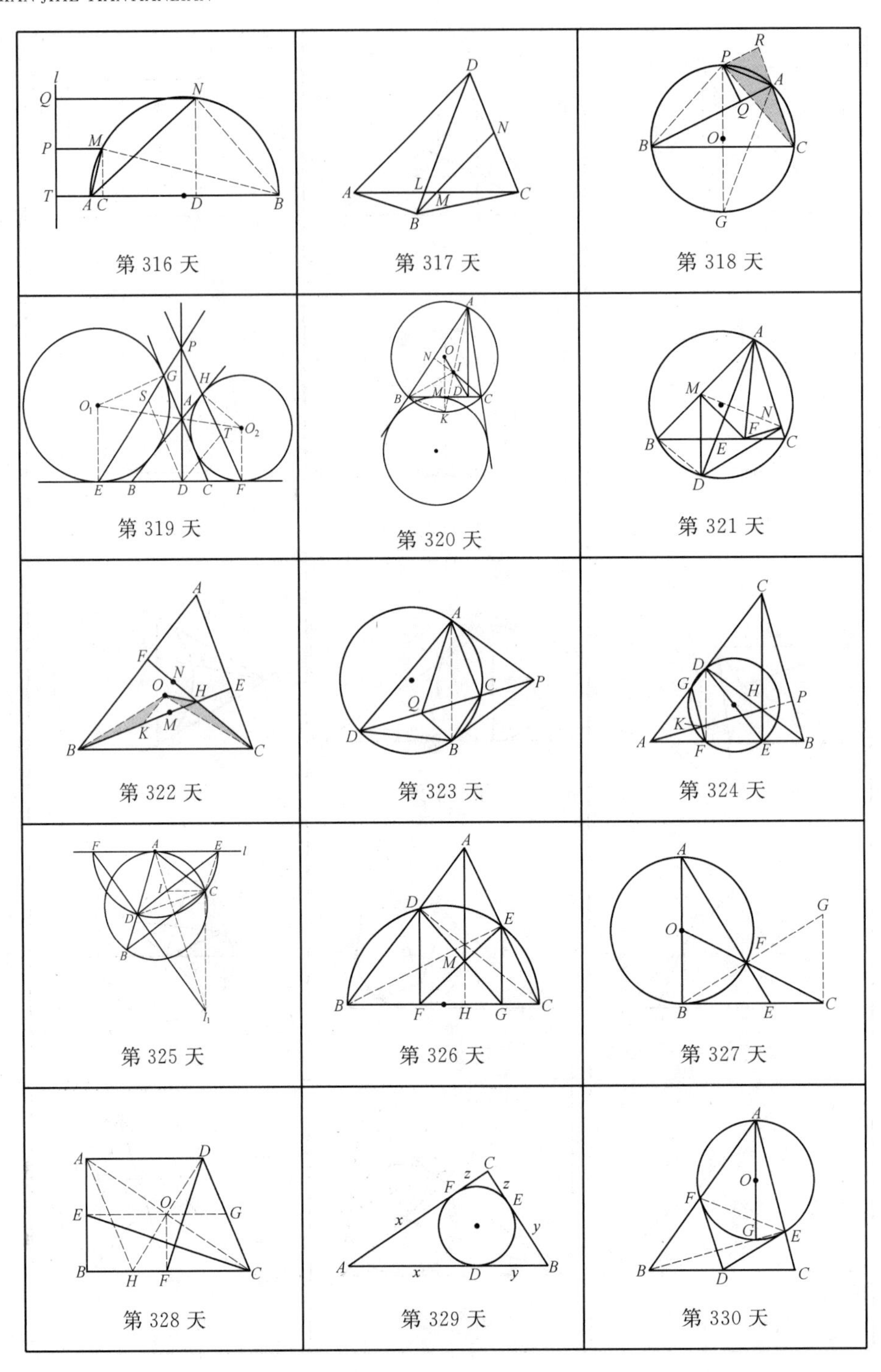

第 316 天　第 317 天　第 318 天
第 319 天　第 320 天　第 321 天
第 322 天　第 323 天　第 324 天
第 325 天　第 326 天　第 327 天
第 328 天　第 329 天　第 330 天

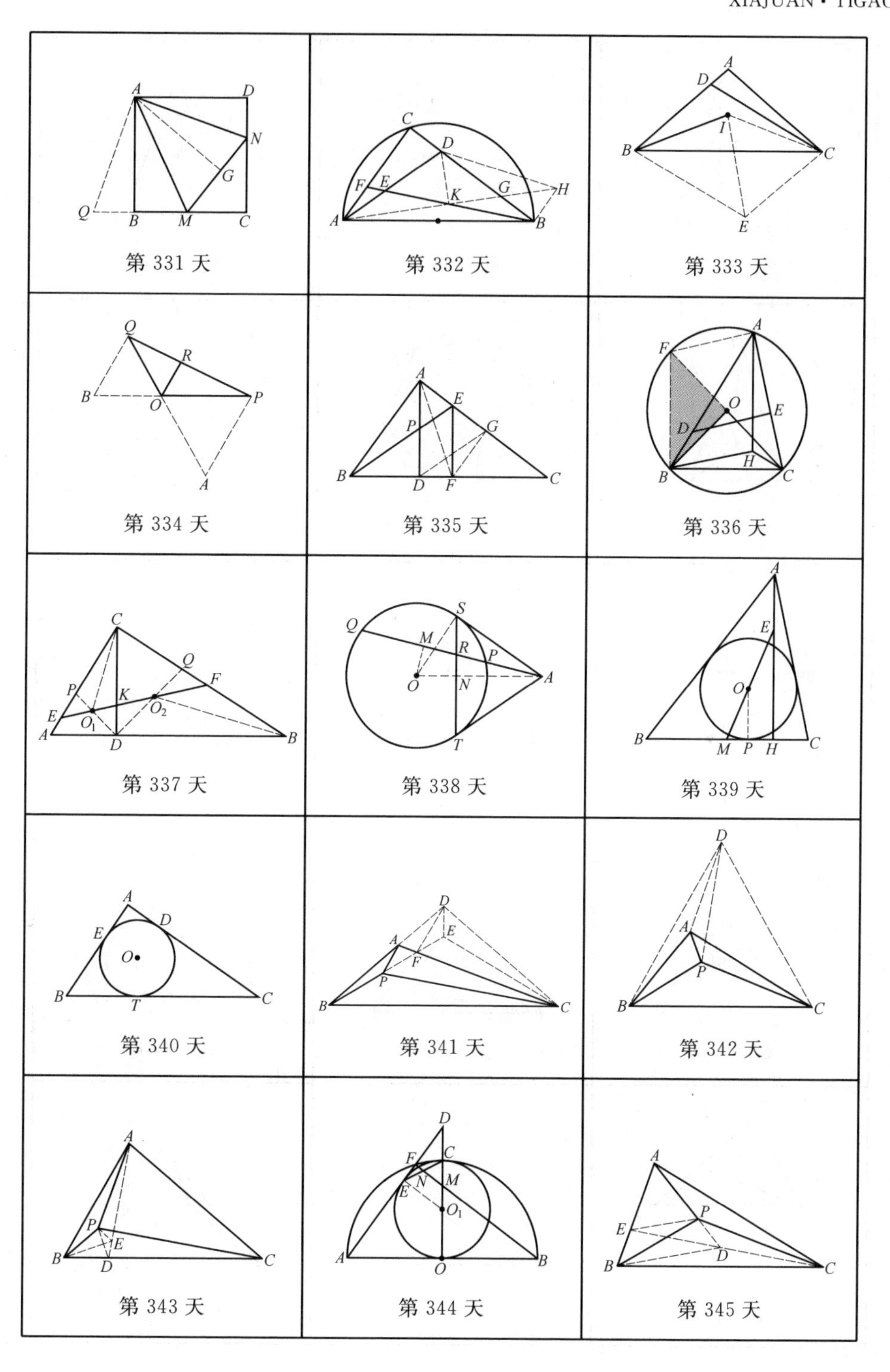

第 331 天 第 332 天 第 333 天

第 334 天 第 335 天 第 336 天

第 337 天 第 338 天 第 339 天

第 340 天 第 341 天 第 342 天

第 343 天 第 344 天 第 345 天

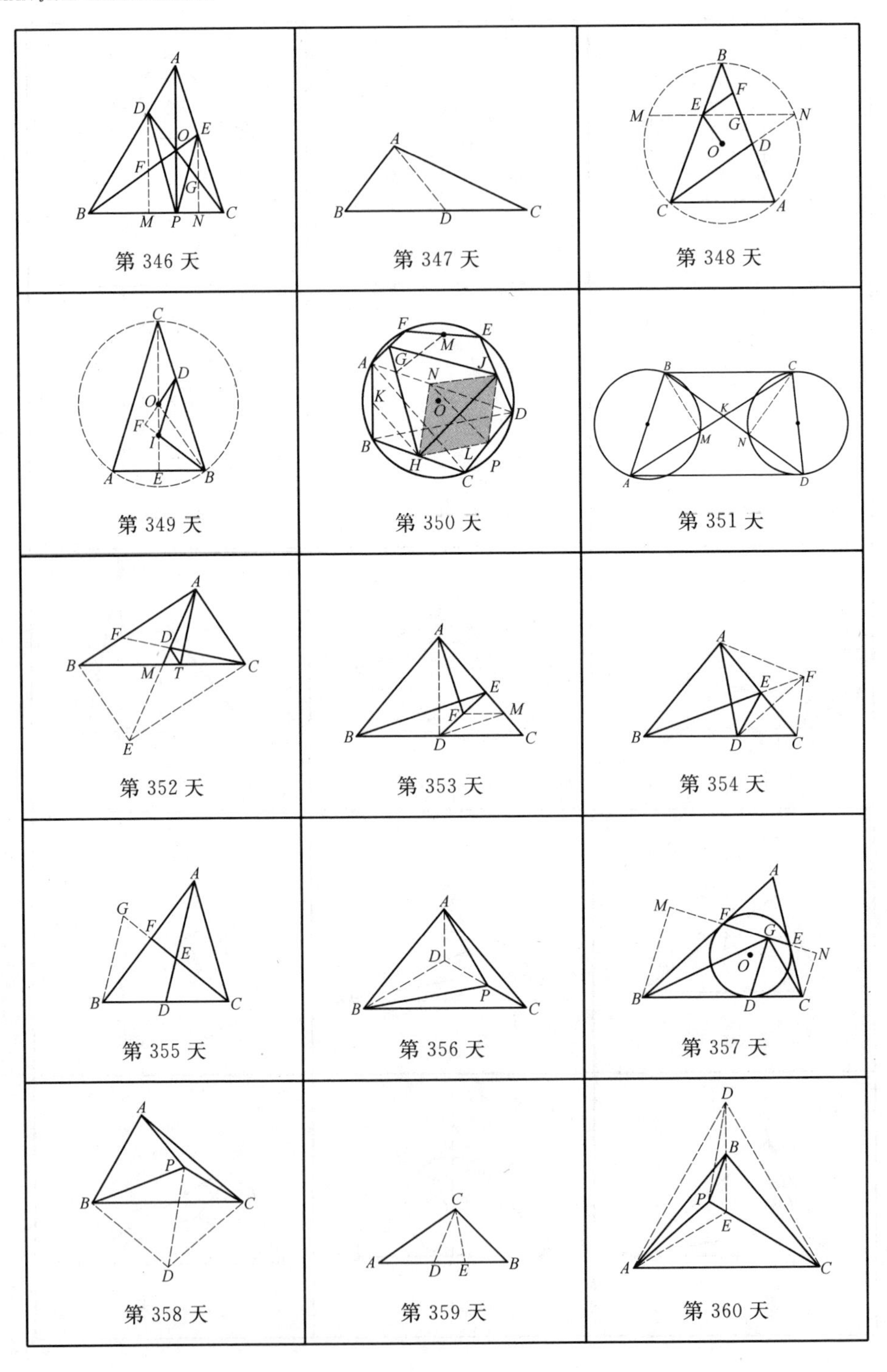

第 346 天 第 347 天 第 348 天
第 349 天 第 350 天 第 351 大
第 352 天 第 353 天 第 354 天
第 355 天 第 356 天 第 357 天
第 358 天 第 359 天 第 360 天

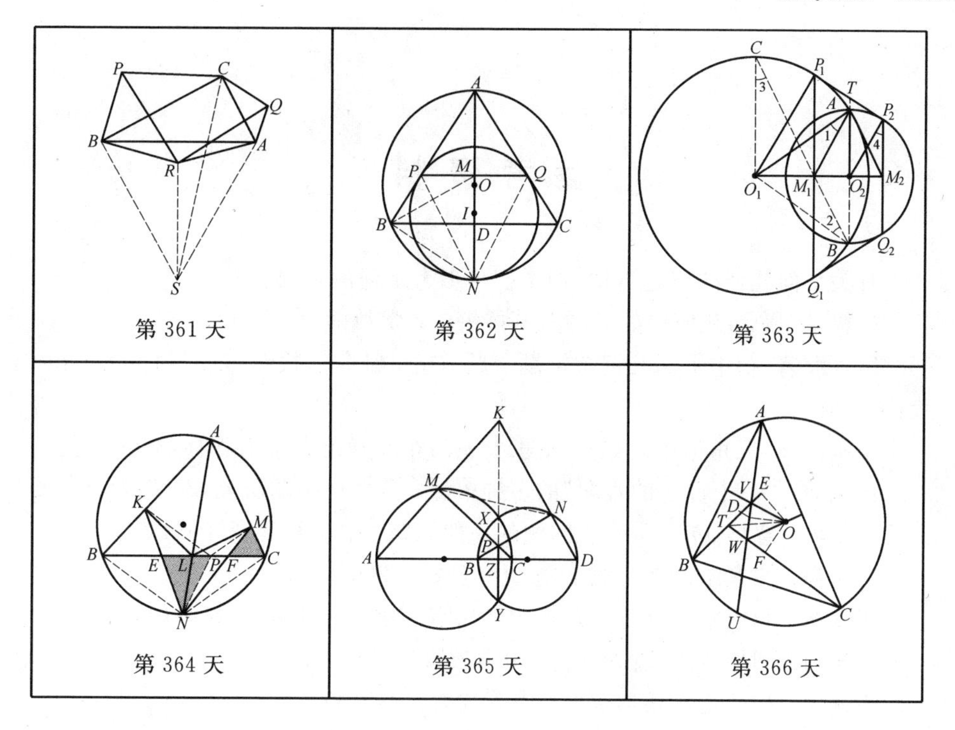

第 361 天　第 362 天　第 363 天

第 364 天　第 365 天　第 366 天

参考资料

有关平面几何的解题方法,同学们可参考下面的资料:

杜锡录. 平面几何中的名题及其妙解. 数学教师,1985(1).

田永海著. 初中平面几何关键题一题多解 214 例. 长春:东北师范大学出版社,1998.

田永海著. 三角形中的格点问题. 长春:东北师范大学出版社,2000.

田永海. "一个古老的难题"的多种解法. 数理化解题研究,2005(7).

田永海. 解型 $ab+cd=ef$ 问题的一般思路. 中等数学,2006(12).

田永海. 注意添加平行线证题. 中等数学,2001(3).

田永海. 利用对称点解三角形中的格点问题. 中等数学,2001(1).

田永海. 利用特点 编造新题. 中学教研,2001(1).

田永海. 构造正三角形解题. 中等数学,1999(3).

田永海. 由同一个三角形构造的一批命题. 中等数学,1999(5).

田永海. 直线束分线段成比例定理及应用. 中学数学月刊,1999(10).

田永海. 注意利用内心解三角形中格点问题. 中学数学杂志,1999(6).

田永海. 构造平行四边形解题. 中等数学,1999(6).

田永海. 一个简单图形的性质及联想. 中学数学月刊,2000(6);中学数学教与学,2000(12).

田永海. 抓住机会一题多解努力提高学生的创新思维能力. 数理化解题研究,2007(3).

田永海. 同一问题的三副面孔. 中学生数学,2005(4).

田永海. 巧用内心 化难为易. 中学数学杂志,1998(3).

田永海. 用内心引出的联想. 数学教学研究,1999(2).

田永海. 挖出垂心 利用垂心. 理科考试研究,1998(5).

田永海. 巧用垂心解三角形中的格点问题. 中学生数学,2000(6).

田永海. 巧造正三角形解题一例. 数学大世界,2003(12).

田永海. 正三角形在一个格点问题中的应用,中学生数学,2003(10).

田永海. 构造正三角形解题的两种情况. 中学数学月刊,2004(6).

田永海. 构造正三角形证题的一个机会. 中学数学,2008(6).

田永海. 由一个简单图形构造的若干命题. 中学数学月刊,1998(11).

田永海. 研究课本习题 适时推陈出新. 理科考试研究,1998(12).

田永海. 盯住基本图 寻得高速路. 中学数学杂志,2001(2).

田永海. 三等分平角解题. 中学生数学,2001(1).

田永海. 巧造相似形解题几例. 理科考试研究,2000(7).

田永海. 介绍一组有趣的性质. 中小学数学,1995(4).

田永海. 编拟含60°角的三角形求解问题浅议. 中小学数学,1991(3).

田永海. 介绍一个有趣的轨迹. 中小学数学,1993(7).

田永海. 初中教材中的调和分割问题. 中小学数学,1992(9).

田永海. 一道几何题的多种证法. 数理化解题研究,2004(10).

田永海. 一个命题的多个反例. 数学大世界,2004(3).

田永海. 关于三角形中角格点问题研究. 中学数学教学参考,2000(11).

田永海. 三角形中的格点问题. 中小学数学,1999(1).

田永海. 在初中几何教学中培养学生的发散思维能力. 中学数学教育,1989(2).

田永海. 应用等比定理要注意条件. 湖南教育,1981(7).

田永海(田丁). 使用等比定理应注意条件. 数学通报,1981(7).

田永海. 从事半功倍到事倍功半想到的. 中学生数学,2010(1).

田永海. 完全数与自圆数. 中学生数学,2008(10).

田永海. 自然数花坛又一瞥. 中学生数学,2008(12).

田永海. 四位完全平方数问题例谈. 数学教学通讯,2000(1).

田永海. 行程实际问题例谈. 中小学数学,1994(6).

田永海. 这样的四位数还有一个. 中小学数学,1993(6).

田永海. 一九八九年绥化地区初中数学联赛试题. 中小学数学,1990(6).

田永海. 一九八八年绥化地区初中数学联赛试题. 中小学数学,1989(7).

田永海. 在哪些情况下用直线的参数方程. 教学通讯,1984(7).

田永海. 在寻求数列通项的教学中培养学生的发散思维能力. 教研参考,1983(2).

田永海. 公式"$\sin^2\alpha+\cos^2\alpha=1$"的应用. 教学通讯,1983(6).

田永海. 把握教材 培养能力. 黑龙江中学数学,1982(1).

田永海. 八二年我省高考数学试卷质量分析. 黑龙江中学数学,1982(4).

田永海. 行程问题的列表分析法. 黑龙江教育,1982(10).

田永海. "$\tan A+\tan B+\tan C=\tan A\tan B\tan C$"的妙用. 中学数学研究,1982(4).

注 田永海同志发表在哈尔滨师范大学主办的《数理化学习》上的短文另有 25 篇.

田永海公开发表的习题

自编习题是田永海同志的业余爱好.

田永海同志自编的数学习题常常在一些数学期刊刊出,其中包括《数学通报》、《数学教学》、《中等数学》、《上海中学数学》、《中学数学月刊》、《湖南教育》(下旬刊)、《中学数学教学》、《中学生数学》等.

在《数学通报》"数学问题解答"刊出自编习题10道:

《数学通报》2011年1～2期数学问题1895.

《数学通报》2010年12～2011年1期数学问题1890.

《数学通报》2010年9～10期数学问题1875.

《数学通报》2009年6～7期数学问题1800.

《数学通报》2001年4～5期数学问题1306.

《数学通报》2000年11～12期数学问题1281.

《数学通报》2000年8～9期数学问题1266.

《数学通报》2000年3～4期数学问题1243.

《数学通报》1999年8～9期数学问题1208.

《数学通报》1999年7～8期数学问题1203.

在《数学教学》"数学问题与解答"刊出自编习题7道:

《数学教学》2009年2、4期数学问题757.

《数学教学》2008年4、6期数学问题732.

《数学教学》2007年6、8期数学问题706.

《数学教学》2006年4、6期数学问题671.

《数学教学》2001年2～3期数学问题531.

《数学教学》1999年5～6期数学问题491.

《数学教学》1999年1～2期数学问题472.

在《中等数学》"数学奥林匹克问题"刊出自编习题17道:

《中等数学》2011年1～2期数学奥林匹克问题初289.

《中等数学》2010年3～4期数学奥林匹克问题初269.

《中等数学》2010年2～3期数学奥林匹克问题初267.

《中等数学》2010年1～2期数学奥林匹克问题初266.

《中等数学》2009 年 11～12 期数学奥林匹克问题初 261.
《中等数学》2009 年 10～11 期数学奥林匹克问题初 259.
《中等数学》2009 年 8～9 期数学奥林匹克问题初 255.
《中等数学》2009 年 6～7 期数学奥林匹克问题初 251.
《中等数学》2009 年 4～5 期数学奥林匹克问题初 247.
《中等数学》2009 年 2～3 期数学奥林匹克问题初 243.
《中等数学》2008 年 10～11 期数学奥林匹克问题初 235.
《中等数学》2008 年 9～10 期数学奥林匹克问题初 233.
《中等数学》2008 年 5～6 期数学奥林匹克问题初 226.
《中等数学》2006 年 12～2007 年 1 期数学奥林匹克问题初 192.
《中等数学》2006 年 11～12 期数学奥林匹克问题初 189.
《中等数学》2005 年 7～8 期数学奥林匹克问题初 157.
《中等数学》2000 年 3～4 期数学奥林匹克问题初 90.

在《中学生数学》"智慧窗"、"课外练习"刊出自编习题 66 道：

《中学生数学》2010 年 11 期智慧窗 2.
《中学生数学》2010 年 10 期智慧窗 5.
《中学生数学》2010 年 10 期智慧窗 4.
《中学生数学》2010 年 7 期智慧窗 1.
《中学生数学》2010 年 2 期智慧窗 6.
《中学生数学》2010 年 1 期课外练习初一 1.
《中学生数学》2010 年 1 期智慧窗 5.
《中学生数学》2010 年 1 期智慧窗 4.
《中学生数学》2009 年 11 期课外练习初三 1.
《中学生数学》2009 年 11 期智慧窗 1.
《中学生数学》2009 年 10 期智慧窗 1.
《中学生数学》2009 年 7 期课外练习初二 3.
《中学生数学》2009 年 7 期智慧窗 4.
《中学生数学》2009 年 6 期课外练习初一 3.
《中学生数学》2009 年 6 期智慧窗 1.
《中学生数学》2009 年 5 期智慧窗 6.
《中学生数学》2009 年 5 期智慧窗 4.
《中学生数学》2009 年 5 期智慧窗 2.
《中学生数学》2009 年 5 期智慧窗 1.
《中学生数学》2009 年 3 期高中智慧窗 2.

《中学生数学》2009 年 2 期高中智慧窗 2.
《中学生数学》2009 年 2 期智慧窗 6.
《中学生数学》2009 年 2 期智慧窗 1.
《中学生数学》2008 年 10 期高中智慧窗 3.
《中学生数学》2008 年 10 期高中智慧窗 2.
《中学生数学》2008 年 10 期高中智慧窗 1.
《中学生数学》2008 年 11 期课外练习初三 3.
《中学生数学》2008 年 11 期课外练习初三 1.
《中学生数学》2008 年 11 期智慧窗 4.
《中学生数学》2008 年 10 期课外练习初三 2.
《中学生数学》2008 年 10 期智慧窗 4.
《中学生数学》2008 年 10 期智慧窗 2.
《中学生数学》2008 年 8 期智慧窗 4.
《中学生数学》2008 年 8 期智慧窗 3.
《中学生数学》2008 年 8 期智慧窗 1.
《中学生数学》2008 年 7 期智慧窗 4.
《中学生数学》2008 年 6 期智慧窗 3.
《中学生数学》2008 年 6 期智慧窗 2.
《中学生数学》2008 年 6 期智慧窗 1.
《中学生数学》2008 年 3 期课外练习初三 2.
《中学生数学》2008 年 3 期课外练习初二 3.
《中学生数学》2008 年 3 期课外练习初二 1.
《中学生数学》2008 年 3 期课外练习初一 2.
《中学生数学》2008 年 3 期智慧窗 4.
《中学生数学》2008 年 3 期智慧窗 3.
《中学生数学》2008 年 3 期智慧窗 2.
《中学生数学》2008 年 3 期智慧窗 1.
《中学生数学》2008 年 2 期智慧窗 6.
《中学生数学》2008 年 1 期智慧窗 5.
《中学生数学》2008 年 1 期智慧窗 2.
《中学生数学》2007 年 8 期智慧窗 6.
《中学生数学》2007 年 6 期课外练习初三 1.
《中学生数学》2007 年 2 期智慧窗 3.
《中学生数学》2007 年 1 期智慧窗 4.

《中学生数学》2006 年 2 期智慧窗.

《中学生数学》2004 年 12 期.

《中学生数学》2003 年 5～6 期(高中)课外练习.

《中学生数学》2001 年 1 期智慧窗.

《中学生数学》2000 年 7 期智慧窗.

《中学生数学》2000 年 1 期智慧窗.

《中学生数学》1999 年 9～10 期智慧窗.

《中学生数学》1999 年 9～10 期课外练习(分版前).

《中学生数学》1999 年 9 期(分版后).

《中学生数学》1999 年 8～9 期智慧窗.

《中学生数学》1999 年 2～3 期课外练习.

《中学生数学》1998 年 9 期智慧窗.

在其他数学期刊刊出自编习题 11 道:

《中学数学月刊》2010 年 1 期.

《中学数学月刊》2009 年 1 期.

《中学数学月刊》2008 年 1 期.

《中学数学月刊》2007 年 1 期.

《湖南教育》2009 年 1～2 期数学问题 212.

《湖南教育》2008 年 12～2009 年 1 期数学问题 207.

《湖南教育》2008 年 10～11 期数学问题 194.

《上海中学数学》1999 年 3～4 期问题 3.

《上海中学数学》2000 年 2～3 期问题 4.

《上海中学数学》2001 年 2～3 期问题 3.

《中学数学教学》1999 年 1 期欢庆 1999 年.

刘培杰数学工作室
已出版(即将出版)图书目录——初等数学

书　　名	出版时间	定　价	编号
新编中学数学解题方法全书(高中版)上卷(第2版)	2018－08	58.00	951
新编中学数学解题方法全书(高中版)中卷(第2版)	2018－08	68.00	952
新编中学数学解题方法全书(高中版)下卷(一)(第2版)	2018－08	58.00	953
新编中学数学解题方法全书(高中版)下卷(二)(第2版)	2018－08	58.00	954
新编中学数学解题方法全书(高中版)下卷(三)(第2版)	2018－08	68.00	955
新编中学数学解题方法全书(初中版)上卷	2008－01	28.00	29
新编中学数学解题方法全书(初中版)中卷	2010－07	38.00	75
新编中学数学解题方法全书(高考复习卷)	2010－01	48.00	67
新编中学数学解题方法全书(高考真题卷)	2010－01	38.00	62
新编中学数学解题方法全书(高考精华卷)	2011－03	68.00	118
新编平面解析几何解题方法全书(专题讲座卷)	2010－01	18.00	61
新编中学数学解题方法全书(自主招生卷)	2013－08	88.00	261
数学奥林匹克与数学文化(第一辑)	2006－05	48.00	4
数学奥林匹克与数学文化(第二辑)(竞赛卷)	2008－01	48.00	19
数学奥林匹克与数学文化(第二辑)(文化卷)	2008－07	58.00	36′
数学奥林匹克与数学文化(第三辑)(竞赛卷)	2010－01	48.00	59
数学奥林匹克与数学文化(第四辑)(竞赛卷)	2011－08	58.00	87
数学奥林匹克与数学文化(第五辑)	2015－06	98.00	370
世界著名平面几何经典著作钩沉——几何作图专题卷(上)	2009－06	48.00	49
世界著名平面几何经典著作钩沉——几何作图专题卷(下)	2011－01	88.00	80
世界著名平面几何经典著作钩沉(民国平面几何老课本)	2011－03	38.00	113
世界著名平面几何经典著作钩沉(建国初期平面三角老课本)	2015－08	38.00	507
世界著名解析几何经典著作钩沉——平面解析几何卷	2014－01	38.00	264
世界著名数论经典著作钩沉(算术卷)	2012－01	28.00	125
世界著名数学经典著作钩沉——立体几何卷	2011－02	28.00	88
世界著名三角学经典著作钩沉(平面三角卷Ⅰ)	2010－06	28.00	69
世界著名三角学经典著作钩沉(平面三角卷Ⅱ)	2011－01	38.00	78
世界著名初等数论经典著作钩沉(理论和实用算术卷)	2011－07	38.00	126
发展你的空间想象力(第2版)	2019－11	68.00	1117
空间想象力进阶	2019－05	68.00	1062
走向国际数学奥林匹克的平面几何试题诠释．第1卷	2019－07	88.00	1043
走向国际数学奥林匹克的平面几何试题诠释．第2卷	2019－09	78.00	1044
走向国际数学奥林匹克的平面几何试题诠释．第3卷	2019－03	78.00	1045
走向国际数学奥林匹克的平面几何试题诠释．第4卷	2019－09	98.00	1046
平面几何证明方法全书	2007－08	35.00	1
平面几何证明方法全书习题解答(第2版)	2006－12	18.00	10
平面几何天天练上卷·基础篇(直线型)	2013－01	58.00	208
平面几何天天练中卷·基础篇(涉及圆)	2013－01	28.00	234
平面几何天天练下卷·提高篇	2013－01	58.00	237
平面几何专题研究	2013－07	98.00	258

刘培杰数学工作室

已出版(即将出版)图书目录——初等数学

书 名	出版时间	定 价	编号
最新世界各国数学奥林匹克中的平面几何试题	2007—09	38.00	14
数学竞赛平面几何典型题及新颖解	2010—07	48.00	74
初等数学复习及研究(平面几何)	2008—09	58.00	38
初等数学复习及研究(立体几何)	2010—06	38.00	71
初等数学复习及研究(平面几何)习题解答	2009—01	48.00	42
几何学教程(平面几何卷)	2011—03	68.00	90
几何学教程(立体几何卷)	2011—07	68.00	130
几何变换与几何证题	2010—06	88.00	70
计算方法与几何证题	2011—06	28.00	129
立体几何技巧与方法	2014—04	88.00	293
几何瑰宝——平面几何 500 名题暨 1000 条定理(上、下)	2010—07	138.00	76,77
三角形的解法与应用	2012—07	18.00	183
近代的三角形几何学	2012—07	48.00	184
一般折线几何学	2015—08	48.00	503
三角形的五心	2009—06	28.00	51
三角形的六心及其应用	2015—10	68.00	542
三角形趣谈	2012—08	28.00	212
解三角形	2014—01	28.00	265
三角学专门教程	2014—09	28.00	387
图天下几何新题试卷.初中(第 2 版)	2017—11	58.00	855
圆锥曲线习题集(上册)	2013—06	68.00	255
圆锥曲线习题集(中册)	2015—01	78.00	434
圆锥曲线习题集(下册・第 1 卷)	2016—10	78.00	683
圆锥曲线习题集(下册・第 2 卷)	2018—01	98.00	853
圆锥曲线习题集(下册・第 3 卷)	2019—10	128.00	1113
论九点圆	2015—05	88.00	645
近代欧氏几何学	2012—03	48.00	162
罗巴切夫斯基几何学及几何基础概要	2012—07	28.00	188
罗巴切夫斯基几何学初步	2015—06	28.00	474
用三角、解析几何、复数、向量计算解数学竞赛几何题	2015—03	48.00	455
美国中学几何教程	2015—04	88.00	458
三线坐标与三角形特征点	2015—04	98.00	460
平面解析几何方法与研究(第 1 卷)	2015—05	18.00	471
平面解析几何方法与研究(第 2 卷)	2015—06	18.00	472
平面解析几何方法与研究(第 3 卷)	2015—07	18.00	473
解析几何研究	2015—01	38.00	425
解析几何学教程.上	2016—01	38.00	574
解析几何学教程.下	2016—01	38.00	575
几何学基础	2016—01	58.00	581
初等几何研究	2015—02	58.00	444
十九和二十世纪欧氏几何学中的片段	2017—01	58.00	696
平面几何中考.高考.奥数一本通	2017—07	28.00	820
几何学简史	2017—08	28.00	833
四面体	2018—01	48.00	880
平面几何证明方法思路	2018—12	68.00	913
平面几何图形特性新析.上篇	2019—01	68.00	911
平面几何图形特性新析.下篇	2018—06	88.00	912
平面几何范例多解探究.上篇	2018—04	48.00	910
平面几何范例多解探究.下篇	2018—12	68.00	914
从分析解题过程学解题:竞赛中的几何问题研究	2018—07	68.00	946
从分析解题过程学解题:竞赛中的向量几何与不等式研究(全 2 册)	2019—06	138.00	1090
二维、三维欧氏几何的对偶原理	2018—12	38.00	990
星形大观及闭折线论	2019—03	68.00	1020
圆锥曲线之设点与设线	2019—05	60.00	1063
立体几何的问题和方法	2019—11	58.00	1127

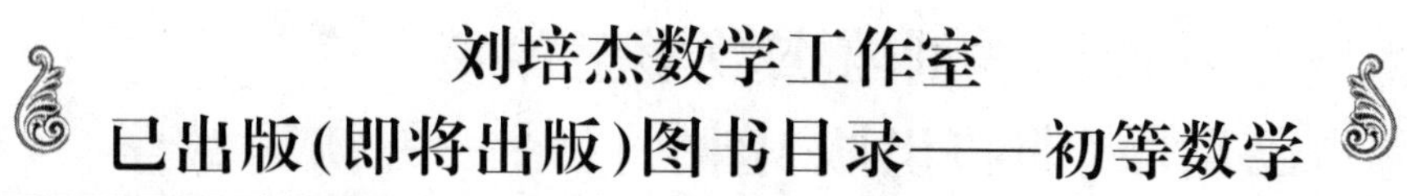

刘培杰数学工作室
已出版(即将出版)图书目录——初等数学

书　　名	出版时间	定　价	编号
俄罗斯平面几何问题集	2009－08	88.00	55
俄罗斯立体几何问题集	2014－03	58.00	283
俄罗斯几何大师——沙雷金论数学及其他	2014－01	48.00	271
来自俄罗斯的 5000 道几何习题及解答	2011－03	58.00	89
俄罗斯初等数学问题集	2012－05	38.00	177
俄罗斯函数问题集	2011－03	38.00	103
俄罗斯组合分析问题集	2011－01	48.00	79
俄罗斯初等数学万题选——三角卷	2012－11	38.00	222
俄罗斯初等数学万题选——代数卷	2013－08	68.00	225
俄罗斯初等数学万题选——几何卷	2014－01	68.00	226
俄罗斯《量子》杂志数学征解问题 100 题选	2018－08	48.00	969
俄罗斯《量子》杂志数学征解问题又 100 题选	2018－08	48.00	970
俄罗斯《量子》杂志数学征解问题	2020－05	48.00	1138
463 个俄罗斯几何老问题	2012－01	28.00	152
《量子》数学短文精粹	2018－09	38.00	972
用三角、解析几何等计算解来自俄罗斯的几何题	2019－11	88.00	1119
谈谈素数	2011－03	18.00	91
平方和	2011－03	18.00	92
整数论	2011－05	38.00	120
从整数谈起	2015－10	28.00	538
数与多项式	2016－01	38.00	558
谈谈不定方程	2011－05	28.00	119
解析不等式新论	2009－06	68.00	48
建立不等式的方法	2011－03	98.00	104
数学奥林匹克不等式研究	2009－08	68.00	56
不等式研究(第二辑)	2012－02	68.00	153
不等式的秘密(第一卷)(第 2 版)	2014－02	38.00	286
不等式的秘密(第二卷)	2014－01	38.00	268
初等不等式的证明方法	2010－06	38.00	123
初等不等式的证明方法(第二版)	2014－11	38.00	407
不等式・理论・方法(基础卷)	2015－07	38.00	496
不等式・理论・方法(经典不等式卷)	2015－07	38.00	497
不等式・理论・方法(特殊类型不等式卷)	2015－07	48.00	498
不等式探究	2016－03	38.00	582
不等式探秘	2017－01	88.00	689
四面体不等式	2017－01	68.00	715
数学奥林匹克中常见重要不等式	2017－09	38.00	845
三正弦不等式	2018－09	98.00	974
函数方程与不等式:解法与稳定性结果	2019－04	68.00	1058
同余理论	2012－05	38.00	163
[x]与{x}	2015－04	48.00	476
极值与最值. 上卷	2015－06	28.00	486
极值与最值. 中卷	2015－06	38.00	487
极值与最值. 下卷	2015－06	28.00	488
整数的性质	2012－11	38.00	192
完全平方数及其应用	2015－08	78.00	506
多项式理论	2015－10	88.00	541
奇数、偶数、奇偶分析法	2018－01	98.00	876
不定方程及其应用. 上	2018－12	58.00	992
不定方程及其应用. 中	2019－01	78.00	993
不定方程及其应用. 下	2019－02	98.00	994

刘培杰数学工作室

已出版(即将出版)图书目录——初等数学

书　　名	出版时间	定　价	编号
历届美国中学生数学竞赛试题及解答(第一卷)1950－1954	2014－07	18.00	277
历届美国中学生数学竞赛试题及解答(第二卷)1955－1959	2014－04	18.00	278
历届美国中学生数学竞赛试题及解答(第三卷)1960－1964	2014－06	18.00	279
历届美国中学生数学竞赛试题及解答(第四卷)1965－1969	2014－04	28.00	280
历届美国中学生数学竞赛试题及解答(第五卷)1970－1972	2014－06	18.00	281
历届美国中学生数学竞赛试题及解答(第六卷)1973－1980	2017－07	18.00	768
历届美国中学生数学竞赛试题及解答(第七卷)1981－1986	2015－01	18.00	424
历届美国中学生数学竞赛试题及解答(第八卷)1987－1990	2017－05	18.00	769
历届中国数学奥林匹克试题集(第 2 版)	2017－03	38.00	757
历届加拿大数学奥林匹克试题集	2012－08	38.00	215
历届美国数学奥林匹克试题集:1972～2019	2020－04	88.00	1135
历届波兰数学竞赛试题集.第 1 卷,1949～1963	2015－03	18.00	453
历届波兰数学竞赛试题集.第 2 卷,1964～1976	2015－03	18.00	454
历届巴尔干数学奥林匹克试题集	2015－05	38.00	466
保加利亚数学奥林匹克	2014－10	38.00	393
圣彼得堡数学奥林匹克试题集	2015－01	38.00	429
匈牙利奥林匹克数学竞赛题解.第 1 卷	2016－05	28.00	593
匈牙利奥林匹克数学竞赛题解.第 2 卷	2016－05	28.00	594
历届美国数学邀请赛试题集(第 2 版)	2017－10	78.00	851
全国高中数学竞赛试题及解答.第 1 卷	2014－07	38.00	331
普林斯顿大学数学竞赛	2016－06	38.00	669
亚太地区数学奥林匹克竞赛题	2015－07	18.00	492
日本历届(初级)广中杯数学竞赛试题及解答.第 1 卷(2000～2007)	2016－05	28.00	641
日本历届(初级)广中杯数学竞赛试题及解答.第 2 卷(2008～2015)	2016－05	38.00	642
360 个数学竞赛问题	2016－08	58.00	677
奥数最佳实战题.上卷	2017－06	38.00	760
奥数最佳实战题.下卷	2017－05	58.00	761
哈尔滨市早期中学数学竞赛试题汇编	2016－07	28.00	672
全国高中数学联赛试题及解答:1981—2017(第 2 版)	2018－05	98.00	920
20 世纪 50 年代全国部分城市数学竞赛试题汇编	2017－07	28.00	797
国内外数学竞赛题及精解:2017～2018	2019－06	45.00	1092
许康华竞赛优学精选集.第一辑	2018－08	68.00	949
天问叶班数学问题征解 100 题.Ⅰ,2016－2018	2019－05	88.00	1075
美国初中数学竞赛:AMC8 准备(共 6 卷)	2019－07	138.00	1089
美国高中数学竞赛:AMC10 准备(共 6 卷)	2019－08	158.00	1105
高考数学临门一脚(含密押三套卷)(理科版)	2017－01	45.00	743
高考数学临门一脚(含密押三套卷)(文科版)	2017－01	45.00	744
高考数学题型全归纳:文科版.上	2016－05	53.00	663
高考数学题型全归纳:文科版.下	2016－05	53.00	664
高考数学题型全归纳:理科版.上	2016－05	58.00	665
高考数学题型全归纳:理科版.下	2016－05	58.00	666

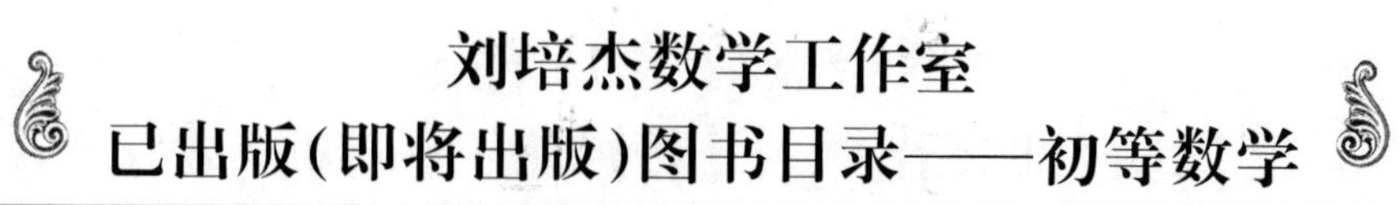

刘培杰数学工作室
已出版(即将出版)图书目录——初等数学

书　名	出版时间	定　价	编号
王连笑教你怎样学数学:高考选择题解题策略与客观题实用训练	2014－01	48.00	262
王连笑教你怎样学数学:高考数学高层次讲座	2015－02	48.00	432
高考数学的理论与实践	2009－08	38.00	53
高考数学核心题型解题方法与技巧	2010－01	28.00	86
高考思维新平台	2014－03	38.00	259
30 分钟拿下高考数学选择题、填空题(理科版)	2016－10	39.80	720
30 分钟拿下高考数学选择题、填空题(文科版)	2016－10	39.80	721
高考数学压轴题解题诀窍(上)(第 2 版)	2018－01	58.00	874
高考数学压轴题解题诀窍(下)(第 2 版)	2018－01	48.00	875
北京市五区文科数学三年高考模拟题详解:2013～2015	2015－08	48.00	500
北京市五区理科数学三年高考模拟题详解:2013～2015	2015－09	68.00	505
向量法巧解数学高考题	2009－08	28.00	54
高考数学解题金典(第 2 版)	2017－01	78.00	716
高考物理解题金典(第 2 版)	2019－05	68.00	717
高考化学解题金典(第 2 版)	2019－05	58.00	718
我一定要赚分:高中物理	2016－01	38.00	580
数学高考参考	2016－01	78.00	589
2011～2015 年全国及各省市高考数学文科精品试题审题要津与解法研究	2015－10	68.00	539
2011～2015 年全国及各省市高考数学理科精品试题审题要津与解法研究	2015－10	88.00	540
最新全国及各省市高考数学试卷解法研究及点拨评析	2009－02	38.00	41
2011 年全国及各省市高考数学试题审题要津与解法研究	2011－10	48.00	139
2013 年全国及各省市高考数学试题解析与点评	2014－01	48.00	282
全国及各省市高考数学试题审题要津与解法研究	2015－02	48.00	450
高中数学章节起始课的教学研究与案例设计	2019－05	28.00	1064
新课标高考数学——五年试题分章详解(2007～2011)(上、下)	2011－10	78.00	140,141
全国中考数学压轴题审题要津与解法研究	2013－04	78.00	248
新编全国及各省市中考数学压轴题审题要津与解法研究	2014－05	58.00	342
全国及各省市 5 年中考数学压轴题审题要津与解法研究(2015 版)	2015－04	58.00	462
中考数学专题总复习	2007－04	28.00	6
中考数学较难题常考题型解题方法与技巧	2016－09	48.00	681
中考数学难题常考题型解题方法与技巧	2016－09	48.00	682
中考数学中档题常考题型解题方法与技巧	2017－08	68.00	835
中考数学选择填空压轴好题妙解 365	2017－05	38.00	759
中考数学:三类重点考题的解法例析与习题	2020－04	48.00	1140
中小学数学的历史文化	2019－11	48.00	1124
初中平面几何百题多思创新解	2020－01	58.00	1125
初中数学中考备考	2020－01	58.00	1126
高考数学之九章演义	2019－08	68.00	1044
化学可以这样学:高中化学知识方法智慧感悟疑难辨析	2019－07	58.00	1103
如何成为学习高手	2019－09	58.00	1107
高考数学:经典真题分类解析	2020－04	78.00	1134

刘培杰数学工作室
已出版(即将出版)图书目录——初等数学

书　　名	出版时间	定　价	编号
中考数学小压轴汇编初讲	2017—07	48.00	788
中考数学大压轴专题微言	2017—09	48.00	846
怎么解中考平面几何探索题	2019—06	48.00	1093
北京中考数学压轴题解题方法突破(第 5 版)	2020—01	58.00	1120
助你高考成功的数学解题智慧:知识是智慧的基础	2016—01	58.00	596
助你高考成功的数学解题智慧:错误是智慧的试金石	2016—04	58.00	643
助你高考成功的数学解题智慧:方法是智慧的推手	2016—04	68.00	657
高考数学奇思妙解	2016—04	38.00	610
高考数学解题策略	2016—05	48.00	670
数学解题泄天机(第 2 版)	2017—10	48.00	850
高考物理压轴题全解	2017—04	48.00	746
高中物理经典问题 25 讲	2017—05	28.00	764
高中物理教学讲义	2018—01	48.00	871
2016 年高考文科数学真题研究	2017—04	58.00	754
2016 年高考理科数学真题研究	2017—04	78.00	755
2017 年高考理科数学真题研究	2018—01	58.00	867
2017 年高考文科数学真题研究	2018—01	48.00	868
初中数学、高中数学脱节知识补缺教材	2017—06	48.00	766
高考数学小题抢分必练	2017—10	48.00	834
高考数学核心素养解读	2017—09	38.00	839
高考数学客观题解题方法和技巧	2017—10	38.00	847
十年高考数学精品试题审题要津与解法研究.上卷	2018—01	68.00	872
十年高考数学精品试题审题要津与解法研究.下卷	2018—01	58.00	873
中国历届高考数学试题及解答.1949—1979	2018—01	38.00	877
历届中国高考数学试题及解答.第二卷,1980—1989	2018—10	28.00	975
历届中国高考数学试题及解答.第三卷,1990—1999	2018—10	48.00	976
数学文化与高考研究	2018—03	48.00	882
跟我学解高中数学题	2018—07	58.00	926
中学数学研究的方法及案例	2018—05	58.00	869
高考数学抢分技能	2018—07	68.00	934
高一新生常用数学方法和重要数学思想提升教材	2018—06	38.00	921
2018 年高考数学真题研究	2019—01	68.00	1000
2019 年高考数学真题研究	2020—05	88.00	1137
高考数学全国卷 16 道选择、填空题常考题型解题诀窍.理科	2018—09	88.00	971
高考数学全国卷 16 道选择、填空题常考题型解题诀窍.文科	2020—01	88.00	1123
高中数学一题多解	2019—06	58.00	1087
新编 640 个世界著名数学智力趣题	2014—01	88.00	242
500 个最新世界著名数学智力趣题	2008—06	48.00	3
400 个最新世界著名数学最值问题	2008—09	48.00	36
500 个世界著名数学征解问题	2009—06	48.00	52
400 个中国最佳初等数学征解老问题	2010—01	48.00	60
500 个俄罗斯数学经典老题	2011—01	28.00	81
1000 个国外中学物理好题	2012—04	48.00	174
300 个日本高考数学题	2012—05	38.00	142
700 个早期日本高考数学试题	2017—02	88.00	752
500 个前苏联早期高考数学试题及解答	2012—05	28.00	185
546 个早期俄罗斯大学生数学竞赛题	2014—03	38.00	285
548 个来自美苏的数学好问题	2014—11	28.00	396
20 所苏联著名大学早期入学试题	2015—02	18.00	452
161 道德国工科大学生必做的微分方程习题	2015—05	28.00	469
500 个德国工科大学生必做的高数习题	2015—06	28.00	478
360 个数学竞赛问题	2016—08	58.00	677
200 个趣味数学故事	2018—02	48.00	857
470 个数学奥林匹克中的最值问题	2018—10	88.00	985
德国讲义日本考题.微积分卷	2015—04	48.00	456
德国讲义日本考题.微分方程卷	2015—04	38.00	457
二十世纪中叶中、英、美、日、法、俄高考数学试题精选	2017—06	38.00	783

刘培杰数学工作室
已出版(即将出版)图书目录——初等数学

书　　名	出版时间	定　价	编号
中国初等数学研究　2009 卷(第 1 辑)	2009—05	20.00	45
中国初等数学研究　2010 卷(第 2 辑)	2010—05	30.00	68
中国初等数学研究　2011 卷(第 3 辑)	2011—07	60.00	127
中国初等数学研究　2012 卷(第 4 辑)	2012—07	48.00	190
中国初等数学研究　2014 卷(第 5 辑)	2014—02	48.00	288
中国初等数学研究　2015 卷(第 6 辑)	2015—06	68.00	493
中国初等数学研究　2016 卷(第 7 辑)	2016—04	68.00	609
中国初等数学研究　2017 卷(第 8 辑)	2017—01	98.00	712
初等数学研究在中国. 第 1 辑	2019—03	158.00	1024
初等数学研究在中国. 第 2 辑	2019—10	158.00	1116
几何变换(Ⅰ)	2014—07	28.00	353
几何变换(Ⅱ)	2015—06	28.00	354
几何变换(Ⅲ)	2015—01	38.00	355
几何变换(Ⅳ)	2015—12	38.00	356
初等数论难题集(第一卷)	2009—05	68.00	44
初等数论难题集(第二卷)(上、下)	2011—02	128.00	82,83
数论概貌	2011—03	18.00	93
代数数论(第二版)	2013—08	58.00	94
代数多项式	2014—06	38.00	289
初等数论的知识与问题	2011—02	28.00	95
超越数论基础	2011—03	28.00	96
数论初等教程	2011—03	28.00	97
数论基础	2011—03	18.00	98
数论基础与维诺格拉多夫	2014—03	18.00	292
解析数论基础	2012—08	28.00	216
解析数论基础(第二版)	2014—01	48.00	287
解析数论问题集(第二版)(原版引进)	2014—05	88.00	343
解析数论问题集(第二版)(中译本)	2016—04	88.00	607
解析数论基础(潘承洞,潘承彪著)	2016—07	98.00	673
解析数论导引	2016—07	58.00	674
数论入门	2011—03	38.00	99
代数数论入门	2015—03	38.00	448
数论开篇	2012—07	28.00	194
解析数论引论	2011—03	48.00	100
Barban Davenport Halberstam 均值和	2009—01	40.00	33
基础数论	2011—03	28.00	101
初等数论 100 例	2011—05	18.00	122
初等数论经典例题	2012—07	18.00	204
最新世界各国数学奥林匹克中的初等数论试题(上、下)	2012—01	138.00	144,145
初等数论(Ⅰ)	2012—01	18.00	156
初等数论(Ⅱ)	2012—01	18.00	157
初等数论(Ⅲ)	2012—01	28.00	158

刘培杰数学工作室
已出版(即将出版)图书目录——初等数学

书　名	出版时间	定　价	编号
平面几何与数论中未解决的新老问题	2013－01	68.00	229
代数数论简史	2014－11	28.00	408
代数数论	2015－09	88.00	532
代数、数论及分析习题集	2016－11	98.00	695
数论导引提要及习题解答	2016－01	48.00	559
素数定理的初等证明.第2版	2016－09	48.00	686
数论中的模函数与狄利克雷级数(第二版)	2017－11	78.00	837
数论:数学导引	2018－01	68.00	849
范氏大代数	2019－02	98.00	1016
解析数学讲义.第一卷,导来式及微分、积分、级数	2019－04	88.00	1021
解析数学讲义.第二卷,关于几何的应用	2019－04	68.00	1022
解析数学讲义.第三卷,解析函数论	2019－04	78.00	1023
分析・组合・数论纵横谈	2019－04	58.00	1039
Hall代数:民国时期的中学数学课本:英文	2019－08	88.00	1106
数学精神巡礼	2019－01	58.00	731
数学眼光透视(第2版)	2017－06	78.00	732
数学思想领悟(第2版)	2018－01	68.00	733
数学方法溯源(第2版)	2018－08	68.00	734
数学解题引论	2017－05	58.00	735
数学史话览胜(第2版)	2017－01	48.00	736
数学应用展观(第2版)	2017－08	68.00	737
数学建模尝试	2018－04	48.00	738
数学竞赛采风	2018－01	68.00	739
数学测评探营	2019－05	58.00	740
数学技能操握	2018－03	48.00	741
数学欣赏拾趣	2018－02	48.00	742
从毕达哥拉斯到怀尔斯	2007－10	48.00	9
从迪利克雷到维斯卡尔迪	2008－01	48.00	21
从哥德巴赫到陈景润	2008－05	98.00	35
从庞加莱到佩雷尔曼	2011－08	138.00	136
博弈论精粹	2008－03	58.00	30
博弈论精粹.第二版(精装)	2015－01	88.00	461
数学 我爱你	2008－01	28.00	20
精神的圣徒　别样的人生——60位中国数学家成长的历程	2008－09	48.00	39
数学史概论	2009－06	78.00	50
数学史概论(精装)	2013－03	158.00	272
数学史选讲	2016－01	48.00	544
斐波那契数列	2010－02	28.00	65
数学拼盘和斐波那契魔方	2010－07	38.00	72
斐波那契数列欣赏(第2版)	2018－08	58.00	948
Fibonacci数列中的明珠	2018－06	58.00	928
数学的创造	2011－02	48.00	85
数学美与创造力	2016－01	48.00	595
数海拾贝	2016－01	48.00	590
数学中的美(第2版)	2019－04	68.00	1057
数论中的美学	2014－12	38.00	351

刘培杰数学工作室

已出版(即将出版)图书目录——初等数学

书　　名	出版时间	定　价	编号
数学王者　科学巨人——高斯	2015－01	28.00	428
振兴祖国数学的圆梦之旅:中国初等数学研究史话	2015－06	98.00	490
二十世纪中国数学史料研究	2015－10	48.00	536
数字谜、数阵图与棋盘覆盖	2016－01	58.00	298
时间的形状	2016－01	38.00	556
数学发现的艺术:数学探索中的合情推理	2016－07	58.00	671
活跃在数学中的参数	2016－07	48.00	675
数学解题——靠数学思想给力(上)	2011－07	38.00	131
数学解题——靠数学思想给力(中)	2011－07	48.00	132
数学解题——靠数学思想给力(下)	2011－07	38.00	133
我怎样解题	2013－01	48.00	227
数学解题中的物理方法	2011－06	28.00	114
数学解题的特殊方法	2011－06	48.00	115
中学数学计算技巧	2012－01	48.00	116
中学数学证明方法	2012－01	58.00	117
数学趣题巧解	2012－03	28.00	128
高中数学教学通鉴	2015－05	58.00	479
和高中生漫谈:数学与哲学的故事	2014－08	28.00	369
算术问题集	2017－03	38.00	789
张教授讲数学	2018－07	38.00	933
陈永明实话实说数学教学	2020－04	68.00	1132
中学数学学科知识与教学能力	2020－06	58.00	1155
自主招生考试中的参数方程问题	2015－01	28.00	435
自主招生考试中的极坐标问题	2015－04	28.00	463
近年全国重点大学自主招生数学试题全解及研究.华约卷	2015－02	38.00	441
近年全国重点大学自主招生数学试题全解及研究.北约卷	2016－05	38.00	619
自主招生数学解证宝典	2015－09	48.00	535
格点和面积	2012－07	18.00	191
射影几何趣谈	2012－04	28.00	175
斯潘纳尔引理——从一道加拿大数学奥林匹克试题谈起	2014－01	28.00	228
李普希兹条件——从几道近年高考数学试题谈起	2012－10	18.00	221
拉格朗日中值定理——从一道北京高考试题的解法谈起	2015－10	18.00	197
闵科夫斯基定理——从一道清华大学自主招生试题谈起	2014－01	28.00	198
哈尔测度——从一道冬令营试题的背景谈起	2012－08	28.00	202
切比雪夫逼近问题——从一道中国台北数学奥林匹克试题谈起	2013－04	38.00	238
伯恩斯坦多项式与贝齐尔曲面——从一道全国高中数学联赛试题谈起	2013－03	38.00	236
卡塔兰猜想——从一道普特南竞赛试题谈起	2013－06	18.00	256
麦卡锡函数和阿克曼函数——从一道前南斯拉夫数学奥林匹克试题谈起	2012－08	18.00	201
贝蒂定理与拉姆贝克莫斯尔定理——从一个拣石子游戏谈起	2012－08	18.00	217
皮亚诺曲线和豪斯道夫分球定理——从无限集谈起	2012－08	18.00	211
平面凸图形与凸多面体	2012－10	28.00	218
斯坦因豪斯问题——从一道二十五省市自治区中学数学竞赛试题谈起	2012－07	18.00	196

刘培杰数学工作室

已出版(即将出版)图书目录——初等数学

书　　名	出版时间	定　价	编号
纽结理论中的亚历山大多项式与琼斯多项式——从一道北京市高一数学竞赛试题谈起	2012—07	28.00	195
原则与策略——从波利亚"解题表"谈起	2013—04	38.00	244
转化与化归——从三大尺规作图不能问题谈起	2012—08	28.00	214
代数几何中的贝祖定理(第一版)——从一道 IMO 试题的解法谈起	2013—08	18.00	193
成功连贯理论与约当块理论——从一道比利时数学竞赛试题谈起	2012—04	18.00	180
素数判定与大数分解	2014—08	18.00	199
置换多项式及其应用	2012—10	18.00	220
椭圆函数与模函数——从一道美国加州大学洛杉矶分校(UCLA)博士资格考题谈起	2012—10	28.00	219
差分方程的拉格朗日方法——从一道 2011 年全国高考理科试题的解法谈起	2012—08	28.00	200
力学在几何中的一些应用	2013—01	38.00	240
从根式解到伽罗华理论	2020—01	48.00	1121
康托洛维奇不等式——从一道全国高中联赛试题谈起	2013—03	28.00	337
西格尔引理——从一道第 18 届 IMO 试题的解法谈起	即将出版		
罗斯定理——从一道前苏联数学竞赛试题谈起	即将出版		
拉克斯定理和阿廷定理——从一道 IMO 试题的解法谈起	2014—01	58.00	246
毕卡大定理——从一道美国大学数学竞赛试题谈起	2014—07	18.00	350
贝齐尔曲线——从一道全国高中联赛试题谈起	即将出版		
拉格朗日乘子定理——从一道 2005 年全国高中联赛试题的高等数学解法谈起	2015—05	28.00	480
雅可比定理——从一道日本数学奥林匹克试题谈起	2013—04	48.00	249
李天岩一约克定理——从一道波兰数学竞赛试题谈起	2014—06	28.00	349
整系数多项式因式分解的一般方法——从克朗耐克算法谈起	即将出版		
布劳维不动点定理——从一道前苏联数学奥林匹克试题谈起	2014—01	38.00	273
伯恩赛德定理——从一道英国数学奥林匹克试题谈起	即将出版		
布查特一莫斯特定理——从一道上海市初中竞赛试题谈起	即将出版		
数论中的同余数问题——从一道普特南竞赛试题谈起	即将出版		
范・德蒙行列式——从一道美国数学奥林匹克试题谈起	即将出版		
中国剩余定理:总数法构建中国历史年表	2015—01	28.00	430
牛顿程序与方程求根——从一道全国高考试题解法谈起	即将出版		
库默尔定理——从一道 IMO 预选试题谈起	即将出版		
卢丁定理——从一道冬令营试题的解法谈起	即将出版		
沃斯滕霍姆定理——从一道 IMO 预选试题谈起	即将出版		
卡尔松不等式——从一道莫斯科数学奥林匹克试题谈起	即将出版		
信息论中的香农熵——从一道近年高考压轴题谈起	即将出版		
约当不等式——从一道希望杯竞赛试题谈起	即将出版		
拉比诺维奇定理	即将出版		
刘维尔定理——从一道《美国数学月刊》征解问题的解法谈起	即将出版		
卡塔兰恒等式与级数求和——从一道 IMO 试题的解法谈起	即将出版		
勒让德猜想与素数分布——从一道爱尔兰竞赛试题谈起	即将出版		
天平称重与信息论——从一道基辅市数学奥林匹克试题谈起	即将出版		
哈密尔顿一凯莱定理:从一道高中数学联赛试题的解法谈起	2014—09	18.00	376
艾思特曼定理——从一道 CMO 试题的解法谈起	即将出版		

刘培杰数学工作室
已出版(即将出版)图书目录——初等数学

书　　名	出版时间	定　价	编号
阿贝尔恒等式与经典不等式及应用	2018—06	98.00	923
迪利克雷除数问题	2018—07	48.00	930
幻方、幻立方与拉丁方	2019—08	48.00	1092
帕斯卡三角形	2014—03	18.00	294
蒲丰投针问题——从2009年清华大学的一道自主招生试题谈起	2014—01	38.00	295
斯图姆定理——从一道"华约"自主招生试题的解法谈起	2014—01	18.00	296
许瓦兹引理——从一道加利福尼亚大学伯克利分校数学系博士生试题谈起	2014—08	18.00	297
拉姆塞定理——从王诗宬院士的一个问题谈起	2016—04	48.00	299
坐标法	2013—12	28.00	332
数论三角形	2014—04	38.00	341
毕克定理	2014—07	18.00	352
数林掠影	2014—09	48.00	389
我们周围的概率	2014—10	38.00	390
凸函数最值定理:从一道华约自主招生题的解法谈起	2014—10	28.00	391
易学与数学奥林匹克	2014—10	38.00	392
生物数学趣谈	2015—01	18.00	409
反演	2015—01	28.00	420
因式分解与圆锥曲线	2015—01	18.00	426
轨迹	2015—01	28.00	427
面积原理:从常庚哲命的一道CMO试题的积分解法谈起	2015—01	48.00	431
形形色色的不动点定理:从一道28届IMO试题谈起	2015—01	38.00	439
柯西函数方程:从一道上海交大自主招生的试题谈起	2015—02	28.00	440
三角恒等式	2015—02	28.00	442
无理性判定:从一道2014年"北约"自主招生试题谈起	2015—01	38.00	443
数学归纳法	2015—03	18.00	451
极端原理与解题	2015—04	28.00	464
法雷级数	2014—08	18.00	367
摆线族	2015—01	38.00	438
函数方程及其解法	2015—05	38.00	470
含参数的方程和不等式	2012—09	28.00	213
希尔伯特第十问题	2016—01	38.00	543
无穷小量的求和	2016—01	28.00	545
切比雪夫多项式:从一道清华大学金秋营试题谈起	2016—01	38.00	583
泽肯多夫定理	2016—03	38.00	599
代数等式证题法	2016—01	28.00	600
三角等式证题法	2016—01	28.00	601
吴大任教授藏书中的一个因式分解公式:从一道美国数学邀请赛试题的解法谈起	2016—06	28.00	656
易卦——类万物的数学模型	2017—08	68.00	838
"不可思议"的数与数系可持续发展	2018—01	38.00	878
最短线	2018—01	38.00	879

书　　名	出版时间	定　价	编号
幻方和魔方(第一卷)	2012—05	68.00	173
尘封的经典——初等数学经典文献选读(第一卷)	2012—07	48.00	205
尘封的经典——初等数学经典文献选读(第二卷)	2012—07	38.00	206

书　　名	出版时间	定　价	编号
初级方程式论	2011—03	28.00	106
初等数学研究(Ⅰ)	2008—09	68.00	37
初等数学研究(Ⅱ)(上、下)	2009—05	118.00	46,47

刘培杰数学工作室
已出版(即将出版)图书目录——初等数学

书　　名	出版时间	定　价	编号
趣味初等方程妙题集锦	2014—09	48.00	388
趣味初等数论选美与欣赏	2015—02	48.00	445
耕读笔记(上卷):一位农民数学爱好者的初数探索	2015—04	28.00	459
耕读笔记(中卷):一位农民数学爱好者的初数探索	2015—05	28.00	483
耕读笔记(下卷):一位农民数学爱好者的初数探索	2015—05	28.00	484
几何不等式研究与欣赏.上卷	2016—01	88.00	547
几何不等式研究与欣赏.下卷	2016—01	48.00	552
初等数列研究与欣赏·上	2016—01	48.00	570
初等数列研究与欣赏·下	2016—01	48.00	571
趣味初等函数研究与欣赏.上	2016—09	48.00	684
趣味初等函数研究与欣赏.下	2018—09	48.00	685
火柴游戏	2016—05	38.00	612
智力解谜.第1卷	2017—07	38.00	613
智力解谜.第2卷	2017—07	38.00	614
故事智力	2016—07	48.00	615
名人们喜欢的智力问题	2020—01	48.00	616
数学大师的发现、创造与失误	2018—01	48.00	617
异曲同工	2018—09	48.00	618
数学的味道	2018—01	58.00	798
数学千字文	2018—10	68.00	977
数贝偶拾——高考数学题研究	2014—04	28.00	274
数贝偶拾——初等数学研究	2014—04	38.00	275
数贝偶拾——奥数题研究	2014—04	48.00	276
钱昌本教你快乐学数学(上)	2011—12	48.00	155
钱昌本教你快乐学数学(下)	2012—03	58.00	171
集合、函数与方程	2014—01	28.00	300
数列与不等式	2014—01	38.00	301
三角与平面向量	2014—01	28.00	302
平面解析几何	2014—01	38.00	303
立体几何与组合	2014—01	28.00	304
极限与导数、数学归纳法	2014—01	38.00	305
趣味数学	2014—03	28.00	306
教材教法	2014—04	68.00	307
自主招生	2014—05	58.00	308
高考压轴题(上)	2015—01	48.00	309
高考压轴题(下)	2014—10	68.00	310
从费马到怀尔斯——费马大定理的历史	2013—10	198.00	Ⅰ
从庞加莱到佩雷尔曼——庞加莱猜想的历史	2013—10	298.00	Ⅱ
从切比雪夫到爱尔特希(上)——素数定理的初等证明	2013—07	48.00	Ⅲ
从切比雪夫到爱尔特希(下)——素数定理100年	2012—12	98.00	Ⅲ
从高斯到盖尔方特——二次域的高斯猜想	2013—10	198.00	Ⅳ
从库默尔到朗兰兹——朗兰兹猜想的历史	2014—01	98.00	Ⅴ
从比勃巴赫到德布朗斯——比勃巴赫猜想的历史	2014—02	298.00	Ⅵ
从麦比乌斯到陈省身——麦比乌斯变换与麦比乌斯带	2014—02	298.00	Ⅶ
从布尔到豪斯道夫——布尔方程与格论漫谈	2013—10	198.00	Ⅷ
从开普勒到阿诺德——三体问题的历史	2014—05	298.00	Ⅸ
从华林到华罗庚——华林问题的历史	2013—10	298.00	Ⅹ

刘培杰数学工作室

已出版(即将出版)图书目录——初等数学

书　　名	出版时间	定　价	编号
美国高中数学竞赛五十讲.第1卷(英文)	2014—08	28.00	357
美国高中数学竞赛五十讲.第2卷(英文)	2014—08	28.00	358
美国高中数学竞赛五十讲.第3卷(英文)	2014—09	28.00	359
美国高中数学竞赛五十讲.第4卷(英文)	2014—09	28.00	360
美国高中数学竞赛五十讲.第5卷(英文)	2014—10	28.00	361
美国高中数学竞赛五十讲.第6卷(英文)	2014—11	28.00	362
美国高中数学竞赛五十讲.第7卷(英文)	2014—12	28.00	363
美国高中数学竞赛五十讲.第8卷(英文)	2015—01	28.00	364
美国高中数学竞赛五十讲.第9卷(英文)	2015—01	28.00	365
美国高中数学竞赛五十讲.第10卷(英文)	2015—02	38.00	366

书　　名	出版时间	定　价	编号
三角函数(第2版)	2017—04	38.00	626
不等式	2014—01	38.00	312
数列	2014—01	38.00	313
方程(第2版)	2017—04	38.00	624
排列和组合	2014—01	28.00	315
极限与导数(第2版)	2016—04	38.00	635
向量(第2版)	2018—08	58.00	627
复数及其应用	2014—08	28.00	318
函数	2014—01	38.00	319
集合	2020—01	48.00	320
直线与平面	2014—01	28.00	321
立体几何(第2版)	2016—04	38.00	629
解三角形	即将出版		323
直线与圆(第2版)	2016—11	38.00	631
圆锥曲线(第2版)	2016—09	48.00	632
解题通法(一)	2014—07	38.00	326
解题通法(二)	2014—07	38.00	327
解题通法(三)	2014—05	38.00	328
概率与统计	2014—01	28.00	329
信息迁移与算法	即将出版		330

书　　名	出版时间	定　价	编号
IMO 50年.第1卷(1959—1963)	2014—11	28.00	377
IMO 50年.第2卷(1964—1968)	2014—11	28.00	378
IMO 50年.第3卷(1969—1973)	2014—09	28.00	379
IMO 50年.第4卷(1974—1978)	2016—04	38.00	380
IMO 50年.第5卷(1979—1984)	2015—04	38.00	381
IMO 50年.第6卷(1985—1989)	2015—04	58.00	382
IMO 50年.第7卷(1990—1994)	2016—01	48.00	383
IMO 50年.第8卷(1995—1999)	2016—06	38.00	384
IMO 50年.第9卷(2000—2004)	2015—04	58.00	385
IMO 50年.第10卷(2005—2009)	2016—01	48.00	386
IMO 50年.第11卷(2010—2015)	2017—03	48.00	646

刘培杰数学工作室
已出版(即将出版)图书目录——初等数学

书　　名	出版时间	定　价	编号
数学反思(2006—2007)	即将出版		915
数学反思(2008—2009)	2019—01	68.00	917
数学反思(2010—2011)	2018—05	58.00	916
数学反思(2012—2013)	2019—01	58.00	918
数学反思(2014—2015)	2019—03	78.00	919
历届美国大学生数学竞赛试题集.第一卷(1938—1949)	2015—01	28.00	397
历届美国大学生数学竞赛试题集.第二卷(1950—1959)	2015—01	28.00	398
历届美国大学生数学竞赛试题集.第三卷(1960—1969)	2015—01	28.00	399
历届美国大学生数学竞赛试题集.第四卷(1970—1979)	2015—01	18.00	400
历届美国大学生数学竞赛试题集.第五卷(1980—1989)	2015—01	28.00	401
历届美国大学生数学竞赛试题集.第六卷(1990—1999)	2015—01	28.00	402
历届美国大学生数学竞赛试题集.第七卷(2000—2009)	2015—08	18.00	403
历届美国大学生数学竞赛试题集.第八卷(2010—2012)	2015—01	18.00	404
新课标高考数学创新题解题诀窍:总论	2014—09	28.00	372
新课标高考数学创新题解题诀窍:必修1～5分册	2014—08	38.00	373
新课标高考数学创新题解题诀窍:选修2—1,2—2,1—1,1—2分册	2014—09	38.00	374
新课标高考数学创新题解题诀窍:选修2—3,4—4,4—5分册	2014—09	18.00	375
全国重点大学自主招生英文数学试题全攻略:词汇卷	2015—07	48.00	410
全国重点大学自主招生英文数学试题全攻略:概念卷	2015—01	28.00	411
全国重点大学自主招生英文数学试题全攻略:文章选读卷(上)	2016—09	38.00	412
全国重点大学自主招生英文数学试题全攻略:文章选读卷(下)	2017—01	58.00	413
全国重点大学自主招生英文数学试题全攻略:试题卷	2015—07	38.00	414
全国重点大学自主招生英文数学试题全攻略:名著欣赏卷	2017—03	48.00	415
劳埃德数学趣题大全.题目卷.1:英文	2016—01	18.00	516
劳埃德数学趣题大全.题目卷.2:英文	2016—01	18.00	517
劳埃德数学趣题大全.题目卷.3:英文	2016—01	18.00	518
劳埃德数学趣题大全.题目卷.4:英文	2016—01	18.00	519
劳埃德数学趣题大全.题目卷.5:英文	2016—01	18.00	520
劳埃德数学趣题大全.答案卷:英文	2016—01	18.00	521
李成章教练奥数笔记.第1卷	2016—01	48.00	522
李成章教练奥数笔记.第2卷	2016—01	48.00	523
李成章教练奥数笔记.第3卷	2016—01	38.00	524
李成章教练奥数笔记.第4卷	2016—01	38.00	525
李成章教练奥数笔记.第5卷	2016—01	38.00	526
李成章教练奥数笔记.第6卷	2016—01	38.00	527
李成章教练奥数笔记.第7卷	2016—01	38.00	528
李成章教练奥数笔记.第8卷	2016—01	48.00	529
李成章教练奥数笔记.第9卷	2016—01	28.00	530

刘培杰数学工作室
已出版(即将出版)图书目录——初等数学

书　　名	出版时间	定　价	编号
第19～23届"希望杯"全国数学邀请赛试题审题要津详细评注(初一版)	2014－03	28.00	333
第19～23届"希望杯"全国数学邀请赛试题审题要津详细评注(初二、初三版)	2014－03	38.00	334
第19～23届"希望杯"全国数学邀请赛试题审题要津详细评注(高一版)	2014－03	28.00	335
第19～23届"希望杯"全国数学邀请赛试题审题要津详细评注(高二版)	2014－03	38.00	336
第19～25届"希望杯"全国数学邀请赛试题审题要津详细评注(初一版)	2015－01	38.00	416
第19～25届"希望杯"全国数学邀请赛试题审题要津详细评注(初二、初三版)	2015－01	58.00	417
第19～25届"希望杯"全国数学邀请赛试题审题要津详细评注(高一版)	2015－01	48.00	418
第19～25届"希望杯"全国数学邀请赛试题审题要津详细评注(高二版)	2015－01	48.00	419
物理奥林匹克竞赛大题典——力学卷	2014－11	48.00	405
物理奥林匹克竞赛大题典——热学卷	2014－04	28.00	339
物理奥林匹克竞赛大题典——电磁学卷	2015－07	48.00	406
物理奥林匹克竞赛大题典——光学与近代物理卷	2014－06	28.00	345
历届中国东南地区数学奥林匹克试题集(2004～2012)	2014－06	18.00	346
历届中国西部地区数学奥林匹克试题集(2001～2012)	2014－07	18.00	347
历届中国女子数学奥林匹克试题集(2002～2012)	2014－08	18.00	348
数学奥林匹克在中国	2014－06	98.00	344
数学奥林匹克问题集	2014－01	38.00	267
数学奥林匹克不等式散论	2010－06	38.00	124
数学奥林匹克不等式欣赏	2011－09	38.00	138
数学奥林匹克超级题库(初中卷上)	2010－01	58.00	66
数学奥林匹克不等式证明方法和技巧(上、下)	2011－08	158.00	134,135
他们学什么:原民主德国中学数学课本	2016－09	38.00	658
他们学什么:英国中学数学课本	2016－09	38.00	659
他们学什么:法国中学数学课本.1	2016－09	38.00	660
他们学什么:法国中学数学课本.2	2016－09	28.00	661
他们学什么:法国中学数学课本.3	2016－09	38.00	662
他们学什么:苏联中学数学课本	2016－09	28.00	679
高中数学题典——集合与简易逻辑·函数	2016－07	48.00	647
高中数学题典——导数	2016－07	48.00	648
高中数学题典——三角函数·平面向量	2016－07	48.00	649
高中数学题典——数列	2016－07	58.00	650
高中数学题典——不等式·推理与证明	2016－07	38.00	651
高中数学题典——立体几何	2016－07	48.00	652
高中数学题典——平面解析几何	2016－07	78.00	653
高中数学题典——计数原理·统计·概率·复数	2016－07	48.00	654
高中数学题典——算法·平面几何·初等数论·组合数学·其他	2016－07	68.00	655

刘培杰数学工作室
已出版(即将出版)图书目录——初等数学

书　　名	出版时间	定　价	编号
台湾地区奥林匹克数学竞赛试题.小学一年级	2017－03	38.00	722
台湾地区奥林匹克数学竞赛试题.小学二年级	2017－03	38.00	723
台湾地区奥林匹克数学竞赛试题.小学三年级	2017－03	38.00	724
台湾地区奥林匹克数学竞赛试题.小学四年级	2017－03	38.00	725
台湾地区奥林匹克数学竞赛试题.小学五年级	2017－03	38.00	726
台湾地区奥林匹克数学竞赛试题.小学六年级	2017－03	38.00	727
台湾地区奥林匹克数学竞赛试题.初中一年级	2017－03	38.00	728
台湾地区奥林匹克数学竞赛试题.初中二年级	2017－03	38.00	729
台湾地区奥林匹克数学竞赛试题.初中三年级	2017－03	28.00	730
不等式证题法	2017－04	28.00	747
平面几何培优教程	2019－08	88.00	748
奥数鼎级培优教程.高一分册	2018－09	88.00	749
奥数鼎级培优教程.高二分册.上	2018－04	68.00	750
奥数鼎级培优教程.高二分册.下	2018－04	68.00	751
高中数学竞赛冲刺宝典	2019－04	68.00	883
初中尖子生数学超级题典.实数	2017－07	58.00	792
初中尖子生数学超级题典.式、方程与不等式	2017－08	58.00	793
初中尖子生数学超级题典.圆、面积	2017－08	38.00	794
初中尖子生数学超级题典.函数、逻辑推理	2017－08	48.00	795
初中尖子生数学超级题典.角、线段、三角形与多边形	2017－07	58.00	796
数学王子——高斯	2018－01	48.00	858
坎坷奇星——阿贝尔	2018－01	48.00	859
闪烁奇星——伽罗瓦	2018－01	58.00	860
无穷统帅——康托尔	2018－01	48.00	861
科学公主——柯瓦列夫斯卡娅	2018－01	48.00	862
抽象代数之母——埃米·诺特	2018－01	48.00	863
电脑先驱——图灵	2018－01	58.00	864
昔日神童——维纳	2018－01	48.00	865
数坛怪侠——爱尔特希	2018－01	68.00	866
传奇数学家徐利治	2019－09	88.00	1110
当代世界中的数学.数学思想与数学基础	2019－01	38.00	892
当代世界中的数学.数学问题	2019－01	38.00	893
当代世界中的数学.应用数学与数学应用	2019－01	38.00	894
当代世界中的数学.数学王国的新疆域(一)	2019－01	38.00	895
当代世界中的数学.数学王国的新疆域(二)	2019－01	38.00	896
当代世界中的数学.数林撷英(一)	2019－01	38.00	897
当代世界中的数学.数林撷英(二)	2019－01	48.00	898
当代世界中的数学.数学之路	2019－01	38.00	899

刘培杰数学工作室
已出版(即将出版)图书目录——初等数学 

书　　名	出版时间	定　价	编号
105 个代数问题:来自 AwesomeMath 夏季课程	2019—02	58.00	956
106 个几何问题:来自 AwesomeMath 夏季课程	即将出版		957
107 个几何问题:来自 AwesomeMath 全年课程	即将出版		958
108 个代数问题:来自 AwesomeMath 全年课程	2019—01	68.00	959
109 个不等式:来自 AwesomeMath 夏季课程	2019—04	58.00	960
国际数学奥林匹克中的 110 个几何问题	即将出版		961
111 个代数和数论问题	2019—05	58.00	962
112 个组合问题:来自 AwesomeMath 夏季课程	2019—05	58.00	963
113 个几何不等式:来自 AwesomeMath 夏季课程	即将出版		964
114 个指数和对数问题:来自 AwesomeMath 夏季课程	2019—09	48.00	965
115 个三角问题:来自 AwesomeMath 夏季课程	2019—09	58.00	966
116 个代数不等式:来自 AwesomeMath 全年课程	2019—04	58.00	967
紫色彗星国际数学竞赛试题	2019—02	58.00	999
数学竞赛中的数学:为数学爱好者、父母、教师和教练准备的丰富资源.第一部	2020—04	58.00	1141
澳大利亚中学数学竞赛试题及解答(初级卷)1978～1984	2019—02	28.00	1002
澳大利亚中学数学竞赛试题及解答(初级卷)1985～1991	2019—02	28.00	1003
澳大利亚中学数学竞赛试题及解答(初级卷)1992～1998	2019—02	28.00	1004
澳大利亚中学数学竞赛试题及解答(初级卷)1999～2005	2019—02	28.00	1005
澳大利亚中学数学竞赛试题及解答(中级卷)1978～1984	2019—03	28.00	1006
澳大利亚中学数学竞赛试题及解答(中级卷)1985～1991	2019—03	28.00	1007
澳大利亚中学数学竞赛试题及解答(中级卷)1992～1998	2019—03	28.00	1008
澳大利亚中学数学竞赛试题及解答(中级卷)1999～2005	2019—03	28.00	1009
澳大利亚中学数学竞赛试题及解答(高级卷)1978～1984	2019—05	28.00	1010
澳大利亚中学数学竞赛试题及解答(高级卷)1985～1991	2019—05	28.00	1011
澳大利亚中学数学竞赛试题及解答(高级卷)1992～1998	2019—05	28.00	1012
澳大利亚中学数学竞赛试题及解答(高级卷)1999～2005	2019—05	28.00	1013
天才中小学生智力测验题.第一卷	2019—03	38.00	1026
天才中小学生智力测验题.第二卷	2019—03	38.00	1027
天才中小学生智力测验题.第三卷	2019—03	38.00	1028
天才中小学生智力测验题.第四卷	2019—03	38.00	1029
天才中小学生智力测验题.第五卷	2019—03	38.00	1030
天才中小学生智力测验题.第六卷	2019—03	38.00	1031
天才中小学生智力测验题.第七卷	2019—03	38.00	1032
天才中小学生智力测验题.第八卷	2019—03	38.00	1033
天才中小学生智力测验题.第九卷	2019—03	38.00	1034
天才中小学生智力测验题.第十卷	2019—03	38.00	1035
天才中小学生智力测验题.第十一卷	2019—03	38.00	1036
天才中小学生智力测验题.第十二卷	2019—03	38.00	1037
天才中小学生智力测验题.第十三卷	2019—03	38.00	1038

刘培杰数学工作室
已出版(即将出版)图书目录——初等数学

书　　名	出版时间	定　价	编号
重点大学自主招生数学备考全书:函数	2020—05	48.00	1047
重点大学自主招生数学备考全书:导数	即将出版		1048
重点大学自主招生数学备考全书:数列与不等式	2019—10	78.00	1049
重点大学自主招生数学备考全书:三角函数与平面向量	即将出版		1050
重点大学自主招生数学备考全书:平面解析几何	2020—07	58.00	1051
重点大学自主招生数学备考全书:立体几何与平面几何	2019—08	48.00	1052
重点大学自主招生数学备考全书:排列组合·概率统计·复数	2019—09	48.00	1053
重点大学自主招生数学备考全书:初等数论与组合数学	2019—08	48.00	1054
重点大学自主招生数学备考全书:重点大学自主招生真题.上	2019—04	68.00	1055
重点大学自主招生数学备考全书:重点大学自主招生真题.下	2019—04	58.00	1056
高中数学竞赛培训教程:平面几何问题的求解方法与策略.上	2018—05	68.00	906
高中数学竞赛培训教程:平面几何问题的求解方法与策略.下	2018—06	78.00	907
高中数学竞赛培训教程:整除与同余以及不定方程	2018—01	88.00	908
高中数学竞赛培训教程:组合计数与组合极值	2018—04	48.00	909
高中数学竞赛培训教程:初等代数	2019—04	78.00	1042
高中数学讲座:数学竞赛基础教程(第一册)	2019—06	48.00	1094
高中数学讲座:数学竞赛基础教程(第二册)	即将出版		1095
高中数学讲座:数学竞赛基础教程(第三册)	即将出版		1096
高中数学讲座:数学竞赛基础教程(第四册)	即将出版		1097

联系地址:哈尔滨市南岗区复华四道街10号　哈尔滨工业大学出版社刘培杰数学工作室
网　　址:http://lpj.hit.edu.cn/
邮　　编:150006
联系电话:0451—86281378　　13904613167
E-mail:lpj1378@163.com